轻量级 Java EE 企业应用开发实战

柳伟卫 编著

清华大学出版社
北京

内 容 简 介

本书由资深 Java 工程师结合多年大厂开发经验精心编撰，全面系统地介绍 Java EE 企业级开发所需要的轻量级开源技术栈，涉及 Maven、Servlet、Jetty、Tomcat、Spring 框架、Spring Web MVC、Spring Security、MyBatis、MySQL、Thymeleaf、Bootstrap、REST 客户端、Jersey、WebSocket、JMS、Email、任务执行与调度、缓存、Spring Boot、Spring Cloud 等方面的内容。“轻量级”开发模式已经深入人心，被广大互联网公司所采用，本书从开发环境搭建开始，循序渐进地讲解核心技术、热点框架，适时结合项目与案例介绍这些技术与框架的实际应用，特别是对当前热点的微服务开发技术进行了详细的阐述，对于拥有 Java 基础，想开发企业项目的读者，本书可帮助你快速上手。

本书技术先进，案例丰富，主要面向对 Java EE 企业级开发感兴趣的计算机专业学生、软件工程师、系统架构师等，也可以用作软件学院或培训机构的教学用书。

图书在版编目（CIP）数据

轻量级 Java EE 企业应用开发实战 / 柳伟卫编著.—北京：清华大学出版社，2021.3
ISBN 978-7-302-57568-9

Ⅰ. ①轻… Ⅱ. ①柳… Ⅲ. ①JAVA 语言—程序设计 Ⅳ. ①TP312.8

中国版本图书馆 CIP 数据核字（2021）第 028965 号

责任编辑：王金柱
封面设计：王 翔
责任校对：闫秀华
责任印制：丛怀宇

出版发行：清华大学出版社
网 址：http://www.tup.com.cn，http://www.wqbook.com
地 址：北京清华大学学研大厦 A 座 **邮编**：100084
社 总 机：010-62770175 **邮购**：010-62786544
投稿与读者服务：010-62776969，c-service@tup.tsinghua.edu.cn
质量反馈：010-62772015，zhiliang@tup.tsinghua.edu.cn

印装者：大厂回族自治县彩虹印刷有限公司
经 销：全国新华书店
开 本：190mm×260mm **印张**：38.5 **字数**：986 千字
版 次：2021 年 4 月第 1 版 **印次**：2021 年 4 月第 1 次印刷
定 价：139.00 元

产品编号：087869-01

前　　言

写作背景

随着云计算的普及、Cloud Native 应用开发模式将会深入人心，这意味着未来的应用将会朝着快速迭代、分布部署、独立运行等方面发展，敏捷、轻量的框架也必将会受到更多开发者的青睐。这也是为什么传统的 Java EE 所提供的规范未被广大互联网公司所采用，反而是诸如 Spring 框架、Spring Web MVC、Spring Security、MyBatis 等反传统的“轻量级”开发模式深入人心。所谓轻量，指的是抛弃墨守成规、面向规范的臃肿开发方式，转而采用开源的、重视解决具体问题的技术框架。

本书主要介绍 Java EE 企业级开发所需要的轻量级的开源技术栈，涉及 Maven、Servlet、Jetty、Tomcat、Spring 框架、Spring Web MVC、Spring Security、MyBatis、MySQL、Thymeleaf、Bootstrap、REST 客户端、Jersey、WebSocket、JMS、Email、任务执行与调度、缓存、Spring Boot、Spring Cloud 等方面的内容，这些都是当今互联网公司主流的应用技术，经受住了大规模商业实践的考验。本书内容编排由浅入深，案例丰富，特别适合基础薄弱或者缺乏实战经验的学生和软件开发人员阅读。

本书每章的最后都安排了一个“习题”环节，既是对当前章节的内容回顾，又可作为公司面试习题。

源代码下载

本书提供源代码下载，可以扫描以下二维码下载：

另外，也可以使用 Github 下载：

https://github.com/waylau/java-ee-enterprise-development-samples

如果你在下载过程中遇到问题，可发送邮件至 booksaga@126.com 获得帮助，邮件标题为“轻量级 Java EE 企业应用开发实战”。

本书所涉及的技术和相关版本

技术的版本是非常重要的，因为不同版本之间存在兼容性问题，而且不同版本的软件所对应的功能也是不同的。本书所列出的技术在版本上相对较新，都是经过笔者大量测试的。这样读者在编写代码时可以参考本书所列出的版本，从而避免版本兼容性所产生的问题。建议读者将相关开发环境设置得跟本书一致，或者不低于本书所列的配置。详细的版本配置可以参阅本书“附录”中的内容。

本书示例采用 Eclipse 编写，但示例源代码与具体的 IDE 无关，读者可以选择适合自己的 IDE，如 IntelliJ IDEA、NetBeans 等。运行本书的示例，需要确保 JDK 版本不低于 JDK 8。

勘误

本书如有勘误，会在 https://github.com/waylau/java-ee-enterprise-development-samples/issues 上发布。笔者在编写本书的过程中已竭尽所能地为读者呈现较好、较全的实用功能，但疏漏之处在所难免，欢迎读者批评指正。

致谢

感谢清华大学出版社的各位工作人员为本书的出版所做的努力。

感谢我的父母、妻子和两个女儿。由于撰写本书牺牲了很多陪伴家人的时间，在此感谢家人对我的理解和支持。

柳伟卫

2021 年 2 月

目　录

第 1 章

Java EE 概述

Java EE 自诞生之日起，不断发展和变化，能够满足当前云计算、分布式环境的发展需求。因此，Java EE 是应用广泛的企业级架构。

1.1 Java EE 发展简史

Java 是很受欢迎的编程语言，而 Java EE 则是应用广泛的企业级架构。Java 平台在经历了 20 多年的发展后，已然成为开发者首选的“利器”。大型互联网公司也多选择 Java 作为主力开发语言，这些企业包括 Google、IBM、Oracle 等外企，也包括华为、京东、百度、阿里巴巴等国内名企。Java 以其稳定而著称，特别是“Write Once，Run Anywhere”（一次编写，各处运行）的特性，非常适合互联网企业对于快速推出产品、部署产品的需求。

1.1.1 Java 平台发展简史

在 2020 年年初的 TIOBE 编程语言排行榜中，Java 位居榜首。图 1-1 展示的是 2020 年 3 月 TIOBE 编程语言排行榜情况（https://www.tiobe.com/tiobe-index）。回顾历史，Java 语言的排行也一直是名列三甲。

然而，作为当今企业级应用的首选编程语言，Java 的发展并非一帆风顺。

1991 年，Sun 公司准备用一种新的语言来设计用于智能家电类（如机顶盒）的程序开发。“Java 之父”James Gosling 创造出了这种全新的语言，并命名为 Oak（橡树），以他办公室外面的树来命名。然而，由于当时的机顶盒项目并没有竞标成功，因此 Oak 被阴差阳错地应用到万维网。

1994 年，Sun 公司的工程师编写了一个小型万维网浏览器 WebRunner（后来改名为 HotJava），该浏览器可以直接用来运行 Java 小程序（Java Applet）。

Jan 2021	Jan 2020	Change	Programming Language	Ratings	Change
1	2		C	17.38%	+1.61%
2	1		Java	11.96%	-4.93%
3	3		Python	11.72%	+2.01%
4	4		C++	7.56%	+1.99%
5	5		C#	3.95%	-1.40%
6	6		Visual Basic	3.84%	-1.44%
7	7		JavaScript	2.20%	-0.25%
8	8		PHP	1.99%	-0.41%
9	18		R	1.90%	+1.10%
10	23		Groovy	1.84%	+1.23%

图 1-1 TIOBE 编程语言排行榜

1995 年，Oak 改名为 Java。由于 Java Applet 可以实现一般网页所不能实现的效果，引来了业界对 Java 的热捧，因此当时很多操作系统都预装了 Java 虚拟机。

1997 年 4 月 2 日，JavaOne 会议召开，参与者逾 1 万人，创下了当时全球同类会议规模的纪录。

1998 年 12 月 8 日，Java 2 企业平台 J2EE 发布，标志着 Sun 公司正式进军企业级应用开发领域。

1999 年 6 月，随着 Java 的快速发展，Sun 公司将 Java 分为 3 个版本，即标准版（J2SE）、企业版（J2EE）和微型版（J2ME）。从这 3 个版本的划分可以看出，当时 Java 语言的目标是覆盖桌面应用、服务器端应用及移动端应用 3 个领域。

2004 年 9 月 30 日，J2SE 1.5 发布，成为 Java 语言发展史上的又一里程碑。为了凸显该版本的重要性，J2SE 1.5 被更名为 Java SE 5.0。

2005 年 6 月，JavaOne 大会召开，Sun 公司发布了 Java SE 6。此时，Java 的各种版本已经更名，已取消其中的数字 2，即 J2EE 被更名为 Java EE，J2SE 被更名为 Java SE，J2ME 被更名为 Java ME。

2009 年 4 月 20 日，Oracle 公司以 74 亿美元收购了 Sun 公司，从此 Java 归属于 Oracle 公司。

2011 年 7 月 28 日，Oracle 公司发布 Java 7 正式版。该版本新增了（如 try-with-resources 语句、增强 switch-case 语句）支持字符串类型等特性。

2011 年 6 月中旬，Oracle 公司正式发布了 Java EE 7。该版本的目标在于提高开发人员的生产力，满足苛刻的企业需求。

2014 年 3 月 19 日，Oracle 公司发布 Java 8 正式版。该版本中的 Lambda 表达式、Streams 流式计算框架等广受开发者关注。

由于 Java 9 中计划开发的模板化项目（或称 Jigsaw）存在比较大的技术难度，JCP 执行委员会内部成员也无法达成共识，因此造成了该版本的发布一再延迟。Java 9 及 Java EE 8 终于在 2017 年 9 月发布，Oracle 公司宣布将 Java EE 8 移交给了开源组织 Eclipse 基金会。同时，Oracle 公司承诺，后续 Java 的发布频率调整为每半年一次。截至目前，Java 新版本为 Java 15。图 1-2 所示为 Java EE 8 整体架构图。

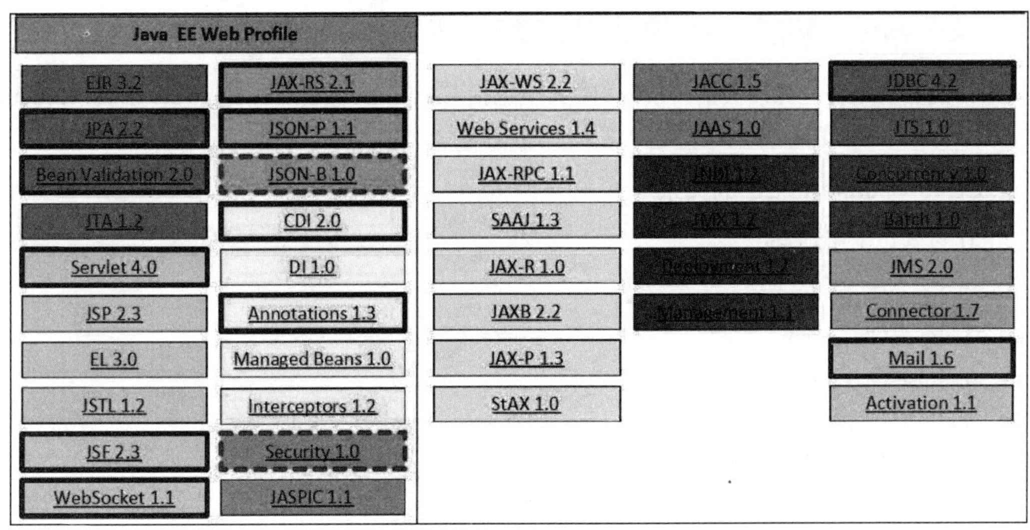

图 1-2　Java EE 8 整体架构图

有关 Java 新平台的内容可以参阅笔者所著的《Java 核心编程》。

1.1.2　Java EE 现状

2018 年 2 月 26 日，Eclipse 基金会社区正式将 Java EE 更名为 Jakarta EE，也就是说，后续的 Java 企业级发布版本将命名为 Jakarta EE。这个名称来自 Jakarta——一个早期的 Apache 开源项目，但该改名行为并未得到 Java 社区的支持。Java EE Guardians 社区负责人 Reza Rahman 就 Java EE 重命名的问题做了一项 Twitter 调查，结果显示，68%的 Java 开发者认为应该保留 Java EE 名称。2019 年 9 月 10 日，Jakarta EE 8 终于发布，该版本旨在与 Java EE 8 规范完全兼容。在本书中，为了避免混淆，统一采用 Java EE 命名来代表 J2EE、Jakarta EE 或 JEE。

1. EE4J 的使命

EE4J（Eclipse Enterprise for Java）是一项开放源代码计划，旨在为 Java 运行时创建标准 API、这些 API 的实现以及技术兼容性套件，以实现服务器端和云本地应用程序的开发、部署和管理。EE4J 基于 Java 平台企业版（Java EE）标准，并使用 Java EE 8 作为创建新标准的基准。

EE4J 允许使用灵活的流程、灵活的许可以及用于平台演进的开放治理流程。一个开放的过程不依赖于单个供应商或领导者，它鼓励参与和创新，并服务于整个社区的集体利益。

EE4J 通过使用通用流程和通用兼容性要求定义一套集成的标准来建立其组成项目之间的通用性。EE4J 通过提供 Java EE 8 和 EE4J 版本之间的兼容性为现有用户和新用户提供兼容性。

EE4J 的成功取决于：

- Java EE 8 技术快速过渡到 EE4J 项目。
- 灵活和开放的流程，用于发展 EE4J 标准 API、这些 API 的实现以及技术兼容性套件。
- 一个由开发人员、供应商和最终用户组成的强大社区，支持并发展 EE4J 技术。
- 适应和发展 EE4J 技术，并提供可满足现有用户新需求及吸引新用户的创新。
- 满足 EE4J 实现以及 Java EE 8 和 EE4J 版本之间定义良好的兼容性标准。

- 使竞争的供应商和互补技术提供商能够提供可为 EE4J 技术增值的创新。

EE4J 的会员来自世界顶尖的科技公司，其中包括 CA、CEA、Fujitsu、Huawei、IBM、Konduit、OBEO、Oracle、Red Hat、Bosch、SAP 等。

2. EE4J 与 Jakarta EE 的关系

EE4J 包含以下子项目：

- Eclipse Cargo Tracker
- Eclipse GlassFish
- Eclipse Grizzly
- Eclipse Implementation of JAXB
- Eclipse Jakarta EE TCK
- Eclipse Jersey
- Eclipse Krazo
- Eclipse Metro
- Eclipse Mojarra
- Eclipse OpenMQ
- Eclipse ORB
- Eclipse Soteria
- Eclipse Tyrus
- Eclipse Yasson
- EclipseLink Project
- Jakarta Activation
- Jakarta Annotations
- Jakarta Authentication
- Jakarta Authorization
- Jakarta Batch
- Jakarta Bean Validation
- Jakarta Concurrency
- Jakarta Connectors
- Jakarta Contexts and Dependency Injection
- Jakarta EE Examples
- Jakarta EE Platform
- Jakarta Enterprise Beans
- Jakarta Expression Language
- Jakarta Interceptors
- Jakarta JSON Binding
- Jakarta JSON Processing
- Jakarta Mail

- Jakarta Messaging
- Jakarta NoSQL
- Jakarta Persistence
- Jakarta RESTful Web Services
- Jakarta Security
- Jakarta Server Faces
- Jakarta Server Pages
- Jakarta Servlet
- Jakarta Stable APIs
- Jakarta Standard Tag Library
- Jakarta Transactions
- Jakarta WebSocket
- Jakarta XML Binding
- Jakarta XML Web Services

从上述列表可以看出，Jakarta EE 是 EE4J 的一部分。Jakarta EE 的目标是创建与 Java EE 兼容的 API。而完整的 EE4J 除了 Java EE API 外，还包括很多实现了 Java EE API 的产品，比如 GlassFish、Grizzly 等。

由于 EE4J 是基于 Java EE 8 技术标准的，且与 Java EE 8 的 API 是完全兼容的，因此用户在从 Java EE 8 切换到 EE4J 项目时不会有难度。同时，EE4J 由强大的供应商和强大的社区作为支撑，所提供的创新解决方案更能够满足现有用户的新需求，吸引新用户。

3. 不再使用 JCP

长期以来，Java EE 规范的制定都是由 JCP（Java Community Process）来执行的。JCP 是一种针对 Java 技术开发标准技术规范的机制。它向所有人开放，任何人都可以参与审核，并提供 Java 规范请求（JSR）反馈。任何人都可以注册成为 JCP 成员，并加入 JSR 专家组，成员甚至可以提交自己的 JSR 提案。

2018 年 1 月，Oracle 公司表示将来不再支持或建议使用 JCP 来增强 Java EE，而是建议并支持使用 EE4J 推动的过程对 Java EE 8 规范进行功能增强。在发给 EE4J 社区的邮件中，Oracle Web Logic Server 产品管理高级主管 Will Lyons 传达了这则消息。

简而言之，未来 Java EE 的版本将由 EE4J 主导。

4. 面向 Cloud Native

2019 年 9 月 10 日，Jakarta EE 发布了第一个版本，即 Jakarta EE 8。Jakarta EE 8 与 Java EE 8 完全兼容，可以简单理解为将 Java EE 8 的 API 完全迁移到了 Jakarta EE 平台。

Jakarta EE 发展的重点之一是创建 Cloud Native（云原生）的 Java 应用。毕竟未来 Java 企业级应用都将会部署上云。

Jakarta EE 包含以下子项目：

- Jakarta Annotations
- Jakarta Authentication

- Jakarta Authorization
- Jakarta Batch
- Jakarta Bean Validation
- Jakarta Concurrency
- Jakarta Connectors
- Jakarta Contexts and Dependency Injection
- Jakarta EE Platform
- Jakarta Enterprise Beans
- Jakarta Expression Language
- Jakarta Interceptors
- Jakarta JSON Binding
- Jakarta JSON Processing
- Jakarta Messaging
- Jakarta Persistence
- Jakarta Mail
- Jakarta RESTful Web Services
- Jakarta Security
- Jakarta Server Faces
- Jakarta Server Pages
- Jakarta Servlet
- Jakarta Stable APIs
- Jakarta Standard Tag Library
- Jakarta Transactions
- Jakarta WebSocket
- Jakarta XML Web Services

有关 Cloud Native 的内容可以参阅笔者所著的《Cloud Native 分布式架构原理与实践》。

1.2 传统企业级应用技术的不足

传统 Java 企业级应用所使用的技术并不能适应当前互联网公司的发展需求，其不足之处接下来将一一介绍。

1.2.1 规范太重

Java 针对企业级应用市场推出的规范称为 Java EE，目前新版本是 Java EE 8，而 Java SE 版本已经是 Java 15 版本。换言之，Java EE 的发布远远落后于 Java SE 的发布，而且曾经 Java EE 是“复杂、难用”的代名词。

传统的 Java EE 系统框架是臃肿、低效和脱离现实的。当时，Sun 公司推崇以 EJB 为核心的 Java EE 开发方式。但 EJB 本身是一种复杂的技术，虽然很好地解决了一些问题（比如分布式事务），但在许多情况下增加了比其商业价值更大的复杂性问题。

传统 Java EE 应用的开发效率是低下的，应用服务器厂商对各种技术的支持并没有真正统一，导致 Java EE 应用并没有真正实现“Write Once，Run Anywhere”的承诺。

出现这些问题的原因是 Java EE 和 EJB 的设计都有着“以规范为驱动”的本质。标准委员会所指定的规范并没有针对性地解决问题，反而在实际开发中引入了很多复杂性。毕竟，成功的标准都是从实践中发展来的，而不是由哪个委员会创造出来的。

1.2.2　学习成本太高

传统的 Java EE 的很多规范都是违反“帕累托法则”的。“帕累托法则”也称“二八定律”，是指花较少的成本（20%）来解决大部分问题（80%），而架构的价值在于为常见的问题找到好的解决方案，而不是一心想要解决更复杂、更为罕见的问题。EJB 的问题就在于，它违背了这个法则——为了满足少数情况下的特殊要求，它给大多数使用者强加上了不必要的复杂性，使开发者难以上手。

早期的 EJB 2.1 规范中，EJB 的目标定位有 11 项之多，而这些目标没有一项是致力于简化 Java EE 开发的。同时，EJB 的编程模型非常复杂，要使用 EJB 需要继承非常多的接口，而这些接口在实际开发中并不是真正为了解决问题。

1.2.3　不够灵活

EJB 依赖于容器，所以 EJB 在编写业务逻辑时是与容器耦合的，编程模型不够灵活。同时，与容器耦合的方式必然会导致开发、测试、部署的难度增大。同时，也拉长了整个开发的周期。

由于编写程序需要依赖具体的容器实现，因此，“Write Once，Run Anywhere”变成了“一次编写，到处重写”。特别是实体 Bean，基本上迁移一个服务器就相当于需要重新编写，相应的测试工作量也增加了。

1.2.4　发展缓慢

EJB 规范中对实体映射的定义太过于宽泛，导致每个厂商都有自己的 ORM 实现，引入特定厂商的部署描述符，又因为 Java EE 中除 Web 外，类加载的定义没有明确，导致产生了特定厂商的类加载机制和打包方式。同时，特定厂商的服务查找方式也是有差异的。这在一定程度上加大了开发的难度，使得移植变得困难。

规范如果不能解决开发者的实际问题，开发者自然不会买账，这种规范迟早会被市场淘汰。所以，Java EE 的很多规范都停滞不前，发展缓慢。事实上，尽管 JCP 在这方面做出了一些努力，但仍然无法赶上现代 IT 市场快速发展的步伐。从 2013 年 6 月发布 Java EE 7 以来，出现了很多新兴技术，比如 NoSQL、容器、微服务和无服务器架构，但它们都未能被包含在 Java EE 当中。

Oracle 公司也意识到了发展缓慢的问题，所以在 2017 年 9 月宣布将 Java EE 8 移交给开源组织 Eclipse 基金会管理，期望通过开源的方式来“活化” Java EE。

1.3 轻量级 Java EE 的技术特点

正是由于传统企业级应用技术的不足，迫使开发者将目光转向了开源社区。Rod Johnson 在 2002 年编著的 Expert One-on-One J2EE Design and Development 一书中可以说是一针见血地指出了当时 Java EE 架构在实际开发中的种种弊端，并推出了 Spring 框架来简化企业级应用的开发。

之后，开源社区日益繁荣，Hibernate、Structs 等轻量级框架相继推出，以替换 Java EE 中的“重量级”实现。

本书主要介绍如何从零开始，吸收市面上优秀的开源框架，来实现属于自己的 Java EE 轻量级框架。轻量级 Java EE 意味着开源、简单、轻便、快捷。

接下来将介绍轻量级 Java EE 技术的特点。

1.3.1 轻量级架构

轻量级 Java EE 技术具有非侵入性，依赖的东西非常少，占用的资源也非常少，部署简单，启动快速，比较容易使用。

轻量级 Java EE 技术底层基于 Spring 框架来实现 bean 的管理，因此，只要你有 Spring 的开发经验，上手就非常简单。即便你是 Spring 的新手，通过学习本书的第 6 章也可以带领你入门 Spring。

1.3.2 符合二八定律

轻量级 Java EE 技术旨在通过花较少的成本（20%）来解决大部分问题（80%）。

轻量级 Java EE 技术专注于解决企业级应用中的场景问题，比如对象管理、事务管理、认证与授权、数据存储、负载均衡、缓存等，而这些场景基本上涵盖了所有的企业级应用。

通过轻量级 Java EE 技术的学习，读者能够掌握互联网公司常用的技术，解决企业关注的大部分问题，有利于提升作为一名技术人员的核心竞争力。

1.3.3 基于开源技术

轻量级 Java EE 技术吸收市面上优秀的开源框架技术，去其糟粕，取其精华，使得基于轻量级 Java EE 技术的应用功能强大，但自身又保持着简单易于理解。

轻量级 Java EE 所使用的开源技术都是目前大型互联网公司所采用的成熟技术，包括：

- 基于 Maven 实现模块化开发及项目管理。
- 基于 Jetty 或者 Tomcat 提供开箱即用的 Servlet 容器。
- 使用 Spring 实现 IoC 和 AOP 机制。

- 基于 Spring TestContext 及 JUnit 实现开发过程中的单元测试和集成测试。
- 使用 Spring Web MVC 实现 MVC 模式。
- 使用 Thymeleaf 和 Bootstrap 实现基于原型的界面开发。
- 使用 Jersey 实现 RESTful 风格的架构。
- 基于 Spring Security 实现认证与授权。
- 使用 MySQL 实现数据的高效存储。
- 使用 MyBatis 实现数据库的操作与对象关系映射。
- 使用 WebSocket 实现 Web 应用实时通信。
- 使用 JMS 实现消息发送。
- 使用 Quartz Scheduler 实现任务调度。
- 使用 JCache 实现数据缓存。
- 使用 Spring Boot 简化应用的配置。
- 使用 Spring Cloud 简化应用的配置。

……

本书也会详细介绍上述技术。

1.3.4　支持微服务

在复杂的大型互联网应用架构中，倾向于使用微服务架构来划分为不同的微服务。这些微服务面向特定的领域，因此开发能够更加专注，所实现的功能也相对专一。

轻量级 Java EE 技术支持微服务架构。轻量级 Java EE 技术非常轻量，启动速度非常快。同时，轻量级 Java EE 技术倾向于将应用打包成 Fat JAR[①] 的形式，因而能够轻易在微服务架构常用的容器等技术中运行。

1.3.5　可用性和扩展性

由于轻量级 Java EE 技术支持微服务架构，因此轻量级 Java EE 技术所实现的应用很容易实现自身的横向扩展。

理论上，每个微服务都是独立部署的，且每个微服务会部署多个实例以保证可用性和扩展性。

同时，独立部署微服务实例有利于监控每个微服务实例运行的状态，方便在应用达到告警阈值时及时做出调整。

① Fat JAR 也叫作 Uber JAR，是一种可执行的 JAR 包，它将自己的程序及其依赖的三方 JAR 全部打到一个 JAR 包中。

1.3.6 支撑大型互联网应用

正是由于轻量级 Java EE 技术具有良好的可用性和扩展性，使得轻量级 Java EE 技术非常适合用于大型互联网应用。因为大型互联网应用既要部署快、运行快，又要求在运维过程中能够及时处置突发事件。

图 1-3 展示了微服务实例自动扩展的场景。

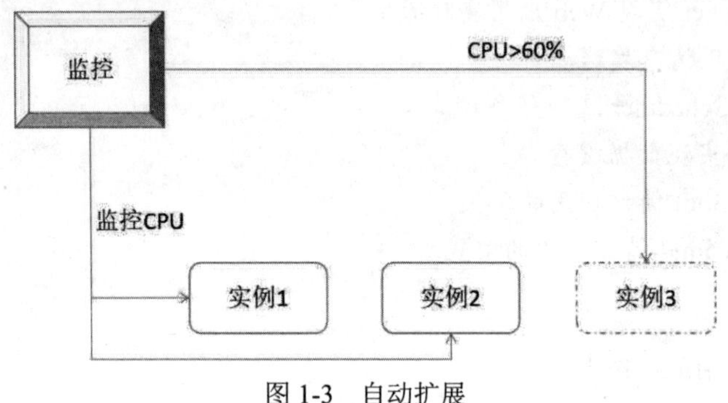

图 1-3 自动扩展

从图中可以清楚地看到，监控程序会对应用持续监控，当现有的服务实例 CPU 超过了预设的阈值（60%）时，监控程序会做出自动扩展的决策，新启动一个“实例 3”来加入原有的系统中。

1.4 开发环境搭建

本节介绍 Java 开发环境的搭建。开发 Java 应用主要涉及 JDK、Maven 及 IDE 的安装。除了 JDK 不低于 8 版本外，其他工具都没有特殊的要求，只要选择你平时熟悉的工具即可。

如果本地环境已经具备上述要求，就可以直接跳过本节进入下一节的学习。

本节所介绍的开发环境是基于新版本的 JDK、Maven、IntelliJ IDEA 和 Eclipse 来搭建的。

1.4.1 安装 JDK

JDK 版本分为 Oracle 公司发布的版本以及 OpenJDK 发布的版本，两者授权上有比较大的差异，但在 API 的使用上差异不大，因此从学习角度选择哪个版本都可以。

Oracle 公司发布的 JDK 下载地址为：

https://www.oracle.com/technetwork/java/javase/downloads/index.html。

OpenJDK 发布的 JDK 下载地址为：http://jdk.java.net/14/。

根据不同的操作系统选择不同的安装包。以 Windows 环境为例，可通过 jdk-14_windows-x64_bin.exe 或 jdk-14_windows-x64_bin.zip 来进行安装。.exe 文件的安装方式较为简单，按照界面提示单击“下一步”按钮即可。下面演示.zip 文件的安装方式。

1. 解压.zip 文件到指定位置

将 jdk-14_windows-x64_bin.zip 文件解压到指定的目录下即可。比如，本书放置在了 D:\Program Files\jdk-14 位置，该位置下包含如图 1-4 所示的文件。

› 本地磁盘 (D:) › Program Files › jdk-14　　搜索"jdk-14"

名称	修改日期	类型
bin	2020/2/7 3:10	文件夹
conf	2020/2/7 3:10	文件夹
include	2020/2/7 3:10	文件夹
jmods	2020/2/7 3:10	文件夹
legal	2020/2/7 3:10	文件夹
lib	2020/2/7 3:10	文件夹
release	2020/2/7 3:10	文件

图 1-4　解压文件

2. 设置环境变量

创建系统变量“JAVA_HOME”，其值指向了 JDK 的安装目录，如图 1-5 所示。

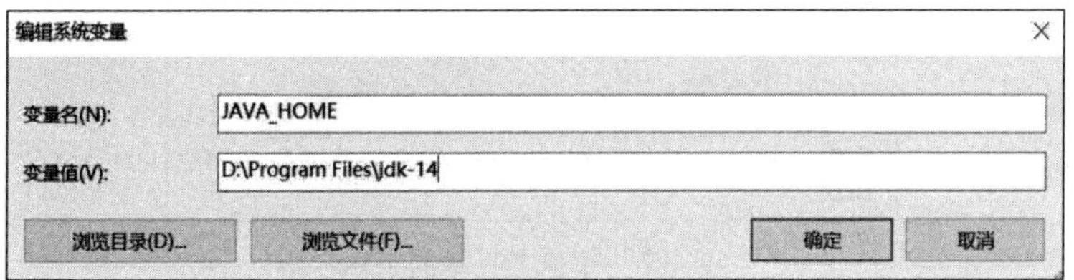

图 1-5　系统变量

在用户变量“Path”中增加“%JAVA_HOME%”，如图 1-6 所示。

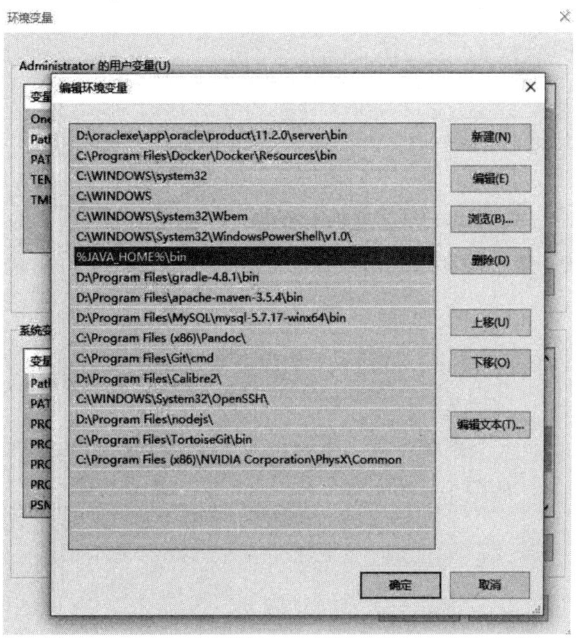

图 1-6　用户变量

注意

JDK 14 已经无须再安装 JRE，设置环境变量时也不用设置 CLASSPATH 了。

3. 验证安装

执行“java -version”命令进行安装的验证：

```
>java -version
openjdk version "14" 2020-03-17
OpenJDK Runtime Environment (build 14+36-1461)
OpenJDK 64-Bit Server VM (build 14+36-1461, mixed mode, sharing)
```

如果显示上述信息，就说明 JDK 已经安装完成。

如果显示的内容还是安装前的老 JDK 版本，那么可按照如下步骤解决。首先，卸载老版本的 JDK，如图 1-7 所示。

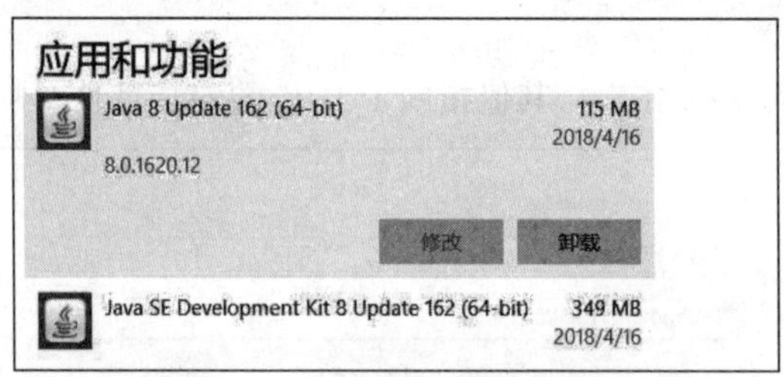

图 1-7　卸载老版本的 JDK

其次，在命令行输入如下指令来设置 JAVA_HOM 和 Path：

```
>SET JAVA_HOME=D:\Program Files\jdk-14

>SET Path=%JAVA_HOME%\bin
```

1.4.2　Maven 安装

Maven 的下载页面为 http://maven.apache.org/download.cgi，找到新的下载包，单击下载即可。本例为 apache-maven-3.6.3-bin.zip。

1. 安装

首先解压.zip 文件，将 apache-maven-3.6.3 文件夹复制到任意目录下。本例为 D:\Program Files\apache-maven-3.6.3。

接着在环境变量中添加一个系统变量，变量名为“MAVEN_HOME”，变量值为“D:\Program Files\apache-maven-3.6.3”，如图 1-8 所示。

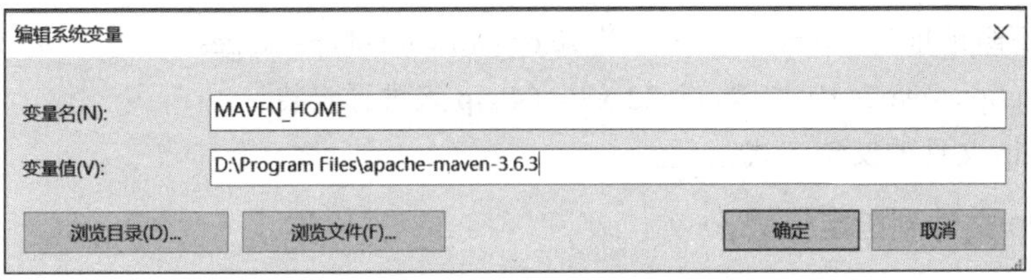

图 1-8 Maven 系统变量

最后，在环境变量的系统变量的 Path 中添加一个“%M2_HOME%”。

在命令行下输入“mvn –version”以验证 Maven 是否安装成功。若出现图 1-9 所示的界面，则证明安装成功。

图 1-9 验证 Maven 的安装

2. 设置本地仓库

找到 Maven 安装目录的 conf 目录，在该目录下有一个 settings.xml 文件。该文件即为 Maven 的配置文件。

建一个文件夹作为仓库，本例为 D:。

在配置文件中找到被注释的<localRepository>/path/to/local/repo</localRepository>将它启用，写上仓库的路径，即为<localRepository>D:\workspaceMaven</localRepository>。

3. 设置镜像

Maven 默认的中央仓库服务器是在国外的，因此有时下载依赖会很慢。为了加快下载速度，可以设置镜像选择国内的地址。

在配置文件中找到<mirrors>节点，在该节点下添加如下镜像：

```
<mirror>
    <id>nexus-aliyun</id>
    <mirrorOf>*</mirrorOf>
    <name>Nexus aliyun</name>
    <url>http://maven.aliyun.com/nexus/content/groups/public</url>
</mirror>
```

1.4.3 安装 Eclipse

常用的 Java 开发工具很多，比如 IDE 类的有 Visual Studio Code、Eclipse、WebStorm、NetBeans、IntelliJ IDEA 等，你可以选择自己所熟悉的 IDE。

Eclipse 是采用 Java 语言开发的，对 Java 有着一流的支持，而且这款 IDE 还是免费的，可以随时下载使用。

Eclipse 的下载地址为：https://www.eclipse.org/downloads/packages/。

本书使用 eclipse-jee-2019-12-R-win32-x86_64.zip 来进行安装。

下面演示.zip 文件的安装方式。

1. 解压.zip 文件到指定位置

将 eclipse-jee-2019-12-R-win32-x86_64.zip 文件解压到指定的目录下即可。比如，本书放置在了 D:Files-jee-2019-12-R-win32-x86_64，该位置下包含如图 1-10 所示的文件。

› 本地磁盘 (D:) › Program Files › eclipse-jee-2019-12-R-win32-x86_64 › eclipse

名称	修改日期	类型	大小
configuration	2019/12/12 10:25	文件夹	
dropins	2019/12/12 10:25	文件夹	
features	2019/12/12 10:25	文件夹	
p2	2019/12/12 10:25	文件夹	
plugins	2019/12/12 10:25	文件夹	
readme	2019/12/12 10:25	文件夹	
.eclipseproduct	2019/12/10 6:08	ECLIPSEPRODUCT ...	1 KB
artifacts.xml	2019/12/12 10:25	XML 文档	278 KB
eclipse.exe	2019/12/12 10:27	应用程序	416 KB
eclipse.ini	2019/12/12 10:25	配置设置	1 KB
eclipsec.exe	2019/12/12 10:27	应用程序	128 KB

图 1-10　解压文件

2. 打开 Eclipse

双击 eclipse.exe 文件，即可打开 Eclipse。

3. 配置工作区间

默认的工作区间如图 1-11 所示。用户也可以指定自己的工作区间。

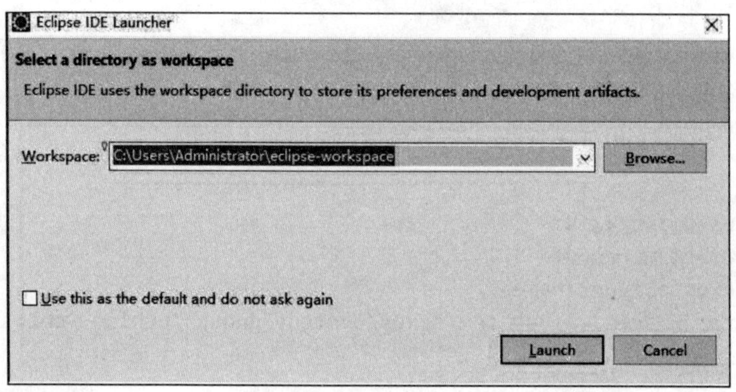

图 1-11　指定工作区间

4. 配置 JDK

默认情况下，Eclipse 会自动按照系统变量“JAVA_HOME”来查找所安装的 JDK，无须特殊配置。

如果要自定义 JDK 版本，那么可以在“Window→Preferences→Installed JREs”找到配置界面，如图 1-12 所示。

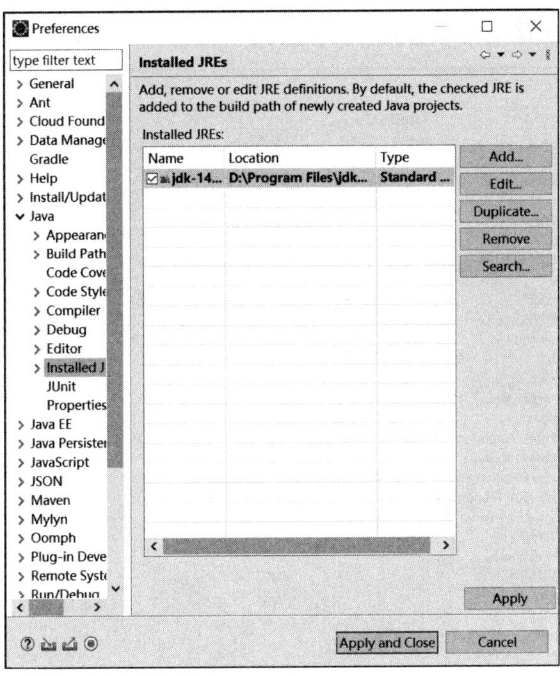

图 1-12　配置 JDK

5. 配置 Maven

默认情况下，Eclipse 会使用内嵌的 Maven。

如果要配置为自己本地安装的 Maven，那么可以在“Window→Preferences→Maven”找到配置界面，如图 1-13 所示。

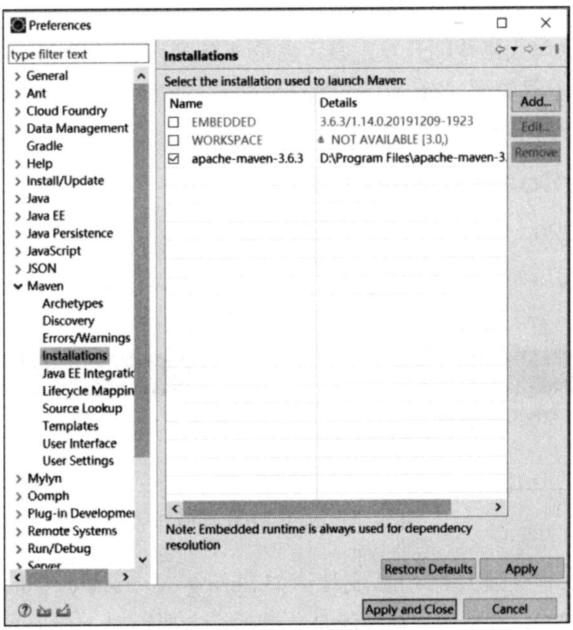

图 1-13　配置 Maven 安装目录

同时，将 Maven 的配置指向本地安装的 Maven 的配置文件，如图 1-14 所示。

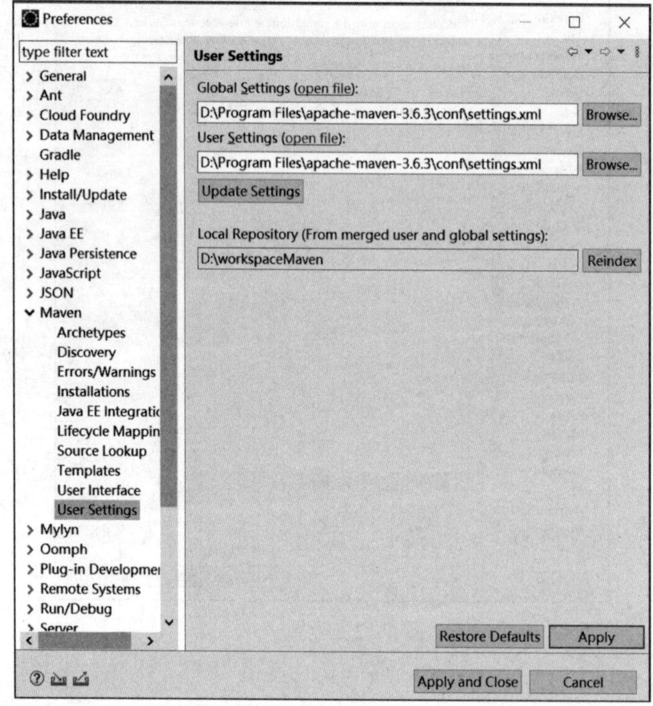

图 1-14　配置 Maven 配置文件

1.4.4　安装 IntelliJ IDEA

IntelliJ IDEA 是一款现代化智能开发工具，也是开发 Java 应用的另一款利器。IntelliJ IDEA 分为商业版和社区版，在下载界面（https://www.jetbrains.com/idea/download/）可以看到这两个版本不同的安装包，如图 1-15 所示。

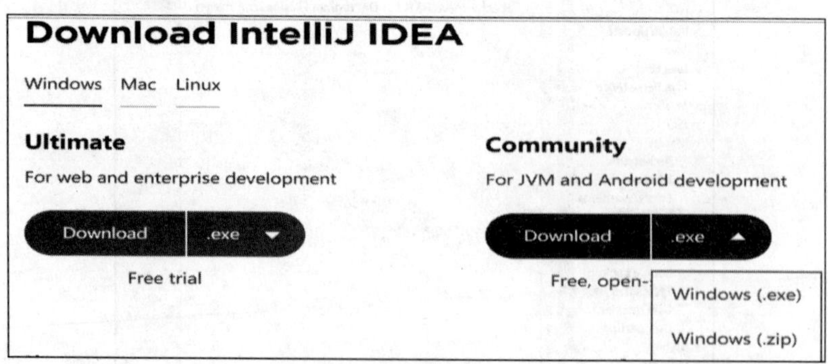

图 1-15　IntelliJ IDEA 版本

商业版是收费的，拥有更强大的功能，支持诸如 Spring、Micronaut、Quarkus、Helidon、Swagger、JavaScript、TypeScript、SQL 等特性。社区版是免费的，主要针对 Java 应用开发。对于普通开发者或者初学者而言，选择社区版已经足够。本书的案例也是基于社区版来开发的。

本书使用 ideaIC-2019.3.2.win.zip 来进行安装。

下面演示.zip 文件的安装方式。

1. 解压.zip 文件到指定位置

将 ideaIC-2019.3.2.win.zip 文件解压到指定的目录下即可。比如，本书放置在了 D:Files-2019.3.2.win 位置，该位置下包含如图 1-16 所示的文件。

› 本地磁盘 (D:) › Program Files › ideaIC-2019.3.2.win

名称	修改日期	类型	大小
bin	2020/1/21 9:16	文件夹	
jbr	2020/1/21 7:08	文件夹	
lib	2020/1/21 9:16	文件夹	
license	2020/1/21 9:16	文件夹	
plugins	2020/1/21 9:16	文件夹	
redist	2020/1/21 9:16	文件夹	
build.txt	2020/1/21 9:16	文本文档	1 KB
LICENSE.txt	2020/1/21 9:16	文本文档	12 KB
NOTICE.txt	2020/1/21 9:16	文本文档	1 KB
product-info.json	2020/1/21 9:18	JSON 文件	1 KB

图 1-16　解压文件

2. 打开 IntelliJ IDEA

双击 bin 目录下的 idea64.exe 文件，即可打开 IntelliJ IDEA。

在 IntelliJ IDEA 启动界面选择创建一个新应用或者导入现有的应用，如图 1-17 所示。

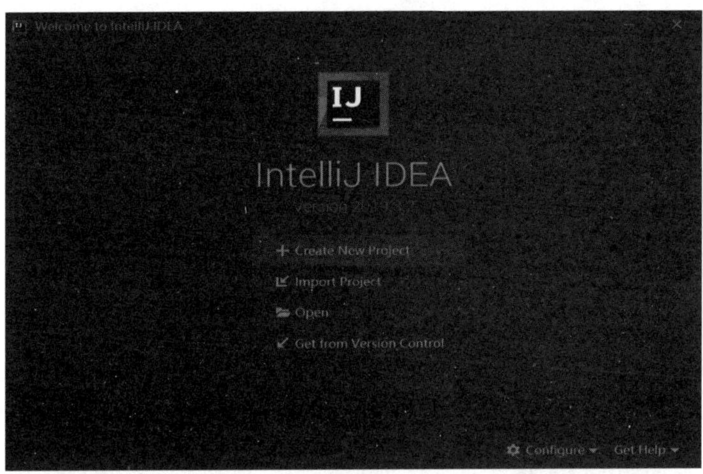

图 1-17　IntelliJ IDEA 启动界面

1.4.5　安装 Apache Tomcat

Apache Tomcat 是流行的 Servlet 容器，经常被用来部署 Java Web 应用。

Tomcat 的下载地址为 https://tomcat.apache.org/download-90.cgi。

本书使用 apache-tomcat-9.0.30-windows-x64.zip 来进行安装。

下面演示.zip 文件的安装方式。

1. 解压.zip 文件到指定位置

将 apache-tomcat-9.0.30-windows-x64.zip 文件解压到指定的目录下即可。比如，本书放置在了 D:Files-tomcat-9.0.30-windows-x64 位置，该位置下包含如图 1-18 所示的文件。

› 本地磁盘 (D:) › apache-tomcat-9.0.30-windows-x64 › apache-tomcat-9.0.30

名称	修改日期	类型	大小
bin	2019/12/7 16:43	文件夹	
conf	2019/12/7 16:43	文件夹	
lib	2019/12/7 16:43	文件夹	
logs	2019/12/7 16:42	文件夹	
temp	2019/12/7 16:43	文件夹	
webapps	2019/12/7 16:43	文件夹	
work	2019/12/7 16:42	文件夹	
BUILDING.txt	2019/12/7 16:43	文本文档	20 KB
CONTRIBUTING.md	2019/12/7 16:43	MD 文件	6 KB
LICENSE	2019/12/7 16:43	文件	57 KB
NOTICE	2019/12/7 16:43	文件	3 KB
README.md	2019/12/7 16:43	MD 文件	4 KB
RELEASE-NOTES	2019/12/7 16:43	文件	7 KB
RUNNING.txt	2019/12/7 16:43	文本文档	17 KB

图 1-18　Apache Tomcat 安装目录

2. 启动 Tomcat

双击 bin 目录下的 startup.bat 文件，即可启动 Tomcat。

Tomcat 成功启动后，在浏览器访问 http://localhost:8080/，可以看到 Tomcat 的管理界面，如图 1-19 所示。

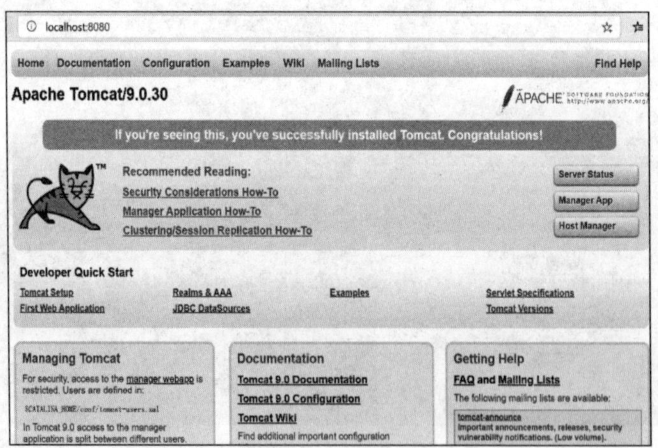

图 1-19　Apache Tomcat 的管理界面

有关 Tomcat 的详细内容将在第 3 章继续讲解。

1.5 总　结

本章介绍了 Java EE 的概念和发展简史，讲解了轻量级 Java EE 与传统企业级应用技术的区别和联系，最后介绍了如何搭建 Java EE 企业级应用的开发环境。

1.6　习　题

（1）简述 Java EE 的概念和发展简史。

（2）简述传统企业级应用技术的不足之处。

（3）简述轻量级 Java EE 的技术特点，它与传统企业级应用技术有哪些区别和联系。

（4）在本地计算机搭建一套 Java EE 企业级应用的开发环境。

第 2 章

项目管理——Maven

Maven 是流行的 Java 项目管理工具。Maven 基于项目对象模型（POM）的概念，可以从 POM 提供的信息来进行项目的构建、报告和生成文档。

2.1 Maven 概述

Maven 是 Apache 基金会下的一个子项目，意为"知识的积累者"，旨在用一种标准的方式来构建项目，明确定义项目的组成部分，通过一种简便的方法来发布项目信息，以及实现在多个项目中共享 JAR。

Maven 可以用于构建和管理任何基于 Java 项目的工具，可以使 Java 开发人员的日常工作更加轻松，并且通常有助于理解任何基于 Java 的项目。

与 Maven 类似的工具有 Ant、Gradle 等。

2.1.1 Maven 的主要功能

Maven 的主要目标是允许开发人员在最短的时间内理解开发工作的完整状态。为了实现此目标，Maven 尝试解决以下几个方面的问题：

1. 简化构建过程

虽然使用 Maven 并不能消除对底层机制的了解，但 Maven 确实为细节提供了很多保护。

2. 提供统一的构建系统

Maven 允许项目使用其项目对象模型进行构建，并且使用 Maven 的所有项目共享一组插件，从而提供统一的构建系统。一旦熟悉了一个 Maven 项目的构建方式，就会自动知道所有 Maven 项目的构建方式，从而在尝试浏览多个项目时节省大量时间。

3. 提供优质的项目信息

Maven 提供了大量有用的项目信息，这些信息部分是从 POM 中获取的，部分是从项目的来源中生成的。例如，Maven 可以提供：

- 更改直接从源代码管理创建的日志文档。
- 交叉引用来源。
- 项目管理的邮件列表清单。
- 依赖清单。
- 单元测试报告，包括覆盖率。

随着 Maven 的改进，所提供的信息集将得到改善，所有这些信息对 Maven 的用户都是透明的。

其他产品还可以提供 Maven 插件，以允许其项目信息集以及 Maven 给出一些标准信息，而这些信息仍然基于 POM。

4. 提供最佳实践开发指南

Maven 的目的是收集当前最佳实践开发的原则，并使其易于朝着这个方向指导项目。

例如，单元测试的规范、执行和报告是使用 Maven 的常规构建周期的一部分。当前的单元测试较佳实践被用作准则：

- 将测试源代码保存在单独但并行的源树中。
- 使用测试用例命名约定来定位和执行测试。
- 让测试用例设置其环境，而不是依赖于自定义构建以进行测试准备。

Maven 旨在协助项目工作流程，例如发布和问题管理。

Maven 还建议了一些有关如何布局项目目录结构的准则。了解布局之后，就可以轻松导航使用 Maven 和相同默认值的任何其他项目。

5. 允许透明迁移到新功能

Maven 为 Maven 客户端提供了一种轻松的方式来更新其安装，以便可以利用对 Maven 本身所做的任何更改。

因此，从第三方或 Maven 本身安装新的或更新的插件变得很简单。

2.1.2　创建 Maven 项目

在工作目录中执行以下命令，即可创建一个 Maven 项目：

```
mvn archetype:generate -DgroupId=com.waylau.java -DartifactId=hello-world
-DarchetypeArtifactId=maven-archetype-quickstart -DarchetypeVersion=1.4
-DinteractiveMode=false
```

上述命令含义如下：

- archetype:generate 用于创建工程架构的原型。

- groupId 指定了新建项目的工程名。
- artifactId 指定了创建的项目名称。
- archetypeArtifactId 指定了创建工程架构的原型的名称。
- archetypeVersion 指定了创建工程架构的原型的版本。
- interactiveMode 设置了交互模式。

看到如下控制台输出的内容，说明已经执行成功了：

```
    D:\workspaceGithub\java-ee-enterprise-development-samples\samples>mvn
archetype:generate -DgroupId=com.waylau.java -DartifactId=hello-world
-DarchetypeArtifactId=maven-archetype-quickstart -DarchetypeVersion=1.4
-DinteractiveMode=false
    [INFO] Scanning for projects...
    [INFO]
    [INFO] ------------------< org.apache.maven:standalone-pom >-------------------
    [INFO] Building Maven Stub Project (No POM) 1
    [INFO] --------------------------------[ pom ]---------------------------------
    [INFO]
    [INFO] >>> maven-archetype-plugin:3.1.2:generate (default-cli) > generate-sources @
standalone-pom >>>
    [INFO]
    [INFO] <<< maven-archetype-plugin:3.1.2:generate (default-cli) < generate-sources @
standalone-pom <<<
    [INFO]
    [INFO]
    [INFO] --- maven-archetype-plugin:3.1.2:generate (default-cli) @ standalone-pom ---
    [INFO] Generating project in Batch mode
    [WARNING] No archetype found in remote catalog. Defaulting to internal catalog
    Downloading from nexus-aliyun:
http://maven.aliyun.com/nexus/content/groups/public/org/apache/maven/archetypes/maven
-archetype-quickstart/1.4/maven-archetype-quickstart-1.4.pom
    Downloaded from nexus-aliyun:
http://maven.aliyun.com/nexus/content/groups/public/org/apache/maven/archetypes/maven
-archetype-quickstart/1.4/maven-archetype-quickstart-1.4.pom (1.6 kB at 2.0 kB/s)
    Downloading from nexus-aliyun:
http://maven.aliyun.com/nexus/content/groups/public/org/apache/maven/archetypes/maven
-archetype-bundles/1.4/maven-archetype-bundles-1.4.pom
    Downloaded from nexus-aliyun:
http://maven.aliyun.com/nexus/content/groups/public/org/apache/maven/archetypes/maven
-archetype-bundles/1.4/maven-archetype-bundles-1.4.pom (4.5 kB at 11 kB/s)
    Downloading from nexus-aliyun:
http://maven.aliyun.com/nexus/content/groups/public/org/apache/maven/archetypes/maven
-archetype-quickstart/1.4/maven-archetype-quickstart-1.4.jar
    Downloaded from nexus-aliyun:
http://maven.aliyun.com/nexus/content/groups/public/org/apache/maven/archetypes/maven
-archetype-quickstart/1.4/maven-archetype-quickstart-1.4.jar (7.1 kB at 17 kB/s)
    [INFO] ----------------------------------------------------------------------------
    [INFO] Using following parameters for creating project from Archetype:
maven-archetype-quickstart:1.4
```

```
[INFO] ------------------------------------------------------------------------
[INFO] Parameter: groupId, Value: com.waylau.java
[INFO] Parameter: artifactId, Value: hello-world
[INFO] Parameter: version, Value: 1.0-SNAPSHOT
[INFO] Parameter: package, Value: com.waylau.java
[INFO] Parameter: packageInPathFormat, Value: com/waylau/java
[INFO] Parameter: package, Value: com.waylau.java
[INFO] Parameter: groupId, Value: com.waylau.java
[INFO] Parameter: artifactId, Value: hello-world
[INFO] Parameter: version, Value: 1.0-SNAPSHOT
[INFO] Project created from Archetype in dir:
D:\workspaceGithub\java-ee-enterprise-development-samples\samples\hello-world
[INFO] ------------------------------------------------------------------------
[INFO] BUILD SUCCESS
[INFO] ------------------------------------------------------------------------
[INFO] Total time:  6.408 s
[INFO] Finished at: 2020-01-28T16:43:26+08:00
[INFO] ------------------------------------------------------------------------
```

在工作目录下可以看到一个 hello-world 文件夹，该文件夹就是我们刚刚创建的 Maven 项目。

2.1.3　探索 Maven 项目

新建的 hello-world 项目结构如下：

```
hello-world
    │  pom.xml
    │
    └─src
        ├─main
        │  └─java
        │      └─com
        │          └─waylau
        │              └─java
        │                      App.java
        │
        └─test
            └─java
                └─com
                    └─waylau
                        └─java
                                AppTest.java
```

hello-world 项目根目录下是一个名为 pom.xml 的 POM 文件。

hello-world 项目根目录下的 src 是指项目的源码。源码包括两部分，main 目录下就是平时开发的功能代码；而 test 目录下则用于放置测试代码。至于为什么 Maven 使用这些目录，可以看后续 2.3 节的内容。

1. pom.xml

pom.xml 的内容如下：

```
<?xml version="1.0" encoding="UTF-8"?>

<project xmlns="http://maven.apache.org/POM/4.0.0"
   xmlns:xsi="http://www.w3.org/2001/XMLSchema-instance"
  xsi:schemaLocation="http://maven.apache.org/POM/4.0.0
  http://maven.apache.org/xsd/maven-4.0.0.xsd">
  <modelVersion>4.0.0</modelVersion>

  <groupId>com.waylau.java</groupId>
  <artifactId>hello-world</artifactId>
  <version>1.0-SNAPSHOT</version>

  <name>hello-world</name>
  <url>http://www.example.com</url>

  <properties>
    <project.build.sourceEncoding>UTF-8</project.build.sourceEncoding>
    <maven.compiler.source>1.7</maven.compiler.source>
    <maven.compiler.target>1.7</maven.compiler.target>
  </properties>

  <dependencies>
    <dependency>
      <groupId>junit</groupId>
      <artifactId>junit</artifactId>
      <version>4.11</version>
      <scope>test</scope>
    </dependency>
  </dependencies>

  <build>
    <pluginManagement>
        <plugins>
          <!-- clean lifecycle -->
          <plugin>
            <artifactId>maven-clean-plugin</artifactId>
            <version>3.1.0</version>
          </plugin>
          <!-- default lifecycle, jar packaging -->
          <plugin>
            <artifactId>maven-resources-plugin</artifactId>
            <version>3.0.2</version>
          </plugin>
          <plugin>
            <artifactId>maven-compiler-plugin</artifactId>
            <version>3.8.0</version>
          </plugin>
```

```
        <plugin>
          <artifactId>maven-surefire-plugin</artifactId>
          <version>2.22.1</version>
        </plugin>
        <plugin>
          <artifactId>maven-jar-plugin</artifactId>
          <version>3.0.2</version>
        </plugin>
        <plugin>
          <artifactId>maven-install-plugin</artifactId>
          <version>2.5.2</version>
        </plugin>
        <plugin>
          <artifactId>maven-deploy-plugin</artifactId>
          <version>2.8.2</version>
        </plugin>
        <!-- site lifecycle -->
        <plugin>
          <artifactId>maven-site-plugin</artifactId>
          <version>3.7.1</version>
        </plugin>
        <plugin>
          <artifactId>maven-project-info-reports-plugin</artifactId>
          <version>3.0.0</version>
        </plugin>
      </plugins>
    </pluginManagement>
  </build>
</project>
```

上述文件中：

- <groupId>和<artifactId>的含义与 mvn archetype:generate 中的参数 groupId 和 artifactId 的含义相同。
- <properties>用于配置项目的属性。
- <dependencies>用于配置项目的依赖。
- <pluginManagement>用于项目的插件管理。

有关 POM 的内容会在 2.3 节详细讲解。

2. App.java

App.java 是项目的业务功能代码，内容如下：

```
package com.waylau.java;

/**
 * Hello world!
*
 */
public class App
```

```
{
    public static void main( String[] args )
    {
        System.out.println( "Hello World!" );
    }
}
```

上述业务较为简单，运行程序后，会打印“Hello World!”字样的内容。

3. AppTest.java

AppTest.java 是测试用例代码，内容如下：

```
package com.waylau.java;

import static org.junit.Assert.assertTrue;

import org.junit.Test;

/**
* Unit test for simple App.
*/
public class AppTest
{
    /**
     * Rigorous Test :-)
     */
    @Test
    public void shouldAnswerWithTrue()
    {
        assertTrue( true );
    }
}
```

上述测试较为简单，运行测试用例后，assertTrue 方法会判断输入变量是否为 true。

2.1.4 构建 Maven 项目

执行“mvn package”命令来构建 Maven 项目，命令行将打印出各种操作，并以以下内容结束：

```
    D:\workspaceGithub\java-ee-enterprise-development-samples\samples\hello-world>mvn
package
    [INFO] Scanning for projects...
    [INFO]
    [INFO] --------------------< com.waylau.java:hello-world >---------------------
    [INFO] Building hello-world 1.0-SNAPSHOT
    [INFO] --------------------------------[ jar ]---------------------------------
    [INFO]
    [INFO] --- maven-resources-plugin:3.0.2:resources (default-resources) @ hello-world
---
    [INFO] Using 'UTF-8' encoding to copy filtered resources.
```

```
    [INFO] skip non existing resourceDirectory
D:\workspaceGithub\java-ee-enterprise-development-samples\samples\hello-world\src\mai
n\resources
    [INFO]
    [INFO] --- maven-compiler-plugin:3.8.0:compile (default-compile) @ hello-world ---
    [INFO] Nothing to compile - all classes are up to date
    [INFO]
    [INFO] --- maven-resources-plugin:3.0.2:testResources (default-testResources) @
hello-world ---
    [INFO] Using 'UTF-8' encoding to copy filtered resources.
    [INFO] skip non existing resourceDirectory
D:\workspaceGithub\java-ee-enterprise-development-samples\samples\hello-world\src\tes
t\resources
    [INFO]
    [INFO] --- maven-compiler-plugin:3.8.0:testCompile (default-testCompile) @
hello-world ---
    [INFO] Nothing to compile - all classes are up to date
    [INFO]
    [INFO] --- maven-surefire-plugin:2.22.1:test (default-test) @ hello-world ---
    [INFO]
    [INFO] -------------------------------------------------------
    [INFO]  T E S T S
    [INFO] -------------------------------------------------------
    [INFO] Running com.waylau.java.AppTest
    [INFO] Tests run: 1, Failures: 0, Errors: 0, Skipped: 0, Time elapsed: 0.05 s - in
com.waylau.java.AppTest
    [INFO]
    [INFO] Results:
    [INFO]
    [INFO] Tests run: 1, Failures: 0, Errors: 0, Skipped: 0
    [INFO]
    [INFO]
    [INFO] --- maven-jar-plugin:3.0.2:jar (default-jar) @ hello-world ---
    [INFO] ------------------------------------------------------------------------
    [INFO] BUILD SUCCESS
    [INFO] ------------------------------------------------------------------------
    [INFO] Total time:  3.096 s
    [INFO] Finished at: 2020-01-28T18:11:07+08:00
    [INFO] ------------------------------------------------------------------------
```

命令中的“package”是 Maven 中的一个阶段。阶段是构建 Maven 生命周期中的一个步骤。当给出一个阶段时，Maven 将执行指定阶段之前的所有阶段。例如，如果我们执行 compile 阶段，那么实际执行的阶段为：

- validate
- generate-sources
- process-sources
- generate-resources
- process-resources

- compile

有关 Maven 阶段的内容将在后续章节中介绍。

通过上述命令会在项目的 target 目录下生成一个新编译和打包的 JAR 文件。可以使用以下命令测试该 JAR 文件：

```
java -cp target/hello-world-1.0-SNAPSHOT.jar com.waylau.java.App
```

控制台输出如下：

```
Hello World!
```

2.2 理解 Maven 构建生命周期

构建生命周期是 Maven 的核心概念。这意味着构建和分发特定工件（项目）的过程将会被明确定义。

对于构建项目的人员，这意味着只需要学习一小堆命令即可构建任何 Maven 项目，POM 将确保他们获得所需的结果。

有 3 个内置的生命周期：default、clean 和 site。在 default 生命周期处理项目部署，在 clean 生命周期处理项目的清理，而在 site 生命周期处理项目站点文档的创建。

2.2.1 Maven 阶段

构建生命周期是由阶段组成的。例如，default 生命周期包括以下阶段：

- validate：验证项目是否正确并且所有必要的信息均可用。
- compile：编译项目的源代码。
- test：使用合适的单元测试框架测试已编译的源代码。这些测试不应要求将代码打包或部署。
- package：采用编译后的代码并将其打包为可分发格式，例如 JAR。
- integration-test：处理程序包并将其部署到可以运行集成测试的环境中。
- verify：运行任何检查以验证包装是否有效并符合质量标准。
- install：将软件包安装到本地存储库中，以作为本地其他项目中的依赖项。
- deploy：在集成或发布环境中完成，将最终程序包复制到远程存储库，以便与其他开发人员和项目共享。

这些生命周期阶段依次执行，以完成默认生命周期。给定上述生命周期阶段，这意味着当使用默认生命周期时，Maven 将首先验证项目，然后尝试编译源代码，运行这些源代码，打包二进制文件（例如 JAR），运行集成测试软件包，验证集成测试，将验证的软件包安装到本地存储库，然后将安装的软件包部署到远程存储库。

换句话说，在生命周期里面阶段是连续的，在不出错的前提下，比如执行打包（Package）时就一定是执行了测试（Test）之后再执行。

2.2.2　完整的生命周期阶段

下面列出了 clean、default 和 site 生命周期所有的阶段。

1. clean 生命周期

- pre-clean：执行实际项目清理之前所需的流程。
- clean：删除以前构建生成的所有文件。
- post-clean：执行完成项目清理所需的流程。

2. default 生命周期

- validate：验证项目是正确的，所有必要的信息可用。
- initialize：初始化构建状态，例如设置属性或创建目录。
- generate-sources：生成包含在编译中的任何源代码。
- process-sources：处理源代码，例如过滤任何值。
- generate-resources：生成包含在包中的资源。
- process-resources：将资源复制并处理到目标目录中，准备打包。
- compile：编译项目的源代码。
- process-classes：编译后处理生成的文件，例如对 Java 类进行字节码增强。
- generate-test-sources：生成包含在编译中的任何测试源代码。
- process-test-sources：处理测试源代码，例如过滤任何值。
- generate-test-resources：创建测试资源。
- process-test-resources：将资源复制并处理到测试目标目录中。
- test-compile：将测试源代码编译到测试目标目录中。
- process-test-classes：测试编译中处理生成的文件，例如对 Java 类进行字节码增强。
- test：使用合适的单元测试框架运行测试。这些测试不应该要求代码被打包或部署。
- prepare-package：在实际打包之前执行必要的准备操作。
- package：将编译的代码，以可分发的格式（如 JAR）进行打包。
- pre-integration-test：在执行集成测试之前，执行必要的准备操作，诸如设置所需环境等。
- integration-test：如果需要，可以将该包部署到可以运行集成测试的环境中。
- post-integration-test：执行集成测试后执行所需的操作，可能包括清理环境。
- verify：运行任何检查以验证包装是否有效并符合质量标准。
- install：将软件包安装到本地存储库中，以作为本地其他项目的依赖关系。
- deploy：在集成或发布环境中完成，将最终软件包复制到远程存储库，以与其他开发人员和项目共享。

3. site 生命周期

- pre-site：在实际的项目现场生成之前执行所需的进程。
- site：生成项目的站点文档。
- post-site：执行完成站点生成所需的进程，并准备站点部署。

- site-deploy：将生成的站点文档部署到指定的 Web 服务器。

2.2.3 生命周期阶段在命令行中的调用

在开发环境中，使用以下命令来执行构建并将工件安装到本地存储库中：

```
mvn install
```

此命令在执行安装之前按顺序执行 validate、compile、package 等每个默认生命周期阶段。在这种情况下，只需要调用最后一个构建阶段 install 即可。

在构建环境中，使用以下命令来将工件清理并部署到共享存储库中。

```
mvn clean deploy
```

相同的命令可以在多模块场景（具有一个或多个子项目的项目）中使用。Maven 遍历每个子项目并执行 clean，然后执行 deploy（包括之前所有构建阶段的步骤）。

> **注意**
>
> 在开发阶段，有一些生命周期的阶段（比如 validate）基本很少用到，使用关键的几个阶段就基本能满足需求。

2.2.4 使用构建生命周期来设置项目

构建生命周期足够简单，但是当需要为项目配置 Maven 构建时，如何将任务分配到每个构建阶段呢？

1. 打包

第一种也是常见的方法是通过同样命名的 POM 元素<packaging>为项目设置打包。一些有效的打包值是 JAR、WAR、EAR 和 POM。如果没有指定包装值，就默认为 JAR。

每个不同类型的打包都包含要绑定到特定阶段的目标列表。例如打包值是 JAR，将绑定表 2-1 所示的目标来构建默认生命周期的阶段。

表 2-1 打包值是 JAR 所绑定的目标

阶 段	插件：目标	阶 段	插件：目标
process-resources	resources:resources	test	surefire:test
compile	compiler:compile	package	jar:jar
process-test-resources	resources:testResources	install	install:install
test-compile	compiler:testCompile	deploy	deploy:deploy

可以这么理解，阶段列是简化的命令，插件：目标列是详细的插件加目标（命令行参数）的形式。需要注意的是，Maven 都是以插件的形式存在的，包括生命周期的阶段也是一个个不同的插件组成的，比如 compile 阶段就是由 compiler 插件提供的，其中 compile 为这个插件的目标，也可以说是插件的命令行参数。

不同的打包方式所要绑定的阶段是不同的。例如，纯粹的元数据（打包值是 POM）的项目只将目标绑定到 install 和 deploy 阶段。

注意，对于某些可用的打包类型，可能还需要在 POM 的<build>部分包含一个特定的插件，并为该插件指定<extensions>true</extensions>。需要这种插件的一个例子是 Plexus 插件，它提供 plexus-application 和 plexus-service 打包。

2. 插件

将目标添加到阶段的第二种方法是在项目中配置插件。插件是为 Maven 提供目标的工件。此外，插件可以具有一个或多个目标，其中每个目标代表该插件的能力。例如，compiler 插件有两个目标：compile 和 testCompile。前者编译主代码的源代码，后者编译测试代码的源代码。

插件可以包含指示将目标绑定到的生命周期阶段的信息。注意，只添加插件是不够的，还必须要指定目标。如果有多个目标绑定到特定阶段，则使用的顺序是首先执行来自打包的顺序，然后才是在 POM 中配置顺序。注意，可以使用<executions>元素来获得对特定目标的顺序更多的控制。

例如，Modello 插件默认将目标 modello:java 绑定到 generate-sources 阶段（注意：modello:java 目标生成 Java 源代码）。因此，要使用 Modello 插件，从模型生成的源代码并将其合并到构建中，配置如下：

```
...
<plugin>
<groupId>org.codehaus.modello</groupId>
<artifactId>modello-maven-plugin</artifactId>
<version>1.8.1</version>
<executions>
  <execution>
    <configuration>
      <models>
       <model>src/main/mdo/maven.mdo</model>
      </models>
    <version>4.0.0</version>
    </configuration>
    <goals>
     <goal>java</goal>
    </goals>
  </execution>
</executions>
</plugin>
...
```

现在，在 modello:java 的情况下，它只在 generate-sources 阶段才有意义。但是一些目标可以在多个阶段中使用。例如，假设有一个目标 display:time，希望它在 process-test-resources 阶段运行时开始执行，则可以被配置如下：

```
...
<plugin>
<groupId>com.mycompany.example</groupId>
<artifactId>display-maven-plugin</artifactId>
<version>1.0</version>
```

```
    <executions>
      <execution>
        <phase>process-test-resources</phase>
        <goals>
          <goal>time</goal>
        </goals>
      </execution>
    </executions>
  </plugin>
  ...
```

2.3 理解 POM

POM（Project Object Model ，项目对象模型）是 Maven 中的基本工作单元。POM 是一个 XML 文件，其中包含有关项目的信息以及 Maven 用于构建项目的详细配置信息。它包含大多数项目的默认值。比如在 hello-world 项目例子中，项目根目录下的 pom.xml 就是一个 POM 文件。当执行任务或目标时，Maven 会在当前目录中查找 POM 文件，并读取 POM 文件，以获取所需的配置信息，然后执行目标。

可以在 POM 中指定的一些项目依赖项、插件或目标、构建配置文件等，也可以指定其他信息，例如项目版本、项目描述、开发人员姓名、邮件列表等。

2.3.1 Super POM

Super POM 是 Maven 的默认 POM。除非明确设置，否则所有 POM 都会扩展为 Super POM，这意味着 Super POM 中指定的配置将由开发者自己创建的项目 POM 继承。Super POM 位于 Maven 安装目录的/lib/maven-model-builder-x.x.x.jar 文件中，解压该 JAR 文件可以在路径 org/apache/maven/model/下看到一个 pom-4.0.0.xml 文件，该 pom-4.0.0.xml 文件就是 Super POM。下面的代码片段是 Super POM 的核心内容。

```
<project>
  <modelVersion>4.0.0</modelVersion>

  <repositories>
    <repository>
      <id>central</id>
      <name>Central Repository</name>
      <url>https://repo.maven.apache.org/maven2</url>
      <layout>default</layout>
      <snapshots>
        <enabled>false</enabled>
      </snapshots>
    </repository>
  </repositories>
```

```
  <pluginRepositories>
    <pluginRepository>
      <id>central</id>
      <name>Central Repository</name>
      <url>https://repo.maven.apache.org/maven2</url>
      <layout>default</layout>
      <snapshots>
        <enabled>false</enabled>
      </snapshots>
      <releases>
        <updatePolicy>never</updatePolicy>
      </releases>
    </pluginRepository>
  </pluginRepositories>

  <build>
    <directory>${project.basedir}/target</directory>
    <outputDirectory>${project.build.directory}/classes</outputDirectory>
    <finalName>${project.artifactId}-${project.version}</finalName>
    <testOutputDirectory>${project.build.directory}/test-classes</testOutputDirectory>
    <sourceDirectory>${project.basedir}/src/main/java</sourceDirectory>
    <scriptSourceDirectory>${project.basedir}/src/main/scripts</scriptSourceDirectory>
    <testSourceDirectory>${project.basedir}/src/test/java</testSourceDirectory>
    <resources>
      <resource>
        <directory>${project.basedir}/src/main/resources</directory>
      </resource>
    </resources>
    <testResources>
      <testResource>
        <directory>${project.basedir}/src/test/resources</directory>
      </testResource>
    </testResources>
    <pluginManagement>
      <!-- NOTE: These plugins will be removed from future versions of the super POM -->
      <!-- They are kept for the moment as they are very unlikely to conflict with lifecycle
mappings (MNG-4453) -->
      <plugins>
        <plugin>
          <artifactId>maven-antrun-plugin</artifactId>
          <version>1.3</version>
        </plugin>
        <plugin>
          <artifactId>maven-assembly-plugin</artifactId>
          <version>2.2-beta-5</version>
        </plugin>
        <plugin>
          <artifactId>maven-dependency-plugin</artifactId>
          <version>2.8</version>
        </plugin>
```

```
        <plugin>
          <artifactId>maven-release-plugin</artifactId>
          <version>2.5.3</version>
        </plugin>
      </plugins>
    </pluginManagement>
  </build>

  <reporting>
    <outputDirectory>${project.build.directory}/site</outputDirectory>
  </reporting>

  <profiles>
    <!-- NOTE: The release profile will be removed from future versions of the super POM
-->
    <profile>
      <id>release-profile</id>

      <activation>
        <property>
          <name>performRelease</name>
          <value>true</value>
        </property>
      </activation>

      <build>
        <plugins>
          <plugin>
            <inherited>true</inherited>
            <artifactId>maven-source-plugin</artifactId>
            <executions>
              <execution>
                <id>attach-sources</id>
                <goals>
                  <goal>jar-no-fork</goal>
                </goals>
              </execution>
            </executions>
          </plugin>
          <plugin>
            <inherited>true</inherited>
            <artifactId>maven-javadoc-plugin</artifactId>
            <executions>
              <execution>
                <id>attach-javadocs</id>
                <goals>
                  <goal>jar</goal>
                </goals>
              </execution>
            </executions>
```

```
        </plugin>
        <plugin>
          <inherited>true</inherited>
          <artifactId>maven-deploy-plugin</artifactId>
          <configuration>
            <updateReleaseInfo>true</updateReleaseInfo>
          </configuration>
        </plugin>
      </plugins>
    </build>
  </profile>
</profiles>

</project>
```

从上述配置文件我们能够理解为什么 hello-world 项目的 main 目录下就是平时开发的功能代码，而 test 下则放置的是测试代码。

2.3.2　最小化 POM

POM 的最低要求如下：

- project
- modelVersion
- groupId
- artifactId
- version

以下是一个例子：

```
<project>
  <modelVersion>4.0.0</modelVersion>
  <groupId>com.waylau.java</groupId>
  <artifactId>hello-world</artifactId>
  <version>1.0-SNAPSHOT</version>
</project>
```

一个 POM 要求配置其 groupId、artifactId 和 version，这 3 个值构成项目的完全限定工件名称，即 <groupId>:<artifactId>:<version> 的形式。对于上面的示例，其完全限定的工件名称为“com.waylau.java:hello-world:1.0-SNAPSHOT”。

若 POM 未指定详细配置信息，则 Maven 将使用其默认值。这些默认值之一是包装类型，每个 Maven 项目都有包装类型，如果未在 POM 中指定，那么将使用默认值 jar。

此外，可以看到在最小 POM 中未指定存储库。如果使用最小的 POM 构建项目，那么它将继承 Super POM 中的存储库配置。因此，当 Maven 在最小 POM 中看到依赖项时，它将知道这些依赖项将从 Super POM 中指定的 https://repo.maven.apache.org/maven2 下载。这也体现出了 Maven 提倡的“约定优于配置”（Convention Over Configuration）的核心理念。

2.4 实战：使用 Eclipse 创建 Maven 应用

本节将演示如何基于 Eclipse 来创建 Maven 应用。

2.4.1 创建 Maven 应用

打开 Eclipse 界面，单击 File→New→Other 选项，打开 New 界面，如图 2-1 所示。

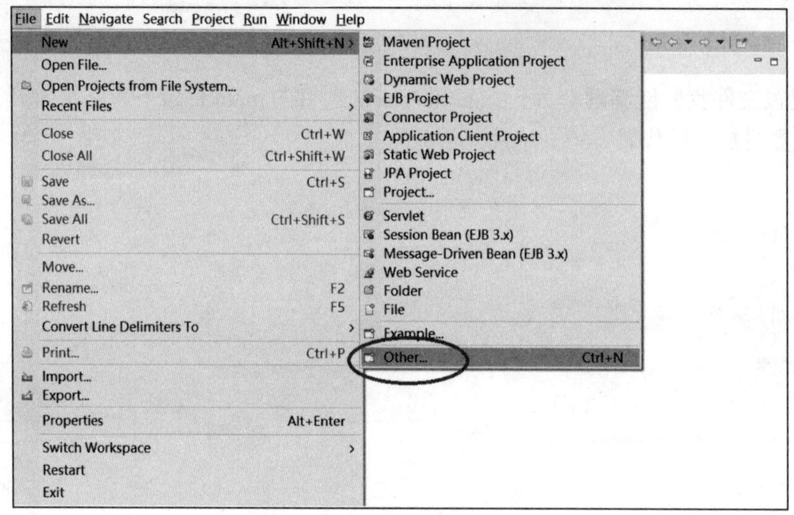

图 2-1 单击 File→New→Other 选项

在 New 界面选择 Maven Project，如图 2-2 所示。

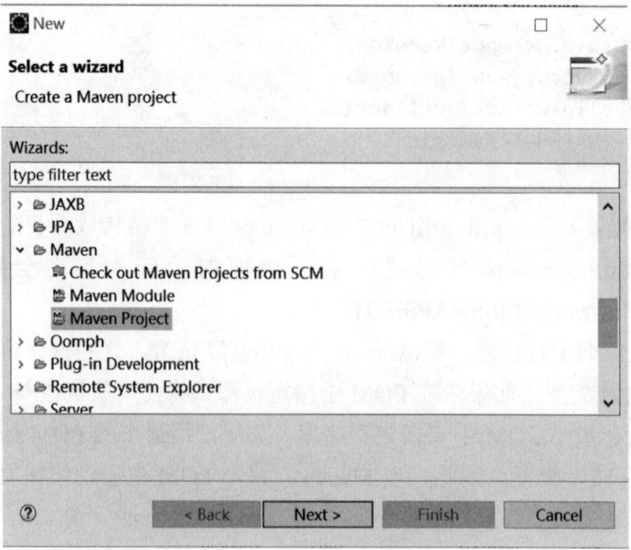

图 2-2 选择 Maven Project

可以设置项目所在的工作区间，也可以直接单击 Next 按钮执行下一步，如图 2-3 所示。

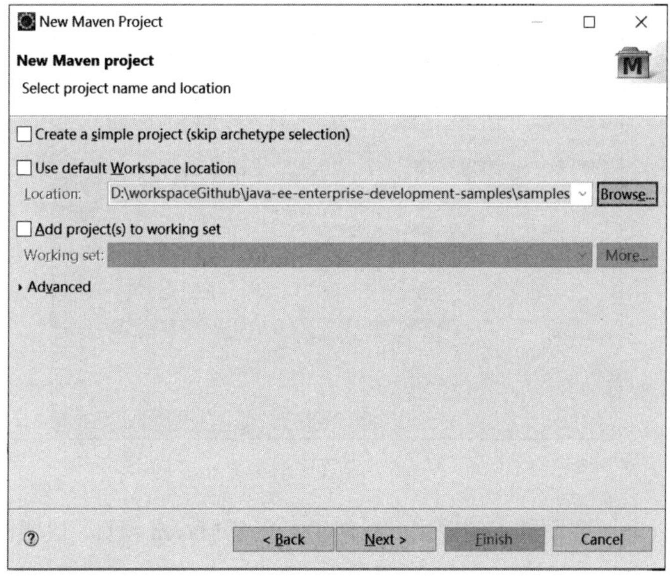

图 2-3　设置项目所在的工作区间

选择 Maven 项目原型 maven-archetype-quickstart，单击 Next 按钮执行下一步，如图 2-4 所示。

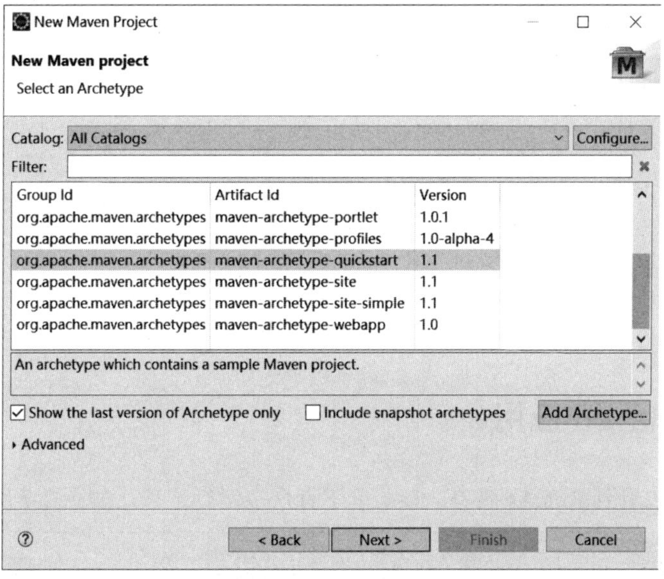

图 2-4　选择 Maven 项目原型

设置原型参数，包括 Group Id、Artifact Id、Version、Package 等内容，单击 Finish 按钮完成设置，如图 2-5 所示。

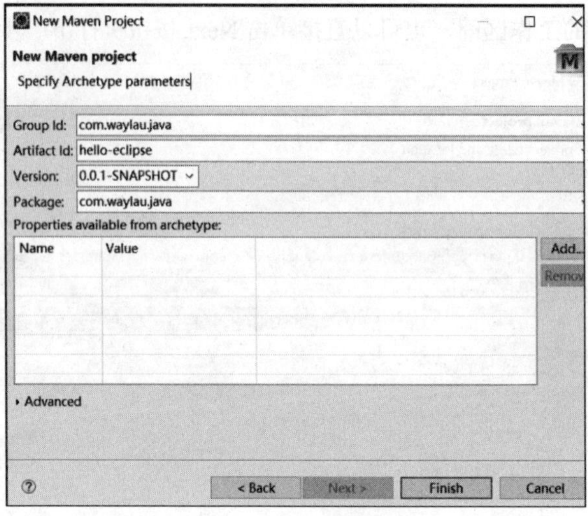

图 2-5　设置原型参数

此时，可以在 Eclipse 界面的左侧看到已经创建了一个 Maven 项目，该项目与使用命令行所创建的 hello-world 项目结构是一致的，如图 2-6 所示。

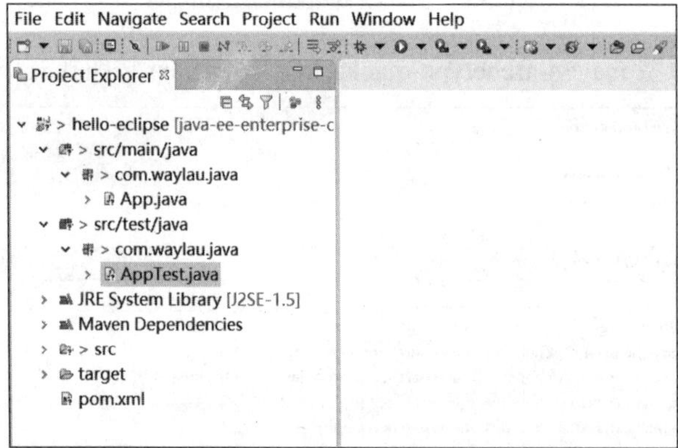

图 2-6　Maven 项目结构

2.4.2　运行 Maven 应用

右击项目，可以看到 Run As 菜单。该菜单下有众多运行选项，如图 2-7 所示。

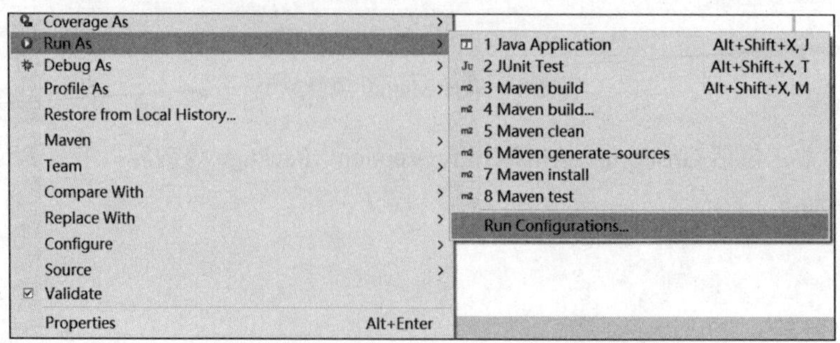

图 2-7　Run As 菜单

1. 以 Java Application 方式运行

在 Run As 菜单以 Java Application 方式运行，可以看到如图 2-8 所示的选项。

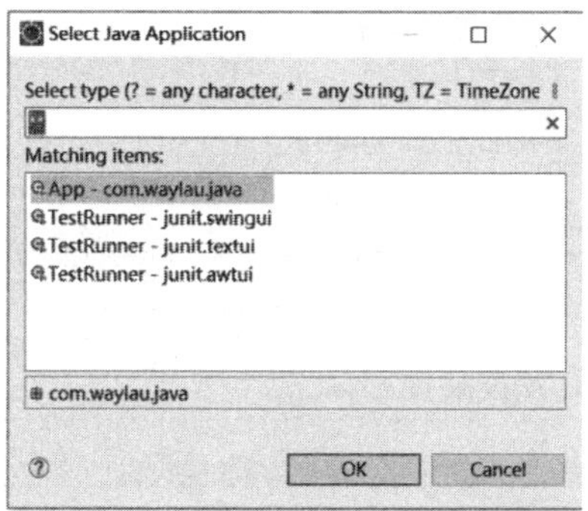

图 2-8　以 Java Application 方式运行

选中应用的主类（包含 main 方法的类），在我们的示例中就是 com.waylau.java.App 类。单击 OK 按钮后，应用就可以运行了。运行结果可以在 Eclipse 的控制台看到，如图 2-9 所示。

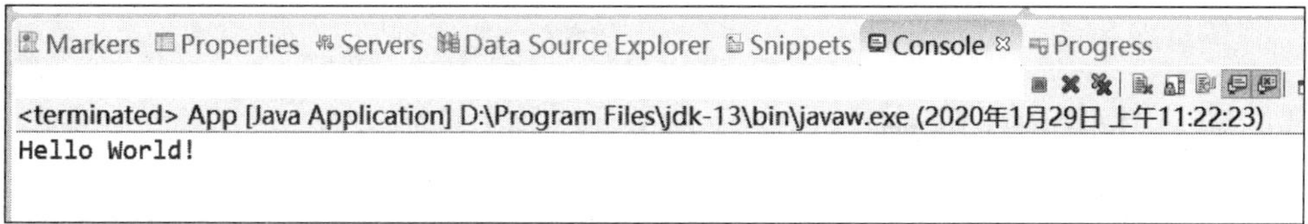

图 2-9　运行结果

2. 以 Maven 命令方式运行

Run As 菜单还提供了许多默认的 Maven 命令。如果没有想要的 Maven 命令，那么可以在 Maven build 中自定义 Maven 命令。图 2-10 自定义了一个 Maven 的 package 目标。

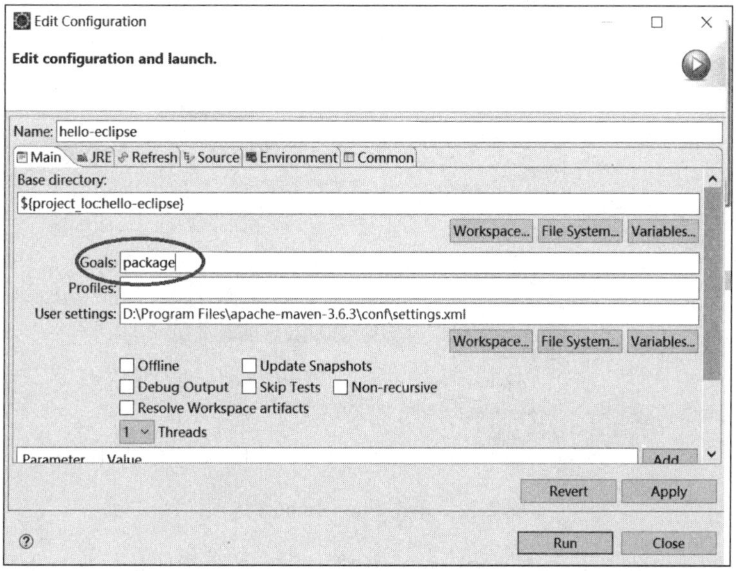

图 2-10　自定义 package 目标

单击 Run 按钮运行我们自定义的目标。图 2-11 是运行 package 目标后的控制台输出结果。

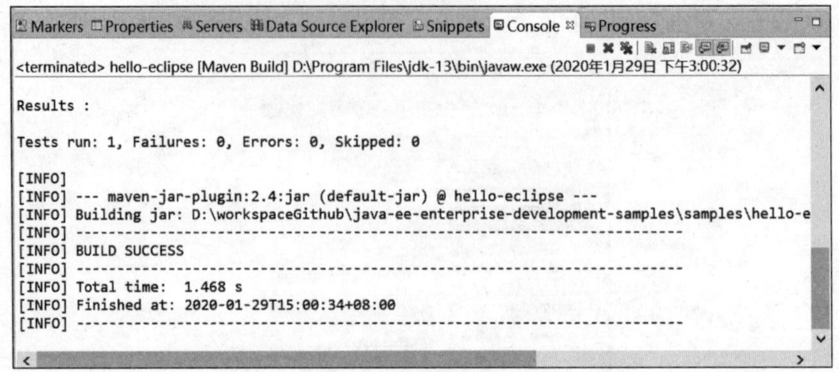

图 2-11　运行 package 目标

3. 命令行方式运行

在 Maven 应用所在目录下执行 Maven 命令。这种运行方式就是 2.1 节所介绍的方式，此处不再赘述。

2.4.3　导入 Maven 应用

如何将已有的 Maven 应用导入 Eclipse 中呢？比如我们想导入 hello-world 项目到 Eclipse 中进行二次开发。

在 Eclipse 中，可以通过单击 File→Import 选项打开 Import 界面，如图 2-12 所示。

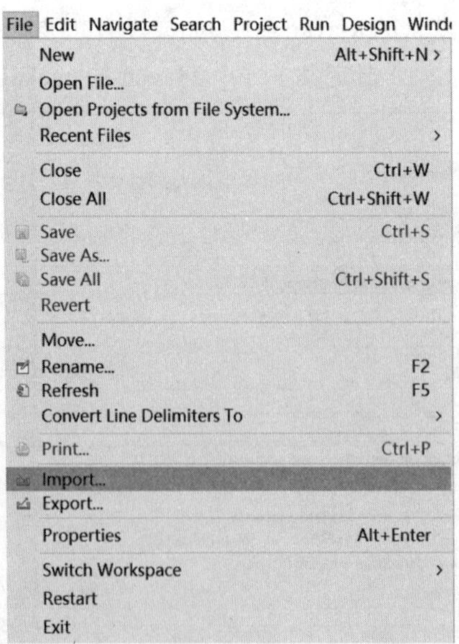

图 2-12　单击 File→Import 选项

在 Import 界面选择 Existing Maven Projects 选项，单击 Next 按钮执行下一步，如图 2-13 所示。

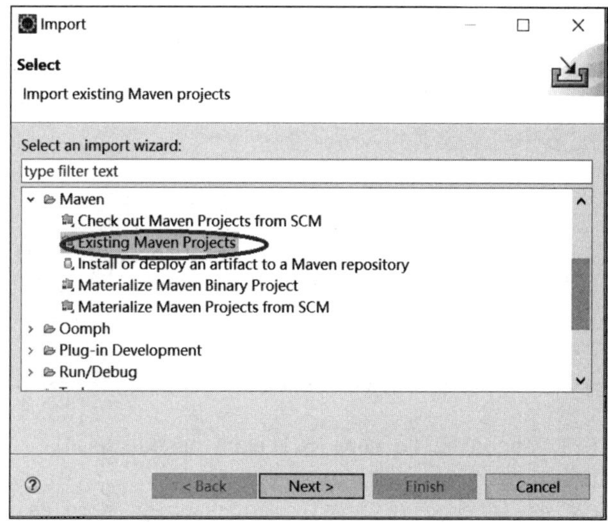

图 2-13　选择导入 Maven 应用

选中待导入的 Maven 应用所在的目录，单击 Finish 按钮，如图 2-14 所示。

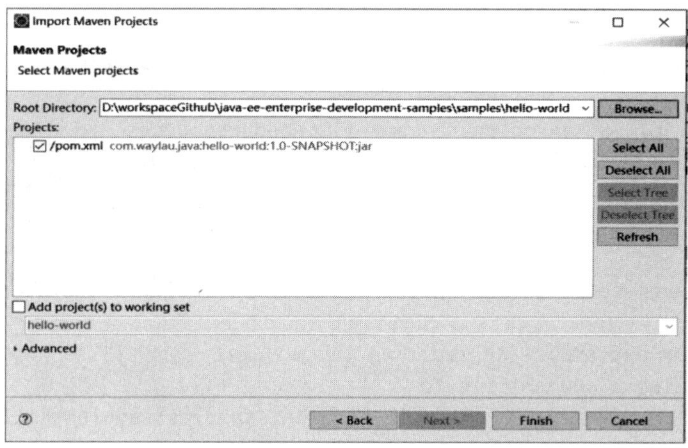

图 2-14　选择待导入 Maven 应用所在的目录

导入完成之后，就能在 Eclipse 界面左侧看到所导入的 Maven 应用，如图 2-15 所示。

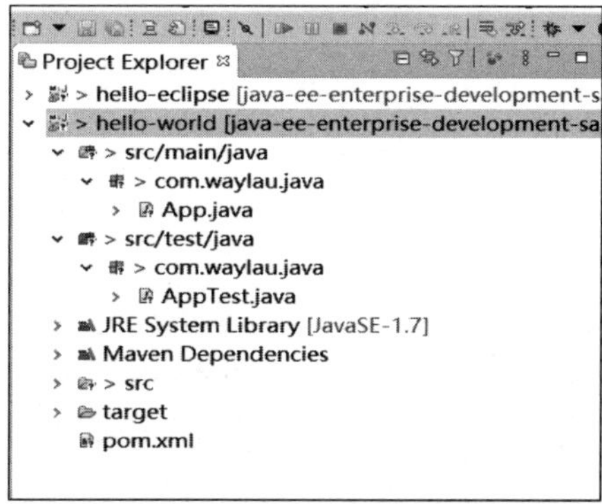

图 2-15　已经导入的 Maven 应用

2.4.4 相关问题解决

运行 Maven 应用的过程中可能会遇到如下异常：

```
    [INFO] Scanning for projects...
    [INFO]
    [INFO] ------------------< com.waylau.java:hello-eclipse >--------------------
    [INFO] Building hello-eclipse 0.0.1-SNAPSHOT
    [INFO] --------------------------------[ jar ]---------------------------------
    [INFO]
    [INFO] --- maven-resources-plugin:2.6:resources (default-resources) @ hello-eclipse
---
    [INFO] Using 'UTF-8' encoding to copy filtered resources.
    [INFO] skip non existing resourceDirectory
D:\workspaceGithub\java-ee-enterprise-development-samples\samples\hello-eclipse\src\m
ain\resources
    [INFO]
    [INFO] --- maven-compiler-plugin:3.1:compile (default-compile) @ hello-eclipse ---
    [INFO] Nothing to compile - all classes are up to date
    [INFO]
    [INFO] --- maven-resources-plugin:2.6:testResources (default-testResources) @
hello-eclipse ---
    [INFO] Using 'UTF-8' encoding to copy filtered resources.
    [INFO] skip non existing resourceDirectory
D:\workspaceGithub\java-ee-enterprise-development-samples\samples\hello-eclipse\src\t
est\resources
    [INFO]
    [INFO] --- maven-compiler-plugin:3.1:testCompile (default-testCompile) @
hello-eclipse ---
    [INFO] Changes detected - recompiling the module!
    [INFO] Compiling 1 source file to
D:\workspaceGithub\java-ee-enterprise-development-samples\samples\hello-eclipse\targe
t\test-classes
    [INFO] -------------------------------------------------------------
    [ERROR] COMPILATION ERROR :
    [INFO] -------------------------------------------------------------
    [ERROR] 不再支持源选项 5。请使用 7 或更高版本。
    [ERROR] 不再支持目标选项 5。请使用 7 或更高版本。
    [INFO] 2 errors
    [INFO] -------------------------------------------------------------
    [INFO] ------------------------------------------------------------------------
    [INFO] BUILD FAILURE
    [INFO] ------------------------------------------------------------------------
    [INFO] Total time:  0.992 s
    [INFO] Finished at: 2020-01-29T11:31:57+08:00
    [INFO] ------------------------------------------------------------------------
    [ERROR] Failed to execute goal
org.apache.maven.plugins:maven-compiler-plugin:3.1:testCompile (default-testCompile) on
project hello-eclipse: Compilation failure: Compilation failure:
```

```
[ERROR] 不再支持源选项 5。请使用 7 或更高版本。
[ERROR] 不再支持目标选项 5。请使用 7 或更高版本。
[ERROR] -> [Help 1]
[ERROR]
[ERROR] To see the full stack trace of the errors, re-run Maven with the -e switch.
[ERROR] Re-run Maven using the -X switch to enable full debug logging.
[ERROR]
[ERROR] For more information about the errors and possible solutions, please read the following articles:
[ERROR] [Help 1]
http://cwiki.apache.org/confluence/display/MAVEN/MojoFailureException
```

出现上述问题的原因是，POM 默认使用了较低版本的 JDK。

解决方法是，在项目的 POM 文件中指定 JDK 版本，示例如下：

```
...
<properties>
    ...
    <maven.compiler.source>1.7</maven.compiler.source>
   <maven.compiler.target>1.7</maven.compiler.target>
</properties>
...
```

2.5 实战：使用 IntelliJ IEDA 创建 Maven 应用

本节将演示如何基于 IntelliJ IEDA 来创建 Maven 应用。

2.5.1 创建 Maven 应用

在首次启动 IntelliJ IEDA 之后，就能在 IntelliJ IEDA 启动界面看到如图 2-16 所示的选项。

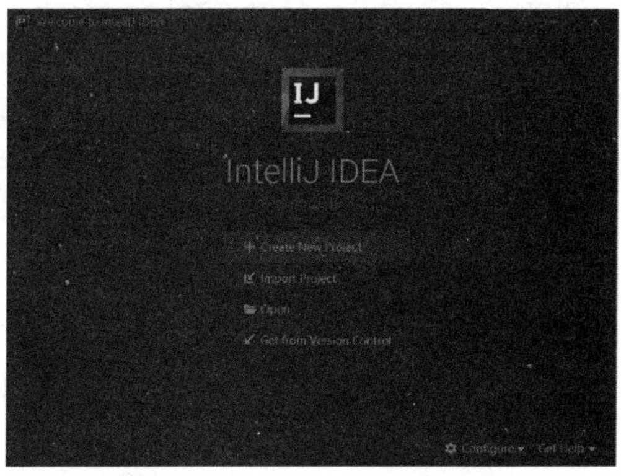

图 2-16 IntelliJ IEDA 启动界面

Create New Project 用于创建一个新的项目，而 Import Project 则是导入一个已有的项目。

我们先单击 Create New Project 按钮尝试创建一个新的项目。

在 New Project 界面选择 Maven 项目原型 maven-archetype-quickstart，并单击 Next 按钮进行下一步，如图 2-17 所示。

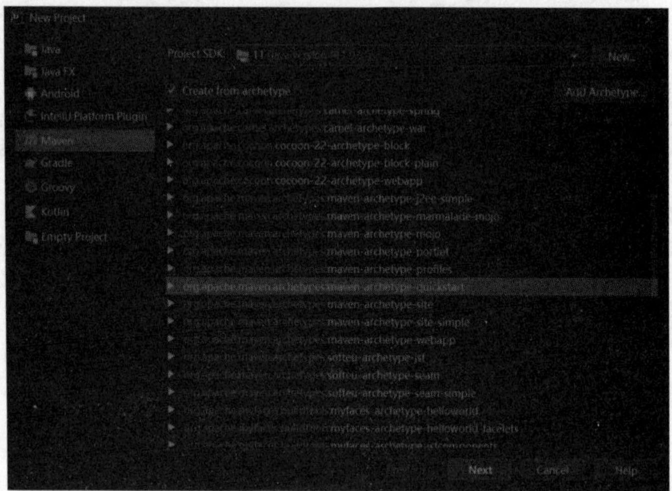

图 2-17　选择 Maven 项目原型

设置原型参数，包括 Name、Location、GroupId、ArtifactId、Version 等内容，单击 Next 按钮执行下一步，如图 2-18 所示。

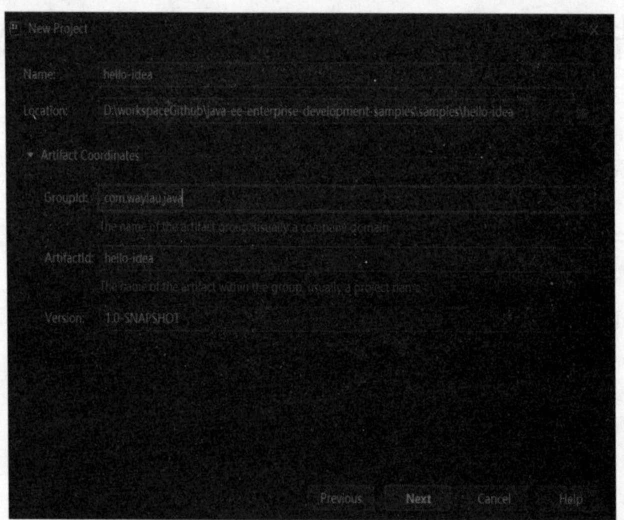

图 2-18　设置原型参数

如果是首次使用 IntelliJ IEDA，那么还需要手动设置 Maven 参数。本例选择使用自己安装的 Maven 安装目录，并指定 settings.xml 文件等内容，单击 Finish 按钮以完成创建工作，如图 2-19 所示。

完成 Maven 项目创建之后，就会进入 IntelliJ IEDA 开发界面，如图 2-20 所示。

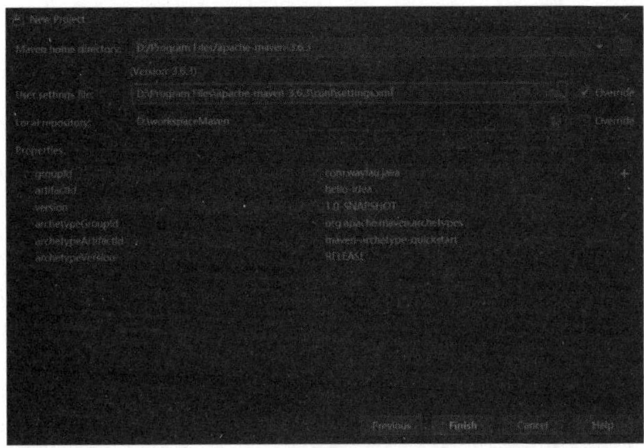

图 2-19　设置 Maven

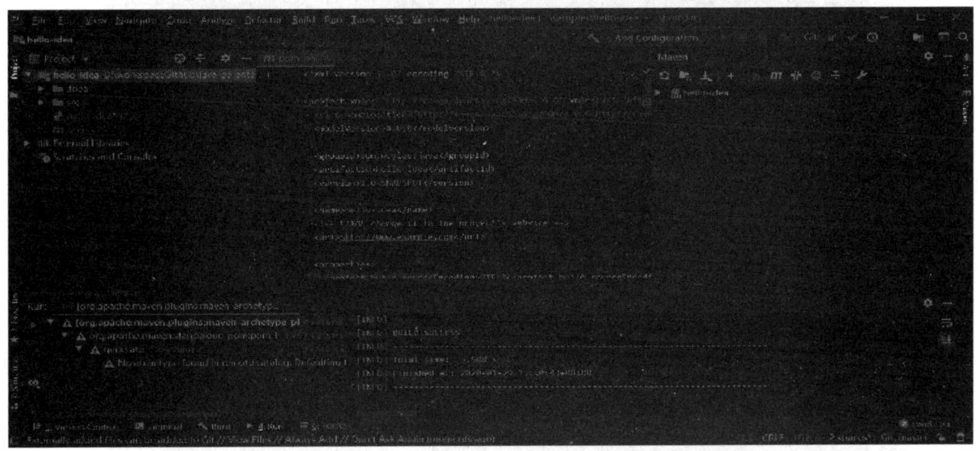

图 2-20　IntelliJ IEDA 开发界面

2.5.2　运行 Maven 应用

在 IntelliJ IEDA 菜单栏单击 Run 选项，如图 2-21 所示。

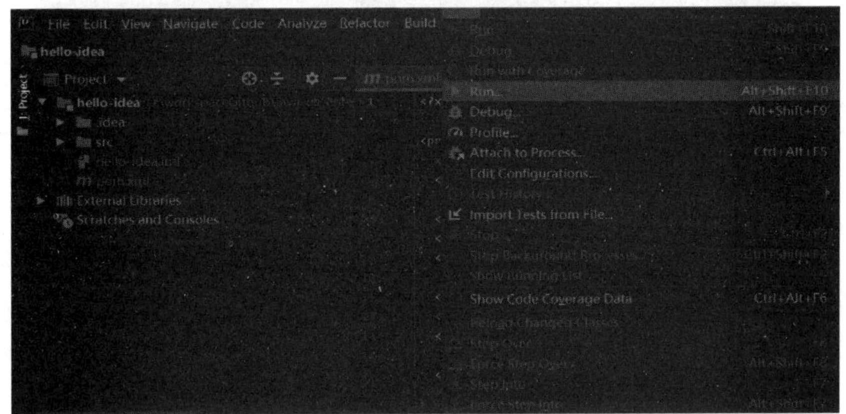

图 2-21　单击 Run 选项

然后单击如图 2-22 所示的 Edit Configurations 就会进入 IntelliJ IEDA 的运行设置界面。

图 2-22　IntelliJ IEDA 运行设置界面

IntelliJ IEDA 的运行设置界面可以设置非常多的运行方式，这里主要演示 Maven 运行方式和 Java 应用运行。

1. 以 Application 方式运行

在 Application 选项页面设置如图 2-23 所示的选项，单击 Run 按钮运行应用。

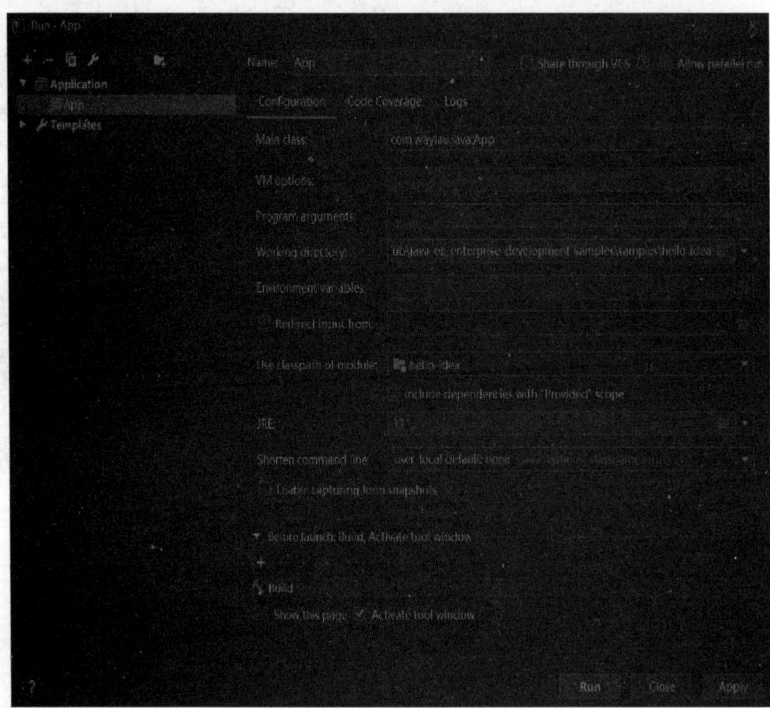

图 2-23　以 Application 方式运行

可以在 IntelliJ IEDA 下查看应用运行结果，如图 2-24 所示。

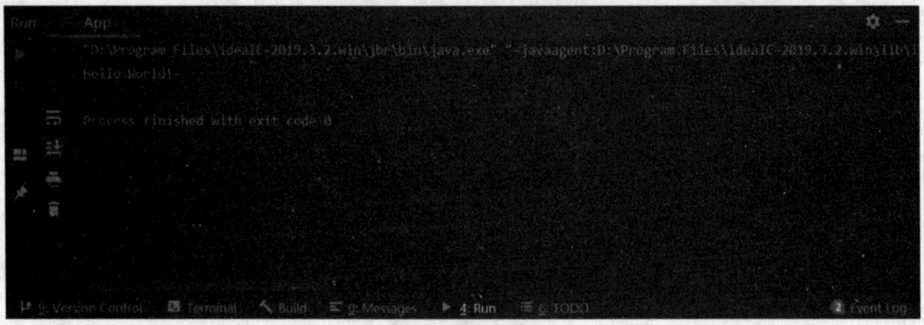

图 2-24　Application 方式运行结果

2. 以 Maven 命令方式运行

在 Maven 选项页面设置如图 2-25 所示的选项。在本例中自定义了一个 Maven 的 package 目标，单击 Run 按钮运行应用。

图 2-25　自定义 package 目标

可以在 IntelliJ IEDA 下查看应用运行结果，如图 2-26 所示。

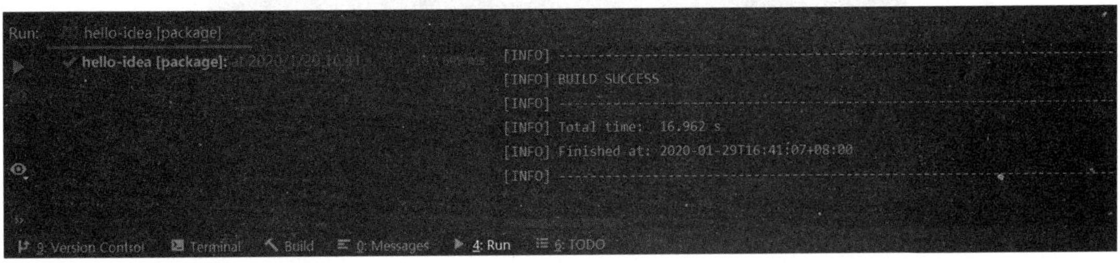

```
Run:   hello-idea [package]
  hello-idea [package]:
[INFO] ------------------------------------------------------------------------
[INFO] BUILD SUCCESS
[INFO] ------------------------------------------------------------------------
[INFO] Total time:  16.962 s
[INFO] Finished at: 2020-01-29T16:41:07+08:00
[INFO] ------------------------------------------------------------------------
9: Version Control   Terminal   Build   0: Messages   4: Run   6: TODO
```

图 2-26　查看应用运行结果

3. 命令行方式运行

在 Maven 应用所在目录下执行 Maven 命令。这种运行方式就是 2.1 节所介绍的方式，此处不再赘述。

2.5.3　导入 Maven 应用

将已有的 Maven 应用导入 IntelliJ IEDA 中比较简单，除了在 IntelliJ IEDA 启动界面中单击 Open 按钮选中 Maven 应用进行导入外，也可以在 IntelliJ IEDA 的菜单栏通过 File→Open 选项来导入 Maven 应用。

2.5.4 相关问题解决

以 Application 方式运行应用的过程中可能会遇到如下异常：

```
    D:\workspaceGithub\java-ee-enterprise-development-samples\samples\hello-idea\src\
test\java\com\waylau\java\AppTest.java
    Error:(3, 24) java: 程序包 org.junit 不存在
    Error:(3, 1) java: 仅从类和接口静态导入
    Error:(5, 17) java: 程序包 org.junit 不存在
    Error:(15, 6) java: 找不到符号
      符号: 类 Test
      位置: 类 com.waylau.java.AppTest
    Error:(18, 9) java: 找不到符号
      符号: 方法 assertTrue(boolean)
      位置: 类 com.waylau.java.AppTest
```

问题原因是，项目缺少了 JUnit 包。

解决方法是，在项目中添加 JUnit 包。在 File→Project Struct→Libraries 中单击绿色的加号按钮，然后单击 Java，找到本地 JUnit 的 JAR 包，最后单击 OK 按钮即可，如图 2-27 所示。

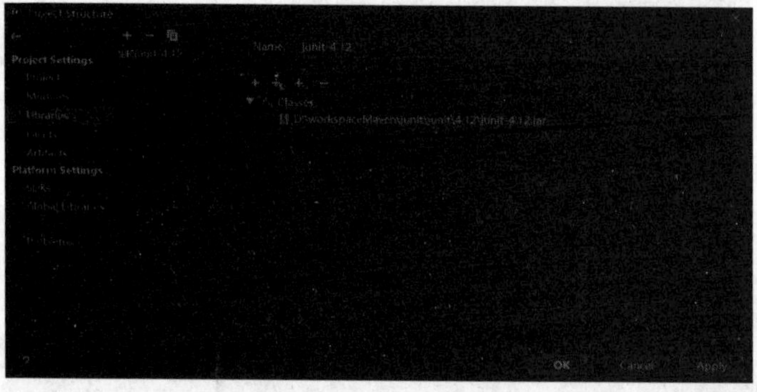

图 2-27　添加 JUnit 包

2.6 总　结

本章介绍了 Maven 相关的概念，特别重点介绍了 Maven 构建生命周期、POM 的含义，这些都是在实际开发中常用的。

本章同时演示了如何在 Eclipse、IntelliJ IEDA 中创建、运行、导入 Maven 应用。Eclipse、IntelliJ IEDA 是目前使用广泛的 Java IDE，两者本质上差异不大，在实际开发过程中，根据个人或者团队的要求二选一即可。对于 Maven 应用而言，使用什么样的 IDE 产品都不会对 Maven 应用代码结构有任何影响。无论使用什么样的 IDE，重要的是要熟练 IDE 的用法。

2.7 习　题

（1）简述 Maven 的主要功能。

（2）使用 archetype:generate 来创建一个 Maven 应用，并构建该 Maven。

（3）Maven 有哪些内置的生命周期？

（4）举例说明 default 生命周期有哪些阶段。

（5）简述什么是 POM，以及 Super POM 的作用。

（6）使用你熟悉的 IDE 来创建、运行、导入 Maven 应用。

第 3 章

Web 应用的基石——Servlet

Servlet 可以说是 Java EE 里面非常成功、应用非常广泛的规范了。开发 Java Web 应用少不了 Servlet 的支持。

本章将详细介绍 Servlet 的概念及基本用法，并介绍如何在应用中使用高性能的 Servlet 容器。

3.1 Servlet 概述

Servlet 是 Server Applet 的简称，称为服务器端小程序或服务连接器，主要功能在于交互式地浏览和修改数据，生成动态 Web 内容。目前，新 Servlet 规范版本为 Servlet 4.0（JSR 369）。

3.1.1 Servlet 架构

Java Servlet 是运行在 Web 服务器或应用服务器上的程序，它是作为来自 Web 浏览器或其他 HTTP 客户端的请求和 HTTP 服务器上的数据库或应用程序之间的中间层。

使用 Servlet 可以收集来自网页表单的用户输入，呈现来自数据库或者其他源的记录，还可以动态创建网页。

图 3-1 展示了 Servlet 架构。

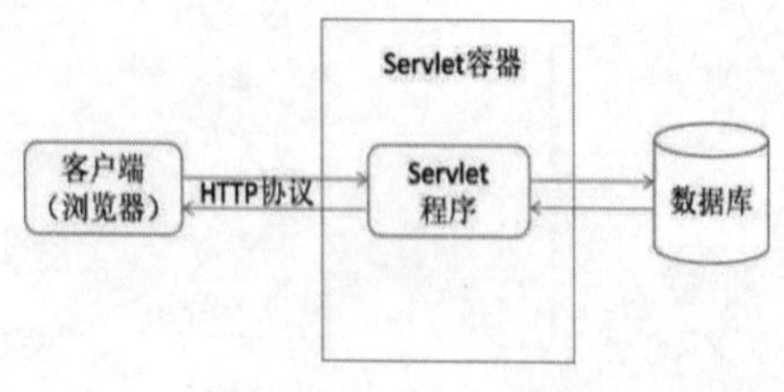

图 3-1 Servlet 架构

Servlet 主要执行以下任务：

- 读取客户端（浏览器）发送的显式数据，包括网页上的 HTML 表单或自定义的 HTTP 客户端程序的表单。
- 读取客户端（浏览器）发送的隐式 HTTP 请求数据，包括 Cookies、媒体类型和浏览器能理解的压缩格式等。
- 处理数据并生成结果。这个过程可能需要访问数据库、执行 RMI 等远程过程调用、调用 Web 服务或者直接计算得出对应的响应。
- 发送显式数据（文档）到客户端（浏览器）。该文档的格式可以是多种多样的，包括文本文件（HTML、XML 或 JSON 文件）、二进制文件（GIF 图像）、Excel 等。
- 发送隐式 HTTP 响应到客户端（浏览器），包括告诉浏览器或其他客户端被返回的文档类型（例如 HTML）、设置 Cookies 和缓存参数以及其他类似的任务。

3.1.2 Servlet 生命周期

Servlet 生命周期可被定义为从创建 Servlet 直到其销毁的整个过程。以下是 Servlet 遵循的过程：

- Servlet 通过调用 init 方法进行初始化。
- Servlet 调用 service 方法来处理客户端的请求。
- Servlet 通过调用 destroy 方法终止。
- 最后，Servlet 是由 JVM 的垃圾回收器进行垃圾回收的。

现在让我们详细讨论生命周期的方法。

1. init 方法

init 方法被设计成只调用一次。它在第一次创建 Servlet 时被调用，在后续每次用户请求时不再调用。因此，它用于一次性初始化。

Servlet 创建于用户第一次调用对应于该 Servlet 的 URL 时，但是也可以指定 Servlet 在服务器第一次启动时被加载。

用户调用一个 Servlet 就会创建一个 Servlet 实例，每一个用户请求都会产生一个新的线程，适当的时候移交给 doGet 或 doPost 方法。init 方法简单地创建或加载一些数据，这些数据将被用于 Servlet 的整个生命周期。

init 方法的定义如下：

```
public void init() throws ServletException {
    // ...
}
```

2. service 方法

service 方法是执行实际任务的主要方法。Servlet 容器调用 service 方法来处理来自客户端（浏览器）的请求，并把格式化的响应写回给客户端。

每次服务器接收到一个 Servlet 请求时，服务器会产生一个新的线程并调用服务。service 方法检查 HTTP 请求类型（GET、POST、PUT、DELETE 等），并在适当的时候调用 doGet、doPost、doPut、doDelete 等方法。

下面是该方法的特征：

```
public void service(ServletRequest request,
                   ServletResponse response)
    throws ServletException, IOException{
}
```

service 方法由容器调用，会在适当的时候调用 doGet、doPost、doPut、doDelete 等方法。所以，不用对 service 方法做任何动作，只需要根据来自客户端的请求类型来重写 doGet、doPost 方法即可。

doGet 和 doPost 方法是每次服务请求中常用的方法。下面介绍这两种方法的特征。

3. doGet 方法

当 Servlet 容器接收到 GET 请求时，会将该请求交由 doGet 方法处理。处理逻辑写在重写的 doGet 方法中，代码如下：

```
public void doGet(HttpServletRequest request,
                  HttpServletResponse response)
    throws ServletException, IOException {
    // ...
}
```

4. doPost()方法

当 Servlet 容器接收到 POST 请求时，会将该请求交由 doPost 方法处理。处理逻辑写在重写的 doPost 方法中，代码如下：

```
public void doPost(HttpServletRequest request,
                   HttpServletResponse response)
    throws ServletException, IOException {
    // ...
}
```

5. destroy 方法

当 Servlet 容器确定 Servlet 应该从服务中移除时，将调用 Servlet 接口的 destroy 方法以允许 Servlet 释放它使用的任何资源和保存任何持久化的状态。例如，当想要节省内存资源或它被关闭时，容器可以执行 destroy 方法。

Servlet 容器调用 destroy 方法之前，它必须让当前正在执行 service 方法的任何线程完成执行，或者超过了服务器定义的时间限制。

一旦调用了 Servlet 实例的 destroy 方法，容器就无法再路由其他请求到该 Servlet 实例。如果容器需要再次使用该 Servlet，就必须用该 Servlet 类的一个新实例。在 destroy 方法完成后，Servlet 容器必须释放 Servlet 实例以便被垃圾回收。

destroy 方法定义如下：

```
public void destroy() {
    // ...
}
```

3.1.3 常用方法

基本的 Servlet 接口定义了 service 方法来用于处理客户端的请求。当有请求到达时，该方法由 Servlet 容器路由到一个 Servlet 实例来调用。

Web 应用的并发请求处理通常需要 Web 开发人员设计适合多线程执行的 Servlet，从而保证 service 方法能在一个特定时间点处理多线程并发执行。通常 Web 容器对于并发请求将使用同一个 Servlet 处理，并且在不同的线程中并发执行 service 方法。

HttpServlet 抽象子类在基本的 Servlet 上添加了协议相关的方法，并且这些方法能根据 HTTP 请求类型自动由 HttpServlet 中实现的 service 方法转发到相应的协议相关的处理方法上。这些方法是：

- doGet 处理 HTTP GET 请求。
- doPost 处理 HTTP POST 请求。
- doPut 处理 HTTP PUT 请求。
- doDelete 处理 HTTP DELETE 请求。
- doHead 处理 HTTP HEAD 请求。
- doOptions 处理 HTTP OPTIONS 请求。
- doTrace 处理 HTTP TRACE 请求。

一般情况下，开发基于 HTTP 的 Servlet 时，Servlet 开发人员只需实现 doGet 和 doPost 请求处理方法即可。如果开发人员想使用其他处理方法，那么其使用方式跟之前的类似，即 HTTP 编程都是类似的。

doPut 和 doDelete 方法允许 Servlet 开发人员让支持 HTTP/1.1 的客户端使用这些功能。HttpServlet 中的 doHead 方法可以认为是 doGet 方法的一种特殊形式，它仅返回由 doGet 方法产生的 header 信息。doOptions 方法返回当前 Servlet 支持的 HTTP 方法。doTrace 方法返回的响应包含 TRACE 请求的所有头信息。

3.2 Servlet 容器

通俗点说，所谓容器，就是放东西的地方。Servlet 容器自然就是放 Servlet 的地方。在 Servlet 开发中，我们需要按照 Servlet 的规范写代码，那么这样的代码就能在 Servlet 容器中运行。容器会按照规则加载类，并运行它。

Servlet 容器的作用是负责处理客户请求，当客户请求来到时，Servlet 容器获取请求，然后调用某个 Servlet，并把 Servlet 的执行结果返回给客户。

Servlet 容器可以嵌入宿主的 Web 服务器中，或者通过 Web 务器的本地扩展 API 单独作为附加组件安装。Servelt 容器也可能内嵌或安装到启用 Web 功能的应用服务器中。

所有的 Servlet 容器必须支持 HTTP 协议以处理请求和响应，但额外的基于请求/响应的协议，如 HTTPS（HTTP over SSL）的支持是可选的。对于 HTTP 规范需要的版本，容器必须支持 HTTP/1.1

和 HTTP/2。

在支持 HTTP/2 时，Servlet 容器必须支持 h2 和 h2c 协议标识符，这意味着所有 Servlet 容器都必须支持 ALPN。因为容器可能有缓存，它可以在将它们传递给 Servlet 之前修改来自客户端的请求，可以在将 Servlet 发送到客户端之前修改响应，或者可以响应请求而不将它们传递给 Servlet。

Java SE 8 是与 Servlet 4.0 一起使用的最低 Java 平台版本。

3.2.1 常用 Servlet 容器

市面上，常见的 Servlet 容器有闭源的，也有开源的，包括 Tomcat、Jetty、Oracle Application Server、Oracle Weblogic Server、JBoss Application Server 等。其中，Tomcat、Jetty 在开源界比较有名，且在市场上占有率比较高。

下面就 Tomcat 和 Jetty 的异同点进行比较。

3.2.2 Tomcat 和 Jetty 的相同点

Tomcat 和 Jetty 都是 Servlet 引擎，它们都支持标准的 Servlet 规范和 Java EE 的规范。

它们都是开源的，免费使用。

3.2.3 Tomcat 和 Jetty 的不同点

在架构上，Jetty 比 Tomcat 更为简单。其中：

- Jetty 的架构是基于 Handler 来实现的，主要的扩展功能都可以用 Handler 来实现，扩展简单。
- Tomcat 的架构是基于容器设计的，进行扩展时需要了解 Tomcat 的整体设计结构，不易扩展。

在性能上，Jetty 和 Tomcat 差异不大。其中：

- Jetty 可以同时处理大量连接，而且可以长时间保持连接，适合 Web 聊天应用等。
- Jetty 的架构简单，因此作为服务器，Jetty 可以按需加载组件，减少不需要的组件，减少服务器内存开销，从而提高服务器性能。
- Jetty 默认采用 NIO，因此在处理 I/O 请求上更占优势，在处理静态资源时性能较高。
- Tomcat 适合处理少数非常繁忙的连接，也就是说链接生命周期短的话，Tomcat 的总体性能更高。
- Tomcat 默认采用 BIO 处理 I/O 请求，在处理静态资源时性能较差。

在其他方面：

- Jetty 的应用更加快速，修改简单，对新 Servlet 规范的支持较好。
- Tomcat 目前应用比较广泛，对 Java EE 和 Servlet 的支持更加全面，很多特性会直接集成进来。

3.2.4　总结

Jetty 的主要特性是易用性、可扩展性及易嵌入性。可以把 Jetty 理解为一个嵌入式的 Web 服务器，Jetty 的运行速度较快，而且是轻量级的。Jetty 的轻量级也使其在处理高并发细粒度请求的场景下显得更快速高效。

Jetty 更灵活，体现在其可插拔性和可扩展性，更易于开发者对 Jetty 本身进行二次开发，定制一个适合自身需求的 Web 服务器。

Tomcat 支持的规范更全面，功能也更多，但也显得更加“重量级”。所以，当需要大规模企业级应用时，Jetty 也许便需要扩展，在这场景下使用 Tomcat 会更加方便。

Jetty 更满足公有云的分布式环境的需求，而 Tomcat 更符合企业级环境。

综上所述，轻量级 Java EE 技术框架很适合基于 Jetty 或者 Tomcat 来实现内嵌容器。在本书的后续章节中，还会对 Jetty、Tomcat 进行深入探讨。欲了解更多有关 Servlet 方面的内容，可以参阅笔者所著的开源电子书《Java Servlet 3.1 规范》。

3.3　过 滤 器

过滤器是 Java 组件，它允许动态改变进入资源的请求和从资源返回的响应的有效载荷（Payload）和头（Header）信息。

Java Servlet API 类和方法提供了用于过滤动态和静态内容的轻量级框架。它描述了如何在 Web 应用程序中配置过滤器，以及实现过滤器的约定和语义。

3.3.1　什么是过滤器

过滤器是一组可重用的代码，能转换 HTTP 请求、响应和头信息的内容。过滤器通常不产生响应或者像 Servlet 那样对请求做出响应，而是修改或者调整对资源的请求，修改和调整来自资源的响应。

过滤器可以作用在动态或静态内容上。动态和静态内容指的是 Web 资源。

过滤器可以用于以下场景：

- 对资源的请求执行之前访问资源。
- 对资源的请求之前对请求进行处理。
- 通过对请求对象进行自定义版本包装来对请求头和数据进行修改。
- 提供自定义版本的响应对象来修改响应头和响应数据。
- 调用资源后对其进行侦听。
- 在一个 Servlet、一组 Servlet 或静态内容上按照指定的顺序执行 0 个、1 个或多个过滤器。

在现实项目中，经常使用过滤器来实现以下功能：

- 验证过滤器。
- 日志和审计过滤器。
- 图片转换过滤器。
- 数据压缩过滤器。
- 加密过滤器。
- 标记化过滤器。
- 触发资源访问事件过滤器。
- 转换 XML 内容的 XSL/T 过滤器。
- MIME-type 链过滤器。
- 缓存过滤器。

应用开发者通过实现 javax.servlet.Filter 接口并且提供一个无参公用构造器创建过滤器。此类跟构建 Web 应用的静态内容和 Servlet 一起打包进 Web 归档中。过滤器在部署描述符中使用<filter>元素声明。一个过滤器或过滤器集合可以通过在部署描述符里定义<filter-mapping>元素来配置调用。通过映射 Servlet 的逻辑名称把过滤器映射到一个特别的 Servlet，通过映射一个 URL 模式将过滤器映射到一组 Servlet 和静态内容资源来完成配置。

3.3.2 过滤器生命周期

Web 应用部署之后，在请求导致容器访问 Web 资源之前，容器必须定位应用到 Web 资源的过滤器列表。容器必须保证列表中的每一个过滤器(元素)都实例化了一个适当类的过滤器(对象)，然后调用它的 init(FilterConfig config)方法。过滤器可能会抛出一个异常，表明它不能正常运转。如果异常是 UnavailableException 类型的，容器就可以检查异常的 isPermanent 属性，并选择将来某个时候重试该过滤器。

在部署描述符中声明的每个<filter>在容器的每个 JVM 中只实例化一个实例。容器提供在过滤器部署描述符中声明的过滤器配置、Web 应用的 ServletContext 的引用和一组初始化参数。

当容器接收到一个进入的请求时，容器获取列表中的第一个过滤器的实例并且调用它的 doFilter，传入 ServletRequest 和 ServletResponse，以及一个它将使用的 FilterChain 的引用。

过滤器的 doFilter 方法通常按照下面模式的子集来实现：

- 该方法检查请求的头。
- 为了修改请求头或数据，该方法可能使用 ServletRequest 或 HttpServletRequest 的自定义实现来包装请求对象。
- 该方法可能用 ServletResponse 或 HttpServletResponse 的自定义实现来包装响应对象，传入 doFilter 方法来修改响应头或数据。
- 该过滤器可能会调用过滤器链中的下一个实体。下一个实体可能是另一个过滤器，如果执行调用的过滤器是此过滤器链中在部署描述符中为其配置的最后一个过滤器，下一个实体就是目标 Web 资源。FilterChain 对象调用 doFilter 方法将影响下一个实体的调用并传入它被调用时的 request 和 response 或者传入它可能已创建的包装版本。过滤器链的 doFilter 方法的实现由容器提供，必须定位过滤器链中的下一个实体并且调用它的 doFilter 方法，传入恰当的 request 和 response 对象。或者，过滤器链可以通过不调用下一个实体阻塞请求，由离开的过滤器负责填充响应对象。service 方法必须与应用到 Servlet 的所有过滤器运行在相同的线程中。

- 链中的下一个过滤器调用之后，该过滤器可能检查响应的头。
- 过滤器可以抛出一个异常表明一个错误正在处理。如果过滤器在其 doFilter 处理中抛出了一个 UnavailableException，容器不应该尝试继续处理剩下的过滤器链，如果异常没有标识为永久的，它就可能选择晚些时候重试整个过滤器链。
- 当链中的最后一个过滤器被调用时，下一个访问的实体是目标 Servlet 或者位于链尾的资源。
- 在一个过滤器实例可以被容器从服务中移除之前，容器必须首先调用过滤器的 destroy 方法使过滤器释放所有资源和执行其他清除操作。

3.3.3　包装请求和响应

过滤的核心概念是包装请求和响应以便它能覆盖行为执行过滤任务。在此模型中，开发者不仅有能力覆盖请求和响应对象已存在的方法，也能提供新的 API 对链中剩余的过滤器或目标 Web 资源执行特别过滤任务。例如，开发者可能希望使用更高级输出对象（output stream 或 writer）来扩展响应对象，比如允许 DOM 对象被写回客户端的 API。

为了支持这种风格的过滤器，容器必须满足下面的要求。当过滤器调用容器的过滤器链实现的 doFilter 方法时，容器必须确保传递给过滤器链的下一个实体或目标 Web 资源（如果此过滤器是链中的最后一个）的 request 和 response 对象与传入调用过滤器的 doFilter 方法的（request 和 response）对象相同。

当调用者包装 request 或 response 对象时，对包装对象标识的要求同样适用于从 Servlet 或 Filter 到 RequestDispatcher.forward 或 RequestDispatcher.include 的调用。

3.3.4　过滤器环境

通过在部署描述符中使用<init-params>元素可以将一组初始化参数与过滤器关联。通过过滤器的 FilterConfig 对象的 getInitParameter 和 getInitParameterNames 方法，过滤器可以在运行时使用这些参数的名称和值。除此之外，FilterConfig 提供对 Web 应用的 ServletContext 的访问来加载资源、记录日志和在 ServletContext 的属性列表中存储状态。

3.3.5　Web 应用中过滤器的配置

过滤器既可以通过@WebFilter 注解来定义，又可以通过在部署描述符中使用<filter>来定义。在此元素中，开发人员可以进行以下声明：

- filter-name：用来映射过滤器到 Servlet 或 URL。
- filter-class：容器用来识别过滤器类型。
- init-params：过滤器的初始化参数。

容器必须为在部署描述中声明的每一个过滤器准确实例化一个定义该过滤器的 Java 类的实例。因此，如果开发者为同一个过滤器类做了两个过滤器声明，容器就会实例化两个相同过滤器类的实例。

这里有一个过滤器声明的例子：

```
<filter>
   <filter-name>Image Filter</filter-name>
   <filter-class>com.waylau.java.ImageServlet</filter-class>
</filter>
```

一旦过滤器在部署描述中声明，组装者使用<filter-mapping>元素定义此过滤器将应用在此 Web 应用中的哪些 Servlet 和静态资源上。使用<servlet-name>元素，过滤器可以关联一个 Servlet。例如，下面的代码示例将映射 Image Filter 过滤器到 ImageServlet 上：

```
<filter-mapping>
   <filter-name>Image Filter</filter-name>
   <servlet-name>ImageServlet</servlet-name>
</filter-mapping>
```

使用<url-pattern>风格的过滤器映射，过滤器可以关联一组 Servlet 和静态内容：

```
<filter-mapping>
   <filter-name>Logging Filter</filter-name>
   <url-pattern>/*</url-pattern>
</filter-mapping>
```

在此，Logging 过滤器被应用到 Web 应用中所有的 Servlet 和静态内容页面，因为每个请求 URI 都匹配“/*”URL 模式。

容器为特定请求 URI 创建应用到它的过滤器链的顺序如下：

- 首先，按照这些元素在部署描述符中出现的顺序，<url-pattern>匹配过滤器映射。
- 接下来，按照这些元素在部署描述符中出现的顺序，<servlet-name>匹配过滤器映射。

如果一个过滤器映射同时包含<servlet-name>和<url-pattern>，容器就必须展开此过滤器映射为多个过滤器映射（每个<servlet- name>和<url-pattern>一个映射），保留<servlet-name>和<url-pattern>元素的顺序。例如下面的过滤器映射：

```
<filter-mapping>
   <filter-name>Multiple Mappings Filter</filter-name>
   <url-pattern>/foo/*</url-pattern>
   <servlet-name>Servlet1</servlet-name>
   <servlet-name>Servlet2</servlet-name>
   <url-pattern>/bar/*</url-pattern>
</filter-mapping>
```

3.3.6 过滤器和请求分派器

从 Java Servlet 规范新版本 2.4 起可以配置请求分派器 forward()和 include()调用时被调用的过

滤器。在部署描述符中使用新的<dispatcher>元素，开发者可以为 filter-mapping 指明希望此拦截器应用到的请求：

- 直接来自客户端的请求。可以由带有 REQUEST 值的<dispatcher>元素或者没有任何<dispatcher>元素表示。
- 该请求正在请求分配器下处理，该分配器代表使用 forward()调用与<url-pattern>或<servlet-name>匹配的 Web 组件。这由具有值 FORWARD 的<dispatcher>元素指示。
- 该请求正在请求分配器下处理，该分配器代表使用 include()调用与<url-pattern>或<servlet-name>匹配的 Web 组件。这由具有值 INCLUDE 的<dispatcher>元素指示。
- 对匹配<url-pattern>的错误资源，使用错误页面机制来处理请求。用一个带有值 ERROR 的<dispatcher>元素表示。
- 正在使用异步上下文分派机制时，使用分派调用将请求处理到 Web 组件。这由带有值 ASYNC 的<dispatcher>元素指示。

例如：

```
<filter-mapping>
   <filter-name>Logging Filter</filter-name>
   <url-pattern>/products/*</url-pattern>
</filter-mapping>
```

以/products/...开始的客户端请求将导致 Logging Filter 被调用，但在以路径开头为/products/...的请求分派器的请求分派调用时不会。Logging Filter 在请求的初始分派和恢复请求时都会被调用。

下面的代码：

```
<filter-mapping>
   <filter-name>Logging Filter</filter-name>
   <servlet-name>ProductServlet</servlet-name>
   <dispatcher>INCLUDE</dispatcher>
</filter-mapping>
```

客户端对 ProductServlet 的请求和请求分派器 forward()调用到 ProductServlet 时不会导致 Logging Filter 被调用，但是以 ProductServlet 开始的名字的请求分派器 include()调用时会调用它。

下面的代码：

```
<filter-mapping>
   <filter-name>Logging Filter</filter-name>
   <url-pattern>/products/*</url-pattern>
   <dispatcher>FORWARD</dispatcher>
   <dispatcher>REQUEST</dispatcher>
</filter-mapping>
```

以/products/...开始的客户端请求和路径开头为/products/...的请求分派器在 forward()调用时会导致 Logging Filter 被调用。

最后，下面的代码使用了特殊的 Servlet 名字“*”：

```
<filter-mapping>
   <filter-name>All Dispatch Filter</filter-name>
```

```
    <servlet-name>*</servlet-name>
    <dispatcher>FORWARD</dispatcher>
</filter-mapping>
```

按照名字或路径获得的所有请求分派器 forward()调用时，这些代码会导致 All Dispatch Filter 被调用。

3.4 请 求

请求对象封装了客户端请求的所有信息。在 HTTP 协议中，这些信息包含在从客户端发送到服务器请求的 HTTP 头部和消息体中。

3.4.1 HTTP 协议参数

Servlet 的请求参数以字符串的形式作为请求的一部分从客户端发送到 Servlet 容器。当请求是一个 HttpServletRequest 对象且符合“参数可用时”描述的条件时，容器从 URI 查询字符串和 POST 数据中填充参数。参数以一系列的名-值对（name-value）的形式保存。任何给定的参数的名称可存在多个参数值。ServletRequest 接口的以下方法可访问这些参数：

- getParameter
- getParameterNames
- getParameterValues
- getParameterMap

getParameterValues 方法返回一个 String 对象的数组，包含了与参数名称相关的所有参数值。

getParameter 方法的返回值必须是 getParameterValues 方法返回的 String 对象数组中的第一个值。

getParameterMap 方法返回请求参数的一个 java.util.Map 对象，其中以参数名称作为 Map 键，参数值作为 Map 值。

查询字符串和 POST 请求的数据被汇总到请求参数集合中。查询字符串数据放在 POST 数据之前。例如，请求由查询字符串 a=hello 和 POST 数据 a=goodbye&a=world 组成，得到的参数集合顺序将是 a=(hello, goodbye, world)。

这些 API 不会暴露 GET 请求（HTTP 1.1 所定义的）的路径参数。它们必须从 getRequestURI 方法或 getPathInfo 方法返回的字符串值中解析。

post 表单数据填充到参数集（Parameter Set）前必须满足以下条件：

- 该请求是一个 HTTP 或 HTTPS 请求。
- HTTP 方法是 POST。
- 内容类型是 application/x-www-form-urlencoded。
- 该 Servlet 已经对请求对象的任意 getParameter 方法进行了初始调用。

如果不满足这些条件，而且参数集中不包括 post 表单数据，那么 Servlet 必须可以通过请求对象的输入流得到 post 数据。如果满足这些条件，那么从请求对象的输入流中直接读取 post 数据将不再有效。

3.4.2 属性

属性是与请求相关联的对象。属性可以由容器设置来表达信息，否则无法通过 API 表示，或者由 Servlet 设置将信息传达给另一个 Servlet（通过 RequestDispatcher）。属性通过 ServletRequest 接口中的以下方法来访问：

- getAttribute
- getAttributeNames
- setAttribute

一个属性名称只能关联一个属性值。

3.4.3 请求头

通过下面的 HttpServletRequest 接口方法，Servlet 可以访问 HTTP 请求的头信息：

- getHeader
- getHeaders
- getHeaderNames

getHeader 方法返回给定头名称的头。多个头可以具有相同的名称，例如 HTTP 请求中的 Cache-Control 头。如果多个头的名称相同，getHeader 方法就返回请求中的第一个头。getHeaders 方法允许访问所有与特定头名称相关的头值，返回一个 String 对象的 Enumeration（枚举）。

头可包含 String 形式的 Int 或 Date 数据。HttpServletRequest 接口提供如下方法访问这些类型的头数据：

- getIntHeader
- getDateHeader

如果 getIntHeader 方法不能转换为 Int 的头值，就抛出 NumberFormatException 异常。如果 getDateHeader 方法不能把头转换成一个 Date 对象，就抛出 IllegalArgumentException 异常。

3.4.4 请求路径元素

引导 Servlet 服务请求的请求路径由许多重要部分组成：

```
URI = Context Path + Servlet Path + PathInfo
```

其中：

- Context Path：与 ServletContext 相关联的路径前缀是这个 Servlet 的一部分。如果这个上下文是基于 Web 服务器的 URL 命名空间的“默认”上下文，那么这个路径将是一个空字符串。否则，如果上下文不是基于服务器的命名空间，那么这个路径以“/”字符开始，但不以“/”字符结束。
- Servlet Path：路径部分直接与激活请求的映射对应。这个路径以“/”字符开头，如果请求与“/*”或“”模式匹配，在这种情况下，它是一个空字符串。
- PathInfo：请求路径的一部分，不属于 Context Path 或 Servlet Path。如果没有额外的路径，它要么是 null，要么是以“/”开头的字符串。使用 HttpServletRequest 接口中的以下方法来访问这些信息：
  - getContextPath
  - getServletPath
  - getPathInfo

表 3-1 展示了请求路径元素的使用例子。

表 3-1 请求路径元素的使用例子

请求路径	路径元素
/catalog/lawn/index.html	ContextPath: /catalog ServletPath: /lawn PathInfo: /index.html
/catalog/garden/implements/	ContextPath: /catalog ServletPath: /garden PathInfo: /implements/
/catalog/help/feedback.jsp	ContextPath: /catalog ServletPath: /help/feedback.jsp PathInfo: null

3.4.5 路径转换方法

在 Servlet API 中有两个方便的方法，允许开发者获得与某个特定的路径等价的文件系统路径。这两个方法是：

- ServletContext.getRealPath
- HttpServletRequest.getPathTranslated

getRealPath 方法需要一个 String 参数，并返回一个 String 形式的路径，这个路径对应一个在本地文件系统上的文件。getPathTranslated 方法推断出请求的 pathInfo 的实际路径。

这些方法在 Servlet 容器无法确定一个有效的文件路径的情况下返回 null，比如 Web 应用程序不能访问远程文件系统上的本地文件。JAR 文件中 META-INF/resources 目录下的资源只有当调用 getRealPath()方法时才认为容器已经从包含它的 JAR 文件中解压，在这种情况下必须返回解压缩后的位置。

3.4.6 请求数据编码

目前，很多 HTTP 请求并不一定会在 Content-Type 头上设置字符编码限定符。如果客户端请求没有指定请求默认的字符编码，那么容器用来创建请求读取器和解析 POST 数据的编码必须是 ISO-8859-1。

如果客户端没有设置字符编码，并使用不同的编码来编码请求数据，而不是使用上面描述的默认的字符编码，那么可能会发生问题。为了弥补这种情况，开发人员可以通过下面几种方法来覆盖由容器提供的字符编码：

- *ServletContext 上提供了 setRequestCharacterEncoding(String enc)。
- web.xml 中提供了元素。
- ServletRequest 接口上提供了 setCharacterEncoding(String enc)。

必须在解析任何 post 数据或从请求读取任何输入之前调用上述方法。上述方法一旦调用，将不会影响已经读取的数据的编码。

3.5　Servlet 上下文

Servlet 上下文定义了 Servlet 运行在 Web 应用的视图，定义在 ServletContext 接口中。容器供应商负责提供 Servlet 容器的 ServletContext 接口的实现。Servlet 可以使用 ServletContext 对象记录事件，获取 URL 引用的资源，存取当前上下文的其他 Servlet 可以访问的属性。

ServletContext 是 Web 服务器中已知路径的根。例如，Servlet 上下文可以从 https://waylau.com/catalog 找出，“/catalog”请求路径称为上下文路径，所有以它开头的请求都会被路由到与 ServletContext 相关联的 Web 应用。

3.5.1　ServletContext 接口作用域

每一个部署到容器的 Web 应用都有一个 ServletContext 接口的实例与之关联。在容器分布在多台虚拟机的情况下，每个 JVM 的每个 Web 应用将有一个 ServletContext 实例。

如果容器内的 Servlet 没有部署到 Web 应用中，就隐含地作为“默认”Web 应用的一部分，并有一个默认的 ServletContext。在分布式的容器中，默认的 ServletContext 是非分布式的且仅存在于一个 JVM 中。

3.5.2　初始化参数

以下 ServletContext 接口方法允许 Servlet 访问由应用开发人员在 Web 应用的部署描述符中指定的上下文初始化参数：

- getInitParameter
- getInitParameterNames

应用开发人员使用初始化参数来表达配置信息。代表性的例子是一个网络管理员的 E-Mail 地址，或保存关键数据的系统名称。

3.5.3 配置方法

下面的方法从 Servlet 3.0 开始添加到 ServletContext，以便启用编程方式定义 Servlet、Filter 和它们映射到的 URL 模式。这些方法只能从 ServletContextListener 实现的 contexInitialized 方法或者 ServletContainerInitializer 实现的 onStartup 方法进行的应用初始化过程中调用。除了添加 Servlet 和 Filter 外，也可以查找关联到 Servlet 或 Filter 的一个 Registration 对象实例，或者到 Servlet 或 Filter 的所有 Registration 对象的 Map。

如果 ServletContext 传到了 ServletContextListener 的 contextInitialized 方法，但该 ServletContextListener 既没有在 web.xml 或 web-fragment.xml 中声明，又没有使用@WebListener 注解，那么在 ServletContext 中定义的用于 Servlet、Filter 和 Listener 的编程式配置的所有方法必须抛出 nsupportedOperationException。

1. 编程式添加和配置 Servlet

编程式添加 Servlet 到上下文对框架开发者是很有用的。例如，框架可以使用这个方法声明一个控制器 Servlet。这个方法将返回一个 ServletRegistration 或 ServletRegistration.Dynamic 对象，允许我们进一步配置如 init-params、url-mapping 等 Servlet 的其他参数。

下面描述常用的添加和配置 Servlet 的方法。

- addServlet(String servletName, String className)：该方法允许应用以编程方式声明一个 Servlet。它添加给定的 Servlet 名称和类名称到 Servlet 上下文。
- addServlet(String servletName, Servlet servlet)：该方法允许应用以编程方式声明一个 Servlet。它添加给定的名称和 Servlet 实例的 Servlet 到 Servlet 上下文。
- addServlet(String servletName, Class <? extends Servlet> servletClass)：该方法允许应用以编程方式声明一个 Servlet。它添加给定的名称和 Servlet 类的一个实例的 Servlet 到 Servlet 上下文。
- T createServlet(Class clazz)：该方法实例化一个给定的 Servlet 类，该方法必须支持适用于 Servlet 的除了@WebServlet 的所有注解。返回的 Servlet 实例通过调用上面定义的 addServlet(String, Servlet)注册到 ServletContext 之前，可以进行进一步的定制。
- ServletRegistration getServletRegistration(String servletName)：该方法返回与指定名字的 Servlet 相关的 ServletRegistration，或者如果没有该名字的 ServletRegistration，就返回 null。如果 ServletContext 传到了 ServletContextListener 的 contextInitialized 方法，但该 ServletContextListener 既没有在 web.xml 或 web-fragment.xml 中声明，又没有使用 javax.servlet. annotation.WebListener 注解，就必须抛出 UnsupportedOperationException。
- Map getServletRegistrations()：该方法返回 ServletRegistration 对象的 Map，由名称作为键并对应着注册到 ServletContext 的所有 Servlet。如果没有 Servlet 注册到 ServletContext，就返回一个空的 Map。返回的 Map 包括所有声明和注解的 Servlet 对应的 ServletRegistration 对象，也包括那些使用 addServlet 方法添加的所有 Servlet 对应的 ServletRegistration 对象。返回的 Map 的任何改变都不影响 ServletContext。如果 ServletContext 传到了 ServletContextListener 的 contextInitialized 方法，但该 ServletContextListener 既没有在

web.xml 或 web-fragment.xml 中声明，又没有使用 javax.servlet.annotation.WebListener 注解，就必须抛出 UnsupportedOperationException。

2. 编程式添加和配置 Filter

- addFilter(String filterName, String className)：该方法允许应用以编程方式声明一个 Filter。它添加以给定的 Filter 名称和类名称的 Filter 到 Web 应用。
- addFilter(String filterName, Filter filter)：该方法允许应用以编程方式声明一个 Filter。它添加以给定的 Filter 名称和 Filter 实例到 Web 应用。
- addFilter(String filterName, Class <? extends Filter> filterClass)：该方法允许应用以编程方式声明一个 Filter。它添加以给定的 Filter 名称和 Filter 类到 Web 应用。
- T createFilter(Class clazz)：该方法实例化一个给定的 Filter。
- FilterRegistration getFilterRegistration(String filterName)：该方法返回与指定名字的 Filter 相关的 FilterRegistration，或者如果没有该名字的 FilterRegistration，就返回 null。如果 ServletContext 传到了 ServletContextListener 的 contextInitialized 方法，但该 ServletContextListener 既没有在 web.xml 或 web-fragment.xml 中声明，又没有使用 javax.servlet.annotation.WebListener 注解，就必须抛出 UnsupportedOperationException。
- Map getFilterRegistrations()：该方法返回 FilterRegistration 对象的 Map，由名称作为键并对应着注册到 ServletContext 的所有 Filter。如果没有 Filter 注册到 ServletContext，就返回一个空的 Map。返回的 Map 包括所有声明和注解的 Filter 对应的 FilterRegistration 对象，也包括那些使用 addFilter 方法添加的所有 Servlet 对应的 ServletRegistration 对象。返回的 Map 的任何改变都不影响 ServletContext。如果 ServletContext 传到了 ServletContextListener 的 contextInitialized 方法，但该 ServletContextListener 既没有在 web.xml 或 web-fragment.xml 中声明，又没有使用 javax.servlet.annotation.WebListener 注解，就必须抛出 UnsupportedOperationException。

3. 编程式添加和配置 Listener

- void addListener(String className)：往 ServletContext 添加指定类名的监听器。ServletContext 将使用由与应用关联的 classloader 加载该监听器的类。监听器必须实现一个或多个如下接口：
  - javax.servlet.ServletContextAttributeListener
  - javax.servlet.ServletRequestListener
  - javax.servlet.ServletRequestAttributeListener
  - javax.servlet.http.HttpSessionListener
  - javax.servlet.http.HttpSessionAttributeListener
  - javax.servlet.http.HttpSessionIdListener
- void addListener(T t)：往 ServletContext 添加一个给定的监听器。给定的监听器实例必须实现一个或多个如下接口：
  - javax.servlet.ServletContextAttributeListener
  - javax.servlet.ServletRequestListener

- javax.servlet.ServletRequestAttributeListener
- javax.servlet.http.HttpSessionListener
- javax.servlet.http.HttpSessionAttributeListener
- javax.servlet.http.HttpSessionIdListener

- void addListener(Class <? extends EventListener> listenerClass)：往 ServletContext 添加指定类名的监听器。给定的监听器类必须实现一个或多个如下接口：
  - javax.servlet.ServletContextAttributeListener
  - javax.servlet.ServletRequestListener
  - javax.servlet.ServletRequestAttributeListener
  - javax.servlet.http.HttpSessionListener
  - javax.servlet.http.HttpSessionAttributeListener
  - javax.servlet.http.HttpSessionIdListener
- void createListener(Class clazz)：该方法实例化给定的 EventListener 类。指定的 EventListener 类必须实现至少一个如下接口：
  - javax.servlet.ServletContextAttributeListener
  - javax.servlet.ServletRequestListener
  - javax.servlet.ServletRequestAttributeListener
  - javax.servlet.http.HttpSessionListener
  - javax.servlet.http.HttpSessionAttributeListener
  - javax.servlet.http.HttpSessionIdListener

3.5.4 上下文属性

Servlet 可以通过名字将对象属性绑定到上下文。同一个 Web 应用内的其他任何 Servlet 都可以使用绑定到上下文的任意属性。以下 ServletContext 接口中的方法允许访问此功能：

- setAttribute
- getAttribute
- getAttributeNames
- removeAttribute

在 JVM 中创建的上下文属性是本地的，这可以防止从一个分布式容器的共享内存存储中获取 ServletContext 属性。当需要在运行在分布式环境的 Servlet 之间共享信息时，该信息应该被放到会话中，或存储到数据库，或设置到 Enterprise JavaBeans（企业级 JavaBean）组件。

3.5.5 资源

ServletContext 接口提供了直接访问 Web 应用中仅是静态内容层次结构的文件的方法，包括 HTML、GIF 和 JPEG 文件等：

- getResource
- getResourceAsStream

getResource 和 getResourceAsStream 方法需要一个以“/”开头的 String 作为参数，给定的资源路径是相对于上下文的根，或者相对于 Web 应用的 WEB-INF/lib 目录下的 JAR 文件中的 META-INF/resources 目录。这两个方法首先根据请求的资源查找 Web 应用上下文的根，然后查找所有 WEB-INF/lib 目录下的 JAR 文件。查找 WEB-INF/lib 目录下 JAR 文件的顺序是不确定的。这种层次结构的文件可以存在于服务器的文件系统、Web 应用的归档文件、远程服务器或其他位置。

需要注意的是，这两个方法不能用于获取动态内容。例如，在支持 JSP 的容器中，如 getResource("/index.jsp") 形式的方法调用将返回 JSP 源码而不是处理后的输出。

3.6 响　应

响应对象封装了从服务器返回客户端的所有信息。在 HTTP 协议中，这些信息包含在从服务器传输到客户端的 HTTP 头信息或响应的消息体中。

3.6.1 缓冲

出于性能的考虑，Servlet 容器允许（但不要求）从缓存中输出内容到客户端。一般情况下，服务器是默认执行缓存的，但也允许 Servlet 来指定缓存参数。

下面是 ServletResponse 接口允许 Servlet 来访问和设置缓存信息的方法：

- getBufferSize
- setBufferSize
- isCommitted
- reset
- resetBuffer
- flushBuffer

无论 Servlet 使用的是一个 ServletOutputStream 还是一个 Writer，ServletResponse 接口提供的这些方法都允许执行缓冲操作。getBufferSize 方法返回使用的底层缓冲区大小。如果没有使用缓冲，该方法就必须返回一个 Int 值 0。Servlet 可以请求 setBufferSize 方法来设置一个最佳的缓冲大小。isCommitted 方法返回一个表示是否有任何响应字节已经返回到客户端的 boolean 值。flushBuffer 方法强制刷出缓冲区的内容到客户端。当响应没有提交时，reset 方法用来清空缓冲区的数据。头信息、状态码和在调用 reset 之前 Servlet 调用 getWriter 或 getOutputStream 设置的状态也必须被清空。如果响应没有被提交，resetBuffer 方法就清空缓冲区中的内容，但不清空请求头和状态码。

如果响应已经提交并且 reset 或 resetBuffer 方法已被调用，就必须抛出 IllegalStateException，响应及它关联的缓冲区将保持不变。

当使用缓冲区时，容器必须立即刷出填满的缓冲区内容到客户端。

3.6.2 头

Servlet 可以通过下面 HttpServletResponse 接口的方法来设置 HTTP 响应头：

- setHeader
- addHeader

setHeader 方法通过给定的名字和值来设置头。前面的头会被后来新的头替换。如果已经存在同名的头集合的值，集合中的值就会被清空并用新的值替换。

addHeader 方法使用给定的名字添加一个头值到集合。如果没有头与给定的名字关联，就创建一个新的集合。头可能包含表示 Int 或 Date 对象的数据。以下 HttpServletResponse 接口提供的方法允许 Servlet 对适当的数据类型用正确的格式设置一个头：

- setIntHeader
- setDateHeader
- addIntHeader
- addDateHeader

为了成功地传回给客户端，头必须在响应提交前设置。响应提交后的头设置将被 Servlet 容器忽略。

Servlet 开发人员负责保证为 Servlet 生成的内容设置合适的响应对象的 Content-Type 头。HTTP/1.1 规范中没有要求在 HTTP 响应中设置此头。当 Servlet 程序员没有设置该类型时，Servlet 容器也不能设置默认的内容类型。

容器使用 X-Powered-By HTTP 头发布其实现信息，其字段值应包含一个或多个实现类型，例如 Servlet / 4.0。还可以在括号内（实现类型之后）添加容器和底层 Java 平台的补充信息，当然补充信息是可选地。以下是设置“X-Powered-By”HTTP 头的示例：

```
    X-Powered-By: Servlet/4.0
    X-Powered-By: Servlet/4.0 JSP/2.3 (GlassFish Server Open Source Edition 5.0
Java/Oracle Corporation/1.8)
```

3.6.3 方法

HttpServletResponse 提供了如下简便的方法：

- sendRedirect
- sendError

sendRedirect 方法将设置适当的头和内容体将客户端重定向到另一个地址。使用相对 URL 路径调用该方法是合法的，但是底层的容器必须将传回到客户端的相对地址转换为全路径 URL。无论出于什么原因，如果给定的 URL 是不完整的，且不能转换为一个有效的 URL，那么该方法必须抛出 IllegalArgumentException。

sendError 方法将设置适当的头和内容体用于给客户端返回错误消息。可以使用 sendError 方法提供一个可选的 String 参数用于指定错误的内容体。

如果响应已经提交并终止，这两个方法将对提交的响应产生负向作用。这两个方法调用后，Servlet 将不会产生到客户端的后续输出。这两个方法调用后，如果有数据继续写到响应，这些数据就会被忽略。

如果数据已经写到响应的缓冲区，但没有返回到客户端（例如，响应没有提交），响应缓冲区中的数据就必须被清空并使用这两个方法设置的数据替换。如果响应已提交，这两个方法就必须抛出 IllegalStateException。

3.7 监 听 器

应用程序事件功能使 Web 应用程序开发人员可以更好地控制 ServletContext、HttpSession 和 ServletRequest 的生命周期，实现更好的代码分解，并提高管理 Web 应用程序使用的资源的效率。

事件监听器是实现一个或多个 Servlet 事件监听器接口的类。它们在部署 Web 应用时实例化并注册到 Web 容器中。它们由开发人员在 WAR 包中提供。

Servlet 事件监听器支持在 ServletContext、HttpSession 和 ServletRequest 状态改变时进行事件通知。Servlet 上下文监听器用来管理应用的资源或 JVM 级别持有的状态。HTTP 会话监听器用来管理从相同客户端或用户进入 Web 应用的一系列请求关联的状态或资源。Servlet 请求监听器用来管理整个 Servlet 请求生命周期的状态。异步监听器用来管理异步事件，例如超时和完成异步处理。

可以有多个监听器类监听每一个事件类型，且开发人员可以为每一个事件类型指定容器调用监听器 Bean 的顺序。

3.7.1 事件类型和监听器接口

事件类型和监听器接口总结如下：

1. Servlet 上下文事件

Servlet 上下文事件总结如表 3-2 所示。

表 3-2　Servlet 上下文事件

事件类型	描　述	监听器接口
生命周期	Servlet 上下文刚刚创建并可用于服务它的第一个请求，或者 Servlet 上下文即将关闭	javax.servlet.ServletContextListener
更改属性	在 Servlet 上下文的属性已添加、删除或替换	javax.servlet.ServletContextAttributeListener

2. HTTP 会话事件

HTTP 会话事件总结如表 3-3 所示。

表 3-3 HTTP 会话事件

事件类型	**描　述**	**监听器接口**
生命周期	会话已创建、销毁或超时	javax.servlet.http.HttpSessionListener
更改属性	已经在 HttpSession 上添加、移除或替换属性	javax.servlet.http.HttpSessionAttributeListener
id 更改	HttpSession 的 id 已经更改	javax.servlet.http.HttpSessionIdListener
会话迁移	HttpSession 已被激活或钝化	javax.servlet.http.HttpSessionActivationListener
对象绑定	对象已经从 HttpSession 绑定或解除绑定	javax.servlet.http.HttpSessionBindingListener

3. Servlet 请求事件

Servlet 请求事件总结如表 3-4 所示。

表 3-4 Servlet 请求事件

事件类型	**描　述**	**监听器接口**
生命周期	一个 Servlet 请求已经开始由 Web 组件处理	javax.servlet.ServletRequestListener
更改属性	已经在 ServletRequest 上添加、移除或替换属性	javax.servlet.ServletRequestAttributeListener
异步事件	超时、连接终止或完成异步处理	javax.servlet.AsyncListener

3.7.2 部署描述符示例

以下示例是注册两个 Servlet 上下文生命周期监听器和一个 HttpSession 监听器的部署语法。

假设 com.waylau.java.MyConnectionManager 和 com.waylau.java.MyLoggingModule 两个都实现了 javax.servlet.ServletContextListener，且 com.waylau.java.MyLoggingModule 又实现了 javax.servlet.http.HttpSessionListener。此外，开发人员希望 com.waylau.java.MyConnectionManager 在 com.waylau.java.MyLoggingModule 得到 Servlet 上下文生命周期事件的通知。下面是这个应用的部署描述符：

```
<web-app>
   <display-name>MyListeningApplication</display-name>
   <listener>
      <listener-class>com.waylau.java.MyConnectionManager</listener-class>
   </listener>
   <listener>
      <listener-class>com.waylau.java.MyLoggingModule</listener-class>
   </listener>
    <servlet>
       <display-name>RegistrationServlet</display-name>
       ...
   </servlet>
</web-app>
```

3.7.3　监听器实例和线程

容器需要在开始执行进入应用的第一个请求之前完成 Web 应用中的监听器类的实例化。容器必须保持到每一个监听器的引用直到为 Web 应用最后一个请求提供服务。

ServletContext 和 HttpSession 对象的属性改变可能会同时发生。不要求容器同步到属性监听器类产生的通知。维护状态的监听器类负责数据的完整性且应明确处理这种情况。

3.7.4　监听器异常

一个监听器里面的应用代码在运行期间可能会抛出异常。一些监听器通知发生在应用中的另一个组件调用树的过程中。这方面的一个例子是一个 Servlet 设置了会话属性，该会话监听器抛出未处理的异常。容器必须允许未处理的异常由错误页面机制处理。如果没有为这些异常指定错误页面，容器就必须确保返回一个状态码为 500 的响应。这种情况下，不再有监听器根据事件被调用。

有些异常不会发生在应用中的另一个组件调用栈的过程中。这方面的一个例子 SessionListener 接收通知的会话已经超时并抛出未处理的异常，或者 ServletContextListener 在 Servlet 上下文初始化通知期间抛出未处理的异常，或者 ServletRequestListener 在初始化或销毁请求对象的通知期间抛出未处理的异常。这种情况下，开发人员没有机会处理这种异常。容器能够以 HTTP 状态码 500 来响应所有后续到 Web 应用的请求，表示应用出错了。

3.7.5　分布式容器

在分布式 Web 容器中，HttpSession 实例被限到特定的 JVM 服务会话请求，且 ServletContext 对象被限定到 Web 容器所在的 JVM。分布式容器不需要传播 Servlet 上下文事件或 HttpSession 事件到其他 JVM。监听器类实例被限定到每个 JVM 的每个部署描述符声明一个。

3.7.6　会话事件

监听器类提供给开发人员一种跟踪 Web 应用内会话的方式。它通常是有用的，在跟踪会话时能够知道一个会话是否已经失效。会话失效有多种原因，可能是因为容器会话超时，或因为应用内的一个 Web 组件调用了 invalidate 方法。通过会话事件就能区别到底是什么原因导致的会话失效。

3.8　会　话

HTTP 的设计天然是无状态协议。为了构建有效的 Web 应用程序，必须将来自特定客户端的请求彼此关联，因此衍生出了很多会话（Session）跟踪机制。

然而，直接使用这些会话跟踪机制是困难或麻烦的。因此，Servlet 规范定义了一个简单的

HttpSession 接口，该接口允许 Servlet 容器使用多种方法来跟踪用户的会话，而无须让应用开发者感觉到使用这些方法的差别。

3.8.1 会话跟踪机制

会话跟踪机制有以下几类：

1. Cookie

通过 HTTP Cookie 进行会话跟踪是常用的会话跟踪机制，要求被所有 Servlet 容器支持。

容器向客户端发送一个 Cookie。然后，客户端会在后续每个请求上携带该 Cookie，并返回给服务器，这样就明确地每个请求与会话关联关系。会话是通过 Cookie 的标准名称来跟踪的。Cookie 的标准名称必须是 JSESSIONID.Containers 格式，允许通过容器特定配置来定制 Cookie 的名称。

所有 Servlet 容器必须提供配置容器是否将会话跟踪 Cookie 标记为 HttpOnly 的能力。已建立的配置必须适用于尚未建立上下文特定配置的所有上下文。

如果 Web 应用程序为其会话跟踪 Cookie 配置自定义名称，而会话 ID 在 URL 中进行了编码（前提是已启用 URL 重写），那么同样的自定义名称也将用作 URI 参数的名称。

2. SSL 会话

安全套接字层是 HTTPS 协议中使用的加密技术，它有一个内置的机制，可以允许客户端的多个请求被明确地标识为会话的一部分。Servlet 容器可以很容易地使用这些数据来定义会话。

3. URL 重写

URL 重写是会话跟踪的最小公分母。当客户端不接受 Cookie 时，URL 重写可能被服务器用作会话跟踪的基础。URL 重写涉及将数据（一个会话 ID）添加到由容器解释的 URL 路径，以将请求与会话关联起来。

会话 ID 必须编码为 URL 字符串中的路径参数。参数的名称必须是 jsessionid。下面是一个包含编码路径信息的 URL 示例：

```
http://waylau.com/catalog/index.html;jsessionid=1234
```

URL 重写在日志、书签、引用标头、缓存的 HTML 和 URL 栏中公开会话标识符。URL 重写不应该被用作一个会话跟踪机制，在这个机制中，Cookie 或 SSL 会话是受支持的和合适的。

4. 会话的完整性

Web 容器必须能够支持 HTTP 会话，同时为不支持使用 Cookie 的客户端提供 HTTP 请求。为了满足这个需求，Web 容器通常支持 URL 重写机制。

3.8.2 创建会话

当会话只是一个预期的会话且尚未建立时，它会被认为是“新”的。因为 HTTP 是基于请求-响应的协议，所以在客户端“加入”之前 HTTP 会话被认为是新的。当会话跟踪信息被返回到服务器，表明已经建立了会话时，客户端加入会话。在客户端加入会话之前，不能假定客户端的下一个请求将被视为会话的一部分。

如果下列任何一项是正确的，会话就会被认为是新的：

- 客户端还不了解会话。
- 客户端选择不加入一个会话。

如果会话被认为是“新”的，则证明这个“新”会话是没有跟之前的请求有任何关联关系的。Servlet 开发人员必须设计应用程序来处理客户端没有、不能或不会加入会话的情况。

与每个会话相关联，有一个包含一个独特标识符的字符串，被称为会话 ID。会话 ID 的值可以通过调用 javax.servlet.http.HttpSession.getId() 获取，创建后可以通过调用 javax.servlet.http.HttpServletRequest.changeSessionId()改变。

3.8.3　会话范围

HttpSession 对象必须在应用程序（或 Servlet 上下文）级别范围内。在底层机制，例如用于建立会话的 Cookie，对于不同的上下文可以是相同的，但是引用的对象（包括该对象中的属性）不能被容器在上下文之间共享。

比如，如果一个 Servlet 使用 RequestDispatcher 在另一个 Web 应用程序中调用 Servlet，那么为这个 Servlet 创建并可见的任何会话都必须与调用 Servlet 可见的会话不同。

此外，上下文的会话必须可被请求恢复到该上下文，无论它们的关联上下文是否被直接访问或在创建会话时作为请求分派的目标。

3.8.4　绑定属性到会话

Servlet 可以通过名称将对象属性绑定到 HttpSession 实现。任何绑定到会话的对象都可用于属于同一个 ServletContext 的任何其他 Servlet，并处理被标识为同一会话的一部分请求。

当某些对象被放置或从会话中删除时，可能需要通知。此信息可以通过对象实现 HttpSessionBindingListener 接口获得。该接口定义了以下方法，这些方法将指示被绑定到的对象或从会话中释放的对象。

- valueBound
- valueUnbound

在通过 HttpSession 接口的 getAttribute 方法提供对象之前，必须调用 valueBound 方法。在对象不再通过 HttpSession 接口的 getAttribute 方法可达之后，必须调用 valueUnbound 方法。

3.8.5　会话超时

在 HTTP 协议中，当客户端不再活动时，是没有显式地终止信号的。这意味着唯一可以用来指示客户端不再活动的机制是超时时间。

会话的默认超时时间由 Servlet 容器定义，可以通过 ServletContext 接口的 getSessionTimeout

方法或 HttpSession 接口的 getMaxInactiveInterval 方法获得。

这个时间可以由开发人员使用 ServletContext 接口的 setSessionTimeout 方法或 HttpSession 接口的 setMaxInactiveInterval 方法来更改。会话超时方法使用的超时时间定义为分钟。setMaxInactiveInterval 方法所使用的超时时间定义为秒。根据定义，如果会话的超时时间设置为 0 或更低的值，会话就不会过期。在使用该会话的所有 Servlet 退出服务方法之前，会话将不会失效。一旦会话失效开始，新的请求就不能看到会话。

3.8.6 最后访问时间

HttpSession 接口的 getLastAccessedTime 方法允许 Servlet 在当前请求之前确定会话上次访问的时间。当会话的一部分请求首先由 Servlet 容器处理时，会话被认为是被访问的。

3.8.7 线程问题

执行请求线程的多个 Servlet 可以同时对同一个会话对象进行活动访问。容器必须确保对表示会话属性的内部数据结构的操作以线程安全的方式执行。开发人员负责线程安全访问属性对象本身。这将保护 HttpSession 对象内的属性集合不受并发访问，从而消除了应用程序导致该集合被破坏的机会。除非在规范中有明确的声明，否则从请求或响应中获得的对象必须被假定为非线程安全的。这包括但不限于 ServletResponse.getWriter()方法返回的 PrintWriter 和 ServletResponse.getOutputStream()方法返回的 OutputStream。

3.8.8 分布式环境

在分布式的应用程序中，所有属于会话的请求必须一次由一个 JVM 处理。容器必须能够正确地使用 setAttribute 或 putValue 方法对所有放置到 HttpSession 类实例中的对象进行处理。为了满足这些条件，我们实施了以下限制:

- 容器必须接受实现 Serializable 接口的对象。
- 容器可以选择支持 HttpSession 中其他指定对象的存储，例如对 Enterprise JavaBeans 组件和事务的引用。
- 迁移会话将由特定容器设施处理。

当分布式 Servlet 容器不支持必需的会话迁移存储对象机制时，容器必须抛出 IllegalArgumentException。

分布式 Servlet 容器必须支持迁移的对象实现 Serializable 的必要机制。

这些限制意味着开发人员可以确保在非分布式容器中不存在其他并发性问题。

容器提供程序可以通过将会话对象及其内容（从分布式系统的任何活动节点）移动到系统的不同节点，从而确保负载均衡和故障转移等服务特性的可伸缩性和质量。

如果分布式容器持久化或迁移会话以提供服务特性的质量，那么它们并不局限于使用本机 JVM 序列化机制来序列化 httpsession 及其属性。开发人员不能保证容器会在会话属性上调用

readObject 和 writeObject 方法，如果实现了这些方法，那么保证它们的属性的可序列化闭包将被保留。

容器必须在迁移会话期间通知任何实现 HttpSessionActivationListener 的会话属性。它们必须在会话序列化之前通知侦听器，并在会话反序列化之后激活。编写分布式应用程序的开发人员应该意识到，由于容器可能在多个 Java 虚拟机中运行，因此开发人员不能依赖静态变量来存储应用程序状态，应该使用企业 Bean 或数据库存储这些状态。

3.8.9　客户端语义

由于 Cookie 或 SSL 证书通常由 Web 浏览器进程控制，且不与浏览器的任何特定窗口相关联，因此从客户端应用程序的所有窗口向 Servlet 容器请求的可能是同一会话的一部分。为了获得最大的可移植性，开发人员应该始终假设客户的所有窗口都参与了相同的会话。

3.9　实战：创建基于 Servlet 的 Web 应用

本节将演示如何使用 Maven 创建一个基于 Servlet 的 Web 程序。该程序源码可以在 hello-servlet 目录下找到。

3.9.1　创建动态 Web 项目

使用以下 Maven 命令来创建动态 Web 项目：

```
    mvn archetype:generate -DgroupId=com.waylau.java -DartifactId=hello-servlet
-DarchetypeArtifactId=maven-archetype-webapp -DarchetypeVersion=1.4
-DinteractiveMode=false
```

创建完成之后，能够看到如下的项目结构：

```
hello-servlet
|-- pom.xml
`-- src
    `-- main
        `-- webapp
            |-- WEB-INF
            |   `-- web.xml
            `-- index.jsp
```

3.9.2　创建 Servlet 实现类

为了能使用 Servlet API，我们需要在项目的 pom.xml 文件中引入 Servlet API 的 Maven 依赖。添加内容如下：

```
<dependency>
   <groupId>javax.servlet</groupId>
   <artifactId>javax.servlet-api</artifactId>
   <version>4.0.1</version>
   <scope>provided</scope>
</dependency>
```

<scope>设置为 provided 表明该包只在编译和测试的时候用，因为当项目打包完部署到 Servlet 容器时，Servlet 容器会提供 Servlet API，因此无须将 Servlet API 打包到项目的 WAR 包中。

在项目中创建 HelloServlet 类，代码如下：

```
package com.waylau.java;

import java.io.IOException;
import javax.servlet.ServletException;
import javax.servlet.annotation.WebServlet;
import javax.servlet.http.HttpServlet;
import javax.servlet.http.HttpServletRequest;
import javax.servlet.http.HttpServletResponse;

/**
* Servlet implementation class HelloServlet
*/
@WebServlet("/HelloServlet")
public class HelloServlet extends HttpServlet {
   public static final long serialVersionUID = 1L;

   public HelloServlet() {
      super();
   }

   protected void doGet(HttpServletRequest request, HttpServletResponse response)
      throws ServletException, IOException {
       // 输出Hello World!
       response.getWriter().append("Hello World!");
   }

   protected void doPost(HttpServletRequest request, HttpServletResponse response)
      throws ServletException, IOException {
      doGet(request, response);
   }

}
```

HelloServlet 类的逻辑非常简单，当客户端访问“/HelloServlet”URL 时，会响应“Hello World!”字样的文本内容给客户端。

3.9.3　编译应用

执行“mvn package”来编译、打包应用。执行成功后，可以在应用的 target 目录下看到一个 hello-servlet.war 文件。该 WAR 包可以用来部署到 Servlet 容器中。

3.9.4　运行应用

将 hello-servlet.war 文件部署到 Servlet 容器中。比如，本例是部署到 Tomcat 中。Tomcat 安装目录下的 webapps 默认是用来部署应用的，我们将 hello-servlet.war 文件放置到该目录下，如图 3-2 所示。

› 本地磁盘 (D:) › apache-tomcat-9.0.30-windows-x64 › apache-tomcat-9.0.30 › webapps

名称	修改日期	类型
docs	2019/12/7 16:43	文件夹
examples	2019/12/7 16:43	文件夹
hello-servlet	2020/1/30 17:31	文件夹
host-manager	2019/12/7 16:43	文件夹
manager	2019/12/7 16:43	文件夹
ROOT	2019/12/7 16:43	文件夹
hello-servlet.war	2020/1/30 17:02	WAR 文件

图 3-2　Tomcat 部署应用的目录

Tomcat 成功启动后，在浏览器中访问 http://localhost:8080/hello-servlet/HelloServlet，可以看到如图 3-3 所示的响应内容。

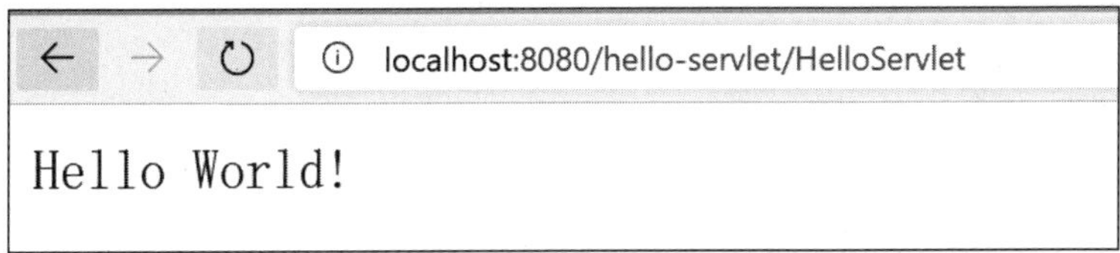

图 3-3　HelloServlet 响应内容

3.10　Tomcat 服务器概述

Apache Tomcat 是 Java Servlet、JavaServer Pages、Java Expression Language 和 Java WebSocket 技术的开源实现。Tomcat 是在开放性和参与性环境中开发的，并在 Apache License 版本 2 下发布。

Apache Tomcat 软件为各种行业和组织中的众多大型、关键任务 Web 应用程序提供支持。

3.10.1　Tomcat 目录结构

Tomcat 目录结构如下：

- bin：该目录下存放的是二进制可执行文件，如果是安装版，那么这个目录下会有两个.exe

文件：tomcat9.exe 和 tomcat9w.exe，前者是在控制台下启动 Tomcat，后者是弹出 UGI 窗口启动 Tomcat；如果是解压版，那么会有 startup.bat 和 shutdown.bat 文件，startup.bat 用来启动 Tomcat，但需要先配置 JAVA_HOME 环境变量才能启动，shutdown.bat 用来停止 Tomcat。

- conf：这是一个非常重要的目录，这个目录有 4 个重要的文件：
  - server.xml：配置整个服务器信息，例如修改端口号、添加虚拟主机等。下面将会详细介绍。
  - tomcatuser.xml：存储 Tomcat 用户的文件，这里保存的是 Tomcat 的用户名、密码以及用户的角色信息。可以按该文件中的注释添加 Tomcat 用户，然后就可以在 Tomcat 主页中进入 Tomcat Manager 页面。
  - web.xml：部署描述符文件，这个文件中注册了很多 MIME 类型，即文档类型。这些 MIME 类型是客户端与服务器之间的说明文档类型，如用户请求一个 HTML 网页，那么服务器会告诉客户端浏览器响应的文档是 Text/HTML 类型的，这就是一个 MIME 类型。客户端浏览器通过这个 MIME 类型就知道如何处理它了，当然是在浏览器中显示这个 HTML 文件。但如果服务器响应的是一个.exe 文件，浏览器就不可能显示它，转而会弹出下载窗口。MIME 就是用来说明文档的内容是什么类型的。
  - context.xml：对所有应用的统一配置，通常我们不会去配置它。
- lib：Tomcat 的类库，里面是一大堆 JAR 文件。如果需要添加 Tomcat 依赖的 JAR 文件，那么可以把它放到这个目录中，当然也可以把应用依赖的 JAR 文件放到这个目录中，这个目录中的 JAR 所有项目都可以共享，但这样你的应用放到其他 Tomcat 下时就不能共享这个目录下的 JAR 包，所以建议只把 Tomcat 需要的 JAR 包放到这个目录下。
- logs：这个目录中都是日志文件，记录了 Tomcat 的启动和关闭信息，如果启动 Tomcat 时有错误，那么异常也会记录在日志文件中。
- temp：存放 Tomcat 的临时文件，这个目录下的东西可以在停止 Tomcat 后删除。
- webapps：存放 Web 项目的目录，其中每个文件夹都是一个项目。如果这个目录下已经存在目录，那么都是 Tomcat 自带的项目。其中 ROOT 是一个特殊的项目，在地址栏中没有给出项目目录时，对应的就是 ROOT 项目。访问 http://localhost:8080/hello-servlet，进入示例项目。其中 hello-servlet 就是项目名，即文件夹的名字。
- work：运行时生成的文件，最终运行的文件都在这里是通过 webapps 中的项目生成的，可以把这个目录下的内容删除，再次运行时会再次生成 work 目录。当客户端用户访问一个 JSP 文件时，Tomcat 会通过 JSP 生成 Java 文件，再编译生成 Class 文件。生成的 Java 和 Class 文件都会存放到这个目录下。
- LICENSE：许可证。
- NOTICE：说明文件。

3.10.2 Tomcat 主要组件

Tomcat 主要组件包括 Server、Service、Connector、Container 等。Tomcat 结构示意图如图 3-4 所示。

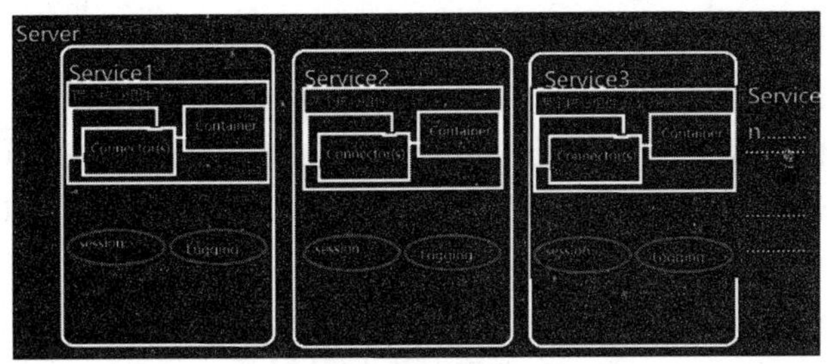

图 3-4　Tomcat 结构示意图

- Connector：一个 Connecter 将在某个指定的端口上侦听客户请求，接收浏览器发过来的 TCP 连接请求，创建一个 Request 和 Response 对象分别用于和请求端交换数据，然后会产生一个线程来处理这个请求并把产生的 Request 和 Response 对象传给处理 Engine，从 Engine 处获得响应并返回客户。
- Container：Container 是容器的父接口，该容器的设计用的是典型的责任链的设计模式，它由 4 个子容器组件构成，分别是 Engine、Host、Context、Wrapper。

3.10.3　Tomcat 处理 HTTP 请求的过程

Tomcat 处理 HTTP 请求的过程如下：

- 该请求由正在 ThreadPoolExecutor 类中等待的单独线程接收。它正在等待常规 ServerSocket.accept()方法中的请求。收到请求后，该线程将被唤醒。
- ThreadPoolExecutor 分配一个 TaskThread 来处理请求。它还向 catalina 容器提供了 JMX 对象名称。
- 在这种情况下，处理请求的处理器是 Coyote Http11Processor，并且调用了处理方法。同一处理器还将继续检查套接字的输入流，直到达到保持活动点或断开连接为止。
- 使用内部缓冲区类（Http11InputBuffer）解析 HTTP 请求。缓冲区类解析请求行、标头等，并将结果存储在 Coyote 请求（不是 HTTP 请求）中。此请求包含所有 HTTP 信息，例如服务器名、端口、方案等。
- 处理器包含对适配器的引用。解析请求后，Http11Processor 会在适配器上调用 service()。在服务方法中，请求包含 CoyoteRequest 和 CoyoteResponse。CoyoteRequest 实现了 HttpRequest 和 HttpServletRequest。适配器通过 Mapper 解析所有内容并将其与请求、Cookie、上下文相关联。
- 解析完成后，CoyoteAdapter 调用其容器（StandardEngine）并调用 invoke(request，response)方法。这将从引擎级别开始向 Catalina 容器发起 HTTP 请求。
- StandardEngine.invoke()只需调用容器管道.invoke()。
- 默认情况下，引擎只有一个阀门 StandardEngineValve，该阀门仅在主机管道上调用 invoke()方法。
- 默认情况下，StandardHost 具有两个阀门，即 StandardHostValve 和 ErrorReportValve。
- 标准主阀将正确的类加载器与当前线程相关联。它还会检索 Manager 和与请求关联的会话

（如果有）。如果存在会话，就调用 access()来保持会话有效。

- 之后，StandardHostValve 在与请求关联的上下文上调用管道。
- 上下文管道调用的第一个阀是 FormAuthenticator 阀，然后 StandardContextValve 被调用。StandardContextValve 调用与上下文关联的所有上下文侦听器。接下来，它调用 Wrapper 组件（StandardWrapperValve）上的管道。
- 在调用 StandardWrapperValve 期间，将调用 JSP 包装器，这导致了 JSP 的实际编译，然后调用实际的 Servlet。

3.11 实战：在应用里面内嵌 Tomcat 容器

使用 Tomcat Maven 插件 tomcat7-maven-plugin 将 Tomcat 容器内嵌在应用里面，可以实现可执行的 WAR 或者 JAR 包。这样，我们就无须安装独立的 Tomcat 实例。

在 hello-servlet 项目的基础上稍作修改，生成一个 hello-tomcat 应用作为演示。

3.11.1 安装 tomcat7-maven-plugin

要在应用里面内嵌 Tomcat 容器，需要使用 tomcat7-maven-plugin。pom.xml 文件添加如下插件：

```
<plugin>
<groupId>org.apache.tomcat.maven</groupId>
<artifactId>tomcat7-maven-plugin</artifactId>
<version>2.2</version>
<configuration>
   <!-- HTTP 端口 -->
   <port>8080</port>
    <!-- 应用路径/-->
   <path>/</path>
</configuration>
</plugin>
```

上述配置的含义是，内嵌 Tomcat 容器将启动在 8080 端口，应用的路径是“/”。

3.11.2 运行应用

执行如下命令以启动应用：

```
mvn tomcat7:run
```

成功启动后，可以看到控制台输出内容如图 3-5 所示。

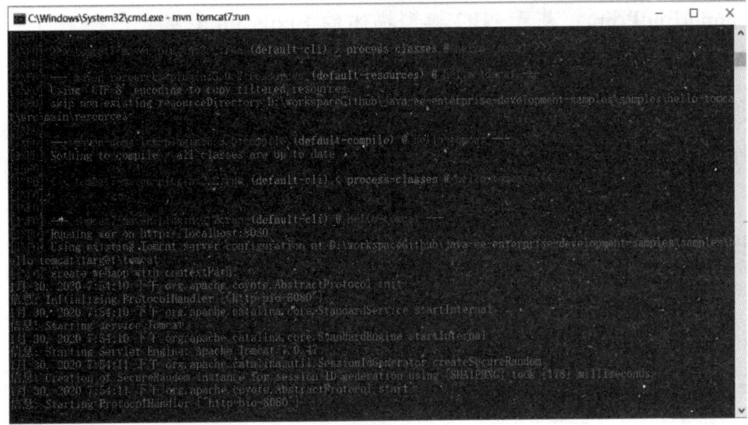

图 3-5 Tomcat 插件启动输出内容

3.11.3 访问应用

在浏览器访问 http://localhost:8080/HelloServlet，可以看到如图 3-6 所示的内容。

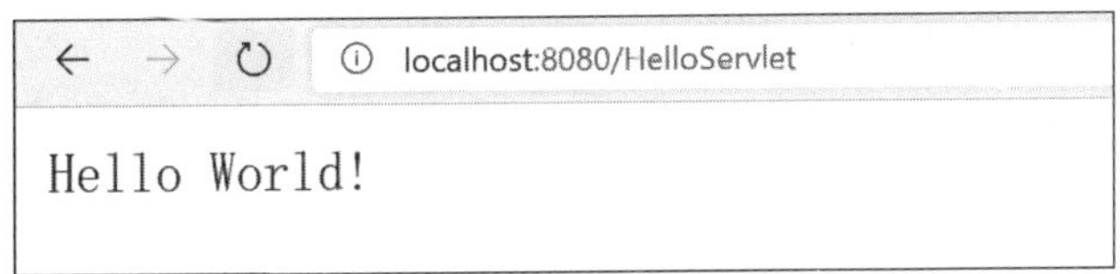

图 3-6 访问应用

3.12 Jetty 服务器概述

本节将介绍另一款轻量级的 Servlet 容器——Jetty。Jetty 具有开源、轻量级、高性能、可拔插等特点，深受互联网公司喜爱。

Jetty 实现了 Java EE 规范的各个方面，主要是 Servlet 规范。最近发布的 Java EE 平台引入了 Web Profile，虽然 Jetty 本身并不提供所有 Web Profile 技术，但 Jetty 架构可以插入第三方实现，以生成根据用户确切需求定制的容器。

3.12.1 高性能 Servlet 容器

Jetty 作为一款高性能的 Web 容器，非常适合大量链接和高并发的场景。其中，Jetty 使用 NIO（非阻塞 IO）模式，在某种程度上是 Jetty 作为高性能服务器的有力支点。

Jetty NIO 组件由以下基本内容组成：

- EndPoint：网络上进行相互通信的对端实体抽象。
- Connection：网络实体通信链接的抽象。
- ByteBufferPool：缓冲区对象池。

- SelectChannelEndPoint：基于 NIO 模型描述的 EndPoint 封装。
- SelectorManager：选择器管理器。

整个 Jetty NIO 组件架构是基于 Reactor 模型的，并采用异步处理方式来模拟 Proactor 模式。基于 Proactor 或者伪 Proactor 模型可以使得网络连接的处理具备极高的扩展性和响应性。

3.12.2 可拔插

Jetty 通过可以插件化的方式来增强或者简化应用。Jetty 官方支持以下插件：

- Proxy Servlet
- Balancer Servlet
- CGI Servlet
- Quality of Service Filter
- Denial of Service Filter
- Header Filter
- Gzip Handler
- Cross Origin Filter
- Resource Handler
- Debug Handler
- Statistics Handler
- IP Access Handler
- Moved Context Handler
- Shutdown Handler
- Default Handler
- Error Handler
- Rewrite Handler

使用这些插件非常简单。比如，想使用 Proxy Servlet 插件，只需要在应用中添加如下依赖即可：

```
<dependency>
   <groupId>org.eclipse.jetty</groupId>
   <artifactId>jetty-proxy</artifactId>
   <version>${jetty.version}</version>
</dependency>
```

3.12.3 Jetty 常用配置

Jetty 常用配置总结如下：

1. httpConnector

该配置是可选配置。如果没有设置，Jetty 就会创建 ServerConnector 实例来监听 8080 端口。

可以在命令行上使用系统属性 jetty.http.port 来修改默认的端口配置，例如：

```
mvn -Djetty.http.port=9999 jetty:run
```

当然，也可以通过配置下面的属性来配置 ServerConnector。可以配置的属性如下：

- port：连接监听的端口，默认为 8080。
- host：监听的主机，默认监听所有主机，即所有主机都可以访问。
- name：连接器的名称，在配置指定连接器来处理指定请求时有用。
- idleTimeout：连接超时时间。
- soLinger：socket 连接时间。

同样，可以在一个标准的 Jetty 的 XML 配置文件中配置连接，并把配置文件的路径赋值给 jettyXml 参数。

2. jettyXml

该配置是可选配置。通常，可以把以逗号分隔的 Jetty XML 配置文件的地址字符串增加到任何插件的配置参数中。如果有另一个 Web 应用、处理器，特别是连接器，就可以使用它，但是若有另一个 Jetty 对象，则不能通过插件得到配置信息。

3. scanIntervalSeconds

自动扫描文件改变并进行热部署的时间间隔，单位为秒。默认值为 0，这代表着禁用扫描并热部署，只有一个大于 0 的配置可以使它生效。

4. reload

重新加载选项，默认值是 automatic（自动），一般用来和配置不为 0 的 scanIntervalSeconds 一同使用。默认配置下，当发现有文件改变会自动进行热部署。如果设置为 manual（手动），部署就会通过插件被手动触发，这在频繁改动文件时比较有用，这样会忽略你的改动，直到做完所有改变。

5. dumpOnStart

可选择的配置，默认为 false，如果设置为 true，那么 Jetty 会在启动时打印出 server 的结构。

6. loginServices

可选择的配置，是一系列 org.eclipse.jetty.security.LoginService 的实现类。注意，没有指定默认的域，如果需要在 web.xml 中配置域，就可以配置一个统一的域。当然，也可以在 Jetty 的 XML 里面进行配置，并把配置文件的地址增加到 jettyXml 中。

7. requestLog

可选择的配置，一个实现了 org.eclipse.jetty.server.RequestLog 接口的请求日志记录。有 3 种方式配置请求日志：

- 配置在 Jetty XML 配置文件的 jettyXml 中。
- 配置在 Context XML 配置文件的 contextXml 中。
- 配置在 webAPP 元素中。

8. server

可选择配置，可以配置 org.eclipse.jetty.server.Server 实例用来支持插件的使用，然而通常是不需要配置的，因为插件会自动为你配置。特别是在使用 jettyXml 的时候通常不愿意使用这个元素。

9. stopPort

可选择配置，一个用来监听停止命令的端口。

10. stopKey

可选择的配置，和 stopPort 结合使用。

11. systemProperties

可选择的配置，允许你为了执行插件而配置系统参数。

12. systemPropertiesFile

可选择的配置，一个包含执行插件系统参数的文件。默认情况下，在文件中设置的参数不会覆盖在命令行中写的参数，无论通过 JVM 还是通过 POM 的 systemProperties。

13. skip

默认为 false。如果为 true 的话，插件的执行就会退出。该配置等同于使用命令-Djetty.skip 进行设置。这在测试中，可以通过配置取消执行时非常有用。

14. jetty.xml

设置 org.eclipse.jetty.server.Server 实例的各种属性。以下是配置示例：

```
<New id="httpConfig" class="org.eclipse.jetty.server.HttpConfiguration">
  <Set name="secureScheme">https</Set>
  <Set name="securePort"><Property name="jetty.secure.port" default="8443"/></Set>
  <Set name="outputBufferSize">32768</Set>
  <Set name="requestHeaderSize">8192</Set>
  <Set name="responseHeaderSize">8192</Set>
  <Set name="sendServerVersion">true</Set>
  <Set name="sendDateHeader">false</Set>
  <Set name="headerCacheSize">512</Set>
</New>
```

当然，针对 org.eclipse.jetty.server.HttpConfiguration 元素，我们也可以使用一个子 XML 文件来配置它。

15. jetty-ssl.xml

为 HTTPS 连接配置 SSL。下面的 jetty-ssl.xml 例子来自 jetty-distribution：

```
<?xml version="1.0"?>
<!DOCTYPE Configure PUBLIC "-//Jetty//Configure//EN"
"http://www.eclipse.org/jetty/configure_9_4.dtd">

<!-- ============================================================= -->
<!-- SSL 基础配置                                                    -->
<!-- 这个配置文件需要和至少一个或多个                                   -->
<!-- etty-https.xml 或 jetty-http2.xml 文件同时使用                   -->
```

```
  <!-- =============================================================== -->
  <Configure id="Server" class="org.eclipse.jetty.server.Server">

    <!-- ============================================================= -->
    <!-- 不使用协议工厂增加一个 SSL 连接 -->
    <!-- ============================================================= -->
    <Call  name="addConnector">
      <Arg>
        <New id="sslConnector" class="org.eclipse.jetty.server.ServerConnector">
          <Arg name="server"><Ref refid="Server"/></Arg>
          <Arg name="acceptors" type="int"><Property name="jetty.ssl.acceptors"
deprecated="ssl.acceptors" default="-1"/></Arg>
          <Arg name="selectors" type="int"><Property name="jetty.ssl.selectors"
deprecated="ssl.selectors" default="-1"/></Arg>
          <Arg name="factories">
            <Array type="org.eclipse.jetty.server.ConnectionFactory">
              <!-- 注释掉用于支持代理
              <Item>
                <New class="org.eclipse.jetty.server.ProxyConnectionFactory"/>
              </Item>-->
            </Array>
          </Arg>

        <Set name="host"><Property name="jetty.ssl.host" deprecated="jetty.host" /></Set>
        <Set name="port"><Property name="jetty.ssl.port" deprecated="ssl.port"
default="8443" /></Set>
        <Set name="idleTimeout"><Property name="jetty.ssl.idleTimeout"
deprecated="ssl.timeout" default="30000"/></Set>
        <Set name="soLingerTime"><Property name="jetty.ssl.soLingerTime"
deprecated="ssl.soLingerTime" default="-1"/></Set>
        <Set name="acceptorPriorityDelta"><Property
name="jetty.ssl.acceptorPriorityDelta" deprecated="ssl.acceptorPriorityDelta"
default="0"/></Set>
        <Set name="acceptQueueSize"><Property name="jetty.ssl.acceptQueueSize"
deprecated="ssl.acceptQueueSize" default="0"/></Set>
      </New>
    </Arg>
  </Call>

  <!-- ============================================================= -->
  <!-- 基于定义在 jetty.xml 配置文件里的 HttpConfiguration              -->
  <!-- 创建一个基于 TLS 的 HttpConfiguration                            -->
  <!-- 增加一个 SecureRequestCustomizer 来管理证书和 session 信息          -->
  <!-- ============================================================= -->
  <New id="sslHttpConfig" class="org.eclipse.jetty.server.HttpConfiguration">
    <Arg><Ref refid="httpConfig"/></Arg>
    <Call name="addCustomizer">
      <Arg>
        <New class="org.eclipse.jetty.server.SecureRequestCustomizer">
          <Arg name="sniHostCheck" type="boolean"><Property
```

```
name="jetty.ssl.sniHostCheck" default="true"/></Arg>
        <Arg name="stsMaxAgeSeconds" type="int"><Property
name="jetty.ssl.stsMaxAgeSeconds" default="-1"/></Arg>
        <Arg name="stsIncludeSubdomains" type="boolean"><Property
name="jetty.ssl.stsIncludeSubdomains" default="false"/></Arg>
      </New>
     </Arg>
   </Call>
  </New>

</Configure>
```

3.13 实战：在应用里面内嵌 Jetty 容器

Jetty 在互联网应用中能够广泛使用的一个非常重要的原因是能够通过内嵌的方式嵌入应用中，使得应用具备独立运行的能力。这种能力使得 Jetty 非常适合在云环境中通过容器来部署应用。这也是 Jetty 被称为 Servlet Engine 的原因，用量代码就可以使应用具备处理 HTTP 请求的能力。

一般来说，Jetty 可以通过两种方式嵌入应用中，接下来详细介绍。

3.13.1 Maven 插件形式

在 hello-servlet 项目的基础上稍作修改，生成一个 hello-jetty 应用作为演示。

1. 安装 jetty-maven-plugin

在应用中需要使用 Jetty 的 Maven 插件，在 pom.xml 文件中添加如下依赖内容：

```
<plugin>
  <groupId>org.eclipse.jetty</groupId>
  <artifactId>jetty-maven-plugin</artifactId>
  <version>9.4.26.v20200117</version>
  <configuration>
   <connectors>
      <connector implementation="org.mortbay.jetty.nio.SelectChannelConnector">
         <!-- HTTP 端口 -->
         <port>8080</port>
      </connector>
   </connectors>
   <!-- 应用路径/ -->
   <webAppConfig>
      <contextPath>/</contextPath>
   </webAppConfig>
  </configuration>
</plugin>
```

上述配置的含义是，内嵌 Tomcat 容器将启动在 8080 端口，应用的路径是“/”。

2. 运行应用

执行如下命令以启动应用：

```
mvn jetty:run
```

成功启动后，可以看到控制台输出内容如图 3-7 所示。

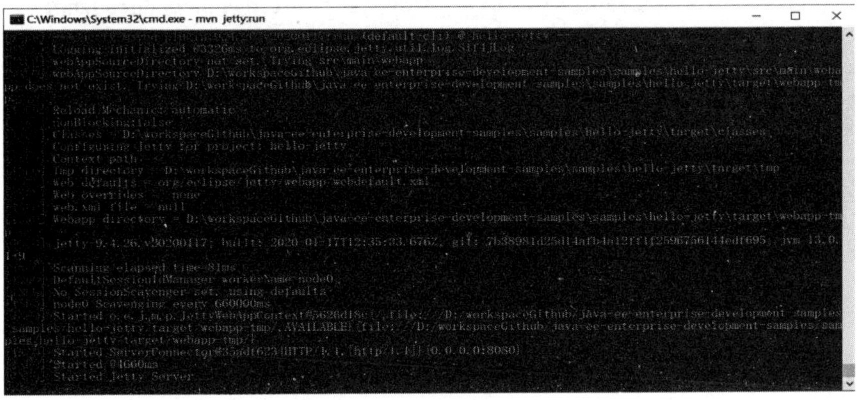

图 3-7　Jetty 插件启动输出内容

启动之后，在浏览器访问 http://localhost:8080/HelloServlet，应能看到如图 3-8 所示的响应内容。

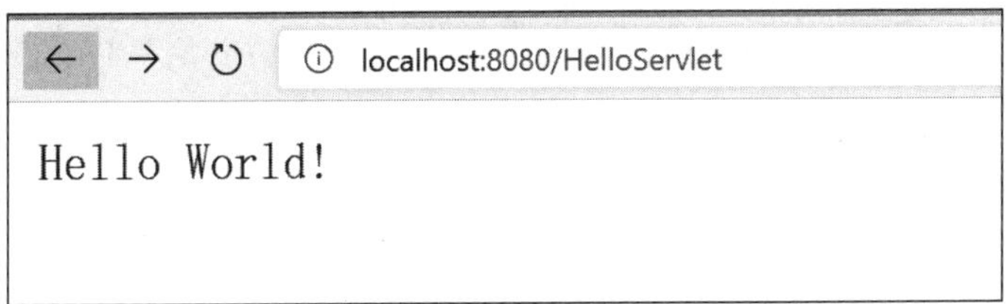

图 3-8　访问应用界面效果

3.13.2　编程方式

新建一个名为 jetty-server 的 Maven 应用来演示如何将 Jetty 以编程方式嵌入应用中。

1. 配置 POM 文件

在应用中需要使用 Jetty 的 Maven 以及 Servlet 的接口。编辑 pom.xml 文件内容如下：

```
<?xml version="1.0" encoding="UTF-8"?>

<project xmlns="http://maven.apache.org/POM/4.0.0"
    xmlns:xsi="http://www.w3.org/2001/XMLSchema-instance"
    xsi:schemaLocation="http://maven.apache.org/POM/4.0.0
    http://maven.apache.org/xsd/maven-4.0.0.xsd">
    <modelVersion>4.0.0</modelVersion>

    <groupId>com.waylau.java</groupId>
    <artifactId>jetty-server</artifactId>
    <version>1.0-SNAPSHOT</version>
```

```
    <packaging>jar</packaging>

  <name>jetty-server</name>
  <url>https://waylau.com</url>

  <properties>
    <project.build.sourceEncoding>UTF-8</project.build.sourceEncoding>
    <maven.compiler.source>1.7</maven.compiler.source>
    <maven.compiler.target>1.7</maven.compiler.target>
    <jetty.version>9.4.26.v20200117</jetty.version>
  </properties>

  <dependencies>
    <dependency>
      <groupId>javax.servlet</groupId>
      <artifactId>javax.servlet-api</artifactId>
      <version>4.0.1</version>
      <scope>provided</scope>
    </dependency>
    <dependency>
      <groupId>org.eclipse.jetty</groupId>
      <artifactId>jetty-servlet</artifactId>
      <version>${jetty.version}</version>
      <scope>provided</scope>
    </dependency>
    <dependency>
      <groupId>junit</groupId>
      <artifactId>junit</artifactId>
      <version>4.12</version>
      <scope>test</scope>
    </dependency>
  </dependencies>
</project>
```

2. 编写 HelloServlet 类

编写 HelloServlet 类代码如下：

```
package com.waylau.java;

import java.io.IOException;

import javax.servlet.ServletException;
import javax.servlet.http.HttpServlet;
import javax.servlet.http.HttpServletRequest;
import javax.servlet.http.HttpServletResponse;

/**
* Servlet implementation class HelloServlet
*/
public class HelloServlet extends HttpServlet {
```

```
    public static final long serialVersionUID = 1L;

    public HelloServlet() {
        super();
    }

    protected void doGet(HttpServletRequest request, HttpServletResponse response)
            throws ServletException, IOException {
        // 输出 Hello World!
        response.getWriter().append("Hello World!");
    }

    protected void doPost(HttpServletRequest request, HttpServletResponse response)
            throws ServletException, IOException {
        doGet(request, response);
    }

}
```

HelloServlet 类的逻辑非常简单，当客户端访问该 HelloServlet 时，会响应“Hello World!”字样的文本内容给客户端。

与 hello-servlet 项目不同的是，jetty-server 项目的 HelloServlet 类无须加@WebServlet 注解。

3. 编写 Application 类

Application 类用于启动 Jetty 服务器，代码如下：

```
package com.waylau.java;

import org.eclipse.jetty.server.Server;
import org.eclipse.jetty.servlet.ServletHandler;

/**
* Application Main.
*
*@since 2020 年 1 月 30 日
*@author <a href="https://waylau.com">Way Lau</a>
*/
public class Application {

    /**
    * @param args
    */
    public static void main(String[] args) throws Exception {
        // 新建一个 Jetty 的服务器，并启动在 8080 端口
        Server server = new Server(8080);

        // 创建处理器
        ServletHandler handler = newServletHandler();
        server.setHandler(handler);
```

```
        // URL 映射到 Servlet
        handler.addServletWithMapping(HelloServlet.class, "/HelloServlet");

        // 启动服务器
        server.start();
        server.join();
    }

}
```

其中，ServletHandler.addServletWithMapping 方法将“/HelloServlet”URL 映射到了 HelloServlet 上。

4. 运行应用

在 IDE 里面运行该应用之后，在浏览器访问 http://localhost:8080/HelloServlet，应能看到如图 3-9 所示的响应内容。

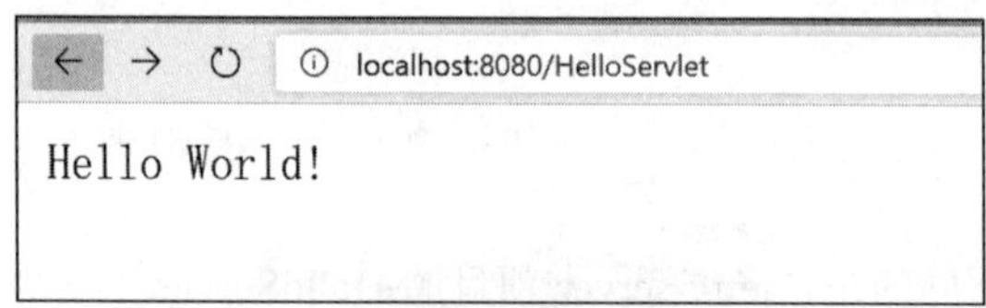

图 3-9　访问应用界面效果

3.14 总　结

本章介绍了 Servlet 的概念及基本用法，并介绍了在 Java EE 企业级应用里面常用的 Tomcat 和 Jetty 的用法。

3.15 习　题

（1）简述 Servlet 的生命周期有哪些。
（2）列举有哪些常用的 Servlet 容器，并说明它们之间的异同点。
（3）简述什么是 Servlet 过滤器。
（4）Servlet 请求对象、响应对象里面包含哪些内容？
（5）简述什么是 Servlet 会话，有哪些常见的会话跟踪机制。
（6）Servlet 事件有哪些类型？
（7）用你熟悉的技术实现一个内嵌 Servlet 容器的应用。

第 4 章

流行的开源关系型数据库——MySQL

MySQL 是流行的开源关系型数据库，在互联网企业中广泛使用。本章介绍 MySQL 的基本概念、安装和基本操作。

4.1 MySQL 概述

MySQL 是一个关系型数据库管理系统，由瑞典 MySQL AB 公司开发，后来被 Sun 公司收购，Sun 公司后来又被 Oracle 公司收购，目前已经归属于 Oracle 旗下。MySQL 是流行的关系型数据库管理系统之一，在 Web 应用方面，MySQL 是很好的关系型数据库管理系统。

MySQL 所使用的 SQL 语言是用于访问数据库的常用标准化语言。MySQL 软件采用了双授权政策，分为社区版和商业版，由于其体积小、速度快、总体拥有成本低，尤其是开放源码这一特点，一般中小型网站的开发以及互联网企业都选择 MySQL 作为其数据库。

4.1.1 MySQL 名字的由来

MySQL 的海豚标志的名字叫 Sakila，它是由 MySQL AB 的创始人从用户在“海豚命名”的竞赛中建议的大量名字表中选出来的。获胜的名字是由来自非洲斯威士兰的开源软件开发者 Ambrose Twebaze 提供的。根据 Ambrose 所说，Sakila 来自一种叫 SiSwati 的斯威士兰方言，女性化名称 Sakila 源自 SiSwati。Sakila 也是坦桑尼亚 Arusha 地区的一个镇名，靠近 Ambrose 的母国乌干达。

MySQL 的基本目录以及大量库和工具均采用了前缀“My”，其原因是 MySQL 的共同创办人 Monty Widenius 的女儿名字叫“My”。

4.1.2 MySQL 的发展历程

1979 年，有一个名叫 Monty Widenius 的人，为一个叫 TcX 的小公司打工，并用 BASIC 设计了一个报表工具，可以在 4MHz 主频和 16KB 内存的计算机上运行。过了不久，他将此工具使用 C 语言重写，移植到 UNIX 平台，当时这只是一个很底层的面向报表的存储引擎。这个工具叫作 Unireg。

1985 年，瑞典的几位志同道合的小伙子（以 David Axmark 为首）成立了一家公司，这就是 MySQL AB 的前身。这个公司最初并不是为了开发数据库产品，而是在实现他们想法的过程中需要一个数据库。他们希望能够使用开源的产品，但在当时并没有一个合适的选择，只能选择自己开发。最初，他们只是自己设计了一个利用索引顺序存取数据的方法，也就是 ISAM（Indexed Sequential Access Method）存储引擎核心算法的前身，利用 ISAM 结合 mSQL 来实现他们的应用需求。早期，他们主要是为瑞典的一些大型零售商提供数据仓库服务。在系统使用的过程中，随着数据量越来越大，系统复杂度越来越高，ISAM 和 mSQL 的组合逐渐不堪重负。在分析性能瓶颈之后，他们发现问题出在 mSQL 上面。不得已，他们抛弃了 mSQL，重新开发了一套功能类似的数据存储引擎，这就是 ISAM 存储引擎。大家可能已经注意到他们当时的主要客户是数据仓库，应该也容易理解为什么直至现在，MySQL 擅长的是查询性能，而不是事务处理（需要借助第三方存储引擎）。

1990 年，TcX 的客户中开始有人要求为它的 API 提供 SQL 支持，当时有人想到了直接使用商用数据库，但是 Monty 觉得商用数据库的速度难以令人满意。于是，他直接借助 mSQL 的代码将它集成到自己的存储引擎中。但不巧的是，效果并不太好。于是，Monty 决心自己重写一个 SQL 支持。

1996 年，MySQL 1.0 发布，在小范围内使用。到了 1996 年 10 月，MySQL 3.11.1 发布了，没有 2.x 版本。开始只提供了 Solaris 下的二进制版本。一个月后，Linux 版本出现了。此时的 MySQL 还非常简陋，除了在一个表上做一些 Insert、Update、Delete 和 Select 操作外，没有其他更多的功能。

接下来的两年里，MySQL 依次移植到各个平台下。它发布时采用的许可策略有些与众不同：允许免费商用，但是不能将 MySQL 与自己的产品绑定在一起发布。如果想一起发布，就必须使用特殊许可，意味着需要更多的花费。这种特殊许可为 MySQL 带来一些收入，从而为它的持续发展打下了良好的基础。

1999 至 2000 年，有一家公司在瑞典成立了，叫 MySQL AB。与 Sleepycat 合作开发出了 Berkeley DB 引擎。因为 Berkeley DB 引擎支持事务处理，所以 MySQL 从此开始支持事务处理了。

2000 年 4 月，MySQL 对旧的存储引擎进行了整理，命名为 MyISAM。

2001 年，Heikiki Tuuri 向 MySQL 提出建议，希望能集成他们的存储引擎 InnoDB，这个引擎同样支持事务处理，还支持行级锁。所以在 2001 年发布 3.23 版本的时候，该版本已经支持大多数基本的 SQL 操作，而且还集成了 MyISAM 和 InnoDB 存储引擎。MySQL 与 InnoDB 的正式结合版本是 4.0。

2004 年 10 月，发布了经典的 4.1 版本。2005 年 10 月，又发布了里程碑的一个版本，MySQL 5.0。在 MySQL 5.0 中加入了游标、存储过程、触发器、视图和事务的支持。在 5.0 之后的版本里，MySQL 明确地表现出迈向高性能数据库的发展步伐。

2008 年 1 月 16 日，MySQL 被 Sun 公司收购。

2009 年 04 月 20 日，Oracle 收购了 Sun 公司，MySQL 转入 Oracle 旗下。自此，MySQL 数据库进入 Oracle 时代，而其第三方的存储引擎 InnoDB 早在 2005 年就被 Oracle 公司收购。

2010 年 12 月，MySQL 5.5 发布，其主要新特性包括半同步的复制及对 SIGNAL/RESIGNAL 的异常处理功能的支持，重要的是 InnoDB 存储引擎终于变为当前 MySQL 的默认存储引擎。MySQL 5.5 不是时隔两年后的一次简单的版本更新，而是加强了 MySQL 各个方面企业级的特性。Oracle 公司同时承诺 MySQL 5.5 和未来版本仍采用 GPL 授权的开源产品。

2011 年 4 月，MySQL 5.6 发布，作为被 Oracle 收购后第一个正式发布并做了大量变更的版本（5.5 版本主要是对社区开发的功能的集成），对复制模式、优化器等做了大量的变更，其中重要的主从 GTID 复制模式大大降低了 MySQL 高可用操作的复杂性，除此之外，由于对源代码进行了大量的调整，到 2013 年，5.6 版本才正式发布。

2013 年 4 月，5.6 版本发布后，新特性的变更开始作为独立的 5.7 分支进行进一步开发，在并行控制、并行复制等方面进行了大量的优化调整，正式发布于 2015 年 10 月，这个版本也是目前新的稳定版本分支。

2016 年 9 月，Oracle 决定跳过 MySQL 5.x 命名系列，并抛弃之前的 MySQL 6、7 两个分支（从来没有对外发布的两个分支），直接进入 MySQL 8 版本命名，也就是 MySQL 8.0 版本的开发。MySQL 8 带来了全新的体验，比如支持 NoSQL、JSON 等，拥有比 MySQL 5.7 两倍以上的性能提升。

4.1.3　MySQL 的特点

MySQL 的特点如下：

1. MySQL 是一个数据库管理系统

数据库是数据的结构化集合。从简单的购物清单到图片库，或者企业网络中的大量信息，它可以是任何东西。要添加、访问和处理存储在计算机数据库中的数据，需要一个数据库管理系统，例如 MySQL Server。由于计算机非常擅长处理大量数据，因此数据库管理系统作为独立实用的程序或其他应用程序的一部分，在计算中起着核心作用。

2. MySQL 数据库是关系型的

关系数据库将数据存储在单独的表中，其数据结构被组织成针对速度进行了优化的物理文件。数据库所具有的逻辑模型（例如数据库、表、视图、行和列）提供了灵活的编程环境。可以设置规则来管理不同数据字段之间的关系，例如一对一、一对多、唯一、必需或可选以及不同表之间的“指针”。当数据库执行这些规则时，可以保证应用程序永远不会看到不一致、重复、孤立、过时或丢失的数据。

MySQL 的 SQL 部分代表结构化查询语言。SQL 是用于访问数据库的常见标准化语言。根据不同的编程环境，可以直接输入 SQL 来生成报告，或者将 SQL 语句嵌入用另一种语言编写的代码中，或者使用隐藏 SQL 语法的特定于语言的 API。

SQL 由 ANSI/ISO SQL 标准定义。自 1986 年以来，SQL 标准一直在发展，并且存在多个版本，比如 SQL-92、SQL:1999 等，目前新版本是 SQL:2003。MySQL 支持新的 SQL 标准版本。

3. MySQL 软件是开源的

开源意味着任何人都可以使用和修改该软件。任何人都可以从互联网上下载 MySQL 软件并使用它而无须支付任何费用。如果愿意，可以学习源代码并进行更改以适合你的需求。MySQL 软件使用 GPL（GNU 通用公共许可证）来定义在不同情况下可以使用或不可以使用的软件。如果对 GPL 不满意，或者需要将 MySQL 代码嵌入商业应用程序中，那么也可以购买商业许可版本。

4. MySQL 非常快速、可靠、可扩展且易于使用

MySQL Server 可以与其他应用程序、Web 服务器等一起轻松地在台式机或笔记本电脑上运行。如果将整台计算机专用于部署 MySQL，那么可以更加方便地调整设置 MySQL，使得 MySQL 可以更高效的利用计算机的内存、CPU 和 I/O 容量。MySQL 还可以搭建机器集群。

MySQL Server 最初是为处理大型数据库而开发的，其处理速度比现有的解决方案要快得多，并且已经在要求严格的生产环境中成功使用了数年。尽管处于不断发展中，但 MySQL Server 如今提供了一组丰富而有用的功能。它的连接性、速度和安全性使 MySQL Server 非常适合访问 Internet 上的数据库。

5. MySQL 能在客户端/服务器或嵌入式系统中工作

MySQL 数据库软件是一个客户端/服务器系统，由支持不同后端的多线程 SQL Server、几个不同的客户端程序和库、管理工具以及各种应用程序编程接口（API）组成。

MySQL Server 还可以作为嵌入式多线程库，可以将其链接到应用程序中以获得更小、更快、更易于管理的独立产品。

4.2 MySQL 的安装

本节将简单介绍 MySQL 在 Windows 下的安装及基本使用。其他环境的安装（比如 Linux、Mac 等系统）可以参照本节的安装步骤。

4.2.1 下载安装包

可以从 https://dev.mysql.com/downloads/mysql/8.0.html 免费下载新 MySQL 8 版本的安装包。MySQL 8 带来了全新的体验，比如支持 NoSQL、JSON 等，拥有比 MySQL 5.7 两倍以上的性能提升。

本例下载的安装包为 mysql-8.0.15-winx64.zip。

4.2.2 解压安装包

解压至安装目录，比如 D 盘根目录下。

本例为：D:\mysql-8.0.15-winx64。

4.2.3 创建 my.ini

my.ini 是 MySQL 安装的配置文件。配置内容如下：

```
[mysqld]
# 安装目录
basedir=D:\\mysql-8.0.15-winx64
# 数据存放目录
datadir=D:\\mysqlData\\data
```

其中，basedir 指定了 MySQL 的安装目录；datadir 指定了数据目录。

将 my.ini 放置在 MySQL 安装目录的根目录下。需要注意的是，要先创建 D:\mysqlData 目录，data 目录是由 MySQL 来创建的。

4.2.4 初始化安装

执行以下命令行来进行安装：

```
mysqld --defaults-file=D:\mysql-8.0.15-winx64\my.ini --initialize --console
```

若看到控制台输出如下内容，则说明安装成功：

```
>mysqld --defaults-file=D:\mysql-8.0.15-winx64\my.ini --initialize --console
2020-01-20T16:15:25.729771Z 0 [System] [MY-013169] [Server] D:\mysql-8.0.15-winx64\bin\mysqld.exe (mysqld 8.0.12) initializing of server in progress as process 18148
2020-01-20T16:15:43.569562Z 5 [Note] [MY-010454] [Server] A temporary password is generated for root@localhost: L-hk!rBuk9-.
2020-01-20T16:15:55.811470Z 0 [System] [MY-013170] [Server] D:\mysql-8.0.15-winx64\bin\mysqld.exe (mysqld 8.0.12) initializing of server has completed
```

其中，“L-hk!rBuk9-.”就是 root 用户的初始化密码，稍后可以对该密码进行更改。

4.2.5 启动和关闭 MySQL Server

执行 mysqld 就能启动 MySQL Server，或者执行 mysqld –console 来查看完整的启动信息：

```
>mysqld --console
2020-01-20T16:18:23.698153Z 0 [Warning] [MY-010915] [Server] 'NO_ZERO_DATE', 'NO_ZERO_IN_DATE' and 'ERROR_FOR_DIVISION_BY_ZERO' sql modes should be used with strict mode. They will be merged with strict mode in a future release.
2020-01-20T16:18:23.698248Z 0 [System] [MY-010116] [Server] D:\mysql-8.0.15-winx64\bin\mysqld.exe (mysqld 8.0.12) starting as process 16304
2020-01-20T16:18:27.624422Z 0 [Warning] [MY-010068] [Server] CA certificate ca.pem is self signed.
2020-01-20T16:18:27.793310Z 0 [System] [MY-010931] [Server] D:\mysql-8.0.15-winx64\bin\mysqld.exe: ready for connections. Version: '8.0.12'  socket:
```

```
'' port: 3306  MySQL Community Server - GPL.
```

可以通过执行 mysqladmin -u root shutdown 来关闭 MySQL Server。

4.3 使用 MySQL 客户端

安装 MySQL 完成之后，会自动提供一个客户端工具 mysql。可以使用 mysql 来登录、操作 MySQL 数据库。

使用 mysql 来登录，账号为 root，密码为“L-hk!rBuk9-.”：

```
>mysql -u root -p
Enter password: ************
Welcome to the MySQL monitor.  Commands end with ; or \g.
Your MySQL connection id is 11
Server version: 8.0.12

Copyright (c) 2000, 2018, Oracle and/or its affiliates. All rights reserved.

Oracle is a registered trademark of Oracle Corporation and/or its
affiliates. Other names may be trademarks of their respective
owners.

Type 'help;' or '\h' for help. Type '\c' to clear the current input statement.
```

执行下面的语句来改密码，其中 123456 为新密码：

```
mysql> ALTER USER 'root'@'localhost' IDENTIFIED BY '123456';
Query OK, 0 rows affected (0.13 sec)
```

4.4 MySQL 基本操作

下面总结 MySQL 常用的指令。

1. 显示已有的数据库

要显示已有的数据库，执行下面的指令：

```
mysql> show databases;
+--------------------+
| Database           |
+--------------------+
| information_schema |
| mysql              |
| performance_schema |
| sys                |
+--------------------+
4rowsinset (0.08 sec)
```

2. 创建新的数据库

要创建新的数据库，执行下面的指令：

```
mysql>CREATEDATABASE lite;
Query OK, 1row affected (0.19 sec)
```

3. 使用数据库

使用数据库，执行下面的指令：

```
mysql>USE lite;
Database changed
```

4. 建表

要创建表，执行下面的指令：

```
mysql>CREATETABLE t_user (user_id BIGINT NOTNULL, username VARCHAR(20));
Query OK, 0rows affected (0.82 sec)
```

5. 查看表

查看数据库中的所有表，执行下面的指令：

```
mysql> SHOW TABLES;
+----------------+
| Tables_in_lite |
+----------------+
| t_user         |
+----------------+
1rowinset (0.00 sec)
```

查看表的详情，执行下面的指令：

```
mysql> DESCRIBE t_user;
+----------+-------------+------+-----+---------+-------+
| Field    | Type        | Null | Key | Default | Extra |
+----------+-------------+------+-----+---------+-------+
| user_id  | bigint(20)  | NO   |     | NULL    |       |
| username | varchar(20) | YES  |     | NULL    |       |
+----------+-------------+------+-----+---------+-------+
2rowsinset (0.00 sec)
```

6. 插入数据

要插入数据，执行下面的指令：

```
mysql>INSERTINTO t_user(user_id, username) VALUES(1, '老卫');
Query OK, 1row affected (0.08 sec)
```

4.5 总　结

本章介绍了 MySQL 数据库的由来、特点以及演示了如何安装 MySQL 数据库。

同时，我们也介绍了 MySQL 客户端工具 mysql，并演示了如何使用 mysql 来登录、操作数据库。

4.6 习　题

（1）简述 MySQL 名字的由来。
（2）简述 MySQL 有哪些特点。
（3）在本地计算机上安装 MySQL。
（4）使用 MySQL 客户端工具实现对数据库的基本操作。

第 5 章

Java 操作数据库——JDBC

对于 Java 应用而言，实现数据库操作方便的方式是使用驱动程序。JDBC 驱动程序是对 JDBC 规范完整的实现，它的存在在 Java 应用与数据库系统之间建立了一条通信的渠道。

5.1 JDBC 概述

JDBC 新的规范版本是 4.2（JSR 221），该规范定义了 JDBC API。

JDBC API 为 Java 语言提供了对关系型数据库的访问接口。通过 JDBC API，使用 Java 编写的应用程序可以执行 SQL 语句，并将更新传递到底层数据库。JDBC API 也可以用于分布式异构环境中与多个数据源进行交互。JDBC API 基于 X/Open CLI 和 SQL 规范，它也是 ODBC 的基础。JDBC 为 Java 提供了自然且易于使用的 X/Open CLI 和 SQL 标准映射抽象接口。

自从 1997 年 1 月推出以来，JDBC API 已经被广泛接受并实现。JDBC API 的灵活性为这些广泛的实现方法提供了可能。

JDBC API 是 Java 语言的一部分。JDBC API 有两个包：java.sql 和 javax.sql。Java SE 和 Java EE 都包含这两个包。

5.2 JDBC 的核心概念

JDBC API 给 Java 程序提供了一种访问一个或者多个数据源的途径，在大多数情况下，数据源是关系型数据库，使用 SQL 语言来访问。但是，JDBC Driver 也可以实现为能够访问其他类型的数据源，比如文件系统或面向对象系统。JDBC API 主要的动机就是提供一种标准的 API，让应用程序访问多种多样的数据源。

本节介绍 JDBC API 的一些核心概念，此外，也介绍 JDBC 程序的两种使用场景，分别是两层模型和三层模型，在不同的场景中，JDBC API 的功能是不一样的。

5.2.1 建立连接

JDBC API 定义了 Connection 接口来代表与某个数据源的一条连接。

典型情况下，JDBC 应用可以使用以下两种机制来与目标数据源建立连接：

- DriverManager：这个类从 JDBC API 1.0 版本开始就有了，当应用程序第一次尝试去连接一个数据源时，它需要指定一个 URL，DriverManager 将会自动加载所有它能在 CLASSPATH 下找到的 JDBC 驱动（任何 JDBC API 4.0 版本前的驱动，需要手动去加载）。
- DataSource：这个接口在 JDBC 2.0 Optionnal Package API 中首次被引进，更推荐使用 DataSource，因为它允许关于底层数据源的具体信息对于应用是透明的。需要设置 DataSource 对象的一些属性，这样才能让它代表某个数据源。当这个接口的 getConnection 方法被调用时，这个方法会返回一条与数据源建立好的连接。应用程序可以通过改变 DataSource 对象的属性，从而让它指向不同的数据源，无须改动应用代码；同时，DataSource 接口的具体实现类也可以在不改动应用程序代码的情况下进行改变。

JDBC API 对 DataSource 接口有两方面的扩展，目的是为了支持企业应用，这两个扩展的接口如下：

- ConnectionPoolDataSource：支持对物理连接的缓存和重用，这能提高应用的性能和可扩展性。
- XADataSource：使连接能在分布式事务中使用。

以下是 JDBC 客户端从 DriverManager 获取连接的例子：

```
String url = "jdbc:derby:sample";
String user = "SomeUser"; // 账号
String passwd = "SomePwd"; // 密码

Connection conn = DriverManager.getConnection(url, user, passwd);
```

5.2.2 执行 SQL 并操作结果集

一旦建立好一个连接，应用程序便可以通过这条连接调用响应的 API 来对底层的数据源执行查询或者更新操作，JDBC API 提供了对于 SQL:2003 标准实现的访问，支持 BLOB、CLOB、ARRAY、REF、STRUCT、XML、DISTINCT 等高级数据类型。由于不同的厂商对这个标准的支持程度不同，因此 JDBC API 提供了 DatabaseMetadata 这个接口，应用程序可以使用这个接口来查看某个特性是否受到底层数据库的支持。JDBC API 也定义了转义语法，允许应用程序访问一些非标准的、某个数据库厂商独有的特性。使用转义语法能够让使用 JDBC API 的应用程序像原生应用程序一样去访问某些特性，并且也提高了应用的可移植性。

应用可以使用 Connection 接口中定义的方法去指定事务的属性，并创建 Statement 对象、

PreparedStatement 对象或者 CallableStatement 对象。这些 Statement 对象用来执行 SQL 语句，并获取执行结果。ResultSet 接口包装一次 SQL 查询的结果。Statement 可以是批量的，应用能够在一次执行中向数据库提交多条更新语句作为一个执行单元。

JDBC API 的 ResultSet 接口扩展了 RowSet 接口，提供了一个功能更全面的对表格型数据进行封装和访问的容器。一个 RowSet 对象是一个 Java Bean 组件，在底层数据源断开连接的情况下也能对数据进行操作，比如一个 RowSet 对象可以被序列化，然后通过网络发送出去，这对于那些不想对表格型数据进行处理的客户端来说特别有用，并且无须在连接建立的情况下进行，就减轻了驱动程序的负担。RowSet 的另一个特性是，它能够包含一个定制化的 reader，来对表格型数据进行访问，并非只能访问关系型数据库的数据。此外，一个 RowSet 对象能在与数据源断开连接的情况下对行数据进行改写，并且能够包含一个定制化的 writer，把改写后的数据写回底层的数据源。

以下是一个执行 SQL 并操作结果集的例子：

```
    Statement stmt = conn.createStatement();
    ResultSet rset = stmt.executeQuery("select
host,create_time,used_memory,total_memory,used_cpu from t_host_info;");
    int numcols = rset.getMetaData().getColumnCount();

    while (rset.next()) {
        for (int i = 1; i <= numcols; i++) {
          System.out.print("\t" + rset.getString(i));
        }
        System.out.println("");
    }
```

5.2.3　两层模型

两层模型定义了客户端层和服务端层，不同层实现不同的功能，如图 5-1 所示。

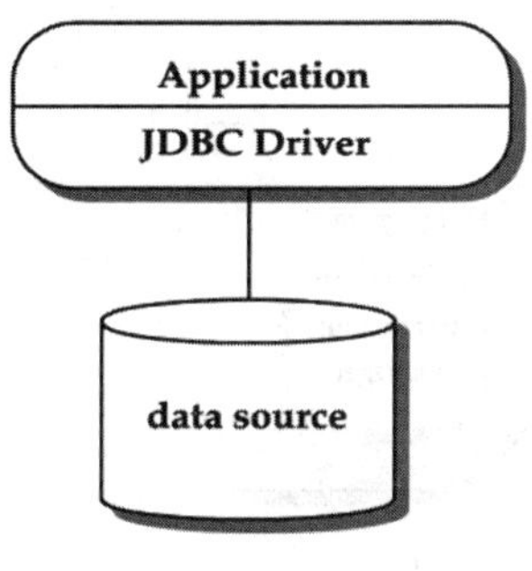

图 5-1　两层模型

客户端层包含应用程序以及一个或者多个 JDBC 驱动，这一层的主要职责是：

- 表现层逻辑。
- 业务逻辑。
- 对于多语句事务或者分布式事务的事务管理。
- 资源管理。

在这种模型中，应用程序直接与 JDBC 驱动交互，包括创建和管理物理连接、处理底层数据库的细节。应用程序可能会基于对底层数据源类型的认知去访问一些特有的、非标准的特性，以此来获得性能上的提升。

这种模型有一些缺点，说明如下：

- 将表现层和业务层逻辑与底层的功能直接混合，这会使代码变得难以维护。
- 应用程序不具有可移植性，因为应用程序会使用到底层特定数据库的一些独有的特性，对于需要与多种数据源进行连接的应用程序来说，要特别注意不同厂商的数据库实现以及不同的特性。
- 限制了可扩展性。典型地，应用程序将会一直持久地与数据库连接，直到应用程序退出，这就限制了并发访问数据库的并发数，在这种模型中，所谓的性能、可扩展性以及可用性需要 JDBC 驱动以及底层的数据库来共同保证。如果应用程序使用的 JDBC 驱动不止一种，情况就会更加复杂。

5.2.4 三层模型

三层模型引进了一个中间层来处理业务逻辑并作为基础设施，如图 5-2 所示。

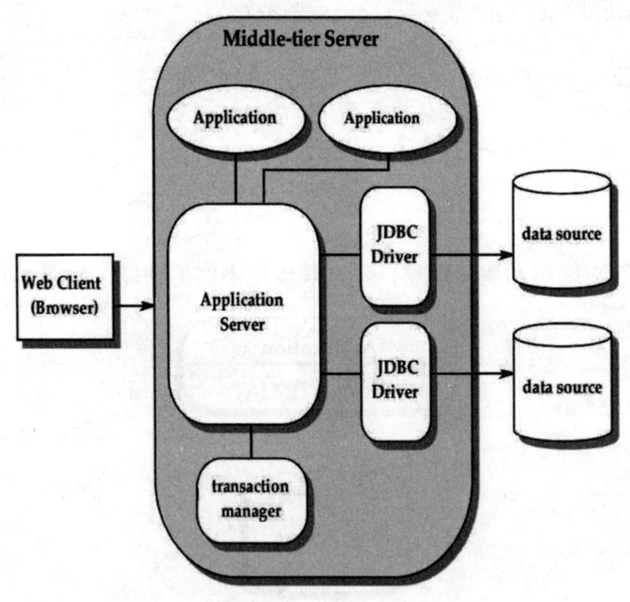

图 5-2 三层模型

这种架构对于企业应用来说，性能、可扩展性和可用性都会得到提升，各层的职责如下：

- 客户端层：仅作为表现层，只需要与中间层交互，而不需要了解中间层的基础架构以及底层数据源的功能细节。
- 中间层服务器：包含以下几个组成部分：
  - ➢ 实现了业务逻辑，并与客户端进行交互的应用程序。如果应用程序需要与底层数据源交互，那么它只需要关注高层次的抽象和逻辑连接，而不是底层的驱动 API。

> 为应用程序提供基础设施的应用服务器。这些基础设施包括对物理数据库连接的池化和管理、事务管理以及对不同驱动 API 的不同点进行屏蔽，最后一点使得我们很容易写出可移植的应用程序，应用服务器这个角色可以由 Java EE 服务器来承担，应用服务器主要实现提供给应用程序使用的抽象层，并负责与 JDBC 驱动交互。
> 能够与底层数据源建立连接的 JDBC 驱动。每个驱动根据其底层数据源的特性实现标准的 JDBC API，驱动层可能会屏蔽掉 SQL:2003 标准与数据源支持的 SQL 方言之间的不同。如果底层数据源并不是一个关系型的数据库，驱动就需要实现对应的关系层逻辑，提供给应用服务器使用。

- 底层的数据源：这一层是数据所在的一层，可以包含关系型数据库、文件系统、面向对象数据库、数据仓库等任何能组织和表现数据的东西，但它们都需要提供符合 JDBC API 规范的驱动。

5.2.5 JDBC 与 Java EE 平台的关系

Java EE 组件（比如 Java Server Pages、Servlet 以及 EJB 组件）通常需要使用 JDBC API 来访问关系型的数据，当 Java EE 组件使用 JDBC API 时，它们的容器会管理事务以及数据源。这意味着 Java EE 组件的开发者不会直接使用 JDBC API 的事务管理和数据源管理的能力。

5.3 使用 PreparedStatement

PreparedStatement 接口扩展了 Statement，添加了为语句中包含的参数标记设置值的功能。

PreparedStatement 对象表示已经预编译的 SQL 语句，这样 SQL 语句只需要编译一次就可以被执行多次。参数标记（由 SQL 字符串中的“?”表示）用于指定语句的输入值，这些值可能在运行时发生变化。

5.3.1 创建 PreparedStatement 对象

PreparedStatement 的实例以与 Statement 对象相同的方式创建，除了在创建语句时提供 SQL 命令：

```
Connection conn = ds.getConnection(user, passwd);
PreparedStatement ps = conn.prepareStatement("INSERT INTO BOOKLIST" +
"(AUTHOR, TITLE, ISBN) VALUES (?, ?, ?)");
```

与 createStatement 一样，方法 prepareStatement 定义了一个构造函数，该构造函数可用于指定由该 PreparedStatement 生成的结果集的特征。

```
Connection conn = ds.getConnection(user, passwd);
PreparedStatement ps = conn.prepareStatement(
"SELECT AUTHOR, TITLE FROM BOOKLIST WHERE ISBN = ?",
```

```
ResultSet.TYPE_FORWARD_ONLY,
ResultSet.CONCUR_UPDATABLE);
```

PreparedStatement 接口定义 setter 方法，这些方法用于替换预编译 SQL 字符串中每个参数标记的值。方法的名称遵循 set 模式。

例如，方法 setString 用于指定期望字符串的参数标记的值。这些 setter 方法中的每一个至少采用两个参数：第一个始终是一个 Int 值，等于要设置的参数的序号位置从 1 开始；第二个和任何剩余参数指定要分配给参数的值。

```
PreparedStatement ps = conn.prepareStatement("INSERT INTO BOOKLIST" +
"(AUTHOR, TITLE, ISBN) VALUES (?, ?, ?)");
ps.setString(1, "Way, Lau");
ps.setString(2, "We");
ps.setLong(3, 140185852L);
```

必须为 PreparedStatement 对象中的每个参数标记提供一个值，然后才能执行它。如果没有为参数标记提供值，那么用于执行 PreparedStatement 对象（executeQuery、executeUpdate 和 execute）的方法将抛出 SQLException。

为 PreparedStatement 对象的参数标记设置的值在执行时不会重置，可以调用 clearParameters 方法来显式清除已设置的值。使用不同的值设置参数将使用新值替换先前的值。

5.3.2 为什么使用 PreparedStatement

建议开发者始终以 PreparedStatement 代替 Statement，换言之，在任何时候都不要直接使用 Statement。PreparedStatement 具有以下优势：

1. 提升代码的可读性和可维护性

虽然用 PreparedStatement 代替 Statement 会使代码多出几行，但这样的代码无论从可读性还是可维护性上来说都比直接用 Statement 的代码档次高。

2. 提高性能

PreparedStatement 实例包含已编译的 SQL 语句，这就是使语句“准备好”。包含于 PreparedStatement 对象中的 SQL 语句可具有一个或多个 IN 参数。IN 参数的值在 SQL 语句创建时未被指定。相反，该语句为每个 IN 参数保留一个问号（?）作为参数标记。每个问号的值必须在该语句执行之前通过适当的 set 方法来提供。由于 PreparedStatement 对象已预编译过，其执行速度要快于 Statement 对象，因此多次执行的 SQL 语句经常创建为 PreparedStatement 对象以提高效率。

3. 提高安全性

即使到目前为止，仍有一些人连基本的 SQL 语法都不知道，比如下面的例子：

```
String sql ="select * from tb_name where name= '"
+ varname+"' and passwd='"+ varpasswd+"'";
```

如果我们把“' or '1' = '1”作为 varpasswd 传入进来，用户名随意，则最终语句如下：

```
select*from tb_name ='t_user'and passwd =''or'1'='1';
```

因为'1'='1'肯定成立，所以这个语句肯定能通过验证，而不管用户名和密码是否合法。更有甚者把“;drop table tb_name;”作为 varpasswd 传入进来，SQL 语句将变成：

```
select*from tb_name ='t_user'and passwd ='';droptable tb_name;
```

上面就是 SQL 注入的例子。

而如果使用 PreparedStatement，那么传入的任何内容都不会和原来的语句发生任何匹配的关系。只要全部使用 PreparedStatement 语句，就不用对传入的数据做任何过滤。而如果使用普通的 Statement，就需要额外做很多防 SQL 注入的工作。

5.4 事务管理

事务用来提供数据集成性、正确的应用语义以及并发访问时数据的一致性视图。所有符合 JDBC 规范的驱动都必须支持事务，JDBC 的事务管理 API 参照 SQL:2003 标准并且包含以下概念：

- 自动提交模式。
- 事务隔离级别。
- 保存点（Savepoint）。

5.4.1 事务边界和自动提交

什么时候应该开启一个事务是 JDBC 驱动或者底层的数据源做的一个隐式的决定，尽管有一些数据源支持 begin transaction 语句，但这个语句没有对应的 JDBC API。如果一条 SQL 语句要求开启一个事务并且当前没有事务未执行完，那么新事务就会被开启。

Connection 有一个属性 autocommit 来表明什么时候应该结束事务。如果 autocommit 启用，那么每一条 SQL 语句完全执行后都会自动执行事务的提交。以下几种情况视为完全执行：

- DML 语句（例如 Insert、Update、Delete）和 DDL 语句在数据源端执行完毕就代表语句完全执行。
- 对于 Select 语句来说，完全执行意味着对应的结果集被关闭。
- 对于 CallableStatement 对象或者那些返回多个结果集的语句，完全执行意味着所有的结果集都关闭，以及所有的影响行数和出参都被获取到了。

5.4.2 关闭自动提交模式

以下代码示范了如何关闭自动提交模式：

```
// Assume con is a Connection object
con.setAutoCommit(false);
```

当关闭自动提交时，必须显式地调用 Connection 的 commit 方法提交事务或者调用 rollback 方法回滚事务。这种处理方式是合理的，因为事务的管理工作不是驱动应该做的，应用层应该自己管理事务，例如：

- 当应用需要将一组 SQL 组成一个事务的时候。
- 当应用服务器管理事务的时候。

autocommit 的默认值为 true，如果在一个事务中 autocommit 的值被改变了，那么将会导致当前事务被提交。如果调用了 setAutocommit 方法，但没有改变原来的值，就不会产生其他附加影响，相当于没有调过一样。

如果一条连接参加了分布式事务，那么 autocommit 不能设置为 true。

5.4.3 事务隔离级别

事务隔离级别定义在一个事务中哪些数据是对当前执行的语句“可见”的。在并发访问数据库时，事务隔离级别定义了多个事务之间对于同一个目标数据源访问时的可交叉程度。可交叉程度可分为以下几类：

- dirty read（脏读）：当一个事务能看见另一个事务未提交的数据时，就称为脏读，换言之，一个事务修改数据后，在未提交之前，就能被其他事务看见，如果这个事务被回滚了，而不是提交了，那么其他事务看到的数据是不正确的，是“脏”的。
- nonrepeatable read（不可重复读）：假设事务 A 读取了一行数据，接下来事务 B 改变了这行数据，之后事务 A 再一次读取这行数据，这时候事务 A 就取到了两个不同的结果。
- phantom read（幻读）：假设事务 A 通过一个 where 条件读取到了一个结果集，事务 B 这时插入了一条符合事务 A 的 where 条件的数据，之后事务 A 通过同样的 where 条件再次进行查询时会发现多出来一条数据。

JDBC 规范增加了 TRANSACTION_NONE 隔离级别，满足了 SQL:2003 定义的 4 种事务隔离级别。隔离级别从最宽松到最严格，排序如下：

- TRANSACTION_NONE：这意味着当前的 JDBC 驱动不支持事务，也意味着这个驱动不符合 JDBC 规范。
- TRANSACTION_READ_UNCOMMITTED：允许事务看到其他事务修改了但未提交的数据，这意味着有可能是脏读、不可重复读或者幻读。
- TRANSACTION_READ_COMMITTED：一个事务在未提交之前，所做的修改不会被其他事务看见。这能避免脏读，但避免不了不可重复读和幻读。
- TRANSACTION_REPEATABLE_READ：避免了脏读和不可重复读，但幻读依然是有可能发生的。
- TRANSACTION_SERIALIZABLE：避免了脏读、不可重复读以及幻读。

一条连接的默认事务隔离级别是由驱动决定的，这个隔离级别往往是底层的数据源默认的事务隔离级别。应用程序可以使用 Connection 类里的 setTransactionIsolation 方法来改变一条连接的事务隔离级别。在一个事务中调用 setTransactionIsolation 方法会有什么样的结果完全由驱动的实现决定。

可能有些驱动实现并不支持所有的 4 种事务隔离级别，如果通过 setTransactionIsolation 方法设置的隔离级别驱动不支持的话，驱动就可以主动将事务隔离级别设置为更高、更严格的事务隔离级别，如果没法设置为更高或者更严格的事务隔离级别，驱动就应该抛出 SQLException。可以使用 DatabaseMetaData 的 supportsTransactionIsolationLevel 方法来判断驱动是否支持某个事务隔离级别。

5.4.4　性能考虑

事务隔离级别设置得越高，为了保证事务的正确语义，意味着会有更多的锁等待、锁竞争以及 DBMS 的附加损耗。这反过来也会降低并发访问性，所以应用程序可能会发现事务隔离级别越高，性能反而会下降。为此，事务的管理者应该权衡两者的利弊，设置合理的事务隔离级别。

5.4.5　保存点

我们可以在一个事务的中间设置一个保存点来更灵活地控制事务。一旦事务设置了一个保存点，事务就可以回滚到这个保存点，不会影响保存点之前的操作。可以使用 DatabaseMetaData.supportsSavepoints 方法来判断驱动或者数据库是否支持这个功能。

1. 设置保存点

Connection.setSavepoint 方法可以用来在当前事务中设置一个保存点，如果当前方法没有在事务中，则调用这个方法能开启一个事务。Connection.rollback 方法有一个重载版本，能够接收一个保存点作为参数。

```
conn.createStatement();
int rows = stmt.executeUpdate("INSERT INTO TAB1 (COL1) VALUES " +
"('FIRST')");

// 设置保存点
Savepoint svpt1 = conn.setSavepoint("SAVEPOINT_1");
rows = stmt.executeUpdate("INSERT INTO TAB1 (COL1) " +
"VALUES ('SECOND')");
...
conn.rollback(svpt1);
...
conn.commit();
```

上面的代码实例中，插入一行数据后，保存一个保存点，再插入一行数据。当事务被回滚到保存点的时候，第二行数据不会被插入，第一行数据依然会被插入。当连接提交后，第一行数据将会保存在表里。

2. 释放保存点

Connection.releaseSavepoint 方法接收一个保存点作为参数，删除这个保存点以及在它之后的保存点。如果一个保存点已经被释放了，还把它作为 rollback 的参数，就会导致 SQLException。当事务提交或者完全回滚的时候，所有的保存点都会被自动释放。当回滚到某个保存点后，这个保存点以及在它之后定义的保存点都会被自动释放掉。

5.5 实战：使用 JDBC 操作数据库

本例演示使用 JDBC 来操作 MySQL 数据库。

5.5.1 初始化数据库

确保在本地计算机上已经安装了 MySQL 并且已经创建了一个数据库示例。比如本例创建了一个名为 lite 的数据库。

1. 创建新的数据库

要创建新的数据库，执行下面的指令：

```
mysql>CREATEDATABASE lite;
Query OK, 1row affected (0.19 sec)
```

2. 使用数据库

使用数据库，执行下面的指令：

```
mysql>USE lite;
Database changed
```

5.5.2 建表

我们需要创建一个数据库表来演示数据的操作。本例创建了一个名为 t_host_info 的表。执行脚本如下：

```
CREATETABLE t_host_info (
    host_info_id BIGINT UNSIGNED NOTNULLPRIMARYKEY AUTO_INCREMENT,
    host VARCHAR(50),
    create_time BIGINT,
    used_memory BIGINT,
    total_memory BIGINT,
    used_cpu DOUBLE
)
```

在上述脚本中，host_info_id 是一个自增长的主键。

5.5.3 初始化应用

本例创建了一个名为 hello-jdbc 的 Maven 项目。该项目的 pom.xml 内容如下：

```
<?xml version="1.0" encoding="UTF-8"?>
```

```
<project xmlns="http://maven.apache.org/POM/4.0.0"
    xmlns:xsi="http://www.w3.org/2001/XMLSchema-instance"
    xsi:schemaLocation="http://maven.apache.org/POM/4.0.0
    http://maven.apache.org/xsd/maven-4.0.0.xsd">
    <modelVersion>4.0.0</modelVersion>

    <groupId>com.waylau.java</groupId>
    <artifactId>hello-jdbc</artifactId>
    <version>1.0.0</version>
    <packaging>jar</packaging>

    <name>hello-jdbc</name>
    <url>https://waylau.com</url>

    <properties>
        <project.build.sourceEncoding>UTF-8</project.build.sourceEncoding>
        <maven.compiler.source>1.8</maven.compiler.source>
        <maven.compiler.target>1.8</maven.compiler.target>
        <maven-surefire-plugin.version>2.22.2</maven-surefire-plugin.version>
        <mysql-connector-java.version>8.0.15</mysql-connector-java.version>
        <junit-jupiter.version>5.6.0</junit-jupiter.version>
        <junit-platform-surefire-provider.version>1.3.2</junit-platform-surefire-
provider.version>
    </properties>

    <dependencies>
        <dependency>
            <groupId>mysql</groupId>
            <artifactId>mysql-connector-java</artifactId>
            <version>${mysql-connector-java.version}</version>
        </dependency>
        <dependency>
            <groupId>org.junit.jupiter</groupId>
            <artifactId>junit-jupiter</artifactId>
            <version>${junit-jupiter.version}</version>
            <scope>test</scope>
        </dependency>
        <dependency>
            <groupId>org.junit.platform</groupId>
            <artifactId>junit-platform-surefire-provider</artifactId>
            <version>${junit-platform-surefire-provider.version}</version>
        </dependency>
    </dependencies>
    <build>
        <pluginManagement>
            <plugins>
                <!-- JUnit 5 需要 Surefire 版本 2.22.0 以上 -->
                <plugin>
                    <artifactId>maven-surefire-plugin</artifactId>
```

```
                <version>${maven-surefire-plugin.version}</version>
            </plugin>
        </plugins>
    </pluginManagement>
  </build>
</project>
```

在该 pom.xml 中引入了 MySQL 的驱动程序 mysql-connector-java，以及 JUnit 5 测试框架。

5.5.4 创建测试类

正如前面章节所介绍的，Maven 的测试用例类都放置在 test 目录下。我们创建了如下测试类：

```
package com.waylau.java;

import static org.junit.jupiter.api.Assertions.assertEquals;

import java.sql.Connection;
import java.sql.DriverManager;
import java.sql.PreparedStatement;
import java.sql.ResultSet;
import java.sql.SQLException;
import java.sql.Statement;

import org.junit.jupiter.api.MethodOrderer.OrderAnnotation;
import org.junit.jupiter.api.Order;
import org.junit.jupiter.api.Test;
import org.junit.jupiter.api.TestMethodOrder;

/**
* JDBC Test.
*/
@TestMethodOrder(OrderAnnotation.class)
public class JdbcTest {

   public static final String url = "jdbc:mysql://localhost:3306/lite?"
         + "useSSL=false&serverTimezone=UTC&allowPublicKeyRetrieval=true";
   public static final String user = "root"; // 账号
   public static final String passwd = "123456"; // 密码

   @Test
   @Order(1)
   voidtestJdbcInsert() {
      Connection conn = null;
      PreparedStatement ps = null;
      ResultSet rs = null;

      try {
         // 建立连接
         conn = DriverManager.getConnection(url, user, passwd);
```

```
            // 创建 Statement
            ps = conn.prepareStatement("INSERT INTO t_host_info "
                    + "(host,create_time,used_memory,total_memory,used_cpu)"
                    + " VALUES (?,?,?,?,?)");

            ps.setString(1, "i@waylau.com");
            ps.setDouble(2, 21312D);
            ps.setDouble(3, 43221D);
            ps.setDouble(4, 67890D);
            ps.setDouble(5, 34567D);

            int insertResult = ps.executeUpdate();
            assertEquals(1, insertResult);

        } catch (SQLException e) {
            e.printStackTrace();
        } finally {
            this.releaseResources(rs, ps, conn);
        }
    }

    @Test
    @Order(2)
    voidtestJdbcSelect() {
        Connection conn = null;
        PreparedStatement ps = null;
        ResultSet rs = null;

        try {
            // 建立连接
            conn = DriverManager.getConnection(url, user, passwd);

            // 创建 Statement
            ps = conn.prepareStatement("SELECT * FROM t_host_info WHERE host=?");
            ps.setString(1, "i@waylau.com");

            rs = ps.executeQuery();

            // 遍历查询每一条记录
            while (rs.next()) {
                String host = rs.getString("host");
                double createTime = rs.getDouble("create_time");
                assertEquals(host, "i@waylau.com");
                assertEquals(createTime, 21312D);
            }

        } catch (SQLException e) {
            e.printStackTrace();
        } finally {
```

```
            this.releaseResources(rs, ps, conn);
        }
    }

    @Test
    @Order(3)
    voidtestJdbcDelete() {
        Connection conn = null;
        PreparedStatement ps = null;
        ResultSet rs = null;

        try {
            // 建立连接
            conn = DriverManager.getConnection(url, user, passwd);

            // 创建 Statement
            ps = conn.prepareStatement("DELETE FROM t_host_info WHERE host=?");
            ps.setString(1, "i@waylau.com");

            int deleteResult = ps.executeUpdate();
            assertEquals(1, deleteResult);
        } catch (SQLException e) {
            e.printStackTrace();
        } finally {
            this.releaseResources(rs, ps, conn);
        }
    }

    /**
    *释放连接资源
    *
    * @param resultSet
    *@param statement
    *@param connection
    */
    Private void releaseResources(ResultSet resultSet, Statement statement,
Connection connection) {
        try {
            if (resultSet != null)
                resultSet.close();
        } catch (SQLException e) {
            e.printStackTrace();
        } finally {
            resultSet = null;
        try {
            if (statement != null) {
                statement.close();
            }

        } catch (SQLException e) {
```

```
                e.printStackTrace();
            } finally {
                statement = null;
                try {

                    if (connection != null) {
                        connection.close();
                    }
                } catch (SQLException e) {
                    e.printStackTrace();
                } finally {
                    connection = null;
                }
            }
        }
    }
}
```

JdbcTest 测试类有 3 个测试用例，分别是用于测试插入数据、查询数据、删除数据的 JDBC 操作。为了让整个程序显得更具有可维护性，我们抽离出了 releaseResources 方法，用于释放连接资源。

需要特别注意的是，在 JUnit 5 中，使用@TestMethodOrder(OrderAnnotation.class)注解来标识该类的测试用例，可以按照指定的顺序执行。测试用例上的@Order 就是用于指定顺序。

使用以下命令执行测试：

```
mvn test
```

运行测试用例，若看到控制台输出如下内容，则说明测试成功：

```
...
[INFO] -------------------------------------------------------
[INFO]  T E S T S
[INFO] -------------------------------------------------------
[INFO] Running com.waylau.java.JdbcTest
[INFO] Tests run: 3, Failures: 0, Errors: 0, Skipped: 0, Time elapsed: 0.312 s - in
com.waylau.java.JdbcTest
[INFO]
[INFO] Results:
[INFO]
[INFO] Tests run: 3, Failures: 0, Errors: 0, Skipped: 0
[INFO]
[INFO] ------------------------------------------------------------------------
[INFO] BUILD SUCCESS
[INFO] ------------------------------------------------------------------------
[INFO] Total time:  3.723 s
[INFO] Finished at: 2020-02-01T14:48:20+08:00
[INFO] ------------------------------------------------------------------------
```

5.6 理解连接池技术

在实际应用开发中，特别是在 Web 应用系统中，如果 JSP、Servlet 或 EJB 使用 JDBC 直接访问数据库中的数据，那么每一次数据访问请求都必须经历建立数据库连接、打开数据库、存取数据和关闭数据库连接等步骤，而连接并打开数据库是一项既消耗资源又费时的工作，如果频繁发生这种数据库操作，那么系统的性能必然会急剧下降，甚至会导致系统崩溃。数据库连接池技术是解决这个问题常用的方法。

数据库连接池的主要操作如下：

- 建立数据库连接池对象。
- 按照事先指定的参数创建初始数量的数据库连接（空闲连接数）。
- 对于一个数据库访问请求，直接从连接池中得到一个连接。如果数据库连接池对象中没有空闲的连接，且连接数没有达到最大（最大活跃连接数），就创建一个新的数据库连接。
- 存取数据库。
- 关闭数据库，释放所有数据库连接（此时的关闭数据库连接并非真正关闭，而是将其放入空闲队列中。若实际空闲连接数大于初始空闲连接数，则释放连接）。
- 释放数据库连接池对象（服务器停止、维护期间，释放数据库连接池对象，并释放所有连接）。

在 Java 领域，有非常多的开源数据库连接池工具，比如 C3P0、Proxool、DBCP、DBPool、Druid 等。接下来会对 DBCP 的用法进行详细的介绍。

5.7 实战：使用数据库连接池 DBCP

DBCP（DataBase Connection Pool，数据库连接池）是流行的数据库连接池工具，是 Apache 上的一个 Java 连接池项目，也是 Tomcat 使用的连接池组件。目前，DBCP 新版本为 2.x，基于 DBCP 我们可以方便地实现数据库连接的重用。

本节将演示如何基于 DBCP 来实现数据库连接池。我们创建了一个名为 hello-dbcp 的 Maven 项目作为案例。

5.7.1 添加 DBCP 依赖

要使用 DBCP，需要在 pom.xml 文件中添加 DBCP 依赖，配置如下：

```
<dependency>
  <groupId>org.apache.commons</groupId>
  <artifactId>commons-dbcp2</artifactId>
  <version>${commons-dbcp2.version}</version>
```

```
    </dependency>
```

完整的 pom.xml 文件内容如下：

```
<?xml version="1.0" encoding="UTF-8"?>

<project xmlns="http://maven.apache.org/POM/4.0.0"
    xmlns:xsi="http://www.w3.org/2001/XMLSchema-instance"
    xsi:schemaLocation="http://maven.apache.org/POM/4.0.0
    http://maven.apache.org/xsd/maven-4.0.0.xsd">
    <modelVersion>4.0.0</modelVersion>

   <groupId>com.waylau.java</groupId>
   <artifactId>hello-dbcp</artifactId>
   <version>1.0.0</version>
   <packaging>jar</packaging>

   <name>hello-dbcp</name>
   <url>https://waylau.com</url>

   <properties>
       <project.build.sourceEncoding>UTF-8</project.build.sourceEncoding>
       <maven.compiler.source>1.8</maven.compiler.source>
       <maven.compiler.target>1.8</maven.compiler.target>
       <maven-surefire-plugin.version>2.22.2</maven-surefire-plugin.version>
       <commons-dbcp2.version>2.7.0</commons-dbcp2.version>
       <mysql-connector-java.version>8.0.15</mysql-connector-java.version>
       <junit-jupiter.version>5.6.0</junit-jupiter.version>
       <junit-platform-surefire-provider.version>1.3.2</junit-platform-surefire-
provider.version>
   </properties>

   <dependencies>
       <dependency>
           <groupId>org.apache.commons</groupId>
           <artifactId>commons-dbcp2</artifactId>
           <version>${commons-dbcp2.version}</version>
       </dependency>
       <dependency>
           <groupId>mysql</groupId>
           <artifactId>mysql-connector-java</artifactId>
           <version>${mysql-connector-java.version}</version>
       </dependency>
       <dependency>
           <groupId>org.junit.jupiter</groupId>
           <artifactId>junit-jupiter</artifactId>
           <version>${junit-jupiter.version}</version>
           <scope>test</scope>
       </dependency>
       <dependency>
           <groupId>org.junit.platform</groupId>
```

```
            <artifactId>junit-platform-surefire-provider</artifactId>
            <version>${junit-platform-surefire-provider.version}</version>
        </dependency>
    </dependencies>
    <build>
        <pluginManagement>
            <plugins>
                <!-- JUnit 5 需要 Surefire 版本 2.22.0 以上 -->
                <plugin>
                    <artifactId>maven-surefire-plugin</artifactId>
                    <version>${maven-surefire-plugin.version}</version>
                </plugin>
            </plugins>
        </pluginManagement>
    </build>
</project>
```

5.7.2 编写数据库工具类

为了简化数据的连接操作，编写了基于 DBCP 的数据库工具类，代码如下：

```
package com.waylau.java;

import java.io.InputStream;
import java.sql.Connection;
import java.sql.ResultSet;
import java.sql.SQLException;
import java.sql.Statement;
import java.util.Properties;

import javax.sql.DataSource;

import org.apache.commons.dbcp2.ConnectionFactory;
import org.apache.commons.dbcp2.DriverManagerConnectionFactory;
import org.apache.commons.dbcp2.PoolableConnection;
import org.apache.commons.dbcp2.PoolableConnectionFactory;
import org.apache.commons.dbcp2.PoolingDataSource;
import org.apache.commons.pool2.ObjectPool;
import org.apache.commons.pool2.impl.GenericObjectPool;

/**
* DB Util.
*/
public class DbUtil {
public static DataSource  dataSource;

static {
   try {
         InputStream in =
```

```
                DbUtil.class.getClassLoader()
                .getResourceAsStream("lite.properties");
            Properties properties = newProperties();
            properties.load(in);

            // 返回数据源对象
            dataSource = setupDataSource(properties.getProperty("url"), properties);
        } catch (Exception e) {
            e.printStackTrace();
        }
    }

/**
 * 获取数据源
 *
 * @return 数据源
 */
public static DataSource getDataSource() {
    return dataSource;
}

/**
 * 从连接池中获取连接
 *
 * @return 连接
 */
public static Connection getConnection() {
    try {
        return dataSource.getConnection();
    } catch (SQLException e) {
        throw new RuntimeException(e);
    }
}

/**
 * 释放资源
 *
 * @param resultSet  查询结果
 * @param statement  语句
 * @param connection 连接
 */
public static void releaseResources(ResultSet resultSet,
        Statement statement,
        Connection connection) {
    try {
        if (resultSet != null)
            resultSet.close();
    } catch (SQLException e) {
        e.printStackTrace();
    } finally {
```

```
            resultSet = null;
            try {
                if (statement != null) {
                    statement.close();
                }

            } catch (SQLException e) {
                e.printStackTrace();
            } finally {
                statement = null;
                try {

                    if (connection != null) {
                        connection.close();
                    }
                } catch (SQLException e) {
                    e.printStackTrace();
                } finally {
                    connection = null;
                }
            }
        }
    }

    /**
     * 设置数据源
     *
     * @param connectionUri 数据库连接 URI
     * @param properties    连接属性
     * @return 数据源
     */
    private static DataSource setupDataSource(final String connectionUri,
            final Properties properties) {
        ConnectionFactory connectionFactory =
                new DriverManagerConnectionFactory(connectionUri, properties);
        PoolableConnectionFactory poolableConnectionFactory =
                new PoolableConnectionFactory(connectionFactory, null);
        ObjectPool<PoolableConnection> connectionPool =
                new GenericObjectPool<>(poolableConnectionFactory);
        poolableConnectionFactory.setPool(connectionPool);
        PoolingDataSource<PoolableConnection> dataSource =
                new PoolingDataSource<>(connectionPool);
        return dataSource;
    }

}
```

其中，setupDataSource 方法用于初始化 DBCP 数据源，方法参数是连接 URI 及连接属性。该数据源由 DBCP 框架实现，可以实现连接池的管理。连接属性是由 lite.properties 文件中加载进来的。

当我们执行 getConnection()方法时，连接是从连接池获取的，而非实时创建的，因此可以实现连接的重用。

同理，当我们执行 releaseResourcesn()方法时，其中的 connection.close()并非真正地关闭连接，而是将连接放回了连接池。

5.7.3　理解 DbUtil 的配置化

下面来看 DbUtil 的初始化：

```
static {
    try {
        InputStream in = DbUtil.class.getClassLoader()
                .getResourceAsStream("lite.properties");
        Properties properties = new Properties();
        properties.load(in);

        // 返回数据源对象
        dataSource = setupDataSource(properties.getProperty("url"), properties);
    } catch (Exception e) {
        e.printStackTrace();
    }
}
```

在上述方法中，将 lite.properties 文件中的内容转成 Java 的配置类 Properties 对象。也就是说，创建数据源时常用的配置都可以放置在 lite.properties 文件中。

lite.properties 文件处于 Maven 应用的 resources 目录下，内容如下：

```
    driverClassName=com.mysql.cj.jdbc.Driver
    url=jdbc:mysql://localhost:3306/lite?useSSL=false&serverTimezone=UTC&allowPublicK
eyRetrieval=true
    user=root
    password=123456
```

上述 4 个参数是建立 JDBC 连接的基本参数，最终会传递给 setupDataSource 方法。

5.7.4　编写测试用例

测试用例代码如下：

```
package com.waylau.java;

import static org.junit.jupiter.api.Assertions.assertEquals;

import java.sql.Connection;
import java.sql.PreparedStatement;
import java.sql.ResultSet;
import java.sql.SQLException;
```

```java
    import org.junit.jupiter.api.MethodOrderer.OrderAnnotation;
    import org.junit.jupiter.api.Order;
    import org.junit.jupiter.api.Test;
    import org.junit.jupiter.api.TestMethodOrder;

/**
 * DbUtil Test.
 *
 * @since 2020 年 2 月 1 日
 * @author <a href="https://waylau.com">Way Lau</a>
 */
@TestMethodOrder(OrderAnnotation.class)
public class DbUtilTest {
    @Test
    @Order(1)
    void testJdbcInsert() {
        Connection conn = null;
        PreparedStatement ps = null;
        ResultSet rs = null;

        try {
            // 建立连接
            conn = DbUtil.getConnection();

            ps = conn.prepareStatement("INSERT INTO t_host_info "
                    + "(host,create_time,used_memory,total_memory,used_cpu)"
                    + " VALUES (?,?,?,?,?)");

            ps.setString(1, "i@waylau.com");
            ps.setDouble(2, 21312D);
            ps.setDouble(3, 43221D);
            ps.setDouble(4, 67890D);
            ps.setDouble(5, 34567D);

            int insertResult = ps.executeUpdate();
            assertEquals(1, insertResult);

        } catch (SQLException e) {
            e.printStackTrace();
        } finally {
            // 释放资源
            DbUtil.releaseResources(rs, ps, conn);
        }
    }

    @Test
    @Order(2)
    void testJdbcSelect() {
        Connection conn = null;
        PreparedStatement ps = null;
```

```
        ResultSet rs = null;

        try {
            // 建立连接
            conn = DbUtil.getConnection();

            ps = conn.prepareStatement("SELECT * FROM t_host_info WHERE host=?");
            ps.setString(1, "i@waylau.com");

            rs = ps.executeQuery();

            // 遍历查询每一条记录
            while (rs.next()) {
                String host = rs.getString("host");
                double createTime = rs.getDouble("create_time");
                assertEquals(host, "i@waylau.com");
                assertEquals(createTime, 21312D);
            }

        } catch (SQLException e) {
            e.printStackTrace();
        } finally {
            // 释放资源
            DbUtil.releaseResources(rs, ps, conn);
        }
    }

    @Test
    @Order(3)
    void testJdbcDelete() {
        Connection conn = null;
        PreparedStatement ps = null;
        ResultSet rs = null;

        try {
            // 建立连接
            conn = DbUtil.getConnection();

            // 创建 Statement
            ps = conn.prepareStatement("DELETE FROM t_host_info WHERE host=?");
            ps.setString(1, "i@waylau.com");

            int deleteResult = ps.executeUpdate();
            assertEquals(1, deleteResult);
        } catch (SQLException e) {
            e.printStackTrace();
        } finally {
            // 释放资源
            DbUtil.releaseResources(rs, ps, conn);
        }
```

```
    }
}
```

DbUtilTest.java 的代码与 hello-jdbc 项目的 JdbcTest.java 的代码非常类似。唯一的区别是，数据库连接是从 DbUtil.getConnection()获取的，而释放资源的方法则是调用的 DbUtil.releaseResources()方法。

使用以下命令执行测试：

```
mvn test
```

运行测试用例，若看到控制台输出如下内容，则说明测试成功：

```
    ...
    [INFO] -------------------------------------------------------
    [INFO]  T E S T S
    [INFO] -------------------------------------------------------
    [INFO] Running com.waylau.java.DbUtilTest
    [INFO] Tests run: 3, Failures: 0, Errors: 0, Skipped: 0, Time elapsed: 0.332 s - in
com.waylau.java.DbUtilTest
    [INFO]
    [INFO] Results:
    [INFO]
    [INFO] Tests run: 3, Failures: 0, Errors: 0, Skipped: 0
    [INFO]
    [INFO] ------------------------------------------------------------------------
    [INFO] BUILD SUCCESS
    [INFO] ------------------------------------------------------------------------
    [INFO] Total time:  3.591 s
    [INFO] Finished at: 2020-02-01T15:40:10+08:00
    [INFO] ------------------------------------------------------------------------
```

5.8 总 结

本章介绍了 Java 操作数据库的规范 JDBC 及其使用。在实际项目中，我们很少会直接使用 JDBC API 来操作数据库，而是通过封装 JDBC API 来简化 JDBC 的使用。同时，我们也介绍了连接池技术的使用，通过连接池可以在高并发下提升系统的性能。

5.9 习 题

（1）简述 JDBC 操作数据库需要经过哪几个步骤。

（2）简述 JDBC 两层模型、三层模型的区别。

（3）为什么要使用 PreparedStatement 来代替 Statement？

（4）简述事务隔离级别。

（5）编写一个应用，使用连接池技术来操作数据库。

第 6 章

一站式应用框架——Spring

在 Java EE 企业级应用中，Spring 几乎是必备的框架。Java 开发者可能不熟悉 EJB 等 Java EE 规范，但很少有人不熟悉 Spring。

从本章开始将踏上学习 Spring 框架之路。本章主要介绍 Spring 的基础知识，包括 IoC、AOP、资源处理及 SpEL 表达式等方面的内容。

6.1 Spring 概述

自 Spring 诞生以来，Spring 在 Java EE 企业级应用中应用广泛，致力于简化传统 Java EE 企业级应用开发过程中烦琐的过程。其实 Spring 所涵盖的意义远远不止是一个应用框架，下面就来详细解读 Spring。

6.1.1 Spring 的广义与狭义

Spring 有狭义与广义之说。

1. 狭义上的 Spring——Spring 框架

狭义上的 Spring 特指 Spring 框架（Spring Framework）。Spring 框架是为了解决企业应用开发的复杂性而创建的，它的主要优势之一就是分层架构。分层架构允许使用者选择使用哪一个组件，同时为 Java EE 应用程序开发提供集成的框架。Spring 框架使用基本的 POJO 来完成以前只可能由 EJB 完成的事情。Spring 框架不仅仅限于服务器端的开发，而且从简单性、可测试性和松耦合的角度来看，Java 应用开发均可以从 Spring 框架中获益。Spring 框架的核心是控制反转（IoC）和面向切面（AOP）。简单来说，Spring 框架是一个分层的、面向切面与 Java 应用的一站式轻量级开源框架。

Spring 框架的前身是 Rod Johnson 在 Expert One-on-One J2EE Design and Development 一书中发表的包含 3 万行代码的附件。在该书中，他展示了如何在不使用 EJB 的情况下构建高质量、可扩展的在线座位预留应用程序。为了构建该应用程序，他写了上万行的基础结构代码。这些代码包含许多可重用的 Java 接口和类，如 ApplicationContext 和 BeanFactory 等。由于 Java 接口是依赖注入的基本构件，因此他将类的根包命名为 com.interface21，意味着这个框架是面向 21 世纪的。根据书中的描述，这些代码已经在一些真实的金融系统中使用。

由于该书影响甚广，当时有几个开发人员（如 Juergen Hoeller 和 Yann Caroff）联系 Rod Johnson，希望将 com.interface21 代码开源。Yann Caroff 将这个新框架命名为 Spring，其含义为 Spring 就像一缕春风扫平传统 J2EE 的寒冬。所以说，Rod Johnson、Juergen Hoeller 及 Yann Caroff 是 Spring 框架的共同创立者。

2003 年 2 月，Spring 0.9 发布，采用了 Apache 2.0 开源协议。2004 年 4 月，Spring 1.0 发布。截至目前，Spring 框架已经是第 5 个主要版本了。有关 Spring 5 方面的内容可以参阅笔者所著的《Spring 5 开发大全》[①]。

2. 广义上的 Spring——Spring 技术栈

广义上的 Spring 是指以 Spring 框架为核心的 Spring 技术栈。这些技术栈涵盖从企业级应用到云计算等各个方面的内容，具体如下：

- Spring Data：Spring 框架中的数据访问模块对 JDBC 及 ORM 提供了很好的支持。随着 NoSQL 和大数据的兴起，出现了越来越多的新技术，如非关系型数据库、MapReduce 框架。Spring Data 正是为了让 Spring 开发者能更方便地使用这些新技术而诞生的“大”项目——它由一系列小的项目组成，分别为不同的技术提供支持，如 Spring Data JPA、Spring Data Hadoop、Spring Data MongoDB、Spring Data Redis 等。通过 Spring Data，开发者可以用 Spring 提供的相对一致的方式来访问位于不同类型的数据存储中的数据。在本书后续章节中，也会对 Spring Data Redis 的使用进行详细的介绍。
- Spring Batch：一款专门针对企业级系统中的日常批处理任务的轻量级框架，能够帮助开发者方便地开发出健壮、高效的批处理应用程序。通过 Spring Batch 可以轻松构建出轻量级的、健壮的并发处理应用，并支持事务、并发、流程、监控、纵向和横向扩展，提供统一的接口管理和任务管理。Spring Batch 对批处理任务进行了一定的抽象，它的架构可以大致分为 3 层，自上而下分别是业务逻辑层、批处理执行环境层和基础设施层。Spring Batch 可以很好地利用 Spring 框架所带来的各种便利，同时也为开发者提供了相对熟悉的开发体验。有关 Spring Batch 方面的内容可以参阅笔者所著的《Cloud Native 分布式架构原理与实践》[②]。
- Spring Security：前身是 Acegi，是较为成熟的子项目之一，是一款可定制化的身份验证和访问控制框架。读者如果对该技术感兴趣，那么可以参阅笔者所著的开源书《Spring Security

---

① 《Spring 5 开发大全》由北京大学出版社出版，内容介绍可见 https://github.com/waylau/spring-5-book。

②《Cloud Native 分布式架构原理与实践》由北京大学出版社出版，内容介绍可见 https://github.com/waylau/cloud-native-book-demos。

教程》[1]，以了解更多 Spring Security 方面的内容。在本书后续章节中，会对 Spring Security 的使用进行详细的介绍。

- Spring Boot：指 Spring 团队提供的全新框架，其设计目的是用来简化新 Spring 应用的初始搭建及开发过程。该框架使用了特定的方式来进行配置，从而使开发人员不再需要定义样板化的配置。Spring Boot 为 Spring 平台及第三方库提供了“开箱即用”的设置，这样就可以有条不紊地进行应用的开发。多数 Spring Boot 应用只需要很少的 Spring 配置。通过这种方式，Spring Boot 致力于在蓬勃发展的快速应用开发领域成为领导者。读者如果对该技术感兴趣，那么可以参阅笔者所著的《Spring Boot 企业级应用开发实战》[2]及开源书《Spring Boot 教程》[3]，以了解更多 Spring Boot 方面的内容。在本书后续章节中，会对 Spring Boot 的使用进行详细的介绍。
- Spring Cloud：使用 Spring Cloud，开发人员可以“开箱即用”地实现分布式系统中常用的服务。这些服务可以在任何环境下运行，不仅包括分布式环境，还包括开发人员的笔记本电脑、裸机数据中心以及 Cloud Foundry 等托管平台。Spring Cloud 基于 Spring Boot 来构建服务，并可以轻松地集成第三方类库来增强应用程序的行为。

Spring 技术栈还有很多，如果读者感兴趣，可以访问 Spring 项目页面（https://spring.io/projects）了解更多信息。

3. 约定

由于 Spring 是早期 Spring 框架的总称，因此有时候 Spring 这个命名会给读者带来困扰。本书约定 Spring 框架特指狭义上的 Spring，即 Spring Framework；而 Spring 特指广义上的 Spring，泛指 Spring 技术栈。

6.1.2 Spring 框架总览

Spring 框架是整个 Spring 技术栈的核心。Spring 框架实现了对 bean 的依赖管理及 AOP 的编程方式，这些都极大地提升了 Java 企业级应用开发过程中的编程效率，降低了代码之间的耦合。

Spring 框架是很好的一站式构建企业级应用的轻量级的解决方案。

1. 模块化的 Spring 框架

Spring 框架是模块化的，允许开发人员自由选择需要使用的部分。例如，可以在任何框架上使用 IoC 容器，也可以只使用 Hibernate 集成代码或 JDBC 抽象层。Spring 框架支持声明式事务管理，通过 RMI 或 Web 服务远程访问用户的逻辑，并支持多种选择来持久化用户的数据。它提供了一个全功能的 Spring Web MVC 及 Spring WebFlux 框架，同时也支持 AOP 集成到软件中。

---

① 电子书地址可见 https://github.com/waylau/spring-security-tutorial。

②《Spring Boot 企业级应用开发实战》由北京大学出版社出版，内容介绍可见 https://github.com/waylau/spring-boot-enterprise-application-development。

③ 电子书地址可见 https://github.com/waylau/spring-boot-tutorial。

2. 使用 Spring 的好处

Spring 框架是一个轻量级的 Java 平台，能够提供完善的基础设施用来支持开发 Java 应用程序。Spring 负责基础设施功能，开发人员可以专注于应用逻辑的开发。Spring 可以使用 POJO 来构建应用程序，并将企业服务非侵入性地应用到 POJO。此功能适用于 Java SE 编程模型和完全或部分 Java EE 模型。

作为一个 Java 应用程序的开发者，可以从 Spring 平台获得以下好处：

- 使本地 Java 方法可以执行数据库事务，而无须自己处理事务 API。
- 使本地 Java 方法可以执行远程过程，而无须自己处理远程 API。
- 使本地 Java 方法成为 HTTP 端点，而无须自己处理 Servlet API。
- 使本地 Java 方法可以拥有管理操作，而无须自己处理 JMX API。
- 使本地 Java 方法可以执行消息处理，而无须自己处理 JMS API。

6.1.3 Spring 框架常用模块

Spring 框架基本涵盖了企业级应用开发的各个方面，它由二十多个模块组成。

1. 核心容器

核心容器（Core Container）由 spring-core、spring-beans、spring-context、spring-context-support 和 spring-expression（Spring Expression Language）模块组成。

- spring-core 和 spring-beans 模块提供框架的基础部分，包括 IoC 和 Dependency Injection 功能。BeanFactory 是一个复杂工厂模式的实现，无须编程就能实现单例，并允许开发人员将配置和特定的依赖从实际程序逻辑中解耦。
- spring-context 模块建立在 spring-core 和 spring-beans 模块提供的功能基础之上，它是一种在框架类型下实现对象存储操作的手段，有一点像 JNDI 注册。spring-context 继承了 spring-beans 模块的特性，并且增加了对国际化的支持（如用在资源包中）、事件广播、资源加载和创建上下文（如一个 Servlet 容器）。spring-context 模块也支持如 EJB、JMX 和基础远程访问的 Java EE 特性。ApplicationContext 接口是 spring-context 模块的主要表现形式。spring-context-support 模块提供了对常见第三方库的支持，以便集成到 Spring 应用上下文，如缓存（EhCache、JCache）、调度（CommonJ、Quartz）等。
- spring-expression 模块提供了一种强大的表达式语言，用来在运行时查询和操作对象图。它是作为 JSP 2.1 规范所指定的统一表达式语言的一种扩展。这种语言支持对属性值、属性参数、方法调用、数组内容存储、收集器和索引、逻辑和算数的操作及命名变量，并且通过名称从 Spring 的控制反转容器中取回对象。表达式语言模块还支持列表投影、选择和通用列表聚合。

2. AOP 及 Instrumentation

spring-aop 模块提供 AOP（面向切面编程）的实现，从而能够实现方法拦截器和切入点完全分离代码。使用源码级别元数据的功能也可以在代码中加入行为信息，在某种程度上类似于.NET 属性。

单独的 spring-aspects 模块提供了集成使用 AspectJ。spring-instrument 模块提供了类 instrumentation 的支持和在某些应用程序服务器使用类加载器实现。spring-instrument-tomcat 用于 Tomcat Instrumentation 代理。

3. 消息

自 Spring Framework 4 版本开始提供 spring-messaging 模块，主要包含从 Spring Integration 项目中抽象出来的如 Message、MessageChannel、MessageHandler 及其他用来提供基于消息的基础服务。

该模块还包括一组消息映射方法的注解，类似基于编程模型中的 Spring MVC 的注解。

4. 数据访问/集成

数据访问/集成（Data Access/Integration）层由 JDBC、ORM、OXM、JMS 和 Transaction 模块组成。

- spring-jdbc 模块提供了一个 JDBC 抽象层，这样开发人员就能避免进行一些烦琐的 JDBC 编码和解析数据库供应商特定的错误代码。
- spring-tx 模块支持用于实现特殊接口和所有 POJO 类的编程及声明式事务管理。
- spring-orm 模块为流行的对象关系映射 API 提供集成层，包括 JPA 和 Hibernate。使用 spring-orm 模块可以将这些 O/R 映射框架与 Spring 提供的所有其他功能结合使用，如前面提到的简单的声明式事务管理功能。
- spring-oxm 模块提供了一个支持 Object/XML 映射实现的抽象层，如 JAXB、Castor、JiBX 和 XStream。
- spring-jms 模块包含用于生成和使用消息的功能。从 Spring Framework 4.1 开始，它提供了与 spring-messaging 的集成。

5. Web

Web 层由 spring-web、spring-webmvc、spring-websocket 和 spring-webflux 组成。

- spring-web 模块提供了基本的面向 Web 开发的集成功能，如文件上传及用于初始化 IoC 容器的 Servlet 监听和 Web 开发应用程序上下文。它也包含 HTTP 客户端及 Web 相关的 Spring 远程访问的支持。
- spring-webmvc 模块（也称 Web Servlet 模块）包含 Spring 的 MVC 功能和 REST 服务功能。
- spring-websocket 模块是基于 WebSocket 协议通信的程序开发。
- spring-webflux 模块是 Spring 5 新添加的支持响应式编程的 Web 开发框架。

6. 测试

spring-test 模块支持通过组合 JUnit 或 TestNG 来实现单元测试和集成测试等功能。它不仅提供了 Spring ApplicationContexts 的持续加载，并能缓存这些上下文，而且提供了可用于孤立测试代码的模拟对象（Mock Objects）。

6.1.4 Spring 设计模式

在 Spring 框架设计中广泛使用了设计模式。Spring 使用以下设计模式使企业级应用开发变得简单和可测试。

- Spring 使用 POJO 模式的强大功能来实现企业应用程序的轻量级和最小侵入性的开发。
- Spring 使用依赖注入模式（DI 模式）实现松耦合，并使系统可以更加面向接口编程。
- Spring 使用 Decorator 和 Proxy 设计模式进行声明式编程。
- Spring 使用 Template 设计模式消除样板代码。

6.2 IoC

IoC 容器是 Spring 框架中非常重要的核心组件，可以说，是伴随着 Spring 诞生和成长的。Spring 通过 IoC 容器来管理所有 Java 对象（也被称为 Spring Bean）及其相互间的依赖关系。本节全面讲解 IoC 容器的概念及用法。

6.2.1 依赖注入与控制反转

很多人都会被问及“依赖注入（Dependency Injection，DI）”与“控制反转”之间到底有哪些联系和区别。在 Java 应用程序中，无论是受限的嵌入式应用程序，还是多层架构的服务端企业级应用程序，它们通常由来自应用适当的对象进行组合合作。也就是说，对象在应用程序中通过彼此依赖来实现功能。

尽管 Java 平台提供了丰富的应用程序开发功能，但它缺乏组织基本构建块成为一个完整系统的方法。那么，组织系统这个任务最后只能留给架构师和开发人员。开发者可以使用各种设计模式（如 Factory、Abstract Factory、Builder、Decorator 和 Service Locator）来组合各种类和对象实例构成应用程序。虽然这些模式给出了能解决什么类型的问题，但使用模式的一个最大的障碍是，除非开发者有非常丰富的经验，否则仍然无法在应用程序中正确地使用它，这就给 Java 开发者设定了一定的技术门槛，特别是那些普通的开发人员。

而 Spring 框架的 IoC（Inversion of Control，控制反转）组件能够通过提供正规化的方法来组合不同的组件，使之成为一个完整可用的应用。Spring 框架将规范化的设计模式作为一级的对象，这样方便开发者将之集成到自己的应用程序，这也是很多组织和机构选择使用 Spring 框架来开发健壮的、可维护的应用程序的原因。开发人员无须手动处理对象的依赖关系，而是交给了 Spring 容器去管理，这极大地提升了开发体验。

那么依赖注入与控制反转又是什么关系呢？

依赖注入是 Martin Fowler 在 2004 年提出的关于控制反转的解释[①]。Martin Fowler 认为控制反转一词让人产生疑惑，无法直白地理解“到底哪方面的控制被反转了”。所以，Martin Fowler 建议采用依赖注入一词来代替控制反转。

依赖注入和控制反转其实就是一个事物的两种不同的说法而已，本质上是一回事。依赖注入是一个程序设计模式和架构模型，有时候也称为控制反转，尽管从技术上来讲，依赖注入是一个控制反转的特殊实现。依赖注入是指一个对象应用另一个对象来提供一个特殊的能力。例如，把一个数据库连接以参数的形式传到一个对象的结构方法里，而不是在那个对象内部自行创建一个连接。依赖注入和控制反转的基本思想就是把类的依赖从类内部转化到外部以减少依赖。利用控制反转，对象在被创建的时候会由一个调控系统统一进行对象实例的管理，将该对象所依赖的对象的引用通过调控系统传递给它。也可以说，依赖被注入对象中。所以，控制反转是关于一个对象如何获取它所依赖的对象的引用的过程，而这个过程体现为“谁来传递依赖的引用”这个职责的反转。

控制反转一般分为两种实现类型，依赖注入和依赖查找（Dependency Lookup）。其中依赖注入应用得比较广泛。Spring 是采用依赖注入这种方式来实现控制反转的。

6.2.2　IoC 容器和 Bean

Spring 通过 IoC 容器来管理所有 Java 对象及其相互间的依赖关系。在软件开发过程中，系统的各个对象之间、各个模块之间、软件系统与硬件系统之间或多或少都会存在耦合关系，如果一个系统的耦合度过高，就会造成难以维护的问题。但是完全没有耦合的代码是不能工作的，代码需要相互协作、相互依赖来完成功能。而 IoC 的技术恰好解决了这类问题，各个对象之间不需要直接关联，而是在需要用到对方的时候由 IoC 容器来管理对象之间的依赖关系，对于开发人员来说只需要维护相对独立的各个对象代码即可。

IoC 是一个过程，即对象定义其依赖关系，而其他与之配合的对象只能通过构造函数参数、工厂方法的参数或者在工厂方法构造或返回后在对象实例上设置的属性来定义其依赖关系。然后，IoC 容器在创建 bean 时会注入这些依赖项。这个过程在职责上是反转的，就是把原先代码里需要实现的对象创建、依赖的代码反转给容器来帮忙实现和管理，所以称为“控制反转”。

IoC 应用了以下设计模式：

- 反射：在运行状态中，根据提供的类的路径或者类名，通过反射来动态地获取该类的所有属性和方法。
- 工厂模式：把 IoC 容器当作一个工厂，在配置文件或者注解中给出定义，然后利用反射技术，根据给出的类名生成相应的对象。对象生成的代码及对象之间的依赖关系在配置文件中定义，这样就实现了解耦。

org.springframework.beans 和 org.springframework.context 包是 Spring IoC 容器的基础。BeanFactory 接口提供了能够管理任何类型的对象的高级配置机制。ApplicationContext 是 BeanFactory 的子接口，它更容易与 Spring 的 AOP 功能集成，进行消息资源处理（用于国际化）、

---

① 有关 Martin Fowler 的博客原文可见 https://martinfowler.com/articles/injection.html。

事件发布以及作为应用层特定的上下文（例如，用于 Web 应用程序的 WebApplicationContext）。简而言之，BeanFactory 提供了基本的配置功能，而 ApplicationContext 在此基础之上增加了更多的企业特定功能。

在 Spring 应用中，bean 是由 Spring IoC 容器来进行实例化、组装并受其管理的对象。bean 和它们之间的依赖关系反映在容器使用的配置元数据中。

6.2.3 配置元数据

配置元数据描述了 Spring 容器在应用程序中是如何来实例化、配置和组装对象的。

最初，Spring 用 XML 文件格式来记录配置元数据，从而很好地实现了 IoC 容器本身与实际写入此配置元数据的格式完全分离。

当然，基于 XML 的元数据不是唯一允许的配置元数据形式。目前，比较流行的配置元数据的方式是基于注解的配置和基于 Java 的配置。

- 基于注解的配置：Spring 2.5 引入了支持基于注解的配置元数据。
- 基于 Java 的配置：从 Spring 3.0 开始，Spring JavaConfig 项目提供了许多功能，并成为 Spring 框架核心的一部分。因此，可以使用 Java 而不是 XML 文件来定义应用程序类外部的 bean。这类注解比较常用的有@Configuration、@Bean、@Import 和@DependsOn 等。

Spring 配置至少需要一个或者多个由容器管理的 Bean。基于 XML 的配置方式，需要用<beans/>元素内的<bean/>元素来配置这些 Bean；而在基于 Java 的配置方式中，通常在使用了@Configuration 注解的类中使用@Bean 注解的方法。

以下示例显示基于 XML 的配置元数据的基本结构。

```
<?xml version="1.0" encoding="UTF-8"?>
<beans xmlns="http://www.springframework.org/schema/beans"
    xmlns:xsi="http://www.w3.org/2001/XMLSchema-instance"
    xsi:schemaLocation="http://www.springframework.org/schema/beans
        http://www.springframework.org/schema/beans/spring-beans.xsd">

    <bean id="..." class="...">
        <!-- 放置这个 bean 的协作者和配置 -->
    </bean>

    <bean id="..." class="...">
        <!-- 放置这个 bean 的协作者和配置 -->
    </bean>

    <!-- 省略了更多的 bean 的配置-->
</beans>
```

在上面的 XML 文件中，id 属性用于标识单个 bean 定义的字符串。class 属性定义 bean 的类型，并使用完全限定的类名。id 属性的值是指协作对象。

以下示例显示基于注解的配置元数据的基本结构。

```
@Configuration
public class AppConfig {

    @Bean
    public MyService myService() {
        return new MyServiceImpl();
    }
}
```

6.2.4　实例化容器

Spring IoC 容器需要在应用启动时进行实例化。在实例化过程中，IoC 容器会从各种外部资源（如本地文件系统、Java 类路径等）加载配置元数据，提供给 ApplicationContext 构造函数。

下面是一个从类路径中加载基于 XML 的配置元数据的例子。

```
ApplicationContext context =
    new ClassPathXmlApplicationContext(newString[] {"services.xml", "daos.xml"});
```

当系统规模比较大时，通常会让 bean 定义分到多个 XML 文件。这样，每个单独的 XML 配置文件通常就能够表示系统结构中的逻辑层或模块。就如上面的例子所演示的那样，当某个构造函数需要多个资源位置时，可以使用一个或多个<import/>来从另一个文件加载 bean 的定义，例如，

```
<beans>
    <import resource="services.xml"/>
    <import resource="resources/messageSource.xml"/>
    <import resource="/resources/themeSource.xml"/>

    <bean id="bean1" class="..."/>
    <bean id="bean2" class="..."/>
</beans>
```

6.2.5　使用容器

ApplicationContext 是高级工厂的接口，能够维护不同 bean 及其依赖项的注册表。其提供的方法 T getBean(String name, Class<T> requiredType)可以用于检索 Bean 的实例。

ApplicationContext 读取 bean 定义并按如下方式访问它们：

```
// 创建并配置 bean
ApplicationContext context =
    new ClassPathXmlApplicationContext("services.xml", "daos.xml");

// 检索配置了的 bean 实例
PetStoreService service = context.getBean("petStore", PetStoreService.class);

// 使用 bean 实例
List<String> userList = service.getUsernameList();
```

若配置方式不是 XML 而是 Groovy，则可以将 ClassPathXmlApplicationContext 改为

GenericGroovyApplicationContext。GenericGroovyApplicationContext 是另一个 Spring 框架上下文的实现：

```
ApplicationContext context =
    new GenericGroovyApplicationContext("services.groovy", "daos.groovy");
```

以上是使用 ApplicationContext 的 getBean 来检索 Bean 的实例的方式。ApplicationContext 接口还有其他一些检索 Bean 的方法，但理想情况下应用程序代码不应该使用它们。因为程序代码根本不需要调用 getBean 方法的话，就可以完全不依赖于 Spring API。例如，Spring 与 Web 框架的集成为各种 Web 框架组件（如控制器和 JSF 托管的 Bean）提供了依赖注入，允许通过元数据（例如自动装配注入）声明对特定 bean 的依赖关系。

6.2.6 Bean 的命名

每个 Bean 都有一个或多个标识符。这些标识符在托管 Bean 的容器中必须是唯一的。一个 Bean 通常只有一个标识符，但是如果它需要多个标识符，那么额外的可以被认为是别名。

在基于 XML 的配置元数据中，使用 id 或者 name 属性来指定 bean 标识符。id 属性允许指定一个 id。通常，这些标识符的名称是字母，比如 myBean、userService 等，但也可能包含特殊字符。如果你想向 bean 引入其他别名，那么可以在 name 属性中指定它们，用“,”“;”或空格分隔。历史原因，在 Spring 3.1 以前的版本中，id 属性被定义为一个 xsd:ID 类型，所以限制了可能的字符。从 Spring 3.1 开始，它被定义为一个 xsd:string 类型。注意，虽然类型更改了，但 bean id 的唯一性仍由容器强制执行。

用户也可以不必为 bean 提供名称或标识符。如果没有显式地提供名称或标识符，容器就会为该 bean 自动生成一个唯一的名称。但是，如果要通过名称引用该 bean，就必须提供一个名称。

在命名 bean 时尽量遵守使用标准 Java 约定。也就是说，bean 的名字使用以一个小写字母开头的骆驼法命名规则，比如 accountManager、accountService、userDao、loginController 等。使用这样命名的 bean 会让应用程序的配置更易于阅读和理解。

Spring 为未命名的组件生成 bean 名称，同样遵循以上规则。本质上，简单的命名方式就是直接采用类名称并将其初始字符变为小写。但也有特例，当前两个字符或多个字符是大写时，我们不进行处理。比如，URL 类的 bean 名称仍然是 URL。这些命名规则定义在 java.beans.Introspector.decapitalize 方法中。

6.2.7 实例化 bean 的方式

所谓 bean 的实例化，就是根据配置来创建对象的过程。

如果是使用基于 XML 的配置方式，就在<bean />元素的 class 属性中指定需要实例化的对象的类型（或类）。这个 class 属性在内部实现，通常是一个 BeanDefinition 实例的 Class 属性。但也有例外情况，比如使用工厂方法或者 bean 定义继承进行实例化。

使用 Class 属性有两种方式：

- 通常，容器本身是通过反射机制来调用指定类的构造函数，从而创建 bean。这与使用 Java

代码的 new 运算符相同。

- 通过静态工厂方法创建，类中包含静态方法。通过调用静态方法返回对象的类型可能和 Class 一样，也可能完全不一样。

如果你想配置使用静态的内部类，就必须用内部类的二进制名称。例如，在 com.waylau 包下有一个 User 类，这个类里面有一个静态的内部类 Account，这种情况下 bean 定义的 class 属性应该是 com.waylau.User$Account。这里需要注意，使用“$”字符来分割外部类和内部类的名称。

概括起来，bean 的实例化有 3 种方式，分别说明如下：

1. 通过构造函数实例化

Spring IoC 容器可以管理几乎所有你想让它管理的类，不限于管理 POJO。大多数 Spring 用户更喜欢使用 POJO（一个默认无参的构造方法和 setter、getter 方法）。但在容器中使用非 bean 形式的类也是可以的，比如遗留系统中的连接池，很显然它与 JavaBean 规范不符，但 Spring 也能管理它。

当你使用构造方法来创建 bean 的时候，Spring 对类来说并没有什么特殊之处。也就是说，正在开发的类不需要实现任何特定的接口或者以特定的方式进行编码。但是，根据你所使用的 IoC 类型，可能需要一个默认（无参）的构造方法。

当使用基于 XML 的元数据配置文件时，可以这样来指定 bean 类：

```
<bean id="exampleBean" class="waylau.ExampleBean"/>

<bean name="anotherExample" class="waylau.ExampleBeanTwo"/>
```

2. 使用静态工厂方法实例化

当采用静态工厂方法创建 bean 时，除了需要指定 class 属性外，还需要通过 factory-method 属性来指定创建 bean 实例的工厂方法，Spring 将调用此方法返回实例对象。就此而言，跟通过普通构造器创建类实例没什么两样。

下面的 bean 定义展示了如何通过工厂方法来创建 bean 实例。

以下是基于 XML 的元数据配置文件：

```
<bean id="clientService"
    class="waylau.ClientService"
    factory-method="createInstance"/>
```

以下是需要创建实例的类的定义：

```
public class ClientService {
    private static ClientService clientService = new ClientService();
    private ClientService() {}

    public static ClientService createInstance() {
        return clientService;
    }
}
```

注 意

在此例中，createInstance()必须是一个 static 方法。

3. 使用工厂实例方法实例化

通过调用工厂实例的非静态方法进行实例化与通过静态工厂方法实例化类似。使用这种方式时，class 属性置为空，而 factory-bean 属性必须指定为当前（或其祖先）容器中包含工厂方法的 bean 的名称，而该 bean 的工厂方法本身必须通过 factory-method 属性来设定。

以下是基于 XML 的元数据配置文件：

```
<!-- 工厂 bean，包含 createInstance()方法 -->
<bean id="serviceLocator" class="waylau.DefaultServiceLocator">
    <!-- 其他需要注入的依赖项 -->
</bean>

<!-- 通过工厂 bean 创建的 bean -->
<bean id="clientService"
    factory-bean="serviceLocator"
    factory-method="createClientServiceInstance"/>
```

以下是需要创建实例的类的定义：

```
public class DefaultServiceLocator {

    private static ClientService clientService = new ClientServiceImpl();
    private DefaultServiceLocator() {}

    public ClientService createClientServiceInstance() {
        return clientService;
    }
}
```

当然，一个工厂类也可以有多个工厂方法。以下是基于 XML 的元数据配置文件：

```
<bean id="serviceLocator" class="waylau.DefaultServiceLocator">
    <!-- 其他需要注入的依赖项 -->
</bean>

<bean id="clientService"
    factory-bean="serviceLocator"
    factory-method="createClientServiceInstance"/>

<bean id="accountService"
    factory-bean="serviceLocator"
    factory-method="createAccountServiceInstance"/>
```

以下是需要创建实例的类的定义：

```
public class DefaultServiceLocator {

    private static ClientService clientService = new ClientServiceImpl();
```

```
    private static AccountService accountService = newAccountServiceImpl();

    private DefaultServiceLocator() {}

    public ClientService createClientServiceInstance() {
        return clientService;
    }

    public AccountService createAccountServiceInstance() {
        return accountService;
    }

}
```

6.2.8　注入方式

在 Spring 框架中，主要有以下两种注入方式：

1. 基于构造函数

基于构造函数的 DI 是通过调用具有多个参数的构造函数的容器来完成的，每个参数表示依赖关系，这个与调用具有特定参数的静态工厂方法来构造 bean 几乎是等效的。以下示例演示一个只能使用构造函数注入的依赖注入的类，该类是一个 POJO，并不依赖于容器特定的接口、基类或注解。

```
public class SimpleMovieLister {

    // SimpleMovieLister 依赖于 MovieFinder
    private MovieFinder movieFinder;

    // Spring 容器可以通过构造器来注入 MovieFinder
    public SimpleMovieLister(MovieFinder movieFinder) {
        this.movieFinder = movieFinder;
    }

    // 省略使用注入的 MovieFinder 的具体业务逻辑
}
```

基于构造函数的 DI 通常需要处理传参。构造函数的参数解析是通过参数的类型来匹配的。如果 bean 的构造函数参数不存在歧义，那么构造器参数的顺序就是这些参数实例化以及装载的顺序。参考如下代码：

```
package x.y;

public class Foo {

    public Foo(Bar bar, Baz baz) {
        // ...
    }
```

```
}
```

假设 Bar 和 Baz 在继承层次上不相关，也没有什么歧义，下面的配置完全可以工作正常，开发者不需要再去<constructor-arg>元素中指定构造函数参数的索引或类型信息。

```
<beans>
    <bean id="foo" class="x.y.Foo">
        <constructor-arg ref="bar"/>
        <constructor-arg ref="baz"/>
    </bean>

    <bean id="bar" class="x.y.Bar"/>

    <bean id="baz" class="x.y.Baz"/>
</beans>
```

当引用另一个 bean 的时候，如果类型确定，匹配就会工作正常（如上面的例子）。

当使用简单的类型的时候，比如<value>true</value>，Spring IoC 容器是无法判断值的类型的，所以是无法匹配的。考虑代码如下：

```
package waylau;

public class ExampleBean {

    private int years;

    private String ultimateAnswer;

    public ExampleBean(int years, String ultimateAnswer) {
        this.years = years;
        this.ultimateAnswer = ultimateAnswer;
    }

}
```

那么，在上面的代码这种情况下，容器可以通过使用构造函数参数的 type 属性来实现简单类型的匹配，比如：

```
<bean id="exampleBean" class="waylau.ExampleBean">
  <constructor-arg type="int" value="7500000"/>
  <constructor-arg type="java.lang.String" value="42"/>
</bean>
```

或者使用 index 属性来指定构造参数的位置，比如：

```
<bean id="exampleBean" class="waylau.ExampleBean">
  <constructor-arg index="0" value="7500000"/>
  <constructor-arg index="1" value="42"/>
</bean>
```

这个索引同时是为了解决构造函数中有多个相同类型的参数无法精确匹配的问题。需要注意的是，索引是从 0 开始的。

开发者可以通过参数的名称来去除二义性。

```
<bean id="exampleBean" class="waylau.ExampleBean">
  <constructor-arg name="years" value="7500000"/>
  <constructor-arg name="ultimateAnswer" value="42"/>
</bean>
```

需要注意的是，做这项工作的代码必须启用了调试标记编译，这样 Spring 才可以从构造函数查找参数名称。开发者也可以使用@ConstructorProperties 注解来显式声明构造函数的名称，比如如下代码：

```
package waylau;

public class ExampleBean {

  // 省略了字段

  @ConstructorProperties({"years", "ultimateAnswer"})
  public ExampleBean(int years, String ultimateAnswer) {
    this.years = years;
    this.ultimateAnswer = ultimateAnswer;
  }

}
```

2. 基于 setter 方法

基于 setter 方法的 DI 是通过在调用无参数构造函数或无参数静态工厂方法来实例化 bean 之后，通过容器调用 bean 的 setter 方法完成的。

以下示例演示一个只能使用 setter 来将依赖进行注入的类。该类是一个 POJO，并不依赖于容器特定的接口、基类或注解。

```
public class SimpleMovieLister {

    // SimpleMovieLister 依赖于 MovieFinder
    private MovieFinder movieFinder;

    // Spring 容器可以通过 setter 方法来注入 MovieFinder
    public void setMovieFinder(MovieFinder movieFinder) {
      this.movieFinder = movieFinder;
    }

    // 省略使用注入的 MovieFinder 的具体业务逻辑
}
```

6.2.9 实战：依赖注入的例子

我们创建一个名为 dependency-injection 的应用来演示依赖注入的用法。

dependency-injection 应用是基于 XML 的配置方式。我们将会演示基于构造函数的依赖注入，同时会演示如何来解析构造函数的参数。

1. 定义服务类

定义了消息服务接口 MessageService，该接口的主要职责是打印消息，代码如下：

```
public interface MessageService {
    StringgetMessage();
}
```

消息服务类接口的实现是 MessageServiceImpl，返回我们真实想要的业务消息，代码如下：

```
package com.waylau.spring.di.service;

public class MessageServiceImpl implements MessageService {

    private String username;
    private int age;

    public MessageServiceImpl(String username, int age) {
      this.username = username;
      this.age = age;
    }

    public StringgetMessage() {
      return"Hello World! " + username + ", age is " + age;
    }

}
```

其中，MessageServiceImpl 是具有带参的构造函数，username 和 age 是构造函数的参数。这两个参数最终会在 getMessage 方法中返回。

2. 定义打印器

定义了打印器 MessagePrinter，用于打印消息，代码如下：

```
package com.waylau.spring.di;

import com.waylau.spring.di.service.MessageService;

public class MessagePrinter {

    final private MessageService service;

    public MessagePrinter(MessageService service) {
      this.service = service;
    }

    public void printMessage() {
      System.out.println(this.service.getMessage());
    }
```

```
}
```

我们期望，在执行 printMessage 方法之后就能将消息内容打印出来。而消息内容是依赖于 MessageService 提供的。稍后，我们会通过 XML 配置的方式，来将 MessageService 的实现进行注入。

3. 定义应用主类

Application 是应用的入口类，代码如下：

```
package com.waylau.spring.di;

import org.springframework.context.ApplicationContext;
import org.springframework.context.support.ClassPathXmlApplicationContext;

public class Application {

    public static void main(String[] args) {
      @SuppressWarnings("resource")
      ApplicationContext context = new ClassPathXmlApplicationContext("spring.xml");
      MessagePrinter printer = context.getBean(MessagePrinter.class);
      printer.printMessage();
  }

}
```

由于我们的应用是基于 XML 的配置，因此这里需要 ClassPathXmlApplicationContext 类。这个类是 Spring 上下文的其中一种实现，可以实现基于 XML 的配置加载。按照约定，Spring 应用的配置文件 spring.xml 放置在应用的 resources 目录下。

4. 创建配置文件

在应用的 resources 目录下创建了一个 Spring 应用的配置文件 spring.xml：

```
<?xml version="1.0" encoding="UTF-8"?>
<beans xmlns="http://www.springframework.org/schema/beans"
    xmlns:xsi="http://www.w3.org/2001/XMLSchema-instance"
    xmlns:context="http://www.springframework.org/schema/context"
    xsi:schemaLocation="
        http://www.springframework.org/schema/beans
        http://www.springframework.org/schema/beans/spring-beans.xsd
        http://www.springframework.org/schema/context
        http://www.springframework.org/schema/context/spring-context.xsd">

    <!-- 定义 bean -->
    <bean id="messageServiceImpl"
        class="com.waylau.spring.di.service.MessageServiceImpl">
        <constructor-arg name="username" value="Way Lau"/>
       <constructor-arg name="age" value="30"/>
   </bean>

    <bean id="messagePrinter" class="com.waylau.spring.di.MessagePrinter">
```

```
        <constructor-arg name="service" ref="messageServiceImpl"/>
    </bean>
</beans>
```

在该 spring.xml 文件中，我们可以清楚地看到 bean 之间的依赖关系。messageServiceImpl 有两个构造函数的参数：username 和 age，其参数值在实例化的时候就解析了。messagePrinter 引用了 messageServiceImpl 作为其构造函数的参数。

5. 运行

运行 Application 类就能在控制台看到“Hello World! Way Lau, age is 30”字样的信息。

6.2.10 依赖注入的详细配置

在上面的示例中，我们展示了依赖注入的大部分配置。开发者可以通过定义 bean 的依赖来引用其他 bean 或者一些值。Spring 基于 XML 的配置元数据通过支持一些子元素<property/>以及<constructor-arg/>来达到这一目的。这些配置可以满足应用开发的大部分场景。

下面就这些配置内容进行详细的讲解。

1. 直接赋值

直接赋值支持字符串、原始类型的数据。

元素<property/>有 value 属性，通过对人友好易读的形式来配置属性值或者构造参数。Spring 的便利之处就是用来将这些字符串的值转换成指定的类型。

```
<bean id="myDataSource" class="org.apache.commons.dbcp.BasicDataSource"
    destroy-method="close">
    <property name="driverClassName" value="com.mysql.jdbc.Driver"/>
    <property name="url" value="jdbc:mysql://localhost:3306/mydb"/>
    <property name="username" value="root"/>
    <property name="password" value="masterkaoli"/>
</bean>
```

下面的例子使用的 p 命名空间是更为简洁的 XML 配置。

```
<beans xmlns="http://www.springframework.org/schema/beans"
    xmlns:xsi="http://www.w3.org/2001/XMLSchema-instance"
    xmlns:p="http://www.springframework.org/schema/p"
    xsi:schemaLocation="http://www.springframework.org/schema/beans
    http://www.springframework.org/schema/beans/spring-beans.xsd">

<bean id="myDataSource"
        class="org.apache.commons.dbcp.BasicDataSource"
        destroy-method="close"
        p:driverClassName="com.mysql.jdbc.Driver"
        p:url="jdbc:mysql://localhost:3306/mydb"
        p:username="root"
        p:password="masterkaoli"/>

</beans>
```

虽然上面的 XML 更为简洁，但是因为属性的类型是在运行时确定的，而非设计时确定的，所以可能需要 IDE 特定的支持才能够自动完成属性配置。

开发者也可以定义一个 java.util.Properties 实例，比如：

```
<bean id="mappings"
    class="org.springframework.beans.factory.config.
PropertyPlaceholderConfigurer">

    <!-- 是一个 java.util.Properties 类型 -->
    <property name="properties">
        <value>
            jdbc.driver.className=com.mysql.jdbc.Driver
            jdbc.url=jdbc:mysql://localhost:3306/mydb
        </value>
    </property>
</bean>
```

Spring 的容器会将<value/>里面的文本通过使用 JavaBean 的 PropertyEditor 机制转换成一个 java.util.Properties 实例。这是一个捷径，也是一些 Spring 团队更喜欢使用嵌套的<value/>元素而不是 value 属性风格的原因。

2. 引用其他 bean

如果 bean 之间有协作的关系，就可以引用其他 bean。

ref 元素是<constructor-arg/>或者<property/>中的一个终极标签。开发者可以通过这个标签配置一个 bean 来引用另一个 bean。当需要引用一个 bean 的时候，被引用的 bean 会先实例化，然后配置属性，也就是引用的依赖。如果该 bean 是单例的话，那么该 bean 会由容器初始化。所有引用最终都是对另一个对象的引用。bean 的范围以及校验取决于开发者是否通过 bean、local、parent 这些属性来指定对象的 id 或者 name 属性。

通过指定 bean 属性中的<ref/>来指定依赖是常见的一种方式，可以引用容器或者父容器中的 bean，无论是否在同一个 XML 文件定义都可以引用。其中 bean 属性中的值可以和其他引用 bean 中的 id 属性一致，或者和其中的一个 name 属性一致。

```
<ref bean="someBean"/>
```

通过指定 bean 的 parent 属性会创建一个引用到当前容器的父容器中。parent 属性的值可以跟目标 bean 的 id 属性一致，或者和目标 bean 的 name 属性中的一个一致，且目标 bean 必须是当前引用目标 bean 容器的父容器。开发者一般只有在存在层次化容器关系，并且希望通过代理来包裹父容器中一个存在的 bean 的时候才会用到这个属性。

我们来看这个例子。这个 accountService 是父容器的 bean：

```
<bean id="accountService" class="com.waylau.SimpleAccountService">
</bean>
```

在子容器中同样有一个名为 accountService 的 bean：

```
<bean id="accountService"
    class="org.springframework.aop.framework.ProxyFactoryBean">
```

```
    <property name="target">
      <ref parent="accountService"/>
    </property>
</bean>
```

由于两个容器有相同 id 属性的 bean，因此为了避免歧义，需要加 parent 属性的值。

3. 内部 bean

定义在<bean/>元素的<property/>或者<constructor-arg/>元素之内的 bean 叫作内部 bean。

```
<bean id="outer" class="...">
  <property name="target">
    <bean class="com.waylau.Person">
      <property name="name" value="Way Lau"/>
      <property name="age" value="30"/>
    </bean>
  </property>
</bean>
```

内部 bean 的定义是不需要指定 id 或者名字的。如果指定了，容器就不会用之作为区分 bean 的标识符。容器同时也会无视内部 bean 的 scope 标签。所以，内部 bean 总是匿名的，而且总是随着外部 bean 同时来创建的。开发者是无法将内部 bean 注入外部 bean 以外的其他 bean 的。

4. 集合

在<list/>、<set/>、<map/>和<props/>元素中，开发者可以配置 Java 集合类型 List、Set、Map 以及 Properties 的属性和参数。示例如下：

```
<bean id="moreComplexObject" class="waylau.ComplexObject">
    <property name="adminEmails">
        <props>
            <prop key="administrator">administrator@waylau.com</prop>
            <prop key="support">support@waylau.com</prop>
            <prop key="development">development@waylau.com</prop>
        </props>
    </property>
    <property name="someList">
        <list>
            <value>a list element followed by a reference</value>
            <ref bean="myDataSource" />
        </list>
    </property>
    <property name="someMap">
        <map>
            <entry key="an entry" value="just some string"/>
            <entry key ="a ref" value-ref="myDataSource"/>
        </map>
    </property>
    <property name="someSet">
        <set>
            <value>just some string</value>
```

```
        <ref bean="myDataSource" />
      </set>
    </property>
</bean>
```

当然，map 的 key、value 或者集合的 value 都可以配置为下列元素：

```
bean | ref | idref | list | set | map | props | value | null
```

5. Null 及空字符的值

Spring 会将属性的空参数直接当成空字符串来处理。下面的基于 XML 的配置会将 email 属性配置为 String 的"":

```
<bean class="ExampleBean">
    <property name="email" value=""/>
</bean>
```

上面的例子和以下 Java 代码的效果是一致的。

```
exampleBean.setEmail("");
```

而<null/>元素则用来处理 Null 值，代码如下：

```
<bean class="ExampleBean">
    <property name="email">
      <null/>
    </property>
</bean>
```

上面的代码和下面的 Java 代码效果是一样的：

```
exampleBean.setEmail(null);
```

6. XML 短域名空间

p 命名空间令开发者可以使用 bean 的属性，而不用使用嵌套的<property/>元素就能描述开发者想要注入的依赖。以下是使用了 p 命名空间的例子：

```
<beans xmlns="http://www.springframework.org/schema/beans"
    xmlns:xsi="http://www.w3.org/2001/XMLSchema-instance"
    xmlns:p="http://www.springframework.org/schema/p"
    xsi:schemaLocation="http://www.springframework.org/schema/beans
        http://www.springframework.org/schema/beans/spring-beans.xsd">

    <bean name="classic" class="com.waylau.ExampleBean">
        <property name="email" value="foo@bar.com"/>
    </bean>

    <bean name="p-namespace" class="com.waylau.ExampleBean"
        p:email="foo@bar.com"/>
</beans>
```

与 p 命名空间类似，c 命名空间允许内联的属性来配置构造参数而不用使用 constructor-arg 元素。c 命名空间是在 Spring 3.1 首次引入的。

下面是一个使用了 c 命名空间的例子：

```
<beans xmlns="http://www.springframework.org/schema/beans"
    xmlns:xsi="http://www.w3.org/2001/XMLSchema-instance"
    xmlns:c="http://www.springframework.org/schema/c"
    xsi:schemaLocation="http://www.springframework.org/schema/beans
        http://www.springframework.org/schema/beans/spring-beans.xsd">

    <bean id="bar" class="x.y.Bar"/>
    <bean id="baz" class="x.y.Baz"/>

    <!-- traditional declaration -->
    <bean id="foo" class="x.y.Foo">
        <constructor-arg ref="bar"/>
        <constructor-arg ref="baz"/>
        <constructor-arg value="foo@waylau.com"/>
    </bean>

    <!-- c-namespace declaration -->
    <bean id="foo" class="x.y.Foo" c:bar-ref="bar" c:baz-ref="baz"
c:email="foo@waylau.com"/>

</beans>
```

7. 复合属性名称

开发者可以在配置属性的时候配置复合属性名称，只要确保除了最后一个属性外，其余的属性值都不能为 Null 即可。

考虑以下的例子：

```
    <bean id="foo" class="foo.Bar">
        <property name="fred.bob.sammy" value="123"/>
    </bean>
```

foo 有一个 fred 属性，而其中 fred 属性有一个 bob 属性，而 bob 属性中有一个 sammy 属性，最后这个 sammy 属性会配置为 123。想要上述配置能够生效，就需要确保 foo 的 fred 属性和 fred 的 bob 属性在构造 bean 之后不能为 Null，否则抛出 NullPointerException 异常。

6.2.11 使用 depends-on

如果一个 bean 是另一个 bean 的依赖，那么通常这个 bean 也是另一个 bean 的属性之一。多数情况下，开发者可以在配置 XML 元数据的时候使用<ref/>标签。然而，有时 bean 之间的依赖关系不是直接关联的。比如需要调用类的静态实例化器来触发，类似数据库驱动注册。depends-on 属性会使明确的强迫依赖的 bean 在引用之前就会初始化。下面的例子使用 depends-on 属性来表示单例 bean 上的依赖。

```
    <bean id="beanOne" class="ExampleBean" depends-on="manager"/>
    <bean id="manager" class="ManagerBean"/>
```

如果想要依赖多个 bean，就可以提供多个名字作为 depends-on 的值，以逗号、空格或者分号分割，代码如下：

```
<bean id="beanOne" class="ExampleBean" depends-on="manager,accountDao">
    <property name="manager" ref="manager"/>
</bean>

<bean id="manager" class="ManagerBean"/>
<bean id="accountDao" class="x.y.jdbc.JdbcAccountDao"/>
```

6.2.12　延迟加载 bean

默认情况下，ApplicationContext 会在实例化的过程中创建和配置所有的单例 bean。总的来说，这个预初始化是很不错的。因为这样能及时发现环境上的一些配置错误，而不是系统运行了很久之后才发现。如果这个行为不是迫切需要的，开发者就可以通过将 bean 标记为延迟加载阻止这个预初始化。延迟初始化的 bean 会通知 IoC 不要让 bean 预初始化，而是在被引用的时候才会实例化。

在 XML 中，可以通过<bean/>元素的 lazy-init 属性来控制这个行为，代码如下：

```
<bean id="lazy" class="com.waylau.ExpensiveToCreateBean"
    lazy-init="true"/>
<bean name="not.lazy" class="com.waylau.AnotherBean"/>
```

当将 bean 配置为上面的 XML 的时候，ApplicationContext 中的延迟加载 bean 是不会随着 ApplicationContext 的启动而进入预初始化状态的，而那些非延迟加载的 bean 是处于预初始化状态的。

然而，如果一个延迟加载的 bean 作为另一个非延迟加载的单例 bean 的依赖而存在，那么延迟加载的 bean 仍然会在 ApplicationContext 启动的时候加载，因为作为单例 bean 的依赖会随着单例 bean 的实例化而实例化。

开发者可以通过使用<beans/>的 default-lazy-init 属性在容器层次控制 bean 是否延迟初始化，比如：

```
<beans default-lazy-init="true">
</beans>
```

6.2.13　自动装配

Spring Boot 通常使用基于 Java 的配置，建议主配置是单个@Configuration 类。通常定义 main 方法的类作为主要的@Configuration 类。

Spring Boot 应用了很多 Spring 框架中的自动配置功能。自动配置会尝试根据添加的 jar 依赖关系自动配置 Spring 应用程序。例如，如果 HSQLDB 或者 H2 在类路径上，并且没有手动配置任何数据库连接 bean，那么 Spring Boot 会自动配置为内存数据库。

要启用自动配置功能，需要将@EnableAutoConfiguration 或@SpringBootApplication 注解添加到一个@Configuration 类中。

1. 自动配置

在 Spring 应用中，可以自由使用任何标准的 Spring 框架技术来定义 bean 及其注入的依赖关系。为了简化程序的开发，通常使用@ComponentScan 来找到 bean，并结合@Autowired 构造函数来将 bean 进行自动装配注入。这些 bean 涵盖了所有应用程序组件，如@Component、@Service、@Repository、@Controller 等。下面是一个实际的例子。

```
@Service
public class DatabaseAccountService implements AccountService {

    private final RiskAssessor riskAssessor;

    @Autowired
    public DatabaseAccountService(RiskAssessor riskAssessor) {
        this.riskAssessor = riskAssessor;
    }

    // ...

}
```

如果一个 bean 只有一个构造函数，就可以省略@Autowired。

```
@Service
public class DatabaseAccountService implements AccountService {

    private final RiskAssessor riskAssessor;

    public DatabaseAccountService(RiskAssessor riskAssessor) {
        this.riskAssessor = riskAssessor;
    }

    // ...

}
```

2. 使用@SpringBootApplication 注解

@SpringBootApplication 注解是 Spring Boot 中的配置类注解。由于 Spring Boot 开发人员总是频繁使用@Configuration、@EnableAutoConfiguration 和@ComponentScan 来注解它们的主类，并且这些注解经常被一起使用，因此 Spring Boot 提供了一种方便的@SpringBootApplication 注解来替代。

@SpringBootApplication 注解相当于使用@Configuration、@EnableAutoConfiguration 和@ComponentScan 及其默认属性。

```
import org.springframework.boot.SpringApplication;
import org.springframework.boot.autoconfigure.SpringBootApplication;

// 等同于 @Configuration @EnableAutoConfiguration @ComponentScan
@SpringBootApplication
public class Application {
```

```
    public static void main(String[] args) {
            SpringApplication.run(Application.class, args);
        }

    }
```

6.2.14　方法注入

在大多数应用场景下，大多数的 bean 都是单例的。当这个单例的 bean 需要和非单例的 bean 联合使用的时候，有可能会因为不同的 bean 生命周期的不同而产生问题。假设单例的 bean A 在每个方法调用中使用了非单例的 bean B，由于容器只会创建 bean A 一次，而只有一个机会来配置属性，因此容器无法给 bean A 每次都提供一个新的 bean B 的实例。

一个解决方案就是放弃一些 IoC。开发者可以通过实现 ApplicationContextAware 接口，调用 ApplicationContext 的 getBean("B")方法来在 bean A 需要新的实例的时候来获取到新的 B 实例。参考下面的例子：

```
import org.springframework.beans.BeansException;
import org.springframework.context.ApplicationContext;
import org.springframework.context.ApplicationContextAware;

public class CommandManager implements ApplicationContextAware {

   private ApplicationContext applicationContext;

   public Object process(Map commandState) {
      Command command = createCommand();
      command.setState(commandState);
      return command.execute();
   }

   protected Command createCommand() {
      return this.applicationContext.getBean("command", Command.class);
   }

   public void setApplicationContext(
         ApplicationContext applicationContext) throws BeansException {
      this.applicationContext = applicationContext;
   }
}
```

当然，这种方式有一些弊端，就是需要依赖于 Spring 的 API。这在一定程度上对 Spring 框架存在耦合。

那么是否有其他方案来避免这些弊端呢？答案是肯定的。

Spring 框架提供了<lookup-method/>和<replaced-method/>来解决上述问题。

1. lookup-method 注入

lookup-method 注入是 Spring 动态改变 bean 里方法的实现。其实现原理是利用 CGLIB 库，将

bean 方法执行返回的对象，重新生成子类和重写配置，从而达到动态改变的效果。

下面来看一个例子：

```
package fiona.apple;

public abstract class CommandManager {

    public Object process(Object commandState) {

        Command command = createCommand();

        command.setState(commandState);
        return command.execute();
    }

    protected abstract Command createCommand();
}
```

XML 配置如下：

```
<bean id="myCommand" class="com.waylau.AsyncCommand" scope="prototype">
</bean>

<bean id="commandManager" class="com.waylau.CommandManager">
    <lookup-method name="createCommand" bean="myCommand"/>
</bean>
```

当然，如果是基于注解的配置方式，就可以添加@Lookup 注解到相应的方法上：

```
public abstract class CommandManager {

public Objectp rocess(Object commandState) {
        Command command = createCommand();
        command.setState(commandState);
        return command.execute();
    }

    @Lookup("myCommand")
    protected abstract  Command createCommand();
}
```

下面的方式是等效的：

```
public abstract class CommandManager {

public Objectp rocess(Object commandState) {
        MyCommand command = createCommand();
        command.setState(commandState);
        return command.execute();
    }

    @Lookup
```

```
    protected abstract  MyCommand createCommand();
}
```

注　意

由于采用 CGLIB 生成之类的方式，因此需要用来动态注入的类不能是 final 修饰的，需要动态注入的方法也不能是 final 修饰的。

同时，还得注意 myCommand 的 scope 的配置，如果 scope 配置为 singleton，那么每次调用方法 createCommand 返回的对象都是相同的；如果 scope 配置为 prototype，那么每次调用返回的对象都不同。

2. replaced-method 注入

replaced-method 注入是 Spring 动态改变 bean 里方法的实现。需要改变的方法使用 Spring 内原有的其他类（需要继承接口 org.springframework.beans.factory.support.MethodReplacer）的逻辑替换这个方法。通过改变方法执行逻辑来动态改变方法。内部实现为使用 CGLIB 方法，重新生成子类，重写配置的方法和返回对象，达到动态改变的效果。

下面来看一个例子：

```
public class MyValueCalculator {

    public String computeValue(String input) {
        // 省略代码
    }

    // 省略代码
}
```

另一个类则实现了 org.springframework.beans.factory.support.MethodReplacer 接口。

```
public class ReplacementComputeValue implements MethodReplacer {

    public Object reimplement(Object o, Method m, Object[] args) throwsThrowable {

        String input = (String) args[0];
        ...
        return ...;
    }
}
```

XML 配置如下：

```
<bean id="myValueCalculator" class="x.y.z.MyValueCalculator">
    <replaced-method name="computeValue" replacer="replacementComputeValue">
        <arg-type>String</arg-type>
    </replaced-method>
</bean>

<bean id="replacementComputeValue" class="a.b.c.ReplacementComputeValue"/>
```

注 意

由于采用 CGLIB 生成之类的方式，因此需要用来动态注入的类不能是 final 修饰的，需要动态注入的方法也不能是 final 修饰的。

6.2.15 bean scope

默认情况下，所有 Spring bean 都是单例的，意味着整个 Spring 应用中，bean 的实例只有一个。可以在 bean 中添加 scope 属性来修改这个默认值。scope 属性可用的值如表 6-1 所示。

表 6-1 Spring bean scope 属性值

范 围	描 述
singleton	每个 Spring 容器一个实例（默认值）
prototype	允许 bean 可以被多次实例化（使用一次就创建一个实例）
Request	定义 bean 的 scope 是 HTTP 请求。每个 HTTP 请求都有自己的实例。只有在使用有 Web 能力的 Spring 上下文时才有效
session	定义 bean 的 scope 是 HTTP 会话。只有在使用有 Web 能力的 Spring ApplicationContext 时才有效
application	定义每个 ServletContext 一个实例
websocket	定义每个 WebSocket 一个实例。只有在使用有 Web 能力的 Spring ApplicationContext 时才有效

下面详细讨论 singleton bean 与 prototype bean 在用法上的差异。

6.2.16 singleton bean 与 prototype bean

对于 singleton bean 来说，IoC 容器只管理一个 singleton bean 的共享实例，所有对该 bean 的请求都会导致 Spring 容器返回一个特定的 bean 实例。

换句话说，当定义一个 bean 并将其定义为 singleton 时，Spring IoC 容器将仅创建一个由该 bean 定义的对象实例。该单个实例存储在缓存中，对该 bean 所有后续请求和引用都将返回缓存中的对象实例。

在 Spring IoC 容器中，singleton bean 是默认的创建 bean 的方式，可以更好地重用对象，节省了重复创建对象的开销。

图 6-1 所示为 singleton bean 使用示意图。

对于 prototype bean 来说，IoC 容器导致在每次对该特定 bean 进行请求时创建一个新的 bean 实例。

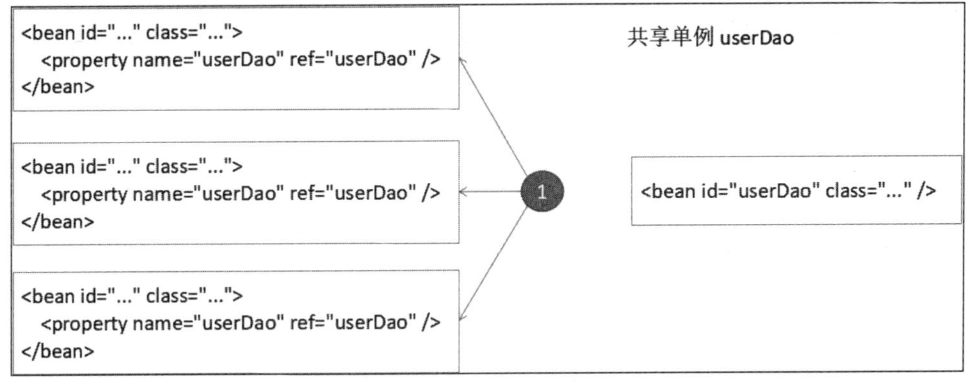

图 6-1　singleton bean 使用示意图

图 6-2 所示为 prototype bean 使用示意图。

从某种意义上来说，Spring 容器在 prototype bean 上的作用等同于 Java 的 new 操作符，所有过去的生命周期管理都必须由客户端处理。

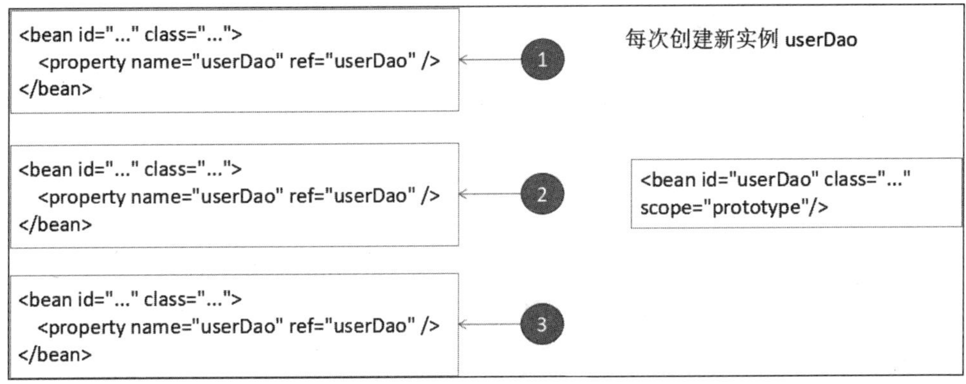

图 6-2　prototype bean 使用示意图

使用 singleton bean 还是 prototype bean 需要注意业务场景。一般情况下，singleton bean 适用于大多数场景，但某些场景（如多线程）需要每次调用都生成一个实例，此时 scope 就应该设为 prototype。

需要注意 singleton bean 引用 prototype bean 时的陷阱[①]。你不能依赖注入一个 prototype 范围的 bean 到你的 singleton bean 中，因为这个注入只发生一次，就是当 Spring 容器正在实例化 singleton bean 并解析和注入它的依赖时。如果你不止一次在运行时需要一个 prototype bean 的新实例，就可以采用方法注入的方式。

6.2.17　理解生命周期机制

在 Spring 2.5 之后，开发者有 3 种选择来控制 bean 的生命周期行为：

- InitializingBean 和 DisposableBean 回调接口。

① 有关该内容介绍的原文可参见 https://waylau.com/spring-singleton-beans-with-prototype-bean-dependencies。

- 自定义的 init()以及 destroy 方法。
- 使用@PostConstruct 以及@PreDestroy 注解。

开发者也可以在 Bean 上联合这些机制一起使用。如果一个 bean 配置了多个生命周期机制，并且含有不同的方法名，执行的顺序如下：

- 包含@PostConstruct 注解的方法。
- 在 InitializingBean 接口中的 afterPropertiesSet()方法。
- 自定义的 init()方法。

销毁方法的执行顺序和初始化的执行顺序相同：

- 包含@PreDestroy 注解的方法。
- 在 DisposableBean 接口中的 destroy()方法。
- 自定义的 destroy()方法。

6.2.18 基于注解的配置

Spring 应用支持多种配置方式。除了 XML 配置之外，开发人员更加流行使用基于注解的配置。基于注解的配置方式允许开发人员将配置信息移入组件类本身中，在相关的类、方法或字段上声明使用注解。

Spring 提供了非常多的注解，比如 Spring 2.0 引入的用@Required 注解来强制所需属性不能为空。在 Spring 2.5 中，可以使用相同的处理方法来驱动 Spring 的依赖注入。从本质上来说，@Autowired 注解提供了更细粒度的控制和更广泛的适用性。Spring 2.5 添加了对 JSR-250 注解的支持，比如@Resource、@PostConstruct 和@PreDestroy。Spring 3.0 添加了对 JSR-330 注解的支持，包含在 javax.inject 包下，比如有@Inject、@Qualifier、@Named 和@Provider 等。使用这些注解需要在 Spring 容器中注册特定的 BeanPostProcessor。

> **注 意**
>
> 基于注解的配置注入会在基于 XML 的配置注入之前执行，因此同时使用两种方式，后面的配置会覆盖前面装配的属性。

1. @Required

@Required 注解应用于 bean 属性的 setter 方法，就像下面这个示例：

```
public class SimpleMovieLister {

    private MovieFinder movieFinder;

    @Required
    public void setMovieFinder(MovieFinder movieFinder) {
        this.movieFinder = movieFinder;
    }
```

```
    // ...

}
```

这个注解只是表明受影响的bean的属性必须在bean的定义中或者自动装配中通过明确的属性值在配置时来填充。如果受影响的 bean 属性没有被填充，那么容器就会抛出异常。这就是通过快速失败的机制来避免 NullPointerException。

2. @Autowired

可以使用@Autowired 注解到“传统的”setter 方法中：

```
public class SimpleMovieLister {

    private MovieFinder movieFinder;

    @Autowired
    public void setMovieFinder(MovieFinder movieFinder) {
        this.movieFinder = movieFinder;
    }

    // ...

}
```

JSR-330 的@Inject 注解可以代替上面示例中的 Spring 的@Autowired 注解。

也可以将注解应用于任意名称和（或）多个参数的方法：

```
public class MovieRecommender {

    private MovieCatalog movieCatalog;

    private CustomerPreferenceDao customerPreferenceDao;

    @Autowired
    public void prepare(MovieCatalog movieCatalog,
            CustomerPreferenceDao customerPreferenceDao) {
        this.movieCatalog = movieCatalog;
        this.customerPreferenceDao = customerPreferenceDao;
    }

    // ...

}
```

也可以将它用于构造方法和字段：

```
public class MovieRecommender {

    @Autowired
    private MovieCatalog movieCatalog;
```

```
    private CustomerPreferenceDao customerPreferenceDao;

    @Autowired
    public MovieRecommender(CustomerPreferenceDao customerPreferenceDao) {
        this.customerPreferenceDao = customerPreferenceDao;
    }

    // ...

}
```

也可以提供 ApplicationContext 中特定类型的所有 bean，通过添加注解到期望哪种类型的数组的字段或者方法上：

```
public class MovieRecommender {

    @Autowired
    private MovieCatalog[] movieCatalogs;

    // ...

}
```

同样，也可以用于特定类型的集合：

```
public class MovieRecommender {

    privateSet<MovieCatalog> movieCatalogs;

    @Autowired
    public void setMovieCatalogs(Set<MovieCatalog> movieCatalogs) {
        this.movieCatalogs = movieCatalogs;
    }

    // ...

}
```

默认情况下，当出现零个候选 bean 的时候，自动装配就会失败。默认的行为是将被注解的方法、构造方法和字段作为需要的依赖关系。这种行为也可以通过下面这样的做法来改变。

```
public class SimpleMovieLister {

    private MovieFinder movieFinder;

    @Autowired(required=false)
    public void setMovieFinder(MovieFinder movieFinder) {
        this.movieFinder = movieFinder;
    }

    // ...
```

```
}
```

推荐使用@Autowired 的 required 属性而不是@Required 注解。required 属性表示属性对于自动装配的目的不是必需的，如果它不能被自动装配，那么属性就会忽略。另一方面，@Required 更健壮一些，它强制由容器支持的各种方式的属性设置。如果没有注入任何值，就会抛出对应的异常。

3. @Primary

因为通过类型的自动装配可能有多个候选者，所以在选择过程中通常需要更多控制。达成这个目的的一种做法是使用 Spring 的@Primary 注解。当一个依赖有多个候选者 bean 时，@Primary 指定了一个优先提供的特殊 bean。当多个候选者 bean 中存在一个确切的指定了@Primary 的 bean 时，它将会自动装载这个 bean。

下面来看一个例子：

```
@Configuration
public class MovieConfiguration {

    @Bean
    @Primary
    public MovieCatalog firstMovieCatalog() { ... }

    @Bean
    public MovieCatalog secondMovieCatalog() { ... }

    // ...

}
```

对于上面的配置，下面的 MovieRecommender 将会使用 firstMovieCatalog 自动注解。

```
public class MovieRecommender {

    @Autowired
    private MovieCatalog movieCatalog;

    // ...

}
```

4. @Qualifier

因为通过类型的自动装配可能有多个候选者，所以在选择过程中通常需要更多控制。达成这个目的的一种做法是使用 Spring 的@Qualifier 注解。你可以用特定的参数来关联限定符的值，缩小类型的集合匹配，那么通过参数就能选择特定的 bean。用法如下：

```
public class MovieRecommender {

    @Autowired
    @Qualifier("main")
    private MovieCatalog movieCatalog;
```

```
    // ...

}
```

@Qualifier 注解也可以在独立的构造方法参数或方法参数中来指定：

```
public class MovieRecommender {

    private MovieCatalog movieCatalog;

    private CustomerPreferenceDao customerPreferenceDao;

    @Autowired
    public void prepare(@Qualifier("main")MovieCatalog movieCatalog,
            CustomerPreferenceDao customerPreferenceDao) {
    this.movieCatalog = movieCatalog;
    this.customerPreferenceDao = customerPreferenceDao;
    }

    // ...

}
```

5. @Resource

Spring 支持使用 JSR-250 的@Resource 注解在字段或 bean 属性的 setter 方法上的注入。这在 Java EE 5 和 Java EE 6 中是一个通用的模式，比如在 JSF 1.2 中管理的 bean 或 JAX-WS 2.0 端点。Spring 也为其所管理的对象支持这种模式。

@Resource 使用 name 属性，默认情况下 Spring 解析这个值作为要注入的 bean 的名称。换句话说，如果遵循 by-name 语义，就如在这个示例所展示的：

```
public class SimpleMovieLister {

    private MovieFinder movieFinder;

    @Resource(name="myMovieFinder")
    public void setMovieFinder(MovieFinder movieFinder) {
        this.movieFinder = movieFinder;
    }

}
```

如果没有明确地指定 name 值，那么默认的名称就从字段名称或 setter 方法中派生出来。如果是字段，它就会选用字段名称；如果是 setter 方法，它就会选用 bean 的属性名称。所以下面的示例中名为 movieFinder 的 bean 通过 setter 方法来注入：

```
public class SimpleMovieLister {

    private MovieFinder movieFinder;

    @Resource
```

```
    public void setMovieFinder(MovieFinder movieFinder) {
        this.movieFinder = movieFinder;
    }

}
```

6. @PostConstruct 和@PreDestroy

CommonAnnotationBeanPostProcessor 不但能识别@Resource 注解，而且还能识别 JSR-250 生命周期注解。在下面的示例中，在初始化后缓存会预先填充，并在销毁后会清理。

```
public class CachingMovieLister {

    @PostConstruct
    public void populateMovieCache() {
        // 初始化时缓存电影信息
    }

    @PreDestroy
    public void clearMovieCache() {
        // 在销毁时清空电影信息
    }

}
```

6.2.19　基于注解的配置与基于 XML 的配置

毫无疑问，最早的 Spring 配置是基于 XML 的配置。随着 JDK 1.5 发布，Java 开始支持注解，同时，Spring 也开始支持基于注解的配置方式。

基于注解的配置方式一定要比基于 XML 的配置方式更好吗？答案是具体问题具体分析。

实际上，无论是基于注解的配置方式，还是基于 XML 的配置方式，每种方式都有它的利与弊，通常是让开发人员来决定使用哪种策略更适合。由于定义它们的方式，注解在声明中提供了大量的上下文，使得配置更加简洁。然而，XML 更擅长装配组件，而不需要触碰它们的源代码或重新编译。一些开发人员更喜欢装配源码，因为添加了注解的类会被有些人认为不再是 POJO 了，而且基于注解的配置会让配置变得分散并且难以控制。

无论怎么选择，Spring 都可以容纳两种方式，甚至是它们的混合体。值得指出的是通过 JavaConfig 方式，Spring 允许以非侵入式的方式来使用注解，而不需要触碰目标组件的源代码和工具。

6.3　AOP

AOP（Aspect Oriented Programming，面向切面编程）通过提供另一种思考程序结构的方式来补充 OOP（Object Oriented Programming，面向对象编程）。OOP 模块化的关键单元是类，而在 AOP 中，模块化的单元是切面。切面可以实现跨多个类型和对象之间的事务管理、日志等方面的模块化。

6.3.1 AOP 概述

AOP 编程的目标与 OOP 编程的目标并没有什么不同，都是为了减少重复和专注于业务。相比之下，OOP 是婉约派的选择，用继承和组合的方式编制成一套类和对象的体系；而 AOP 是豪放派的选择，大手一挥，凡某包、某类、某命名方法一并同样处理。也就是说，OOP 是“绣花针”，而 AOP 是“砍柴刀”。

Spring 框架的关键组件之一是 AOP 框架。虽然 Spring IoC 容器不依赖于 AOP，但在 Spring 应用中经常会使用 AOP 来简化编程。在 Spring 框架中使用 AOP 主要有以下优势：

- 提供声明式企业服务，特别是作为 EJB 声明式服务的替代品。重要的是，这种服务是声明式事务管理。
- 允许用户实现自定义切面。在某些不适合用 OOP 编程的场景中，采用 AOP 来补充。
- 可以对业务逻辑的各个部分进行隔离，从而使业务逻辑各部分之间的耦合度降低，提高程序的可重用性，同时提高开发效率。

要使用 Spring AOP 需要添加 spring-aop 模块。

6.3.2 AOP 核心概念

AOP 概念并非是 Spring AOP 所特有的，有些概念同样适用于其他 AOP 框架，如 AspectJ。

- Aspect（切面）：将关注点进行模块化。某些关注点可能会横跨多个对象，如事务管理，它是 Java 企业级应用中一个关于横切关注点很好的例子。在 Spring AOP 中，切面可以使用常规类（基于模式的方法）或@Aspect 注解的常规类来实现。
- Join Point（连接点）：在程序执行过程中的某个特定的点，如某方法调用时或处理异常时。在 Spring AOP 中，一个连接点总是代表一个方法的执行。
- Advice（通知）：在切面的某个特定的连接点上执行的动作。通知有各种类型，包括 around、before 和 after 等。许多 AOP 框架（包括 Spring）都是以拦截器来实现通知模型的，并维护一个以连接点为中心的拦截器链。
- Pointcut（切入点）：匹配连接点的断言。通知和一个切入点表达式关联，并在满足这个切入点的连接点上运行（如当执行某个特定名称的方法时）。切入点表达式如何和连接点匹配是 AOP 的核心。Spring 默认使用 AspectJ 切入点语法。
- Introduction（引入）：声明额外的方法或某个类型的字段。Spring 允许引入新的接口（及一个对应的实现）到任何被通知的对象。例如，可以使用一个引入来使 bean 实现 IsModified 接口，以便简化缓存机制。在 AspectJ 社区，Introduction 也被称为 Inter-type Declaration（内部类型声明）。
- Target Object（目标对象）：被一个或多个切面所通知的对象。也有人把它称为 Advised（被通知）对象。既然 Spring AOP 是通过运行时代理实现的，那么这个对象永远是一个 Proxied

（被代理）对象。

- AOP Proxy（AOP 代理）：AOP 框架创建的对象用来实现 Aspect Contract（切面契约），包括通知方法执行等功能。在 Spring 中，AOP 代理可以是 JDK 动态代理或 CGLIB 代理。
- Weaving（织入）：把切面连接到其他的应用程序类型或对象上，并创建一个 Advised（被通知）的对象。这些可以在编译时（如使用 AspectJ 编译器）、类加载时和运行时完成。

Spring 与其他纯 Java AOP 框架一样，在运行时完成织入。其中有关 Advice（通知）的类型主要有以下几种：

- Before Advice（前置通知）：在某连接点之前执行的通知，但这个通知不能阻止连接点前的执行（除非它抛出一个异常）。
- After Returning Advice（返回后通知）：在某连接点正常完成后执行的通知，如果一个方法没有抛出任何异常，就正常返回。
- After Throwing Advice（抛出异常后通知）：在方法抛出异常退出时执行的通知。
- After（finally）Advice（最后通知）：当某连接点退出时执行的通知（不论是正常返回还是异常退出）。
- Around Advice（环绕通知）：包围一个连接点的通知，如方法调用。这是很强大的一种通知类型。环绕通知可以在方法调用前后完成自定义的行为，它也会选择是否继续执行连接点，或者直接返回它自己的返回值或抛出异常来结束执行。Around Advice 是常用的一种通知类型。与 AspectJ 一样，Spring 提供所有类型的通知，推荐使用尽量简单的通知类型来实现需要的功能。例如，如果只是需要用一个方法的返回值来更新缓存，虽然使用环绕通知也能完成同样的事情，但最好使用 After Returning 通知，而不是使用环绕通知。用合适的通知类型可以使编程模型变得简单，并且能够避免很多潜在的错误。例如，如果不调用 Join Point（用于 Around Advice）的 proceed()方法，就不会有调用的问题。

在 Spring 2.0 中，所有的通知参数都是静态类型的，因此可以使用合适的类型（如一个方法执行后的返回值类型）作为通知的参数，而不是使用一个对象数组。切入点和连接点匹配的概念是 AOP 的关键，这使得 AOP 不同于其他仅仅提供拦截功能的旧技术。切入点使得通知可独立于 OO（Object Oriented，面向对象）层次。例如，一个提供声明式事务管理的 Around Advice（环绕通知）可以被应用到一组横跨多个对象的方法上（如服务层的所有业务操作）。

6.3.3　Spring AOP

Spring AOP 用纯 Java 实现，它不需要专门的编译过程。Spring AOP 不需要控制类装载器层次，因此它适用于 Servlet 容器或应用服务器。

Spring 目前仅支持方法调用作为连接点之用。虽然可以在不影响 Spring AOP 核心 API 的情况下加入对成员变量拦截器的支持，但 Spring 并没有实现成员变量拦截器。如果需要通知对成员变量的访问和更新连接点，那么可以考虑其他语言，如 AspectJ。

Spring 实现 AOP 的方法与其他的框架不同。Spring 并不是要尝试提供完整的 AOP 实现（尽管 Spring AOP 有这个能力），相反，它其实侧重于提供一种 AOP 实现和 Spring IoC 容器的整合，用于解决企业级开发中的常见问题。

因此，Spring AOP 通常和 Spring IoC 容器一起使用。Aspect 使用普通的 bean 定义语法，与其他 AOP 实现相比，这是一个显著的区别。有些是使用 Spring AOP 无法轻松或高效完成的，如通知一个细粒度的对象。这时，使用 AspectJ 是很好的选择。对于大多数在企业级 Java 应用中遇到的问题，Spring AOP 都能提供一个非常好的解决方案。

Spring AOP 从来没有打算通过提供一种全面的 AOP 解决方案来取代 AspectJ。它们之间的关系应该是互补，而不是竞争。Spring 可以无缝地整合 Spring AOP、IoC 和 AspectJ，使所有的 AOP 应用完全融入基于 Spring 的应用体系，这样的集成不会影响 Spring AOP API 或 AOP Alliance API。

Spring AOP 保留了向下兼容性，这体现了 Spring 框架的核心原则——非侵袭性，即 Spring 框架并不强迫在业务或领域模型中引入框架特定的类和接口。

6.3.4 AOP 代理

Spring AOP 默认使用标准的 JDK 动态代理来作为 AOP 的代理，这样任何接口（或接口的 set 方法）都可以被代理。

Spring AOP 也支持使用 CGLIB 代理，当需要代理类（而不是代理接口）时，CGLIB 代理是很有必要的。如果一个业务对象并没有实现一个接口，就会默认使用 CGLIB。面向接口编程是一个很好的实践，业务对象通常会实现一个或多个接口。此外，在那些（希望是罕见的）需要通知一个未在接口中声明的方法的情况下，或者需要传递一个代理对象作为一种具体类型的方法的情况下，还可以强制地使用 CGLIB。

6.3.5 实战：使用@AspectJ 的例子

@AspectJ 是用于切面的常规 Java 类注解。AspectJ 项目引入了@AspectJ 风格，作为 AspectJ 5 版本的一部分。Spring 使用了与 AspectJ 5 相同的用于切入点解析和匹配的注解，但 AOP 运行时仍然是纯粹的 Spring AOP，并不依赖于 AspectJ 编译器。

1. 启用@AspectJ

可以通过 XML 或 Java 配置来启用@AspectJ 支持。无论在任何情况下都要确保 AspectJ 的 aspectjweaver.jar 库在应用程序的类路径中（1.6.8 版本或以后）。这个库在 AspectJ 发布的 lib 目录中或通过 Maven 的中央库得到。配置如下：

```
<dependency>
    <groupId>org.springframework</groupId>
    <artifactId>spring-aspects</artifactId>
    <version>${spring.version}</version>
</dependency>
```

2. 创建应用

下面用一个简单有趣的例子来演示 Spring AOP 的用法。此例是演绎一段“武松打虎”的故事情节——武松（Fighter）在山里等着老虎（Tiger）出现，只要发现老虎出来，就打老虎。源码可以在 aop-aspect 目录下找到。

aop-aspect 项目的 pom.xml 文件定义如下：

```
<project xmlns="http://maven.apache.org/POM/4.0.0"
xmlns:xsi="http://www.w3.org/2001/XMLSchema-instance"
xsi:schemaLocation="http://maven.apache.org/POM/4.0.0
http://maven.apache.org/xsd/maven-4.0.0.xsd">
  <modelVersion>4.0.0</modelVersion>
  <groupId>com.waylau.spring5</groupId>
  <artifactId>aop-aspect</artifactId>
  <version>1.0.0</version>
  <name>aop-aspect</name>
  <packaging>jar</packaging>
  <organization>
    <name>waylau.com</name>
    <url>https://waylau.com</url>
  </organization>
    <properties>
        <project.build.sourceEncoding>UTF-8</project.build.sourceEncoding>
        <maven.compiler.source>1.8</maven.compiler.source>
        <maven.compiler.target>1.8</maven.compiler.target>
        <spring.version>5.2.3.RELEASE</spring.version>
    </properties>

    <dependencies>
      <dependency>
        <groupId>org.springframework</groupId>
        <artifactId>spring-context</artifactId>
        <version>${spring.version}</version>
      </dependency>
      <dependency>
        <groupId>org.springframework</groupId>
        <artifactId>spring-aspects</artifactId>
        <version>${spring.version}</version>
      </dependency>
    </dependencies>
</project>
```

3. 定义业务模型

首先定义了老虎类，代码如下：

```
package com.waylau.spring.aop;

public class Tiger {
    public void walk() {
      System.out.println("Tiger is walking...");
    }
}
```

老虎类只有一个 walk()方法，只要老虎出来，就会触发这个方法。

4. 定义切面和配置

那么打虎英雄武松要做什么呢？他主要关注老虎的动向，等着老虎出来活动。所以在 Fighter 类中定义了一个@Pointcut。同时，在该切入点前后都可以执行相关的方法，定义 foundBefore()和 foundAfter()。

```
package com.waylau.spring.aop;

import org.aspectj.lang.annotation.AfterReturning;
import org.aspectj.lang.annotation.Aspect;
import org.aspectj.lang.annotation.Before;
import org.aspectj.lang.annotation.Pointcut;
@Aspect
public class Fighter {
    @Pointcut("execution(* com.waylau.spring.aop.Tiger.walk())")
    public void foundTiger() {
    }

    @Before(value = "foundTiger()")
    public void foundBefore() {
        System.out.println("Fighter wait for tiger...");
    }

    @AfterReturning("foundTiger()")
    public void foundAfter() {
        System.out.println("Fighter fight with tiger...");
    }
}
```

相应的 Spring 配置为：

```
<?xml version="1.0" encoding="UTF-8"?>
<beans xmlns="http://www.springframework.org/schema/beans"
xmlns:xsi="http://www.w3.org/2001/XMLSchema-instance"
xmlns:context="http://www.springframework.org/schema/context"
xmlns:aop="http://www.springframework.org/schema/aop"
xsi:schemaLocation="
http://www.springframework.org/schema/beans
http://www.springframework.org/schema/beans/spring-beans.xsd
http://www.springframework.org/schema/context
http://www.springframework.org/schema/context/spring-context.xsd
http://www.springframework.org/schema/aop
http://www.springframework.org/schema/aop/spring-aop.xsd">
<!-- 启动 AspectJ 支持 -->
  <aop:aspectj-autoproxy/>
  <!-- 定义 bean -->
  <bean id="fighter" class="com.waylau.spring.aop.Fighter"/>
  <bean id="tiger" class="com.waylau.spring.aop.Tiger"/>
</beans>
```

5. 定义主应用

主应用定义如下：

```
package com.waylau.spring.aop;

import org.springframework.context.ApplicationContext;
import org.springframework.context.support.ClassPathXmlApplicationContext;

public class Application {
    public static void main(String[] args) {

        @SuppressWarnings("resource")
        ApplicationContext context =
          new ClassPathXmlApplicationContext("spring.xml");

        Tiger tiger = context.getBean(Tiger.class);
        tiger.walk();
    }
}
```

6. 运行应用

运行应用，可以看到控制台最终输出如下内容：

```
Fighter wait for tiger...
Tiger is walking...
Fighter fight with tiger...
```

6.3.6　基于 XML 的 AOP

Spring 提供了基于 XML 的 AOP 支持，并提供了新的 aop 命名空间。

在 Spring 配置中，所有的 aspect 和 advisor 元素都必须放置在元素中（应用程序上下文配置中可以有多个元素）。一个元素可以包含 pointcut、advisor 和 aspect 三个元素（注意这些元素必须按照这个顺序声明）。

1. 声明一个 aspect

一个 aspect 就是在 Spring 应用程序上下文中定义的一个普通的 Java 对象。状态和行为被捕获到对象的字段和方法中，pointcut 和 advice 被捕获到 XML 中。

使用元素声明一个 aspect，并使用 ref 属性引用辅助 bean。

```
<aop:config>
<aop:aspect id="myAspect" ref="aBean">
...
</aop:aspect>
</aop:config>
<bean id="aBean" class="...">
...
</bean>
```

2. 声明一个 pointcut

pointcut 可以在元素中声明，从而使 pointcut 定义可以在几个 aspect 和 advice 之间共享。以下声明代表了服务层中任何业务服务都能执行的切入点的定义。

```
<aop:config>
<aop:pointcut id="businessService"
    expression="execution(* com.xyz.myapp.service.*.*(..))"/>
</aop:config>
```

3. 声明 advice

与@AspectJ 风格支持相同的 5 种类型的 advice，它们具有完全相同的语义。
以下是一个示例：

```
<aop:aspect id="beforeExample" ref="aBean">
<aop:before
    pointcut-ref="dataAccessOperation" method="doAccessCheck"/>
...
</aop:aspect>
```

6.3.7 实战：基于 XML 的 AOP 的例子

aop-aspect 用于演示基于注解的方式进行 AOP 编程。本节基于 aop-aspect 示例进行改造，形成一个新的基于 XML 的 AOP 实战例子。新的应用源码可以在 aop-aspect-xml 目录下找到。

1. 定义业务模型

之前所定义的老虎类保持不变。老虎类只有一个 walk()方法，只要老虎出来，就会触发这个方法。

```
package com.waylau.spring.aop;

public class Tiger {
    public void walk() {
        System.out.println("Tiger is walking...");
    }
}
```

之前所定义的武松类保持不变，稍作调整，去除注解，变成一个单纯的 POJO。

```
package com.waylau.spring.aop;

public class Fighter {

    public void foundBefore() {
        System.out.println("Fighter wait for tiger...");
    }

public void foundAfter() {
        System.out.println("Fighter fight with tiger...");
    }
```

```
}
```

2. 定义切面和配置

所有 AOP 的配置都在相应的 Spring 的 XML 配置中。

```
<?xml version="1.0" encoding="UTF-8"?>
<beans xmlns="http://www.springframework.org/schema/beans"
    xmlns:xsi="http://www.w3.org/2001/XMLSchema-instance"
    xmlns:context="http://www.springframework.org/schema/context"
    xmlns:aop="http://www.springframework.org/schema/aop"
    xsi:schemaLocation="
        http://www.springframework.org/schema/beans
        http://www.springframework.org/schema/beans/spring-beans.xsd
        http://www.springframework.org/schema/context
        http://www.springframework.org/schema/context/spring-context.xsd
        http://www.springframework.org/schema/aop
        http://www.springframework.org/schema/aop/spring-aop.xsd">

    <!-- 启动 AspectJ 支持 -->
    <aop:aspectj-autoproxy />

    <!-- 定义 Aspect -->
    <aop:config>
        <aop:pointcut expression="execution(* com.waylau.spring.aop.Tiger.walk())"
            id="foundTiger"/>
        <aop:aspect id="myAspect" ref="fighter">
            <aop:before method="foundBefore" pointcut-ref="foundTiger"/>
            <aop:after-returning method="foundAfter" pointcut-ref="foundTiger"/>
        </aop:aspect>
    </aop:config>

    <!-- 定义 bean -->
    <bean id="fighter" class="com.waylau.spring.aop.Fighter" />
    <bean id="tiger" class="com.waylau.spring.aop.Tiger" />

</beans>
```

3. 定义主应用

主应用保持不变，代码如下：

```
package com.waylau.spring.aop;

import org.springframework.context.ApplicationContext;
import org.springframework.context.support.ClassPathXmlApplicationContext;

public class Application {
    public static void main(String[] args) {

        @SuppressWarnings("resource")
        ApplicationContext context =
```

```
        new ClassPathXmlApplicationContext("spring.xml");

        Tiger tiger = context.getBean(Tiger.class);
        tiger.walk();
    }
}
```

4. 运行应用

运行应用，可以看到控制台最终输出如下内容：

```
Fighter wait for tiger...
Tiger is walking...
Fighter fight with tiger...
```

6.4 资源处理

Java 的标准 java.net.URL 类和各种 URL 前缀的标准处理程序并不足以满足所有对低级资源的访问。例如，没有标准化的 URL 实现可用于访问需要从类路径获取的资源，或者相对于 ServletContext 的资源。

Spring Resource 接口就是为了弥补上述不足。

6.4.1 常用资源接口

Spring Resource 接口是强大的用于访问低级资源的抽象，主要包含以下方法：

```
public interface Resource extends InputStreamSource {
    boolean exists();
    boolean isOpen();
    URL getURL() throws IOException;
    File getFile() throws IOException;
    Resource createRelative(String relativePath) throws IOException;
    String getFilename();
    String getDescription();
    }
    public interface InputStreamSource {
    InputStream getInputStream() throws IOException;
}
```

其中，getInputStream()定位并打开资源，返回一个从资源读取的 InputStream。预计每个调用都会返回一个新的 InputStream。调用方在使用完这个流后关闭该流。exists()返回一个布尔值，指示这个资源是否实际上以物理形式存在。isOpen()返回一个布尔值，指示这个资源是否代表一个打开流的句柄。如果返回值为 true，就只能读取一次 InputStream，然后关闭，以避免资源泄露。除了 InputStreamResource 外，对于所有的资源实现将返回 false。getDescription()返回此资源的描述，用于处理资源时的错误输出。这通常是完全限定的文件名或资源的实际 URL。其他方法允许开发人员获取表示资源的实际 URL 或 File 对象（如果底层实现是兼容的，并且支持该功能）。

资源抽象在 Spring 本身中被广泛使用。

6.4.2 内置资源接口实现

Spring 提供了很多资源接口实现，这些实现是可以直接用的。

1. UrlResource

UrlResource 封装了一个 java.net.URL，可以用来访问通过 URL 访问的任何对象，如文件、HTTP 目标、FTP 目标等。所有的 URL 都由一个标准化的字符串表示，如使用适当的标准化前缀来表示另一个 URL 类型。

- file：用于访问文件系统路径。
- http：用于通过 HTTP 访问资源。
- ftp：用于通过 FTP 访问资源等。

UrlResource 是由 Java 代码使用 UrlResource 构造函数显式创建的，但是当调用一个接收 String 参数的 API 方法时，通常会隐式地创建 UrlResource 来表示路径。对于后一种情况，JavaBean PropertyEditor 最终将决定创建哪种类型的资源。如果路径字符串包含一些众所周知的前缀，如 classpath:，它将为该前缀创建适当的专用资源。但是，如果不能识别前缀，它就会认为这只是一个标准的 URL 字符串，并会创建一个 UrlResource。

2. ClassPathResource

ClassPathResource 类代表了一个应该从类路径中获得的资源，如使用线程上下文类加载器、给定的类加载器或给定的类来加载资源。如果类路径资源驻留在文件系统中，那么此资源实现支持解析为 java.io.File。

ClassPathResource 是由 Java 代码使用 ClassPathResource 构造函数显式创建的，但是当开发人员调用一个带有 String 参数的 API 方法时，通常会隐式地创建 ClassPathResource 来表示路径。对于后一种情况，JavaBean PropertyEditor 将识别字符串路径上的特殊前缀 classpath:，并在此情况下创建一个 ClassPathResource。

3. FileSystemResource

FileSystemResource 是用于处理 java.io.File 资源的实现。

4. ServletContextResource

ServletContextResource 是 ServletContext 资源的实现，解释相关 Web 应用程序根目录中的相对路径。

ServletContextResource 总是支持流访问和 URL 访问，但只有在 Web 应用程序归档文件被扩展且资源物理上位于文件系统上时才允许访问 java.io.File。无论它是否被扩展，实际上都依赖于 Servlet 容器。

5. InputStreamResource

InputStreamResource 给定 InputStream 的资源实现，只有在没有具体的资源实施适用的情况下才能使用。特别是在可能的情况下，首选 ByteArrayResource 或任何基于文件的资源实现。

与其他 Resource 实现相比，这是已打开资源的描述符，因此从 isOpen()将返回 true。如果需要将资源描述符保存在某处，或者需要多次读取流，就不要使用它。

6. ByteArrayResource

ByteArrayResource 是给定字节数组的资源实现。它为给定的字节数组创建一个 ByteArrayInputStream。

从任何给定的字节数组中加载内容都是很有用的，而不必求助于一次性的 InputStreamResource。

6.4.3 ResourceLoader

ResourceLoader 接口是由可以返回（加载）Resource 实例的对象来实现的。该接口包含如下方法：

```
public interface ResourceLoader {
    ResourcegetResource(String location);
}
```

所有应用程序上下文都实现了 ResourceLoader 接口，因此所有的应用程序上下文都可以用来获取 Resource 实例。

当在特定的应用程序上下文中调用 getResource()方法，并且指定的位置路径没有特定的前缀时，将返回适合该特定应用程序上下文的资源类型。例如，假设下面的代码片段是针对 ClassPathXmlApplicationContext 实例执行的。

```
Resource template = ctx.getResource("some/resource/path/myTemplate.txt");
```

上述代码将返回一个 ClassPathResource。如果对 FileSystemXmlApplicationContext 实例执行相同的方法，就会返回 FileSystemResource。对于一个 WebApplicationContext，开发人员会得到一个 ServletContextResource，以此类推。

因此，可以适合特定应用程序上下文的方式加载资源。

另外，也可以通过指定特殊的前缀来强制使用返回特定的资源，而不管应用程序的上下文类型如何，例如：

```
Resource template = ctx.getResource("classpath:some/resource/path/myTemplate.txt");
Resource template = ctx.getResource("file:///some/resource/path/myTemplate.txt");
Resource template =
ctx.getResource("http://myhost.com/resource/path/myTemplate.txt");
```

6.4.4 ResourceLoaderAware

ResourceLoaderAware 接口是一个特殊的标记接口，用于标识期望通过 ResourceLoader 接口提供的对象。

```
public interface ResourceLoaderAware {
    voidsetResourceLoader(ResourceLoader resourceLoader);
```

```
}
```

当一个类实现了 ResourceLoaderAware 并被部署到一个应用上下文（作为一个 Spring 管理的 bean）时，它被应用上下文识别为 ResourceLoaderAware。然后，应用程序上下文将调用 setResourceLoader(ResourceLoader)，并将 ResourceLoader 自身作为参数（记住，Spring 中的所有应用程序上下文实现均使用 ResourceLoader 接口）。

当然，ApplicationContext 是一个 ResourceLoader，bean 也可以实现 ApplicationContextAware 接口并直接使用提供的应用程序上下文来加载资源，但通常情况下，最好使用专用的 ResourceLoader 接口（如果有需要）。代码只会耦合到资源加载接口，它可以被认为是一个实用接口，而不是整个 Spring ApplicationContext 接口。

从 Spring 2.5 开始，开发人员可以依靠 ResourceLoader 的自动装配来替代实现 ResourceLoaderAware 接口。传统的 constructor 和 byType 自动装配模式可以分别为构造函数参数或设置方法参数提供 ResourceLoader 类型的依赖关系。

6.4.5 资源作为依赖

如果 bean 本身要通过某种动态的过程来确定和提供资源路径，那么 bean 可能会使用 ResourceLoader 接口来加载资源。考虑加载某种类型的模板，其中需要的特定资源取决于用户的角色。如果资源是静态的，那么完全消除 ResourceLoader 接口的使用是有意义的，只要让 bean 公开它需要的 Resource 属性，并期望它们被注入其中。示例如下：

```
<bean id="myBean" class="...">
    <property name="template" value="some/resource/path/myTemplate.txt"/>
</bean>
```

注意

资源路径没有前缀，因为应用程序上下文本身将被用作 ResourceLoader，所以根据上下文的确切类型，资源本身将根据需要通过 ClassPathResource、FileSystemResource 或 ServletContextResource 来进行加载。

如果需要强制使用特定的资源类型，就可以使用前缀。以下两个示例显示如何强制使用 ClassPathResource 和 UrlResource。

```
<property name="template" value="classpath:some/resource/path/myTemplate.txt">
<property name="template" value="file:///some/resource/path/myTemplate.txt"/>
```

6.5 表达式语言 SpEL

Spring Expression Language（SpEL）是一种强大的表达式语言，支持在运行时查询和操作对象图。SpEL 语法与 Unified EL 类似，但提供了额外的功能，特别是方法调用和基本的字符串模板功能。

虽然还有其他几种可用的 Java 表达式语言，如 OGNL、MVEL、JBoss EL 等，但 Spring 表达式语言的创建是为了向 Spring 社区提供单一支持的表达式语言，可以在所有 Spring 产品中使用 SpEL。

它的语言特性是由 Spring 项目中的项目需求驱动的，包括基于 Eclipse 的 Spring Tool Suite 中代码完成支持的工具需求。也就是说，SpEL 基于一种与技术无关的 API，允许在需要时集成其他表达式语言实现。

SpEL 并不与 Spring 直接相关，可以独立使用。

SpEL 表达式语言支持的功能除文本表达、布尔和关系运算符、正则表达式、类表达式以及访问属性、数组、列表、map 以外，还有调用方法、分配、调用构造函数、Bean 引用、数组构建、内联列表、内联 map、三元操作符、变量、用户定义的功能、集合投影、集合选择和模板化的表达式。

6.5.1 表达式接口

以下代码引入了 SpEL API 来评估文本字符串表达式 Hello World 的例子。

```
ExpressionParser parser = newSpelExpressionParser();
Expression exp = parser.parseExpression("'Hello World'");
String message = (String) exp.getValue();
```

消息变量的值只是简单的“Hello World”。使用的 SpEL 类和接口位于包 org.springframework.expression 及其子包（如 spel.support）中。ExpressionParser 接口负责解析表达式字符串。在这个例子中，表达式字符串是由单引号引起来表示的文本字符串。Expression 接口负责评估表达式字符串。当分别调用 parser.parseExpression 和 exp.getValue 时，可能会抛出 ParseException 和 EvaluationException 两个异常。

SpEL 支持广泛的功能，如调用方法、访问属性和调用构造函数。

1. 调用方法

作为调用方法的一个例子，可以在字符串上调用 concat 方法。示例如下：

```
ExpressionParser parser = newSpelExpressionParser();
Expression exp = parser.parseExpression("'Hello World'.concat('!')");
String message = (String) exp.getValue();
```

消息变量的值现在为“Hello World!”。

2. 访问属性

作为调用 JavaBean 属性的一个例子，可以调用 String 属性 Bytes。示例如下：

```
ExpressionParser parser = newSpelExpressionParser();

// 调用 'getBytes()'
Expression exp = parser.parseExpression("'Hello World'.bytes");
byte[] bytes = (byte[]) exp.getValue();
```

SpEL 还支持使用标准点符号的嵌套属性。示例如下：

```
ExpressionParser parser = newSpelExpressionParser();

// 调用 'getBytes().length'
Expression exp = parser.parseExpression("'Hello World'.bytes.length");
int length = (Integer) exp.getValue();
```

3. 调用构造函数

字符串的构造函数可以被调用，而不是使用字符串文本。示例如下：

```
ExpressionParser parser = newSpelExpressionParser();
Expression exp = parser.parseExpression("new String('hello world').toUpperCase()");
String message = exp.getValue(String.class);
```

6.5.2　对于 bean 定义的支持

SpEL 表达式可以与 XML 或基于注解的配置一起使用来定义 BeanDefinitions。在这两种情况下，定义表达式的语法形式都是#{ <expression string> }。

1. 基于 XML 的配置

可以使用以下表达式来设置属性或构造函数的参数值。

```
<bean id="numberGuess" class="org.spring.samples.NumberGuess">
<property name="randomNumber" value="#{ T(java.lang.Math).random()* 100.0 }"/>
<!-- ... -->
</bean>
```

变量 systemProperties 是预定义的，所以可以在表达式中使用它，代码如下：

```
<bean id="taxCalculator" class="org.spring.samples.TaxCalculator">
<property name="defaultLocale" value="#{ systemProperties['user.region'] }"/>
<!-- ... -->
</bean>
```

也可以通过名称引用其他 bean 属性，代码如下：

```
<bean id="numberGuess" class="org.spring.samples.NumberGuess">
<property name="randomNumber" value="#{ T(java.lang.Math).random()* 100.0 }"/>
<!-- ... -->
</bean>
<bean id="shapeGuess" class="org.spring.samples.ShapeGuess">
<property name="initialShapeSeed" value="#{ numberGuess.randomNumber }"/>
<!-- ... -->
</bean>
```

2. 基于注解的配置

@Value 注解可以放在字段、方法以及构造函数参数上，以指定默认值。

以下是一个设置字段变量默认值的例子。

```
public static class FieldValueTestBean {
  @Value("#{ systemProperties['user.region'] }")
```

```
    private String defaultLocale;

    public void setDefaultLocale(String defaultLocale) {
        this.defaultLocale = defaultLocale;
    }
    public String getDefaultLocale() {
        return this.defaultLocale;
    }
}
```

以上示例等价于在属性 setter 方法上设值。

```
public static class PropertyValueTestBean {
    private String defaultLocale;

    @Value("#{ systemProperties['user.region'] }")
    public void setDefaultLocale(String defaultLocale) {
        this.defaultLocale = defaultLocale;
    }
    public String getDefaultLocale() {
        return this.defaultLocale;
    }
}
```

自动装配的方法和构造函数也可以使用@Value 注解。

```
public class SimpleMovieLister {
    private MovieFinder movieFinder;
    private String defaultLocale;

    @Autowired
    public void configure(MovieFinder movieFinder,
        @Value("#{ systemProperties['user.region'] }") String defaultLocale) {

        this.movieFinder = movieFinder;
        this.defaultLocale = defaultLocale;
    }
    // ...
}
```

6.5.3 实战：使用 SpEL 的例子

本小节使用 SpEL 来演示一个“商品费用结算”的例子，该例通过 SpEL 表达式来筛选数据。该例的源码在 expression-language 目录下找到。

1. 自定义领域对象

创建一个新类 Item，代表商品。代码如下：

```
package com.waylau.spring.el;
```

```
public class Item {
    private String good;
    private double weight;

    // ...省略 getter/setter 方法

    @Override
    public String toString() {
        return "Item [good=" + good + ", weight=" + weight + "]";
    }
}
```

创建一个新类 ShopList，代表商品清单。示例如下：

```
package com.waylau.spring.el;

import java.util.ArrayList;
import java.util.Arrays;
import java.util.List;

public class ShopList {
    private String name;
    private int count;
    private double price;

    private List<Item> items = new ArrayList<Item>();

    private Item onlyOne;

    private String[] allGood;

    // ...省略 getter/setter 方法

    @Override
    public String toString() {
        return "ShopList [name=" + name + ", count=" + count + ", price="
                + price + ", items=" + items + ", onlyOne="
                + onlyOne + ", allGood=" + Arrays.toString(allGood) + "]";
    }
}
```

创建一个新类 Tax，代表商品税率。代码如下：

```
package com.waylau.spring.el;

public class Tax {
    private double ctax;
    private String name;

    public static String getCountry() {
        return "zh_CN";
    }
```

```
    public String getName() {
        return this.name;
    }

    public double getCtax() {
        return ctax;
    }

    public void setCtax(double ctax) {
        this.ctax = ctax;
    }
}
```

2. 配置文件

定义 Spring 应用的配置文件 spring.xml。这里的 SpEL 表达式是基于 XML 来定义的。

```
<?xml version="1.0" encoding="UTF-8"?>
<beans xmlns="http://www.springframework.org/schema/beans"
    xmlns:xsi="http://www.w3.org/2001/XMLSchema-instance"
    xmlns:context="http://www.springframework.org/schema/context"
    xmlns:p="http://www.springframework.org/schema/p"
    xmlns:util="http://www.springframework.org/schema/util"
    xsi:schemaLocation="
        http://www.springframework.org/schema/beans
        http://www.springframework.org/schema/beans/spring-beans.xsd
        http://www.springframework.org/schema/context
        http://www.springframework.org/schema/context/spring-context.xsd
        http://www.springframework.org/schema/util
        http://www.springframework.org/schema/util/spring-util.xsd">

    <bean id="tax" class="com.waylau.spring.el.Tax" p:ctax="10"></bean>

    <!-- 访问 bean 的属性 -->
    <bean id="list" class="com.waylau.spring.el.ShopList" p:name="shanpoo"
        p:count="2" p:price="#{tax.ctax/100 * 36.5}" />

    <!-- 调用 bean 的方法 -->
    <bean id="list2" class="com.waylau.spring.el.ShopList" p:name="shanpoo"
        p:count="2" p:price="#{tax.getCtax()/100 * 36.5}" />

    <!-- 访问静态变量 -->
    <bean id="list3" class="com.waylau.spring.el.ShopList"
        p:name="#{T(com.waylau.spring.el.Tax).country}"
        p:count="2" p:price="1" />

    <!-- 访问静态方法 -->
    <bean id="list4" class="com.waylau.spring.el.ShopList"
        p:name="#{T(com.waylau.spring.el.Tax).getCountry()}" p:count="2"
        p:price="1" />
```

```
<!-- 三元表达式的简化 -->
<bean id="list5" class="com.waylau.spring.el.ShopList"
   p:name="#{tax.getName()?: 'defaultTax'}"
   p:count="2" p:price="1" />

<util:list id="its">
   <bean class="com.waylau.spring.el.Item" p:good="poke" p:weight="3.34"></bean>
   <bean class="com.waylau.spring.el.Item" p:good="chicken"
      p:weight="5.66"></bean>
   <bean class="com.waylau.spring.el.Item" p:good="dark" p:weight="3.64"></bean>
   <bean class="com.waylau.spring.el.Item" p:good="egg" p:weight="2.54"></bean>
</util:list>

<!-- 展示 util:list 用法 -->
<bean id="list6" class="com.waylau.spring.el.ShopList"
   p:name="#{tax.getName()?: 'defaultTax'}"
   p:count="2" p:price="1" p:items-ref="its" />

<!-- 集合筛选 -->
<bean id="list7" class="com.waylau.spring.el.ShopList"
   p:name="#{tax.getName()?: 'defaultTax'}"
   p:count="2" p:price="1" p:onlyOne="#{its[0]}" /><!-- 这里不是用 ref 装配 -->

<bean id="it1" class="com.waylau.spring.el.Item" p:good="poke"
   p:weight="3.34"></bean>
<bean id="it2" class="com.waylau.spring.el.Item" p:good="chicken"
   p:weight="5.66"></bean>
<util:map id="itmap">
   <entry key="poke" value-ref="it1">
   </entry>
   <entry key="chicken" value-ref="it2">
   </entry>
</util:map>

<!-- map 集合筛选 -->
<bean id="list8" class="com.waylau.spring.el.ShopList"
   p:name="#{tax.getName()?: 'defaultTax'}"
   p:count="2" p:price="1" p:onlyOne="#{itmap['chicken']}" />

<!-- 读取.properties 文件中的属性 -->
<util:properties id="itprop" location="classpath:spel.properites" />
<bean id="list9" class="com.waylau.spring.el.ShopList"
   p:name="#{itprop['username']}"
   p:price="1" />

<bean id="list10" class="com.waylau.spring.el.ShopList"
   p:items="#{its.?[weight lt 3.5]}" />
<bean id="list11" class="com.waylau.spring.el.ShopList"
   p:allGood="#{its.![good]}" />
```

```
    <bean id="list12" class="com.waylau.spring.el.ShopList"
        p:allGood="#{its.?[weight gt 3.5].![good]}" />

</beans>
```

3. spel.properites 文件

定义了 spel.properites，用于演示读取.properites 文件的场景。

```
username=waylau
password=123456
email=waylau521@gmail.com
```

4. 定义应用类 Application

Application 类定义如下：

```
package com.waylau.spring.el;

import org.springframework.context.ApplicationContext;
import org.springframework.context.support.ClassPathXmlApplicationContext;


public class Application {

    public static void main(String[] args) {
        @SuppressWarnings("resource")
        ApplicationContext ctx =
            new ClassPathXmlApplicationContext("spring.xml");

        ShopList list = (ShopList) ctx.getBean("list");
        System.out.println(list);

        list = (ShopList) ctx.getBean("list2");
        System.out.println(list);

        list = (ShopList) ctx.getBean("list3");
        System.out.println(list);

        list = (ShopList) ctx.getBean("list4");
        System.out.println(list);

        list = (ShopList) ctx.getBean("list5");
        System.out.println(list);

        list = (ShopList) ctx.getBean("list6");
        System.out.println(list);

        list = (ShopList) ctx.getBean("list7");
        System.out.println(list);

        list = (ShopList) ctx.getBean("list8");
        System.out.println(list);
```

```
        list = (ShopList) ctx.getBean("list9");
        System.out.println(list);

        list = (ShopList) ctx.getBean("list10");
        System.out.println(list);

        list = (ShopList) ctx.getBean("list11");
        System.out.println(list);

        list = (ShopList) ctx.getBean("list12");
        System.out.println(list);
    }
}
```

5. 运行应用

运行 Application 类，就能在控制台中看到如下字样的信息：

```
    ShopList [name=shanpoo, count=2, price=3.6500000000000004, items=[], onlyOne=null,
allGood=null]
    ShopList [name=shanpoo, count=2, price=3.6500000000000004, items=[], onlyOne=null,
allGood=null]
    ShopList [name=zh_CN, count=2, price=1.0, items=[], onlyOne=null, allGood=null]
    ShopList [name=zh_CN, count=2, price=1.0, items=[], onlyOne=null, allGood=null]
    ShopList [name=defaultTax, count=2, price=1.0, items=[], onlyOne=null, allGood=null]
    ShopList [name=defaultTax, count=2, price=1.0, items=[Item [good=poke, weight=3.34],
Item [good=chicken, weight=5.66], Item [good=dark, weight=3.64], Item [good=egg,
weight=2.54]], onlyOne=null, allGood=null]
    ShopList [name=defaultTax, count=2, price=1.0, items=[], onlyOne=Item [good=poke,
weight=3.34], allGood=null]
    ShopList [name=defaultTax, count=2, price=1.0, items=[], onlyOne=Item [good=chicken,
weight=5.66], allGood=null]
    ShopList [name=waylau, count=0, price=1.0, items=[], onlyOne=null, allGood=null]
    ShopList [name=null, count=0, price=0.0, items=[Item [good=poke, weight=3.34], Item
[good=egg, weight=2.54]], onlyOne=null, allGood=null]
    ShopList [name=null, count=0, price=0.0, items=[], onlyOne=null, allGood=[poke,
chicken, dark, egg]]
    ShopList [name=null, count=0, price=0.0, items=[], onlyOne=null, allGood=[chicken,
dark]]
```

6.6　总　结

本章主要介绍 Spring 的基础知识，包括 IoC、AOP、资源处理及 SpEL 表达式等方面的内容。

6.7 习 题

（1）简述 Spring 的广义与狭义。

（2）列举 Spring 涉及哪些设计模式。

（3）简述依赖注入与控制反转是什么关系。

（4）为什么我们需要 IoC 容器？

（5）Spring 默认的 bean scope 是什么？

（6）简述 singleton bean 与 prototype bean 的区别。

（7）简述 OOP 编程和 AOP 编程的联系和区别。

（8）Spring 常用的资源接口实现有哪些？

（9）简述表达式语言 SpEL 的作用。

第 7 章

Spring 测试

TDD（Test-Driven Development，测试驱动开发）方法要求开发人员开发功能代码之前先编写单元测试用例代码。真正的单元测试通常运行得非常快，所以花费时间用于编写测试用例对整个开发周期来说是效率上的提升。TDD 是敏捷开发中的一项核心实践和技术，也是一种设计方法论。

Spring 框架提供了 Mock 对象和测试支持类，有助于更轻松地进行单元测试和集成测试。

7.1 测试概述

软件测试的目的一方面是为了检测出软件中的 Bug，另一方面是为了检验软件系统是否满足需求。然而，在传统的软件开发企业中，测试工作往往得不到技术人员的足够重视。随着 Web 应用的兴起，特别是以微服务为代表的分布式系统的发展，传统的测试技术面临着巨大的变革。

7.1.1 传统的测试所面临的问题

总结起来，传统的测试工作主要面临以下问题：

1. 开发与测试对立

在传统软件公司组织结构里面，开发与测试往往分属不同部门，担负不同的职责。开发人员为了实现功能需求，从而生产出代码；测试人员则是为了查找出更多功能上的问题，迫使开发人员返工，从而对代码进行修改。表面上看，好像是测试人员在给开发人员“找茬”，无法很好地相处，因此开发人员与测试人员的关系处于对立。

2. 事后测试

按照传统的开发流程，以敏捷开发模式为例，开发团队在迭代过程结束过后会发布一个版本，以提供给测试团队进行测试。由于在开发过程中，迭代周期一般是以月计的，因此从输出一个迭代到这个迭代的功能完全测试完成往往会经历数周时间。也就是说，等到开发人员拿到测试团队的测试报告时，报告里面所反馈的问题极有可能已经距离发现问题一个多月了。别说让开发人员去看一个月前的代码，即便是开发人员在一个星期前写的代码，让他们记忆起来也是挺困难的。开发人员不得不花费大量时间再去熟悉原有的代码，以查找错误产生的根源。所以说，对于测试工作而言，这种事后测试的流程，时间间隔得越久，修复问题的成本就越高。

3. 测试方法老旧

很多企业的测试方法往往比较老旧，无法适应当前软件开发的大环境。很多企业的测试职位仍然属于人力密集型的，即往往需要进行大量的手工测试。手工测试在整个测试过程中必不可少，但如果手工测试比重较大，往往会带来极大的工作量，而且由于其机械重复性质，也大大限制了测试人员的水平。测试人员不得不处于这种低级别的重复工作中，无法发挥其才智，也就无法对企业的测试提出改进措施。

4. 技术发生了巨大的变革

互联网的发展急剧加速了当今计算机技术的变革。当今的软件设计、开发和部署方式也发生了很大的改变。随着越来越多的公司从桌面应用转向 Web 应用，很多风靡一时的测试图书里面所提及的测试方法和最佳实践在当前的互联网环境下效率会大大下降，或者是毫无效果，甚至起了副作用。

5. 测试工作被低估

大家都清楚测试的重要性，一款软件要交付给用户，必须要经过测试才能放心。但相对于开发工作而言，测试工作往往会被“看低一等”，毕竟在大多数人眼里，开发工作是负责产出的，而测试往往只是默默地在背后工作。大多数技术人员也心存偏见，认为从事测试工作的人员都是因为其技术水平不够才会选择测试职位。

6. 发布缓慢

在传统的开发过程中，版本的发布必须要经过版本的测试。由于传统的测试工作采用事后测试的策略，修复问题的时间周期被拉长了，时间成本被加大了，最终导致的是产品发布的延迟。延期的发布又会导致需求无法得到客户及时的确认，需求的变更也就无法得到提前实现，这样项目无疑就陷入了恶性循环的“泥潭”。

7.1.2 如何破解测试面临的问题

针对上面所列的问题，解决的方法大致归纳为以下几种：

1. 开发与测试混合

在 How Google Tests Software 一书中，关于开发、测试及质量的关系表述为：“质量不等于测试。当你把开发过程和测试放到一起，就像在搅拌机里混合搅拌那样，直到不能区分彼此的时候，你就得到了质量。”这意味着质量更像是一种预防行为，而不是检测。质量是开发过程的问题，而不是测试问题。

所以要保证软件质量，必须让开发和测试同时开展。开发一段代码就立刻测试这段代码，完成更多的代码就做更多的测试。在 Google 公司有一个专门的职位称为软件测试开发工程师（Software Engineer in Test，SET）。Google 认为，没有人比实际写代码的人更适合做测试，所以将测试纳入开发过程，成为开发中必不可少的一部分。当开发过程和测试一起联合时，就是质量达成之时。

2. 测试角色的转变

在 GTAC 2011 大会上，James Whittaker 和 Alberto Savoia 发表演讲，称为 Test is Dead（测试已死）。当然，这里所谓的“测试已死”并不是指测试人员或测试工作不需要了，而是指传统的测试流程及测试组织架构要进行调整。测试的角色已然发生了转变，新兴的软件测试工作也不再只是传统的测试人员的职责了。

在 Google，负责测试工作的部门称为“工程生产力团队”，他们推崇“You build it，you break it，you fix it!”的理念，即自己的代码所产生的 Bug 需要开发人员自己来负责。这样，传统的测试角色将会消失，取而代之的是开发人员测试和自动化测试。与依赖手工测试人员相比，未来的软件团队将依赖内部全体员工测试、Beta 版大众测试和早期用户测试。

测试角色往往是租赁形式的，这样就可以在各个项目组之间流动，而且测试角色并不承担项目组主要的测试任务，只是给项目组提供测试方面的指导，测试工作由项目组自己来完成。这样保证了测试角色人员比较少，并可以最大化地将测试技术在公司内部蔓延。

3. 积极发布，及时得到反馈

在开发实践中推崇持续集成和持续发布。持续集成和持续发布的成功实践有利于形成“需求→开发→集成→测试→部署”的可持续反馈闭环，从而使需求分析、产品的用户体验及交互设计、开发、测试、运维等角色密切协作，减少了资源的浪费。

一些互联网产品甚至打出了“永远 Beta 版本”的口号，即产品在没有完全定型时就直接上线交付给用户使用，通过用户的反馈来持续对产品进行完善。特别是一些开源的、社区驱动的产品，由于其功能需求往往来自真正的用户、社区用户及开发者，这些用户对产品的建议往往会被项目组所采纳，从而纳入技术。比较有代表性的例子是 Linux 和 GitHub。

4. 增大自动化测试的比例

最大化自动测试的比例有利于减少企业的成本，同时也有利于测试效率的提升。

Google 刻意保持测试人员的最少化，以此保障测试力量的最优化。最少化测试人员还能迫使开发人员在软件的整个生命期间都参与到测试中，尤其是在项目的早期阶段：测试基础架构容易建立的时候。

如果测试能够自动化进行，而不需要人类智慧判断，就应该以自动化的方式实现。当然，有些手工测试仍然是无可避免的，如涉及用户体验、保留的数据是否包含隐私等。还有一些是探索性的测试，往往也依赖于手工测试。

5. 合理安排测试的介入时机

测试工作应该及早介入，一般认为，测试应该在项目立项时介入，并伴随整个项目的生命周期。

在需求分析出来以后，测试不止是对程序的测试，文档测试也同样重要。需求分析评审的时候，测试人员应该积极参与，因为所有的测试计划和测试用例都会以客户需求为准绳。需求不但是开发的工作依据，同时也是测试的工作依据。

7.1.3 测试类型

图 7-1 展示的是一个通用性的测试金字塔。

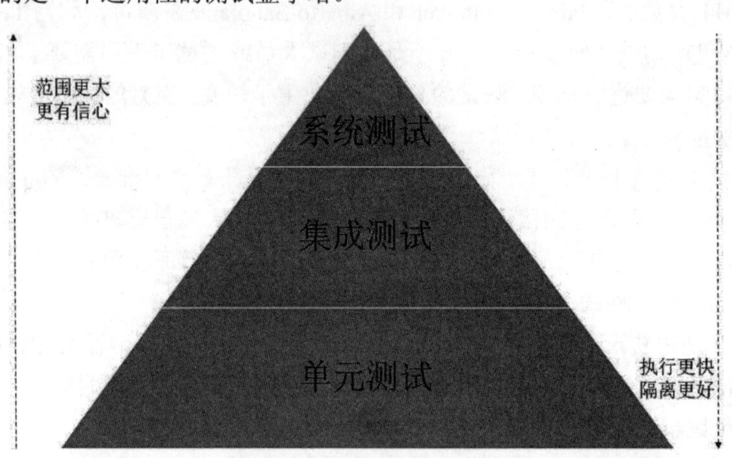

图 7-1 测试金字塔

在这个测试金字塔中，从下向上形象地将测试分为不同的类型。

1. 单元测试

单元测试是在软件开发过程中要进行的最低级别的测试活动，软件的独立单元将在与程序的其他部分相隔离的情况下进行测试。

单元测试的范围局限在服务内部，它是围绕着一组相关联的案例编写的。例如，在 C 语言中，单元通常是指一个函数；在 Java 等面向对象的编程语言中，单元通常是指一个类。所谓单元，是指人为规定的最小的被测功能模块。因为测试范围小，所以执行速度很快。

单元测试用例往往由编写模块的开发人员来编写。在 TDD（Test Driven Development，测试驱动开发）的开发实践中，开发人员在开发功能代码之前需要先编写单元测试用例代码，测试代码确定了需要编写什么样的产品代码。TDD 在敏捷开发中被广泛采用。

单元测试往往可以通过 xUnit 等框架来自动化进行测试。例如，在 Java 平台中，JUnit 测试框架是用于单元测试的事实上的标准。

2. 集成测试

集成测试主要用于测试各个模块能否正确交互，并测试其作为子系统的交互性，以查看接口是否存在缺陷。

集成测试的目的在于通过集成模块检查路径畅通与否来确认模块与外部组件的交互情况。

集成测试可以结合 CI（持续集成）的实践来快速找到外部组件间的逻辑回归与断裂，从而有助于评估各个单独模块中所含逻辑的正确性。

集成测试按照不同的项目类型有时也细分为组件测试、契约测试等。例如，在微服务架构中，微服务中的组件测试是使用测试替代，或者是内部 API 端点替换为外部协作组件的方式来实现对各个组件的独立测试的。组件测试提供给测试者一个受控的测试环境，并帮助他们从消费者角度引导测试，允许将各个测试进行整合从而提高测试的执行次数，并通过尽量减少可移动部件来降低整体构件的复杂性。组件测试也能确认微服务的网络配置是否正确，以及是否能够对网络请求进行处理。而契约测试会测试外部服务的边界，以查看服务调用的输入/输出，并测试该服务能否符合契约预期。

3. 系统测试

系统测试用于测试集成系统运行的完整性，这里面涉及应用系统的前端界面和后台数据存储。该测试可能会涉及外部依赖资源，如数据库、文件系统、网络服务等。系统测试在一些面向服务的系统架构中被称为“端到端测试”。因此，在微服务测试方案中，端到端测试占据了重要的角色。在微服务架构中有一些执行相同行为的可移动部件，端到端测试时需要找出覆盖缺口，并确保在架构重构时业务功能不会受到影响。

由于系统测试是面向整个系统来进行测试的，因此测试的涉及面将更广，所需要的测试时间也更长。

7.1.4 测试范围及比例

1. 测试范围

不同的测试类型，其对应的测试范围是不同的。单元测试所需要的测试范围最小，意味着其隔离性更好，同时也能在最快的时间内得到测试结果。单元测试有助于及早发现程序的缺陷，降低修复的成本。系统测试涉及的测试范围最广，所需要的测试时间也最长。如果在系统测试阶段发现缺陷，修复该缺陷的成本自然就越高。

在 Google 公司，对于测试的类型和范围，一般按照规模划分为小型测试、中型测试、大型测试，也就是平常理解的单元测试、集成测试、系统测试。

- 小型测试：小型测试是为了验证一个代码单元的功能，一般与运行环境隔离。小型测试是所有测试类型里范畴最小的。在预设的范畴内，小型测试可以提供更加全面的底层代码覆盖率。小型测试中外部的服务（如文件系统、网络、数据库等）必须通过 mock 或 fake 来实现。这样可以减少被测试类所需要的依赖。小型测试可以拥有更加频繁的执行频率，并且可以很快发现问题并修复问题。
- 中型测试：中型测试主要用于验证多个模块之间的交互是否正常。一般情况下，在 Google 公司，是由 SET 来执行中型测试的。对于中型测试，推荐使用 mock 来解决外部服务的依赖问题。有时出于性能考虑，在不能使用 mock 的场景下，也可以使用轻量级的 fake。
- 大型测试：大型测试是在一个较高的层次上运行的，以验证系统作为一个整体是否工作正常。

2. 测试比例

每种测试类型都有其优缺点，特别是系统测试，涉及的范围很广，花费的时间成本也很高。所以在实际的测试过程中，要合理安排各种测试类型的测试比例。正如测试金字塔所展示的，越是底层，所需要的测试数量将会越大。那么每种测试类型需要占用多大的比例呢？实际上，这里并没有一个具体的数字，按照经验来说，顺着金字塔从上往下，下面一层的测试数量要比上面一层的测试数量多出一个数量级。

当然，这种比例并非固定不变的。如果当前的测试比例存在问题，就要及时调整并尝试不同类型的测试比例，以符合自己项目的实际情况。

7.2 Mock 对象

Mock 测试就是在测试过程中对于某些不容易构造或不容易获取的对象用一个虚拟的对象来创建以便测试的测试方法。这个虚拟的对象就是 Mock 对象。Mock 对象就是真实对象在调试期间的代替品。本节介绍 Mock 对象的使用。

7.2.1 Environment

org.springframework.mock.env 包中包含 Environment 和 PropertySource 抽象的 Mock 实现。

如果代码依赖于容器的外部特定环境，则可以通过 MockEnvironment 和 MockPropertySource 对于外部环境进行 Mock。

7.2.2 JNDI

org.springframework.mock.jndi 包中包含 JNDI SPI 的实现，可以使用该实现为测试套件或独立应用程序设置简单的 JNDI 环境。例如，如果 JDBC DataSources 在测试代码中与 Java EE 容器中的 JNDI 名称绑定到相同的 JNDI 名称，就可以在测试场景中同时复用应用程序代码和配置，而无须进行修改。

7.2.3 Servlet API

org.springframework.mock.web 包中包含一组全面的 Servlet API Mock 对象，可用于测试 Web 上下文、控制器和过滤器。这些 Mock 对象是针对 Spring Web MVC 框架的使用，通常比动态 Mock 对象技术（如 EasyMock）或替代 Servlet API Mock 对象技术（如 MockObjects）更方便使用。

Spring 5 的 Mock 对象是基于 Servlet 4.0 API 的。

7.3 测试工具类

本节介绍 Spring 测试工具类。

7.3.1 测试工具

org.springframework.test.util 包中包含几个用于单元测试和集成测试的工具类。

ReflectionTestUtils 是基于反射的工具类的集合。借助这个工具，开发人员可以在测试中按需更改常量值、设置非 public 的字段、调用非 public 配置方法等。例如如下场景：

- 访问 ORM 框架（如 JPA 和 Hibernate 等）的 private 或 protected 字段访问。
- Spring 支持在用@Autowired、@Inject 和@Resource 等注解的 private 或 protected 字段、setter 方法和配置方法上提供依赖注入。
- 访问使用@PostConstruct 和@PreDestroy 等注解生命周期回调方法。

AopTestUtils 是 AOP 相关工具类的集合。这些方法可以用来获取隐藏在一个或多个 Spring 代理后面的底层目标对象的引用。

7.3.2 测试 Spring Web MVC

org.springframework.test.web 包中包含 ModelAndViewAssert，可以将其与 JUnit、TestNG 或任何其他测试框架结合使用，用于处理 Spring MVC ModelAndView 对象的单元测试。

有关 Spring Web MVC 的测试后续会详细介绍。

7.4 测试相关的注解

Spring 框架提供 Spring 特定的注解集合，可以在单元和集成测试中协同 TestContext 框架来使用它们。

7.4.1 @BootstrapWith

顾名思义，@BootstrapWith 是一个类级别的注解，用于配置如何引导 Spring TestContext 框架。具体地说，@BootstrapWith 用于指定一个自定义的 TestContextBootstrapper。

7.4.2 @ContextConfiguration

@ContextConfiguration 定义了用于确定如何为集成测试加载和配置 ApplicationContext 的类级元数据。具体而言，@ContextConfiguration 声明应用程序上下文资源位置或将用于加载上下文的注解类。

资源位置通常是位于类路径中的 XML 配置文件或 Groovy 脚本，而注解类通常是@Configuration 类。

```
@ContextConfiguration("/test-config.xml")
public class XmlApplicationContextTests {
    // ...
}

@ContextConfiguration(classes = TestConfig.class)
public class ConfigClassApplicationContextTests {
    // ...
}
```

作为声明资源路径或注解类的替代方案或补充，@ContextConfiguration 可以用于声明 ApplicationContextInitializer 类。

```
@ContextConfiguration(initializers = CustomContextIntializer.class)
public class ContextInitializerTests {
    // ...
}
```

@ContextConfiguration 偶尔也被用作声明 ContextLoader 策略。但要注意，通常不需要显式地配置加载器，因为默认的加载器已经支持资源路径、注解类及初始化器。

```
@ContextConfiguration(locations = "/test-context.xml",
    loader = CustomContextLoader.class)
public class CustomLoaderXmlApplicationContextTests {
    // ...
}
```

7.4.3 @WebAppConfiguration

@WebAppConfiguration 是一个类级别的注解，用于声明集成测试加载的 ApplicationContext 是一个 WebApplicationContext。测试类的@WebAppConfiguration 注解只是为了保证用于测试的 WebApplicationContext 会被加载，它使用 file:src/main/webapp 为默认值作为 Web 应用的根路径（资源基路径）。资源基路径用于幕后创建一个 MockServletContext 作为测试的 WebApplicationContext 的 ServletContext。

```
@ContextConfiguration
@WebAppConfiguration
public class WebAppTests {
    // ...
}
```

可以通过隐式属性值指定不同的基本资源路径，支持 classpath:和 file:资源前缀。如果没有提供资源前缀，那么路径被视为文件系统资源。

```
@ContextConfiguration
@WebAppConfiguration("classpath:test-web-resources")
public class WebAppTests {
    // ...
}
```

注意

@WebAppConfiguration 必须与@ContextConfiguration 一起使用。

7.4.4 @ContextHierarchy

@ContextHierarchy 是一个用于为集成测试定义 ApplicationContext 层次结构的类级别的注解。@ContextHierarchy 应该声明一个或多个@ContextConfiguration 实例列表。下面的例子展示在同一个测试类@ContextHierarchy 的使用方法。但是，@ContextHierarchy 一样可以用于测试类的层次结构中。

```
@ContextHierarchy({
@ContextConfiguration("/parent-config.xml"),
@ContextConfiguration("/child-config.xml")
})
public class ContextHierarchyTests {
    // ...
}

@WebAppConfiguration
@ContextHierarchy({
@ContextConfiguration(classes = AppConfig.class),
@ContextConfiguration(classes = WebConfig.class)
})
public class WebIntegrationTests {
    // ...
}
```

7.4.5 @ActiveProfiles

@ActiveProfiles 是一个类级别的注解，用于在为集成测试加载 ApplicationContext 时声明哪些 bean 定义的 profiles 应该处于激活状态。

```
@ContextConfiguration
@ActiveProfiles("dev")
public class DeveloperTests {
    // ...
}

@ContextConfiguration
@ActiveProfiles({"dev", "integration"})
public class DeveloperIntegrationTests {
    // ...
}
```

7.4.6 @TestPropertySource

@TestPropertySource 是一个类级别的注解，用于配置 properties 文件的位置和内联属性，以将其添加到 Environment 的 PropertySources 集合中。测试属性源比那些从系统环境或 Java 系统属性以及通过@PropertySource 或编程方式声明增加的属性源具有更高的优先级。而且，内联属性比从资源路径加载的属性具有更高的优先级。

以下示例展示如何从类路径中声明属性文件。

```
@ContextConfiguration
@TestPropertySource("/test.properties")
public class MyIntegrationTests {
    // ...
}
```

以下示例展示如何声明内联属性。

```
@ContextConfiguration
@TestPropertySource(properties = { "timezone = GMT", "port: 4242" })
public class MyIntegrationTests {
    // ...
}
```

7.4.7 @DirtiesContext

@DirtiesContext 指明测试执行期间该 Spring 应用程序上下文已经被“弄脏”，也就是说，通过某种方式被更改或破坏，如更改单例 bean 的状态。当应用程序上下文被标为“脏”（Dirty）时，它将从测试框架缓存中被移除并关闭。因此，Spring 容器将为随后需要同样配置元数据的测试而重建。

@DirtiesContext 可以在同一个类或类层次结构的类级别和方法级别中使用。在这个场景下，应用程序上下文将在任意注解的方法之前或之后以及当前测试类之前或之后被标为“脏”，这取决于配置的 methodMode 和 classMode。

以下示例解释了在多种配置场景下，什么时候上下文会被标为“脏”。当在一个类中声明并将类模式设置为 BEFORE_CLASS 时，表示在当前测试类之前。

```
@DirtiesContext(classMode = BEFORE_CLASS)
public class FreshContextTests {
    // ...
}
```

当在一个类中声明并将类模式设置为 AFTER_CLASS 或什么也不加（默认的类模式）时，表示在当前测试类之后。

```
@DirtiesContext
public class ContextDirtyingTests {
    // ...
}
```

当在一个类中声明并将类模式设置为 BEFORE_EACH_TEST_METHOD 时，表示在当前测试类的每个方法之前。

```
@DirtiesContext(classMode = BEFORE_EACH_TEST_METHOD)
public class FreshContextTests {
    // ...
}
```

当在一个类中声明并将类模式设置为 AFTER_EACH_TEST_METHOD 时，表示在当前测试类的每个方法之后。

```
@DirtiesContext(classMode = AFTER_EACH_TEST_METHOD)
public class ContextDirtyingTests {
    // ...
}
```

当在一个方法中声明并将方法模式设置为 BEFORE_METHOD 时，表示在当前方法之前。

```
@DirtiesContext(methodMode = BEFORE_METHOD)
@Test
public void testProcessWhichRequiresFreshAppCtx() {
    // ...
}
```

当在一个方法中声明并将方法模式设置为 AFTER_METHOD 或什么也不加(默认的方法模式）时，表示在当前方法之后。

```
@DirtiesContext
@Test
public void testProcessWhichDirtiesAppCtx() {
    // ...
}
```

如果@DirtiesContext 用于上下文被配置为通过@ContextHierarchy 定义的上下文层次的一部分测试中，那么 hierarchyMode 标志可用于控制如何清除上下文缓存。默认将使用一个穷举算法用于清除包括不仅当前层次，而且与当前测试拥有共同祖先的其他上下文层次的缓存。所有拥有共同祖先上下文的子层次应用程序上下文都会从上下文中被移除并关闭。如果穷举算法对于特定的使用场景显得有点威力过度，那么可以指定一个更简单的当前层算法来代替，代码如下：

```
@ContextHierarchy({
@ContextConfiguration("/parent-config.xml"),
@ContextConfiguration("/child-config.xml")
})
public class BaseTests {
    // ...
}

public class ExtendedTests extends BaseTests {
    @Test
    @DirtiesContext(hierarchyMode = CURRENT_LEVEL)
    public void test() {
```

```
        // ...
    }
}
```

7.4.8 @TestExecutionListeners

@TestExecutionListeners 定义了用于配置 TestConecutionListener 实现的类级元数据，该实现应该在 TestContextManager 中注册。通常，@TestExecutionListeners 与@ContextConfiguration 结合使用。

```
@ContextConfiguration
@TestExecutionListeners({CustomTestExecutionListener.class,
    AnotherTestExecutionListener.class})
public class CustomTestExecutionListenerTests {
    // ...
}
```

@TestExecutionListeners 默认支持继承的监听器。

7.4.9 @Commit

@Commit 表示在测试方法完成后，事务性测试方法的事务应该被提交。@Commit 可以用作@Rollback(false)的直接替换，以便更明确地传达代码的意图。类似于@Rollback，@Commit 也可以被声明为类级别或方法级别的注解。

```
@Commit
@Test
public void testProcessWithoutRollback() {
    // ...
}
```

7.4.10 @Rollback

@Rollback 表示测试方法完成后是否应该回滚事务测试方法的事务。如果为 true，事务就回滚；否则事务被提交（见@Commit）。即使未明确声明@Rollback，Spring TestContext 框架中集成测试的回滚语义也会默认为 true。

当声明为类级别的注解时，@Rollback 为测试类层次结构中的所有测试方法定义默认的回滚语义。当声明为方法级别的批注时，@Rollback 为特定的测试方法定义了回滚语义，可能会覆盖类级别的@Rollback 或@Commit 语义。

```
@Rollback(false)
@Test
public void testProcessWithoutRollback() {
    // ...
}
```

7.4.11　@BeforeTransaction

在配置了@Transactional 注解的事务中运行的测试方法启动事务之前，应该先执行带该@BeforeTransaction 注解的方法。该方法是一个没有返回值的 void 方法。从 Spring 4.3 开始，在基于 Java 8 的接口默认方法中声明@BeforeTransaction 可以不使用 public。

```
@BeforeTransaction
voidbeforeTransaction() {
    // ...
}
```

7.4.12　@AfterTransaction

在配置了@Transactional 注解的事务中运行的测试方法结束事务之后，应该先执行带该@AfterTransaction 注解的方法。从 Spring 4.3 开始，在基于 Java 8 的接口默认方法中声明@AfterTransaction 可以不使用 public。

```
@AfterTransaction
voidafterTransaction() {
    // ...
}
```

7.4.13　@Sql

@Sql 用于注解测试类或测试方法，以便在集成测试期间配置针对给定数据库执行的 SQL 脚本。

```
@Test
@Sql({"/test-schema.sql", "/test-user-data.sql"})
public void  userTest {
    // ...
}
```

7.4.14　@SqlConfig

@SqlConfig 定义用于确定如何解析和执行通过@Sql 注解配置的 SQL 脚本。

```
@Test
@Sql(
scripts = "/test-user-data.sql",
config = @SqlConfig(commentPrefix = "'", separator = "@@")
)
public void  userTest {
    // ...
}
```

7.4.15 @SqlGroup

@SqlGroup 是一个集合了几个@Sql 注解的容器注解。可以在本地使用@SqlGroup，声明几个嵌套的@Sql 注解，或者可以将其与 Java 8 对可重复注解的支持结合使用，其中@Sql 可以简单地在相同的类或方法上多次声明，隐式地生成此容器注解。

7.4.16 Spring JUnit 4 注解

以下注解仅在与 SpringRunner、Spring 的 JUnit 4 规则或 Spring 的 JUnit 4 支持类一起使用时才受支持。

1. @IfProfileValue

@IfProfileValue 表示对特定的测试环境启用了注解测试。如果配置的 ProfileValueSource 为所提供的名称返回匹配值，那么测试已启用；否则，测试将被禁用。

@IfProfileValue 可以应用于类或方法级别。使用类级别的@IfProfileValue 注解优先于当前类或其子类的任意方法的使用方法级别的注解。有@IfProfileValue 注解意味着测试被隐式开启，这与 JUnit4 的@Ignore 注解是类似的，除了使用@Ignore 注解用于禁用测试之外。

```
@IfProfileValue(name="java.vendor", value="Oracle Corporation")
@Test
public void testProcessWhichRunsOnlyOnOracleJvm() {
    // ...
}
```

或者可以配置@IfProfileValue 使用 values 列表（或语义），实现 JUnit 4 环境中类似 TestNG 对测试组的支持。

```
@IfProfileValue(name="test-groups", values={"unit-tests", "integrationtests"})
@Test
public void testProcessWhichRunsForUnitOrIntegrationTestGroups() {
    // ...
}
```

2. @ProfileValueSourceConfiguration

@ProfileValueSourceConfiguration 是类级别注解，用于当获取通过@IfProfileValue 配置的 profile 值时指定使用什么样的 ProfileValueSource 类型。如果一个测试没有指定@ProfileValueSourceConfiguration，那么默认使用 SystemProfileValueSource。

```
@ProfileValueSourceConfiguration(CustomProfileValueSource.class)
public class CustomProfileValueSourceTests {
    // ...
}
```

3. @Timed

@Timed 用于指明被注解的测试必须在指定的时限（毫秒）内结束。如果测试超过指定时限，就判定测试失败。

时限不仅包括测试方法本身所耗费的时间，还包括任何重复（查看@Repeat）及任意初始化和销毁所用的时间。

```
@Timed(millis=1000)
public void testProcessWithOneSecondTimeout() {
    // ...
}
```

Spring 的@Timed 注解与 JUnit 4 的@Test(timeout=…)支持相比具有不同的语义。确切地说，由于在 JUnit 4 中处理方法执行超时的方式（在独立的线程中执行该测试方法），如果一个测试方法执行时间太长，那么@Test(timeout=…)将直接判定该测试失败。而 Spring 的@Timed 注解不是直接判定测试失败，而是等待测试完成。

4. @Repeat

@Repeat 用于指明测试方法需被重复执行的次数。重复的范围不仅包括测试方法自身，还包括相应的初始化方法和销毁方法。

```
@Repeat(10)
@Test
public void testProcessRepeatedly() {
    // ...
}
```

7.4.17 Spring JUnit Jupiter 注解

仅当与 SpringExtension 和 JUnit Jupiter（JUnit 5 中的编程模型）一起使用时才支持以下注解：

1. @SpringJUnitConfig

@SpringJUnitConfig 是一个组合的注解，它是将 JUnit Jupiter 的@ExtendWith(SpringExtension.class)与 Spring TestContext 框架中的@ContextConfiguration 结合在一起的，可以在类级别用作@ContextConfiguration 的替代实现。关于配置选项，@ContextConfiguration 和@SpringJUnitConfig 的唯一区别是，可以通过@SpringJUnitConfig 中的 value 属性来声明带注解的类。

```
@SpringJUnitConfig(TestConfig.class)
class ConfigurationClassJUnitJupiterSpringTests {
    // ...
}
@SpringJUnitConfig(locations = "/test-config.xml")
class XmlJUnitJupiterSpringTests {
    // ...
}
```

2. @SpringJUnitWebConfig

@SpringJUnitWebConfig 是一个组合的注解，它是将 JUnit Jupiter 的@ExtendWith(SpringExtension.class)与 Spring TestContext 框架中的@ContextConfiguration 和@WebAppConfiguration 结合在一起的，

可以在类级别用作@ContextConfiguration 和@WebAppConfiguration 的替代实现。关于配置选项，@ContextConfiguration 和@SpringJUnitWebConfig 的唯一区别是，可以通过@SpringJUnitWebConfig 中的 value 属性来声明带注解的类。另外，来自@WebAppConfiguration 的 value 属性只能通过@SpringJUnitWebConfig 中的 resourcePath 属性覆盖。

```
@SpringJUnitWebConfig(TestConfig.class)
class ConfigurationClassJUnitJupiterSpringWebTests {
    // ...
}

@SpringJUnitWebConfig(locations = "/test-config.xml")
class XmlJUnitJupiterSpringWebTests {
    // ...
}
```

3. @EnabledIf

@EnabledIf 用于表示已注解的 JUnit Jupiter 测试类或测试方法已启用，并应在所提供的表达式计算结果为 true 时执行。具体来说，如果表达式的计算结果为 Boolean.TRUE 或一个等于“true”的字符串（忽略大小写），那么测试将被启用。在类级别应用时，该类中的所有测试方法也会默认自动启用。

表达式可以是以下任何一种：

- SpEL 表达式：@EnabledIf("#{systemProperties['os.name'].toLowerCase().contains('mac')}")。
- Spring 环境中可用属性的占位符：@EnabledIf("${smoke.tests.enabled}")。
- 文本文字：@EnabledIf("true")。

注意

@EnabledIf("false")等同于@Disabled，@EnabledIf 可以用作元注解来创建自定义组合注解。例如，可以按以下方式创建自定义的@EnabledOnMac 注解：

```
@Target({ElementType.TYPE, ElementType.METHOD})
@Retention(RetentionPolicy.RUNTIME)
@EnabledIf(
expression = "#{systemProperties['os.name'].toLowerCase().contains('mac')}",
reason = "Enabled on Mac OS"
)
public@interface EnabledOnMac {}
```

4. @DisabledIf

@DisabledIf 用于表示已注解的 JUnit Jupiter 测试类或测试方法被禁用，并且如果提供表达式的计算结果为 true，就不应该执行。具体而言，如果表达式的计算结果为 Boolean.TRUE 或等于“true”的字符串（忽略大小写），那么测试将被禁用。在类级别应用时，该类中的所有测试方法也会自动禁用。

表达式可以是以下任何一种：

- SpEL 表达式：@DisabledIf("#{systemProperties['os.name'].toLowerCase().contains('mac')}")。

- Spring 环境中可用属性的占位符：@DisabledIf("${smoke.tests.disabled}")。
- 文本文字：@DisabledIf("true")。

注意

@DisabledIf("true")等同于@Disabled，@DisabledIf 可以用作元注解来创建自定义组合注解。例如，可以按以下方式创建自定义的@DisabledOnMac 注解：

```
@Target({ElementType.TYPE, ElementType.METHOD})
@Retention(RetentionPolicy.RUNTIME)
@DisabledIf(
expression = "#{systemProperties['os.name'].toLowerCase().contains('mac')}",
reason = "Disabled on Mac OS"
)
public@interface DisabledOnMac {}
```

7.5 Spring TestContext 框架

Spring TestContext 框架是用于进行单元测试和集成测试的通用框架。它基于注解驱动，并且与所使用的具体测试框架无关。

7.5.1 Spring TestContext 框架概述

Spring TestContext 框架位于 org.springframework.test.context 包中，提供了对通用的、注解驱动的单元测试和集成测试的支持。TestContext 框架非常重视约定大于配置，合理的默认值可以通过基于注解的配置来覆盖。

除了通用测试基础架构外，TestContext 框架还为 JUnit 4、JUnit Jupiter（又称 JUnit 5）和 TestNG 提供了明确的支持。对于 JUnit 4 和 TestNG，Spring 提供了抽象的支持类。此外，Spring 为 JUnit 4 提供了一个自定义的 JUnit Runner 和 JUnit 规则，以及 JUnit Jupiter 的一个自定义扩展，允许编写基于 POJO 的测试类。POJO 测试类不需要扩展特定的类层次结构，如抽象支持类等。

7.5.2 核心抽象

Spring TestContext 框架的核心由 TestContextManager 类和 TestContext、TestExecutionListener 及 SmartContextLoader 接口组成。每个测试类都创建一个 TestContextManager，TestContextManager 反过来管理一个 TestContext 来保存当前测试的上下文，它还会在测试进行时更新 TestContext 的状态，并委托给 TestExecutionListener 实现；TestExecutionListener 实现通过提供依赖注入、管理事务等来实际执行测试；SmartContextLoader 负责为给定的测试类加载一个 ApplicationContext。

1. TestContext

TestContext 封装了执行测试的上下文，与正在使用的实际测试框架无关，并为其负责的测试实例提供上下文管理和缓存支持。如果需要，TestContext 将委托给一个 SmartContextLoader 来加载一个 ApplicationContext。

2. TestContextManager

TestContextManager 是 Spring TestContext 框架的主要入口点，负责管理单个 TestContext，并在定义良好的测试执行点向每个注册的 TestExecutionListener 发信号通知事件。这些执行点包括以下内容：

- 在特定测试框架的所有 before class 或 before all 方法之前。
- 测试实例后。
- 在特定测试框架的所有 before 或 before each 方法之前。
- 在测试方法执行之前，但在测试设置之后。
- 在测试方法执行之后，但在测试关闭之前。
- 在任何一个特定测试框架的每个 after 或 after each 方法之后。
- 在任何一个特定测试框架的每个 after class 或 after all 方法之后。

3. TestExecutionListener

TestExecutionListener 定义了 API，用于响应 TestContextManager 发布的测试执行事件，并与监听器一起注册。

4. ContextLoader

ContextLoader 是在 Spring 2.5 中引入的策略接口，主要用于在使用 Spring TestContext 框架管理集成测试时加载 ApplicationContext。

SmartContextLoader 是在 Spring 3.1 中引入的 ContextLoader 接口的扩展。SmartContextLoader SPI 取代了 Spring 2.5 中引入的 ContextLoader SPI。具体来说，SmartContextLoader 可以选择处理资源位置、注解类或上下文初始值设定项。此外，SmartContextLoader 可以在加载的上下文中设置激活的 bean 定义配置文件和测试属性源。

Spring 提供了以下实现：

- DelegatingSmartContextLoader：根据为测试类声明的配置、默认位置或默认配置类的存在，在内部委派给 AnnotationConfigContextLoader 及 GenericXmlContextLoader 或 GenericGroovyXmlContextLoader 的两个默认加载器之一。Groovy 支持仅在 Groovy 位于类路径中时才能启用。
- WebDelegatingSmartContextLoader：根据为测试类声明的配置、默认位置或默认配置类的存在，在内部委派给 AnnotationConfigWebContextLoader 及 GenericXmlWebContextLoader 或 GenericGroovyXmlWebContextLoader 的两个默认加载器之一。只有在测试类中存在 @WebAppConfiguration 时才会使用 Web 的 ContextLoader。Groovy 支持仅在 Groovy 位于类路径中时才能启用。
- AnnotationConfigContextLoader：从注解类加载标准的 ApplicationContext。
- AnnotationConfigWebContextLoader：从注解类加载 WebApplicationContext。
- GenericGroovyXmlContextLoader：从 Groovy 脚本或 XML 配置文件的资源位置加载标准的

ApplicationContext。

- GenericGroovyXmlWebContextLoader：从 Groovy 脚本或 XML 配置文件的资源位置加载 WebApplicationContext。
- GenericXmlContextLoader：从 XML 资源位置加载标准的 ApplicationContext。
- GenericXmlWebContextLoader：从 XML 资源位置加载 WebApplicationContext。
- GenericPropertiesContextLoader：从 Java 属性文件加载标准的 ApplicationContext。

7.5.3 引导 TestContext

对于所有常见的用例来说，Spring TestContext 框架内部的默认配置都是足够的。但是，有时开发团队或第三方框架想要更改默认的 ContextLoader，实现自定义的 TestContext 或 ContextCache，增加默认的 ContextCustomizerFactory 和 TestExecutionListener 实现集等。此时，为了实现这些，Spring 提供了一个引导 TestContext 策略。

TestContextBootstrapper 定义了用于引导 TestContext 框架的 SPI。TestContextBootstrapper 被 TestContextManager 用来加载当前测试的 TestExecutionListener 实现，并构建它所管理的 TestContext。可以通过@BootstrapWith 为测试类（或测试类层次结构）配置自定义引导策略。如果引导程序未通过 @BootstrapWith 显式配置，就将使用 DefaultTestContextBootstrapper 或 WebTestContextBootstrapper，具体取决于是否存在 @WebAppConfiguration。由于 TestContextBootstrapper SPI 未来可能会发生变化以适应新的需求，因此强烈建议开发者不要直接实现此接口，而是扩展 AbstractTestContextBootstrapper 或其具体子类之一。

7.5.4 TestExecutionListener 配置

Spring 提供了默认注册的 TestExecutionListener 实现，顺序如下：

- ServletTestExecutionListener：为 WebApplicationContext 配置 Servlet API 模拟。
- DirtiesContextBeforeModesTestExecutionListener：处理之前模式的@DirtiesContext 注解。
- DependencyInjectionTestExecutionListener：为测试实例提供依赖注入。
- DirtiesContextTestExecutionListener：处理 after 模式的@DirtiesContext 注解。
- TransactionalTestExecutionListener：使用默认回滚语义提供事务性测试执行。
- SqlScriptsTestExecutionListener：执行通过@Sql 注解配置的 SQL 脚本。

7.5.5 上下文管理

每个 TestContext 为它所负责的测试实例提供上下文管理和缓存支持。测试实例不会自动获得对配置 ApplicationContext 的访问权限。但是，如果一个测试类实现了 ApplicationContextAware 接口，那么对该测试实例提供对 ApplicationContext 的引用。

提示

AbstractJUnit4SpringContextTests 和 AbstractTestNGSpringContextTests 实现了 ApplicationContextAware，因此可以自动提供对 ApplicationContext 的访问。

作为实现 ApplicationContextAware 接口的替代方法，可以通过字段或 setter 方法中的@Autowired 注解为测试类注入应用程序上下文，例如：

```
@RunWith(SpringRunner.class)
@ContextConfiguration
public class MyTest {
@Autowired
private ApplicationContext applicationContext;
    // ...
}
```

同样，如果测试配置为加载 WebApplicationContext，那么可以将 Web 应用程序上下文注入自己的测试中，例如：

```
@RunWith(SpringRunner.class)
@WebAppConfiguration
@ContextConfiguration
public class MyWebAppTest {

  @Autowired
  private WebApplicationContext wac;
    // ...
}
```

使用 TestContext 框架的测试类不需要扩展任何特定的类或实现特定的接口来配置它们的应用程序上下文。相反，配置是通过在类级别声明@ContextConfiguration 注解来实现的。如果测试类没有显式声明应用程序上下文资源位置或注解类，那么配置的 ContextLoader 将确定如何从默认位置或默认配置类加载上下文。除了上下文资源位置和注解类以外，还可以通过应用程序上下文初始化程序来配置应用程序上下文。

7.5.6 测试夹具的注入

当使用 DependencyInjectionTestExecutionListener（默认配置）时，开发人员的测试实例的依赖关系将 bean 注入使用@ContextConfiguration 配置的应用程序上下文中。开发人员可以使用 setter 注入或字段注入，这取决于他选择的注解及是否将它们放置在 setter 方法或字段上。为了与 Spring 2.5 和 Spring 3.0 中引入的注解支持保持一致，可以使用 Spring 的@Autowired 注解或 JSR-330 中的@Inject 注解。

TestContext 框架不会检测测试实例的实例化方式。因此，对构造函数使用@Autowired 或@Inject 对测试类没有影响。

因为@Autowired 被用来按类型执行自动装配，所以如果有多个相同类型的 bean 定义，就不能依靠这种方法来实现这些特定的 bean。在这种情况下，可以使用@Autowired 和@Qualifier。

从 Spring 3.0 开始，也可以选择@Inject 和@Named 一起使用。或者，如果开发人员的测试类可以访问其 ApplicationContext，那么可以调用 applicationContext.getBean("titleRepository") 来执行显式查找。

如果不想将依赖注入应用于自己的测试实例，就不要使用@Autowired（或@Inject）注解字段或设置方法。或者，可以通过使用@TestExecutionListeners 显式配置类并从监听器列表中省略 DependencyInjectionTestExecutionListener.class 来完全禁用依赖注入。

以下代码演示在字段方法上使用@Autowired。

```
@RunWith(SpringRunner.class)
@ContextConfiguration("repository-config.xml")
public class HibernateTitleRepositoryTests {
    // 根据类型来注入实例
    @Autowired
    private HibernateTitleRepository titleRepository;

    @Test
    public void findById() {
        Title title = titleRepository.findById(newLong(10));
        assertNotNull(title);
    }
}
```

也可以将类配置为使用@Autowired 进行 setter 注入，例如：

```
@RunWith(SpringRunner.class)
@ContextConfiguration("repository-config.xml")
public class HibernateTitleRepositoryTests {
    // 根据类型来注入实例
    private HibernateTitleRepository titleRepository;

    @Autowired
    public void setTitleRepository(HibernateTitleRepository titleRepository)
    {
        this.titleRepository = titleRepository;
    }

    @Test
    public void findById() {
        Title title = titleRepository.findById(newLong(10));
        assertNotNull(title);
    }
}
```

7.5.7 如何测试 request bean 和 session bean

很早之前，Spring 就已经支持 request 和 session scope 的 bean。而从 Spring 3.2 开始，测试 request bean 和 session bean 是一件轻而易举的事情。

以下代码片段显示登录用例的 XML 配置。

```
<beans>
  <bean id="userService" class="com.example.SimpleUserService"
       c:loginAction-ref="loginAction"/>
  <bean id="loginAction" class="com.example.LoginAction"
       c:username="#{request.getParameter('user')}"
       c:password="#{request.getParameter('pswd')}"
       scope="request">
  <aop:scoped-proxy/>
  </bean>
</beans>
```

在 RequestScopedBeanTests 中，将 UserService 和 MockHttpServletRequest 都注入自己的测试实例中。在 requestScope()测试方法中，可以通过在提供的 MockHttpServletRequest 中设置请求参数来设置测试工具。当在 userService 上调用 loginUser()方法时，可以确信用户服务访问当前 MockHttpServletRequest 请求范围的 loginAction（刚才设置的参数）。然后，根据已知的用户名和密码输入对结果执行断言。

```
@RunWith(SpringRunner.class)
@ContextConfiguration
@WebAppConfiguration
public class RequestScopedBeanTests {
    @Autowired UserService userService;
    @Autowired MockHttpServletRequest request;

    @Test
    public void requestScope() {
        request.setParameter("user", "enigma");
        request.setParameter("pswd", "$pr!ng");
        LoginResults results = userService.loginUser();
           // 断言结果
        }
    }
}
```

session bean 的测试类似，代码如下：

```
<beans>
    <bean id="userService" class="com.example.SimpleUserService"
        c:userPreferences-ref="userPreferences"/>
    <bean id="userPreferences" class="com.example.UserPreferences"
        c:theme="#{session.getAttribute('theme')}"
        scope="session">
    <aop:scoped-proxy/>
    </bean>
</beans>
@RunWith(SpringRunner.class)
@ContextConfiguration
@WebAppConfiguration
public class SessionScopedBeanTests {
```

```
    @Autowired UserService userService;
    @Autowired MockHttpSession session;

    @Test
    public void sessionScope() throws Exception {
        session.setAttribute("theme", "blue");
        Results results = userService.processUserPreferences();
         // ...断言结果
    }
}
```

7.5.8 事务管理

在 TestContext 框架中，事务由默认配置的 TransactionalTestExecutionListener 管理，即使没有在测试类上显式声明@TestExecutionListener。但是，为了支持事务，必须在通过@ContextConfiguration 语义加载的 ApplicationContext 中配置一个 PlatformTransactionManager bean。另外，必须在类或方法级别为测试声明 Spring 的@Transactional 注解。

1. 测试管理的事务

测试管理的事务是通过 TransactionalTestExecutionListener 声明式管理的事务，或者通过 TestTransaction 以编程方式进行管理的事务。这样的事务不应该与 Spring 管理的事务（被加载用于测试的 ApplicationContext 内的 Spring 直接管理的事务）或应用程序管理的事务（通过测试调用的应用程序代码内的程序管理的事务）相混淆。Spring 管理的事务和应用程序管理的事务通常会参与测试管理事务。

2. 启用和禁用事务

默认情况下，测试完成后会自动回滚事务。如果一个测试类用@Transactional 注解，那么该类层次结构中的每个测试方法将在一个事务中运行；如果没有用@Transactional（在类或方法级别）注解，那么测试方法将不会在事务中运行。此外，使用@Transactional 进行注解，但将传播类型设置为 NOT_SUPPORTED 的测试不会在事务中运行。

注意

AbstractTransactionalJUnit4SpringContextTests 和 AbstractTransactionalTestNGSpringContextTests 是为类级别的事务支持预配置的。

以下示例演示为基于 Hibernate 的 UserRepository 编写集成测试的常见方案。正如在事务回滚和提交行为中所解释的，在执行 createUser()方法后，不需要清理数据库，因为对数据库所做的任何更改都将由 TransactionalTestExecutionListener 自动回滚。

```
@RunWith(SpringRunner.class)
@ContextConfiguration(classes = TestConfig.class)
@Transactional
public class HibernateUserRepositoryTests {
    @Autowired
```

```
    HibernateUserRepository repository;
    @Autowired
    SessionFactory sessionFactory;
    JdbcTemplate jdbcTemplate;

    @Autowired
    public void setDataSource(DataSource dataSource) {
      this.jdbcTemplate = newJdbcTemplate(dataSource);
    }

    @Test
    public void createUser() {
    finalint count = countRowsInTable("user");
       User user = newUser(...);
       repository.save(user);
       sessionFactory.getCurrentSession().flush();
       assertNumUsers(count + 1);
    }

    protected intcountRowsInTable(String tableName) {
      return JdbcTestUtils.countRowsInTable(this.jdbcTemplate, tableName);
    }

    protected void assertNumUsers(int expected) {
       assertEquals("Number of rows in the [user] table.", expected,
       countRowsInTable("user"));
    }
}
```

3. 事务回滚和提交行为

默认情况下，测试完成后会自动回滚。然而，事务提交和回滚行为也可以通过@Commit 和@Rollback 注解声明式地配置。

4. 编程式事务管理

自 Spring 4.1 开始，可以通过 TestTransaction 中的静态方法以编程方式和测试托管的事务进行交互。例如，TestTransaction 可用于 test、before、after 方法，以开始或结束当前测试管理的事务，或者配置当前测试管理的事务以进行回滚或提交。无论何时启用 TransactionalTestExecutionListener，都可以使用 TestTransaction。

以下示例演示 TestTransaction 的一些功能。

```
@ContextConfiguration(classes = TestConfig.class)
public class ProgrammaticTransactionManagementTests extends
   AbstractTransactionalJUnit4SpringContextTests {

  @Test
  public void transactionalTest() {
       assertNumUsers(2);
       deleteFromTables("user");
       TestTransaction.flagForCommit();
```

```
        TestTransaction.end();
        assertFalse(TestTransaction.isActive());
        assertNumUsers(0);
        TestTransaction.start();
        // ...
    }

    protected void assertNumUsers(int expected) {
        assertEquals("Number of rows in the [user] table.", expected,
        countRowsInTable("user"));
    }
}
```

5. 在事务之外执行代码

有时需要在事务性测试方法之前或之后执行某些代码，并且希望这些代码是在事务性上下文之外的。例如，在执行测试之前验证初始数据库状态，或者在测试执行之后验证预期的事务性执行行为。TransactionalTestExecutionListener 完全支持这种场景，并提供了@BeforeTransaction 和@AfterTransaction 注解来实现这些行为。

6. 配置事务管理器

TransactionalTestExecutionListener 需要在 Spring ApplicationContext 中为测试定义一个 PlatformTransactionManager bean。如果在测试的 ApplicationContext 中有多个 PlatformTransactionManager 实例，就可以通过@Transactional("myTxMgr")或@Transactional(transactionManager = "myTxMgr")声明限定符，或者可以通过@Configuration 类来实现 TransactionManagementConfigurer。

以下基于 JUnit 4 的示例用于突出显示所有与事务相关的注解。

```
@RunWith(SpringRunner.class)
@ContextConfiguration
@Transactional(transactionManager = "txMgr")
@Commit
public class FictitiousTransactionalTest {
     @BeforeTransaction
    voidverifyInitialDatabaseState() {
      // ...
    }
    @Before
    public void setUpTestDataWithinTransaction() {
      // ...
    }
    @Test
    @Rollback
    public void modifyDatabaseWithinTransaction() {
      // ...
    }
    @After
    public void tearDownWithinTransaction() {
      // ...
    }
```

```
    @AfterTransaction
    voidverifyFinalDatabaseState() {
      // ...
    }
}
```

7.5.9 执行 SQL 脚本

在针对关系数据库编写集成测试时，执行 SQL 脚本来修改数据库模式或将测试数据插入表中通常是非常常见的。spring-jdbc 模块提供了在加载 Spring ApplicationContext 时通过执行 SQL 脚本来初始化现有数据库的支持。当然，这些数据库也包括嵌入式的数据库。

尽管在加载 ApplicationContext 时初始化数据库进行测试是非常有用的，但有时在集成测试期间能够修改数据库同样是非常重要的。下面介绍如何在集成测试期间以编程方式和声明方式执行 SQL 脚本。

1. 编程式执行 SQL 脚本

Spring 提供了以下选项，用于在集成测试方法中以编程方式执行 SQL 脚本。

- org.springframework.jdbc.datasource.init.ScriptUtils
- org.springframework.jdbc.datasource.init.ResourceDatabasePopulator
- org.springframework.test.context.junit4.AbstractTransactionalJUnit4SpringContextTests
- org.springframework.test.context.testng.AbstractTransactionalTestNGSpringContextTests

ScriptUtils 提供了一组用于处理 SQL 脚本的静态工具方法，主要用于框架的内部使用。但是，如果需要完全控制 SQL 脚本的解析和执行方式，ScriptUtils 就可能会比下面介绍的其他替代方法更适合用户需求。

ResourceDatabasePopulator 提供了一个简单的基于对象的 API，使用外部资源中定义的 SQL 脚本以编程方式填充、初始化或清理数据库。ResourceDatabasePopulator 提供了用于配置分析和执行脚本时使用的字符编码、语句分隔符、注解分隔符和错误处理标志的选项，每个配置选项都有一个合理的默认值。要执行在 ResourceDatabasePopulator 中配置的脚本，可以调用 populate(Connection) 方法来针对 java.sql.Connection 执行 populator，或者调用 execute(DataSource) 方法来针对 javax.sql.DataSource 执行 populator。以下示例为测试模式和测试数据指定 SQL 脚本，将语句分隔符设置为“@@”，然后针对数据源执行脚本。

```
@Test
public void databaseTest {
    ResourceDatabasePopulator populator = newResourceDatabasePopulator();
    populator.addScripts(
    new ClassPathResource("test-schema.sql"),
    new ClassPathResource("test-data.sql"));
    populator.setSeparator("@@");
    populator.execute(this.dataSource);
    // ...
}
```

ResourceDatabasePopulator 内部其实也是使用 ScriptUtils 来解析和执行 SQL 脚本的。同样，AbstractTransactionalJUnit4SpringContextTests 和 AbstractTransactionalTestNGSpringContextTests 中的 executeSqlScript(..)方法在内部使用 ResourceDatabasePopulator 来执行 SQL 脚本。

2. 声明式执行 SQL 脚本

Spring TestContext 框架也提供了声明式执行 SQL 脚本。具体而言，可以在测试类或测试方法上声明@Sql 注解，以便将资源路径配置为在集成测试方法之前或之后应针对给定数据库执行的 SQL 脚本。

> **注意**
>
> 方法级声明会覆盖类级声明，而对@Sql 的支持则由默认情况下启用的 SqlScriptsTestExecutionListener 提供。

每个路径资源将被解释为一个 Spring 资源。一个普通路径（如 schema.sql）将被视为与定义测试类的包相关的类路径资源。以斜杠开始的路径将被视为绝对类路径资源，如“/org/example/schema.sql”。可以使用指定的资源协议来加载引用 URL 的路径，如以 classpath:、file:、http:等为前缀的路径。

以下示例演示如何在基于 JUnit Jupiter 的集成测试类中，在类级别和方法级别上使用@Sql。

```
@SpringJUnitConfig
@Sql("/test-schema.sql")
class DatabaseTests {
    @Test
    void emptySchemaTest {
        // ...
    }

    @Test
    @Sql({"/test-schema.sql", "/test-user-data.sql"})
    void userTest {
       // ...
    }
}
```

如果没有指定 SQL 脚本，那么将尝试根据声明的@Sql 的位置来自动检测默认脚本。如果无法检测到默认值，就会抛出 IllegalStateException 异常。

- 类级别声明：如果注解的测试类为 com.example.MyTest，那么相应的默认脚本为 classpath:com/example/MyTest.sql。
- 方法级别声明：如果注解的测试方法名称为 testMethod()，并且在类 com.example.MyTest 中定义，那么相应的默认脚本为 classpath:com/example/MyTest.testMethod.sql。如果需要为给定的测试类或测试方法配置多组 SQL 语句，但具有不同的语法配置、不同的错误处理规则或每个集合的不同执行阶段，那么可以声明多个@Sql 实例。对于 Java 8，@Sql 可以用作可重复的注解，@SqlGroup 注解可以用作声明多个@Sql 实例的显式容器。

以下示例演示如何将@Sql 用作使用 Java 8 的可重复注解。在这种情况下，test-schema.sql 脚本对单行注解使用不同的语法。

```
@Test
@Sql(scripts = "/test-schema.sql", config = @SqlConfig(commentPrefix = "'"))
@Sql("/test-user-data.sql")
public void userTest {
    // ...
}
```

以下示例与以上示例不同的是，@Sql 声明在@SqlGroup 中被组合在一起，以便与 Java 6 和 Java 7 兼容。

```
@Test
@SqlGroup({
@Sql(scripts = "/test-schema.sql", config = @SqlConfig(commentPrefix ="'")),
@Sql("/test-user-data.sql")
)}
public void userTest {
    // ...
}
```

默认情况下，SQL 脚本将在相应的测试方法之前执行。但是，如果需要在测试方法之后执行特定的一组脚本（如清理数据库状态），那么可以使用@Sql 中的 executionPhase 属性，示例如下：

```
@Test
@Sql(
scripts = "create-test-data.sql",
config = @SqlConfig(transactionMode = ISOLATED)
)
@Sql(
scripts = "delete-test-data.sql",
config = @SqlConfig(transactionMode = ISOLATED),
executionPhase = AFTER_TEST_METHOD
)
public void userTest {
    // ...
}
```

其中，ISOLATED 和 AFTER_TEST_METHOD 分别从 Sql.TransactionMode 和 Sql.ExecutionPhase 中静态导入。

7.6 Spring MVC Test 框架

Spring MVC Test 框架可以与 JUnit、TestNG 或任何其他测试框架一起使用，测试 Spring Web MVC 代码。Spring MVC Test 框架建立在 spring-test 模块的 Servlet API Mock 对象上，因此可以不再依赖所运行的 Servlet 容器。它使用 DispatcherServlet 来提供完整的 Spring Web MVC 运行时的行

为，并提供对使用 TestContext 框架加载实际的 Spring 配置及独立模式的支持。在独立模式下，可以手动实例化控制器并进行测试。

Spring MVC Test 还为使用 RestTemplate 的代码提供了客户端支持。客户端测试模拟服务器响应时也不再依赖所运行的服务器。

7.6.1 服务端测试概述

使用 JUnit 或 TestNG 为 Spring MVC 控制器编写单元测试非常简单，只需实例化控制器，为其注入 Mock 或 Stub 的依赖关系，并根据需要调用 MockHttpServletRequest、MockHttpServletResponse 等方法即可。但是，在编写这样的单元测试时，还有很多部分没有经过测试，如请求映射、数据绑定、类型转换、验证等。此外，其他控制器方法（如@InitBinder、@ModelAttribute 和@ExceptionHandler）也可能作为请求处理生命周期的一部分被调用。

Spring MVC Test 的目标是通过执行请求并通过实际的 DispatcherServlet 生成响应来为测试控制器提供一种有效的方法。Spring MVC Test 建立在 spring-test 模块中的 Mock 实现上。这允许执行请求并生成响应，而不需要在 Servlet 容器中运行。在大多数情况下，所有操作都应该如同运行时一样工作，并且能覆盖到一些单元测试无法覆盖的场景。

以下是一个基于 JUnit Jupiter 的使用 Spring MVC Test 的例子。

```
import static
    org.springframework.test.web.servlet.request.MockMvcRequestBuilders.*;
import static
    org.springframework.test.web.servlet.result.MockMvcResultMatchers.*;
@SpringJUnitWebConfig(locations = "test-servlet-context.xml")
class ExampleTests {
    private MockMvc mockMvc;
    @BeforeEach
    void setup(WebApplicationContext wac) {
         this.mockMvc = MockMvcBuilders.webAppContextSetup(wac).build();
    }
    @Test
    voidgetAccount() throws Exception {
         this.mockMvc.perform(get("/accounts/1")
        .accept(MediaType.parseMediaType("application/json;
        charset=UTF-8")))
        .andExpect(status().isOk())
        .andExpect(content().contentType("application/json"))
        .andExpect(jsonPath("$.name").value("Lee"));
    }
}
```

以上测试依赖于 TestContext 框架的 WebApplicationContext 支持，用于从位置与测试类相同的包中的 XML 配置文件加载 Spring 配置。当然，配置也是支持基于 Java 和 Groovy 的配置。

在该例子中，MockMvc 实例用于对“/accounts/1”执行 GET 请求，并验证结果响应的状态为 200，内容类型为 application/json，响应主体是一个属性为 name、值为 Lee 的 JSON。jsonPath 语法是通过 Jayway 的 jsonPath 项目 1 支持的。

该例子中的测试 API 是需要静态导入的，如 MockMvcRequestBuilders.*、MockMvcResultMatchers.*和 MockMvcBuilders.*。找到这些类的简单方法是搜索匹配“MockMvc*”的类型。

7.6.2 选择测试策略

创建 MockMvc 实例有两种方式。第一种是通过 TestContext 框架加载 Spring MVC 配置。该框架加载 Spring 配置并将 WebApplicationContext 注入测试中，用于构建 MockMvc 实例。

```
@RunWith(SpringRunner.class)
@WebAppConfiguration
@ContextConfiguration("my-servlet-context.xml")
public class MyWebTests {
    @Autowired
    private WebApplicationContext wac;
    private MockMvc mockMvc;

   @Before
   public void setup() {
     this.mockMvc = MockMvcBuilders.webAppContextSetup(this.wac).
     build();
    }
    // ...
}
```

第二种是简单地创建一个控制器实例，而不加载 Spring 配置。相对于 MVC JavaConfig 或 MVC 命名空间而言，默认基本的配置是自动创建的，并且可以在一定程度上进行自定义。

```
public class MyWebTests {
    private MockMvc mockMvc;
    @Before
    public void setup() {
        this.mockMvc =
        MockMvcBuilders.standaloneSetup(newAccountController()).
        build();
    }
    // ...
}
```

那么，这两种方式应该如何来抉择呢？

第一种方式也被称为 webAppContextSetup，会加载实际的 Spring MVC 配置，从而产生更完整的集成测试。由于 TestContext 框架缓存了加载的 Spring 配置，因此即使在测试套件中引入了更多的测试，也可以帮助保持测试的快速运行。此外，还可以通过 Spring 配置将 Mock 服务注入控制器中，以便继续专注于测试 Web 层。这是一个用 Mockito 声明 Mock 服务的例子。

```
<bean id="accountService" class="org.mockito.Mockito" factory-method="mock">
    <constructor-arg value="com.waylau.AccountService"/>
</bean>
```

然后，可以将 Mock 服务注入测试，以便设置和验证期望值。

```
@RunWith(SpringRunner.class)
@WebAppConfiguration
@ContextConfiguration("test-servlet-context.xml")
public class AccountTests {
    @Autowired
    private WebApplicationContext wac;
    private MockMvc mockMvc;

    @Autowired
    private AccountService accountService;
    // ...
    }
```

第二种方式也被称为 standaloneSetup，更接近于单元测试。它一次测试一个控制器，控制器可以手动注入 Mock 依赖关系，而不涉及加载 Spring 配置。这样的测试更注重风格，更容易查看到哪个控制器正在测试、是否需要特定的 Spring MVC 配置等。standaloneSetup 方式是一种非常方便的方式——编写临时测试验证特定行为或调试问题。

到底选择哪种方式？没有绝对的答案。但是，使用 standaloneSetup 就意味着需要额外的 webAppContextSetup 测试来验证 Spring MVC 配置。或者可以选择使用 webAppContextSetup 方式编写所有测试，以便始终根据实际的 Spring MVC 配置进行测试。

7.6.3　设置测试功能

无论使用哪个 MockMvc 构建器，所有 MockMvcBuilder 实现都提供一些常用和非常有用的功能。例如，可以为所有请求声明 accept 头，并期望所有响应中的状态为 200 及声明 contentType 头。

示例如下：

```
MockMVc mockMvc = standaloneSetup(newMusicController())
    .defaultRequest(get("/").accept(MediaType.APPLICATION_JSON))
    .alwaysExpect(status().isOk())
    .alwaysExpect(content().contentType("application/json;charset=UTF-8"))
    .build();
```

此外，第三方框架（和应用程序）可以通过 MockMvcConfigurer 预先打包安装指令。Spring 框架有一个这样的内置实现，有助于跨请求保存和重用 HTTP 会话。它可以使用如下代码：

```
MockMvc mockMvc = MockMvcBuilders.standaloneSetup(newTestController())
    .apply(sharedHttpSession())
    .build();
```

7.6.4　执行请求

使用任何 HTTP 方法来执行请求都是很容易的，例如：

```
mockMvc.perform(post("/hotels/{id}", 42).accept(MediaType.APPLICATION_JSON));
```

可以使用 MockMultipartHttpServletRequest 来实现文件的上传请求，也可以执行内部使用请求，这样就不需要实际解析多重请求，而是必须设置它，例如：

```
mockMvc.perform(multipart("/doc").file("a1", "ABC".getBytes("UTF-8")));
```

可以在 URI 模板样式中指定查询参数，例如：

```
mockMvc.perform(get("/hotels?foo={foo}", "bar"));
```

或者可以添加表示表单参数查询的 Servlet 请求参数，例如：

```
mockMvc.perform(get("/hotels").param("foo", "bar"));
```

如果应用程序代码依赖于 Servlet 请求参数，并且不会显式检查被查询字符串（常见的情况），那么使用哪个选项并不重要。

在大多数情况下，最好从请求 URI 中省略上下文路径和 Servlet 路径。如果必须使用完整请求 URI 进行测试，就需要设置相应的 contextPath 和 servletPath，以便请求映射可以正常工作。

```
mockMvc.perform(get("/app/main/hotels/{id}")
    .contextPath("/app")
    .servletPath("/main"))
```

以上示例中，在每个执行请求中设置 contextPath 和 servletPath 是相当烦琐的。相反，可以通过设置通用的默认请求属性来减少设置。

```
public class MyWebTests {
    private MockMvc mockMvc;
    @Before
    public void setup() {
    mockMvc = standaloneSetup(newAccountController())
        .defaultRequest(get("/")
        .contextPath("/app").servletPath("/main")
        .accept(MediaType.APPLICATION_JSON).build();
    }
    // ...
}
```

上述设置将影响通过 MockMvc 实例执行的每个请求。如果在给定的请求中指定了相同的属性，那么它将覆盖默认值。

7.6.5 定义期望

期望值可以通过在执行请求后附加一个或多个.andExpect(..)来定义。

```
mockMvc.perform(get("/accounts/1")).andExpect(status().isOk());
```

MockMvcResultMatchers.*提供了许多期望。其中，期望分为以下两类：

- 断言验证响应的属性，例如响应状态、标题和内容，这些是重要的结果。
- 断言检查相应结果。这些断言允许检查 Spring Web MVC 特定的方面，如哪个控制器方法处理请求、是否引发和处理了异常、模型的内容是什么、选择了什么视图、添加了哪些 flash

属性等。

它们还允许检查 Servlet 特定的方面，如请求和会话属性。

以下测试断言绑定或验证失败。

```
mockMvc.perform(post("/persons"))
    .andExpect(status().isOk())
    .andExpect(model().attributeHasErrors("person"));
```

在编写测试时，很多时候打印出执行请求的结果是很有用的。如以下示例，其中 print()是从 MockMvcResultHandlers 静态导入的。

```
mockMvc.perform(post("/persons"))
    .andDo(print())
    .andExpect(status().isOk())
    .andExpect(model().attributeHasErrors("person"));
```

只要请求处理不会导致未处理的异常，print()方法就会将所有可用的打印结果数据发送到 System.out。Spring Framework 4.2 引入了 log()方法和 print()方法的两个额外变体：一个接收 OutputStream，另一个接收 Writer。例如，调用 print(System.err)会将打印结果数据发送到 System.err，而调用 print(myWriter)会将结果数据打印到一个自定义写入器。如果希望将结果数据记录下来，而不是打印出来，只需要调用 log()方法，该方法会将结果数据记录为 org.springframework.test.web.servlet.result 日志记录类别下的单个 DEBUG 消息。

在某些情况下，可能希望直接访问结果并验证其他方式无法验证的内容，这时可以通过在所有其他期望之后追加.andReturn()来实现。

```
MvcResult mvcResult = mockMvc.perform(post("/persons")).andExpect(status ()
.isOk()).andReturn();
```

如果所有测试都重复相同的期望，那么在构建 MockMvc 实例时可以设置一个共同期望。

```
standaloneSetup(newSimpleController())
    .alwaysExpect(status().isOk())
    .alwaysExpect(content().contentType("application/json;charset=UTF-8"))
    .build()
```

当 JSON 响应内容包含使用 Spring HATEOAS 创建的超媒体链接时，可以使用 JsonPath 表达式验证生成的链接。

```
mockMvc.perform(get("/people").accept(MediaType.APPLICATION_JSON))
.andExpect(jsonPath("$.links[?(@.rel == 'self')].href")
.value("http://localhost:8080/people"));
```

当 XML 响应内容包含使用 Spring HATEOAS 创建的超媒体链接时，可以使用 XPath 表达式验证生成的链接。

```
Map<String, String> ns =
Collections.singletonMap("ns", "http://www.w3.org/2005/Atom");

mockMvc.perform(get("/handle").accept(MediaType.APPLICATION_XML))
    .andExpect(xpath("/person/ns:link[@rel='self']/@href", ns)
```

```
    .string("http://localhost:8080/people"));
```

7.6.6 注册过滤器

设置 MockMvc 实例时可以注册一个或多个 Servlet 过滤器实例。

```
mockMvc = standaloneSetup(newPersonController())
.addFilters(newCharacterEncodingFilter()).build();
```

已注册的过滤器将通过来自 spring-test 的 MockFilterChain 调用，最后一个过滤器将委托给 DispatcherServlet。

7.6.7 脱离容器的测试

正如之前提到的，Spring MVC Test 是建立在 spring-test 模块的 Servlet API Mock 对象之上的，并且不使用正在运行的 Servlet 容器，所以脱离容器的测试与运行在实际客户端和服务器的完整端到端集成测试相比，两者之间存在一些重要差异。

开发人员的测试往往是从一个空的 MockHttpServletRequest 开始的。无论添加什么内容到测试中，默认情况下都没有上下文路径，没有 jsessionid cookie，没有转发，没有错误或异步调度，也没有实际的 JSP 呈现。相反，转发和重定向的 URL 被保存在 MockHttpServletResponse 中，并且可以被期望所断言。这意味着如果使用的是 JSP，就可以验证请求被转发到的 JSP 页面，但不会有任何 HTML 呈现。换句话说，JSP 将不会被调用。但是要注意，所有其他不依赖于转发的呈现技术（如 Thymeleaf 和 Freemarker）都会按照预期将 HTML 呈现给响应主体。通过@ResponseBody 方法呈现 JSON、XML 和其他格式也是如此。或者可以考虑通过@WebIntegrationTest 从 Spring Boot 进行完整的端到端集成测试支持。

每种方法都有优点和缺点。Spring MVC Test 提供的选项在经典单元测试到完整集成测试的范围内是不同的。可以肯定的是，Spring MVC Test 中没有任何选项属于经典单元测试的范畴，但它们有点接近。例如，可以通过向控制器注入 Mock 服务来隔离 Web 层，在这种情况下，虽然只是通过 DispatcherServlet 测试 Web 层，但可以使用实际的 Spring 配置。或者可以一次使用专注于一个控制器的独立设置，并手动提供使其工作所需的配置。

7.6.8 实战：服务端测试 Spring Web MVC 的例子

下面新建一个应用 mvc-test，用于演示服务端测试。

1. 导入相关的依赖

导入与 Servlet、Spring Test、JUnit 相关的依赖。示例如下：

```
<dependencies>
    <dependency>
        <groupId>org.springframework</groupId>
        <artifactId>spring-context</artifactId>
```

```
        <version>${spring.version}</version>
    </dependency>
    <dependency>
        <groupId>org.springframework</groupId>
        <artifactId>spring-webmvc</artifactId>
        <version>${spring.version}</version>
    </dependency>
    <dependency>
        <groupId>javax.servlet</groupId>
        <artifactId>javax.servlet-api</artifactId>
        <version>${servlet.version}</version>
        <scope>provided</scope>
    </dependency>
    <dependency>
        <groupId>org.springframework</groupId>
        <artifactId>spring-test</artifactId>
        <version>${spring.version}</version>
        <scope>test</scope>
    </dependency>
    <dependency>
        <groupId>org.junit.jupiter</groupId>
        <artifactId>junit-jupiter</artifactId>
        <version>${junit-jupiter.version}</version>
        <scope>test</scope>
    </dependency>
    <dependency>
        <groupId>org.hamcrest</groupId>
        <artifactId>hamcrest</artifactId>
        <version>${hamcrest.version}</version>
        <scope>test</scope>
    </dependency>
</dependencies>
<build>
    <pluginManagement>
        <plugins>
            <!-- JUnit 5 需要 Surefire 版本 2.22.0 以上 -->
            <plugin>
                <artifactId>maven-surefire-plugin</artifactId>
                <version>${maven-surefire-plugin.version}</version>
            </plugin>
        </plugins>
    </pluginManagement>
</build>
```

2. 定义控制器

创建一个控制器 HelloController，用于处理 HTTP 请求。示例如下：

```
package com.waylau.spring.hello.controller;

import org.springframework.web.bind.annotation.RequestMapping;
```

```
import org.springframework.web.bind.annotation.RestController;

@RestController
public class HelloController {

    @RequestMapping("/hello")
    public String hello() {
      return"Hello World! Welcome to visit waylau.com!";
    }
}
```

当访问“/hello”接口时，应返回“Hello World! Welcome to visit waylau.com!”字符串。

3. 配置文件

定义 Spring 应用的配置文件 spring.xml。示例如下：

```
<?xml version="1.0" encoding="UTF-8"?>
<beans xmlns="http://www.springframework.org/schema/beans"
    xmlns:xsi="http://www.w3.org/2001/XMLSchema-instance"
    xmlns:context="http://www.springframework.org/schema/context"
    xmlns:mvc="http://www.springframework.org/schema/mvc"
    xsi:schemaLocation="
        http://www.springframework.org/schema/beans
        http://www.springframework.org/schema/beans/spring-beans.xsd
        http://www.springframework.org/schema/context
        http://www.springframework.org/schema/context/spring-context.xsd
        http://www.springframework.org/schema/mvc
        http://www.springframework.org/schema/mvc/spring-mvc.xsd">

  <mvc:annotation-driven/>
  <context:component-scan base-package="com.waylau.spring.*"/>

</beans>
```

其中，启用了 Spring MVC 的注解。

4. 编写测试类

测试类 HelloControllerTest 的代码如下：

```
package com.waylau.spring.hello.controller;

import static
org.springframework.test.web.servlet.request.MockMvcRequestBuilders.get;
import static
org.springframework.test.web.servlet.result.MockMvcResultMatchers.content;
import static
org.springframework.test.web.servlet.result.MockMvcResultMatchers.status;

import org.junit.jupiter.api.BeforeEach;
import org.junit.jupiter.api.Test;
import org.junit.jupiter.api.extension.ExtendWith;
```

```
import org.springframework.http.MediaType;
import org.springframework.test.context.ContextConfiguration;
import org.springframework.test.context.junit.jupiter.SpringExtension;
import org.springframework.test.context.web.WebAppConfiguration;
import org.springframework.test.web.servlet.MockMvc;
import org.springframework.test.web.servlet.setup.MockMvcBuilders;
import org.springframework.web.context.WebApplicationContext;

@ExtendWith(value={SpringExtension.class})
@ContextConfiguration("classpath:spring.xml")
@WebAppConfiguration
public class HelloControllerTest {

    MockMvc mockMvc;

    @BeforeEach
    void setup(WebApplicationContext wac) {
      this.mockMvc = MockMvcBuilders.webAppContextSetup(wac).build();
    }

    @Test
    void testHello() throws Exception {
        this.mockMvc.perform(get("/hello")
                .accept(MediaType.APPLICATION_JSON))
            .andExpect(status().isOk())
            .andExpect(content().contentType("application/json"))
            .andExpect(content().string("Hello World! Welcome to visit
waylau.com!"));
            ;
    }
}
```

5. 运行用例

使用以下命令执行测试：

```
mvn test
```

运行测试用例，若看到控制台输出如下内容，则说明测试成功：

```
...
[INFO]
[INFO] Results:
[INFO]
[INFO] Tests run: 1, Failures: 0, Errors: 0, Skipped: 0
[INFO]
[INFO] ------------------------------------------------------------------------
[INFO] BUILD SUCCESS
[INFO] ------------------------------------------------------------------------
[INFO] Total time:  13.193 s
[INFO] Finished at: 2020-02-02T17:26:27+08:00
[INFO] ------------------------------------------------------------------------
```

7.7 总 结

本章介绍了 Spring 的单元测试及集成测试，并介绍了 Mock 对象、测试工具类以及常用的注解。这里需要重点掌握的是 Spring TestContext 框架和 Spring MVC Test 框架的使用。

7.8 习 题

（1）什么是测试金字塔？测试金字塔有哪些层次，分别有哪些特点？

（2）简述 Mock 对象的概念。

（3）列举有哪些测试相关的注解。

（4）使用 Spring TestContext 框架编写一个测试用例。

（5）使用 Spring MVC Test 框架编写一个测试用例。

第 8 章

Spring 事务管理

在关系数据库中，一个事务可以是一条 SQL 语句、一组 SQL 语句或整个程序。事务是恢复和并发控制的基本单位。

在第 5 章已经介绍了 JDBC 的事务管理。本章将详细介绍 Spring 的事务管理。

8.1 事务管理概述

事务应该具有 4 个属性，即原子性（Atomicity）、一致性（Consistency）、隔离性（Isolation）和持久性（Durability）。这 4 个属性通常称为 ACID 特性。

- 原子性。一个事务是一个不可分割的工作单位，事务中包括的所有操作要么都做，要么都不做。
- 一致性。事务必须使数据库从一个一致性状态变到另一个一致性状态。一致性与原子性是密切相关的。
- 隔离性。一个事务的执行不能被其他事务干扰，即一个事务内部的操作及使用的数据对并发的其他事务是隔离的，并发执行的各个事务之间不能互相干扰。
- 持久性。持久性也称为永久性（Permanence），指一个事务一旦提交，它对数据库中数据的改变就应该是永久性的。后面的其他操作或故障不应该对其有任何影响。

接下来了解 Spring 在事务管理方面的优势。

8.1.1 Spring 事务管理优势

Spring 框架支持全面的事务管理。Spring 框架为事务管理提供了一致的抽象，具有以下优势：

- 跨越不同事务 API 的一致编程模型，如 Java 事务 API（JTA）、JDBC、Hibernate 和 Java 持久性 API（JPA）。
- 支持声明式事务管理。
- 用于编程式事务管理的简单 API 比复杂事务 API（如 JTA）要简单。
- 与 Spring 的数据访问抽象有极佳整合能力。

8.1.2 全局事务与本地事务

传统上，Java EE 开发人员对事务管理有两种选择：全局事务或本地事务。两者都有很大的局限性。下面将讨论 Spring 框架的事务管理如何支持、如何解决全局事务和本地事务模型的局限性。

1. 全局事务

全局事务使用户能够使用多个事务资源，通常是关系数据库和消息队列。应用程序服务器通过 JTA 管理全局事务，API 的使用相当烦琐。此外，JTA 的 UserTransaction 通常需要来自 JNDI，这意味着还需要使用 JNDI 才能使用 JTA。很明显，全局事务的使用将限制应用程序代码的重用，因为 JTA 通常只在应用程序服务器环境中可用。

以前，使用全局事务的首选方式是通过 EJB CMT（容器管理事务）。CMT 是一种声明式事务管理（区别于编程式事务管理）。EJB CMT 消除了与事务相关的 JNDI 查找的需要。当然，使用 EJB 本身也需要使用 JNDI。它消除了大部分但不是全部需要编写以控制事务的 Java 代码。其重要的缺点是，CMT 与 JTA 和应用服务器环境相关联。此外，只有选择在 EJB 中实现业务逻辑时，或者至少在事务性 EJB Facade 后面才可用。一般来说，EJB 的负面影响非常大，所以这不是一个有吸引力的选择。

2. 本地事务

本地事务是特定于资源的，如与 JDBC 连接关联的事务。本地事务可能更容易使用，但有明显的缺点，它们不能在多个事务资源上工作。例如，使用 JDBC 连接管理事务的代码无法在全局 JTA 事务中运行。由于应用程序服务器不参与事务管理，因此无法确保跨多个资源的正确性。另一个缺点是本地事务对编程模型是侵入式的。

当然，大多数应用程序使用的是单个事务资源，因此本地事务仍然能够满足需求。

8.1.3 Spring 事务模型

Spring 解决了全局事务和本地事务的缺点。它使应用程序开发人员能够在任何环境中使用一致的编程模型。只需编写一次代码，就能够从不同环境的不同事务管理策略中受益。Spring 框架提供了声明式和编程式事务管理。

通过编程式事务管理，开发人员可以使用 Spring 框架事务抽象，它可以在任何事务基础设施上运行。使用声明式模型，开发人员通常会很少写或不用写与事务管理相关的代码，因此不依赖于 Spring 框架事务 API 或任何其他事务 API。大多数用户更喜欢声明式事务管理。

Spring 事务抽象的核心概念是事务策略。事务策略由 org.springframework.transaction.

PlatformTransactionManager 接口定义，例如：

```
public interface PlatformTransactionManager {
    TransactionStatus getTransaction(TransactionDefinition definition)
    throws TransactionException;
    void commit(TransactionStatus status) throws TransactionException;
    void rollback(TransactionStatus status) throws TransactionException;
}
```

这主要是一个服务提供者接口（SPI），虽然它可以通过应用程序代码以编程方式使用。由于 PlatformTransactionManager 是一个接口，因此可以根据需要轻松进行 Mock 或 Stub。它不受诸如 JNDI 等查找策略的束缚。PlatformTransactionManager 实现同 Spring 框架 IoC 容器中的任何其他对象（或 bean）一样定义。单就此优势而言，即使用户使用 JTA，Spring 框架事务也是一种有价值的抽象。Spring 的事务代码可以比直接使用 JTA 更容易测试。

PlatformTransactionManager 接口的任何方法都可以抛出未检查的 TransactionException（也就是说，它扩展了 java.lang.RuntimeException 类）。应用程序开发人员可以自行选择捕获和处理 TransactionException。

getTransaction(..) 方法根据 TransactionDefinition 参数返回一个 TransactionStatus 对象。返回的 TransactionStatus 对象可能代表一个新的事务或者一个已经存在的事务（如果当前调用栈中存在匹配的事务）。后一种情况的含义是，与 Java EE 事务上下文一样，TransactionStatus 与一个执行线程相关联。

TransactionDefinition 接口指定了如下定义：

- 隔离（Isolation）：代表事务与其他事务的分离程度。例如，这个事务可以看到来自其他事务的未提交的写入等。
- 传播（Propagation）：通常，在事务范围内执行的所有代码都将在该事务中运行。但是，如果在事务上下文已经存在的情况下执行事务方法，就可以选择指定行为。例如，代码可以在现有的事务中继续运行（常见的情况），或者现有事务可以被暂停并创建新的事务。Spring 提供了 EJB CMT 所熟悉的所有事务传播选项。要了解 Spring 中事务传播的语义，可参阅 8.3.6 小节的内容。
- 超时（Timeout）：定义事务超时之前该事务能够运行多久，并由事务基础设施自动回滚。
- 只读状态（Read-Only Status）：当代码读取但不修改数据时，可以使用只读事务。在某些情况下，只读事务可以是一个有用的优化，如使用 Hibernate 时。这些设置反映了标准的事务概念。理解这些概念对于使用 Spring 框架或任何事务管理解决方案都是至关重要的。

TransactionStatus 接口为事务代码提供了一种简单的方法来控制事务执行和查询事务状态，例如：

```
public interface TransactionStatus extends SavepointManager {
    booleanisNewTransaction();
    booleanhasSavepoint();
    voidsetRollbackOnly();
    booleanisRollbackOnly();
    voidflush();
    booleanisCompleted();
```

```
}
```

PlatformTransactionManager 实现通常需要知道它们的工作环境，如 JDBC、JTA、Hibernate 等。以下示例显示如何定义本地 PlatformTransactionManager 实现。定义一个 JDBC 数据源：

```
<bean id="dataSource" class="org.apache.commons.dbcp.BasicDataSource"
    destroy-method="close">
    <property name="driverClassName" value="${jdbc.driverClassName}"/>
    <property name="url" value="${jdbc.url}"/>
    <property name="username" value="${jdbc.username}"/>
    <property name="password" value="${jdbc.password}"/>
</bean>
```

相关的 PlatformTransactionManager bean 定义将会有一个对 DataSource 定义的引用。它看起来像这样：

```
<bean id="txManager"
    class="org.springframework.jdbc.datasource.DataSourceTransactionManager">
    <property name="dataSource" ref="dataSource"/>
</bean>
```

8.2 通过事务实现资源同步

通过之前的介绍，现在应该清楚如何创建不同的事务管理器，以及它们如何链接到需要与事务同步的相关资源上，如 DataSourceTransactionManager 链接到 JDBC 数据源等。本节介绍应用程序代码如何直接或间接使用持久化 API（如 JDBC、Hibernate 或 JPA），确保能够正确创建、重用和清理这些资源。本节还将讨论如何通过相关的 PlatformTransactionManager 来触发（可选）事务同步。

8.2.1 高级别的同步方法

高级别的同步方法是首选的方法，通常是使用 Spring 基于模板的持久性集成 API，或者原生的 ORM API 来管理本地的资源工厂。这些事务感知型解决方案在内部处理资源创建和重用、清理、映射等，用户无须关注这些细节。这样，用户可以纯粹专注于非模板化的持久性逻辑。通常，可以使用原生的 ORM API 或使用 JdbcTemplate 采取模板方法进行 JDBC 访问。

8.2.2 低级别的同步方法

低级别的同步方法包括 DataSourceUtils（用于 JDBC）、EntityManagerFactoryUtils（用于 JPA）、SessionFactoryUtils（用于 Hibernate）等。当用户希望应用程序代码直接处理原生持久性 API 的资源类型时，可以使用这些类来确保获得正确的 Spring 框架管理的实例、事务（可选）同步等。

例如，在 JDBC 的情况下，不是调用 JDBC 传统的 DataSource 的 getConnection()方法，而是使用 Spring 的 org.springframework.jdbc.datasource.DataSourceUtils 类，代码如下：

```
Connection conn = DataSourceUtils.getConnection(dataSource);
```

如果现有的事务已经有一个同步到了它的连接，就返回该实例；否则，方法调用会触发创建一个新的连接，该连接（可选）与任何现有事务同步，并可用于同一事务中的后续重用。如前所述，任何 SQLException 都被封装在 Spring 框架 CannotGetJdbcConnectionException 中，这是 Spring 框架未检查的 DataAccessExceptions 的层次结构之一。这种方法可以让用户比从 SQLException 中获得更多的信息，并确保跨数据库的可移植性。这种方法也可以在没有 Spring 事务管理的情况下工作（事务同步是可选的），因此无论是否使用 Spring 进行事务管理，都可以使用它。

当然，一旦使用了 Spring 的 JDBC、JPA 或 Hibernate 支持，通常不会使用 DataSourceUtils 或其他帮助类，因为通过 Spring 抽象比直接使用相关的 API 更简便。例如，如果使用 Spring JdbcTemplate 或 jdbc.object 包来简化 JDBC 的使用，无须编写任何特殊代码，就能在后台执行正确的连接检索。

8.2.3　TransactionAwareDataSourceProxy

TransactionAwareDataSourceProxy 类是最低级别的。一般情况下，几乎不需要使用这个类，而是使用上面提到的更高级别的抽象来编写新的代码。

这是目标 DataSource 的代理，它封装了目标 DataSource 以增加对 Spring 管理的事务的感知。在这方面，它类似由 Java EE 服务器提供的事务性 JNDI 数据源。

8.3　声明式事务管理

Spring 框架的声明式事务管理是通过 Spring AOP 实现的，它与 EJB CMT 类似，因为可以将事务行为指定到单个方法级别。如果需要，那么可以在事务上下文中调用 setRollbackOnly()方法。这两种事务管理的区别如下：

- 与 JTA 绑定的 EJB CMT 不同，Spring 框架的声明式事务管理适用于任何环境。通过简单地调整配置文件，它可以使用 JDBC、JPA 或 Hibernate 与 JTA 事务或本地事务协同工作。
- 可以将 Spring 框架声明式事务管理应用于任何类，而不仅仅是诸如 EJB 的特殊类。
- Spring 框架提供了声明式的回滚规则，这是一个 EJB 所没有的特性，提供了回滚规则的编程式和声明式支持。
- Spring 框架能够通过使用 AOP 来自定义事务行为。例如，可以在事务回滚的情况下插入自定义行为。而使用 EJB CMT 则不同，除 setRollbackOnly()外，不能影响容器的事务管理。
- Spring 框架不支持跨远程调用传播事务上下文。如果需要此功能，那么建议使用 EJB。但是，在使用这种功能之前需要仔细考虑，因为通常情况下，使用事务的跨越远程调用的机会非常少。

回滚规则的概念很重要，它指定了哪些异常会导致自动回滚，可以在配置中以声明方式指定。因此，尽管可以调用 TransactionStatus 对象上的 setRollbackOnly()来回滚当前事务，但通常可以指定 MyApplicationException 必须总是导致回滚的规则。这个选项的显著优点是业务对象不依赖于事务基础设施。例如，通常不需要导入 Spring 事务 API 或其他 Spring API。

虽然 EJB 容器默认行为会自动回滚系统异常的事务（通常是运行时异常），但 EJB CMT 不会自动回滚应用程序异常（除 java.rmi.RemoteException 外的已检查异常）的事务。虽然声明式事务管理的 Spring 默认行为遵循 EJB 约定（回滚仅在未检查异常时自动回滚），但定制此行为通常很有用。

8.3.1 声明式事务管理

关于 Spring 框架的声明式事务支持重要的概念是通过 AOP 代理来启用此支持，并且事务性的 Advice 由元数据（当前基于 XML 或基于注解的）驱动。AOP 与事务性元数据的结合产生了 AOP 代理，该代理使用 TransactionInterceptor 和适当的 PlatformTransactionManager 实现来驱动方法调用周围的事务。

从概念上讲，调用事务代理的流程如图 8-1 所示。

图 8-1　调用事务代理的流程

8.3.2 实战：声明式事务管理的例子

下面将创建一个声明式事务管理的示例应用 eclarative-transaction。在这个应用中会实现一个简单的用户管理功能，在执行保存用户的操作时会开启事务。同时，当遇到操作异常时，也能保证事务回滚。

1. 导入相关的依赖

声明式事务管理需要导入以下依赖：

```
<dependencies>
    <dependency>
        <groupId>org.springframework</groupId>
        <artifactId>spring-context</artifactId>
        <version>${spring.version}</version>
    </dependency>
    <dependency>
        <groupId>org.springframework</groupId>
        <artifactId>spring-aspects</artifactId>
        <version>${spring.version}</version>
    </dependency>
    <dependency>
        <groupId>org.springframework</groupId>
        <artifactId>spring-jdbc</artifactId>
        <version>${spring.version}</version>
    </dependency>
```

```xml
    <dependency>
        <groupId>org.apache.logging.log4j</groupId>
        <artifactId>log4j-core</artifactId>
        <version>${log4j.version}</version>
    </dependency>
    <dependency>
        <groupId>org.apache.logging.log4j</groupId>
        <artifactId>log4j-jcl</artifactId>
        <version>${log4j.version}</version>
    </dependency>
    <dependency>
        <groupId>org.apache.logging.log4j</groupId>
        <artifactId>log4j-slf4j-impl</artifactId>
        <version>${log4j.version}</version>
    </dependency>
    <dependency>
        <groupId>org.apache.commons</groupId>
        <artifactId>commons-dbcp2</artifactId>
        <version>${commons-dbcp2.version}</version>
    </dependency>
    <dependency>
        <groupId>com.h2database</groupId>
        <artifactId>h2</artifactId>
        <version>${h2.version}</version>
        <scope>runtime</scope>
    </dependency>
</dependencies>
```

其中，使用了 JDBC 的方式来连接数据库；数据库用了 H2 内嵌数据库，方便用户进行测试；日志框架采用了 Log4j 2，主要用于打印出 Spring 完整的事务执行过程。

2. 定义领域模型

定义一个代表用户信息的 User 类，例如：

```java
package com.waylau.spring.tx.vo;

public class User {
    private String username;
    private Integer age;

    public User(String username, Integer age) {
        this.username = username;
        this.age = age;
    }

    public String getUsername() {
        return username;
    }

    public void setUsername(String username) {
```

```
        this.username = username;
    }

    public Integer getAge() {
        return age;
    }

    public void setAge(Integer age) {
        this.age = age;
    }

}
```

定义服务接口 UserService，例如：

```
package com.waylau.spring.tx.service;

import com.waylau.spring.tx.vo.User;

public interface UserService {

    void saveUser(User user);
}
```

定义服务的实现类 UserServiceImpl，例如：

```
package com.waylau.spring.tx.service;

import com.waylau.spring.tx.vo.User;

public class UserServiceImpl implements UserService {

    public void saveUser(User user) {
        throw new UnsupportedOperationException(); // 模拟异常情况
    }

}
```

在服务实现类中，没有真把业务数据存储到数据库中，而是抛出了一个异常，来模拟数据库操作的异常。

3. 配置文件

定义 Spring 应用的配置文件 spring.xml，例如：

```
<?xml version="1.0" encoding="UTF-8"?>
<beans xmlns="http://www.springframework.org/schema/beans"
    xmlns:xsi="http://www.w3.org/2001/XMLSchema-instance"
    xmlns:context="http://www.springframework.org/schema/context"
    xmlns:aop="http://www.springframework.org/schema/aop"
    xmlns:tx="http://www.springframework.org/schema/tx"
    xsi:schemaLocation="
        http://www.springframework.org/schema/beans
```

```
        http://www.springframework.org/schema/beans/spring-beans.xsd
        http://www.springframework.org/schema/context
        http://www.springframework.org/schema/context/spring-context.xsd
        http://www.springframework.org/schema/tx
        http://www.springframework.org/schema/tx/spring-tx.xsd
        http://www.springframework.org/schema/aop
        http://www.springframework.org/schema/aop/spring-aop.xsd">

  <!-- 定义 Aspect -->
  <aop:config>
     <aop:pointcut id="userServiceOperation"
  expression="execution(* com.waylau.spring.tx.service.UserService.*(..))"/>
     <aop:advisor advice-ref="txAdvice"
        pointcut-ref="userServiceOperation"/>
  </aop:config>

  <!-- DataSource -->
  <bean id="dataSource" class="org.apache.commons.dbcp2.BasicDataSource"
     destroy-method="close">
     <property name="driverClassName" value="org.h2.Driver"/>
     <property name="url" value="jdbc:h2:mem:testdb"/>
     <property name="username" value="sa"/>
     <property name="password" value=""/>
  </bean>

  <!-- PlatformTransactionManager -->
  <bean id="txManager"
  class="org.springframework.jdbc.datasource.DataSourceTransactionManager">
     <property name="dataSource" ref="dataSource"/>
  </bean>

  <!-- 定义事务 Advice -->
  <tx:advice id="txAdvice" transaction-manager="txManager">
     <tx:attributes>
        <!-- 所有“get”开头的都是只读 -->
        <tx:method name="get*" read-only="true"/>
        <!-- 其他方法，使用默认的事务设置 -->
        <tx:method name="*"/>
     </tx:attributes>
  </tx:advice>

  <!-- 定义 bean -->
  <bean id="userService"
     class="com.waylau.spring.tx.service.UserServiceImpl" />

</beans>
```

在上述配置文件中，定义了事务 Advice、DataSource、PlatformTransactionManager 等。

4. 编写主应用类

主应用类 Application 的代码如下：

```
package com.waylau.spring.tx;

import org.springframework.context.ApplicationContext;
import org.springframework.context.support.ClassPathXmlApplicationContext;

import com.waylau.spring.tx.service.UserService;
import com.waylau.spring.tx.vo.User;


public class Application {

    public static void main(String[] args) {
        @SuppressWarnings("resource")
        ApplicationContext context = new
ClassPathXmlApplicationContext("spring.xml");
        UserService UserService = context.getBean(UserService.class);
        UserService.saveUser(newUser("Way Lau", 30));
    }

}
```

在 Application 类中会执行保存用户的操作。

5. 运行应用

运行 Application 类，能看到控制台中的打印信息如下：

```
    22:50:10.217 [main] DEBUG
org.springframework.context.support.ClassPathXmlApplicationContext - Refreshing
org.springframework.context.support.ClassPathXmlApplicationContext@33c7e1bb
    22:50:11.276 [main] DEBUG
org.springframework.beans.factory.xml.XmlBeanDefinitionReader - Loaded 7 bean
definitions from class path resource [spring.xml]
    22:50:11.377 [main] DEBUG
org.springframework.beans.factory.support.DefaultListableBeanFactory - Creating shared
instance of singleton bean 'org.springframework.aop.config.internalAutoProxyCreator'
    22:50:11.559 [main] DEBUG
org.springframework.beans.factory.support.DefaultListableBeanFactory - Creating shared
instance of singleton bean
'org.springframework.aop.support.DefaultBeanFactoryPointcutAdvisor#0'
    22:50:11.597 [main] DEBUG
org.springframework.beans.factory.support.DefaultListableBeanFactory - Creating shared
instance of singleton bean 'dataSource'
    22:50:11.982 [main] DEBUG
org.springframework.beans.factory.support.DefaultListableBeanFactory - Creating shared
instance of singleton bean 'txManager'
    22:50:11.991 [main] DEBUG
org.springframework.beans.factory.support.DefaultListableBeanFactory - Creating shared
```

```
instance of singleton bean 'txAdvice'
    22:50:12.031 [main] DEBUG
org.springframework.transaction.interceptor.NameMatchTransactionAttributeSource -
Adding transactional method [get*] with attribute
[PROPAGATION_REQUIRED,ISOLATION_DEFAULT,readOnly]
    22:50:12.031 [main] DEBUG
org.springframework.transaction.interceptor.NameMatchTransactionAttributeSource -
Adding transactional method [*] with attribute [PROPAGATION_REQUIRED,ISOLATION_DEFAULT]
    22:50:12.032 [main] DEBUG
org.springframework.beans.factory.support.DefaultListableBeanFactory - Creating shared
instance of singleton bean 'userService'
    22:50:12.139 [main] DEBUG
org.springframework.jdbc.datasource.DataSourceTransactionManager - Creating new
transaction with name [com.waylau.spring.tx.service.UserServiceImpl.saveUser]:
PROPAGATION_REQUIRED,ISOLATION_DEFAULT
    22:50:12.390 [main] DEBUG
org.springframework.jdbc.datasource.DataSourceTransactionManager - Acquired Connection
[1893960929, URL=jdbc:h2:mem:testdb, UserName=SA, H2 JDBC Driver] for JDBC transaction
    22:50:12.393 [main] DEBUG
org.springframework.jdbc.datasource.DataSourceTransactionManager - Switching JDBC
Connection [1893960929, URL=jdbc:h2:mem:testdb, UserName=SA, H2 JDBC Driver] to manual
commit
    22:50:12.394 [main] DEBUG
org.springframework.jdbc.datasource.DataSourceTransactionManager - Initiating
transaction rollback
    22:50:12.394 [main] DEBUG
org.springframework.jdbc.datasource.DataSourceTransactionManager - Rolling back JDBC
transaction on Connection [1893960929, URL=jdbc:h2:mem:testdb, UserName=SA, H2 JDBC
Driver]
    22:50:12.395 [main] DEBUG
org.springframework.jdbc.datasource.DataSourceTransactionManager - Releasing JDBC
Connection [1893960929, URL=jdbc:h2:mem:testdb, UserName=SA, H2 JDBC Driver] after
transaction
    22:50:12.395 [main] DEBUG org.springframework.jdbc.datasource.DataSourceUtils -
Returning JDBC Connection to DataSource
    Exception in thread "main" java.lang.UnsupportedOperationException
```

从上述异常信息中能够完整地看到整个事务的管理过程，包括创建事务、获取连接以及遇到异常后的事务回滚、连接释放等过程。由此可以证明，事务在遇到特定的异常时是可以进行事务回滚的。

8.3.3 事务回滚

在使用 Spring 框架的事务时，如果想指示事务将被回滚，那么推荐的方式是从事务上下文中正在执行的代码中抛出一个异常。Spring 框架的事务基础设施代码会捕获任何未处理的异常，因为它会唤起调用堆栈，并确定是否将事务标记为回滚。

在其默认配置中，Spring 框架的事务基础设施代码仅在运行时未检查的异常处标记用于事务回滚。换言之，如果要回滚，那么抛出的异常是 RuntimeException 的一个实例或子类。Error 默认情况下也会导致回滚，但已检查的异常不会导致在默认配置中回滚。

可以精确地配置哪些 Exception 类型标记为回滚事务，包括已检查的异常。以下 XML 片段演示如何配置应用程序特定的异常类型的回滚。

```
<tx:advice id="txAdvice" transaction-manager="txManager">
   <tx:attributes>
      <tx:method name="get*" read-only="true"
         rollback-for="NoProductInStockException"/>
      <tx:method name="*"/>
   </tx:attributes>
</tx:advice>
```

如果不想在抛出异常时回滚事务，那么可以指定 no-rollback-for，例如：

```
<tx:advice id="txAdvice">
   <tx:attributes>
      <tx:method name="updateStock"
         no-rollback-for="InstrumentNotFoundException"/>
      <tx:method name="*"/>
   </tx:attributes>
</tx:advice>
```

当 Spring 框架的事务基础设施捕获一个异常时，在检查配置的回滚规则以确定是否标记回滚事务时，最强的匹配规则将胜出。因此，在以下配置中，除了 InstrumentNotFoundException 之外的任何异常都会导致事务的回滚。

```
<tx:advice id="txAdvice">
   <tx:attributes>
      <tx:method name="*" rollback-for="Throwable"
         no-rollback-for="InstrumentNotFoundException"/>
   </tx:attributes>
</tx:advice>
```

还可以编程方式指示所需的回滚。虽然非常简单，但会将代码紧密耦合到 Spring 框架的事务基础架构上。

```
    public void resolvePosition() {
       try {

         // ...
       } catch (NoProductInStockException ex) {
        // 触发回滚
          TransactionAspectSupport
              .currentTransactionStatus()
              .setRollbackOnly();
       }
    }
```

如果有可能，那么建议使用声明式方法来回滚。

8.3.4 配置不同的事务策略

如果有多个服务层对象的场景，并且想对它们应用一个完全不同的事务配置，那么可以通过使用不同的 pointcut 和 advice-ref 属性值定义不同的元素来执行此操作。

假定所有服务层类都是在根 com.waylau.spring.service 包中定义的，要使所有在该包（或子包）中定义的类的实例都具有默认的事务配置，可以编写以下代码：

```
<?xml version="1.0" encoding="UTF-8"?>
<beans xmlns="http://www.springframework.org/schema/beans"
xmlns:xsi="http://www.w3.org/2001/XMLSchema-instance"
xmlns:aop="http://www.springframework.org/schema/aop"
xmlns:tx="http://www.springframework.org/schema/tx"
xsi:schemaLocation="
http://www.springframework.org/schema/beans
http://www.springframework.org/schema/beans/spring-beans.xsd
http://www.springframework.org/schema/tx
http://www.springframework.org/schema/tx/spring-tx.xsd
http://www.springframework.org/schema/aop
http://www.springframework.org/schema/aop/spring-aop.xsd">
    <aop:config>
    <aop:pointcut id="serviceOperation"
    expression="execution(* com.waylau.spring.service..*Service.*(..))"/>
   <aop:advisor pointcut-ref="serviceOperation" advice-ref="txAdvice"/>
    </aop:config>
    <!-- 下面两个将会纳入事务 -->
    <bean id="fooService"
        class="com.waylau.spring.service.DefaultFooService"/>
    <bean id="barService"
        class="com.waylau.spring.service.extras.SimpleBarService"/>
    <!-- 下面两个将不会纳入事务 -->
    <bean id="anotherService"
        class="org.xyz.SomeService"/><!-- 没有在指定的包中 -->
    <bean id="barManager"
        class="com.waylau.spring.service.SimpleBarManager"/><!-- 没有以 Service 结尾
-->
    <tx:advice id="txAdvice">
    <tx:attributes>
      <tx:method name="get*" read-only="true"/>
      <tx:method name="*"/>
    </tx:attributes>
    </tx:advice>
    <!-- ... -->
</beans>
```

以下示例显示如何使用完全不同的事务配置两个不同的 bean。

```
<?xml version="1.0" encoding="UTF-8"?>
<beans xmlns="http://www.springframework.org/schema/beans"
```

```
    xmlns:xsi="http://www.w3.org/2001/XMLSchema-instance"
    xmlns:aop="http://www.springframework.org/schema/aop"
    xmlns:tx="http://www.springframework.org/schema/tx"
    xsi:schemaLocation="
    http://www.springframework.org/schema/beans
    http://www.springframework.org/schema/beans/spring-beans.xsd
    http://www.springframework.org/schema/tx
    http://www.springframework.org/schema/tx/spring-tx.xsd
    http://www.springframework.org/schema/aop
    http://www.springframework.org/schema/aop/spring-aop.xsd">
        <aop:config>
        <aop:pointcut id="defaultServiceOperation"
        expression="execution(* com.waylau.spring.service.*Service.*(..))"/>
        <aop:pointcut id="noTxServiceOperation"
        expression=
        "execution(* com.waylau.spring.service.ddl.DefaultDdlManager.*(..))"/>
        <aop:advisor pointcut-ref="defaultServiceOperation"
           advice-ref="defaultTxAdvice"/>
        <aop:advisor pointcut-ref="noTxServiceOperation"
           advice-ref="noTxAdvice"/>
        </aop:config>
        <!-- 下面两个将会纳入不同的事务配置 -->
        <bean id="fooService"
           class="com.waylau.spring.service.DefaultFooService"/>
        <bean id="anotherFooService"
           class="com.waylau.spring.service.ddl.DefaultDdlManager"/>
        <tx:advice id="defaultTxAdvice">
        <tx:attributes>
        <tx:method name="get*" read-only="true"/>
        <tx:method name="*"/>
        </tx:attributes>
        </tx:advice>
        <tx:advice id="noTxAdvice">
        <tx:attributes>
          <tx:method name="*" propagation="NEVER"/>
        </tx:attributes>
        </tx:advice>
        <!-- ... -->
    </beans>
```

8.3.5 @Transactional 详解

除了基于 XML 的事务配置声明式方法外，还可以使用基于注解的方法。使用注解的好处是，声明事务的语义会使声明更接近受影响的代码，而没有太多不必要的耦合。标准的 javax.transaction.Transactional 注解也支持作为 Spring 自己注解的一个直接替代。

以下是使用@Transactional 注解的例子。

```
    @Transactional
    public class DefaultFooService implements FooService {
```

```
    Foo getFoo(String fooName);
    Foo getFoo(String fooName, String barName);
    voidinsertFoo(Foo foo);
    voidupdateFoo(Foo foo);
}
```

与上述相同的效果，如果使用基于 XML 的方式来配置，那么从整体上来说会比较烦琐一点。

```
<?xml version="1.0" encoding="UTF-8"?>
<beans xmlns="http://www.springframework.org/schema/beans"
xmlns:xsi="http://www.w3.org/2001/XMLSchema-instance"
xmlns:aop="http://www.springframework.org/schema/aop"
xmlns:tx="http://www.springframework.org/schema/tx"
xsi:schemaLocation="
http://www.springframework.org/schema/beans
http://www.springframework.org/schema/beans/spring-beans.xsd
http://www.springframework.org/schema/tx
http://www.springframework.org/schema/tx/spring-tx.xsd
http://www.springframework.org/schema/aop
http://www.springframework.org/schema/aop/spring-aop.xsd">

    <bean id="fooService" class="com.waylau.spring.service.DefaultFooService"/>
    <tx:annotation-driven transaction-manager="txManager"/>
    <bean id="txManager"
    class="org.springframework.jdbc.datasource.DataSourceTransactionManager">
    <property name="dataSource" ref="dataSource"/>
    </bean>

    <!-- ... -->
</beans>
```

注 意

在使用代理时，应该将@Transactional 注解仅应用于具有 public 的方法。如果使用@Transactional 注解标注 protected、private 或包可见的方法，虽然不会引发错误，但注解的方法不会使用已配置的事务设置。

@Transactional 注解可以用于接口定义、接口上的方法、类定义或类上的 public 方法之前。然而，仅有@Transactional 注解是不足以激活事务行为的。@Transactional 注解只是一些元数据，可以被一些具有事务感知的运行时基础设施使用，并且可以使用元数据来配置具有事务行为的适当的 bean。在前面的示例中，<tx:annotation-driven/>元素用于切换事务行为。

默认的@Transactional 设置如下：

- 传播设置为 PROPAGATION_REQUIRED。
- 隔离级别为 ISOLATION_DEFAULT。
- 事务是读/写的。
- 事务超时默认为基础事务系统的默认超时。如果超时不受支持，那么默认为无。
- 任何 RuntimeException 都会触发回滚，并且任何已检查的异常都不会触发回滚。

8.3.6 事务传播机制

本小节详细介绍 Spring 事务传播机制。Spring 事务传播机制类型定义在了 Propagation 枚举类中。

```
publicenum Propagation {
REQUIRED(TransactionDefinition.PROPAGATION_REQUIRED),
SUPPORTS(TransactionDefinition.PROPAGATION_SUPPORTS),
MANDATORY(TransactionDefinition.PROPAGATION_MANDATORY),
REQUIRES_NEW(TransactionDefinition.PROPAGATION_REQUIRES_NEW),
NOT_SUPPORTED(TransactionDefinition.PROPAGATION_NOT_SUPPORTED),
NEVER(TransactionDefinition.PROPAGATION_NEVER),
NESTED(TransactionDefinition.PROPAGATION_NESTED);
// ...
}
```

下面主要对常用的 PROPAGATION_REQUIRED、PROPAGATION_REQUIRES_NEW 和 PROPAGATION_NESTED 进行详细介绍。

1. PROPAGATION_REQUIRED

PROPAGATION_REQUIRED 表示加入当前正要执行的事务不在另一个事务中，就开启一个新的事务。

例如，ServiceB.methodB()的事务级别定义为 PROPAGATION_REQUIRED，由于执行 ServiceA.methodA()时，ServiceA.methodA()已经开启了事务，这时调用 ServiceB.methodB()，ServiceB.methodB()看到自己已经运行在 ServiceA.methodA()的事务内部，就不再开启新的事务。而假如 ServiceA.methodA()运行时发现自己没有在事务中，它就会为自己分配一个事务。

这样，在 ServiceA.methodA()或在 ServiceB.methodB()内的任何地方出现异常，事务都会被回滚。即使 ServiceB.methodB()的事务已经被提交，但是 ServiceA.methodA()在下面出现异常要回滚，那么 ServiceB.methodB()也会回滚。

图 8-2 所示为 PROPAGATION_REQUIRED 类型的事务处理流程。

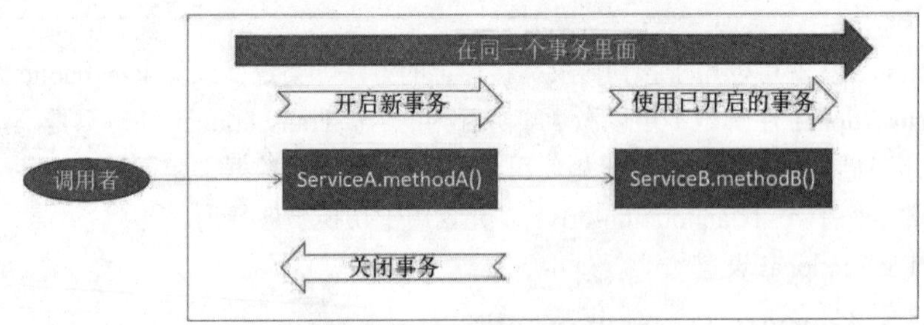

图 8-2 PROPAGATION_REQUIRED 类型的事务处理流程

2. PROPAGATION_REQUIRES_NEW

例如，定义 ServiceA.methodA()的事务级别为 PROPAGATION_REQUIRED，ServiceB.methodB()的事务级别为 PROPAGATION_REQUIRES_NEW，那么当执行到 ServiceB.methodB()的时候，

ServiceA.methodA() 所在的事务就会挂起，ServiceB.methodB() 会开启一个新的事务。等 ServiceB.methodB 的事务完成以后，ServiceA.methodA() 才继续执行。它与 PROPAGATION_REQUIRED 的事务区别在于事务的回滚程度。因为 ServiceB.methodB()是新开启一个事务，所以存在两个不同的事务。如果 ServiceB.methodB()已经提交，那么 ServiceA.methodA()失败回滚，ServiceB.methodB()是不会回滚的。如果 ServiceB.methodB()失败回滚，它抛出的异常被 ServiceA.methodA()捕获，那么 ServiceA.methodA()事务仍然可能提交。

图 8-3 所示为 PROPAGATION_REQUIRES_NEW 类型的事务处理流程。

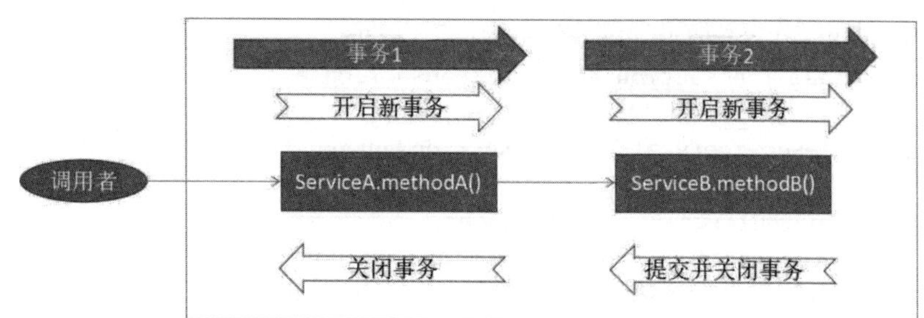

图 8-3　PROPAGATION_REQUIRES_NEW 类型的事务处理流程

3. PROPAGATION_NESTED

PROPAGATION_NESTED 使用具有可回滚到的多个保存点的单个物理事务。PROPAGATION_NESTED 与 PROPAGATION_REQUIRES_NEW 的区别是，PROPAGATION_REQUIRES_NEW 另开启一个事务，将会与它的父事务相互独立，而 PROPAGATION_NESTED 的事务和它的父事务是相依的，它的提交要和它的父事务一起。也就是说，如果父事务最后回滚，它也要回滚。如果子事务回滚或提交，那么不会导致父事务回滚或提交，但父事务回滚将导致子事务回滚。

图 8-4 所示为 PROPAGATION_NESTED 类型的事务处理流程。

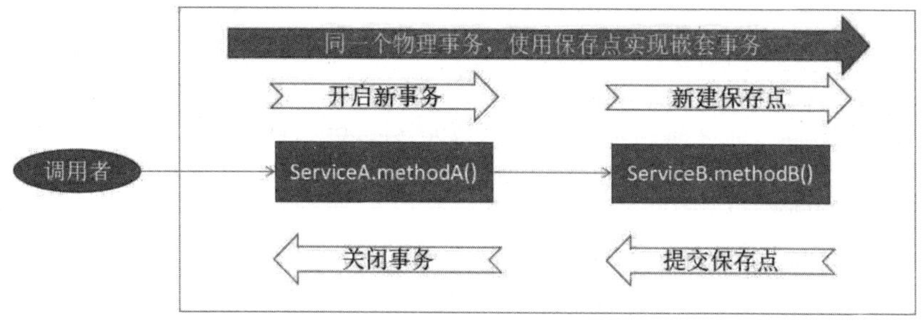

图 8-4　PROPAGATION_NESTED 类型的事务处理流程

8.4　编程式事务管理

Spring 框架提供了两种编程式事务管理方式，即使用 TransactionTemplate 和使用 PlatformTransactionManager 实现。

8.4.1 TransactionTemplate

TransactionTemplate 采用与其他 Spring 模板（如 JdbcTemplate）相同的方法。它使用一种回调方法，使应用程序代码可以处理获取和释放事务资源，这样可以让开发人员更加专注于自己的业务逻辑的编写。

以下是使用 TransactionTemplate 的例子。

```
public class SimpleService implementsService {
    private final TransactionTemplate transactionTemplate;

    publicSimpleService(PlatformTransactionManager transactionManager)
    {
        Assert.notNull(transactionManager,
         "The 'transactionManager'argument must not be null.");
       this.transactionTemplate =
         new TransactionTemplate(transactionManager);
    }

    public Object someServiceMethod() {
        return transactionTemplate.execute(newTransactionCallback() {
          // the code in this method executes in a transactional context
          public Object doInTransaction(TransactionStatus status) {
            updateOperation1();
            return resultOfUpdateOperation2();
          }
       });
    }
}
```

以下是 bean 配置的例子。

```
<bean id="sharedTransactionTemplate"
    class="org.springframework.transaction.support.TransactionTemp late">
    <property name="isolationLevelName" value="ISOLATION_READ_UNCOMMITTED"/>
    <property name="timeout" value="30"/>
</bean>
```

8.4.2 PlatformTransactionManager

也可以直接使用 org.springframework.transaction.PlatformTransactionManager 来管理事务。只需通过 bean 引用将正在使用的 PlatformTransactionManager 的实现传递给 bean，然后使用 TransactionDefinition 和 TransactionStatus 对象来启动、回滚和提交事务。

以下是使用 PlatformTransactionManager 的例子。

```
DefaultTransactionDefinition def = newDefaultTransactionDefinition();
def.setName("SomeTxName");
def.setPropagationBehavior(TransactionDefinition.PROPAGATION_REQUIRED);
```

```
TransactionStatus status = txManager.getTransaction(def);

try {
    // ...
}
catch (MyException ex) {
    txManager.rollback(status);
    throw ex;
}

txManager.commit(status);
```

8.4.3 声明式事务管理和编程式事务管理

如果应用中只有很少量的事务操作，那么编程式事务管理通常是一个很好的选择。例如，如果 Web 应用程序只需要某些更新操作的事务，那么可能不想使用 Spring 或任何其他技术来设置事务代理。

在这种情况下，使用 TransactionTemplate 可能是一个好方法。因为它能够很明确地设置事务，并与具体的业务逻辑代码靠得更近。如果应用程序有大量的事务操作，那么声明式事务管理通常是更好的选择。它使事务管理不受业务逻辑的影响，并且在配置上也很简单。当使用 Spring 框架而不使用 EJB CMT 时，声明式事务管理的配置成本往往很低。

8.5 总　结

本章详细介绍了 Spring 的事务管理。其中，Spring 的事务管理提供了声明式事务管理和编程式事务管理两种方式，选择使用哪种方式要视具体的项目情况而定。

8.6 习　题

（1）简述事务应该具有哪 4 个属性。

（2）简述 Spring 事务管理的优势。

（3）简述通过事务实现资源同步有哪几种方式。

（4）声明式事务管理和编程式事务管理有什么区别？

（5）用 Spring 编写一个声明式事务管理的示例。

（6）用 Spring 编写一个编程式事务管理的示例。

第 9 章

MVC 模式的典范——Spring Web MVC

Spring Web MVC 也称为 Spring MVC，实现了 Web 开发中常见的 MVC 模式，是 Spring 技术栈中应用广泛的框架之一。

本章详细介绍 Spring Web MVC 的原理及用法。

9.1 Spring Web MVC 概述

Spring Web MVC 框架简称 Spring MVC，实现了 Web 开发中的经典 MVC（Model-View-Controller）模式，同类产品还包括 Structs 等。

MVC 由以下 3 部分组成：

- 模型（Model）：应用程序的核心功能，管理模块中用到的数据和值。
- 视图（View）：提供模型的展示，管理模型如何显示给用户，它是应用程序的外观。
- 控制器（Controller）：对用户的输入做出反应，管理用户和视图的交互，是连接模型和视图的枢纽。

Spring Web MVC 是基于 Servlet API 来构建的，自 Spring 框架诞生之日起，就包含在 Spring 中了。要使用 Spring Web MVC 框架的功能，就需要添加 spring-webmvc 模块。

9.2 DispatcherServlet

在 Java Web 企业级应用中，Servlet 是业务处理的核心。像许多其他 Web 框架一样，Spring Web MVC 围绕前端控制器模式进行设计，其中 DispatcherServlet 为所有的请求处理提供调度，由它将实际工作交由可配置委托组件执行。该模型非常灵活，支持多种工作流程。

9.2.1 DispatcherServlet 概述

DispatcherServlet 需要根据 Servlet 规范使用 Java 配置或在 web.xml 中进行声明和映射。DispatcherServlet 依次使用 Spring 配置来发现它在请求映射、查看解析、异常处理等方面所需的委托组件。

以下是注册和初始化 DispatcherServlet 的 Java 配置示例。该类将由 Servlet 容器自动检测。

```
public class MyWebApplicationInitializer
    implements WebApplicationInitializer {

    @Override
    public void onStartup(ServletContext servletCxt) {
        // 加载 Spring Web 用于配置
        AnnotationConfigWebApplicationContext ac =
         new AnnotationConfigWebApplicationContext();
        ac.register(AppConfig.class);
        ac.refresh();

        // 创建并注册 DispatcherServlet
        DispatcherServlet servlet = newDispatcherServlet(ac);
        ServletRegistration.Dynamic registration =
            servletCxt.addServlet("app", servlet);
        registration.setLoadOnStartup(1);
        registration.addMapping("/app/*");
    }
}
```

以下是一个在 web.xml 中进行声明和映射的例子。

```
<web-app>
<listener>
    <listener-class>
    org.springframework.web.context.ContextLoaderListener
     </listener-class>
</listener>
<context-param>
    <param-name>contextConfigLocation</param-name>
    <param-value>/WEB-INF/app-context.xml</param-value>
</context-param>
<servlet>
    <servlet-name>app</servlet-name>
    <servlet-class>
        org.springframework.web.servlet.DispatcherServlet
    </servlet-class>
    <init-param>
        <param-name>contextConfigLocation</param-name>
        <param-value></param-value>
    </init-param>
```

```
        <load-on-startup>1</load-on-startup>
    </servlet>
    <servlet-mapping>
        <servlet-name>app</servlet-name>
        <url-pattern>/app/*</url-pattern>
    </servlet-mapping>
</web-app>
```

9.2.2 上下文层次结构

DispatcherServlet 需要一个 WebApplicationContext（一个普通 ApplicationContext 的扩展）用于其自己的配置。WebApplicationContext 有一个指向它所关联的 ServletContext 和 Servlet 的链接，也可以绑定 ServletContext，以便应用程序可以使用 RequestContextUtils 上的静态方法来查找 WebApplicationContext 是否需要访问它。

但对大多数应用来说，单个 WebApplicationContext 可以使应用看上去更加简单，也可以支持具有层次结构的上下文，包含一个根 WebApplicationContext 在多个 DispatcherServlet（或其他 Servlet）实例中共享，每个实例都有其自己的子 WebApplicationContext 配置。

根 WebApplicationContext 通常包含需要跨多个 Servlet 实例共享的基础架构 bean，如数据存储库和业务服务。这些 bean 被有效地继承，并且可以在特定于 Servlet 的子 WebApplicationContext 中重写，子 WebApplicationContext 通常包含给定 Servlet 本地的 bean，如图 9-1 所示。

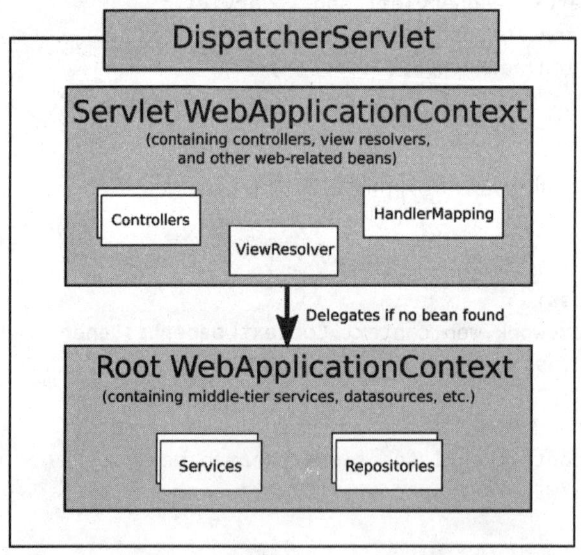

图 9-1　Spring Web MVC 中的典型上下文层次结构

以下是使用 WebApplicationContext 层次结构的配置示例。

```
public class MyWebAppInitializer
    extends AbstractAnnotationConfigDispatcherServletInitializer {
    @Override
    protectedClass<?>[] getRootConfigClasses() {
        return newClass<?[] { RootConfig.class };
```

```
    }
    @Override
    protectedClass<?>[] getServletConfigClasses() {
        return newClass<?[] { App1Config.class };
    }
    @Override
    protectedString[] getServletMappings() {
        return newString[] { "/app1/*" };
    }
}
```

相当于以下在 web.xml 中进行配置的例子。

```
<web-app>
<listener>
    <listener-class>
        org.springframework.web.context.ContextLoaderListener
    </listener-class>
</listener>
<context-param>
    <param-name>contextConfigLocation</param-name>
    <param-value>/WEB-INF/root-context.xml</param-value>
</context-param>
<servlet>
    <servlet-name>app1</servlet-name>
    <servlet-class>
        org.springframework.web.servlet.DispatcherServlet
    </servlet-class>
<init-param>
    <param-name>contextConfigLocation</param-name>
    <param-value>/WEB-INF/app1-context.xml</param-value>
</init-param>
<load-on-startup>1</load-on-startup>
</servlet>
<servlet-mapping>
    <servlet-name>app1</servlet-name>
    <url-pattern>/app1/*</url-pattern>
</servlet-mapping>
</web-app>
```

9.2.3 处理流程

DispatcherServlet 按如下方式处理请求。

- 在请求中搜索并绑定 WebApplicationContext，作为控制器和进程中其他元素可以使用的属性。它在 DispatcherServlet.WEB_APPLICATION_CONTEXT_ATTRIBUTE 关键字下被默认为绑定。
- 语言环境解析程序绑定到请求以启用进程中的元素来解析处理请求（呈现视图、准备数据等）时要使用的语言环境。如果不需要区域解析，就可以跳过该步骤。

- 主题解析器必须使请求等元素决定使用哪个主题。如果不使用主题，就可以忽略。
- 如果指定了 multipart 文件解析器，就将检查请求中的 multipart；如果找到 multipart，就将请求封装在 MultipartHttpServletRequest 中，以供进程中的其他元素进一步处理。
- 搜索适当的处理程序。如果找到处理程序，那么执行与处理程序（预处理程序、后处理程序和控制器）关联的执行链，以便准备模型或渲染；或者对于注解控制器，响应可以直接呈现（在 HandlerAdapter 内）而无须返回视图。
- 如果返回模型，就会呈现视图。如果没有返回模型（可能是由于预处理程序或后处理程序拦截了请求，也可能出于其他安全原因），就不会呈现视图，因为请求可能已经被满足。

WebApplicationContext 中声明的 HandlerExceptionResolver bean 用于解决请求处理期间抛出的异常。这些异常解析器允许定制逻辑来解决异常。Spring DispatcherServlet 还支持返回最后修改日期，如 Servlet API 所指定的。确定特定请求的最后修改日期的过程为：DispatcherServlet 查找适当的处理程序映射并测试找到的处理程序是否实现 LastModified 接口；如果实现，那么 LastModified 接口的 long getLastModified(request)方法的值将返回给客户端。

开发者可以通过将 Servlet 初始化参数（init-param 元素）添加到 web.xml 文件中的 Servlet 声明来自定义单个 DispatcherServlet 实例。

9.2.4 拦截

所有 HandlerMapping 实现都支持处理程序拦截器，如果想要将特定功能应用于某些请求（如检查委托人），该拦截器就非常有用。拦截器必须实现自 org.springframework.web.servlet 包中的 HandlerInterceptor，并提供了以下 3 种方法来执行各种预处理和后处理。

- preHandle(..)：在执行实际处理程序之前。
- postHandle(..)：处理程序执行后。
- afterCompletion(..)：在完成请求后。

其中，preHandle(..)方法返回一个布尔值，可以使用此方法来中断或继续处理执行链。当此方法返回 true 时，继续处理程序执行链；当返回 false 时，DispatcherServlet 假定拦截器本身已经处理请求（如已经呈现适当的视图），并且中断执行链中的其他拦截器和实际处理器。

9.3 过 滤 器

spring-web 模块提供了很多有用的过滤器。Spring 过滤器的实现依赖于 Servlet 容器。在实现上基于函数回调可以对所有请求进行过滤，但缺点是一个过滤器实例只能在容器初始化时调用一次。

使用过滤器的目的是用来做一些过滤操作，获取想要获取的数据。例如，在过滤器中修改字符编码或者在过滤器中修改 HttpServletRequest 的一些参数（如过滤低俗文字、危险字符）等。

9.3.1　HTTP PUT 表单

浏览器只能通过 HTTP GET 或 HTTP POST 提交表单数据，而非浏览器客户端则可以使用 HTTP PUT 和 PATCH。Servlet API 要求 ServletRequest.getParameter*()方法仅支持 HTTP POST 的表单字段访问。那么，如果用户使用 HTTP PUT 请求表单，怎么办呢？

可以通过 spring-web 模块提供的 HttpPutFormContentFilter 拦截内容类型为 application/x-www-form-urlencoded 的 HTTP PUT 和 PATCH 请求。从请求主体读取表单数据，并封装为 ServletRequest，以使表单数据可以通过 ServletRequest.getParameter*()方法。

9.3.2　转发头

当请求经过负载平衡器等代理时，主机、端口等信息可能会发生改变，这对于需要创建资源链接的应用程序提出了挑战，因为链接应反映原始请求的主机、端口等客户视角。

RFC 7239 规范①定义了代理如何来转发（Forwarded）HTTP 头，转发时需要提供有关原始请求的信息。还有其他一些非标准转发的使用，如 X-Forwarded-Host、X-Forwarded-Port 和 X-Forwarded-Proto 等。

ForwardedHeaderFilter 检测、提取并使用来自 Forwarded 头或来自 X-Forwarded-Host、X-Forwarded-Port 和 X-Forwarded-Proto 的信息。它包装请求以覆盖主机、端口，并“隐藏”转发的头以供后续处理。

> **注意**
>
> 使用转发头时存在一定的安全隐患，因为在应用程序级别很难确定转发头是否可信。这就是为什么应该正确配置网络上尤其从外部过滤不可信的转发头。没有代理并且不需要使用转发标头的应用程序可以配置 ForwardedHeaderFilter 以删除并忽略这些头。

9.3.3　ShallowEtagHeaderFilter

ShallowEtagHeaderFilter 是 Spring 提供的支持 ETag 的一个过滤器。ETag 是指被请求变量的实体值，是一个可以与 Web 资源关联的记号，而 Web 资源可以是一个 Web 页，也可以是 JSON 或 XML 文档，服务器单独负责判断记号是什么及其含义，并在 HTTP 响应头中将其传送到客户端。以下是服务器端返回的格式：

```
ETag:"D41D8CD98F00B204E9800998ECF8427E"
```

客户端的查询更新格式如下：

```
If-None-Match:"D41D8CD98F00B204E9800998ECF8427E"
```

① 规范参见 https://tools.ietf.org/html/rfc7239。

如果 ETag 无变化，就返回状态 304，这与 Last-Modified 一样。

ShallowEtagHeaderFilter 将 JSP 等内容缓存，生成 MD5 的 key，然后在响应中作为头的 ETage 返回给客户端。下次客户端对相同的资源（或相同的 URL）发出请求时，客户端将之前生成的 key 作为 If-None-Match 的值发送到服务器。Filter 将客户端传来的值和服务器上的进行比较，如果相同，就返回 304；否则，将发送新的内容到客户端。

9.3.4 CORS

Spring Web MVC 通过控制器上的注解为 CORS 配置提供细粒度的支持。但是，当与 Spring Security 一起使用时，建议依靠内置的 CorsFilter，它必须排在 Spring Security 的过滤器链之前。

有关 CORS 方面的详细内容将在后续章节中继续讲解。有关 Spring Security 的内容会在第 10 章详细讲解。

9.4 控制器

@Controller 和@RestController 是 Spring Web MVC 中实现控制器的常用注解。这些注解可以用来表示请求映射、请求输入及异常处理等。使用带注解的控制器具有灵活的方法签名，不需要扩展基类，也不需要实现特定的接口。

以下是一个使用@Controller 注解的例子。

```
@Controller
public class HelloController {

    @GetMapping("/hello")
    publicStringhandle(Model model) {
    model.addAttribute("message", "Hello World!");
      return"index";
    }
}
```

9.4.1 声明控制器

开发者可以使用 Servlet 的 WebApplicationContext 中的标准 Spring bean 来定义控制器 bean。@Controller 的原型允许自动检测，可以被 Spring 自动注册。

如果要启用@Controller bean 的自动检测，那么可以将组件扫描添加到 Java 配置中，代码如下：

```
@Configuration
@ComponentScan("com.waylau.spring")
public class WebConfig {
    // ...
}
```

上述配置相当于以下基于 XML 的配置：

```
<?xml version="1.0" encoding="UTF-8"?>
<beans xmlns="http://www.springframework.org/schema/beans"
    xmlns:xsi="http://www.w3.org/2001/XMLSchema-instance"
    xmlns:p="http://www.springframework.org/schema/p"
    xmlns:context="http://www.springframework.org/schema/context"
    xsi:schemaLocation="
    http://www.springframework.org/schema/beans
    http://www.springframework.org/schema/beans/spring-beans.xsd
    http://www.springframework.org/schema/context
    http://www.springframework.org/schema/context/spring-context.
    xsd">

    <context:component-scan base-package="com.waylau.spring"/>
    <!-- ... -->
</beans>
```

@RestController 相当于@Controller 与@ResponseBody 的组合，主要用于返回在 RESTful 应用常用的 JSON 格式数据，即：

```
@RestController = @Controller + @ResponseBody
```

其中，@ResponseBody 注解指示方法返回值应绑定到 Web 响应的正文；@RestController 注解暗示用户，这是一个支持 REST 的控制器。

9.4.2 请求映射

@RequestMapping 注解用于将请求映射到控制器方法上。它具有通过 URL、HTTP 方法、请求参数、头和媒体类型进行匹配的各种属性。它可以在类级使用来表示共享映射，或者在方法级使用以缩小到特定的端点映射。

@RequestMapping 还有一些基于特定 HTTP 方法的快捷方式变体，包括@GetMapping、@PostMapping、@PutMapping、@DeleteMapping 和@PatchMapping。

在类级别仍需要@RequestMapping 来表示共享映射。

以下是类级别和方法级别映射的示例：

```
@RestController
@RequestMapping("/persons")
class PersonController {

    @GetMapping("/{id}")
    public Person getPerson(@PathVariableLong id) {
      // ...
    }
    @PostMapping
    @ResponseStatus(HttpStatus.CREATED)
    public void add(@RequestBody Person person) {
       // ...
    }
}
```

9.4.3 处理器方法

以下是 Spring Web MVC 中常用的处理方法。

1. @RequestParam

@RequestParam 将 Servlet 请求参数（查询参数或表单数据）绑定到控制器中的方法参数上。以下代码片段显示了此用法：

```
@Controller
@RequestMapping("/pets")
public class EditPetForm {
    // ...
    @GetMapping
    public String setupForm(@RequestParam("petId") int petId,
        Model model) {

        Pet pet = this.clinic.loadPet(petId);
        model.addAttribute("pet", pet);
        return"petForm";
    }
    // ...
}
```

2. @RequestHeader

@RequestHeader 将请求头绑定到控制器中的方法参数上。

以下是获取头上的 Accept-Encoding 和 Keep-Alive 的值：

```
@GetMapping("/demo")
    public void handle(@RequestHeader("Accept-Encoding") String encoding,
    @RequestHeader("Keep-Alive") long keepAlive) {
//...
}
```

3. @CookieValue

@CookieValue 将 HTTP cookie 的值绑定到控制器中的方法参数上。

以下示例演示如何获取 cookie 值：

```
@GetMapping("/demo")
public void handle(@CookieValue("JSESSIONID") String cookie) {
    //...
}
```

如果目标方法参数类型不是字符串，就自动将应用类型转换为字符串。

4. @ModelAttribute

在方法参数上使用@ModelAttribute 来访问模型中的属性，如果不存在，就将其实例化。模型属性还覆盖了来自 HTTP Servlet 请求参数的名称及对应的值，它不需处理解析和转换单个查询参数和表单字段，例如：

```
@PostMapping("/owners/{ownerId}/pets/{petId}/edit")
public StringprocessSubmit(@ModelAttribute Pet pet) { }
```

5. @RequestAttribute

可以使用@RequestAttribute 注解来访问先前创建的请求属性，如通过 Servlet 过滤器或 HandlerInterceptor。

```
@GetMapping("/")
public Stringhandle(@RequestAttribute Client client) {
    // ...
}
```

6. 重定向属性

默认情况下，所有模型属性都被视为在重定向 URL 中作为 URI 模板变量公开，例如：

```
@PostMapping("/files/{path}")
public String upload(...) {
    // ...
    return"redirect:files/{path}";
}
```

7. @RequestBody

使用@RequestBody 通过 HttpMessageConverter 将请求体读取并反序列化为一个 Object。下面是一个带有@RequestBody 参数的例子。

```
@PostMapping("/accounts")
public void handle(@RequestBody Account account) {
    // ...
}
```

8. HttpEntity

HttpEntity 大部分与@RequestBody 相同，只是基于容器对象来公开请求头和正文，例如：

```
@PostMapping("/accounts")
public void handle(HttpEntity<Account> entity) {
    // ...
}
```

9. @ResponseBody

在一个方法上使用@ResponseBody 注解，将通过 HttpMessageConverter 返回已经过序列化的响应主体，例如：

```
@GetMapping("/accounts/{id}")
@ResponseBody
public Account handle() {
    // ...
}
```

10. ResponseEntity

ResponseEntity 大部分与@ResponseBody 相同，只是基于容器对象来指定请求头和正文，例如：

```
@PostMapping("/something")
public ResponseEntity<String>handle() {
    // ...
    URI location = ...
    return new ResponseEntity.created(location).build();
}
```

11. Jackson JSON

Spring Web MVC 为 Jackson 的序列化视图提供了内置的支持。以下是在@ResponseBody 或 ResponseEntity 控制器方法上使用 Jackson 的@JsonView 注解来激活序列化视图类的例子。

```
@RestController
public class UserController {
    @GetMapping("/user")
    @JsonView(User.WithoutPasswordView.class)
    public User getUser() {
        return new User("eric", "7!jd#h23");
    }
}

public class User {
    public interface WithoutPasswordView {};
    public interface WithPasswordView extends WithoutPasswordView {};
    private String username;
    private String password;
    public User() {
    }

    public User(String username, String password) {
        this.username = username;
        this.password = password;
    }

    @JsonView(WithoutPasswordView.class)
    public String getUsername() {
        return this.username;
    }

    @JsonView(WithPasswordView.class)
    public String getPassword() {
        return this.password;
    }
}
```

9.4.4　模型方法

可以在@RequestMapping 方法参数上使用@ModelAttribute 来创建或访问模型中的 Object 并将其绑定到请求中。@ModelAttribute 也可以用于控制器的方法级注解，其目的不是处理请求，而是在请求处理之前添加常用模型属性。

控制器可以有任意数量的@ModelAttribute 方法。所有这些方法在相同控制器中的@RequestMapping 方法之前被调用。@ModelAttribute 方法也可以通过@ControllerAdvice 在控制器之间共享。

@ModelAttribute 方法具有灵活的方法签名。除了@ModelAttribute 本身或任何与请求主体相关的内容外，它们支持许多与@RequestMapping 方法相同的参数。以下是使用@ModelAttribute 方法的示例。

```
@ModelAttribute
public void populateModel(@RequestParamString number, Model model) {
    model.addAttribute(accountRepository.findAccount(number));
// ...
}
```

9.4.5　绑定器方法

@Controller 或@ControllerAdvice 类中的@InitBinder 方法可用于自定义表示基于字符串的请求值（如请求参数、路径变量、头、cookie 等）的方法参数的类型转换。在将请求参数绑定到@ModelAttribute 参数（命令对象）上时，也适用于类型转换。

除了@ModelAttribute(command object)参数外，@InitBinder 方法支持许多与@RequestMapping 方法相同的参数，例如：

```
@Controller
public class FormController {
    @InitBinder
    public void initBinder(WebDataBinder binder) {
        SimpleDateFormat dateFormat = newSimpleDateFormat("yyyy-MM-dd");
        dateFormat.setLenient(false);
        binder.registerCustomEditor(Date.class,
          newCustomDateEditor(dateFormat, false));
    }
    // ...
}
```

9.5　异常处理

如果在请求映射期间发生异常或从请求处理程序（如@Controller）抛出异常，那么

DispatcherServlet 将委托 HandlerExceptionResolver bean 链来解决异常并提供替代处理。这个处理通常是一个错误响应。

下面列出了可用的 HandlerExceptionResolver 实现。

- SimpleMappingExceptionResolver：处理异常类名称和错误视图名称之间的映射，用于在浏览器应用程序中呈现错误页面。
- DefaultHandlerExceptionResolver：用于解决 Spring Web MVC 引发的异常并将它们映射到 HTTP 状态代码。
- ResponseStatusExceptionResolver：使用@ResponseStatus 注解来解决异常，并根据注解中的值将它们映射到 HTTP 状态代码。
- ExceptionHandlerExceptionResolver：通过在@Controller 或@ControllerAdvice 类中调用@ExceptionHandler 方法来解决异常，详见@ExceptionHandler 方法。

9.5.1 @ExceptionHandler

@Controller 和@ControllerAdvice 类可以拥有@ExceptionHandler 方法来处理来自控制器方法的异常，例如：

```
@Controller
public class SimpleController {
    // ...
    @ExceptionHandler
    public ResponseEntity<String>handle(IOException ex) {
       // ...
    }
}
```

@ExceptionHandler 注解可以列出要匹配的异常类型，或者简单地将目标异常声明为方法参数。当多个异常方法匹配时，根异常匹配通常优先于引发异常匹配。准确地说，ExceptionDepthComparator 根据抛出异常类型的深度对异常进行排序。

在 Spring Web MVC 中支持@ExceptionHandler 方法建立在 DispatcherServlet 级别的 HandlerExceptionResolver 机制上。

9.5.2 框架异常处理

只需在 Spring 配置中声明多个 HandlerExceptionResolver bean 并根据需要设置它们的顺序属性就可以形成一个异常解析链。order 属性越高，异常解析器定位得越靠后。

HandlerExceptionResolver 可以返回以下内容：

- 指向错误视图的 ModelAndView。
- 如果在解析器中处理了异常，就为 Empty ModelAndView。
- 如果异常未解决，就返回 null，供后续解析器尝试使用；如果异常仍然存在，就允许冒泡到 Servlet 容器。

MVC Config 内置了多种解析器，用于默认的 Spring MVC 异常声明、@ResponseStatus 注解的异常声明以及@ExceptionHandler 方法。也可以自定义这些解析器的列表或将其替换掉。

9.5.3 REST API 异常

REST 服务的一个常见要求是在响应正文中包含错误详细信息。Spring 框架不会自动执行此操作，因为响应正文中的错误详细信息表示是特定于应用程序的。但是，@RestController 可以使用带有 ResponseEntity 返回值的@ExceptionHandler 方法来设置响应的状态和主体。这些方法也可以在@ControllerAdvice 类中声明以全局应用它们。

如果想要实现自定义错误信息的全局异常处理，那么应用程序应该扩展 ResponseEntityExceptionHandler，它提供对 Spring MVC 引发的异常处理及钩子来定制响应主体。如果要使用它，就需要创建一个 ResponseEntityExceptionHandler 的子类，使用@ControllerAdvice 注解覆盖必要的方法，并将其声明为 Spring bean。

9.5.4 注解异常

带有@ResponseStatus 注解的异常类会被 ResponseStatusExceptionResolver 解析。可以实现自定义的一些异常，同时在页面上进行显示。具体的使用方法如下，定义一个异常类：

```
@ResponseStatus(value = HttpStatus.FORBIDDEN,
    reason = "用户名和密码不匹配!")
public class UserNameNotMatchPasswordException
    extendsRuntimeException{
}
```

抛出异常：

```
@RequestMapping("/testResponseStatusExceptionResolver")
public String testResponseStatusExceptionResolver(@RequestParam("i") int i){
    if (i==13){
        throw new UserNameNotMatchPasswordException();
    }
    return"success";
}
```

9.5.5 容器错误页面

如果异常未被 HandlerExceptionResolver 处理，或者响应状态设置为错误状态（4xx、5xx），那么 Servlet 容器可能会在 HTML 中呈现默认错误页面，默认错误页面可以在 web.xml 中声明。

例如：

```
<error-page>
<location>/error</location>
</error-page>
```

鉴于上述情况，当异常冒泡或响应具有错误状态时，Servlet 在容器内将 ERROR 分派到配置的 URL（如“/error”）。然后由 DispatcherServlet 进行处理，可能将其映射到一个@Controller，该实现可以通过模型返回错误视图名称或呈现 JSON 响应，例如：

```
@RestController
public class ErrorController {
    @RequestMapping(path = "/error")
    public Map<String, Object>handle(HttpServletRequest request) {
        Map<String, Object> map = newHashMap<String, Object>();
        map.put("status", request.getAttribute("javax.servlet.error.
        status_code"));
        map.put("reason", request.getAttribute("javax.servlet.error.
        message"));
        return map;
    }
}
```

注 意

Servlet API 不提供在 Java 中创建错误页面映射的方法，所以需要同时使用 WebApplicationInitializer 和 web.xml 来实现。

9.6 CORS 处理

出于安全原因，浏览器禁止对当前源以外的资源进行 AJAX 调用。CORS（Cross-Origin Resource Sharing，跨域资源共享）是一个 W3C 标准。它允许浏览器向跨源服务器发出 XMLHttpRequest 请求，从而克服了 AJAX 只能同源使用的限制。

Spring MVC HandlerMapping 提供了对 CORS 的内置支持。在成功将请求映射到处理程序后，HandlerMapping 会检查给定请求和处理程序的 CORS 配置并采取进一步的操作。预检请求被直接处理掉，而简单和实际的 CORS 请求会被拦截，验证是否需要设置 CORS 响应头。

为了实现跨域请求（Origin 头域存在且与请求的主机不同），需要有一些明确声明的 CORS 配置。如果找不到匹配的 CORS 配置，就会拒绝预检请求。如果没有将 CORS 头添加到简单和实际的 CORS 请求的响应，就会被浏览器拒绝。

每个 HandlerMapping 可以单独配置基于 URL 模式的 CorsConfiguration 映射。在大多数情况下，应用程序将使用 MVC 配置来实现全局映射。HandlerMapping 级别的全局 CORS 配置可以与更细粒度的处理器级 CORS 配置相结合。例如，带注解的控制器可以使用类级别或方法级别的@CrossOrigin 注解。

9.6.1 @CrossOrigin

@CrossOrigin 注解用于在带注解的控制器方法上启用跨域请求，例如：

```
@RestController
```

```
@RequestMapping("/account")
public class AccountController {
    @CrossOrigin
    @GetMapping("/{id}")
    public Account retrieve(@PathVariableLong id) {
        // ...
    }
    @DeleteMapping("/{id}")
    public void remove(@PathVariableLong id) {
        // ...
    }
}
```

默认@CrossOrigin 允许以下功能：

- 所有的源。
- 所有的头。
- 控制器方法所映射到的所有 HTTP 方法。
- allowCredentials 默认情况下未启用，因为它建立了一个信任级别，用于公开敏感的用户特定信息，如 Cookie 和 CSRF 令牌，并且只能在适当的情况下使用。
- maxAge 默认设置为 30 分钟。

@CrossOrigin 在类级别上得到支持，并由所有方法继承，例如：

```
@RestController
@RequestMapping("/account")
public class AccountController {
    @CrossOrigin
    @GetMapping("/{id}")
    public Account retrieve(@PathVariableLong id) {
      // ...
    }
    @DeleteMapping("/{id}")
    public void remove(@PathVariableLong id) {
      // ...
    }
}
```

@CrossOrigin 可以在类和方法级别使用，例如：

```
@CrossOrigin(maxAge = 3600)
@RestController
@RequestMapping("/account")
public class AccountController {
    @CrossOrigin("http://domain2.com")
    @GetMapping("/{id}")
    public Account retrieve(@PathVariableLong id) {
      // ...
    }
    @DeleteMapping("/{id}")
    public void remove(@PathVariableLong id) {
```

```
        // ...
    }
}
```

9.6.2 全局 CORS 配置

除了细粒度的控制器方法级配置外，还可能需要定义一些全局 CORS 配置。可以在任何 HandlerMapping 上分别设置基于 URL 的 CorsConfiguration 映射。但是，大多数应用程序将使用 MVC 的 Java 配置或 XML 配置来完成此操作。默认情况下全局配置启用以下功能：

- 所有的源。
- 所有的头。
- GET、HEAD 和 POST 方法。
- allowCredentials 默认情况下未启用，因为它建立了一个信任级别，用于公开敏感的用户特定信息，如 Cookie 和 CSRF 令牌，并且只能在适当的情况下使用。
- maxAge 默认设置为 30 分钟。

9.6.3 自定义

可以通过基于 Java 或 XML 的配置来自定义 CORS。

1. Java 配置

如果要在 MVC 的 Java 配置中启用 CORS，就使用 CorsRegistry 回调，例如：

```
@Configuration
@EnableWebMvc
public class WebConfig implements WebMvcConfigurer {
    @Override
    public void addCorsMappings(CorsRegistry registry) {
        registry.addMapping("/api/**")

        .allowedOrigins("http://domain2.com")
        .allowedMethods("PUT", "DELETE")
        .allowedHeaders("header1", "header2", "header3")
        .exposedHeaders("header1", "header2")
        .allowCredentials(true).maxAge(3600);
         // ...
    }
}
```

2. XML 配置

如果要在 XML 命名空间中启用 CORS，就使用<mvc:cors>元素，例如：

```
<mvc:cors>
    <mvc:mapping path="/api/**"
    allowed-origins="http://domain1.com, http://domain2.com"
```

```
    allowed-methods="GET, PUT"
    allowed-headers="header1, header2, header3"
    exposed-headers="header1, header2" allow-credentials="true"
    max-age="123"/>
    <mvc:mapping path="/resources/**"
    allowed-origins="http://domain1.com"/>
</mvc:cors>
```

9.6.4 CORS 过滤器

开发者可以通过内置的 CorsFilter 来应用 CORS 支持。配置过滤器将 CorsConfigurationSource 传递给其构造函数，例如：

```
CorsConfiguration config = newCorsConfiguration();
Config.applyPermitDefaultValues()
config.setAllowCredentials(true);
config.addAllowedOrigin("http://domain1.com");
config.addAllowedHeader("");
config.addAllowedMethod("");

UrlBasedCorsConfigurationSource source =
    newUrlBasedCorsConfigurationSource();
source.registerCorsConfiguration("/**", config);

CorsFilter filter = newCorsFilter(source);
```

9.7 HTTP 缓存

Cache-Control 用于指定所有缓存机制在整个请求/响应链中必须服从的指令。这些指令指定用于阻止缓存对请求或响应造成不利干扰的行为，这些指令通常覆盖默认缓存算法。缓存指令是单向的，即请求中存在一个指令并不意味着响应中将存在同一个指令。

Last-Modified 实体头部字段值通常用于一个缓存验证器。简单来说，如果实体值在 Last-Modified 值之后没有被更改，就认为该缓存条目有效。

ETag 是一个 HTTP 响应头，由 HTTP/1.1 兼容的 Web 服务器返回，用于确定给定 URL 中的内容是否已经更改。它可以被认为是 Last-Modified 头的更复杂的后继者。当服务器返回带有 ETag 头的表示时，客户端可以在随后的 GET 的 If-None-Match 头中使用此头。如果内容未更改，那么服务器返回“304: Not Modified”。

9.7.1 缓存控制

Spring Web MVC 支持许多缓存的策略，并提供了为应用程序配置 Cache-Control 头的方法。

Spring Web MVC 在以下几个 API 中使用了一个配置约定 setCachePeriod(int seconds)方法。

- 值为-1：不会生成 Cache-Control 响应头。
- 值为 0：使用 Cache-Control: no-store 指令时，将阻止缓存。
- 值 n>0：使用 Cache-Control: max-age=n 指令时，将给定响应缓存 n 秒。

CacheControl 构建器类简单地描述了可用的 Cache-Control 指令，并使构建自己的 HTTP 缓存策略变得更加容易。一旦构建完成，一个 CacheControl 实例可以被接收为 Spring Web MVC API 中的一个参数。

```
// 缓存一个小时 - "Cache-Control: max-age=3600"
CacheControl ccCacheOneHour = CacheControl.maxAge(1, TimeUnit.HOURS);
// 阻止缓存 - "Cache-Control: no-store"
CacheControl ccNoStore = CacheControl.noStore();
// 在公共和私人缓存中缓存 10 天
// 公共缓存不应该转换响应
// "Cache-Control: max-age=864000, public, no-transform"
CacheControl ccCustom =
    CacheControl.maxAge(10, TimeUnit.DAYS).noTransform().cachePublic();
```

9.7.2 静态资源

应该为静态资源提供适当的 Cache-Control 和头以获得较佳性能。以下是一个配置示例。

```
@Configuration
@EnableWebMvc
public class WebConfig implements WebMvcConfigurer {
    @Override
    public void addResourceHandlers(ResourceHandlerRegistry registry) {
        registry.addResourceHandler("/resources/**")
            .addResourceLocations("/public-resources/")
            .setCacheControl(CacheControl.maxAge(1, TimeUnit.HOURS).
            cachePublic());
    }
}
```

如果基于 XML，那么上述配置相当于：

```
<mvc:resources mapping="/resources/**" location="/public-resources/">
<mvc:cache-control max-age="3600" cache-public="true"/>
</mvc:resources>
```

9.7.3 控制器缓存

Spring Web MVC 控制器可以支持 Cache-Control、ETag 和 If-Modified-Since 等 HTTP 请求。控制器可以使用 HttpEntity 类型与请求/响应进行交互，返回 ResponseEntity 的控制器可以包含 HTTP 缓存信息，例如：

```
@GetMapping("/book/{id}")
public ResponseEntity<Book>showBook(@PathVariableLong id) {
```

```
    Book book = findBook(id);
    String version = book.getVersion();
    return ResponseEntity
        .ok()
        .cacheControl(CacheControl.maxAge(30, TimeUnit.DAYS))
        .eTag(version)
        .body(book);
}
```

@RequestMapping 方法也可以支持相同的行为。其实现如下：

```
@RequestMapping
public String myHandleMethod(WebRequest webRequest, Model model) {
    long lastModified = // 1. 特定于应用程序的计算
    if (request.checkNotModified(lastModified)) {
      // 2. 快捷退出，不需要进一步处理
      returnnull;
    }

    // 3. 或者另外请求处理
    model.addAttribute(...);
    return"myViewName";
}
```

9.8　MVC 配置

Spring Web MVC 提供了基于 Java 和 XML 的配置，其默认的配置值可以满足大多数的应用场景。当然，Spring Web MVC 也提供了 API 以方便开发人员来自定义配置。

接下来将详细介绍 Spring Web MVC 的配置。

9.8.1　启用 MVC 配置

在基于 Java 的配置中，启用 MVC 配置是使用@EnableWebMvc 注解，用法如下：

```
@Configuration
@EnableWebMvc
public class WebConfig {
}
```

如果使用基于 XML 的配置，就需要使用<mvc:annotation-driven>元素，用法如下：

```
<?xml version="1.0" encoding="UTF-8"?>
<beans xmlns="http://www.springframework.org/schema/beans"
    xmlns:mvc="http://www.springframework.org/schema/mvc"
    xmlns:xsi="http://www.w3.org/2001/XMLSchema-instance"
    xsi:schemaLocation="
        http://www.springframework.org/schema/beans
        http://www.springframework.org/schema/beans/spring-beans.xsd
```

```
        http://www.springframework.org/schema/mvc
        http://www.springframework.org/schema/mvc/spring-mvc.xsd">

    <mvc:annotation-driven/>

</beans>
```

9.8.2 类型转换

默认情况下，Number 和 Date 类型的格式化程序已安装，包括支持@NumberFormat 和@DateTimeFormat 注解。如果 Joda 类库存在于类路径中，那么还会安装对 Joda 时间格式库的全面支持。

在 Java 配置中，注册自定义格式化器和转换器的实现如下：

```
@Configuration
@EnableWebMvc
public class WebConfig implements WebMvcConfigurer {

    @Override
    public void addFormatters(FormatterRegistry registry) {
      // ...
    }
}
```

如果使用基于 XML 的配置，那么用法如下：

```
<?xml version="1.0" encoding="UTF-8"?>
<beans xmlns="http://www.springframework.org/schema/beans"
    xmlns:mvc="http://www.springframework.org/schema/mvc"
    xmlns:xsi="http://www.w3.org/2001/XMLSchema-instance"
    xsi:schemaLocation="
        http://www.springframework.org/schema/beans
        http://www.springframework.org/schema/beans/spring-beans.xsd
        http://www.springframework.org/schema/mvc
        http://www.springframework.org/schema/mvc/spring-mvc.xsd">

   <mvc:annotation-driven conversion-service="conversionService"/>

   <bean id="conversionService"

class="org.springframework.format.support.FormattingConversionServiceFactoryBean">
       <property name="converters">
           <set>
               <bean class="org.example.MyConverter"/>
           </set>
       </property>
       <property name="formatters">
           <set>
               <bean class="org.example.MyFormatter"/>
```

```
            <bean class="org.example.MyAnnotationFormatterFactory"/>
        </set>
    </property>
    <property name="formatterRegistrars">
        <set>
            <bean class="org.example.MyFormatterRegistrar"/>
        </set>
    </property>
</bean>

</beans>
```

9.8.3　验证

默认情况下，如果 Bean 验证存在于类路径中，如 Hibernate Validator、LocalValidatorFactoryBean 被注册为全局验证器，就会用于加了@Valid 和 Validated 的控制器方法参数的验证。

在 Java 配置中，可以自定义全局的 Validator 实例，例如：

```
@Configuration
@EnableWebMvc
public class WebConfig implements WebMvcConfigurer {

    @Override
    public ValidatorgetValidator(); {
      // ...
    }
}
```

如果使用基于 XML 的配置，那么用法如下：

```
<?xml version="1.0" encoding="UTF-8"?>
<beans xmlns="http://www.springframework.org/schema/beans"
    xmlns:mvc="http://www.springframework.org/schema/mvc"
    xmlns:xsi="http://www.w3.org/2001/XMLSchema-instance"
    xsi:schemaLocation="
        http://www.springframework.org/schema/beans
        http://www.springframework.org/schema/beans/spring-beans.xsd
        http://www.springframework.org/schema/mvc
        http://www.springframework.org/schema/mvc/spring-mvc.xsd">

    <mvc:annotation-driven validator="globalValidator"/>

</beans>
```

9.8.4　拦截器

在 Java 配置的应用中，注册拦截器用于传入请求，例如：

```
@Configuration
```

```
    @EnableWebMvc
    public class WebConfig implements WebMvcConfigurer {

        @Override
        public void addInterceptors(InterceptorRegistry registry) {
            registry.addInterceptor(newLocaleInterceptor());
            registry.addInterceptor(newThemeInterceptor())
                .addPathPatterns("/**").excludePathPatterns("/admin/**");
            registry.addInterceptor(newSecurityInterceptor())
                .addPathPatterns("/secure/*");
        }
    }
```

如果使用基于 XML 的配置，那么用法如下：

```
<mvc:interceptors>
    <bean class="org.springframework.web.servlet.i18n.LocaleChangeInterceptor"/>
    <mvc:interceptor>
        <mvc:mapping path="/**"/>
        <mvc:exclude-mapping path="/admin/**"/>
        <bean class="org.springframework.web.servlet.theme.ThemeChangeInterceptor"/>
    </mvc:interceptor>
    <mvc:interceptor>
        <mvc:mapping path="/secure/*"/>
        <bean class="org.example.SecurityInterceptor"/>
    </mvc:interceptor>
</mvc:interceptors>
```

9.8.5 内容类型

根据确定请求的媒体类型，可以配置 Spring MVC，如 Accept 头、URL 路径扩展、查询参数等。

默认情况下，首先根据类路径依赖关系将 JSON、XML、RSS 和 ATOM 注册为已知扩展，检查 URL 路径扩展，然后检查 Accept 头。如果将这些默认值仅更改为 Accept header，并且必须使用基于 URL 的内容类型解析，就需要考虑路径扩展中的查询参数策略。有关更多详细信息可参见后缀匹配和 RFD。

在 Java 配置中，自定义请求的内容类型示例如下：

```
    @Configuration
    @EnableWebMvc
    public class WebConfig implements WebMvcConfigurer {

        @Override
        public void configureContentNegotiation(ContentNegotiationConfigurer configurer)
{
            configurer.mediaType("json", MediaType.APPLICATION_JSON);
        }
    }
```

如果使用基于 XML 的配置，那么用法如下：

```
<mvc:annotation-driven content-negotiation-manager="contentNegotiationManager"/>

<bean id="contentNegotiationManager"
    class="org.springframework.web.accept.ContentNegotiationManagerFactoryBean">
    <property name="mediaTypes">
        <value>
            json=application/json
            xml=application/xml
        </value>
    </property>
</bean>
```

9.8.6　消息转换器

自定义 HttpMessageConverter 可以在 Java 配置中通过覆盖 configureMessageConverters()方法来实现，如果想要替换由 Spring MVC 创建的默认转换器，或者只想定制它们或将其他转换器添加到默认转换器，那么可以重写 extendMessageConverters()方法。

以下示例添加 Jackson JSON 和 XML 转换器的自定义 ObjectMapper。

```
@Configuration
@EnableWebMvc
public class WebConfiguration implements WebMvcConfigurer {

    @Override
    public void configureMessageConverters(List<HttpMessageConverter<?>> converters)
{
        Jackson2ObjectMapperBuilder builder = newJackson2ObjectMapperBuilder()
                .indentOutput(true)
                .dateFormat(newSimpleDateFormat("yyyy-MM-dd"))
                .modulesToInstall(newParameterNamesModule());
        converters.add(newMappingJackson2HttpMessageConverter(builder.build()));
        converters.add(newMappingJackson2XmlHttpMessageConverter(builder.xml().
build()));
    }
}
```

如果使用基于 XML 的配置，那么用法如下：

```
<mvc:annotation-driven>
    <mvc:message-converters>
        <beanclass="org.springframework.http.converter.json.MappingJackson2HttpMes
sageConverter">
            <property name="objectMapper" ref="objectMapper"/>
        </bean>
      <bean class="org.springframework.http.converter.xml.
MappingJackson2XmlHttpMessageConverter">
    <property name="objectMapper" ref="xmlMapper"/>
```

```
        </bean>
      </mvc:message-converters>
   </mvc:annotation-driven>

<bean id="objectMapper" class="org.springframework.http.converter.json.
Jackson2ObjectMapperFactoryBean"
        p:indentOutput="true"
        p:simpleDateFormat="yyyy-MM-dd"
        p:modulesToInstall="com.fasterxml.jackson.module.paramnames.
ParameterNamesModule"/>

<bean id="xmlMapper" parent="objectMapper" p:createXmlMapper="true"/>
```

9.8.7 视图控制器

视图控制器是定义一个 ParameterizableViewController 的快捷方式，它可以在调用时立即转发到视图。如果在视图生成响应之前没有执行 Java 控制器逻辑，就在静态情况下使用。

以下是在 Java 中将“/”请求转发到名为 home 的视图的示例。

```
@Configuration
@EnableWebMvc
public class WebConfig implements WebMvcConfigurer {

    @Override
    public void addViewControllers(ViewControllerRegistry registry) {
        registry.addViewController("/").setViewName("home");
    }
}
```

如果使用基于 XML 的配置，那么用法如下：

```
<mvc:view-controller path="/" view-name="home"/>
```

9.8.8 视图解析器

MVC 配置简化了视图解析器的注册。

以下是一个 Java 配置示例，它使用 FreeMarker HTML 模板和 Jackson 作为 JSON 呈现的视图解析器。

```
@Configuration
@EnableWebMvc
public class WebConfig implements WebMvcConfigurer {

    @Override
    public void configureViewResolvers(ViewResolverRegistry registry) {
        registry.enableContentNegotiation(newMappingJackson2JsonView());
        registry.jsp();
    }
```

```
}
```

如果使用基于 XML 的配置，那么用法如下：

```
<mvc:view-resolvers>
    <mvc:content-negotiation>
      <mvc:default-views>
        <bean class="org.springframework.web.servlet.view.json.
        MappingJackson2JsonView"/>
      </mvc:default-views>
    </mvc:content-negotiation>
  <mvc:jsp/>
</mvc:view-resolvers>
```

9.8.9　静态资源

静态资源选项提供了一种便捷的方式来从基于资源的位置列表中提供静态资源。

在下面的示例中，如果请求以“/resources”开头，就会使用相对路径查找并提供相对于 Web 应用程序根目录下的“/public”或“/static”下的类路径的静态资源，这些资源将在未来 1 年内到期，以确保最大限度地利用浏览器缓存并减少浏览器发出的 HTTP 请求。Last-Modified 头也被评估，如果存在，就返回 304 状态码。

```
@Configuration
@EnableWebMvc
public class WebConfig implements WebMvcConfigurer {

    @Override
    public void addResourceHandlers(ResourceHandlerRegistry registry) {
        registry.addResourceHandler("/resources/**")
            .addResourceLocations("/public", "classpath:/static/")
            .setCachePeriod(31556926);
    }
}
```

如果使用基于 XML 的配置，那么用法如下：

```
<mvc:resources mapping="/resources/**"
    location="/public, classpath:/static/"
    cache-period="31556926"/>
```

9.8.10　DefaultServletHttpRequestHandler

DefaultServletHttpRequestHandler 允许将 DispatcherServlet 映射到“/”（从而覆盖容器默认 Servlet 的映射），同时仍允许静态资源请求由容器的默认 Servlet 处理。它使用“/**”的 URL 映射和相对于其他 URL 映射的最低优先级来配置 DefaultServletHttpRequestHandler。

该处理程序将把所有请求转发给默认的 Servlet。因此，重要的是，它保持最后的所有其他 URL HandlerMapping 的顺序。如果开发者使用 <mvc:annotation-driven>，或者要设置自定义

HandlerMapping 实例，就要确保将其顺序属性设置为低于 DefaultServletHttpRequestHandler 的值（Integer.MAX_VALUE）。如果要启用该功能，那么使用以下代码：

```
@Configuration
@EnableWebMvc
public class WebConfig implements WebMvcConfigurer {

    @Override
    public void configureDefaultServletHandling(DefaultServletHandlerConfigurer
configurer) {
        configurer.enable();
    }
}
```

如果使用基于 XML 的配置，那么用法如下：

```
<mvc:default-servlet-handler/>
```

9.8.11 路径匹配

路径匹配允许自定义与 URL 匹配和 URL 处理相关的选项。

在 Java 配置中的示例如下：

```
@Configuration
@EnableWebMvc
public class WebConfig implements WebMvcConfigurer {

    @Override
    public void configurePathMatch(PathMatchConfigurer configurer) {
        configurer
            .setUseSuffixPatternMatch(true)
            .setUseTrailingSlashMatch(false)
            .setUseRegisteredSuffixPatternMatch(true)
            .setPathMatcher(antPathMatcher())
            .setUrlPathHelper(urlPathHelper());
    }

    @Bean
    public UrlPathHelper urlPathHelper() {
        //...
    }

    @Bean
    public PathMatcher antPathMatcher() {
       //...
    }

}
```

如果使用基于 XML 的配置，那么用法如下：

```
<mvc:annotation-driven>
    <mvc:path-matching
        suffix-pattern="true"
        trailing-slash="false"
        registered-suffixes-only="true"
        path-helper="pathHelper"
        path-matcher="pathMatcher"/>
</mvc:annotation-driven>

<bean id="pathHelper" class="org.example.app.MyPathHelper"/>
<bean id="pathMatcher" class="org.example.app.MyPathMatcher"/>
```

9.9　实战：基于 Spring Web MVC 的 JSON 类型的处理

本节将基于 Spring Web MVC 技术来实现 JSON 类型的处理。JSON 类型在 RESTful 架构中经常被用作数据格式。本节示例程序命名为 mvc-json。

9.9.1　接口设计

将会在系统中实现两个接口：

- GET http://localhost:8080/hello
- GET http://localhost:8080/hello/way

其中，第一个接口“/hello”将会返回“Hello World!”的字符串；而第二个接口“/hello/way”则会返回一个包含用户信息的 JSON 字符串。

9.9.2　系统配置

需要在应用中添加如下依赖：

```
<dependencies>
    <dependency>
        <groupId>org.springframework</groupId>
        <artifactId>spring-webmvc</artifactId>
        <version>${spring.version}</version>
    </dependency>
    <dependency>
        <groupId>org.eclipse.jetty</groupId>
        <artifactId>jetty-servlet</artifactId>
        <version>${jetty.version}</version>
        <scope>provided</scope>
    </dependency>
```

```
    <dependency>
        <groupId>com.fasterxml.jackson.core</groupId>
        <artifactId>jackson-core</artifactId>
        <version>${jackson.version}</version>
    </dependency>
    <dependency>
        <groupId>com.fasterxml.jackson.core</groupId>
        <artifactId>jackson-databind</artifactId>
        <version>${jackson.version}</version>
    </dependency>
</dependencies>
```

其中，spring-webmvc 是为了使用 Spring MVC 的功能；jetty-servlet 是为了提供内嵌的 Servlet 容器，这样就无须依赖外部的容器，可以直接运行应用；jackson-core 和 jackson-databind 为应用提供 JSON 序列化的功能。

9.9.3 后台编码实现

后台编码实现如下：

1. 领域模型

创建一个 User 类，代表用户信息，代码如下：

```java
public class User {
    private String username;
    private Integer age;

    public User(String username, Integer age) {
        this.username = username;
        this.age = age;
    }

    public String getUsername() {
        return username;
    }

    public void setUsername(String username) {
        this.username = username;
    }

    public Integer getAge() {
        return age;
    }

    public void setAge(Integer age) {
        this.age = age;
    }

}
```

2. 控制器

创建 HelloController 用于处理用户的请求，代码如下：

```
@RestController
public class HelloController {

    @RequestMapping("/hello")
    public String hello() {
        return "Hello World! Welcome to visit waylau.com!";
    }

    @RequestMapping("/hello/way")
    public User helloWay() {
        return new User("Way Lau", 30);
    }
}
```

其中，映射到“/hello”的方法将会返回“Hello World!”的字符串；而映射到“/hello/way”的方法则会返回一个包含用户信息的 JSON 字符串。

9.9.4 应用配置

在本应用中采用基于 Java 注解的配置。

AppConfiguration 主应用配置如下：

```
import org.springframework.context.annotation.ComponentScan;
import org.springframework.context.annotation.Configuration;
import org.springframework.context.annotation.Import;

@Configuration
@ComponentScan(basePackages = { "com.waylau.spring" })
@Import({ MvcConfiguration.class })
public class AppConfiguration {

}
```

上述配置中，AppConfiguration 会扫描 com.waylau.spring 包下的文件，并自动将相关的 bean 进行注册。

AppConfiguration 同时又引入了 MVC 的配置类 MvcConfiguration，配置如下：

```
@EnableWebMvc
@Configuration
public class MvcConfiguration implements WebMvcConfigurer {

    public void extendMessageConverters(List<HttpMessageConverter<?>> converters) {
        converters.add(newMappingJackson2HttpMessageConverter());
    }
}
```

MvcConfiguration 配置类一方面启用了 MVC 的功能，另一方面添加了 Jackson JSON 的转换器。

最后，需要引入 Jetty 服务器 JettyServer，配置如下：

```
    import org.eclipse.jetty.server.Server;
    import org.eclipse.jetty.servlet.ServletContextHandler;
    import org.eclipse.jetty.servlet.ServletHolder;
    import org.springframework.web.context.ContextLoaderListener;
    import org.springframework.web.context.WebApplicationContext;
    import
org.springframework.web.context.support.AnnotationConfigWebApplicationContext;
    import org.springframework.web.servlet.DispatcherServlet;
    import com.waylau.spring.mvc.configuration.AppConfiguration;

    public class JettyServer {
    public static final int DEFAULT_PORT = 8080;
    public static final String CONTEXT_PATH = "/";
    public static final String MAPPING_URL = "/*";

    public void run() throws Exception {
            Server server = new Server(DEFAULT_PORT);
            server.setHandler(servletContextHandler(webApplicationContext()));
            server.start();
            server.join();
        }

        private ServletContextHandler servletContextHandler(WebApplicationContext
context) {
            ServletContextHandler handler = new ServletContextHandler();
            handler.setContextPath(CONTEXT_PATH);
            handler.addServlet(newServletHolder(newDispatcherServlet(context)),
                MAPPING_URL);
            handler.addEventListener(newContextLoaderListener(context));
    return handler;
        }

        private WebApplicationContext webApplicationContext() {
            AnnotationConfigWebApplicationContext context =
                new AnnotationConfigWebApplicationContext();
            context.register(AppConfiguration.class);
            return context;
        }
    }
```

JettyServer 将会在 Application 类中进行启动，代码如下：

```
    public class Application {

        public static void main(String[] args) throws Exception {
            new JettyServer().run();
        }
```

```
    }
```

9.9.5 运行应用

在编辑器中，直接运行 Application 类即可。启动后，应该能看到如下控制台信息：

```
    2020-02-03 11:45:13.170:INFO::main: Logging initialized @235ms to
org.eclipse.jetty.util.log.StdErrLog
    2020-02-03 11:45:13.390:INFO:oejs.Server:main: jetty-9.4.26.v20200117; built:
2020-01-17T12:35:33.676Z; git: 7b38981d25d14afb4a12ff1f2596756144edf695; jvm 13.0.1+9
    2020-02-03 11:45:13.429:INFO:oejshC.ROOT:main: Initializing Spring root
WebApplicationContext
    2 月 03, 2020 11:45:13 上午 org.springframework.web.context.ContextLoader
initWebApplicationContext
    信息: Root WebApplicationContext: initialization started
    2 月 03, 2020 11:45:14 上午 org.springframework.web.context.ContextLoader
initWebApplicationContext
    信息: Root WebApplicationContext initialized in 1229 ms
    2020-02-03 11:45:14.692:INFO:oejshC.ROOT:main: Initializing Spring
DispatcherServlet 'org.springframework.web.servlet.DispatcherServlet-7fac631b'
    2 月 03, 2020 11:45:14 上午 org.springframework.web.servlet.FrameworkServlet
initServletBean
    信息: Initializing Servlet
'org.springframework.web.servlet.DispatcherServlet-7fac631b'
    2 月 03, 2020 11:45:14 上午 org.springframework.web.servlet.FrameworkServlet
initServletBean
    信息: Completed initialization in 8 ms
    2020-02-03 11:45:14.702:INFO:oejsh.ContextHandler:main: Started
o.e.j.s.ServletContextHandler@1cb3ec38{/,null,AVAILABLE}
    2020-02-03 11:45:15.035:INFO:oejs.AbstractConnector:main: Started
ServerConnector@2fc14f68{HTTP/1.1,[http/1.1]}{0.0.0.0:8080}
    2020-02-03 11:45:15.036:INFO:oejs.Server:main: Started @2125ms
```

在浏览器中分别访问 http://localhost:8080/hello 和 http://localhost:8080/hello/way 进行测试，能看到如图 9-2 和图 9-3 所示的响应效果。

图 9-2　“/hello”接口的返回内容

图 9-3 “/hello/way”接口的返回内容

9.10 实战：基于 Spring Web MVC 的 XML 类型的处理

本节将基于 Spring Web MVC 技术来实现 XML 类型的处理。XML 类型在 SOA 架构中经常被用作数据格式。本节示例程序命名为 mvc-xml。

9.10.1 接口设计

将会在系统中实现两个接口：

- GET http://localhost:8080/hello
- GET http://localhost:8080/hello/way

其中，第一个接口“/hello”将会返回“Hello World!”的字符串；而第二个接口“/hello/way”则会返回一个包含用户信息的 XML 格式的数据。

9.10.2 系统配置

需要在应用中添加如下依赖：

```
<dependencies>
    <dependency>
        <groupId>org.springframework</groupId>
        <artifactId>spring-webmvc</artifactId>
        <version>${spring.version}</version>
    </dependency>
    <dependency>
        <groupId>org.eclipse.jetty</groupId>
        <artifactId>jetty-servlet</artifactId>
        <version>${jetty.version}</version>
        <scope>provided</scope>
    </dependency>
    <dependency>
```

```
        <groupId>com.fasterxml.jackson.dataformat</groupId>
        <artifactId>jackson-dataformat-xml</artifactId>
        <version>${jackson.version}</version>
    </dependency>
</dependencies>
```

其中，spring-webmvc 是为了使用 Spring MVC 的功能；jetty-servlet 是为了提供内嵌的 Servlet 容器，这样就无须依赖外部的容器，可以直接运行应用；jackson-dataformat-xml 为应用提供 XML 序列化的功能。

9.10.3　后台编码实现

后台编码实现如下：

1. 领域模型

创建一个 User 类，代表用户信息，代码如下：

```
public class User {
    private String username;
    private Integer age;

    public User(String username, Integer age) {
        this.username = username;
        this.age = age;
    }

    public String getUsername() {
        return username;
    }

    public void setUsername(String username) {
        this.username = username;
    }

    public Integer getAge() {
        return age;
    }

    public void setAge(Integer age) {
        this.age = age;
    }

}
```

2. 控制器

创建 HelloController 用于处理用户的请求，代码如下：

```
@RestController
public class HelloController {
```

```
    @RequestMapping("/hello")
    public String hello() {
        return "Hello World! Welcome to visit waylau.com!";
    }

    @RequestMapping("/hello/way")
    public User helloWay() {
        return new User("Way Lau", 30);
    }
}
```

其中，映射到“/hello”的方法将会返回“Hello World!”的字符串；而映射到“/hello/way”的方法则会返回一个包含用户信息的 XML 格式的数据。

上述代码与 mvc-json 项目中的后台代码完全一致。

9.10.4 应用配置

在本应用中采用基于 Java 注解的配置。

```
AppConfiguration 主应用配置如下。
import org.springframework.context.annotation.ComponentScan;
import org.springframework.context.annotation.Configuration;
import org.springframework.context.annotation.Import;

@Configuration
@ComponentScan(basePackages = { "com.waylau.spring" })
@Import({ MvcConfiguration.class })
public class AppConfiguration {

}
```

上述配置中，AppConfiguration 会扫描 com.waylau.spring 包下的文件，并自动将相关的 bean 进行注册。

AppConfiguration 同时又引入了 MVC 的配置类 MvcConfiguration，配置如下：

```
@EnableWebMvc
@Configuration
public class MvcConfiguration implements WebMvcConfigurer {

    public void extendMessageConverters(List<HttpMessageConverter<?>> converters) {
        converters.add(newMappingJackson2XmlHttpMessageConverter());
    }
}
```

MvcConfiguration 配置类一方面启用了 MVC 的功能，另一方面添加了 Jackson XML 的转换器。

最后，需要引入 Jetty 服务器 JettyServer，配置如下：

```
import org.eclipse.jetty.server.Server;
import org.eclipse.jetty.servlet.ServletContextHandler;
```

```
    import org.eclipse.jetty.servlet.ServletHolder;
    import org.springframework.web.context.ContextLoaderListener;
    import org.springframework.web.context.WebApplicationContext;
    import
org.springframework.web.context.support.AnnotationConfigWebApplicationContext;
    import org.springframework.web.servlet.DispatcherServlet;
    import com.waylau.spring.mvc.configuration.AppConfiguration;

    public class JettyServer {
        public static final int DEFAULT_PORT = 8080;
        public static final String CONTEXT_PATH = "/";
        public static final String MAPPING_URL = "/*";

        public void run() throws Exception {
            Server server = new Server(DEFAULT_PORT);
            server.setHandler(servletContextHandler(webApplicationContext()));
            server.start();
            server.join();
        }

        private ServletContextHandler servletContextHandler(WebApplicationContext
context) {
            ServletContextHandler handler = new ServletContextHandler();
            handler.setContextPath(CONTEXT_PATH);
            handler.addServlet(newServletHolder(newDispatcherServlet(context)),
                MAPPING_URL);
            handler.addEventListener(newContextLoaderListener(context));
            return handler;
        }

        private WebApplicationContext webApplicationContext() {
            AnnotationConfigWebApplicationContext context =
              new AnnotationConfigWebApplicationContext();
            context.register(AppConfiguration.class);
            return context;
        }
    }
```

JettyServer 将会在 Application 类中进行启动，代码如下：

```
    public class Application {

        public static void main(String[] args) throws Exception {
            new JettyServer().run();
        }

    }
```

9.10.5 运行应用

在编辑器中，直接运行 Application 类即可。启动后，应该能看到如下控制台信息：

```
2020-02-03 16:30:59.174:INFO::main: Logging initialized @327ms to
org.eclipse.jetty.util.log.StdErrLog
    2020-02-03 16:30:59.356:INFO:oejs.Server:main: jetty-9.4.26.v20200117; built:
2020-01-17T12:35:33.676Z; git: 7b38981d25d14afb4a12ff1f2596756144edf695; jvm 13.0.1+9
    2020-02-03 16:30:59.384:INFO:oejshC.ROOT:main: Initializing Spring root
WebApplicationContext
    2月 03, 2020 4:30:59 下午 org.springframework.web.context.ContextLoader
initWebApplicationContext
    信息: Root WebApplicationContext: initialization started
    2月 03, 2020 4:31:00 下午 org.springframework.web.context.ContextLoader
initWebApplicationContext
    信息: Root WebApplicationContext initialized in 776 ms
    2020-02-03 16:31:00.181:INFO:oejshC.ROOT:main: Initializing Spring
DispatcherServlet 'org.springframework.web.servlet.DispatcherServlet-627551fb'
    2月 03, 2020 4:31:00 下午 org.springframework.web.servlet.FrameworkServlet
initServletBean
    信息: Initializing Servlet
'org.springframework.web.servlet.DispatcherServlet-627551fb'
    2月 03, 2020 4:31:00 下午 org.springframework.web.servlet.FrameworkServlet
initServletBean
    信息: Completed initialization in 7 ms
    2020-02-03 16:31:00.189:INFO:oejsh.ContextHandler:main: Started
o.e.j.s.ServletContextHandler@7e1a1da6{/,null,AVAILABLE}
    2020-02-03 16:31:00.532:INFO:oejs.AbstractConnector:main: Started
ServerConnector@47fd17e3{HTTP/1.1,[http/1.1]}{0.0.0.0:8080}
    2020-02-03 16:31:00.533:INFO:oejs.Server:main: Started @1707ms
```

在浏览器中分别访问 http://localhost:8080/hello 和 http://localhost:8080/hello/way 进行测试，能看到如图 9-4 和图 9-5 所示的响应效果。

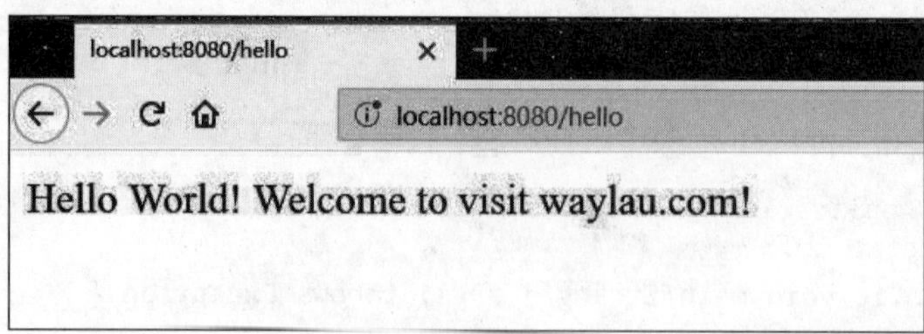

图 9-4 “/hello”接口的返回内容

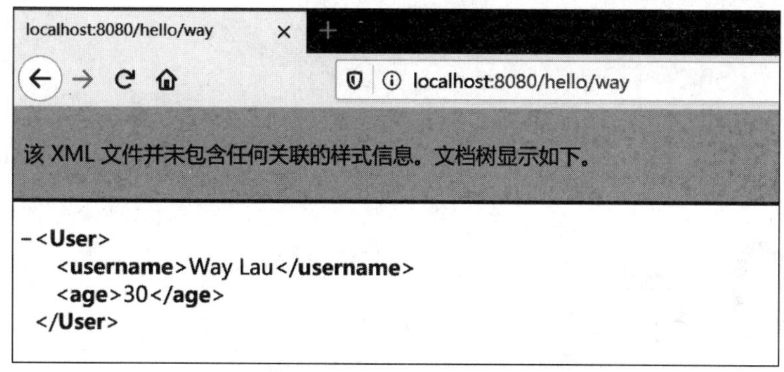

图 9-5　“/hello/way”接口的返回内容

9.11　总　结

本章详细介绍了 Spring Web MVC 的核心概念，包括 DispatcherServlet、过滤器、控制器等，同时介绍了异常处理、CORS 处理、HTTP 缓存、MVC 配置等常用的处理方式。

本章最后演示了 Spring Web MVC 的两个示例，分别处理 JSON 和 XML 类型。

9.12　习　题

（1）简述 Spring Web MVC 的作用。

（2）简述 DispatcherServlet 所使用的设计模式。

（3）简述 Spring Web MVC 过滤器的作用。

（4）在 Spring Web MVC 中，常用的控制器有哪些？

（5）简述 Spring Web MVC 的异常处理。

（6）简述 Spring Web MVC 的 CORS 处理。

（7）简述 Spring Web MVC 的 HTTP 缓存的实现方式。

（8）用 Spring Web MVC 编写一个示例，以响应不同的数据格式。

第 10 章

全能安全框架——Spring Security

在任何应用中，都不可忽视安全的重要性。Spring Security 为基于 Java EE 的企业软件应用程序提供全面的安全服务，特别是使用 Spring 框架构建的项目，可以更好地使用 Spring Security 来加快构建的速度。

10.1 基于角色的权限管理

本节将讨论在权限管理中角色的概念，以及基于角色的机制来进行权限管理。

10.1.1 角色的概念

当说到程序的权限管理时，人们往往想到“角色”这一概念。角色是代表一系列行为或责任的实体，用于限定在软件系统中能做什么、不能做什么。用户账号往往与角色相关联，因此一个用户在软件系统中能“做”什么取决于与之关联的具有什么样的角色。

例如，一个用户以关联了“项目管理员”角色的账号登录系统，这个用户就可以做项目管理员能做的所有事情，如列出项目中的应用、管理项目组成员、产生项目报表等。

从这个意义上来说，角色更多的是一种行为的概念，表示用户能在系统中进行的操作。

10.1.2 基于角色的访问控制

既然角色代表了可执行的操作这一概念，一个合乎逻辑的做法是在软件开发中使用角色来控制对软件功能和数据的访问。这种权限控制方法就称为基于角色的访问控制（Role Based Access Control，RBAC）。

有两种在实践中使用的 RBAC 访问控制方式：隐式访问控制和显式访问控制。

1. 隐式访问控制（ImplicitAccessControl）

前面提到，角色代表一系列可执行的操作。但如何知道一个角色到底关联了哪些可执行的操作呢？

答案是，对于目前大多数的应用，用户并不能明确地知道一个角色到底关联了哪些可执行操作。可能用户心里是清楚的（你知道一个有“管理员”角色的用户可以锁定用户账号、进行系统配置，一个关联了“消费者”这一角色的用户可以在网站上进行商品选购），但这些系统并没有明确定义一个角色到底包含哪些可执行的行为。

以“项目管理员”来说，系统中并没有对“项目管理员”能进行什么样的操作进行明确定义，它仅是一个字符串名词。开发人员通常将这个名词写在程序里以进行访问控制。例如，判断一个用户是否能查看项目报表，程序员可能会进行如下编码：

```
if (user.hasRole("Project Manager") ) {
    // 显示报表按钮
} else {
    // 不显示按钮
}
```

在上面的示例代码中，开发人员判断用户是否有“项目管理员”角色来决定是否显式查看项目报表按钮。注意上面的代码，并没有明确语句来定义“项目管理员”这一角色到底包含哪些可执行的行为，只是假设一个关联了项目管理员角色的用户可查看项目报表，而开发人员也是基于这一假设来写 if/else 语句的。这种方式就是基于角色的隐式访问控制。

2. 脆弱的权限策略

像上面的权限访问控制是非常脆弱的。一个极小的权限方面的需求变动都可能导致上面的代码需要重新修改。

举例来说，假如某一天这个开发团队被告知需要一个“部门管理员”角色，也可以查看项目报表，那么之前的隐式访问控制的代码被修改成如下的样子：

```
if (user.hasRole("Project Manager") || user.hasRole("Department Manager")) {
    // 显示报表按钮
} else {
    // 不显示按钮
}
```

随后，开发人员需要更新测试用例、重新编译系统，还可能需要重走软件质量控制（QA）流程，然后重新部署上线。这一切仅仅是因为一个微小的权限方面的需求变动。后面如果需求方说又有另一个角色可查看报表，或者前面关于“部门管理员可查看报表”的需求不再需要了，怎么办？

如果需求方要求动态地创建、删除角色，以便他们自己配置角色，又该如何应对呢？

像上面的情况，这种隐式的（静态字符串）基于角色的访问控制方式难以满足需求。理想的情况是如果权限需求变动，那么不需要修改任何代码。怎样才能做到这一点呢？接下来进行介绍。

3. 显式访问控制（ExplicitAccessControl）

从上面的例子可以看到，当权限需求发生变动时，隐式访问控制方式会给程序开发带来沉重的负担。如果有一种方式在权限需求发生变化时不需要修改代码就能满足需求，那就太好了。理想的情况是，即使是正在运行的系统，也可以修改权限策略却又不影响最终用户的使用。当你发现某些错误的或危险的安全策略时，可以迅速地修改策略配置，同时系统还能正常使用，而不需要重构代码重新部署系统。

怎样才能达到上面的理想效果呢？实际上，可以通过显式地（明确地）界定在应用中能做的操作来进行。回顾上面隐式访问控制的例子，思考一下这些代码最终的目的及最终要做什么样的控制。从根本上说，这些代码最终是在保护资源（项目报表），是要界定一个用户能对这些资源进行什么样的操作（查看/修改）。当将权限访问控制分解到这种最原始的层次，就可以用一种更细粒度、更富有弹性的方式来表达权限控制策略。

可以修改上面的代码块，以基于资源的语义来更有效地进行权限访问控制。

```
if (user.isPermitted("projectReport:view:12345")) {
    // 显示报表按钮
} else {
    // 不显示按钮
}
```

上面的例子中，可明确地看到是在控制什么。不要太在意冒号分隔的语法，这仅是一个例子，重点是上面的语句明确地表示了“如果当前用户允许查看编号为 12345 的项目报表，就显示项目报表按钮”。也就是说，明确地说明了一个用户账号可对一个资源实例进行的具体操作。

10.1.3 哪种方式更好

上面最后的示例代码块与前面的代码的主要区别在于，最后的代码块是基于什么是受保护的，而不是谁可能有能力做什么。看似简单的区别，但后者对系统开发及部署有着深刻的影响。显式访问控制方式与隐式访问控制方式相比具有以下优势：

- 更少的代码重构：我们是基于系统的功能（系统的资源及对资源的操作）来进行权限控制的，而相应来说，系统的功能需求一旦确定下来后，一段时间内对它的改动是比较少的。只是当系统的功能需求改变时，才会涉及权限代码的改变。例如，上面提到的查看项目报表的功能，显式的权限控制方式不会像传统隐式的 RBAC 权限控制那样，因不同的用户/角色要进行这个操作就需要重构代码，只要这个功能存在，显式的权限控制代码是不需要改变的。
- 资源和操作更直观：保护资源对象、控制对资源对象的操作，这样的权限控制方式更符合人们的思想习惯。正因为符合这种直观的思维方式，面向对象的编辑思想及 REST 通信模型变得非常成功。
- 安全模型更有弹性：上面的示例代码中没有确定哪些用户、组或角色可对资源进行什么操作。这意味着它可支持任何安全模型的设计。例如，可以将操作（权限）直接分配给用户，或者他们可以被分配到一个角色，然后将角色与用户关联，或者将多个角色关联到组（Group）上，等等。完全可以根据应用的特点定制权限模型。
- 外部安全策略管理：由于源代码只反映资源和行为，而不是用户、组和角色，这样资源/

行为与用户、组、角色的关联可以通过外部的模块或专用工具或管理控制台来完成。这意味着在权限需求变化时，开发人员并不需要花费时间来修改代码，业务分析师甚至最终用户就可以通过相应的管理工具修改权限策略配置。

- 运行时进行修改：因为基于资源的权限控制代码并不依赖于行为的主体（如组、角色、用户），开发者并没有将行为的主体的字符名词写在代码中，所以开发者甚至可以在程序运行的时候通过修改主体能对资源进行的操作这样一些方式，通过配置的方式就可以应对权限方面需求的变动，再也不需要像隐式的 RBAC 方式那样重构代码。显式访问控制方式更适合当前的软件应用。

10.1.4　真实的案例

无论是隐式访问控制还是显式访问控制，都有其适合的场景。庆幸的是，在 Java 平台，有很多现成的现代权限管理框架可供选择，例如 Apache Shiro（http://shiro.apache.org/）和 Spring Security（http://projects.spring.io/spring-security/），一个以简洁好用而被业界广泛应用，而另一个以功能强大而著称。

关于这两个框架的用法，读者可以参考笔者的另外两本开源书《Apache Shiro 1.2.x 参考手册》（https://github.com/waylau/apache-shiro-1.2.x-reference）及《Spring Security 教程》（https://github.com/waylau/spring-security-tutorial）。接下来主要介绍 Spring Security 框架的应用。

10.2　Spring Security 概述

Spring Security 的出现有很多原因，但主要是基于 Java EE 的 Servlet 规范或 EJB 规范缺乏对企业应用的安全性方面的支持。而使用 Spring Security 就能克服这些问题，并带来了数十个其他有用的可自定义的安全功能。

在 Java 领域，另一个值得关注的安全框架是 Apache Shiro。但与 Apache Shiro 相比，Spring Security 的功能更加强大，与 Spring 的兼容性也更加好。

10.2.1　Spring Security 的认证模型

应用程序安全性的两个主要领域是认证（Authentication）与授权（Authorization）。

- 认证：认证是建立主体（Principal）的过程。主体通常是指可以在应用程序中执行操作的用户、设备或其他系统。
- 授权：或称为访问控制（Access-Control），是指决定是否允许主体在应用程序中执行操作。为了到达需要授权决定的点，认证过程已经建立了主体的身份。这些概念是常见的，并不是特定于 Spring Security。

在认证级别，Spring Security 支持各种各样的认证模型。这些认证模型中的大多数由第三方提供，或者由诸如互联网工程任务组的相关标准机构开发。此外，Spring Security 提供了自己的一组认证功能。具体来说，Spring Security 目前支持以下这些技术的身份验证集成：

- HTTP BASIC 认证头（基于 IETF RFC 的标准）。
- HTTP Digest 认证头（基于 IETF RFC 的标准）。
- HTTP X.509 客户端证书交换（基于 IETF RFC 的标准）。
- LDAP（一种常见的跨平台身份验证需求，特别是在大型环境中）。
- 基于表单的身份验证（用于简单的用户界面需求）。
- OpenID 身份验证。
- 基于预先建立的请求头的验证（如 Computer Associates Siteminder）。
- Jasig Central Authentication Service（CAS）是一个流行的开源单点登录系统。
- 远程方法调用（RMI）和 Spring 远程协议（HttpInvoker）的透明认证上下文传播。
- 自动 remember-me 身份验证。
- 匿名身份验证（允许每个未经身份验证的调用来自动承担特定的安全身份）。
- Run-as 身份验证（一个调用应使用不同的安全身份继续运行，这是有用的）。
- Java 认证和授权服务（Java Authentication and Authorization Service，JAAS）。
- Java EE 容器认证（如果需要，仍然可以使用容器管理身份验证）。
- Kerberos。

第三方公司或者社区也贡献了诸多的特性，可以方便集成到 Spring Security 应用中，包括：

- Java Open Single Sign-On（JOSSO）。
- OpenNMS Network Management Platform 。
- AppFuse。
- AndroMDA。
- Mule ESB。
- Direct Web Request（DWR）。
- Grails。
- Tapestry。
- JTrac。
- Jasypt。
- Roller。
- Elastic Path。
- Atlassian Crowd。

许多独立软件供应商（Independent Software Vendor，ISV）选择采用 Spring Security，都是出于这种灵活的认证模型。这样，可以快速地将解决方案与最终客户需求进行组合，从而避免进行大量的工作或者要求变更。如果上述认证机制都不符合需求，Spring Security 作为一个开发平台，基于它很容易就可以实现自己的认证机制。

如果不考虑上述认证机制，那么 Spring Security 还提供了一组深层次的授权功能，有以下 3 个主要领域：

- 对 Web 请求进行授权。

- 授权某个方法是否可以被调用。
- 授权访问单个领域对象实例。

10.2.2　Spring Security 的安装

Spring Security 的安装非常简单，下面展示采用 Maven 和 Gradle 两种方式来安装。

1. 使用 Maven

使用 Maven 的最少依赖如下：

```
<dependencyManagement>
    <dependencies>
        <!-- ...省略其他依赖 -->
        <dependency>
            <groupId>org.springframework.security</groupId>
            <artifactId>spring-security-bom</artifactId>
            <version>5.2.1.RELEASE</version>
            <type>pom</type>
            <scope>import</scope>
        </dependency>
    </dependencies>
</dependencyManagement>


<dependencies>
    <!-- ...省略其他依赖 -->
    <dependency>
        <groupId>org.springframework.security</groupId>
        <artifactId>spring-security-web</artifactId>
    </dependency>
    <dependency>
        <groupId>org.springframework.security</groupId>
        <artifactId>spring-security-config</artifactId>
    </dependency>
</dependencies>
```

2. 使用 Gradle

使用 Gradle 的最少依赖如下：

```
plugins {
    id "io.spring.dependency-management" version "1.0.6.RELEASE"
}

dependencyManagement {
    imports {
        mavenBom 'org.springframework.security:spring-security-bom:5.2.1.RELEASE'
    }
}
```

```
// 省略其他依赖

dependencies {
    compile "org.springframework.security:spring-security-web"
    compile "org.springframework.security:spring-security-config"
}
```

10.2.3 模块

自 Spring 3 开始，Spring Security 将代码划分到不同的 JAR 中，这使不同的功能模块和第三方依赖显得更加清晰。Spring Security 主要包括以下几个核心模块：

1. Core-spring-security-core.jar

包含核心的 authentication 和 authorization 的类和接口、远程支持和基础配置 API。任何使用 Spring Security 的应用都需要引入这个 JAR。支持本地应用、远程客户端、方法级别的安全和 JDBC 用户配置。主要包含的顶级包如下：

- org.springframework.security.core：核心。
- org.springframework.security.access：访问，即 authorization 的作用。
- org.springframework.security.authentication：认证。
- org.springframework.security.provisioning：配置。

2. Remoting-spring-security-remoting.jar

提供与 Spring Remoting 整合的支持，开发者并不需要这个，除非开发者需要使用 Spring Remoting 写一个远程客户端。主包为 org.springframework.security.remoting。

3. Web-spring-security-web.jar

包含 filter 和相关 Web 安全的基础代码。该 JAR 用于 Spring Security 进行 Web 安全认证和基于 URL 的访问控制的场景。主包为 org.springframework.security.web。

4. Config-spring-security-config.jar

包含安全命名空间解析代码和 Java 配置代码。如果使用 Spring Security XML 命名空间进行配置或 Spring Security 的 Java 配置支持，就需要它。主包为 org.springframework.security.config。不应该在代码中直接使用这个 JAR 中的类。

5. LDAP-spring-security-ldap.jar

LDAP 认证和配置代码。该 JAR 用于进行 LDAP 认证或管理 LDAP 用户实体的场景。顶级包为 org.springframework.security.ldap。

6. ACL-spring-security-acl.jar

特定领域对象的 ACL（访问控制列表）实现。使用它可以对特定对象的实例进行一些安全配置。顶级包为 org.springframework.security.acls。

7. CAS-spring-security-cas.jar

Spring Security CAS 客户端集成。如果需要使用一个单点登录服务器进行 Spring Security Web 安全认证，则需要引入该 JAR。顶级包为 org.springframework.security.cas。

8. OpenID-spring-security-openid.jar

OpenID Web 认证支持。基于一个外部 OpenID 服务器对用户进行验证。顶级包为 org.springframework.security.openid，需要使用 OpenID4Java。

一般情况下，spring-security-core 和 spring-security-config 都会引入，在 Web 开发中，通常还会引入 spring-security-web。

9. Test-spring-security-test.jar

用于测试 Spring Security。在开发环境中通常需要添加该包。

10.2.4 Spring Security 5 的新特性及高级功能

本书案例采用 Spring Security 5 来进行编写。Spring Security 5 相对于之前的版本主要提供了如下特性：

- 为 OAuth 2.0 登录添加支持。
- 支持初始响应式编程。

提示
有关响应式编程方面的内容可以参阅笔者所著的《Spring 5 开发大全》。

针对 Web 方面的开发，Spring Security 提供了如下高级功能：

1. Remember-Me 认证

Remember-Me 身份验证是指网站能够记住身份之间的会话，通常是通过发送 cookie 到浏览器，cookie 在未来会话中被检测到，并导致自动登录发生。Spring Security 为这些操作提供了必要的钩子，并且有两个具体的实现：

- 使用散列来保存基于 cookie 的令牌的安全性。
- 使用数据库或其他持久存储机制来存储生成的令牌。

在本书的案例中将会通过散列的方式来实现 Remember-Me 认证。

2. 使用 HTTPS

可以使用 requires-channel 属性直接支持这些 URL 采用 HTTPS 协议。

```
<http>
    <intercept-url pattern="/secure/**" access="ROLE_USER"
        requires-channel="https"/>
    <intercept-url pattern="/**" access="ROLE_USER"
        requires-channel="any"/>
    ...
```

```
</http>
```

注意

如果用户尝试使用 HTTP 访问与“/secure/**”模式匹配的任何内容，那么会首先将其重定向到 HTTPS 的 URL 上。

如果开发者的应用程序想使用 HTTP/HTTPS 的非标准端口，那么可以指定端口映射列表，代码如下：

```
<http>
    ...
    <port-mappings>
      <port-mapping http="9080" https="9443"/>
    </port-mappings>
</http>
```

注 意

为了安全，应用程序应该始终采用 HTTPS 在整个过程中使用安全连接，以避免中间人发生攻击的可能性。

3. 会话管理

在会话管理方面，Spring Security 提供了诸如检测超时、控制并发会话、防御会话固定攻击等方面的内容。

（1）检测超时。开发者可以配置 Spring Security，以检测提交的无效会话 ID，并将用户重定向到适当的 URL。这是通过 session-management 元素实现的。

```
<http>
    ...
    <session-management invalid-session-url="/invalidSession.htm"/>
</http>
```

注 意

使用此机制来检测会话超时，如果用户注销，然后在不关闭浏览器的情况下重新登录，就可能会报告错误。这是因为当会话 cookie 无效时，会话 cookie 不会被清除，即使用户已经注销也将被重新提交。开发者可能需要在注销时显式删除 JSESSIONID cookie，例如在注销处理程序中使用以下语法：

```
<http>
    <logout delete-cookies="JSESSIONID"/>
</http>
```

但这种用法并不是每个 Servlet 容器都支持，所以开发者需要在自己的环境中测试它。

（2）并发会话控制。如果开发者希望对单个用户登录应用程序的能力施加限制，Spring Security 将支持以下简单添加功能。首先，需要将以下监听器添加到 web.xml 文件中，以使 Spring Security 更新有关会话生命周期事件。

```
<listener>
    <listener-class>
    org.springframework.security.web.session.HttpSessionEventPublisher
    </listener-class>
</listener>
```

然后将以下内容添加到应用程序上下文中：

```
<http>
    ...
    <session-management>
    <concurrency-control max-sessions="1"/>
    </session-management>
</http>
```

这将阻止用户多次登录（第二次登录将导致第一次无效）。通常，开发者更希望防止第二次登录，在这种情况下可以使用：

```
<http>
    ...
    <session-management>
    <concurrency-control max-sessions="1"
        error-if-maximum-exceeded="true"/>
    </session-management>
</http>
```

第二次登录将被拒绝，用户将被发送到 authentication-failure-url。如果第二次认证是通过另一个非交互机制进行的，如 remember-me，就会向客户端发送 unauthorized（401）错误。如果想要使用错误页面，就可以将 session-authentication-error-url 属性添加到 session-management 元素中。

（3）会话固定攻击（Session Fixation Attacks）防护。会话固定攻击是潜在的风险，恶意攻击者可能通过访问站点来创建会话，而后通过这个会话进行攻击（拥有了会话，一定程度上表明攻击者通过了认证）。而 Spring Security 通过创建新会话或在用户登录时以其他方式更改会话 ID 来自动防范此问题。如果不需要此保护或与其他要求冲突，就可以在元素中使用 session-fixation-protection 属性来进行设置。

4. 支持 OpenID

Spring Security 命名空间支持 OpenID 登录，例如：

```
<http>
    <intercept-url pattern="/**" access="ROLE_USER"/>
    <openid-login/>
</http>
```

通过向 OpenID 提供商进行注册，将用户信息添加到内存中。

```
<user name="http://jimi.hendrix.myopenid.com/"
    authorities="ROLE_USER"/>
```

开发者应该可以使用 myopenid.com 网站登录进行身份验证，还可以通过在 openid-login 元素上设置 user-service-ref 属性来选择特定的 UserDetailsS ervice bean 来使用 OpenID。

Spring Security 也支持 OpenID 属性交换。例如，以下配置将尝试从 OpenID 提供程序中检索电子邮件和全名，供应用程序使用。

```
<openid-login>
    <attribute-exchange>
    <openid-attribute name="email"
        type="http://axschema.org/contact/email" required="true"/>
    <openid-attribute name="name" type="http://axschema.org/namePerson"/>
    </attribute-exchange>
</openid-login>
```

5. 自定义过滤器

如果开发者以前使用过 Spring Security，就会知道该框架维护一连串的过滤器。开发者可能希望在特定位置将自己的过滤器添加到堆栈中，或使用当前没有命名空间配置选项（如 CAS）的 Spring Security 过滤器，或者开发者可能希望使用自定义版本的标准命名空间过滤器，例如由<formlogin>元素创建的 UsernamePasswordAuthenticationFilter，可以有一些额外配置选项。

使用命名空间时，始终严格执行过滤器的顺序。当创建应用程序上下文时，过滤器 bean 将通过命名空间处理代码进行排序，标准 Spring Security 过滤器在命名空间中具有别名，并且是众所周知的位置。

10.3 实战：基于 Spring Security 安全认证

本节将演示基于 Spring Security 的安全认证功能。该应用代码可以在 security-basic 应用下找到。

10.3.1 添加依赖

添加 Spring Security 的依赖。完整的配置如下：

```
<dependencies>
    <dependency>
        <groupId>org.springframework</groupId>
        <artifactId>spring-webmvc</artifactId>
        <version>${spring.version}</version>
    </dependency>
    <dependency>
        <groupId>org.eclipse.jetty</groupId>
        <artifactId>jetty-servlet</artifactId>
        <version>${jetty.version}</version>
        <scope>provided</scope>
    </dependency>
    <dependency>
        <groupId>com.fasterxml.jackson.core</groupId>
        <artifactId>jackson-core</artifactId>
        <version>${jackson.version}</version>
    </dependency>
```

```
    <dependency>
        <groupId>com.fasterxml.jackson.core</groupId>
        <artifactId>jackson-databind</artifactId>
        <version>${jackson.version}</version>
    </dependency>

    <!-- 安全相关的依赖 -->
    <dependency>
        <groupId>org.springframework.security</groupId>
        <artifactId>spring-security-web</artifactId>
        <version>${spring-security.version}</version>
    </dependency>
    <dependency>
        <groupId>org.springframework.security</groupId>
        <artifactId>spring-security-config</artifactId>
        <version>${spring-security.version}</version>
    </dependency>
</dependencies>
```

10.3.2 添加业务代码

业务代码里面包含模型和控制器。

1. User 模型

User 类代码如下：

```
package com.waylau.spring.mvc.vo;

public class User {
    private String username;
    private Integer age;

    public User(String username, Integer age) {
        this.username = username;
        this.age = age;
    }

    //省略 getter/setter 方法

}
```

2. 控制器

控制器 HelloController 代码如下：

```
package com.waylau.spring.mvc.controller;

import org.springframework.web.bind.annotation.RequestMapping;
import org.springframework.web.bind.annotation.RestController;
import com.waylau.spring.mvc.vo.User;
```

```
@RestController
public class HelloController {

    @RequestMapping("/hello")
    public String hello() {
      return"Hello World! Welcome to visit waylau.com!";
    }

    @RequestMapping("/hello/way")
    public User helloWay() {
      return new User("Way Lau", 30);
    }
}
```

上述控制器的逻辑非常简单，当访问“/hello”时，会响应一段文本；当访问“/hello/way”时，会返回一个 POJO 对象。

该 POJO 对象可以根据消息转换器的设置来生成不同格式的消息。

10.3.3 配置消息转换器

添加 Spring Web MVC 的配置类 MvcConfiguration，并在该配置中启用消息转换器。

```
package com.waylau.spring.mvc.configuration;

import java.util.List;

import org.springframework.context.annotation.Configuration;
import org.springframework.http.converter.HttpMessageConverter;
import
org.springframework.http.converter.json.MappingJackson2HttpMessageConverter;
import org.springframework.web.servlet.config.annotation.EnableWebMvc;
import org.springframework.web.servlet.config.annotation.WebMvcConfigurer;

@EnableWebMvc// 启用 MVC
@Configuration
public class MvcConfiguration implements WebMvcConfigurer {

    public void extendMessageConverters(List<HttpMessageConverter<?>> cs) {
        // 使用 Jackson JSON 来进行消息转换
        cs.add(newMappingJackson2HttpMessageConverter());
    }
}
```

由于预先在 pom.xml 中添加了 Jackson JSON 的依赖，因此可以使用 Jackson JSON 来进行消息转换，将响应消息体转为 JSON 格式。

10.3.4　配置 Spring Security

以下是针对 Spring Security 的配置：

```
package com.waylau.spring.mvc.configuration;

import org.springframework.context.annotation.Bean;
import org.springframework.security.config.annotation.web.builders.HttpSecurity;
import
org.springframework.security.config.annotation.web.configuration.EnableWebSecurity;
import
org.springframework.security.config.annotation.web.configuration.WebSecurityConfigure
rAdapter;
import org.springframework.security.core.userdetails.User;
import org.springframework.security.core.userdetails.UserDetailsService;
import org.springframework.security.provisioning.InMemoryUserDetailsManager;

@EnableWebSecurity// 启用 Spring Security 功能
public class WebSecurityConfig
extends WebSecurityConfigurerAdapter {

    /**
    *自定义配置
    */
    @Override
    protected void configure(HttpSecurity http) throws Exception {
        http.authorizeRequests().anyRequest().authenticated()//所有请求都需认证
        .and()
        .formLogin() // 使用 form 表单登录
        .and()
        .httpBasic(); // HTTP 基本认证
    }

    @SuppressWarnings("deprecation")
    @Bean
    public UserDetailsService userDetailsService() {
        InMemoryUserDetailsManager manager =
            new InMemoryUserDetailsManager();

        manager.createUser(
                User.withDefaultPasswordEncoder()  // 密码编码器
                .username("waylau")  // 用户名
                .password("123")    // 密码
                .roles("USER")      // 角色
                .build()
                );
      return manager;
    }
```

```
}
```

在上述配置中，要启动 Spring Security 功能，需要在配置类上添加@EnableWebSecurity 注解。

安全配置类 WebSecurityConfig 继承自 WebSecurityConfigurerAdapter。WebSecurityConfigurerAdapter 提供用于创建一个 Websecurityconfigurer 实例方便的基类，允许自定义重写其方法。这里，我们重写了 configure 方法，其中：

- authorizeRequests().anyRequest().authenticated()方法意味着所有请求都需要认证；
- formLogin()方法表明这是一个基于表单的身份验证；
- httpBasic()方法表明该认证是一个 HTTP 基本认证。

UserDetailsService 用于提供身份认证信息。本例使用了基于内存的信息管理器 InMemoryUserDetailsManager，同时初始化了一个用户名为 waylau、密码为 123、角色为 USER 的身份信息。withDefaultPasswordEncoder()方法指定了该用户身份信息使用默认的密码编码器。

10.3.5 创建应用配置类

AppConfiguration 是整个应用的配置类，用于导入 Spring Web MVC 及 Spring Security 的配置信息。其代码如下：

```
import org.springframework.context.annotation.ComponentScan;
import org.springframework.context.annotation.Configuration;
import org.springframework.context.annotation.Import;

@Configuration
@ComponentScan(basePackages = { "com.waylau.spring" })
@Import({ WebSecurityConfig.class, MvcConfiguration.class})
public class AppConfiguration {

}
```

10.3.6 创建内嵌 Jetty 的服务器

创建内嵌 Jetty 的服务器，代码如下：

```
package com.waylau.spring.mvc;

import java.util.EnumSet;
import javax.servlet.DispatcherType;
import org.eclipse.jetty.server.Server;
import org.eclipse.jetty.servlet.FilterHolder;
import org.eclipse.jetty.servlet.ServletContextHandler;
import org.eclipse.jetty.servlet.ServletHolder;
import org.springframework.web.context.ContextLoaderListener;
import org.springframework.web.context.WebApplicationContext;
import
org.springframework.web.context.support.AnnotationConfigWebApplicationContext;
```

```
import org.springframework.web.filter.DelegatingFilterProxy;
import org.springframework.web.servlet.DispatcherServlet;
import com.waylau.spring.mvc.configuration.AppConfiguration;

public class JettyServer {
    public static final int DEFAULT_PORT = 8080;
    public static final String CONTEXT_PATH = "/";
    public static final String MAPPING_URL = "/*";

    public void run() throws Exception {
        Server server = new Server(DEFAULT_PORT);
        server.setHandler(servletContextHandler(webApplicationContext()));
        server.start();
        server.join();
    }

    private ServletContextHandler servletContextHandler(WebApplicationContext ct) {
    // 启用 Session 管理器
        ServletContextHandler handler =
            new ServletContextHandler(ServletContextHandler.SESSIONS);

        handler.setContextPath(CONTEXT_PATH);
        handler.addServlet(newServletHolder(newDispatcherServlet(ct)),
                MAPPING_URL);
        handler.addEventListener(newContextLoaderListener(ct));

        // 添加 Spring Security 过滤器
        FilterHolder filterHolder=newFilterHolder(DelegatingFilterProxy.class);
        filterHolder.setName("springSecurityFilterChain");
        handler.addFilter(filterHolder, MAPPING_URL,
           EnumSet.of(DispatcherType.REQUEST));

        return handler;
    }

    private WebApplicationContext webApplicationContext() {
        AnnotationConfigWebApplicationContext context =
          new AnnotationConfigWebApplicationContext();
        context.register(AppConfiguration.class);
        return context;
    }
}
```

JettyServer 将 Spring 的上下文 Servlet、监听器、过滤器等信息都传给了 Jetty 服务。

10.3.7　应用启动器

创建应用启动类 Application，代码如下：

```
package com.waylau.spring.mvc;
```

```
public class Application {

    public static void main(String[] args) throws Exception {
        new JettyServer().run();
    }

}
```

10.3.8 运行应用

右击运行 Application 类即可启动应用。

访问 http://localhost:8080/hello/way，跳转到登录界面，意味着被安全认证拦截了。正如 WebSecurityConfig 所配置的那样，登录界面是一个 form 表单，如图 10-1 所示。

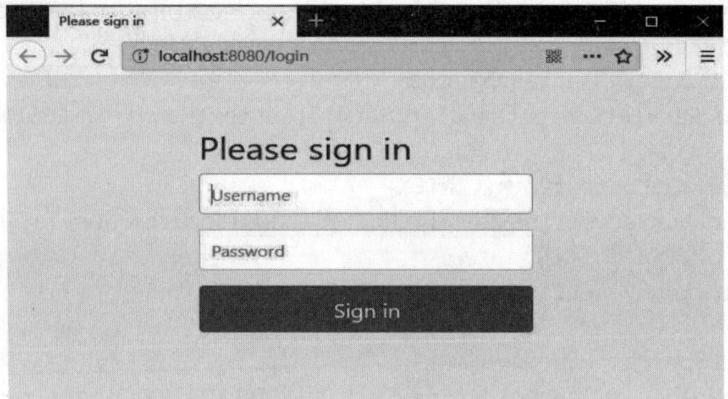

图 10-1　登录界面

尝试输入错误的用户名和密码，可以看到如图 10-2 所示的提示信息。

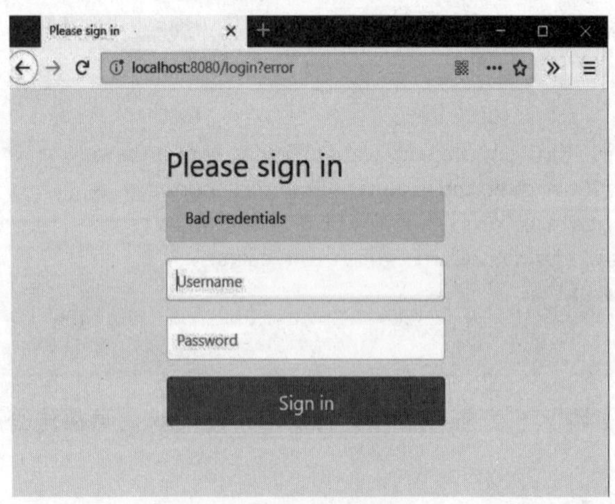

图 10-2　错误提示

用初始化好的用户名和密码成功登录，可以看到能够正常访问应用的 API 了，如图 10-3 所示。

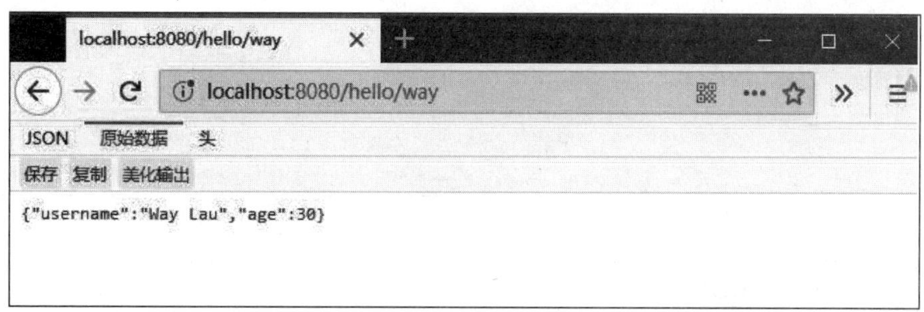

图 10-3　成功登录

10.4 总　结

本章介绍了基于角色的权限管理及 Java 领域常用的安全框架——Spring Security。

对于 Spring Security，重点是掌握 Spring Security 的用法。因此，在本章最后提供了一个 Spring Security 的示例。

10.5 习　题

（1）简述基于角色的访问控制。

（2）简述 Spring Security 的认证模型。

（3）列举 Spring Security 的新特性。

（4）使用 Spring Security 编写一个示例，以实现基于角色的访问控制。

第 11 章

轻量级持久层框架——MyBatis

大部分应用都会将数据存储于关系型数据库中。在 Java 领域，MyBatis 是非常流行的处理 Java 对象与数据库关系之间映射的框架，互联网公司广泛采用。

本章主要介绍 MyBatis 的基础知识。

11.1 MyBatis 概述

MyBatis 是一款优秀的持久层框架，它支持定制化 SQL、存储过程以及高级映射。MyBatis 避免了几乎所有的 JDBC 代码和手动设置参数以及获取结果集。MyBatis 可以使用简单的 XML 或注解来配置和映射原生信息，将接口和普通的 Java 对象（Plain Old Java Objects，Java POJO）映射成数据库中的记录。

11.1.1 安装 MyBatis

要使用 MyBatis，只需将 mybatis-x.x.x.jar 文件置于 classpath 中即可。

如果使用 Maven 来构建项目，就需要将下面的 MyBatis 的依赖配置于 pom.xml 文件中：

```
<dependency>
  <groupId>org.mybatis</groupId>
  <artifactId>mybatis</artifactId>
  <version>${mybatis.version}</version>
</dependency>
```

11.1.2 MyBatis 功能架构

MyBatis 的功能架构分为 3 层：

- API 接口层：提供给外部使用的接口 API，开发人员通过这些本地 API 来操纵数据库。接口层一接收到调用请求就会调用数据处理层来完成具体的数据处理。
- 数据处理层：负责具体的 SQL 查找、SQL 解析、SQL 执行和执行结果映射处理等。它主要的目的是根据调用的请求完成一次数据库操作。
- 基础支撑层：负责基础的功能支撑，包括连接管理、事务管理、配置加载和缓存处理，这些都是共用的东西，将它们抽取出来作为基础的组件，为上层的数据处理层提供基础的支撑。

11.1.3 MyBatis 的优缺点

MyBatis 的优点如下：

- 简单易学：本身就很小且简单，没有任何第三方依赖，简单安装只要一个 JAR 文件和几个 SQL 映射配置文件，易于学习，易于使用，通过文档和源代码可以比较完全地掌握它的设计思路和实现。
- 灵活：MyBatis 不会对应用程序或者数据库的现有设计强加任何影响。SQL 写在 XML 里，便于统一管理和优化。通过 SQL 基本上可以实现我们不使用数据访问框架可以实现的所有功能，或许更多。
- 解除 SQL 与程序代码的耦合：通过提供 DAL 层，将业务逻辑和数据访问逻辑分离，使系统的设计更清晰，更易维护，更易进行单元测试。SQL 和代码的分离提高了可维护性。
- 提供映射标签，支持对象与数据库的 ORM 字段关系映射。
- 提供对象关系映射标签，支持对象关系组建维护。
- 提供 XML 标签，支持编写动态 SQL。

MyBatis 的缺点如下：

- 编写 SQL 语句时工作量很大，尤其是字段多、关联表多时更是如此。
- SQL 语句依赖于数据库，导致数据库移植性差，不能更换数据库。
- 框架还是比较简陋的，功能尚有缺失，虽然简化了数据绑定代码，但是整个底层数据库查询实际还是要自己写的，工作量也比较大，而且不太容易适应快速数据库修改。
- 二级缓存机制不佳。

11.2 MyBatis 四大核心组件

本节讲解 MyBatis 四大核心组件 SqlSessionFactoryBuilder、SqlSessionFactory、SqlSession 和 Mapper。

11.2.1 SqlSessionFactoryBuilder

从命名上可以看出，这是一个采用 Builder 模式的用于创建 SqlSessionFactory 的类。SqlSessionFactoryBuilder 根据配置来构造 SqlSessionFactory。

其中配置方式主要有两种。

1. XML 文件方式

XML 文件方式是一种常用的方式。下面的代码演示使用 XML 文件配置方式的示例：

```
String resource = "org/mybatis/example/mybatis-config.xml";

InputStream inputStream = Resources.getResourceAsStream(resource);

SqlSessionFactory sqlSessionFactory = new
SqlSessionFactoryBuilder().build(inputStream);
```

mybatis-config.xml 就是我们的配置文件，内容如下：

```
<?xml version="1.0" encoding="UTF-8" ?>
<!DOCTYPE configuration
PUBLIC "-//mybatis.org//DTD Config 3.0//EN"
"http://mybatis.org/dtd/mybatis-3-config.dtd">
<configuration>
   <environments default="development">
      <environment id="development">
      <transactionManager type="JDBC"/>
      <dataSource type="POOLED">
         <property name="driver" value="${driver}"/>
         <property name="url" value="${url}"/>
         <property name="username" value="${username}"/>
         <property name="password" value="${password}"/>
      </dataSource>
      </environment>
   </environments>
   <mappers>
   <mapper resource="org/mybatis/example/BlogMapper.xml"/>
   </mappers>
</configuration>
```

2. Java Config 方式

这是第二种配置方式，通过 Java 代码来配置，用法如下：

```
DataSource dataSource = BlogDataSourceFactory.getBlogDataSource();

TransactionFactory transactionFactory = newJdbcTransactionFactory();

Environment environment = newEnvironment("development", transactionFactory,
dataSource);
```

```
    Configuration configuration = newConfiguration(environment);
    configuration.addMapper(BlogMapper.class);

    SqlSessionFactory sqlSessionFactory = new
SqlSessionFactoryBuilder().build(configuration);
```

Java Config 相比 XML 文件的方式而言会有一些限制，比如修改了配置文件需要重新编译，注解配置项没有 XM 配置项多等。所以，业界大多数情况下选择 XML 文件的方式。但到底选择哪种方式，这个要取决于自己团队的需要。比如，项目的 SQL 语句不复杂，也不需要一些高级的 SQL 特性，那么 Java Config 会更加简洁一点；反之，则可以选择 XML 文件的方式。

11.2.2　SqlSessionFactory

顾名思义，SqlSessionFactory 是用于生产 SqlSession 的工厂。

通过如下方式来获取 SqlSession 实例：

```
SqlSession session = sqlSessionFactory.openSession();
```

11.2.3　SqlSession

SqlSession 包含执行 SQL 的所有方法。可以通过 SqlSession 实例来直接执行已映射的 SQL 语句，例如：

```
SqlSession session = sqlSessionFactory.openSession();
try {
Blog blog = session.selectOne(
"org.mybatis.example.BlogMapper.selectBlog", 101);
} finally {
session.close();
}
```

当然，下面的方式可以做到类型安全：

```
SqlSession session = sqlSessionFactory.openSession();
try {
BlogMapper mapper = session.getMapper(BlogMapper.class);
Blog blog = mapper.selectBlog(101);
} finally {
session.close();
}
```

11.2.4　Mapper

顾名思义，Mapper 用于 Java 与 SQL 之间的映射，包括 Java 映射为 SQL 语句，以及 SQL 返回结果映射为 Java。

比如，下面是一个常见的 Mapper 接口映射文件：

```
<?xml version="1.0" encoding="UTF-8" ?>
<!DOCTYPE mapper
PUBLIC "-//mybatis.org//DTD Mapper 3.0//EN"
"http://mybatis.org/dtd/mybatis-3-mapper.dtd">
<mapper namespace="org.mybatis.example.BlogMapper">
<select id="selectBlog" resultType="Blog">
select * from Blog where id = #{id}
</select>
</mapper>
```

其中，org.mybatis.example.BlogMapper 就是我们要映射的接口，selectBlog 就是 BlogMapper 上的方法。而这个 selectBlog 具体要执行 select * from Blog where id = #{id}这个 SQL 语句。

这样，我们就能通过

```
Blog blog = session.selectOne(
"org.mybatis.example.BlogMapper.selectBlog", 101);
```

或者

```
BlogMapper mapper = session.getMapper(BlogMapper.class);
Blog blog = mapper.selectBlog(101);
```

来获取执行的结果。

当然，如果采用注解的方式，就可以省去 XML 映射文件。以下是采用注解方式的示例：

```
public interface BlogMapper {
@Select("SELECT * FROM blog WHERE id = #{id}")
Blog selectBlog(int id);
}
```

11.3 生命周期及作用域

理解 MyBatis 的不同作用域和生命周期是至关重要的，因为错误地使用 MyBatis 的作用域和生命周期会导致非常严重的并发问题。

11.3.1 SqlSessionFactoryBuilder

SqlSessionFactoryBuilder 这个类可以被实例化、使用和丢弃，一旦创建了 SqlSessionFactory，就不再需要它了。因此，SqlSessionFactoryBuilder 实例的最佳作用域是方法作用域（也就是局部方法变量）。可以重用 SqlSessionFactoryBuilder 来创建多个 SqlSessionFactory 实例，但是最好不要让其一直存在，以释放资源开放给其他更重要的事情。

11.3.2 SqlSessionFactory

SqlSessionFactory 一旦被创建就应该在应用的运行期间一直存在，没有任何理由对它进行清除或重建。使用 SqlSessionFactory 的较佳实践是在应用运行期间不要重复创建多次，多次重建 SqlSessionFactory 被视为一种代码的“坏味道”（Bad Smell）。因此，SqlSessionFactory 的最佳作用域是应用作用域。有很多方法可以做到，简单的是使用单例模式或者静态单例模式。

11.3.3 SqlSession

每个线程都应该有它自己的 SqlSession 实例。SqlSession 实例不是线程安全的，因此是不能被共享的，它的最佳作用域是请求或方法作用域。绝对不能将 SqlSession 实例的引用放在一个类的静态域，甚至一个类的实例变量也不行。也绝不能将 SqlSession 实例的引用放在任何类型的管理作用域中，比如 Servlet 架构中的 HttpSession。如果现在正在使用一种 Web 框架，就要考虑将 SqlSession 放在一个和 HTTP 请求对象相似的作用域中。换句话说，每次收到 HTTP 请求，就打开一个 SqlSession，返回一个响应，就关闭它。这个关闭操作是很重要的，应该把这个关闭操作放到 finally 块中以确保每次都能执行关闭。下面的示例就是一个确保 SqlSession 关闭的标准模式：

```
SqlSession session = sqlSessionFactory.openSession();
try {
  // 业务逻辑...
} finally {
  session.close();
}
```

确保所有的代码中都采用这种模式来保证所有数据库资源都能被正确地关闭。

11.3.4 Mapper 实例

Mapper 是一个用来绑定映射的语句的接口。Mapper 接口的实例是从 SqlSession 中获得的。因此从技术层面讲，任何 Mapper 实例的最大作用域是和请求它们的 SqlSession 相同的。尽管如此，Mapper 实例的最佳作用域是方法作用域。也就是说，Mapper 实例应该在调用它们的方法中被请求，用过之后即可废弃。并不需要显式地关闭 Mapper 实例，尽管在整个请求作用域（Request Scope）保持 Mapper 实例也不会有什么问题，但是很快你会发现，像 SqlSession 一样，在这个作用域上管理太多资源的话会难以控制。所以要保持简单，最好把 Mapper 放在方法作用域（Method Scope）内。下面的示例将展示这个实践。

```
SqlSession session = sqlSessionFactory.openSession();
try {
  BlogMapper mapper = session.getMapper(BlogMapper.class);
  // 业务逻辑...
} finally {
  session.close();
}
```

11.4 总 结

本章介绍了 MyBatis 的概念、功能架构及优缺点。对于 MyBatis，需要重点掌握的是 MyBatis 的四大核心组件，即 SqlSessionFactoryBuilder、SqlSessionFactory、SqlSession 和 Mapper。

11.5 习 题

（1）简述 MyBatis 的作用。

（2）简述 MyBatis 与 Hibernate 对比有哪些差异。

（3）简述 MyBatis 的四大核心组件及其生命周期。

第 12 章

MyBatis 的高级应用

第 11 章已经介绍了 MyBatis 的基本概念。本章将继续探讨 MyBatis 的高级应用部分，包括如何配置 MyBatis、如何编写映射文件等。

12.1 配置文件

MyBatis 的配置是定义在 mybatis-config.xml 文件中的，接下来介绍该配置文件主要包含的配置内容。

12.1.1 properties

MyBatis 的 properties（属性）都是可外部配置且可动态替换的，既可以在典型的 Java 属性文件中配置，又可以通过 properties 元素的子元素来传递，例如：

```
<properties resource="org/mybatis/example/config.properties">
  <property name="username" value="dev_user"/>
  <property name="password" value="F2Fa3!33TYyg"/>
</properties>
```

其中的属性就可以在整个配置文件中被用来替换需要动态配置的属性值，比如：

```
<dataSource type="POOLED">
  <property name="driver" value="${driver}"/>
  <property name="url" value="${url}"/>
  <property name="username" value="${username}"/>
  <property name="password" value="${password}"/>
</dataSource>
```

在这个例子中，username 和 password 将会由 properties 元素中设置的相应值来替换。driver 和 url 属性将会由 config.properties 文件中对应的值来替换。这样就为配置提供了诸多灵活选择。

属性也可以被传递到 SqlSessionFactoryBuilder.build()方法中，例如：

```
SqlSessionFactory factory = new SqlSessionFactoryBuilder().build(reader, props);
// ...
```

或者

```
SqlSessionFactory factory = new SqlSessionFactoryBuilder().build(reader, environment,
props);
// ...
```

如果属性在多个地方进行了配置，那么 MyBatis 将按照下面的顺序来加载：

- 在 properties 元素体内指定的属性首先被读取。
- 然后根据 properties 元素中的 resource 属性读取类路径下的属性文件或根据 url 属性指定的路径读取属性文件，并覆盖已读取的同名属性。
- 最后读取作为方法参数传递的属性，并覆盖已读取的同名属性。

因此，通过方法参数传递的属性具有最高优先级，resource/url 属性中指定的配置文件次之，最低优先级的是 properties 属性中指定的属性。

从 MyBatis 3.4.2 开始，可以为占位符指定一个默认值，例如：

```
<dataSource type="POOLED">
  <!-- ... -->
  <property name="username"
    value="${username:ut_user}"/><!-- 如果'username'属性不存在，那么默认值是'ut_user'
-->
</dataSource>
```

这个特性默认是关闭的。如果想为占位符指定一个默认值，就开启这个特性，例如：

```
<properties resource="org/mybatis/example/config.properties">
  <!-- ... -->
  <property name="org.apache.ibatis.parsing.PropertyParser.enable-default-value"
    value="true"/><!-- 开启特性 -->
</properties>
```

可以通过增加一个指定的属性来改变分隔符和默认值的字符，例如：

```
<properties resource="org/mybatis/example/config.properties">
  <!-- ... -->
  <property name="org.apache.ibatis.parsing.PropertyParser.default-value-
separator"
    value="?:"/><!-- 改变分隔符 -->
</properties>
<dataSource type="POOLED">
  <!-- ... -->
<property name="username" value="${db:username?:ut_user}"/>
</dataSource>
```

12.1.2　settings

settings 会改变 MyBatis 的运行时行为。

一个配置完整的 settings 元素的示例如下：

```
<settings>
  <setting name="cacheEnabled" value="true"/>
  <setting name="lazyLoadingEnabled" value="true"/>
  <setting name="multipleResultSetsEnabled" value="true"/>
  <setting name="useColumnLabel" value="true"/>
  <setting name="useGeneratedKeys" value="false"/>
  <setting name="autoMappingBehavior" value="PARTIAL"/>
  <setting name="autoMappingUnknownColumnBehavior" value="WARNING"/>
  <setting name="defaultExecutorType" value="SIMPLE"/>
  <setting name="defaultStatementTimeout" value="25"/>
  <setting name="defaultFetchSize" value="100"/>
  <setting name="safeRowBoundsEnabled" value="false"/>
  <setting name="mapUnderscoreToCamelCase" value="false"/>
  <setting name="localCacheScope" value="SESSION"/>
  <setting name="jdbcTypeForNull" value="OTHER"/>
  <setting name="lazyLoadTriggerMethods" value="equals,clone,hashCode,toString"/>
</settings>
```

表 12-1 描述了上述设置中的各个项目意图以及默认值。

表 12-1　settings 设置名及描述

设 置 名	描 述	有 效 值	默 认 值
cacheEnabled	全局地开启或关闭配置文件中的所有映射器已经配置的任何缓存	true | false	true
lazyLoadingEnabled	延迟加载的全局开关。当开启时，所有关联对象都会延迟加载。特定关联关系中可通过设置 fetchType 属性来覆盖该项的开关状态	true | false	false
aggressiveLazyLoading	当开启时，任何方法的调用都会加载该对象的所有属性；否则，每个属性会按需加载（参考 lazyLoadTriggerMethods)	true | false	false（在 3.4.1 及之前的版本，默认值为 true）
multipleResultSetsEnabled	是否允许单一语句返回多结果集（需要驱动支持）	true | false	true
useColumnLabel	使用列标签代替列名。不同的驱动在这方面会有不同的表现，具体可参考相关驱动文档或通过测试这两种不同的模式来观察所用驱动的结果	true | false	true

（续表）

设 置 名	描 述	有 效 值	默 认 值
useGeneratedKeys	允许 JDBC 支持自动生成主键，需要驱动支持。如果设置为 true，那么这个设置强制使用自动生成主键，尽管一些驱动不能支持，但仍可正常工作（比如 Derby）	true | false	false
autoMappingBehavior	指定 MyBatis 应如何自动映射列到字段或属性。NONE 表示取消自动映射；PARTIAL 只会自动映射没有定义嵌套结果集映射的结果集；FULL 会自动映射任意复杂的结果集（无论是否嵌套）	NONE、PARTIAL、FULL	PARTIAL
autoMappingUnknownColumn-Behavior	指定发现自动映射目标未知列（或者未知属性类型）的行为 NONE：不做任何反应 WARNING：输出提醒日志（'org.apache.ibatis.session.AutoMappingUnknownColumnBehavior'的日志等级必须设置为 WARN） FAILING：映射失败（抛出 SqlSessionException）	NONE、WARNING、FAILING	NONE
defaultExecutorType	配置默认的执行器。SIMPLE 就是普通的执行器；REUSE 执行器会重用预处理语句；BATCH 执行器将重用语句并执行批量更新	SIMPLE、REUSE、BATCH	SIMPLE
defaultStatementTimeout	设置超时时间，它决定驱动等待数据库响应的秒数	任意正整数	未设置（null）
defaultFetchSize	为驱动的结果集获取数量（FetchSize）设置一个提示值。此参数只可以在查询设置中被覆盖	任意正整数	未设置（null）
safeRowBoundsEnabled	允许在嵌套语句中使用分页（RowBounds）。如果允许使用，就设置为 false	true | false	false
safeResultHandlerEnabled	允许在嵌套语句中使用分页（ResultHandler）。如果允许使用，就设置为 false	true | false	true
mapUnderscoreToCamelCase	是否开启自动驼峰命名规则（Camel Case）映射，即从经典数据库列名 A_COLUMN 到经典 Java 属性名 aColumn 的类似映射	true | false	false

（续表）

设 置 名	描 述	有 效 值	默 认 值
localCacheScope	MyBatis 利用本地缓存机制（Local Cache）防止循环引用（Circular References）和加速重复嵌套查询。默认值为 SESSION，这种情况下会缓存一个会话中执行的所有查询。若设置值为 STATEMENT，则本地会话仅用在语句执行上，对相同 SqlSession 的不同调用将不会共享数据	SESSION | STATEMENT	SESSION
jdbcTypeForNull	当没有为参数提供特定的 JDBC 类型时，为空值指定 JDBC 类型。某些驱动需要指定列的 JDBC 类型，多数情况直接用一般类型即可，比如 NULL、VARCHAR 或 OTHER	JdbcType 常量，常用值：NULL、VARCHAR 或 OTHER	OTHER
lazyLoadTriggerMethods	指定哪个对象的方法触发一次延迟加载	用逗号分隔的方法列表	equals、clone、hashCode、toString
defaultScriptingLanguage	指定动态 SQL 生成的默认语言	一个类型别名或完全限定类名	org.apache.ibat is. scripting.xmltags. XMLLanguageDriver
defaultEnumTypeHandler	指定 Enum 使用的默认 TypeHandler	一个类型别名或完全限定类名	org.apache.ibatis.type .EnumTypeHandler
callSettersOnNulls	指定当结果集中值为 null 的时候是否调用映射对象的 setter（map 对象时为 put）方法，这在依赖于 Map.keySet() 或 null 值初始化的时候比较有用。注意基本类型（int、boolean 等）是不能设置成 null 的	true | false	false
returnInstanceForEmptyRow	当返回行的所有列都为空时，MyBatis 默认返回 null。当开启这个设置时，MyBatis 会返回一个空实例。注意，这也适用于嵌套的结果集（如集合或关联，新增于 3.4.2）	true | false	false
logPrefix	指定 MyBatis 增加到日志名称的前缀	任何字符串	未设置

（续表）

设 置 名	描 述	有 效 值	默 认 值
logImpl	指定 MyBatis 所用日志的具体实现，未指定时将自动查找	SLF4J | LOG4J | LOG4J2 | JDK_LOGGING | COMMONS_LOGGING | STDOUT_LOGGING | NO_LOGGING	未设置
proxyFactory	指定 MyBatis 创建具有延迟加载能力的对象所用到的代理工具	CGLIB | JAVASSIST	JAVASSIST（MyBatis 3.3 以上）
vfsImpl	指定 VFS 的实现	自定义 VFS 实现的类全限定名，以逗号分隔	未设置
useActualParamName	允许使用方法签名中的名称作为语句参数名称。为了使用该特性，项目必须采用 Java 8 编译，并且加上 -parameters 选项（新增于 3.4.1）	true | false	true
configurationFactory	指定一个提供 Configuration 实例的类。这个被返回的 Configuration 实例用来加载被反序列化对象的延迟加载属性值。这个类必须包含一个签名为 static Configuration getConfiguration() 的方法（新增于 3.2.3）	类型别名或者全类名	未设置

12.1.3 typeAliases

typeAliases 用于给 Java 类型起一个别名，这样让类型看起来更简洁。示例如下：

```
<typeAliases>
  <typeAlias alias="Author" type="domain.blog.Author"/>
  <typeAlias alias="Blog" type="domain.blog.Blog"/>
  <typeAlias alias="Comment" type="domain.blog.Comment"/>
  <typeAlias alias="Post" type="domain.blog.Post"/>
  <typeAlias alias="Section" type="domain.blog.Section"/>
  <typeAlias alias="Tag" type="domain.blog.Tag"/>
</typeAliases>
```

通过上述配置，Blog 就可以用在任何使用 domain.blog.Blog 的地方。

也可以指定一个包名，MyBatis 会在包名下面搜索需要的 Java Bean，比如：

```
<typeAliases>
```

```
    <package name="domain.blog"/>
</typeAliases>
```

每一个在包 domain.blog 中的 Java Bean，在没有注解的情况下，会使用 Bean 的首字母小写的非限定类名来作为它的别名，比如 domain.blog.Author 的别名为 author。

如果存在注解，那么别名为其注解值。下面是一个例子：

```
@Alias("author")
public class Author {
    //...
}
```

MyBatis 为常用的 Java 类型设置了别名，具体可见表 12-2。这些别名都是大小写不敏感的。

表 12-2　常用别名

别　名	映射的类型
_byte	byte
_long	long
_short	short
_int	int
_integer	int
_double	double
_float	float
_boolean	boolean
string	String
byte	Byte
long	Long
short	Short
int	Integer
integer	Integer
double	Double
float	Float
boolean	Boolean
date	Date
decimal	BigDecimal
bigdecimal	BigDecimal
object	Object
map	Map
hashmap	HashMap

（续表）

别　名	映射的类型
list	List
arraylist	ArrayList
collection	Collection
iterator	Iterator

12.1.4 typeHandlers

无论是 MyBatis 在预处理语句（PreparedStatement）中设置一个参数时，还是从结果集中取出一个值时，都会用类型处理器将获取的值以合适的方式转换成 Java 类型。

表 12-3 描述了 MyBatis 内置的默认的类型处理器。

表 12-3　MyBatis 内置的默认的类型处理器

类型处理器	Java 类型	JDBC 类型
BooleanTypeHandler	java.lang.Boolean, boolean	数据库兼容的 BOOLEAN
ByteTypeHandler	java.lang.Byte, byte	数据库兼容的 NUMERIC 或 BYTE
ShortTypeHandler	java.lang.Short, short	数据库兼容的 NUMERIC 或 SMALLINT
IntegerTypeHandler	java.lang.Integer, int	数据库兼容的 NUMERIC 或 INTEGER
LongTypeHandler	java.lang.Long, long	数据库兼容的 NUMERIC 或 BIGINT
FloatTypeHandler	java.lang.Float, float	数据库兼容的 NUMERIC 或 FLOAT
DoubleTypeHandler	java.lang.Double, double	数据库兼容的 NUMERIC 或 DOUBLE
BigDecimalTypeHandler	java.math.BigDecimal	数据库兼容的 NUMERIC 或 DECIMAL
StringTypeHandler	java.lang.String	CHAR, VARCHAR
ClobReaderTypeHandler	java.io.Reader	-
ClobTypeHandler	java.lang.String	CLOB, LONGVARCHAR
NStringTypeHandler	java.lang.String	NVARCHAR, NCHAR
NClobTypeHandler	java.lang.String	NCLOB
BlobInputStreamTypeHandler	java.io.InputStream	-
ByteArrayTypeHandler	byte[]	数据库兼容的字节流类型
BlobTypeHandler	byte[]	BLOB, LONGVARBINARY
DateTypeHandler	java.util.Date	TIMESTAMP
DateOnlyTypeHandler	java.util.Date	DATE
TimeOnlyTypeHandler	java.util.Date	TIME
SqlTimestampTypeHandler	java.sql.Timestamp	TIMESTAMP
SqlDateTypeHandler	java.sql.Date	DATE
SqlTimeTypeHandler	java.sql.Time	TIME

（续表）

类型处理器	Java 类型	JDBC 类型
ObjectTypeHandler	Any	OTHER 或未指定类型
EnumTypeHandler	Enumeration Type	VARCHAR 或任何兼容的字符串类型，用以存储枚举的名称（而不是索引值）
EnumOrdinalTypeHandler	Enumeration Type	任何兼容的 NUMERIC 或 DOUBLE 类型，存储枚举的序数值（而不是名称）
SqlxmlTypeHandler	java.lang.String	SQLXML
InstantTypeHandler	java.time.Instant	TIMESTAMP
LocalDateTimeTypeHandler	java.time.LocalDateTime	TIMESTAMP
LocalDateTypeHandler	java.time.LocalDate	DATE
LocalTimeTypeHandler	java.time.LocalTime	TIME
OffsetDateTimeTypeHandler	java.time.OffsetDateTime	TIMESTAMP
OffsetTimeTypeHandler	java.time.OffsetTime	TIME
ZonedDateTimeTypeHandler	java.time.ZonedDateTime	TIMESTAMP
YearTypeHandler	java.time.Year	INTEGER
MonthTypeHandler	java.time.Month	INTEGER
YearMonthTypeHandler	java.time.YearMonth	VARCHAR 或 LONGVARCHAR
JapaneseDateTypeHandler	java.time.chrono.JapaneseDate	DATE

提示

从 MyBatis 3.4.5 开始，MyBatis 默认支持 JSR-310（日期和时间 API）。

可以重写类型处理器或创建自己的类型处理器来处理不支持的或非标准的类型。具体做法分为两步，下面具体说明。

1. 实现 TypeHandler 接口或继承 BaseTypeHandler 类

要创建类型处理器，第一步是实现 org.apache.ibatis.type.TypeHandler 接口或继承一个很便利的类 org.apache.ibatis.type.BaseTypeHandler。其代码如下：

```
@MappedJdbcTypes(JdbcType.VARCHAR)
public class ExampleTypeHandler extends BaseTypeHandler<String> {

  @Override
  public void setNonNullParameter(PreparedStatement ps, int i, String parameter,
JdbcType jdbcType) throws SQLException {
    ps.setString(i, parameter);
  }

  @Override
  public String getNullableResult(ResultSet rs, String columnName) throws
SQLException {
```

```
        return rs.getString(columnName);
    }

    @Override
    public String getNullableResult(ResultSet rs, int columnIndex) throws SQLException
{
        return rs.getString(columnIndex);
    }

    @Override
    public String getNullableResult(CallableStatement cs, int columnIndex) throws
SQLException {
        return cs.getString(columnIndex);
    }
}
```

2. 将处理器映射到一个 JDBC 类型

第二步是将自定义的处理器映射到一个 JDBC 类型上，比如：

```
<!-- 定义在 mybatis-config.xml 文件中 -->
<typeHandlers>
  <typeHandler handler="org.mybatis.example.ExampleTypeHandler"/>
</typeHandlers>
```

使用这个自定义的类型处理器将会覆盖已经存在的处理 Java 的 String 类型属性和 VARCHAR 参数及结果的类型处理器。需要注意的是，MyBatis 不会窥探数据库元信息来决定使用哪种类型，所以开发者必须在参数和结果映射中指明那是 VARCHAR 类型的字段，以使其能够绑定到正确的类型处理器上。这是因为 MyBatis 直到语句被执行才清楚数据类型。

通过类型处理器的泛型，MyBatis 可以得知该类型处理器所要处理的 Java 类型。不过这种行为可以通过两种方法改变：

- 在类型处理器的配置元素（typeHandler element）上增加一个 javaType 属性（比如 javaType="String"）。
- 在类型处理器的类上（TypeHandler class）增加一个@MappedTypes 注解来指定与其关联的 Java 类型列表。如果在 javaType 属性中同时指定，那么注解方式将被忽略。

可以通过两种方式来指定被关联的 JDBC 类型：

- 在类型处理器的配置元素上增加一个 jdbcType 属性（比如 jdbcType="VARCHAR"）。
- 在类型处理器的类上（TypeHandler class）增加一个@MappedJdbcTypes 注解来指定与其关联的 JDBC 类型列表。如果在 jdbcType 属性中也同时指定，那么注解方式将被忽略。

当决定在 ResultMap 中使用某一 TypeHandler 时，此时 java 类型是已知的(从结果类型中获得)，但是 JDBC 类型是未知的。因此，MyBatis 使用 javaType=[TheJavaType], jdbcType=null 的组合来选择一个 TypeHandler。这意味着使用@MappedJdbcTypes 注解可以限制 TypeHandler 的范围，同时除非显式地设置，否则 TypeHandler 在 ResultMap 中将是无效的。如果希望在 ResultMap 中使用 TypeHandler，那么设置@MappedJdbcTypes 注解的 includeNullJdbcType=true 即可。然而从 MyBatis

3.4.0 开始，如果只有一个注册的 TypeHandler 来处理 Java 类型，那么它将是 ResultMap 使用 Java 类型时的默认值（即使没有 includeNullJdbcType=true）。

最后，可以让 MyBatis 为你查找类型处理器：

```
<!-- 定义在 mybatis-config.xml 文件中 -->
<typeHandlers>
  <package name="org.mybatis.example"/>
</typeHandlers>
```

12.1.5 objectFactory

MyBatis 每次创建结果对象的新实例时都会使用一个对象工厂（ObjectFactory）实例来完成。默认的对象工厂需要做的仅仅是实例化目标类，要么通过默认构造方法，要么在参数映射存在的时候通过参数构造方法来实例化。如果想覆盖对象工厂的默认行为，那么可以通过创建自己的对象工厂来实现。

下面的例子自定义了一个对象工厂：

```
public class ExampleObjectFactory extends DefaultObjectFactory {
  public Object create(Class type) {
    return super.create(type);
  }
  public Object create(Class type, List<Class> constructorArgTypes, List<Object>
constructorArgs) {
    return super.create(type, constructorArgTypes, constructorArgs);
  }
  public void setProperties(Properties properties) {
    super.setProperties(properties);
  }
  public<T>booleanisCollection(Class<T> type) {
    return Collection.class.isAssignableFrom(type);
  }
}
```

ObjectFactory 接口很简单，它包含两个创建用的方法：一个用于处理默认构造方法；另一个用于处理带参数的构造方法。最后，setProperties 方法可以被用来配置 ObjectFactory，在初始化 ObjectFactory 实例后，objectFactory 元素体中定义的属性会被传递给 setProperties 方法。

在 mybatis-config.xml 文件中配置使用该对象工厂：

```
<!-- 定义在 mybatis-config.xml 文件中 -->
<objectFactory type="org.mybatis.example.ExampleObjectFactory">
  <property name="someProperty" value="100"/>
</objectFactory>
```

12.1.6 plugins

MyBatis 允许在已映射语句执行过程中的某一点进行拦截调用。默认情况下，MyBatis 允许使用插件来拦截的方法调用包括：

- Executor (update, query, flushStatements, commit, rollback, getTransaction, close, isClosed)
- ParameterHandler (getParameterObject, setParameters)
- ResultSetHandler (handleResultSets, handleOutputParameters)
- StatementHandler (prepare, parameterize, batch, update, query)

通过 MyBatis 提供的强大机制，使用插件是非常简单的，只需实现 Interceptor 接口，并指定想要拦截的方法签名即可。

以下是一个自定义插件的示例：

```
@Intercepts({@Signature(
  type= Executor.class,
  method = "update",
  args = {MappedStatement.class,Object.class})})
public class ExamplePlugin implementsInterceptor {
  public Object intercept(Invocation invocation) throwsThrowable {
    return invocation.proceed();
  }
  public Object plugin(Object target) {
    return Plugin.wrap(target, this);
  }
  public void setProperties(Properties properties) {
  }
}
```

在 mybatis-config.xml 文件中配置使用该插件：

```
<!-- 定义在 mybatis-config.xml 文件中 -->
<plugins>
  <plugin interceptor="org.mybatis.example.ExamplePlugin">
    <property name="someProperty" value="100"/>
  </plugin>
</plugins>
```

上面的插件将会拦截 Executor 实例中所有的 update 方法调用，这里的 Executor 负责执行底层映射语句的内部对象。

12.1.7 environments

MyBatis 可以配置成适应多种环境，这种机制有助于将 SQL 映射应用于多种数据库之中。例如，开发、测试和生产环境需要不同的配置，或者共享相同 Schema 的多个生产数据库想使用相同的 SQL 映射，等等。

注意
尽管可以配置多个环境，每个 SqlSessionFactory 实例只能选择其一。

所以，如果你想连接两个数据库，就需要创建两个 SqlSessionFactory 实例，每个数据库对应一个。而如果是 3 个数据库，就需要 3 个实例，以此类推。

每个数据库对应一个 SqlSessionFactory 实例，为了指定创建哪种环境，只要将它作为可选的参数传递给 SqlSessionFactoryBuilder 即可。可以接受环境配置的两个方法签名如下：

```
    SqlSessionFactory factory = new SqlSessionFactoryBuilder().build(reader,
environment);
    SqlSessionFactory factory = new SqlSessionFactoryBuilder().build(reader, environment,
properties);
```

如果忽略了环境参数，那么默认环境将会被加载，代码如下：

```
    SqlSessionFactory factory = new SqlSessionFactoryBuilder().build(reader);
    SqlSessionFactory factory = new SqlSessionFactoryBuilder().build(reader,
properties);
```

environment 元素定义了如何配置环境。观察以下示例：

```
<environments default="development">
  <environment id="development">
    <transactionManager type="JDBC">
      <property name="..." value="..."/>
    </transactionManager>
    <dataSource type="POOLED">
      <property name="driver" value="${driver}"/>
      <property name="url" value="${url}"/>
      <property name="username" value="${username}"/>
      <property name="password" value="${password}"/>
    </dataSource>
  </environment>
</environments>
```

在该例子中，需要注意几个关键点：

- 默认的环境 ID（比如 default="development"）。
- 每个 environment 元素定义的环境 ID（比如 id="development"）。
- 事务管理器的配置（比如 type="JDBC"）。
- 数据源的配置（比如 type="POOLED"）。
- 默认的环境和环境 ID 是自解释的，因此一目了然。可以对环境随意命名，但一定要保证默认的环境 ID 要匹配其中一个环境 ID。

12.1.8　transactionManager

在 MyBatis 中有两种类型的事务管理器：

- JDBC：这个配置就是直接使用 JDBC 的提交和回滚设置，它依赖于从数据源得到的连接来管理事务作用域。
- MANAGED：这个配置几乎没做什么。它从来不提交或回滚一个连接，而是让容器来管理事务的整个生命周期（比如 JEE 应用服务器的上下文）。默认情况下它会关闭连接，然而一些容器并不希望这样，因此需要将 closeConnection 属性设置为 false 来阻止它默认的关闭行为，例如：

```
<transactionManager type="MANAGED">
  <property name="closeConnection" value="false"/>
</transactionManager>
```

提示

如果是在 Spring 中使用 MyBatis，就没有必要配置事务管理器，因为 Spring 会使用自带的管理器来覆盖前面的配置。

这两种事务管理器类型都不需要任何属性。它们不过是类型别名，换句话说，可以使用 TransactionFactory 接口的实现类的完全限定名或类型别名代替它们。TransactionFactory 接口定义如下：

```
public interface TransactionFactory {
  void setProperties(Properties props);
  Transaction newTransaction(Connection conn);
  Transaction newTransaction(DataSource dataSource, TransactionIsolationLevel level,
boolean autoCommit);
}
```

任何在 XML 中配置的属性在实例化之后将会被传递给 setProperties()方法。

也可以创建一个 Transaction 接口的实现类，这个接口也很简单：

```
public interface Transaction {
  Connection getConnection() throws SQLException;
  void commit() throws SQLException;
  void rollback() throws SQLException;
  void close() throws SQLException;
  Integer getTimeout() throws SQLException;
}
```

使用这两个接口，开发者可以完全自定义 MyBatis 对事务的处理。

12.1.9 dataSource

dataSource 元素使用标准的 JDBC 数据源接口来配置 JDBC 连接对象的资源。

许多 MyBatis 的应用程序会按示例中的例子来配置数据源。虽然这是可选的，但为了使用延迟加载，数据源是必须配置的。有 3 种内建的数据源类型：UNPOOLED、POOLED 和 JNDI。

1. UNPOOLED

这个数据源的实现只是每次被请求时打开和关闭连接。虽然有点慢，但对于在数据库连接可用性方面没有太高要求的简单应用程序来说是一个很好的选择。不同的数据库在性能方面的表现是不一样的，对于某些数据库来说，使用连接池并不重要，这个配置就很适合这种情形。

UNPOOLED 类型的数据源仅仅需要配置以下 5 种属性：

- driver：这是 JDBC 驱动的 Java 类的完全限定名（并不是 JDBC 驱动中可能包含的数据源类）。
- url：这是数据库的 JDBC URL 地址。
- username：登录数据库的用户名。
- password：登录数据库的密码。
- defaultTransactionIsolationLevel：默认的连接事务隔离级别。

作为可选项，也可以传递属性给数据库驱动。要这样做，属性的前缀为“driver.”，例如：

```
driver.encoding=UTF8
```

这将通过 DriverManager.getConnection(url,driverProperties)方法传递值为 UTF8 的 encoding 属性给数据库驱动。

2. POOLED

这种数据源的实现利用“池”的概念将 JDBC 连接对象组织起来，避免了创建新的连接实例时所必需的初始化和认证时间。这是一种使得并发 Web 应用快速响应请求的流行处理方式。

除了上述提到的 UNPOOLED 的属性外，还有更多属性用来配置 POOLED 的数据源：

- poolMaximumActiveConnections：在任意时间可以存在的活动（也就是正在使用的）连接数量，默认值是 10。
- poolMaximumIdleConnections：任意时间可能存在的空闲连接数。
- poolMaximumCheckoutTime：在被强制返回之前，池中连接被检出时间，默认值是 20000 毫秒。
- poolTimeToWait：这是一个底层设置，如果获取连接花费了相当长的时间，连接池就会打印状态日志并重新尝试获取一个连接（避免在误配置的情况下一直安静地失败），默认值是 20000 毫秒。
- poolMaximumLocalBadConnectionTolerance：这是一个关于坏连接容忍度的底层设置，作用于每一个尝试从缓存池获取连接的线程。如果这个线程获取到的是一个坏的连接，那么这个数据源允许这个线程尝试重新获取一个新的连接，但是这个重新尝试的次数不应该超过 poolMaximumIdleConnections 与 poolMaximumLocalBadConnectionTolerance 之和，默认值是 3。
- poolPingQuery：发送到数据库的侦测查询，用来检验连接是否正常工作并准备接受请求。默认是 NO PING QUERY SET，这会导致多数数据库驱动失败时带有一个恰当的错误消息。
- poolPingEnabled：是否启用侦测查询。若开启，则需要设置 poolPingQuery 属性为一个可执行的 SQL 语句（最好是一个速度非常快的 SQL 语句），默认值是 false。
- poolPingConnectionsNotUsedFor：配置 poolPingQuery 的频率。可以被设置为和数据库连接超时时间一样来避免不必要的侦测，默认值是 0，即所有连接每一时刻都被侦测，当然仅当 poolPingEnabled 为 true 时适用。

3. JNDI

这个数据源的实现是为了能在 EJB 或应用服务器这类容器中使用，容器可以集中或在外部配置数据源，然后放置一个 JNDI 上下文的引用。这种数据源配置只需要两个属性：

- initial_context：这个属性用来在 InitialContext 中寻找上下文，即 initialContext.lookup(initial_context)。这是一个可选属性，如果忽略，那么 data_source 属性将会直接从 InitialContext 中寻找。
- data_source：这是引用数据源实例位置的上下文的路径，提供了 initial_context 配置时会在其返回的上下文中进行查找，没有提供时则直接在 InitialContext 中查找。

和其他数据源配置类似，可以通过添加前缀"env."直接把属性传递给初始上下文，比如：

```
env.encoding=UTF8
```

这就会在初始上下文（InitialContext）实例化时往它的构造方法传递值为 UTF8 的 encoding 属性。

你可以通过实现接口 org.apache.ibatis.datasource.DataSourceFactory 来使用第三方数据源：

```
public interface DataSourceFactory {
  void setProperties(Properties props);
  DataSourcegetDataSource();
}
```

org.apache.ibatis.datasource.unpooled.UnpooledDataSourceFactory 可被用作父类来构建新的数据源适配器，比如下面这段插入 C3P0 数据源所必需的代码：

```
import org.apache.ibatis.datasource.unpooled.UnpooledDataSourceFactory;
import com.mchange.v2.c3p0.ComboPooledDataSource;

public class C3P0DataSourceFactory extends UnpooledDataSourceFactory {

  public C3P0DataSourceFactory() {
    this.dataSource = new ComboPooledDataSource();
  }
}
```

为了令其工作，记得为每个希望 MyBatis 调用的 setter 方法在配置文件中增加对应的属性。下面是一个可以连接至 PostgreSQL 数据库的例子：

```
<dataSource type="org.myproject.C3P0DataSourceFactory">
  <property name="driver" value="org.postgresql.Driver"/>
  <property name="url" value="jdbc:postgresql:mydb"/>
  <property name="username" value="postgres"/>
  <property name="password" value="root"/>
</dataSource>
```

12.1.10 databaseIdProvider

MyBatis 可以根据不同的数据库厂商执行不同的语句，这种多厂商的支持是基于映射语句中的

databaseId 属性的。MyBatis 会加载不带 databaseId 属性和带有匹配当前数据库 databaseId 属性的所有语句。如果同时找到带有 databaseId 和不带 databaseId 的相同语句，后者就会被舍弃。为支持多厂商特性，只要像下面这样在 mybatis-config.xml 文件中加入 databaseIdProvider 即可：

```
<databaseIdProvider type="DB_VENDOR"/>
```

这里的 DB_VENDOR 会通过 DatabaseMetaData#getDatabaseProductName()返回的字符串进行设置。由于通常情况下这个字符串都非常长而且相同产品的不同版本会返回不同的值，因此最好通过设置属性别名来使其变短，示例如下：

```
<databaseIdProvider type="DB_VENDOR">
  <property name="SQL Server" value="sqlserver"/>
  <property name="DB2" value="db2"/>
  <property name="Oracle" value="oracle"/>
</databaseIdProvider>
```

在提供了属性别名时，DB_VENDOR databaseIdProvider 将被设置为第一个能匹配数据库产品名称的属性键对应的值，如果没有匹配的属性，就会设置为 null。在这个例子中，如果 getDatabaseProductName()为 Oracle(DataDirect)，databaseId 就会被设置为 oracle。

可以通过实现接口 org.apache.ibatis.mapping.DatabaseIdProvider 并在 mybatis-config.xml 中注册来构建自己的 DatabaseIdProvider：

```
public interface DatabaseIdProvider {
  void setProperties(Properties p);
  StringgetDatabaseId(DataSource dataSource) throws SQLException;
}
```

12.1.11　mappers

现在就要定义 SQL 映射语句了。但是首先需要告诉 MyBatis 到哪里去找到这些语句。Java 在自动查找这方面没有提供一个很好的方法，所以较佳的方式是告诉 MyBatis 到哪里去找映射文件。可以使用相对于类路径的资源引用、完全限定资源定位符（包括 file:///的 URL）、类名和包名等。

以下是查找映射文件的各种方式：

```
<!-- 使用相对于类路径的资源引用 -->
<mappers>
  <mapper resource="org/mybatis/builder/AuthorMapper.xml"/>
  <mapper resource="org/mybatis/builder/BlogMapper.xml"/>
  <mapper resource="org/mybatis/builder/PostMapper.xml"/>
</mappers>
<!-- 使用完全限定资源定位符（URL） -->
<mappers>
  <mapper url="file:///var/mappers/AuthorMapper.xml"/>
  <mapper url="file:///var/mappers/BlogMapper.xml"/>
  <mapper url="file:///var/mappers/PostMapper.xml"/>
</mappers>
<!-- 使用映射器接口实现类的完全限定类名 -->
<mappers>
```

```
  <mapper class="org.mybatis.builder.AuthorMapper"/>
  <mapper class="org.mybatis.builder.BlogMapper"/>
  <mapper class="org.mybatis.builder.PostMapper"/>
</mappers>
<!-- 将包内的映射器接口实现全部注册为映射器 -->
<mappers>
  <package name="org.mybatis.builder"/>
</mappers>
```

这些配置会告诉 MyBatis 去哪里找映射文件，剩下的细节就应该是每个 SQL 映射文件了，也就是接下来我们要讨论的。

12.2 Mapper 映射文件

MyBatis 的真正强大之处在于它的映射语句。由于它异常强大，Mapper 映射 XML 文件就显得相对简单。如果拿它跟具有相同功能的 JDBC 代码进行对比，会立即发现省掉了将近 95%的代码。MyBatis 就是针对 SQL 构建的，并且比普通的方法做得更好。

Mapper 映射文件主要由以下几个元素组成：

- cache：给定命名空间的缓存配置。
- cache-ref：其他命名空间缓存配置的引用。
- resultMap：是最复杂、最强大的元素，用来描述如何从数据库结果集中加载对象。
- sql：可被其他语句引用的可重用语句块。
- insert：映射插入语句。
- update：映射更新语句。
- delete：映射删除语句。
- select：映射查询语句。

接下来详细介绍这些元素。

12.2.1 select

查询语句是 MyBatis 中常用的元素之一，大多数应用使用查询的频率要远远高于修改。对每个插入、更新或删除操作，通常对应多个查询操作。这是 MyBatis 的基本原则之一，也是将焦点和努力放到查询和结果映射的原因。简单查询的 select 元素是非常简单的，以下是一个示例：

```
<select id="selectPerson" parameterType="int" resultType="hashmap">
  SELECT * FROM PERSON WHERE ID = #{id}
</select>
```

这个语句被称作 selectPerson，接受一个 int（或 integer）类型的参数，并返回一个 HashMap 类型的对象，其中的键是列名，值便是结果行中的对应值。其中，参数符号#{id}是为了告诉 MyBatis 创建一个预处理语句参数，通过 JDBC，这样的一个参数在 SQL 中会由一个“?”来标识，并被传递到一个新的预处理语句中，就像下面的 JDBC 代码：

```
// 类似于 JDBC 的代码
String selectPerson = "SELECT * FROM PERSON WHERE ID=?";
PreparedStatement ps = conn.prepareStatement(selectPerson);
ps.setInt(1,id);
```

当然，如果是用原生的 JDBC 来提取结果并将它们映射到对象实例中，就需要很多烦琐的代码，而这正是 MyBatis 节省时间的地方。接下来，我们将深入了解 MyBatis 是如何进行参数和结果映射的。

select 元素有很多属性允许配置，来决定每条语句的作用细节，代码如下：

```
<select
  id="selectPerson"
  parameterType="int"
  parameterMap="deprecated"
  resultType="hashmap"
  resultMap="personResultMap"
  flushCache="false"
  useCache="true"
  timeout="10000"
  fetchSize="256"
  statementType="PREPARED"
  resultSetType="FORWARD_ONLY">
```

这些属性的详细含义可以参阅表 12-4。

表 12-4　select 元素的属性

属　性	描　述
id	在命名空间中唯一的标识符，可以被用来引用这条语句
parameterType	将会传入这条语句的参数类的完全限定名或别名。这个属性是可选的，因为 MyBatis 可以通过类型处理器（TypeHandler）推断出具体传入语句的参数，默认值为 unset
resultType	从这条语句中返回期望类型的类的完全限定名或别名。注意，如果返回的是集合，那么应该设置为集合包含的类型，而不是集合本身。可以使用 resultType 或 resultMap，但不能同时使用
resultMap	外部 resultMap 的命名引用。结果集的映射是 MyBatis 最强大的特性，如果你对其理解透彻，那么许多复杂映射的情形都能迎刃而解。可以使用 resultMap 或 resultType，但不能同时使用
flushCache	将其设置为 true 后，只要语句被调用，都会导致本地缓存和二级缓存被清空，默认值为 false
useCache	将其设置为 true 后，将会导致本条语句的结果被二级缓存缓存起来，默认值为 true
timeout	这个设置是在抛出异常之前，驱动程序等待数据库返回请求结果的秒数，默认值为未设置
fetchSize	这是一个给驱动的提示，尝试让驱动程序每次批量返回的结果行数和这个设置值相等，默认值为未设置
statementType	STATEMENT、PREPARED 或 CALLABLE 中的一个。这会让 MyBatis 分别使用 Statement、PreparedStatement 或 CallableStatement，默认值为 PREPARED

（续表）

属　性	描　述
resultSetType	FORWARD_ONLY、SCROLL_SENSITIVE、SCROLL_INSENSITIVE 或 DEFAULT（等价于 unset）中的一个，默认值为 unset（依赖驱动）
databaseId	如果配置了数据库厂商标识（databaseIdProvider），MyBatis 就会加载所有不带 databaseId 或匹配当前 databaseId 的语句；如果带或者不带 databaseId 的语句都有，那么不带的会被忽略
resultOrdered	这个设置仅针对嵌套结果 select 语句适用。如果为 true，就是假设包含嵌套结果集或者分组，这样当返回一个主结果行的时候，就不会发生有对前面结果集的引用的情况。这就使得在获取嵌套的结果集时候不至于导致内存不够用，默认值为 false
resultSets	这个设置仅对多结果集的情况适用。它将列出语句执行后返回的结果集并给每个结果集一个名称，名称是用逗号分隔的

12.2.2 insert、update 和 delete

insert、update 和 delete 的实现非常接近，都是用于数据变更。以下是 3 种语句的示例：

```
<insert
  id="insertAuthor"
  parameterType="domain.blog.Author"
  flushCache="true"
  statementType="PREPARED"
  keyProperty=""
  keyColumn=""
  useGeneratedKeys=""
  timeout="20">

<update
  id="updateAuthor"
  parameterType="domain.blog.Author"
  flushCache="true"
  statementType="PREPARED"
  timeout="20">

<delete
  id="deleteAuthor"
  parameterType="domain.blog.Author"
  flushCache="true"
  statementType="PREPARED"
  timeout="20">
```

这些属性的详细含义可以参阅表 12-5。

表 12-5　Insert、Update、Delete 元素的属性

属　性	描　述
id	命名空间中的唯一标识符，可被用来代表这条语句
parameterType	将要传入语句的参数的完全限定类名或别名。这个属性是可选的，因为 MyBatis 可以通过类型处理器推断出具体传入语句的参数，默认值为 unset
flushCache	将其设置为 true 后，只要语句被调用，就会导致本地缓存和二级缓存被清空，默认值为 true（对于 insert、update 和 delete 语句）
timeout	这个设置是在抛出异常之前，驱动程序等待数据库返回请求结果的秒数，默认值为 unset（依赖驱动）
statementType	STATEMENT、PREPARED 或 CALLABLE 中的一个。这会让 MyBatis 分别使用 Statement、PreparedStatement 或 CallableStatement，默认值为 PREPARED
useGeneratedKeys	（仅对 insert 和 update 有用）这会令 MyBatis 使用 JDBC 的 getGeneratedKeys 方法来取出由数据库内部生成的主键(比如像 MySQL 和 SQL Server 这样的关系数据库管理系统的自动递增字段)，默认值为 false
keyProperty	（仅对 insert 和 update 有用）唯一标记一个属性，MyBatis 会通过 getGeneratedKeys 的返回值或者通过 insert 语句的 selectKey 子元素设置它的键值，默认值为 unset。如果希望得到多个生成的列，那么可以是逗号分隔的属性名称列表
keyColumn	（仅对 insert 和 update 有用）通过生成的键值设置表中的列名，这个设置仅在某些数据库（像 PostgreSQL）是必需的，当主键列不是表中的第一列的时候需要设置。如果希望使用多个生成的列，那么可以设置为逗号分隔的属性名称列表
databaseId	如果配置了数据库厂商标识(databaseIdProvider)，MyBatis 就会加载所有不带 databaseId 或匹配当前 databaseId 的语句；如果带或者不带 databaseId 的语句都有，那么不带的会被忽略

以下是 insert、update 和 delete 语句的使用示例：

```
<insert id="insertAuthor">
  insert into Author (id,username,password,email,bio)
  values (#{id},#{username},#{password},#{email},#{bio})
</insert>

<update id="updateAuthor">
  update Author set
    username = #{username},
    password = #{password},
    email = #{email},
    bio = #{bio}
  where id = #{id}
</update>

<delete id="deleteAuthor">
  delete from Author where id = #{id}
</delete>
```

12.2.3 处理主键

MyBatis 在插入语句里面有一些额外的属性和子元素用来处理主键的生成。有以下几种生成主键的方式：

1. 数据库支持自动生成主键

如果数据库本身是支持自动生成主键的字段（比如 MySQL 和 SQL Server），那么可以设置 useGeneratedKeys="true"，然后把 keyProperty 设置到目标属性上就可以了。例如，如果上面的 Author 表已经对 id 使用了自动生成的列类型，那么语句可以修改为：

```
<insert id="insertAuthor" useGeneratedKeys="true"
    keyProperty="id">
  insert into Author (username,password,email,bio)
  values (#{username},#{password},#{email},#{bio})
</insert>
```

如果数据库还支持多行插入，那么可以传入一个 Authors 数组或集合，并返回自动生成的主键。

```
<insert id="insertAuthor" useGeneratedKeys="true"
    keyProperty="id">
  insert into Author (username, password, email, bio) values
<foreach item="item" collection="list" separator=",">
    (#{item.username}, #{item.password}, #{item.email}, #{item.bio})
</foreach>
</insert>
```

2. 数据库不支持自动生成主键

有些数据库或 JDBC 驱动并不支持自动生成主键，MyBatis 会有另一种方法来生成主键。

下面这个示例会生成一个随机 ID：

```
<insert id="insertAuthor">
<selectKey keyProperty="id" resultType="int" order="BEFORE">
    select CAST(RANDOM()*1000000 as INTEGER) a from SYSIBM.SYSDUMMY1
</selectKey>
  insert into Author
    (id, username, password, email,bio, favourite_section)
  values
    (#{id}, #{username}, #{password}, #{email}, #{bio},
#{favouriteSection,jdbcType=VARCHAR})
</insert>
```

其中，selectKey 元素将会首先运行，Author 的 id 会被设置，然后插入语句会被调用。

在 Oracle 数据库中，还可以使用序列来生成 ID。上面的例子可以改为如下代码：

```
<insert id="insertAuthor">
  <selectKey keyProperty="id" resultType="int" order="BEFORE">
    select Author_seq.NEXTVAL from dual
  </selectKey>
```

```
    insert into Author
      (id, username, password, email,bio, favourite_section)
    values
      (#{id}, #{username}, #{password}, #{email}, #{bio},
#{favouriteSection,jdbcType=VARCHAR})
  </insert>
```

其中，Author_seq 是表 Author 的序列。

selectKey 元素属性的详细描述可以参阅表 12-6。

```
<selectKey
  keyProperty="id"
  resultType="int"
  order="BEFORE"
  statementType="PREPARED">
```

表 12-6　selectKey 元素的属性

属　性	描　述
keyProperty	selectKey 语句结果应该被设置的目标属性。如果希望得到多个生成的列，那么可以是逗号分隔的属性名称列表
keyColumn	匹配属性的返回结果集中的列名称。如果希望得到多个生成的列，那么可以是逗号分隔的属性名称列表
resultType	结果的类型。MyBatis 通常可以推断出来，但是为了更加精确，写上也不会有什么问题。MyBatis 允许将任何简单类型用作主键的类型，包括字符串。如果希望作用于多个生成的列，那么可以使用一个包含期望属性的 Object 或一个 Map
order	可以被设置为 BEFORE 或 AFTER。如果设置为 BEFORE，那么会首先生成主键，设置 keyProperty，然后执行插入语句。如果设置为 AFTER，那么先执行插入语句，然后是 selectKey 中的语句，这和 Oracle 数据库的行为相似，在插入语句内部可能有嵌入索引调用
statementType	与前面相同，MyBatis 支持 STATEMENT、PREPARED 和 CALLABLE 语句的映射类型，分别代表 PreparedStatement 和 CallableStatement 类型

12.2.4　sql

sql 元素可以被用来定义可重用的 SQL 代码段，这些代码段可以包含在其他语句中。其不同的属性值可以跟随包含的实例而变化，比如下面的例子定义了一个 SQL 代码段：

```
<sql id="userColumns"> ${alias}.id,${alias}.username,${alias}.password </sql>
```

这个 SQL 片段可以被包含在其他语句中，例如：

```
<select id="selectUsers" resultType="map">
  select
    <include refid="userColumns"><property name="alias" value="t1"/></include>,
    <include refid="userColumns"><property name="alias" value="t2"/></include>
  from some_table t1
    cross join some_table t2
</select>
```

当然，属性值也可以被用在 include 元素的 refid 属性里，比如下面的代码：

```
<include refid="${include_target}"/>
```

属性值也可以被用在 include 内部语句中，比如下面的代码：

```
<sql id="sometable">
  ${prefix}Table
</sql>

<sql id="someinclude">
  from
<include refid="${include_target}"/>
</sql>

<select id="select" resultType="map">
  select
    field1, field2, field3
  <include refid="someinclude">
    <property name="prefix" value="Some"/>
    <property name="include_target" value="sometable"/>
  </include>
</select>
```

上述代码中的${prefix}Table 就是用在了 include 内部语句中。

12.2.5 参数

像 MyBatis 的其他部分一样，参数也可以指定一个特殊的数据类型。

```
#{property,javaType=int,jdbcType=NUMERIC}
```

javaType 通常可以由参数对象确定，除非该对象是一 HashMap。这时所使用的 TypeHandler 应该明确指明 javaType。

也可以指定一个特殊的类型处理器类，比如：

```
#{age,javaType=int,jdbcType=NUMERIC,typeHandler=MyTypeHandler}
```

当然，正常情况下很少需要设置它们。

对于数值类型，还有一个小数保留位数的设置，来确定小数点后保留的位数。示例如下：

```
#{height,javaType=double,jdbcType=NUMERIC,numericScale=2}
```

最后，还有一个 mode 属性允许指定 IN、OUT 或 INOUT 参数。如果参数为 OUT 或 INOUT，参数对象属性的真实值就会被改变，就像在获取输出参数时所期望的那样。如果 mode 为 OUT（或 INOUT），而且 jdbcType 为 CURSOR（也就是 Oracle 的 REFCURSOR），就必须指定一个 resultMap 来映射结果集 ResultMap 到参数类型。要注意这里的 javaType 属性是可选的，如果留空并且 jdbcType 是 CURSOR，它就会自动地被设为 ResultMap。

```
#{department, mode=OUT, jdbcType=CURSOR, javaType=ResultSet,
resultMap=departmentResultMap}
```

MyBatis 也支持很多高级的数据类型，比如结构体，但是当注册 OUT 参数时必须告诉它语句类型名称，比如：

```
#{middleInitial, mode=OUT, jdbcType=STRUCT, jdbcTypeName=MY_TYPE,
resultMap=departmentResultMap}
```

尽管这些选项很强大，但大多时候只需简单地指定属性名，其他的事情 MyBatis 会自己去推断，顶多要为可能为空的列指定 jdbcType。比如下面的例子：

```
#{firstName}
#{middleInitial,jdbcType=VARCHAR}
#{lastName}
```

12.2.6　结果映射

resultMap 元素是 MyBatis 中重要且强大的元素。它可以让你从 90%的 JDBC ResultSets 数据提取代码中解放出来，并在一些情形下允许你做一些 JDBC 不支持的事情。实际上，在对复杂语句进行联合映射的时候，它很可能可以代替数千行的同等功能的代码。

resultMap 的设计思想是，简单的语句不需要明确的结果映射，而复杂一点的语句只需要描述它们的关系就行了。

比如下面是一个简单映射语句的示例。在这个示例中并没有明确 resultMap：

```
<select id="selectUsers" resultType="map">
  select id, username, hashedPassword
  from some_table
  where id = #{id}
</select>
```

上述语句只是简单地将所有的列映射到 HashMap 的键上，这由 resultType 属性指定。虽然在大部分情况下都够用，但是 HashMap 不是一个很好的领域模型。程序最好使用 JavaBean 或 POJO 作为领域模型。MyBatis 对两者都支持。

下面的例子使用 JavaBean 作为领域模型：

```
package com.waylau.mybatis.model;
public class User {
  private int id;
  private String username;
  private String hashedPassword;

  publicintgetId() {
    return id;
  }
  public void setId(int id) {
    this.id = id;
  }
  public String getUsername() {
    return username;
  }
```

```
    public void setUsername(String username) {
      this.username = username;
    }
    public StringgetHashedPassword() {
      return hashedPassword;
    }
    public void setHashedPassword(String hashedPassword) {
      this.hashedPassword = hashedPassword;
    }
}
```

基于 JavaBean 的规范，上面这个类有 3 个属性：id、username 和 hashedPassword。这些属性会对应到 select 语句中的列名。

这样的一个 JavaBean 可以被映射到 ResultSet 上，就像映射到 HashMap 一样简单。

```
<select id="selectUsers" resultType="com.waylau.mybatis.model.User">
  select id, username, hashedPassword
  from some_table
  where id = #{id}
</select>
```

更进一步，如果使用类型别名，就可以不用输入类的完全限定名称，比如：

```
<!-- 配置在 mybatis-config.xml 文件中 -->
<typeAlias type="com.waylau.mybatis.model.User" alias="User"/>

<!-- 配置在 SQL 映射文件中 -->
<select id="selectUsers" resultType="User">
  select id, username, hashedPassword
  from some_table
  where id = #{id}
</select>
```

这些情况下，MyBatis 会在幕后自动创建一个 ResultMap，再基于属性名来映射列到 JavaBean 的属性上。如果列名和属性名没有精确匹配，那么可以在 SELECT 语句中对列使用别名来匹配标签，比如：

```
<select id="selectUsers" resultType="User">
  select
    user_id             as "id",
    user_name           as "userName",
    hashed_password     as "hashedPassword"
  from some_table
  where id = #{id}
</select>
```

resultMap 优秀的地方在于，即便你已经对它相当了解，也无须显式地用到它。上面这些简单的示例根本不需要下面这些烦琐的配置。出于示范的原因，让我们来看看最后一个示例中，如果使用外部的 resultMap 会怎样，这也是解决列名不匹配的另一种方式。

```
<resultMap id="userResultMap" type="User">
```

```
    <id property="id" column="user_id"/>
    <result property="username" column="user_name"/>
    <result property="password" column="hashed_password"/>
  </resultMap>
```

引用它的语句使用 resultMap 属性就行了（注意我们去掉了 resultType 属性），比如：

```
  <select id="selectUsers" resultMap="userResultMap">
    select user_id, user_name, hashed_password
    from some_table
    where id = #{id}
  </select>
```

12.2.7　自动映射

当使用自动映射查询结果时，MyBatis 会获取 sql 返回的列名并在 Java 类中查找相同名字的属性（忽略大小写）。这意味着如果 MyBatis 发现了 ID 列和 id 属性，MyBatis 就会将 ID 的值赋给 id。

通常数据库列使用大写单词命名，单词间用下画线分隔；而 Java 属性一般遵循驼峰命名法。为了在这两种命名方式之间启用自动映射，就需要将 mapUnderscoreToCamelCase 设置为 true。

自动映射甚至在特定的 resultMap 下也能工作。在这种情况下，对于每一个 resultMap，所有的 ResultSet 提供的列，如果没有被手工映射，就将被自动映射。自动映射处理完毕后，手工映射才会被处理。在接下来的例子中，id 和 userName 列将被自动映射，hashed_password 列将根据配置映射。

```
  <select id="selectUsers" resultMap="userResultMap">
    select
      user_id             as "id",
      user_name           as "userName",
      hashed_password
    from some_table
    where id = #{id}
  </select>
  <resultMap id="userResultMap" type="User">
    <result property="password" column="hashed_password"/>
  </resultMap>
```

有 3 种自动映射等级：

- NONE：禁用自动映射，仅设置手工映射属性。
- PARTIAL：将自动映射结果，除了那些在 join 中定义嵌套结果映射的结果。
- FULL：自动映射所有。

默认值是 PARTIAL，这是有原因的。当使用 FULL 时，自动映射会在处理 join 结果时执行，并且 join 取得若干相同行的不同实体数据，因此这可能导致非预期的映射。下面的例子将展示这种风险：

```
  <select id="selectBlog" resultMap="blogResult">
```

```
  select
    B.id,
    B.title,
    A.username,
  from Blog B left outer join Author A on B.author_id = A.id
  where B.id = #{id}
</select>
<resultMap id="blogResult" type="Blog">
  <association property="author" resultMap="authorResult"/>
</resultMap>

<resultMap id="authorResult" type="Author">
  <result property="username" column="author_username"/>
</resultMap>
```

在结果中，Blog 和 Author 均将自动映射。但是注意，Author 有一个 id 属性，在 ResultSet 中有一个列名为 id，所以 Author 的 id 将被填充为 Blog 的 id，这不是你所期待的。所以需要谨慎使用 FULL。

通过添加 autoMapping 属性可以忽略自动映射等级配置，你可以启用或者禁用自动映射指定的 ResultMap。

```
<resultMap id="userResultMap" type="User" autoMapping="false">
  <result property="password" column="hashed_password"/>
</resultMap>
```

12.2.8 缓存

MyBatis 包含一个非常强大的查询缓存特性，可以非常方便地配置和定制。

1. 开启缓存

默认情况下是没有开启缓存的，要开启二级缓存，需要在 SQL 映射文件中添加一行：

```
<cache/>
```

看上去用法非常简单。该语句实现了如下效果：

- 映射语句文件中的所有 select 语句将会被缓存。
- 映射语句文件中的所有 insert、update 和 delete 语句会刷新缓存。
- 缓存会使用 LRU（Least Recently Used，最近最少使用的）算法来收回。
- 缓存不会在任何基于时间的时间表上刷新（没有刷新间隔）。
- 缓存将存储 1024 个对列表或对象的引用（无论查询方法返回什么）。
- 缓存将被视为读/写缓存，这意味着检索的对象不会被共享，并且可以被调用者安全地修改，而不会干扰其他调用者或线程的其他可能的修改。

2. 配置缓存

所有的这些属性都可以通过缓存元素的属性来修改，比如：

```
<cache
  eviction="FIFO"
  flushInterval="60000"
  size="512"
  readOnly="true"/>
```

这个配置创建了一个 FIFO 缓存，并每隔 60 秒刷新，将存储 512 个对列表或对象的引用，而且返回的对象被认为是只读的，因此在不同线程中的调用者之间修改它们会导致冲突。

可用的收回策略有：

- LRU（最近最少使用的）：移除最长时间不被使用的对象，默认使用该策略。
- FIFO（先进先出）：按对象进入缓存的顺序来移除它们。
- SOFT（软引用）：移除基于垃圾回收器状态和软引用规则的对象。
- WEAK（弱引用）：更积极地移除基于垃圾收集器状态和弱引用规则的对象。

flushInterval（刷新间隔）可以被设置为任意正整数，而且它代表一个合理的毫秒形式的时间段。默认情况是不设置的，也就是没有刷新间隔，缓存仅仅在调用语句时刷新。

size（引用数目）可以被设置为任意正整数，要记住所要缓存的对象数目和运行环境的可用内存资源数目，默认值是 1024。

readOnly（只读）属性可以被设置为 true 或 false。只读的缓存会给所有调用者返回缓存对象的相同实例。因此，这些对象不能被修改。这提供了很重要的性能优势，可读写的缓存会返回缓存对象的拷贝（通过序列化）。这会慢一些，但是安全，因此默认是 false。

3. 使用自定义缓存

可以通过实现自己的缓存或为其他第三方缓存方案创建适配器来完全覆盖缓存行为。下面是使用自定义缓存的例子：

```
<cache type="com.domain.something.MyCustomCache"/>
```

这个示例展示了如何使用一个自定义的缓存实现。type 属性指定的类必须实现 org.mybatis.cache.Cache 接口。Cache 接口定义如下：

```
public interface Cache {
  StringgetId();
  intgetSize();
  voidputObject(Object key, Object value);
  ObjectgetObject(Object key);
  booleanhasKey(Object key);
  ObjectremoveObject(Object key);
  voidclear();
}
```

下面的代码会在缓存实现中调用 setCacheFile(String file)方法：

```
<cache type="com.domain.something.MyCustomCache">
  <property name="cacheFile" value="/tmp/my-custom-cache.tmp"/>
</cache>
```

可以使用所有简单类型作为 JavaBeans 的属性，MyBatis 会进行转换。

从 3.4.2 版本开始，MyBatis 已经支持在所有属性设置完毕以后调用一个初始化方法。如果你想要使用这个特性，那么在自定义缓存类里实现 org.apache.ibatis.builder.InitializingObject 接口即可。

```
public interface InitializingObject {
  voidinitialize() throwsException;
}
```

语句可以按下面的方式来配置缓存：

```
<select... flushCache="false" useCache="true"/>
<insert... flushCache="true"/>
<update... flushCache="true"/>
<delete... flushCache="true"/>
```

4. 引用缓存

如果想在命名空间中共享相同的缓存配置和实例，那么可以使用 cache-ref 元素来引用另一个缓存。

```
<cache-ref namespace="com.someone.application.data.SomeMapper"/>
```

12.3 动态 SQL

如果你有使用 JDBC 或其他类似框架的经验的话，就能体会到根据不同条件拼接 SQL 语句的痛苦。拼接 SQL 是危险和烦琐的，拼接时要确保不能忘记添加必要的空格，还要注意去掉列表最后一个列名的逗号，同时还要防备不要有 SQL 注入风险。而利用 MyBatis 动态 SQL 这一特性可以彻底摆脱这种痛苦。

MyBatis 动态 SQL 基于功能强大的 OGNL 的表达式。开发者使用 MyBatis 动态 SQL 需要记住几种表达式元素，接下来详细介绍。

12.3.1 if

动态 SQL 通常要做的事情是根据条件包含 where 子句的一部分，比如：

```
<select id="findActiveBlogWithTitleLike"
     resultType="Blog">
  SELECT * FROM BLOG
  WHERE state = 'ACTIVE'
  <if test="title != null">
    AND title like #{title}
  </if>
</select>
```

这条语句提供了一种可选的查找文本功能。如果没有传入 title，那么所有处于 ACTIVE 状态的 BLOG 都会返回；反之，若传入了 title，则会对 title 一列进行模糊查找并返回 BLOG 结果。

12.3.2　choose、when 和 otherwise

有时我们不想应用到所有的条件语句，而只想从中选择一项。针对这种情况，MyBatis 提供了 choose 元素，它有点像 Java 中的 switch 语句。

以下就是一个使用 choose 的例子：

```
<select id="findActiveBlogLike"
     resultType="Blog">
  SELECT * FROM BLOG WHERE state = ‘ACTIVE’
  <choose>
    <when test="title != null">
      AND title like #{title}
    </when>
    <when test="author != null and author.name != null">
      AND author_name like #{author.name}
    </when>
    <otherwise>
      AND featured = 1
    </otherwise>
  </choose>
</select>
```

在上面的例子中，如果提供了 title 就按 title 查找，如果提供了 author 就按 author 查找，若两者都没有提供，则返回所有符合条件的 BLOG。

12.3.3　trim、where 和 set

观察下面的例子：

```
<select id="findActiveBlogLike"
     resultType="Blog">
  SELECT * FROM BLOG
  WHERE
  <if test="state != null">
    state = #{state}
  </if>
  <if test="title != null">
    AND title like #{title}
  </if>
  <if test="author != null and author.name != null">
    AND author_name like #{author.name}
  </if>
</select>
```

如果这些条件没有一个能匹配上会发生什么？最终这条 SQL 会变成这样：

```
SELECT*FROM BLOG
WHERE
```

这会导致查询失败。如果仅仅第二个条件匹配又会怎样？这条 SQL 最终会是这样:

```
SELECT*FROM BLOG
WHERE
AND title like'someTitle'
```

这个查询也会失败。这个问题不能简单地用条件句式来解决。

MyBatis 有一个简单的处理，通过简单的修改就能达到目的，代码如下：

```
<select id="findActiveBlogLike"
     resultType="Blog">
  SELECT * FROM BLOG
 <where>
   <if test="state != null">
        state = #{state}
   </if>
    <if test="title != null">
        AND title like #{title}
    </if>
    <if test="author != null and author.name != null">
        AND author_name like #{author.name}
    </if>
  </where>
</select>
```

where 元素只会在至少有一个子元素的条件返回 SQL 子句的情况下才去插入 WHERE 子句。而且，若语句的开头为 AND 或 OR，则 where 元素会将它们去除。

如果 where 元素没有按正常套路出牌，我们就可以通过自定义 trim 元素来定制 where 元素的功能。比如，和 where 元素等价的自定义 trim 元素为:

```
<trim prefix="WHERE" prefixOverrides="AND |OR ">
  ...
</trim>
```

prefixOverrides 属性会忽略通过管道分隔的文本序列（注意此例中的空格是必要的）。它的作用是移除所有指定在 prefixOverrides 属性中的内容，并且插入 prefix 属性中指定的内容。

类似的用于动态更新语句的解决方案叫作 set。set 元素可以用于动态包含需要更新的列，而舍去其他的，比如:

```
<update id="updateAuthorIfNecessary">
  update Author
    <set>
      <if test="username != null">username=#{username},</if>
      <if test="password != null">password=#{password},</if>
      <if test="email != null">email=#{email},</if>
      <if test="bio != null">bio=#{bio}</if>
    </set>
  where id=#{id}
</update>
```

这里，set 元素会动态前置 SET 关键字，同时也会删掉无关的逗号，因为用了条件语句之后很可能就会在生成的 SQL 语句的后面留下这些逗号。

12.3.4 foreach

动态 SQL 的另一个常用的操作需求是对一个集合进行遍历，通常是在构建 IN 条件语句的时候，比如：

```
<select id="selectPostIn" resultType="domain.blog.Post">
  SELECT *
  FROM POST P
  WHERE ID in
  <foreach item="item" index="index" collection="list"
      open="(" separator="," close=")">
        #{item}
  </foreach>
</select>
```

以将任何可迭代对象（如 List、Set 等）、Map 对象或者数组对象传递给 foreach 作为集合参数。当使用可迭代对象或者数组时，index 是当前迭代的次数，item 的值是本次迭代获取的元素。当使用 Map 对象（或者 Map.Entry 对象的集合）时，index 是键，item 是值。

12.3.5 bind

bind 元素可以从 OGNL 表达式中创建一个变量并将其绑定到上下文，比如：

```
<select id="selectBlogsLike" resultType="Blog">
  <bind name="pattern" value="'%' + _parameter.getTitle() + '%'"/>
  SELECT * FROM BLOG
  WHERE title LIKE #{pattern}
</select>
```

12.3.6 多数据库支持

一个配置了_databaseId 变量的 databaseIdProvider 可用于动态代码中，这样就可以根据不同的数据库厂商构建特定的语句。比如下面的例子：

```
<insert id="insert">
  <selectKey keyProperty="id" resultType="int" order="BEFORE">
    <if test="_databaseId == 'oracle'">
      select seq_users.nextval from dual
    </if>
    <if test="_databaseId == 'db2'">
      select nextval for seq_users from sysibm.sysdummy1"
    </if>
  </selectKey>
    insert into users values (#{id}, #{name})
</insert>
```

12.4 常用 API

下面了解 MyBatis 常用的 API。

12.4.1 SqlSessionFactoryBuilder

SqlSessionFactoryBuilder 有 5 种 build()方法，每一种都允许从不同的资源中创建一个 SqlSession 实例。

```
SqlSessionFactory build(InputStream inputStream)
SqlSessionFactory build(InputStream inputStream, String environment)
SqlSessionFactory build(InputStream inputStream, Properties properties)
SqlSessionFactory build(InputStream inputStream, String env, Properties props)
SqlSessionFactory build(Configuration config)
```

第一种方法是常用的，它使用了一个参照 XML 文档或上面讨论过的 mybatis-config.xml 文件的 Reader 实例。可选的参数是 environment 和 properties。environment 决定加载哪种环境，包括数据源和事务管理器，比如：

```
<environments default="development">
  <environment id="development">
    <transactionManager type="JDBC">
      ...
    <dataSource type="POOLED">
      ...
  </environment>
  <environment id="production">
    <transactionManager type="MANAGED">
      ...
    <dataSource type="JNDI">
      ...
  </environment>
</environments>
```

如果调用了参数有 environment 的 build 方法，那么 MyBatis 将会使用 configuration 对象来配置这个 environment。当然，如果指定了一个不合法的 environment，就会得到错误提示。如果调用了不带 environment 参数的 build 方法，就使用默认的 environment（在上面的示例中指定为 default="development"的代码）。

如果调用了参数有 properties 实例的方法，MyBatis 就会加载那些 properties（属性配置文件），并在配置中可用。那些属性可以用${propName} 语法形式多次用在配置文件中。

属性可以从 mybatis-config.xml 中被引用，或者直接指定它。MyBatis 将会按照下面的优先级加载它们：

- 首先，读取在 properties 元素体中指定的属性。

- 其次，读取从 properties 元素的类路径 resource 或 url 指定的属性，且会覆盖已经指定了的重复属性。
- 最后，读取作为方法参数传递的属性，且会覆盖已经从 properties 元素体和 resource 或 url 属性中加载了的重复属性。

因此，通过方法参数传递的属性的优先级最高，resource 或 url 指定的属性优先级中等，在 properties 元素体中指定的属性优先级最低。

以下是一个从 mybatis-config.xml 文件创建 SqlSessionFactory 的示例：

```
String resource = "org/mybatis/builder/mybatis-config.xml";
InputStream inputStream = Resources.getResourceAsStream(resource);
SqlSessionFactoryBuilder builder = new SqlSessionFactoryBuilder();
SqlSessionFactory factory = builder.build(inputStream);
```

注意，这里我们使用了 Resources 工具类，这个类在 org.apache.ibatis.io 包中。Resources 类正如其名，会帮助你从类路径下、文件系统或一个 Web URL 中加载资源文件。该 Resources 工具类提供了如下接口：

```
URLgetResourceURL(String resource)
URLgetResourceURL(ClassLoader loader, String resource)
InputStreamgetResourceAsStream(String resource)
InputStreamgetResourceAsStream(ClassLoader loader, String resource)
PropertiesgetResourceAsProperties(String resource)
PropertiesgetResourceAsProperties(ClassLoader loader, String resource)
ReadergetResourceAsReader(String resource)
ReadergetResourceAsReader(ClassLoader loader, String resource)
FilegetResourceAsFile(String resource)
FilegetResourceAsFile(ClassLoader loader, String resource)
InputStreamgetUrlAsStream(String urlString)
ReadergetUrlAsReader(String urlString)
PropertiesgetUrlAsProperties(String urlString)
ClassclassForName(String className)
```

最后一个 build 方法的参数为 Configuration 实例。Configuration 类包含你可能需要了解 SqlSessionFactory 实例的所有内容。下面是一个简单的示例，演示了如何手动配置 Configuration 实例，然后将它传递给 build()方法来创建 SqlSessionFactory。

```
    DataSource dataSource = BaseDataTest.createBlogDataSource();
    TransactionFactory transactionFactory = newJdbcTransactionFactory();

    Environment environment = newEnvironment("development", transactionFactory,
dataSource);

    Configuration configuration = newConfiguration(environment);
    configuration.setLazyLoadingEnabled(true);
    configuration.setEnhancementEnabled(true);
    configuration.getTypeAliasRegistry().registerAlias(Blog.class);
    configuration.getTypeAliasRegistry().registerAlias(Post.class);
    configuration.getTypeAliasRegistry().registerAlias(Author.class);
```

```
configuration.addMapper(BoundBlogMapper.class);
configuration.addMapper(BoundAuthorMapper.class);

SqlSessionFactoryBuilder builder = new SqlSessionFactoryBuilder();
SqlSessionFactory factory = builder.build(configuration);
```

这样，就能获得用来创建 SqlSession 实例的 SqlSessionFactory 了！

12.4.2 SqlSessionFactory

SqlSessionFactory 有多种方法创建 SqlSession 实例。通常来说，当你选择这些方法时需要考虑以下几点：

- 事务处理：需要在 session 中使用事务或者使用自动提交功能（auto-commit），是否意味着很多数据库和/或 JDBC 驱动没有事务。
- 连接：需要依赖 MyBatis 获得来自数据源的配置吗？还是使用自己提供的配置？
- 执行语句：需要 MyBatis 复用预处理语句和/或批量更新语句（包括插入和删除）吗？

基于以上需求，有下列已重载的多个 openSession()方法供使用。

```
SqlSession openSession()
SqlSession openSession(boolean autoCommit)
SqlSession openSession(Connection connection)
SqlSession openSession(TransactionIsolationLevel level)
SqlSession openSession(ExecutorType execType,TransactionIsolationLevel level)
SqlSession openSession(ExecutorType execType)
SqlSession openSession(ExecutorType execType, boolean autoCommit)
SqlSession openSession(ExecutorType execType, Connection connection)
ConfigurationgetConfiguration();
```

默认的 openSession()方法没有参数，它会创建有如下特性的 SqlSession：

- 会开启一个事务（也就是不自动提交）。
- 将从由当前环境配置的 DataSource 实例中获取 Connection 对象。
- 事务隔离级别将会使用驱动或数据源的默认设置。
- 预处理语句不会被复用，也不会批量处理更新。

还有一个参数需要特别关注，就是 ExecutorType。这个枚举类型定义了 3 个值：

- ExecutorType.SIMPLE：这个执行器类型不做特殊的事情，它为每个语句的执行创建一个新的预处理语句。
- ExecutorType.REUSE：这个执行器类型会复用预处理语句。
- ExecutorType.BATCH：这个执行器会批量执行所有更新语句，如果 SELECT 在它们中间执行，那么必要时要把它们区分开来以保证行为的易读性。

12.4.3 SqlSession

在 SqlSession 类中有超过 20 个方法，将它们分为了以下几个易于理解的组。

1. 执行语句方法

这些方法被用来执行定义在 SQL 映射的 XML 文件中的 SELECT、INSERT、UPDATE 和 DELETE 语句。它们都会自行解释，每一句都使用语句的 ID 属性和参数对象，参数可以是原生类型（自动装箱或包装类）、JavaBean、POJO 或 Map。

```
<T> T selectOne(String statement, Object parameter)
<E>List<E>selectList(String statement, Object parameter)
<K,V>Map<K,V>selectMap(String statement, Object parameter, String mapKey)
intinsert(String statement, Object parameter)
intupdate(String statement, Object parameter)
intdelete(String statement, Object parameter)
```

selectOne 与 selectList 的不同仅仅是 selectOne 必须返回一个对象或 null 值。如果返回值多于一个，就会抛出异常。如果你不知道返回对象的数量，那么可以使用 selectList。如果需要查看返回对象是否存在，那么可行的方案是返回一个值（0 或 1）。

selectMap 稍微特殊一点，因为它会将返回的对象的其中一个属性作为 key 值，将对象作为 value 值，从而将多结果集转为 Map 类型值。因为并不是所有语句都需要参数，所以这些方法都重载成不需要参数的形式，代码如下：

```
<T> T selectOne(String statement)
<E>List<E>selectList(String statement)
<K,V>Map<K,V>selectMap(String statement, String mapKey)
intinsert(String statement)
intupdate(String statement)
intdelete(String statement)
```

最后，还有 select 方法的 3 个高级版本，它们允许你限制返回行数的范围，或者提供自定义结果控制逻辑，这通常在数据集合庞大的情形下使用，代码如下：

```
<E>List<E>selectList (String statement, Object parameter, RowBounds rowBounds)
<K,V>Map<K,V>selectMap(String statement, Object parameter, String mapKey, RowBounds
rowbounds)
voidselect (String statement, Object parameter, ResultHandler<T> handler)
voidselect (String statement, Object parameter, RowBounds rowBounds, ResultHandler<T>
handler)
```

RowBounds 参数会告诉 MyBatis 略过指定数量的记录，还有限制返回结果的数量。RowBounds 类有一个构造方法来接收 offset 和 limit，另外，它们是不可二次赋值的，代码如下：

```
int offset = 100;
int limit = 25;
RowBounds rowBounds = newRowBounds(offset, limit);
```

所以在这方面，不同的驱动能够取得不同级别的高效率。为了取得较佳的表现，请使用结果集的 SCROLL_SENSITIVE 或 SCROLL_INSENSITIVE 类型。

ResultHandler 参数允许你按喜欢的方式处理每一行。你可以将它添加到 List 中、创建 Map 和 Set，或者丢弃每个返回值，它取代了仅保留执行语句过后的总结果列表的死板结果。你可以使用 ResultHandler 做很多事，并且这是 MyBatis 自身内部会使用的方法，以创建结果集列表。

ResultHandler 的接口很简单：

```
package org.apache.ibatis.session;
public interface ResultHandler<T> {
  void handleResult(ResultContext<? extends T> context);
}
```

ResultContext 参数允许访问结果对象本身、被创建的对象数目以及返回值为 Boolean 的 stop 方法，你可以使用此 stop 方法来停止 MyBatis 加载更多的结果。

使用 ResultHandler 的时候需要注意以下两种限制：

- 从被 ResultHandler 调用的方法返回的数据不会被缓存。
- 当使用结果映射集（resultMap）时，MyBatis 大多数情况下需要数行结果来构造外键对象。如果你正在使用 ResultHandler，就可以给出外键（Association）或者集合（Collection）尚未赋值的对象。

2. 批量立即更新方法

有一个方法可以刷新（执行）存储在 JDBC 驱动类中的批量更新语句。当你将 ExecutorType.BATCH 作为 ExecutorType 使用时可以采用此方法。

```
List<BatchResult>flushStatements()
```

3. 事务控制方法

控制事务作用域有 4 个方法。当然，如果你已经设置了自动提交或正在使用外部事务管理器，就没有任何效果了。然而，如果你正在使用 JDBC 事务管理器，由 Connection 实例来控制，这 4 个方法就会派上用场：

```
void commit()
void commit(boolean force)
void rollback()
void rollback(boolean force)
```

默认情况下 MyBatis 不会自动提交事务，除非它侦测到有插入、更新或删除操作改变了数据库。如果你已经做出了一些改变而没有使用这些方法，那么可以传递 true 值到 commit 和 rollback 方法来保证事务被正常处理。很多时候不用调用 rollback()，因为 MyBatis 会在没有调用 commit 时替你完成回滚操作。然而，如果你需要在支持多提交和回滚的 session 中获得更多细粒度控制，就可以使用回滚操作来达到目的。

4. 本地缓存

MyBatis 使用到了两种缓存：本地缓存（Local Cache）和二级缓存（Second Level Cache）。

每当一个新 session 被创建，MyBatis 就会创建一个与之相关联的本地缓存。任何在 session 执行过的查询语句本身都会被保存在本地缓存中，那么，相同的查询语句和相同的参数所产生的更改就不会二度影响数据库了。本地缓存会被增删改、提交事务、关闭事务以及关闭 session 所清空。

默认情况下，本地缓存数据可在整个 session 的周期内使用，这一缓存需要被用来解决循环引用错误和加快重复嵌套查询的速度，所以它可以不被禁用掉，但是你可以设置 localCacheScope=STATEMENT 表示缓存仅在语句执行时有效。

可以随时调用以下方法来清空本地缓存：

```
voidclearCache()
```

5. 确保 SqlSession 被关闭

```
void close()
```

必须保证的重要事情是要关闭所打开的任何 session。保证做到这点的最佳方式是下面的工作模式：

```
SqlSession session = sqlSessionFactory.openSession();
try {
    // ...
    session.insert(...);
    session.update(...);
    session.delete(...);
    session.commit();
} finally {
    session.close();
}
```

还有，如果你正在使用 JDK 1.7 以上的版本及 MyBatis 3.2 以上的版本，那么可以使用 try-with-resources 语句：

```
try (SqlSession session = sqlSessionFactory.openSession()) {
    // ...
    session.insert(...);
    session.update(...);
    session.delete(...);
    session.commit();
}
```

12.4.4　注解

最初设计时，MyBatis 是一个 XML 驱动的框架，配置信息是基于 XML 的，而且映射语句是定义在 XML 中的。而到了 MyBatis 3，就有新选择了。MyBatis 3 构建在全面且强大的基于 Java 语言的配置 API 之上。这个配置 API 是基于 XML 的 MyBatis 配置的基础，也是新的基于注解配置的基础。注解提供了一种简单的方式来实现简单映射语句，而不会引入大量的开销。

> **注意**
>
> Java 注解的表达力和灵活性是十分有限的，因此，在 MyBatis 中，Java 注解并不能适用所有的场景。在复杂的场景下，建议使用 XML 来进行映射。

下面这个例子展示如何使用@SelectKey 注解来在插入前读取数据库序列的值：

```
    @Insert("insert into table3 (id, name) values(#{nameId}, #{name})")
    @SelectKey(statement="call next value for TestSequence", keyProperty="nameId",
before=true, resultType=int.class)
    intinsertTable3(Name name);
```

下面这个例子展示如何使用@SelectKey 注解来在插入后读取数据库识别列的值：

```
    @Insert("insert into table2 (name) values(#{name})")
    @SelectKey(statement="call identity()", keyProperty="nameId", before=false,
resultType=int.class)
    intinsertTable2(Name name);
```

下面这个例子展示如何使用@Flush 注解来调用 SqlSession#flushStatements()方法：

```
    @Flush
    List<BatchResult>flush();
```

下面这个例子展示如何通过指定@Result 的 id 属性来命名结果集：

```
    @Results(id = "userResult", value = {
      @Result(property = "id", column = "uid", id = true),
      @Result(property = "firstName", column = "first_name"),
      @Result(property = "lastName", column = "last_name")
    })
    @Select("select * from users where id = #{id}")
    User getUserById(Integer id);

    @Results(id = "companyResults")
    @ConstructorArgs({
      @Arg(property = "id", column = "cid", id = true),
      @Arg(property = "name", column = "name")
    })
    @Select("select * from company where id = #{id}")
    Company getCompanyById(Integer id);
```

下面这个例子展示单一参数使用@SqlProvider 注解：

```
    @SelectProvider(type = UserSqlBuilder.class, method = "buildGetUsersByName")
    List<User>getUsersByName(String name);

    class UserSqlBuilder {
      public static String buildGetUsersByName(final String name) {
        return new SQL(){{
        SELECT("*");
        FROM("users");
        if (name != null) {
          WHERE("name like #{value} || '%'");
          }
          ORDER_BY("id");
        }}.toString();
      }
```

```
}
```

下面这个例子展示多参数使用@SqlProvider 注解：

```
@SelectProvider(type = UserSqlBuilder.class, method = "buildGetUsersByName")
List<User>getUsersByName(
    @Param("name") String name, @Param("orderByColumn") String orderByColumn);

class UserSqlBuilder {

  // 不使用@Param
  public static String buildGetUsersByName(
      final String name, final String orderByColumn) {
    return new SQL(){{
      SELECT("*");
      FROM("users");
      WHERE("name like #{name} || '%'");
      ORDER_BY(orderByColumn);
    }}.toString();
  }

  // 使用了@Param
  public static String buildGetUsersByName(@Param("orderByColumn") final String
orderByColumn) {
    return new SQL(){{
      SELECT("*");
      FROM("users");
      WHERE("name like #{name} || '%'");
      ORDER_BY(orderByColumn);
    }}.toString();
  }
}
```

其中，如果不使用@Param，就应该定义与接口相同的参数；如果使用@Param，就只能定义要使用的参数。

12.5 常用插件

MyBatis 很灵活，在灵活的基础上还可以开发一些 MyBatis 的插件来实现自己想要的功能。本章介绍 MyBatis 的常用插件。

12.5.1 MyBatis Generator

MyBatis Generator 插件是 MyBatis 的代码生成器，能够生成 PO 类、Mapper 映射文件（其中包括基本的增删改查功能）及 Mapper 接口。在 MyBatis Generator 插件生成代码的基础上做少量的修改就能符合业务功能。

MyBatis Generator 官方地址为 http://mybatis.org/generator/。

MyBatis Generator 用法如下：

1. 添加插件依赖

要使用 MyBatis Generator，需要在项目的 pom.xml 中添加 MyBatis Generator 依赖。用法如下：

```
<!-- mybatis 代码生成插件 -->
<plugin>
    <groupId>org.mybatis.generator</groupId>
    <artifactId>mybatis-generator-maven-plugin</artifactId>
    <version>1.4.0</version>
    <configuration>
        <!--配置文件的位置-->
        <configurationFile>src/main/resources/generatorConfig.xml</configurationFile>
        <verbose>true</verbose>
        <overwrite>true</overwrite>
    </configuration>
    <executions>
        <execution>
            <id>Generate MyBatis Artifacts</id>
            <goals>
                <goal>generate</goal>
            </goals>
        </execution>
    </executions>
    <dependencies>
        <dependency>
            <groupId>org.mybatis.generator</groupId>
            <artifactId>mybatis-generator-core</artifactId>
            <version>1.4.0</version>
        </dependency>
    </dependencies>
</plugin>
```

2. 配置 generatorConfig.xml 文件

在工程的 resources 目录下创建 generatorConfig.xml 文件，可以参考如下配置进行修改：

```
<!DOCTYPE generatorConfiguration PUBLIC
 "-//mybatis.org//DTD MyBatis Generator Configuration 1.0//EN"
 "http://mybatis.org/dtd/mybatis-generator-config_1_0.dtd">
<generatorConfiguration>
  <context id="dsql" targetRuntime="MyBatis3DynamicSql">
    <jdbcConnection driverClass="org.hsqldb.jdbcDriver"
        connectionURL="jdbc:hsqldb:mem:aname" />

    <javaModelGenerator targetPackage="example.model"
        targetProject="src/main/java"/>

    <javaClientGenerator targetPackage="example.mapper"
        targetProject="src/main/java"/>
```

```
    <table tableName="FooTable" />
  </context>
</generatorConfiguration>
```

3. 运行插件

可以直接执行如下 Maven 命令来运行插件：

```
mvn mybatis-generator:generate
```

12.5.2　PageHelper

PageHelper 是一款非常方便的 MyBatis 分页插件。该插件目前支持大部分数据库的物理分页，包括复杂的单表、多表分页等功能。

PageHelper 官方地址为 https://github.com/pagehelper/MyBatis-PageHelper。

PageHelper 用法如下：

1. 添加插件依赖

要使用 PageHelper，需要在项目的 pom.xml 中添加 PageHelper 依赖。用法如下：

```
<dependency>
    <groupId>com.github.pagehelper</groupId>
    <artifactId>pagehelper</artifactId>
    <version>5.1.11</version>
</dependency>
```

2. 配置拦截器插件

特别注意，新版拦截器是 com.github.pagehelper.PageInterceptor。com.github.pagehelper.PageHelper 现在是一个特殊的 dialect 实现类，是分页插件的默认实现类，提供了和以前相同的用法。

在 MyBatis 配置 XML 中配置拦截器插件的用法如下：

```
<!--
    plugins 在配置文件中的位置必须符合要求，否则会报错，顺序如下：
    properties?, settings?,
    typeAliases?, typeHandlers?,
    objectFactory?,objectWrapperFactory?,
    plugins?,
    environments?, databaseIdProvider?, mappers?
-->
<plugins>
    <!-- com.github.pagehelper 为 PageHelper 类所在包名 -->
    <plugin interceptor="com.github.pagehelper.PageInterceptor">
      <!-- 使用下面的方式配置参数，后面会有所有的参数介绍 -->
      <property name="param1" value="value1"/>
    </plugin>
</plugins>
```

在 Spring 配置文件中配置拦截器插件，可以使用 Spring 的属性配置方式，可以使用 plugins 属性像下面这样配置：

```
<bean id="sqlSessionFactory" class="org.mybatis.spring.SqlSessionFactoryBean">
  <!-- 注意其他配置 -->
  <property name="plugins">
    <array>
      <bean class="com.github.pagehelper.PageInterceptor">
        <property name="properties">
          <!--使用下面的方式配置参数，一行配置一个 -->
          <value>
            params=value1
          </value>
        </property>
      </bean>
    </array>
  </property>
</bean>
```

3. 如何在代码中使用

分页插件支持以下几种调用方式：

```
//第一种，RowBounds 方式的调用
List<User> list =
    sqlSession.selectList("x.y.selectIf", null, newRowBounds(0, 10));

//第二种，Mapper 接口方式的调用，推荐这种使用方式
PageHelper.startPage(1, 10);
List<User> list = userMapper.selectIf(1);

//第三种，Mapper 接口方式的调用，推荐这种使用方式
PageHelper.offsetPage(1, 10);
List<User> list = userMapper.selectIf(1);

//第四种，参数方法调用
//存在以下 Mapper 接口方法，你不需要在 xml 处理后两个参数
public interface CountryMapper {
    List<User>selectByPageNumSize(
        @Param("user") User user,
        @Param("pageNum") int pageNum,
        @Param("pageSize") int pageSize);
}
//配置 supportMethodsArguments=true
//在代码中直接调用
List<User> list = userMapper.selectByPageNumSize(user, 1, 10);

//第五种，参数对象
//如果 pageNum 和 pageSize 存在于 User 对象中，只要参数有值，就会被分页
//有如下 User 对象
public class User {
```

```
    //其他 fields
    //下面两个参数名和 params 配置的名字一致
    private Integer pageNum;
    private Integer pageSize;
}
//存在以下 Mapper 接口方法，你不需要在 xml 处理后两个参数
public interface CountryMapper {
List<User>selectByPageNumSize(User user);
}
//当 user 中的 pageNum!= null && pageSize!= null 时，会自动分页
List<User> list = userMapper.selectByPageNumSize(user);

//第六种，ISelect 接口方式
//jdk6,7 用法，创建接口
    Page<User> page =
        PageHelper.startPage(1, 10).doSelectPage(newISelect() {
        @Override
        public void doSelect() {
            userMapper.selectGroupBy();
        }
});
//jdk8 lambda 用法
Page<User> page =
    PageHelper.startPage(1, 10).doSelectPage(()
        -> userMapper.selectGroupBy());

//也可以直接返回 PageInfo，注意 doSelectPageInfo 和 doSelectPage 方法
pageInfo = PageHelper.startPage(1, 10).doSelectPageInfo(newISelect() {
@Override
    public void doSelect() {
        userMapper.selectGroupBy();
    }
});
//对应的 lambda 用法
pageInfo =
    PageHelper.startPage(1, 10).doSelectPageInfo(()
        -> userMapper.selectGroupBy());

//count 查询，返回一个查询语句的 count 数
long total = PageHelper.count(newISelect() {
    @Override
    public void doSelect() {
        userMapper.selectLike(user);
    }
});
//lambda
total = PageHelper.count(()->userMapper.selectLike(user));
```

12.6 实战：使用 MyBatis 操作数据库

本节我们将演示如何使用 MyBatis 来操作数据库。本节示例源码可以在 hello-mybatis 应用下找到。

12.6.1 初始化表结构

本节示例使用的是 MySQL 数据库，因此需要确保已经有相关的表可以被操作。

建表 t_user 执行下面的指令：

```
CREATE TABLE t_user (user_id BIGINT NOT NULL, username VARCHAR(20));
```

12.6.2 添加依赖

hello-mybatis 应用所需依赖如下：

```
<dependencies>
    <dependency>
        <groupId>org.mybatis</groupId>
        <artifactId>mybatis</artifactId>
        <version>${mybatis.version}</version>
    </dependency>
    <dependency>
        <groupId>mysql</groupId>
        <artifactId>mysql-connector-java</artifactId>
        <version>${mysql-connector-java.version}</version>
    </dependency>
    <dependency>
        <groupId>ch.qos.logback</groupId>
        <artifactId>logback-classic</artifactId>
        <version>${logback-classic.version}</version>
    </dependency>
    <dependency>
        <groupId>org.junit.jupiter</groupId>
        <artifactId>junit-jupiter</artifactId>
        <version>${junit-jupiter.version}</version>
        <scope>test</scope>
    </dependency>
    <dependency>
        <groupId>org.junit.platform</groupId>
        <artifactId>junit-platform-surefire-provider</artifactId>
        <version>${junit-platform-surefire-provider.version}</version>
    </dependency>
</dependencies>
```

```
<build>
    <pluginManagement>
        <plugins>
            <!-- JUnit 5 需要 Surefire 版本 2.22.0 以上 -->
            <plugin>
                <artifactId>maven-surefire-plugin</artifactId>
                <version>${maven-surefire-plugin.version}</version>
            </plugin>
        </plugins>
    </pluginManagement>
</build>
```

除了 MySQL 的驱动程序、JUnit 外，还需要 MyBatis 及 Logback 日志框架。Logback 日志框架的作用是在控制台将 MyBatis 完整的执行过程记录下来。

12.6.3　编写业务代码

应用的业务代码由以下几部分组成：

1. 领域对象

创建 User 类，代表领域对象。

```
package com.waylau.mybatis.domain;

public class User {

    private Long userId;
    private String username;

    public User(Long userId, String username) {
        this.userId = userId;
        this.username = username;
    }

    // ...省略 getter/setter 方法

    @Override
    public String toString() {
        return "User [userId=" + userId + ", username=" + username + "]";
    }

}
```

2. Mapper

UserMapper 接口定义如下：

```
package com.waylau.mybatis.mapper;

import com.waylau.mybatis.domain.User;
```

```
public interface UserMapper {

    int create User(User user);

    User getUser(Long userId);

    int update User(User user);

    int delete User(Long userId);

}
```

相应的 Mapper XML 文件定义如下：

```
<?xml version="1.0" encoding="UTF-8"?>
<!DOCTYPE mapper
   PUBLIC "-//mybatis.org//DTD Mapper 3.0//EN"
   "http://mybatis.org/dtd/mybatis-3-mapper.dtd">

<mapper namespace="com.waylau.mybatis.mapper.UserMapper">

   <select id="getUser" resultType="com.waylau.mybatis.domain.User">
      select user_id as userId, username
      from t_user where user_id = #{userId}
   </select>

   <update id="updateUser"
      parameterType="com.waylau.mybatis.domain.User">
      update t_user set username = #{username}
      where user_id = #{userId ,jdbcType=NUMERIC}
   </update>

   <insert id="createUser"
      parameterType="com.waylau.mybatis.domain.User">
      insert into t_user(user_id, username)
      values(
      #{userId ,jdbcType=NUMERIC},
      #{username}
      )
   </insert>

   <delete id="deleteUser">
      delete from t_user
      where user_id = #{userId ,jdbcType=NUMERIC}
   </delete>
</mapper>
```

该 UserMapper 实现了对用户的创建、查询、修改和删除。

12.6.4　编写配置文件

配置文件主要由以下几部分组成：

1. MyBatis 配置

MyBatis 配置文件 mybatis-config.xml 的内容如下：

```
<?xml version="1.0" encoding="UTF-8"?>
<!DOCTYPE configuration
  PUBLIC "-//mybatis.org//DTD Config 3.0//EN"
  "http://mybatis.org/dtd/mybatis-3-config.dtd">

<!-- XML 配置文件包含对 MyBatis 系统的核心设置 -->
<configuration>

    <!-- 指定 MyBatis 数据库配置文件 -->
    <properties resource="lite.properties" />

    <!-- 指定 MyBatis 所用日志的具体实现 -->
    <settings>
        <setting name="logImpl" value="STDOUT_LOGGING" />
    </settings>


    <environments default="mysql">

        <!-- 环境配置，即连接的数据库。 -->
        <environment id="mysql">

            <!-- 指定事务管理类型，type="JDBC"指直接简单使用了 JDBC 的提交和回滚设置 -->
            <transactionManager type="JDBC" />

            <!-- dataSource 指数据源配置，POOLED 是 JDBC 连接对象的数据源连接池的实现。 -->
            <dataSource type="POOLED">
                <property name="driver" value="${driverClassName}" />
                <property name="url" value="${url}" />
                <property name="username" value="${user}" />
                <property name="password" value="${password}" />
            </dataSource>
        </environment>
    </environments>

    <!-- mappers 告诉了 MyBatis 去哪里找持久化类的映射类（注解形式） -->
    <mappers>
        <mapper class="com.waylau.mybatis.mapper.UserMapper" />
    </mappers>

</configuration>
```

其中，<properties>指定了一个外部的数据库配置文件 lite.properties。

2. 数据库配置

数据库配置文件 lite.properties 的内容如下：

```
    driverClassName=com.mysql.cj.jdbc.Driver
    url=jdbc:mysql://localhost:3306/lite?useSSL=false&serverTimezone=UTC&allowPublicK
eyRetrieval=true
    user=root
    password=123456
```

3. 日志配置

日志配置文件 logback.xml 的内容如下：

```
<?xml version="1.0" encoding="UTF-8"?>
<configuration>

  <appender name="STDOUT" class="ch.qos.logback.core.ConsoleAppender">
    <layout class="ch.qos.logback.classic.PatternLayout">
      <Pattern>%d{HH:mm:ss.SSS} [%thread] %-5level %logger{36} - %msg%n</Pattern>
    </layout>
  </appender>

  <root level="info">
    <appender-ref ref="STDOUT"/>
  </root>
</configuration>
```

12.6.5 编写测试用例

测试用例代码如下：

```
package com.waylau.mybatis;

import static org.junit.jupiter.api.Assertions.assertEquals;

import java.io.IOException;
import java.io.InputStream;

import org.apache.ibatis.io.Resources;
import org.apache.ibatis.session.SqlSession;
import org.apache.ibatis.session.SqlSessionFactory;
import org.apache.ibatis.session.SqlSessionFactoryBuilder;
import org.junit.jupiter.api.MethodOrderer.OrderAnnotation;
import org.junit.jupiter.api.Order;
import org.junit.jupiter.api.Test;
import org.junit.jupiter.api.TestMethodOrder;

import com.waylau.mybatis.domain.User;
```

```
import com.waylau.mybatis.mapper.UserMapper;

@TestMethodOrder(OrderAnnotation.class)
public class MyBatisTest {
    private static final Long TEST_USER_ID = 1L;
    private static final String TEST_USER_NAME = "Way Lau";
    private static final String TEST_USER_NAME_2 = "waylau";

    @Test
    @Order(1)
    void testInsert() throws IOException {
        // 读取 MyBatis-config.xml 文件
        InputStream inputStream = Resources.getResourceAsStream("mybatis-config.xml");

        // 初始化 MyBatis，创建 SqlSessionFactory 类的实例
        SqlSessionFactory sqlSessionFactory =
            new SqlSessionFactoryBuilder().build(inputStream);

        // 创建 Session 实例
        SqlSession session = sqlSessionFactory.openSession();

        // 获得 mapper 接口的代理对象
        UserMapper mapper = session.getMapper(UserMapper.class);

        User user = new User(TEST_USER_ID, TEST_USER_NAME);
        int result = mapper.createUser(user);
        assertEquals(result, 1);

        // 提交事务
        session.commit();
        // 关闭 Session
        session.close();
    }

    @Test
    @Order(2)
    void testSelect() throws IOException {
        // 读取 MyBatis-config.xml 文件
        InputStream inputStream = Resources.getResourceAsStream("mybatis-config.xml");

        // 初始化 MyBatis，创建 SqlSessionFactory 类的实例
        SqlSessionFactory sqlSessionFactory =
            new SqlSessionFactoryBuilder().build(inputStream);

        // 创建 Session 实例
        SqlSession session = sqlSessionFactory.openSession();

        // 获得 mapper 接口的代理对象
        UserMapper mapper = session.getMapper(UserMapper.class);
```

```
        User user = mapper.getUser(TEST_USER_ID);
        assertEquals(user.getUserId(), TEST_USER_ID);
        assertEquals(user.getUsername(), TEST_USER_NAME);
        // 提交事务
        session.commit();
        // 关闭 Session
        session.close();
    }

    @Test
    @Order(3)
    void testUpdate() throws IOException {
        // 读取 mybatis-config.xml 文件
        InputStream inputStream = Resources.getResourceAsStream("mybatis-config.xml");

        // 初始化 MyBatis，创建 SqlSessionFactory 类的实例
        SqlSessionFactory sqlSessionFactory =
            new SqlSessionFactoryBuilder().build(inputStream);

        // 创建 Session 实例
        SqlSession session = sqlSessionFactory.openSession();

        // 获得 mapper 接口的代理对象
        UserMapper mapper = session.getMapper(UserMapper.class);

        User user = new User(TEST_USER_ID, TEST_USER_NAME_2);
        int result = mapper.updateUser(user);

        assertEquals(result, 1);
        // 提交事务
        session.commit();
        // 关闭 Session
        session.close();
    }

    @Test
    @Order(4)
    void testelete() throws IOException {
        // 读取 mybatis-config.xml 文件
        InputStream inputStream = Resources.getResourceAsStream("mybatis-config.xml");

        // 初始化 MyBatis，创建 SqlSessionFactory 类的实例
        SqlSessionFactory sqlSessionFactory =
            new SqlSessionFactoryBuilder().build(inputStream);

        // 创建 Session 实例
        SqlSession session = sqlSessionFactory.openSession();

        // 获得 mapper 接口的代理对象
        UserMapper mapper = session.getMapper(UserMapper.class);
```

```
        int result = mapper.deleteUser(TEST_USER_ID);

        assertEquals(result, 1);
        // 提交事务
        session.commit();
        // 关闭 Session
        session.close();
    }
}
```

12.6.6 运行测试用例

执行 mvn test 以运行测试用例。若在控制台看到如下输出结果，则证明测试用例测试通过：

```
    ...
    [INFO] -------------------------------------------------------
    [INFO]  T E S T S
    [INFO] -------------------------------------------------------
    [INFO] Running com.waylau.mybatis.MyBatisTest
    23:07:47,868 |-INFO in ch.qos.logback.classic.LoggerContext[default] - Could NOT find
resource [logback-test.xml]
    23:07:47,868 |-INFO in ch.qos.logback.classic.LoggerContext[default] - Could NOT find
resource [logback.groovy]
    23:07:47,868 |-INFO in ch.qos.logback.classic.LoggerContext[default] - Found
resource [logback.xml] at
[file:/D:/workspaceGithub/java-ee-enterprise-development-samples/samples/hello-mybati
s/target/classes/logback.xml]
    23:07:47,891 |-INFO in ch.qos.logback.classic.joran.action.ConfigurationAction -
debug attribute not set
    23:07:47,892 |-INFO in ch.qos.logback.core.joran.action.AppenderAction - About to
instantiate appender of type [ch.qos.logback.core.ConsoleAppender]
    23:07:47,896 |-INFO in ch.qos.logback.core.joran.action.AppenderAction - Naming
appender as [STDOUT]
    23:07:47,921 |-WARN in ch.qos.logback.core.ConsoleAppender[STDOUT] - This appender
no longer admits a layout as a sub-component, set an encoder instead.
    23:07:47,921 |-WARN in ch.qos.logback.core.ConsoleAppender[STDOUT] - To ensure
compatibility, wrapping your layout in LayoutWrappingEncoder.
    23:07:47,921 |-WARN in ch.qos.logback.core.ConsoleAppender[STDOUT] - See also
http://logback.qos.ch/codes.html#layoutInsteadOfEncoder for details
    23:07:47,922 |-INFO in ch.qos.logback.classic.joran.action.RootLoggerAction -
Setting level of ROOT logger to INFO
    23:07:47,922 |-INFO in ch.qos.logback.core.joran.action.AppenderRefAction -
Attaching appender named [STDOUT] to Logger[ROOT]
    23:07:47,923 |-INFO in ch.qos.logback.classic.joran.action.ConfigurationAction - End
of configuration.
    23:07:47,924 |-INFO in ch.qos.logback.classic.joran.JoranConfigurator@25df00a0 -
Registering current configuration as safe fallback point
```

```
    Logging initialized using 'class org.apache.ibatis.logging.stdout.StdOutImpl'
adapter.
    PooledDataSource forcefully closed/removed all connections.
    PooledDataSource forcefully closed/removed all connections.
    PooledDataSource forcefully closed/removed all connections.
    PooledDataSource forcefully closed/removed all connections.
    Opening JDBC Connection
    Created connection 2121995675.
    Setting autocommit to false on JDBC Connection
[com.mysql.cj.jdbc.ConnectionImpl@7e7b159b]
    ==>  Preparing: insert into t_user(user_id, username) values( ?, ? )
    ==> Parameters: 1(Long), Way Lau(String)
    <==    Updates: 1
    Committing JDBC Connection [com.mysql.cj.jdbc.ConnectionImpl@7e7b159b]
    Resetting autocommit to true on JDBC Connection
[com.mysql.cj.jdbc.ConnectionImpl@7e7b159b]
    Closing JDBC Connection [com.mysql.cj.jdbc.ConnectionImpl@7e7b159b]
    Returned connection 2121995675 to pool.
    Logging initialized using 'class org.apache.ibatis.logging.stdout.StdOutImpl'
adapter.
    PooledDataSource forcefully closed/removed all connections.
    PooledDataSource forcefully closed/removed all connections.
    PooledDataSource forcefully closed/removed all connections.
    PooledDataSource forcefully closed/removed all connections.
    Opening JDBC Connection
    Created connection 1047934137.
    Setting autocommit to false on JDBC Connection
[com.mysql.cj.jdbc.ConnectionImpl@3e7634b9]
    ==>  Preparing: select user_id as userId, username from t_user where user_id = ?
    ==> Parameters: 1(Long)
    <==    Columns: userId, username
    <==        Row: 1, Way Lau
    <==      Total: 1
    Resetting autocommit to true on JDBC Connection
[com.mysql.cj.jdbc.ConnectionImpl@3e7634b9]
    Closing JDBC Connection [com.mysql.cj.jdbc.ConnectionImpl@3e7634b9]
    Returned connection 1047934137 to pool.
    Logging initialized using 'class org.apache.ibatis.logging.stdout.StdOutImpl'
adapter.
    PooledDataSource forcefully closed/removed all connections.
    PooledDataSource forcefully closed/removed all connections.
    PooledDataSource forcefully closed/removed all connections.
    PooledDataSource forcefully closed/removed all connections.
    Opening JDBC Connection
    Created connection 534753234.
    Setting autocommit to false on JDBC Connection
[com.mysql.cj.jdbc.ConnectionImpl@1fdfafd2]
    ==>  Preparing: update t_user set username = ? where user_id = ?
    ==> Parameters: waylau(String), 1(Long)
    <==    Updates: 1
```

```
    Committing JDBC Connection [com.mysql.cj.jdbc.ConnectionImpl@1fdfafd2]
    Resetting autocommit to true on JDBC Connection
[com.mysql.cj.jdbc.ConnectionImpl@1fdfafd2]
    Closing JDBC Connection [com.mysql.cj.jdbc.ConnectionImpl@1fdfafd2]
    Returned connection 534753234 to pool.
    Logging initialized using 'class org.apache.ibatis.logging.stdout.StdOutImpl'
adapter.
    PooledDataSource forcefully closed/removed all connections.
    PooledDataSource forcefully closed/removed all connections.
    PooledDataSource forcefully closed/removed all connections.
    PooledDataSource forcefully closed/removed all connections.
    Opening JDBC Connection
    Created connection 1078566479.
    Setting autocommit to false on JDBC Connection
[com.mysql.cj.jdbc.ConnectionImpl@40499e4f]
    ==>  Preparing: delete from t_user where user_id = ?
    ==> Parameters: 1(Long)
    <==    Updates: 1
    Committing JDBC Connection [com.mysql.cj.jdbc.ConnectionImpl@40499e4f]
    Resetting autocommit to true on JDBC Connection
[com.mysql.cj.jdbc.ConnectionImpl@40499e4f]
    Closing JDBC Connection [com.mysql.cj.jdbc.ConnectionImpl@40499e4f]
    Returned connection 1078566479 to pool.
    [INFO] Tests run: 4, Failures: 0, Errors: 0, Skipped: 0, Time elapsed: 0.672 s - in
com.waylau.mybatis.MyBatisTest
    [INFO]
    [INFO] Results:
    [INFO]
    [INFO] Tests run: 4, Failures: 0, Errors: 0, Skipped: 0
    [INFO]
    [INFO] ------------------------------------------------------------------------
    [INFO] BUILD SUCCESS
    [INFO] ------------------------------------------------------------------------
    [INFO] Total time:  4.154 s
    [INFO] Finished at: 2020-02-04T23:07:48+08:00
    [INFO] ------------------------------------------------------------------------
```

上述信息完整展现了 MyBatis 操作数据库的所有过程。

12.7　总　结

本章介绍了 MyBatis 的高级应用，包括配置文件的详细含义、Mapper 映射文件、动态 SQL、常用 API、常用插件等。同时编写了一个示例，以完整展现如何通过 MyBatis 操作 MySQL 数据库。

12.8 习 题

（1）简述 MyBatis 配置文件包括哪些内容。

（2）简述 MyBatis Mapper 映射文件包括哪些内容。

（3）列举 MyBatis 支持哪些动态 SQL。

（4）列举常见的 MyBatis 插件。

（5）编写一个 MyBatis 的示例，实现对数据库表的增删查改。

第 13 章

模板引擎——Thymeleaf

对于动态 HTML 内容的展示，模板引擎必不可少。在 Java EE 规范中，虽然 JSP 是官方标准，但是在实际项目中，越来越多的开发者选择 Thymeleaf 等第三方的模板引擎。

为什么很少再使用 JSP 了呢？什么是 Thymeleaf 呢？本章将为你揭晓。

13.1 常用 Java 模板引擎

对于动态 HTML 内容的展示，模板引擎必不可少。Java EE 企业级应用主要通过 Servlet 来支持动态内容的请求和响应。Spring Web MVC 支持 Thymeleaf、FreeMarker 和 JSP 等多种技术。对于 Spring Boot 而言，它支持 FreeMarker、Groovy、Thymeleaf、Mustache 等引擎的自动配置功能。

实际上，Java 模板引擎品种繁多，各有各的优势和缺点。

13.1.1 关于性能

模板引擎的性能是很多用户选择模板引擎的重要参考指标。Jeroen Reijn 对各个 Java 模板引擎做了性能分析，并将结果发表在了其个人网站上（https://github.com/jreijn/spring-comparing-template-engines）。让我们一起来看性能指标的对比数据。

Jeroen Reijn 选取了以下模板作为测试的版本，这些模板引擎都是结合 Spring Web MVC 来工作的：

- JSP + JSTL - v1.2
- Freemarker - v2.3.28.RELEASE
- Velocity - v1.7
- Velocity Tools - v2.0

- Thymeleaf - v3.0.11.RELEASE
- Mustache - Based on JMustache - v1.14
- Scalate - v1.9.3
- Jade4j - v1.2.7
- HTTL - v1.0.11
- Pebble - v3.0.7
- Handlebars - v4.1.2
- jtwig - v5.86.1
- chunk - v3.5.0
- HtmlFlow - v3.2
- Trimou - v2.5.0.Final
- Rocker - v1.2.1
- Ickenham - v1.4.1
- Rythm - v1.3.0
- Groovy Templates - v2.5.6
- Liqp - Jekyll - v0.7.9

处理 25000 个并发级别为 25 的请求所需的总时间测试结果如下（数值越小越好）：

```
Jade4j                567.7 seconds
Handlebars            147.7 seconds
Scalate - Scaml        33.33 seconds
Pebble                27.92 seconds
HTTL                  24.61 seconds
Thymeleaf             24.09 seconds
Velocity              23.07 seconds
Freemarker            11.80 seconds
jTwig                 10.95 seconds
Mustache (JMustache)  8.836 seconds
JSP                   7.888 seconds
```

从测试结果中可以看到，JSP 的性能是最高的，而 Freemarker 和 Thymeleaf 相对较差。

13.1.2 为什么选择 Thymeleaf 而不是 JSP

既然 JSP 是公认的性能最好的模板引擎，为什么这些年来新的模板引擎层出不穷？为什么我们在实际项目中反而更加推荐使用性能较差的 Thymeleaf?

其实，对于开发者而言，除了从性能来考量一门语言或者一个工具之外，我们还要考虑人的因素，即开发人员本身的开发效率。这就好比用汇编语言和 Java 语言做比较，显然汇编语言在程序处理的性能上比 Java 语言高很多，但从开发人员的角度来看，Java 语言更加符合面向对象的思维，更加容易被开发人员所掌握，并且能够更快地实现功能，推出产品。所以在衡量一款工具的优劣的时候，往往需要从整体来看。

我们来对比一下 JSP 的代码以及 Thymeleaf 的代码。下面是 JSP 编写的页面代码：

```
<%@ taglib prefix="sf" uri="http://www.springframework.org/tags/form" %>
<%@ taglib prefix="s" uri="http://www.springframework.org/tags" %>
<%@ taglib prefix="c" uri="http://java.sun.com/jsp/jstl/core" %>
<%@ page contentType="text/html; charset=UTF-8" pageEncoding="UTF-8"%>
<!DOCTYPE html>

<html>

  <head>
    <title>Spring Web MVC view layer: Thymeleaf vs. JSP</title>
    <meta http-equiv="Content-Type" content="text/html; charset=UTF-8" />
    <link rel="stylesheet" type="text/css" media="all" href="<s:url
value='/css/thvsjsp.css' />"/>
  </head>

  <body>

    <h2>This is a JSP</h2>

    <s:url var="formUrl" value="/subscribejsp" />
    <sf:form modelAttribute="subscription" action="${formUrl}">

      <fieldset>

        <div>
          <label for="email"><s:message code="subscription.email" />: </label>
          <sf:input path="email" />
        </div>
        <div>
          <label><s:message code="subscription.type" />: </label>
          <ul>
            <c:forEach var="type" items="${allTypes}" varStatus="typeStatus">
              <li>
                <sf:radiobutton path="subscriptionType" value="${type}" />
                <label for="subscriptionType${typeStatus.count}">
                  <s:message code="subscriptionType.${type}" />
                </label>
              </li>
            </c:forEach>
          </ul>
        </div>

        <div class="submit">
          <button type="submit" name="save"><s:message code="subscription.submit"
/></button>
        </div>

      </fieldset>

    </sf:form>
```

```
  </body>

</html>
```

实现相同的功能，采用 Thymeleaf 来实现是下面这个样子的：

```
<!DOCTYPE html>

<html xmlns:th="http://www.thymeleaf.org">

  <head>
    <title>Spring Web MVC view layer: Thymeleaf vs. JSP</title>
    <meta http-equiv="Content-Type" content="text/html; charset=UTF-8" />
    <link rel="stylesheet" type="text/css" media="all"
      href="../../css/thvsjsp.css" th:href="@{/css/thvsjsp.css}"/>
  </head>

  <body>

    <h2>This is a Thymeleaf template</h2>

    <form action="#" th:object="${subscription}" th:action="@{/subscribeth}">

      <fieldset>

        <div>
          <label for="email" th:text="#{subscription.email}">Email: </label>
          <input type="text" th:field="*{email}" />
        </div>
        <div>
          <label th:text="#{subscription.type}">Type: </label>
          <ul>
            <li th:each="type : ${allTypes}">
              <input type="radio" th:field="*{subscriptionType}" th:value="${type}" />
              <label th:for="${#ids.prev('subscriptionType')}"
                th:text="#{|subscriptionType.${type}|}">First type</label>
            </li>
            <li th:remove="all"><input type="radio" /> <label>Second Type</label></li>
          </ul>
        </div>

        <div class="submit">
          <button type="submit" name="save" th:text="#{subscription.submit}">Subscribe
me!</button>
        </div>

      </fieldset>

    </form>
```

```
  </body>

</html>
```

对比 JSP 的代码以及 Thymeleaf 的代码可以看出：

- Thymeleaf 比 JSP 的代码更加接近 HTML，没有奇怪的标签，只是增加了一些有意义的属性。
- Thymeleaf 支持 HTML5 标准；JSP 如果要支持 HTML5 标准，就需要新版的 Spring 框架来支持。
- JSP 需要部署到 Servlet 开发服务器上，并启动服务器，如果服务器不启动，JSP 页面就不会渲染；而 Thymeleaf 即使不部署，也能直接在浏览器中打开它。

虽然 Thymeleaf 的性能不是最好的，但由于 Thymeleaf “原型即页面”的特点，非常适用于快速开发，符合 Spring 开箱即用的原则。所谓“原型即页面”，是指 Thymeleaf 页面可以无须部署到 Servlet 开发服务器上，直接通过浏览器就能打开它。这种特点非常适合用于系统的界面原型设计。前端开发人员或者美工将原型设计好之后，提交给 Java 开发人员，只需要在原型的基础上增加少量的 Thymeleaf 表达式语句，就能转化为系统的页面。

界面的设计与实现相分离，这就是 Thymeleaf 广为流行的原因。

13.1.3　什么是 Thymeleaf

Thymeleaf 是面向 Web 和独立环境的现代服务器端 Java 模板引擎，能够处理 HTML、XML、JavaScript、CSS 甚至纯文本，类似的产品还有 JSP、Freemarker 等。

Thymeleaf 的主要目标是提供一个优雅和高度可维护的创建模板的方式。为了实现这一点，它建立在自然模板（Natural Templates）的概念上，将其逻辑注入模板文件中，不会影响模板被用作设计原型。这改善了设计的沟通，弥合了设计和开发团队之间的差距。

Thymeleaf 的设计从一开始就遵从 Web 标准，特别是 HTML 5，这样就能创建完全符合验证的模板。

Thymeleaf 的语法优雅易懂。Thymeleaf 使用 OGNL（Object-Graph Navigation Language），它是一种功能强大的表达式语言，通过它简单一致的表达式语法可以存取对象的任意属性，调用对象的方法，遍历整个对象的结构图，实现字段类型转化等功能。它使用相同的表达式存取对象的属性，这样可以更好地取得数据。在与 Spring 应用集成过程中我们经常会使用 SpringEL，而 OGNL 与 SpringEL 在语法上极其类似，因此在学习成本上也非常低。

Thymeleaf 3 使用一个名为 AttoParser 2（http://www.attoparser.org）的新解析器。AttoParser 是一个新的、基于事件（不符合 SAX 标准）的解析器，由 Thymeleaf 的作者开发，符合 Thymeleaf 的风格。

13.1.4　Thymeleaf 处理模板

Thymeleaf 能处理以下 6 种类型的模板，我们称之为模板模式（Template Mode）：

- HTML
- XML
- TEXT
- JavaScript
- CSS
- RAW

其中包含两种标记模板模式（HTML 和 XML），三种文本模板模式（TEXT、JavaScript 和 CSS）和一种无操作模板模式（RAW）。

HTML 模板模式将允许任何类型的 HTML 输入，包括 HTML 5、HTML 4 和 XHTML。将不执行验证或对格式进行严格检查，这样就能尽可能地将模板代码/结构进行输出。

XML 模板模式将允许 XML 输入。在这种情况下，代码预期格式是良好的，不存在未关闭的标签和没有引用的属性等。如果找到未符合 XML 格式的要求，解析器就会抛出异常。注意，该模式不会针对 DTD 或 XML 架构去执行验证。

TEXT 模板模式将允许对非标记性质的模板使用特殊语法。此类模板的示例可能是文本电子邮件或模板文档。注意，HTML 或 XML 模板也可以作为 TEXT 处理，在这种情况下，它们将不会被解析为标记，并且每个标签 DOCTYPE、注释等将被视为纯文本。

JavaScript 模板模式将允许在 Thymeleaf 应用程序中处理 JavaScript 文件。这意味着在使用 JavaScript 文件中的模型数据时，是与 HTML 文件处理方式相同，但可以使用特定于 JavaScript 的集成，例如专门的转义或自然脚本（Natural Scripting）。JavaScript 模板模式被认为是文本模式，因此使用与 TEXT 模板模式相同的特殊语法。

CSS 模板模式将允许处理涉及 Thymeleaf 应用程序的 CSS 文件。与 JavaScript 模式类似，CSS 模板模式也是文本模式，并使用 TEXT 模板模式下的特殊处理语法。

RAW 模板模式根本不会处理模板。它用于将未经修改的资源（文件、URL 响应等）插入正在处理的模板中。例如，HTML 格式的外部不受控制的资源可以包含在应用程序模板中，这些资源可能包含的任何 Thymeleaf 代码将不会被执行。

13.1.5 标准方言

Thymeleaf 是一个可扩展的模板引擎，实际上它更像是一个模板引擎框架（Template Engine Framework），允许定义和自定义模板。

将一些逻辑应用于标记工件（例如标签、某些文本、注释或只有占位符）的一个对象被称为处理器（Processor）。方言（Dialect）通常包括这些处理器的集合以及一些额外的工件。Thymeleaf 的核心库提供了标准方言（Standard Dialect），提供给用户开箱即用的功能。

当然，如果用户希望在利用库的高级功能的同时定义自己的处理逻辑，那么可以创建自己的方言（甚至扩展标准的方言），也可以将 Thymeleaf 配置为同时使用几种方言。

官方的 thymeleaf-spring3 和 thymeleaf-spring4 集成包都定义了一种称为 Spring Standard Dialect 的方言，与标准方言大致相同，但是对于 Spring 框架中的某些功能则更加友好，例如想通过使用 Spring Expression Language 或 SpringEL 而不是 OGNL。所以，如果你是一个 Spring Web MVC 用

户，那么这里的所有东西都能够在你的 Spring 应用程序中使用。

标准方言的大多数处理器是属性处理器。这样，即使在处理之前，浏览器也可以正确地显示 HTML 模板文件，因为它们将简单地忽略其他属性。对比 JSP，在浏览器中会直接显示以下代码片断：

```
<form:inputText name="userName" value="${user.name}"/>
```

Thymeleaf 标准方言将允许我们实现与以下功能相同的功能：

```
<input type="text" name="userName" value="James Carrot" th:value="${user.name}"/>
```

浏览器不仅可以正确显示这些信息，而且可以在浏览器中静态打开原型时能够显示指定的值属性（在这种情况下为 James Carrot），将在模板处理期间由${user.name}的评估得到的值代替。

这有助于设计师和开发人员处理相同的模板文件，并减少将静态原型转换为工作模板文件所需的工作量。这样的功能称为自然模板的功能。

有关 Thymeleaf 标准方言的内容会在 13.2 节详细讲述。

13.2　Thymeleaf 标准方言

Thymeleaf 的可扩展性很强，它允许你自定义模板属性集（或事件标签）、表达式、语法及应用逻辑。因此，它更像是一个模板引擎框架（Template Engine Framework），开发者可以方便地基于该引擎来自定义自己的模板。

当然，Thymeleaf 的优秀之处并不仅限于此。秉着“开箱即用”的原则，Thymeleaf 提供了满足大多数使用情况的默认实现——标准方言，涵盖命名为 Standard 和 SpringStandard 的两种方言。在模板中，你可以很容易地识别出这些被使用的标准方言，因为它们都以 th 属性开头，例如：

```
<span th:text="...">
```

值得注意的是，Standard 和 SpringStandard 方言在用法上面几乎相同，不同之处在于 SpringStandard 包括 Spring Web MVC 集成的具体特征（比如用 Spring Expression Language 来替代 OGNL）。

通常，我们在谈论 Thymeleaf 的标准方言时引用的是 Standard，而不是其他特例。

本节的内容大多引用笔者的开源书《Thymeleaf 教程》，有兴趣的读者可以自行参阅。

13.2.1　Thymeleaf 标准表达式语法

大多数 Thymeleaf 属性允许设值或者包含表达式(Expressions)，因为它们使用的方言的关系，我们称之为标准表达式（Standard Expressions）。这些标准表达式语法主要包括：

- 简单表达式
  - Variable Expressions（变量表达式）：${...}。
  - Selection Expressions（选择表达式）：*{...}。

- Message (i18n) Expressions（消息表达式）：#{...}。
- Link (URL) Expressions（链接表达式）：@{...}。
- Fragment Expressions（分段表达式）：~{...}。

- 字面量
  - 文本：'one text'、'Another one!'等。
  - 数值：0、34、3.0、12.3 等。
  - 布尔：true、false。
  - Null：null。
  - Literal Token（字面标记）：one、sometext、main 等。
- 文本操作
  - 字符串拼接：+。
  - 文本替换：|The name is ${name}|。
- 算术操作
  - 二元运算符：+、-、*、/、%。
  - 减号（单目运算符）：-。
- 布尔操作
  - 二元运算符：and、or。
  - 布尔否定（一元运算符）：!、not。
- 比较和等价
  - 比较：>、<、>=、<=（gt、lt、ge、le）。
  - 等价：==、!=（eq、ne）。
- 条件运算符
  - If-then：(if) ? (then)。
  - If-then-else：(if) ? (then) : (else)。
  - Default：(value) ?: (defaultvalue)。
- 特殊标记
  - No-Operation（无操作）：_。

下面这个示例涵盖了上述大部分表达式：

```
'User is of type ' + (${user.isAdmin()} ? 'Administrator' : (${user.type} ?: 'Unknown'))
```

13.2.2 消息表达式

消息表达式（通常称为文本外化、国际化或 i18n）允许我们从外部源（.properties 文件）检索特定于语言环境的消息，通过 key 引用它们（可选）应用一组参数。

在 Spring 应用程序中，这将自动与 Spring 的 MessageSource 机制集成。

```
#{main.title}

#{message.entrycreated(${entryId})}
```

在模板中的应用如下：

```
<table>
    ...
    <th th:text="#{header.address.city}">...</th>
    <th th:text="#{header.address.country}">...</th>
    ...
</table>
```

注意，如果希望消息 key 由上下文变量的值确定，或者要将变量指定为参数，就可以在消息表达式中使用变量表达式：

```
#{${config.adminWelcomeKey}(${session.user.name})}
```

13.2.3　变量表达式

变量表达式可以是 OGNL 表达式或者 Spring EL，如果集成了 Spring 的话，那么可以在上下文变量（Context Variables）中执行。

在 Spring 术语中，变量表达式也称为模型属性（Model Attributes）。它们看起来像这样：

```
${session.user.name}
```

它们作为属性值或作为属性的一部分：

```
<span th:text="${book.author.name}">
```

上面的表达式在 OGNL 和 SpringEL 中等价于：

```
((Book)context.getVariable("book")).getAuthor().getName()
```

这些变量表达式不仅涉及输出，还包括更复杂的处理，如条件判断、迭代等：

```
<li th:each="book : ${books}">
```

这里${books}从上下文中选择名为 books 的变量，并将其评估为可在 th:each 循环中使用的迭代器（Iterable）。

更多 OGNL 的功能有：

```
/*
 * 使用点(.)来访问属性，等价于调用属性的  getter
 */
${person.father.name}

/*
 * 访问属性也可以使用([])块
 */
${person['father']['name']}

/*
 * 如果对象是一个 map，那么点和块语法等价于调用其 get(...)方法
 */
${countriesByCode.ES}
```

```
${personsByName['Stephen Zucchini'].age}

/*
 * 在块语法中，也可以通过索引来访问数组或者集合
 */
${personsArray[0].name}

/*
 * 可以调用方法，同时也支持参数
 */
${person.createCompleteName()}
${person.createCompleteNameWithSeparator('-')}
```

13.2.4 表达式基本对象

当对上下文变量评估 OGNL 表达式时，某些对象可用于表达式以获得更高的灵活性。这些对象将被引用（按照 OGNL 标准），从#开始：

- #ctx：上下文对象。
- #vars：上下文变量。
- #locale：上下文区域设置。
- #request：HttpServletRequest 对象（仅在 Web 上下文中）。
- #response：HttpServletResponse 对象（仅在 Web 上下文中）。
- #session：HttpSession 对象（仅在 Web 上下文中）。
- #servletContext：ServletContext 对象（仅在 Web 上下文中）。

所以我们可以这样做：

```
Established locale country: <span th:text="${#locale.country}">US</span>.
```

有关表达式基本对象的完整内容可以参考 13.6 节的内容。

13.2.5 表达式工具对象

除了上面这些基本的对象之外，Thymeleaf 将为我们提供一组工具对象，这些对象将帮助我们在表达式中执行常见任务：

- #execInfo：模板执行的信息。
- #messages：在变量内获取外部消息的方法表达式，与使用#{...}语法获得的方式相同。
- #uris：用于转义 URL/URI 部分的方法。
- #conversions：执行已配置的 conversion service。
- #dates：java.util.Date 对象的方法，比如格式化、组件提取等。
- #calendars：类似于#dates，但是对应于 java.util.Calendar 对象。
- #numbers：格式化数字对象的方法。

- #strings：String 对象的方法，包括 contains、startsWith、prepending/appending 等。
- #objects：对象方法。
- #bools：布尔判断的方法。
- #arrays：array 方法。
- #lists：list 方法。
- #sets：set 方法。
- #maps：map 方法。
- #aggregates：在数组或集合上创建聚合的方法。
- #ids：用于处理可能重复的 id 属性的方法（例如作为迭代的结果）。

下面是一个格式化日期的例子：

```
<p>
  Today is: <span th:text="${#calendars.format(today,'dd MMMM yyyy')}">13 May
2011</span>
</p>
```

有关表达式工具对象的完整内容可以参考《Thymeleaf 教程》一书的“Thymeleaf 表达式工具对象”部分。

13.2.6　选择表达式

选择表达式与变量表达式很像，区别在于它是在当前选择的对象而不是在整个上下文变量映射上执行。它看起来像这样：

```
*{customer.name}
```

所作用的对象由 th:object 属性指定：

```
<div th:object="${book}">
  ...
  <span th:text="*{title}">...</span>
  ...
</div>
```

这等价于：

```
{
  // th:object="${book}"
  final Book selection = (Book) context.getVariable("book");
  // th:text="*{title}"
  output(selection.getTitle());
}
```

13.2.7 链接表达式

链接表达式旨在构建URL并向其添加有用的上下文和会话信息(通常称为URL重写的过程)。因此，对于部署在Web服务器的/myapp上下文中的Web应用程序，可以使用以下表达式：

```
<a th:href="@{/order/list}">...</a>
```

可以转成：

```
<a href="/myapp/order/list">...</a>
```

cookie没有启用时，如果我们需要保持会话，可以这样：

```
<a href="/myapp/order/list;jsessionid=23fa31abd41ea093">...</a>
```

URL是可以携带参数的：

```
<a th:href="@{/order/details(id=${orderId},type=${orderType})}">...</a>
```

最终的结果如下：

```
<a href="/myapp/order/details?id=23&amp;type=online">...</a>
```

链接表达式可以是相对的，在这种情况下，应用程序上下文将不会作为URL的前缀：

```
<a th:href="@{../documents/report}">...</a>
```

也可以是服务器相对（同样，没有应用程序上下文前缀）：

```
<a th:href="@{~/contents/main}">...</a>
```

也可以是和协议相对（就像绝对 URL，但浏览器将使用在显示的页面中使用的相同的 HTTP 或 HTTPS 协议）：

```
<a th:href="@{//static.mycompany.com/res/initial}">...</a>
```

当然，Link表达式可以是绝对的：

```
<a th:href="@{http://www.mycompany.com/main}">...</a>
```

在绝对或相对的URL等里面，Thymeleaf链接表达式添加的是什么值？

答案是，可能是由响应过滤器定义的URL重写。在基于Servlet的Web应用程序中，对于每个输出的URL，hymeleaf总是在显示URL之前调用HttpServletResponse.encodeUrl(...)机制。这意味着过滤器可以通过包装 HttpServletResponse 对象（通常使用的机制）来为应用程序执行定制的URL重写。

13.2.8 分段表达式

分段表达式是Thymeleaf 3.x版本新增的内容。

分段段表达式是一种表示标记片段并将其移动到模板周围的简单方法。正是由于这些表达式，片段可以被复制，或者作为参数传递给其他模板等。

常见的用法是使用 th:insert 或 th:replace:插入片段：

```
<div th:insert="~{commons :: main}">...</div>
```

但是它们可以在任何地方使用，就像任何其他变量一样：

```
<div th:with="frag=~{footer :: #main/text()}">
  <p th:insert="${frag}">
</div>
```

分段表达式是可以有参数的。

相关内容可以参考 13.5 节的内容。

13.2.9 字面量

Thymeleaf 有一组可用的字面量和操作。

1. 文本文字

文本文字只是在单引号之间指定的字符串，可以包含任何字符，但用户应该避免其中的任何单引号使用\'。

```
<p>
  Now you are looking at a <span th:text="'working web application'">template
file</span>.
</p>
```

2. 数字

数字文字就是数字。

```
<p>The year is <span th:text="2013">1492</span>.</p>
<p>In two years, it will be <span th:text="2013 + 2">1494</span>.</p>
```

3. 布尔

布尔文字为 true 和 false，例如：

```
<div th:if="${user.isAdmin()} == false"> ...
```

在这个例子中，== false 写在大括号之外，Thymeleaf 会进行处理。如果写在大括号内，就由 OGNL/SpringEL 引擎负责处理：

```
<div th:if="${user.isAdmin() == false}"> ...
```

4. null

null 字面量使用如下：

```
<div th:if="${variable.something} == null"> ...
```

5. 字面量标记

数字、布尔和 null 字面值实际上是字面量标记（Literal Tokens）的特殊情况。

这些标记允许在标准表达式中进行一点简化。它们的工作与文字（'...'）完全相同，但只允许使用字母（A~Z）和（a~z）、数字（0~9）、括号（[和]）、点（.）、连字符（-）和下画线（_），所以没有空白，没有逗号等情况。

标记不需要任何引号，所以我们可以这样做：

```
<div th:class="content">...</div>
```

用来代替：

```
<div th:class="'content'">...</div>
```

6. 附加文本

无论是文字还是评估变量或消息表达式的结果，都可以使用+操作符轻松地附加文本：

```
<span th:text="'The name of the user is ' + ${user.name}">
```

7. 字面量替换

字面量替换允许容易地格式化包含变量值的字符串，而不需要使用'...' + '...'附加文字。这些替换必须被|包围，如：

```
<span th:text="|Welcome to our application, ${user.name}!|">
```

其等价于：

```
<span th:text="'Welcome to our application, ' + ${user.name} + '!'">
```

字面量替换可以与其他类型的表达式相结合：

```
<span th:text="${onevar} + ' ' + |${twovar}, ${threevar}|">
```

|...|字面量替换只允许使用变量/消息表达式（${...}、*{...}、#{...}），其他字面量'...'、布尔/数字标记、条件表达式等是不允许的。

13.2.10 算术运算

支持算术运算：+、-、*、/和%。

```
<div th:with="isEven=(${prodStat.count} % 2 == 0)">
```

注意，这些运算符可以在 OGNL 变量表达式本身中应用（在这种情况下将由 OGNL 执行，而不是 Thymeleaf 标准表达式引擎）：

```
<div th:with="isEven=${prodStat.count % 2 == 0}">
```

注意，其中一些运算符存在文本别名：div（/）、mod（%）。

13.2.11 比较与相等

表达式中的值可以使用>、<、>=和<=进行比较，并且可以使用==和!=运算符来检查是否相等。注意，<和>符号不应该在 XML 属性值中使用，它们应被替换为<和>。

```
<div th:if="${prodStat.count} &gt; 1">
```

```
<span th:text="'Execution mode is ' + ( (${execMode} == 'dev')? 'Development' :
'Production')">
```

一个更简单的替代方案是使用这些运算符存在的文本别名：gt（>）、lt（<）、ge（>=）、le（<=）、not（!）、eq（==）、neq/ne（!=）。

13.2.12　条件表达式

条件表达式仅用于评估两个表达式中的一个，这取决于评估条件（本身就是另一个表达式）的结果。

我们来看一个 th:class 示例片段：

```
<tr th:class="${row.even}? 'even' : 'odd'">
  ...
</tr>
```

条件表达式（condition、then 和 else）的 3 个部分都是自己的表达式，这意味着它们可以是变量（${...}、*{...}）、消息（#{...}）、（@{...}）或字面量（'...'）。

条件表达式也可以使用括号嵌套：

```
<tr th:class="${row.even}? (${row.first}? 'first' : 'even') : 'odd'">
  ...
</tr>
```

else 表达式也可以省略，在这种情况下，如果条件为 false，就返回 null 值：

```
<tr th:class="${row.even}? 'alt'">
  ...
</tr>
```

13.2.13　默认表达式

默认表达式（Default Expression）是一种特殊的条件值，没有 then 部分。它相当于某些语言中的 Elvis Operator，比如 Groovy。指定两个表达式，如果第一个不是 null，就使用第二个。

查看如下示例：

```
<div th:object="${session.user}">
  ...
  <p>Age: <span th:text="*{age}?: '(no age specified)'">27</span>.</p>
</div>
```

这相当于：

```
<p>Age: <span th:text="*{age != null}? *{age} : '(no age specified)'">27</span>.</p>
```

与条件表达式一样，它们之间可以包含嵌套表达式：

```
<p>
  Name:
 <span th:text="*{firstName}?: (*{admin}? 'Admin' :
```

```
#{default.username})">Sebastian</span>
    </p>
```

13.2.14 无操作标记

无操作标记由下画线（_）表示。表示什么也不做，允许开发人员使用原型中的文本默认值，例如：

```
<span th:text="${user.name} ?: 'no user authenticated'">...</span>
```

在上面的代码中，我们可以直接使用'no user authenticated'作为原型文本，但如果是使用无操作标记，那么会让代码从设计的角度来看很简洁。用法如下：

```
<span th:text="${user.name} ?: _">no user authenticated</span>
```

13.2.15 数据转换及格式化

Thymeleaf 的双大括号为变量表达式（$ {...}）和选择表达式（* {...}）提供了数据转换服务。它看上去是这样的：

```
<td th:text="${{user.lastAccessDate}}">...</td>
```

注意到$ {{...}}里面的双括号了吗？这意味着 Thymeleaf 可以通过转换服务将结果转换为 String。

假设 user.lastAccessDate 类型为 java.util.Calendar，如果转换服务（IStandardConversionService 接口的实现）已经被注册并且包含有效的 Calendar - > String 的转换，那么它将被应用。

IStandardConversionService 的默认实现类为 StandardConversionService，只需在转换为 String 的任何对象上执行.toString()即可。

13.2.16 表达式预处理

表达式预处理（Expression Preprocessing）被定义在下画线（_）之间：

```
#{selection.__${sel.code}__}
```

我们看到的变量表达式${sel.code}将先被执行，假如结果是"ALL"，那么_之间的值"ALL"将被看作表达式的一部分被执行，在这里会变成 selection.ALL。

13.3 Thymeleaf 设置属性值

本节将介绍如何在标记中设置（或修改）属性值。

13.3.1　设置任意属性值

th:attr 用于设置任意属性：

```
<form action="subscribe.html" th:attr="action=@{/subscribe}">
  <fieldset>
    <input type="text" name="email"/>
    <input type="submit" value="Subscribe!" th:attr="value=#{subscribe.submit}"/>
  </fieldset>
</form>
```

th:attr 会将表达式的结果设置到相应的属性中去。上面模板的结果如下：

```
<form action="/gtvg/subscribe">
  <fieldset>
    <input type="text" name="email"/>
    <input type="submit" value="¡Suscríbe!"/>
  </fieldset>
</form>
```

我们也能同时设置多个属性值：

```
<img src="../../images/gtvglogo.png"
     th:attr="src=@{/images/gtvglogo.png},title=#{logo},alt=#{logo}"/>
```

输出如下：

```
<img src="/gtgv/images/gtvglogo.png" title="Logo de Good Thymes" alt="Logo de Good
Thymes"/>
```

13.3.2　设置值到指定的属性

使用 th:attr 来设置属性的好处是，我们可以设置任意命名的属性，这样方便自定义自己的属性。但是，缺点也很明显，如果使用任何属性都是采用自定义的方式，属性的维护有时就会变得很困难。考虑下面的示例：

```
<input type="submit" value="Subscribe!" th:attr="value=#{subscribe.submit}"/>
```

上面指定了一个自定义属性 value 的值，这在语法上完全没有问题，但这并不是最佳的方式。因为 Thymeleaf 已经提供了属性名为 value 的属性，通常你将使用其他的 th：*属性设置 Thymeleaf 特定的标签属性（而不仅仅是像 th:attr 这样的任意属性）。

例如，要设置 value 属性，我们可以使用 th:value：

```
<input type="submit" value="Subscribe!" th:value="#{subscribe.submit}"/>
```

要设置 action 属性，使用 th:action：

```
<form action="subscribe.html" th:action="@{/subscribe}">
```

Thymeleaf 提供了很多属性，每个都针对特定的 HTML 5 属性，比如 th:abbr、th:action、

th:background、th:form、th:height、th:style 等。详细的 Thymeleaf 属性列表可以参阅《Thymeleaf 教程》的“Thymeleaf 属性”部分。

13.3.3 同时设置多个值

th:alt-title 和 th:lang-xmllang 是两个特殊的属性，可以同时设置同一个值到两个属性：

- th:alt-title 用于设置 alt 和 title。
- th:lang-xmllang 用于设置 lang 和 xml:lang。

观察下面的示例：

```
<img src="../../images/gtvglogo.png"
     th:attr="src=@{/images/gtvglogo.png},title=#{logo},alt=#{logo}"/>
```

这个例子等价于：

```
<img src="../../images/gtvglogo.png"
     th:src="@{/images/gtvglogo.png}" th:alt-title="#{logo}"/>
```

两者最终的结果都是：

```
<img src="../../images/gtvglogo.png"
     th:src="@{/images/gtvglogo.png}" th:title="#{logo}" th:alt="#{logo}"/>
```

13.3.4 附加和添加前缀

th:attrappend 和 th:attrprepend 用于附加和添加前缀属性，例如：

```
    <input type="button" value="Do it!" class="btn" th:attrappend="class=${' ' +
cssStyle}"/>
```

执行模板，cssStyle 变量设置为"warning"时，输出如下：

```
<input type="button" value="Do it!" class="btn warning"/>
```

同时，有 th:classappend 和 th:styleappend 用于设置 CSS 的 class 和 style，例如：

```
<tr th:each="prod : ${prods}" class="row" th:classappend="${prodStat.odd}? 'odd'">
```

13.3.5 固定值布尔属性

HTML 具有布尔属性的概念，没有值的属性意味着该值为 true。在 XHTML 中，这些属性只取一个值，即它本身。

例如，属性 checked 的用法：

```
<input type="checkbox" name="option2" checked/><!-- HTML -->
<input type="checkbox" name="option1" checked="checked"/><!-- XHTML -->
```

标准方言允许通过评估条件来设置这些属性，如果评估为 true，那么该属性将被设置为其固定值，如果评估为 false，那么不会设置该属性：

```
<input type="checkbox" name="active" th:checked="${user.active}"/>
```

标准方言中存在以下固定值布尔属性：

- th:async
- th:autofocus
- th:autoplay
- th:checked
- th:controls
- th:declare
- th:default
- th:defer
- th:disabled
- th:formnovalidate
- th:hidden
- th:ismap
- th:loop
- th:multiple
- th:novalidate
- th:nowrap
- th:open
- th:pubdate
- th:readonly
- th:required
- th:reversed
- th:scoped
- th:seamless
- th:selected

13.3.6　默认属性处理器

Thymeleaf 提供默认属性处理器（Default Attribute Processor），当标准方言没有提供属性时，也可以设置其属性，比如：

```
<span th:whatever="${user.name}">...</span>
```

th:whatever 并不是标准方言中提供的属性，但仍然可以正确对属性进行赋值。最终输出如下：

```
<span whatever="John Apricot">...</span>
```

默认属性处理器与 th:attr 设置任意属性有着异曲同工之妙。

13.3.7 支持对 HTML 5 友好的属性及元素名称

data-{prefix}-{name}语法是 HTML 5 中编写自定义属性的标准方式，不需要开发人员使用任何命名空间的名字（如 th：*）。

考虑下面的例子：

```
<table>
  <tr data-th-each="user : ${users}">
    <td data-th-text="${user.login}">...</td>
    <td data-th-text="${user.name}">...</td>
  </tr>
</table>
```

其实完全等价于：

```
<table>
  <tr th:each="user : ${users}">
    <td th:each="${user.login}">...</td>
    <td th:each="${user.name}">...</td>
  </tr>
</table>
```

如果你是一个对 HTML 5 语法有“强迫症”的开发人员，那么可以放心地通过 data-{prefix}-{name}语法来使用 Thymeleaf 元素。

13.4 Thymeleaf 迭代器与条件语句

本节将介绍 Thymeleaf 迭代器与条件语句，这两者在实际开发中经常被使用。

13.4.1 迭代器

迭代器是程序中常见的设计模式，是可在容器上遍访元素的接口。

1. 基本的迭代

Thymeleaf 的 th:each 将循环 array 或 list 中的元素并重复打印一组标签，语法相当于 Java foreach 表达式：

```
<li th:each="book : ${books}" th:text="${book.title}">En las Orillas del Sar</li>
```

可以使用 th：each 属性进行遍历的对象包括：

- 任何实现 java.util.Iterable 的对象。
- 任何实现 java.util.Enumeration 的对象。
- 任何实现 java.util.Iterator 的对象，其值将被迭代器返回，而不需要在内存中缓存所有的值。

- 任何实现 java.util.Map 的对象。迭代映射时，迭代变量将是 java.util.Map.Entry 类。
- 任何数组。
- 任何其他对象将被视为包含对象本身的单值列表。

2. 状态变量

Thymeleaf 提供状态变量（Status Variable）来跟踪迭代器的状态。

th:each 属性中定义了如下状态变量：

- index 是当前迭代器索引（Iteration Index），从 0 开始。
- count 是当前迭代器索引，从 1 开始。
- size 是迭代器元素的总数。
- current 是当前迭代变量（Iter Variable）。
- even/odd 判断当前迭代器是否是 even 或 odd。
- first 判断当前迭代器是否是第一个。
- last 判断当前迭代器是否是最后一个。

看下面的例子：

```
<table>
  <tr>
    <th>NAME</th>
    <th>PRICE</th>
    <th>IN STOCK</th>
  </tr>
  <tr th:each="prod,iterStat : ${prods}" th:class="${iterStat.odd}? 'odd'">
    <td th:text="${prod.name}">Onions</td>
    <td th:text="${prod.price}">2.41</td>
    <td th:text="${prod.inStock}? #{true} : #{false}">yes</td>
  </tr>
</table>
```

状态变量（在本示例中为 iterStat）在 th：each 中定义了。

下面来看模板处理后的结果：

```
<!DOCTYPE html>

<html>

  <head>
    <title>Good Thymes Virtual Grocery</title>
    <meta content="text/html; charset=UTF-8" http-equiv="Content-Type"/>
    <link rel="stylesheet" type="text/css" media="all" href="/gtvg/css/gtvg.css"/>
  </head>

  <body>

    <h1>Product list</h1>
```

```
    <table>
      <tr>
        <th>NAME</th>
        <th>PRICE</th>
        <th>IN STOCK</th>
      </tr>
      <tr class="odd">
        <td>Fresh Sweet Basil</td>
        <td>4.99</td>
        <td>yes</td>
     </tr>
     <tr>
       <td>Italian Tomato</td>
       <td>1.25</td>
       <td>no</td>
     </tr>
     <tr class="odd">
      <td>Yellow Bell Pepper</td>
      <td>2.50</td>
      <td>yes</td>
    </tr>
    <tr>
      <td>Old Cheddar</td>
      <td>18.75</td>
      <td>yes</td>
    </tr>
   </table>

   <p>
     <a href="/gtvg/" shape="rect">Return to home</a>
   </p>

  </body>

</html>
```

注意，我们的迭代状态变量已经运行良好，只有奇数行具有 odd CSS 类。

如果没有明确设置状态变量，那么 Thymeleaf 将始终创建一个状态变量，可以通过后缀 Stat 获取到迭代变量的名称：

```
<table>
  <tr>
    <th>NAME</th>
    <th>PRICE</th>
    <th>IN STOCK</th>
  </tr>
  <tr th:each="prod : ${prods}" th:class="${prodStat.odd}? 'odd'">
    <td th:text="${prod.name}">Onions</td>
    <td th:text="${prod.price}">2.41</td>
    <td th:text="${prod.inStock}? #{true} : #{false}">yes</td>
```

```
  </tr>
</table>
```

13.4.2　条件语句

条件语句用来判断给定的条件是否满足，并根据判断的结果决定执行的语句。

1. if 和 unless

th:if 属性的用法如下：

```
<a href="comments.html"
   th:href="@{/product/comments(prodId=${prod.id})}"
   th:if="${not #lists.isEmpty(prod.comments)}">view</a>
```

注意，th:if 属性不仅评估布尔条件，它的功能有点超出这一点，将按照这些规则评估指定的表达式：

- 如果值不为 null：
  - 如果值是布尔值，就为 true。
  - 如果值是数字且不为零，就为 true。
  - 如果值是一个字符且不为零，就为 true。
  - 如果值是 String，而不是 false、off 或 no，就为 true。
  - 如果值不是布尔值、数字、字符或字符串，就为 true。
- 如果值为 null，那么 th:if 将为 false。

另外，th:if 有一个相反的属性 th:unless，前面的例子改为：

```
<a href="comments.html"
   th:href="@{/comments(prodId=${prod.id})}"
   th:unless="${#lists.isEmpty(prod.comments)}">view</a>
```

2. switch 语句

switch 语句使用 th:switch 与 th:case 属性集合来实现：

```
<div th:switch="${user.role}">
  <p th:case="'admin'">User is an administrator</p>
  <p th:case="#{roles.manager}">User is a manager</p>
</div>
```

用 th:case="*"来设置默认选项：

```
<div th:switch="${user.role}">
  <p th:case="'admin'">User is an administrator</p>
  <p th:case="#{roles.manager}">User is a manager</p>
  <p th:case="*">User is some other thing</p>
</div>
```

13.5 Thymeleaf 模板片段

本节将介绍如何使用 Thymeleaf 模板片段。

Thymeleaf 模板片段的目的是让模板片段可以在多个页面实现重用，从而减少了代码量，也使整个页面更加模块化。

13.5.1 定义和引用片段

在我们的模板中，经常需要从其他模板中添加 HTML 页面片段，如页脚、标题、菜单等，由于这些页面片段在各个页面都会被引用到，因此实现页面片段的重用具有重要的意义。

为了做到这一点，Thymeleaf 需要我们来定义这些"片段"，可以使用 th:fragment 属性来完成。

我们定义了/WEB-INF/templates/footer.html 页面作为例子。

```
<!DOCTYPE html>

<html xmlns:th="http://www.thymeleaf.org">

  <body>

    <div th:fragment="copy">
     &copy; 2017 <a href="https://waylau.com">waylau.com</a>
    </div>

  </body>

</html>
```

如果想引用这个 copy 代码片段，那么可以用 th:insert 或 th:replace 属性来实现（th:include 也可以实现类似功能，但自 Thymeleaf 3.0 以来就不再推荐使用了）：

```
<body>

  ...

  <div th:insert="~{footer :: copy}"></div>

</body>
```

注意，th: insert 需要一个"片段表达式"（~{...}）。在上面的例子中，"片段表达式"（~{, }）是完全可选的，所以上面的代码将等效于：

```
<body>

  ...
```

```
  <div th:insert="footer :: copy"></div>

</body>
```

13.5.2 Thymeleaf 片段规范语法

以下是 Thymeleaf 片段规范语法：

- "~{templatename::selector}"：名为 templatename 的模板上的指定标记选择器。selector 可以只是一个片段名。
- "~{templatename}"：包含完整的模板 templatename。
- ~{::selector}"或"~{this::selector}"：是指相同模板中的代码片段。

13.5.3 不使用 th:fragment

不使用 th:fragment 也可以引用 HTML 片段，比如：

```
...
<div id="copy-section">
  &copy; 2017 <a href="https://waylau.com">waylau.com</a>
</div>
...
```

通过页面片段的 id 就可以引用到页面片段，代码如下：

```
<body>

  ...

  <div th:insert="~{footer :: #copy-section}"></div>

</body>
```

13.5.4 th:insert、th:replace 和 th:include 三者的区别

th:insert、th:replace 和 th:include 三者都能实现片段的引用，但是最终的实现效果还是存在差异，其中：

- th：insert 是很简单的，它将简单地插入指定的片段作为正文的主标签。
- th：replace 用指定实际片段来替换其主标签。
- th：include 类似于 th：insert，但不是插入片段，它只插入此片段的“内容”。

所以考虑下面的例子：

```
<footer th:fragment="copy">
  &copy; 2017 <a href="https://waylau.com">waylau.com</a>
</footer>
```

3 种方式同时引用该片段：

```
<body>

  ...

  <div th:insert="footer :: copy"></div>

  <div th:replace="footer :: copy"></div>

  <div th:include="footer :: copy"></div>

</body>
```

结果如下：

```
<body>

  ...

  <div>
    <footer>
        &copy; 2017 <a href="https://waylau.com">waylau.com</a>
    </footer>
  </div>

  <footer>
    &copy; 2017 <a href="https://waylau.com">waylau.com</a>
  </footer>

  <div>
    &copy; 2017 <a href="https://waylau.com">waylau.com</a>
  </div>

</body>
```

13.6 Thymeleaf 表达式基本对象

在 Thymeleaf 中，一些对象和变量 map 总是可以被调用，这些对象被称为“表达式基本对象”。下面来详细介绍。

13.6.1 基本对象

1. #ctx*

#ctx*是上下文对象，是 org.thymeleaf.context.IContext 或者 org.thymeleaf.context.IWebContext 的实现，取决于我们的环境是桌面程序还是 Web 程序。

注意，#vars 和#root 是同一个对象的同义词，但建议使用#ctx。以下是使用示例：

```
${#ctx.locale}
${#ctx.variableNames}

${#ctx.request}
${#ctx.response}
${#ctx.session}
${#ctx.servletContext}
```

2. #locale

#locale 用于直接访问与 java.util.Locale 关联的当前的请求。以下是使用示例：

```
${#locale}
```

13.6.2 Web 上下文命名空间用于 request/session 属性等

Thymeleaf 在 Web 环境中有一系列快捷方式用于访问请求参数、会话属性等应用属性。需要注意的是，这些不是上下文对象（Context Objects），但有 map 添加到上下文作为变量，这样我们就能访问它们而无须#。它们类似于命名空间（Namespace）。

1. param

param 用于检索请求参数。假设${param.foo}是使用 foo 作为请求参数，其值为数组 String[]，那么${param.foo[0]}通常用于获取第一个值。以下是使用示例：

```
${param.foo}
${param.size()}
${param.isEmpty()}
${param.containsKey('foo')}
...
```

2. session

session 用于检索会话属性。以下是使用示例：

```
${session.foo}
${session.size()}
${session.isEmpty()}
${session.containsKey('foo')}
...
```

3. application

application 用于检索应用及上下文属性。以下是使用示例：

```
${application.foo}
${application.size()}
${application.isEmpty()}
${application.containsKey('foo')}
...
```

注意

没有必要指定访问请求属性的命名空间，因为所有请求属性都会自动添加到上下文中作为上下文根中的变量。以下是使用示例：

```
${myRequestAttribute}
```

13.6.3 Web 上下文对象

在 Web 环境中，下列对象可以直接访问（注意它们是对象，而非 map 或者命名空间）：

1. #request

#request 是直接访问与当前请求关联的 javax.servlet.http.HttpServletRequest 对象。以下是使用示例：

```
${#request.getAttribute('foo')}
${#request.getParameter('foo')}
${#request.getContextPath()}
${#request.getRequestName()}
...
```

2. #session

#session 是直接访问与当前请求关联的 javax.servlet.http.HttpSession 对象。以下是使用示例：

```
${#session.getAttribute('foo')}
${#session.id}
${#session.lastAccessedTime}
...
```

3. #servletContext

#servletContext 是直接访问与当前请求关联的 javax.servlet.ServletContext 对象。以下是使用示例：

```
${#servletContext.getAttribute('foo')}
${#servletContext.contextPath}
...
```

13.7 实战：基于 Thymeleaf 的 Web 应用

本节演示如何基于 Thymeleaf 创建一个 Web 应用。本节示例源码可以在 mvc-thymeleaf 应用下找到。

13.7.1 添加依赖

本例所需依赖如下：

```
<dependencies>
    <dependency>
        <groupId>org.springframework</groupId>
        <artifactId>spring-webmvc</artifactId>
        <version>${spring.version}</version>
    </dependency>
    <dependency>
        <groupId>org.eclipse.jetty</groupId>
        <artifactId>jetty-servlet</artifactId>
        <version>${jetty.version}</version>
        <scope>provided</scope>
    </dependency>
    <dependency>
        <groupId>org.thymeleaf</groupId>
        <artifactId>thymeleaf-spring5</artifactId>
        <version>${thymeleaf-spring5.version}</version>
    </dependency>
    <dependency>
        <groupId>ch.qos.logback</groupId>
        <artifactId>logback-classic</artifactId>
        <version>${logback-classic.version}</version>
    </dependency>
</dependencies>
```

上述示例中，thymeleaf-spring5 依赖为 Spring 5 集成 Thymeleaf 专用库。

13.7.2　编写控制器

控制器代码如下：

```
package com.waylau.spring.mvc.controller;

import java.util.Arrays;

import org.springframework.stereotype.Controller;
import org.springframework.ui.Model;
import org.springframework.web.bind.annotation.RequestMapping;

@Controller
public class HelloController {

    @RequestMapping("/index")
    public String index(Model model) {
        model.addAttribute("title", "Thymeleaf Demo");
        model.addAttribute("header", "老卫作品集");
        model.addAttribute("books",
                Arrays.asList("《分布式系统常用技术及案例分析》",
                        "《Spring Boot 企业级应用开发实战》",
                        "《Spring Cloud 微服务架构开发实战》",
                        "《Spring 5 开发大全》",
```

```
                    "《Cloud Native 分布式架构原理与实践》",
                    "《Angular 企业级应用开发实战》",
                    "《大型互联网应用轻量级架构实战》"));
        return "index";
    }

}
```

上述示例中，当客户端访问“/index”资源的路径时，会返回 index.html 界面的内容。index.html 界面绑定了一个 Model 实例。Model 在 MVC 模式中承担模型的角色。

13.7.3 应用配置

在本应用中采用基于 Java 注解的配置。

AppConfiguration 主应用配置如下：

```
import org.springframework.context.annotation.ComponentScan;
import org.springframework.context.annotation.Configuration;
import org.springframework.context.annotation.Import;

@Configuration
@ComponentScan(basePackages = { "com.waylau.spring" })
@Import({ MvcConfiguration.class })
public class AppConfiguration {

}
```

上述配置中，AppConfiguration 会扫描 com.waylau.spring 包下的文件，并自动将相关的 bean 进行注册。

AppConfiguration 同时又引入了 MVC 的配置类 MvcConfiguration，配置如下：

```
package com.waylau.spring.mvc.configuration;

import org.springframework.context.annotation.Bean;
import org.springframework.context.annotation.Configuration;
import org.springframework.web.servlet.config.annotation.EnableWebMvc;
import org.springframework.web.servlet.config.annotation.WebMvcConfigurer;
import org.thymeleaf.spring5.SpringTemplateEngine;
import org.thymeleaf.spring5.templateresolver.SpringResourceTemplateResolver;
import org.thymeleaf.spring5.view.ThymeleafViewResolver;

@EnableWebMvc
@Configuration
public class MvcConfiguration implements WebMvcConfigurer {

    publicfinalstaticString CHARACTER_ENCODING = "UTF-8";
    publicfinalstaticString TEMPLATE_PREFIX = "classpath:/templates/";
    publicfinalstaticString TEMPLATE_SUFFIX = ".html";
    publicfinalstaticBoolean TEMPLATE_CACHEABLE = false;
```

```
        publicfinalstaticString TEMPLATE_MODE = "HTML5";
        publicfinalstaticInteger TEMPLATE_ORDER = 1;

        /**
          *模板解析器
          * @return
        */
        @Bean
        public SpringResourceTemplateResolver templateResolver() {
            SpringResourceTemplateResolver templateResolver =
newSpringResourceTemplateResolver();
            templateResolver.setPrefix(TEMPLATE_PREFIX);
            templateResolver.setSuffix(TEMPLATE_SUFFIX);
            templateResolver.setCacheable(TEMPLATE_CACHEABLE);
            templateResolver.setCharacterEncoding(CHARACTER_ENCODING);
            templateResolver.setTemplateMode(TEMPLATE_MODE);
            templateResolver.setOrder(TEMPLATE_ORDER);
            return templateResolver;
        }

        /**
          *模板引擎
          * @param templateResolver
          *@return
        */
        @Bean
        public SpringTemplateEngine springTemplateEngine(SpringResourceTemplateResolver
templateResolver) {
            SpringTemplateEngine templateEngine = newSpringTemplateEngine();
            templateEngine.setTemplateResolver(templateResolver);
            return templateEngine;
        }

        /**
          *视图解析器
          * @param springTemplateEngine
          *@return
        */
        @Bean
        public ThymeleafViewResolver viewResolver(SpringTemplateEngine
springTemplateEngine) {
            ThymeleafViewResolver viewResolver = newThymeleafViewResolver();
            viewResolver.setTemplateEngine(springTemplateEngine);
            viewResolver.setCharacterEncoding(CHARACTER_ENCODING);
            return viewResolver;
        }
    }
```

MvcConfiguration 配置类一方面启用了 MVC 的功能，另一方面添加了 Thymeleaf 模板解析器的配置。

最后，需要引入 Jetty 服务器 JettyServer，配置如下：

```
    import org.eclipse.jetty.server.Server;
    import org.eclipse.jetty.servlet.ServletContextHandler;
    import org.eclipse.jetty.servlet.ServletHolder;
    import org.springframework.web.context.ContextLoaderListener;
    import org.springframework.web.context.WebApplicationContext;
    import
org.springframework.web.context.support.AnnotationConfigWebApplicationContext;
    import org.springframework.web.servlet.DispatcherServlet;
    import com.waylau.spring.mvc.configuration.AppConfiguration;

    public class JettyServer {
        public static final int DEFAULT_PORT = 8080;
        public static final String CONTEXT_PATH = "/";
        public static final String MAPPING_URL = "/*";

        public void run() throws Exception {
            Server server = new Server(DEFAULT_PORT);
            server.setHandler(servletContextHandler(webApplicationContext()));
            server.start();
            server.join();
        }

        private ServletContextHandler servletContextHandler(WebApplicationContext context)
{
            ServletContextHandler handler = new ServletContextHandler();
            handler.setContextPath(CONTEXT_PATH);
            handler.addServlet(newServletHolder(newDispatcherServlet(context)),
                MAPPING_URL);
            handler.addEventListener(newContextLoaderListener(context));
            return handler;
        }

        private WebApplicationContext webApplicationContext() {
            AnnotationConfigWebApplicationContext context =
              new AnnotationConfigWebApplicationContext();
            context.register(AppConfiguration.class);
            return context;
        }
    }
```

JettyServer 将会在 Application 类中进行启动，代码如下：

```
    public class Application {

        public static void main(String[] args) throws Exception {
          new JettyServer().run();
        }

    }
```

日志配置文件 logback.xml 内容如下：

```
<?xml version="1.0" encoding="UTF-8"?>
<configuration>

  <appender name="STDOUT" class="ch.qos.logback.core.ConsoleAppender">
    <layout class="ch.qos.logback.classic.PatternLayout">
      <Pattern>%d{HH:mm:ss.SSS} [%thread] %-5level %logger{36} - %msg%n</Pattern>
    </layout>
  </appender>

  <root level="info">
    <appender-ref ref="STDOUT"/>
  </root>
</configuration>
```

13.7.4　编写 Thymeleaf 模板

在 resources/template 目录下创建一个 HTML 页面 index.html，内容如下：

```
<!DOCTYPE html>
<html lang="cn" xmlns:th="http://www.thymeleaf.org">
<head>
<meta charset="UTF-8">
<title th:text="${title}">标题</title>
</head>
<body>
    <div>
        <h1 th:text="${title}">标题</h1>
        <p th:text="${header}">无序列表：</p>

        <ul th:each="book : ${books}">
            <li th:text="${book}">《Java EE 企业级开发实战》</li>
        </ul>
    </div>
</body>
</html>
```

上述页面即便没有 Thymeleaf 基础，也非常好识别。可以直接在浏览器运行 index.html，效果如图 13-1 所示。

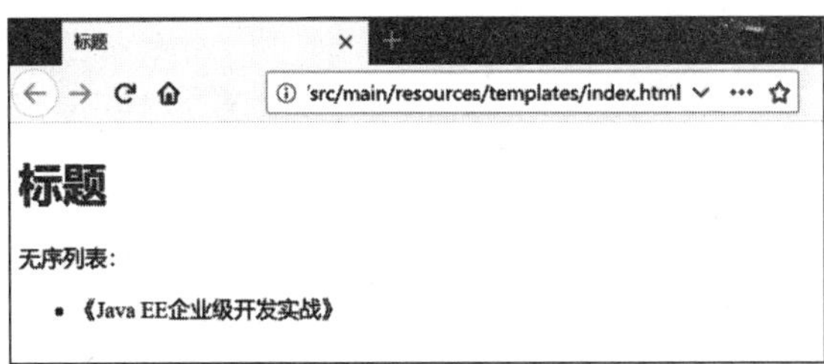

图 13-1　index.html 运行效果

这就是所谓的“原型即页面”，index.html 作为原型，即便没有部署到服务器上，也能被界面设计师所识别。

运行应用后，在浏览器 http://localhost:8080/index 显示的效果如图 13-2 所示。

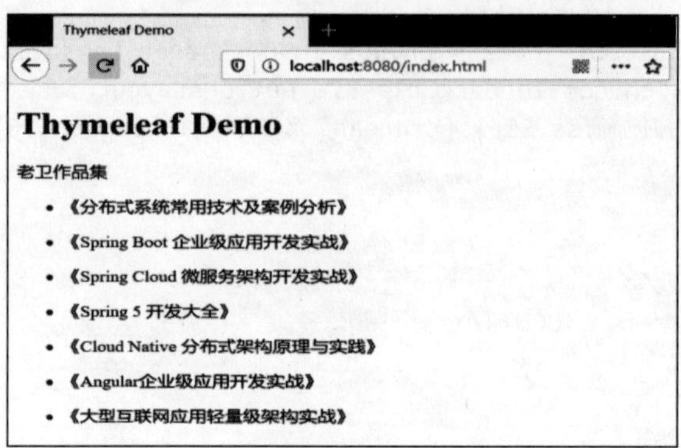

图 13-2　index.html 运行效果

13.8　总　结

本章详细介绍了 Java 模板引擎 Thymeleaf 的用法，内容包括标准方言、设置属性值、迭代器与条件语句、模板片段、表达式基本对象等。同时，也演示了如何基于 Thymeleaf 来创建一个 Web 应用。

13.9　习　题

（1）为什么选择 Thymeleaf 而不是 JSP？

（2）列举 Thymeleaf 标准方言有哪些内容。

（3）简述如何设置 Thymeleaf 属性值。

（4）简述 Thymeleaf 迭代器与条件语句的用法。

（5）简述 Thymeleaf 模板片段的用法。

（6）编写一个 Thymeleaf 的示例。

第 14 章

锦上添花——Bootstrap

Bootstrap 让前端开发更快速、更简单。可以说所有开发者、所有应用场景都适用于 Bootstrap。Bootstrap 让那些对前端美化工作不在行的后端开发者也能轻松驾驭。

本章详细介绍 Bootstrap。

14.1 Bootstrap 概述

Bootstrap 是很受欢迎的 HTML、CSS 和 JS 前端框架，用于开发响应式布局、移动设备优先的 Web 项目。

Bootstrap 让前端开发更快速、更简单。可以说所有开发者、所有应用场景都适用于 Bootstrap。无论开发者的技能水平是什么层次、无论什么类型的设备、无论项目规模大小，Bootstrap 都能胜任。

Bootstrap 具备以下优点：

- 支持 Less 和 Sass 预处理器：虽然 Bootstrap 最终提供的是 CSS 文件，但是它的源码是采用 Less（http://getbootstrap.com/css/#less）和 Sass（http://sass-lang.com/）编写的。因此，可以选择直接使用 Bootstrap 的 CSS 文件，也可以直接从源码进行编译。
- 响应式布局适合所有设备：网站和应用能在 Bootstrap 的帮助下基于同一份代码快速、有效地适配手机、平板、PC 设备，这一切都得益于 CSS 3 的媒体查询（Media Query）。
- 功能组件齐全：Bootstrap 提供了大量的 HTML 和 CSS 组件、jQuery 插件等，并提供全面、美观的文档加以说明，方便学习以及应用。
- 开源：有强大的社区以及广泛的开源爱好者为其贡献代码。开源网址为 https://github.com/twbs/bootstrap。

14.1.1 HTML 5 Doctype

Bootstrap 使用了一些 HTML 5 元素和 CSS 属性。为了让这些正常工作，需要使用 HTML 5 文档类型（Doctype）。因此，在使用 Bootstrap 项目的开头包含下面的代码段：

```
<!DOCTYPE html>
<html lang="en">
  ...
</html>
```

14.1.2 响应式 meta 标签

Bootstrap 的设计目标是移动设备优先，并能通过 CSS 媒体查询来扩展组件。为了让 Bootstrap 开发的网站对移动设备友好，确保适当的绘制和触屏缩放，需要在网页的 head 中添加 viewport meta 标签，代码如下：

```
<meta name="viewport" content="width=device-width, initial-scale=1,
shrink-to-fit=no">
```

14.1.3 Box-Sizing

为了在 CSS 中更简单地调整大小，Bootstrap 将全局框大小值从 content-box 切换到 border-box。这可以确保填充不会影响元素的最终计算宽度，但可能会导致某些第三方软件（如 Google 地图和 Google 自定义搜索引擎）出现问题。

在罕见的情况下，需要覆盖它，可使用以下代码：

```
.selector-for-some-widget {
  -webkit-box-sizing: content-box;
     -moz-box-sizing: content-box;
          box-sizing: content-box;
}
```

使用上述代码片段，嵌套元素中的内容都将继承为该选项指定的框大小。

欲了解更多关于盒子模型和尺寸调整的 CSS 技巧可参阅 https://css-tricks.com/box-sizing/。

14.1.4 Normalize.css

Bootstrap 使用 Normalize 来建立跨浏览器的一致性。Normalize.css（<ttps://necolas.github.io/normalize.css/>）是一个很小的 CSS 文件，在 HTML 元素的默认样式中提供了更好的跨浏览器一致性。同时，Bootstrap 也提供了 Reboot（https://v4-alpha.getbootstrap.com/content/reboot/），将所有 HTML 重置样式表整合到 Reboot 中，在用不上 Normalize.css 的地方可以用 Reboot。

14.1.5　模板

开启 Bootstrap，你的第一个 Bootstrap 页面模板应该是类似于下面这样的：

```
<!doctype html>
<html lang="en">
  <head>
    <!-- Required meta tags -->
    <meta charset="utf-8">
    <meta name="viewport" content="width=device-width, initial-scale=1,
shrink-to-fit=no">

    <!-- Bootstrap CSS -->
    <link rel="stylesheet"
href="https://cdn.jsdelivr.net/npm/bootstrap@4.4.1/dist/css/bootstrap.min.css"
integrity="sha384-Vkoo8x4CGsO3+Hhxv8T/Q5PaXtkKtu6ug5TOeNV6gBiFeWPGFN9MuhOf23Q9Ifjh"
crossorigin="anonymous">

    <title>Hello, world!</title>
  </head>
  <body>
    <h1>Hello, world!</h1>

    <!-- Optional JavaScript -->
    <!-- jQuery first, then Popper.js, then Bootstrap JS -->
    <script src="https://cdn.jsdelivr.net/npm/jquery@3.4.1/dist/jquery.slim.min.js"
integrity="sha384-J6qa4849blE2+poT4WnyKhv5vZF5SrPo0iEjwBvKU7imGFAV0wwj1yYfoRSJoZ+n"
crossorigin="anonymous"></script>
    <script src="https://cdn.jsdelivr.net/npm/popper.js@1.16.0/dist/umd/popper.min.js"
integrity="sha384-Q6E9RHvbIyZFJoft+2mJbHaEWldlvI9IOYy5n3zV9zzTtmI3UksdQRVvoxMfooAo"
crossorigin="anonymous"></script>
    <script
src="https://cdn.jsdelivr.net/npm/bootstrap@4.4.1/dist/js/bootstrap.min.js"
integrity="sha384-wfSDF2E50Y2D1uUdj0O3uMBJnjuUD4Ih7YwaYd1iqfktj0Uod8GCExl3Og8ifwB6"
crossorigin="anonymous"></script>
  </body>
</html>
```

14.2　Bootstrap 核心概念

本节将介绍 Bootstrap 的核心概念。

14.2.1 Bootstrap 的网格系统

Bootstrap 提供了一套响应式、移动设备优先的流式网格系统，随着屏幕或视口（Viewport）尺寸的增加，系统会自动分为最多 12 列。

1. 什么是网格

在平面设计中，网格是一种由一系列用于组织内容的相交的直线（垂直的、水平的）组成的结构（通常是二维的）。它广泛应用于打印设计中的设计布局和内容结构。在网页设计中，它是一种用于快速创建一致的布局和有效地使用 HTML 和 CSS 的方法。

简单地说，网页设计中的网格用于组织内容，让网站易于浏览，并降低用户端的负载。

2. 什么是 Bootstrap 网格系统

Bootstrap 包含一个响应式的、移动设备优先的、不固定的网格系统，可以随着设备或视口大小的增加而适当地扩展到 12 列。它包含用于简单地布局选项的预定义类，也包含用于生成更多语义布局的功能强大的混合类。Bootstrap 代码从小屏幕设备（比如移动设备、平板电脑）开始，然后扩展到大屏幕设备（比如笔记本电脑、台式电脑）上的组件和网格。

什么是移动设备优先策略呢？概括如下：

- 内容
  - 决定什么是重要的。
- 布局
  - 优先设计更小的宽度。
  - 基础的 CSS 是移动设备优先，媒体查询是针对平板电脑、台式电脑的。
- 渐进增强
  - 随着屏幕大小的增加而添加元素。

响应式网格系统随着屏幕或视口尺寸的增加，系统会自动分为最多 12 列。图 14-1 展示了 Bootstrap 的网格系统。

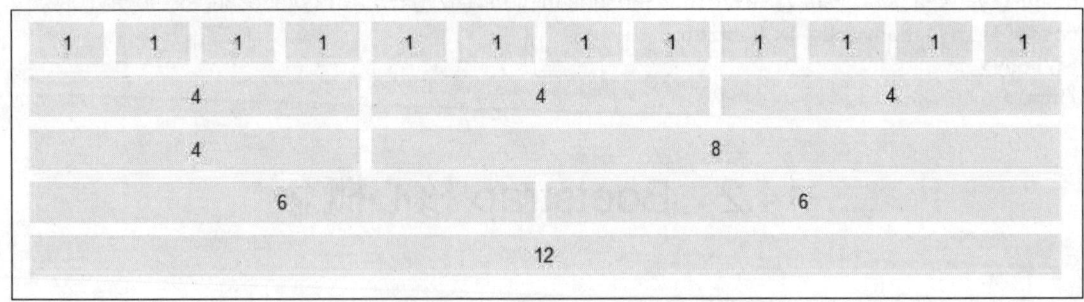

图 14-1 Bootstrap 的网格系统

3. Bootstrap 网格系统的工作原理

网格系统通过一系列包含内容的行和列来创建页面布局。下面列出了 Bootstrap 网格系统是如何工作的：

- 行必须放置在名为.container 或者.container-fluid 的 class 内，以便获得适当的对齐（Alignment）和内边距（Padding）。
- 使用行来创建列的水平组。
- 内容应该放置在列内，且唯有列可以是行的直接子元素。
- 预定义的网格类，比如.row 和.col-xs-4，可用于快速创建网格布局。LESS 混合类可用于更多语义布局。
- 列通过内边距来创建列内容之间的间隙。该内边距是通过.row 上的外边距（Margin）取负的，表示第一列和最后一列的行偏移。
- 网格系统是通过指定想要横跨的 12 个可用的列来创建的。例如，要创建 3 个相等的列，则使用 3 个.col-xs-4。
- 如果在一行内放置超过 12 列，那么每组额外的列将作为一个单元包装到新行上。
- 网格类适用于屏幕宽度大于或等于断点大小的设备，并覆盖针对较小设备的网格类。因此，例如将任何.col-md-*类应用于元素将不仅会影响其在中型设备上的样式，而且会影响没有设置.col-lg-*类的大型设备。

14.2.2 媒体查询

媒体查询是非常别致的“有条件的 CSS 规则”，它只适用于一些基于某些规定条件的 CSS。如果满足那些条件，就应用相应的样式。

Bootstrap 中的媒体查询允许基于视口大小移动、显示并隐藏内容。下面的媒体查询在 LESS 文件中使用，用来创建 Bootstrap 网格系统中的关键的断点。

```
/* 超小设备（手机，小于 768px） */
/* Bootstrap 中默认情况下没有媒体查询 */

/* 小型设备（平板电脑，768px 起） */
@media (min-width: @screen-sm-min) { ... }

/* 中型设备（台式电脑，992px 起） */
@media (min-width: @screen-md-min) { ... }

/* 大型设备（大台式电脑，1200px 起） */
@media (min-width: @screen-lg-min) { ... }
```

我们有时候也会在媒体查询代码中包含 max-width，从而将 CSS 的影响限制在更小范围的屏幕之内。

```
@media (max-width: @screen-xs-max) { ... }
@media (min-width: @screen-sm-min) and (max-width: @screen-sm-max) { ... }
@media (min-width: @screen-md-min) and (max-width: @screen-md-max) { ... }
@media (min-width: @screen-lg-min) { ... }
```

媒体查询有两个部分，先是一个设备规范，然后是一个大小规则。在上面的案例中设置了下列规则：

```
@media (min-width: @screen-sm-min) and (max-width: @screen-sm-max) { ... }
```

对于所有带有 min-width: @screen-sm-min 的设备，如果屏幕的宽度小于@screen-sm-max，就会进行一些处理。

14.2.3 网格选项

表 14-1 总结了 Bootstrap 网格系统如何跨多个设备工作。

表 14-1 Bootstrap 网格系统跨多个设备

	超小设备手机（<768px）	小型设备平板电脑（≥768px）	中型设备台式电脑（≥992px）	大型设备台式电脑（≥1200px）
网格行为	一直是水平的	以折叠开始，断点以上是水平的	以折叠开始，断点以上是水平的	以折叠开始，断点以上是水平的
最大容器宽度	None (auto)	750px	970px	1170px
Class 前缀	.col-xs-	.col-sm-	.col-md-	.col-lg-
列数量和	12	12	12	12
最大列宽	Auto	~61px	~81px	~97px
间隙宽度	30px	30px	30px	30px
可嵌套	Yes	Yes	Yes	Yes
偏移量	Yes	Yes	Yes	Yes
列排序	Yes	Yes	Yes	Yes

14.2.4 移动设备及桌面设备

如何避免列堆叠在较小的设备中？

实现方式是，通过在列中添加.col-xs-*、.col-md-*来使用额外的中小型设备网格类。参阅下面的示例，以便更好地了解其全部工作原理。

```
<!-- 在移动设备上是一个全宽和另一个半宽来堆叠的列 -->
<div class="row">
  <div class="col-xs-12 col-md-8">.col-xs-12 .col-md-8</div>
  <div class="col-xs-6 col-md-4">.col-xs-6 .col-md-4</div>
</div>

<!-- 列宽在移动设备上开始占比是 50%，在桌面设备上可达 33.3% -->
<div class="row">
  <div class="col-xs-6 col-md-4">.col-xs-6 .col-md-4</div>
  <div class="col-xs-6 col-md-4">.col-xs-6 .col-md-4</div>
  <div class="col-xs-6 col-md-4">.col-xs-6 .col-md-4</div>
</div>

<!—无论是移动设备还是桌面设备，列宽占比都是 50% -->
```

```
    <div class="row">
      <div class="col-xs-6">.col-xs-6</div>
      <div class="col-xs-6">.col-xs-6</div>
    </div>
```

实例结果如图 14-2 所示。

.col-xs-12 .col-md-8		.col-xs-6 .col-md-4
.col-xs-6 .col-md-4	.col-xs-6 .col-md-4	.col-xs-6 .col-md-4
.col-xs-6	.col-xs-6	

图 14-2　实例效果

14.3　实战：基于 Bootstrap 的 Web 应用

本节将演示如何基于 Bootstrap 来创建 Web 应用。在第 13 章 mvc-thymeleaf 应用的基础上，添加 Bootstrap 进行修改，成为本节示例 mvc-thymeleaf-bootstrap。

mvc-thymeleaf-bootstrap 与 mvc-thymeleaf 应用的 Java 代码是完全一致的，无须大的改动，只需要调整前端界面即可。

14.3.1　引入 Bootstrap 库的样式

在 index.html 的<head>标签中引入 Bootstrap 库的样式，代码如下：

```
    <head>
    <meta charset="UTF-8">
    <meta name="viewport" content="width=device-width, initial-scale=1,
shrink-to-fit=no">

    <!-- Bootstrap CSS -->
    <link rel="stylesheet"
href="https://cdn.jsdelivr.net/npm/bootstrap@4.4.1/dist/css/bootstrap.min.css"
integrity="sha384-Vkoo8x4CGsO3+Hhxv8T/Q5PaXtkKtu6ug5TOeNV6gBiFeWPGFN9MuhOf23Q9Ifjh"
    crossorigin="anonymous">
    ...
```

14.3.2　引入 Bootstrap 库的脚本

在 index.html 的<body>标签的最后引入 Bootstrap 库的脚本，代码如下：

```
    ...
    <script src="https://cdn.jsdelivr.net/npm/bootstrap@4.4.1/dist/js/bootstrap.
min.js"integrity="sha384-wfSDF2E50Y2D1uUdj0O3uMBJnjuUD4Ih7YwaYd1iqfktj0Uod8GCExl3Og8i
```

```
fwB6"
        crossorigin="anonymous"></script>
    </body>
  </html>
```

14.3.3 添加 Bootstrap 样式类

在 index.html 的标签中添加样式类，代码如下：

```
...
<div class="container">
    <h1 th:text="${title}">标题</h1>
    <p th:text="${header}">无序列表：</p>

    <ul th:each="book : ${books}" class="list-group list-group-flush">
      <li th:text="${book}" class="list-group-item">《Java EE 企业级开发实战》</li>
    </ul>

</div>
...
```

其中，<div>元素添加了 container 类，<ul>元素添加了 list-group list-group-flush 类，<li>元素添加了 list-group-item 类。

完整的 index.html 代码如下：

```
<!DOCTYPE html>
<html lang="cn" xmlns:th="http://www.thymeleaf.org">
<head>
<meta charset="UTF-8">
<meta name="viewport"
    content="width=device-width, initial-scale=1, shrink-to-fit=no">

<!-- Bootstrap CSS -->
<link rel="stylesheet"
    href="https://cdn.jsdelivr.net/npm/bootstrap@4.4.1/dist/css/bootstrap.min.css"
    integrity="sha384-Vkoo8x4CGsO3+Hhxv8T/
Q5PaXtkKtu6ug5TOeNV6gBiFeWPGFN9MuhOf23Q9Ifjh"
    crossorigin="anonymous">

<title th:text="${title}">标题</title>
</head>
<body>
    <div class="container">
      <h1 th:text="${title}">标题</h1>
      <p th:text="${header}">无序列表：</p>

      <ul th:each="book : ${books}" class="list-group list-group-flush">
       <li th:text="${book}" class="list-group-item">《Java EE 企业级开发实战》</li>
     </ul>
```

```
    </div>
    <script
        src="https://cdn.jsdelivr.net/npm/bootstrap@4.4.1/dist/js/
bootstrap.min.js"

integrity="sha384-wfSDF2E50Y2D1uUdj0O3uMBJnjuUD4Ih7YwaYd1iqfktj0Uod8GCExl3Og8ifwB6"
        crossorigin="anonymous"></script>
  </body>
  </html>
```

14.3.4　运行应用

直接在浏览器运行 index.html，效果如图 14-3 所示。

图 14-3　index.html 运行效果

运行应用后，在浏览器 http://localhost:8080/index 显示的效果如图 14-4 所示。

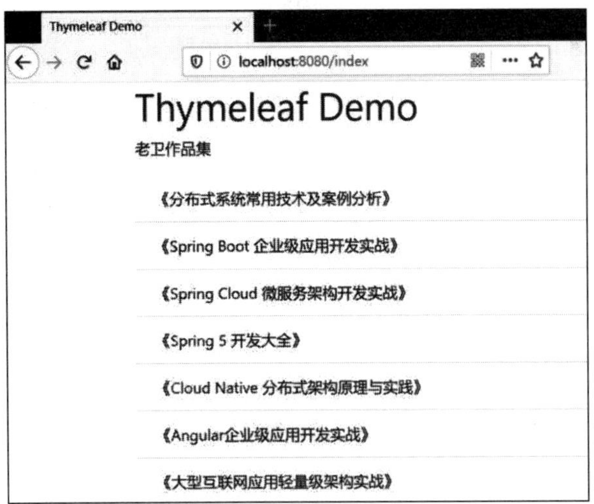

图 14-4　index.html 运行效果

可以看到，添加了 Bootstrap 样式后，界面的效果美观了很多。

14.4 总 结

本章介绍了流行的前端界面框架 Bootstrap，基于 Bootstrap 可以让开发人员轻松实现美观的界面。

本章也演示了如何基于 Bootstrap 来创建一个 Web 应用。

14.5 习 题

（1）简述 Bootstrap 的网格系统。

（2）简述 Bootstrap 的媒体查询。

（3）简述 Bootstrap 如何实现移动设备及桌面设备的切换。

（4）编写一个 Bootstrap 的示例。

第 15 章

REST 客户端

随着 REST 服务的普及，衍生出了很多 REST 客户端以调用 REST 服务。

本章介绍 Spring 提供的两种常用的 REST 客户端：RestTemplate 和 WebClient。

15.1 RestTemplate

RestTemplate 是 Spring 原生的 REST 客户端，用于执行 HTTP 请求。顾名思义，RestTemplate 遵循类似于 Spring 框架中其他模板类的方法，例如 JdbcTemplate、JmsTemplate 等。

借助于 RestTemplate，Spring 应用能够方便地使用 REST 资源。模板方法将过程中与特定实现相关的部分委托给接口，而这个接口的不同实现定义了接口的不同行为。

RestTemplate 定义了 36 个与 REST 资源交互的方法，其中大多数都对应于 HTTP 的方法。

其实，这里面只有 11 个独立的方法，其中有 10 个有 3 种重载形式，而第 11 个则重载了 6 次，这样一共形成了 36 个方法。

- delete()：在特定的 URL 上对资源执行 HTTP DELETE 操作。
- exchange()：在 URL 上执行特定的 HTTP 方法，返回包含对象的 ResponseEntity，这个对象是从响应体中映射得到的。
- execute()：在 URL 上执行特定的 HTTP 方法，返回一个从响应体映射得到的对象。
- getForEntity()：发送一个 HTTP GET 请求，返回的 ResponseEntity 包含响应体所映射成的对象。
- getForObject()：发送一个 HTTP GET 请求，返回的请求体将映射为一个对象。
- postForEntity()：POST 数据到一个 URL，返回包含一个对象的 ResponseEntity，这个对象是从响应体中映射得到的。
- postForObject()：POST 数据到一个 URL，返回根据响应体匹配形成的对象。

- headForHeaders()：发送 HTTP HEAD 请求，返回包含特定资源 URL 的 HTTP 头。
- optionsForAllow()：发送 HTTP OPTIONS 请求，返回对特定 URL 的 Allow 头信息。
- postForLocation()：POST 数据到一个 URL，返回新创建资源的 URL。
- put()：PUT 资源到特定的 URL。

实际上，由于 POST 操作的非幂等性，它几乎可以代替其他的 CRUD 操作。以下是一个典型的 RestTemplate 用法示例：

```
String result = restTemplate.getForObject(
    "http://waylau.com/hotels/{hotel}/bookings/{booking}",
    String.class,"42", "21");
```

15.1.1 初始化

RestTemplate 默认构造函数是使用 java.net.HttpURLConnection 执行请求的，也可以使用 ClientHttpRequestFactory 的实现切换到其他 HTTP 库。内置支持以下库：

- Apache HttpComponents Client
- Netty
- OkHttp

例如，要切换到 Apache HttpComponents Client，可以使用以下命令：

```
RestTemplate template = new RestTemplate(new
HttpComponentsClientHttpRequestFactory());
```

每个 ClientHttpRequestFactory 都公开特定于基础 HTTP 客户端库的配置选项，例如凭据、连接池和其他详细信息。

15.1.2 URI

许多 RestTemplate 方法都接受 URI 模板和 URI 模板变量，它们可以作为 String 变量参数，也可以作为 Map<String,String>。

以下示例使用 String 变量参数：

```
String result = restTemplate.getForObject(
    "https://waylau.com/hotels/{hotel}/bookings/{booking}",
    String.class, "42", "21");
```

以下示例使用 Map<String,String>：

```
Map<String, String> vars = Collections.singletonMap("hotel", "42");

String result = restTemplate.getForObject(
    "https://waylau.com/hotels/{hotel}/rooms/{hotel}",
    String.class, vars);
```

注意，URI 模板是自动编码的，示例如下：

```
//结果请求发送到“https://waylau.com/hotel%20list”

restTemplate.getForObject("https://waylau.com/hotel list", String.class);
```

可以使用 RestTemplate 的 uriTemplateHandler 属性来自定义 URI 的编码方式。另外，也可以使用 java.net.URI 作为参数。

15.1.3　请求头

可以使用 exchange()方法指定请求头，示例如下：

```
String uriTemplate = "https://waylau.com/hotels/{hotel}";
URI uri = UriComponentsBuilder.fromUriString(uriTemplate).build(42);

RequestEntity<Void> requestEntity = RequestEntity.get(uri)
        .header(("MyRequestHeader", "MyValue")
        .build();

ResponseEntity<String> response =
        template.exchange(requestEntity, String.class);

String responseHeader = response.getHeaders().getFirst("MyResponseHeader");
String body = response.getBody();
```

可以从 RestTemplate 返回 ResponseEntity 来获取响应头。

15.1.4　消息体

在 HttpMessageConverter 的帮助下，可以对 RestTemplate 方法的传入和返回的对象与原始内容进行转换。

在 POST 上，输入对象被序列化到请求体，示例如下：

```
URI location =
        template.postForLocation("https://waylau.com/people", person);
```

无须显式设置请求的 Content-Type 标头。在大多数情况下，可以找到基于源对象类型的兼容消息转换器，并且所选消息转换器会相应地设置内容类型。如有必要，可以使用交换方法显式提供 Content-Type 请求标头，进而影响选择哪种消息转换器。

在 GET 上，响应体反序列化为输出对象，示例如下：

```
Person person =
        restTemplate.getForObject("https://waylau.com/people/{id}",
                                  Person.class, 42);
```

不需要显式设置请求的 Accept 标头。在大多数情况下，可以根据预期的响应类型找到兼容的消息转换器，这将有助于填充 Accept 标头。如有必要，可以使用交换方法显式提供 Accept 标头。

默认情况下，RestTemplate 注册所有内置消息转换器，这取决于有助于确定存在哪些可选转换库的类路径检查。还可以将消息转换器设置为显式使用。

RestTemplate 主要适用于同步的 API 调用的场景，这种调用往往是 I/O 阻塞的；而 WebClient 则能够提供更为强大的响应式编程。

15.2 WebClient

spring-webflux 模块包括一个响应式、非阻塞客户端 WebClient，用于 HTTP 请求，以及具有函数式 API 客户端和响应流支持。WebClient 依赖较低级别的 HTTP 客户端库来执行请求，并且该支持是可插拔的。

WebClient 使用与 WebFlux 服务器应用程序相同的编解码器，并与服务器函数式 Web 框架共享一个通用基本包、一些通用 API 和基础架构。该 API 公开了 Reactor Flux 和 Mono 类型。

与 RestTemplate 相比，WebClient 具有以下特性：

- 非阻塞，响应式，并支持更高的并发性和占用更少的硬件资源。
- 提供了一个可以利用 Java 8 Lambda 的函数式 API。
- 支持同步和异步场景。
- 支持从服务器上传或下载。

RestTemplate 不适合用于非阻塞应用程序，因此 Spring WebFlux 应用程序应始终使用 WebClient。在大多数高并发情况下，WebClient 在 Spring Web MVC 中应该是首选，并且可以组成一系列远程、相互依赖的调用。

15.2.1 retrieve()方法

retrieve()方法是 WebClient 用于获取响应主体并对其进行解码的简单方法：

```
WebClient client = WebClient.create("https://waylau.com");

Mono<Person> result = client.get()
        .uri("/person/{id}", id).accept(MediaType.APPLICATION_JSON)
        .retrieve()
        .bodyToMono(Person.class);
```

还可以获取从响应中解码的对象流：

```
Flux<Quote> result = client.get()
        .uri("/quotes").accept(MediaType.TEXT_EVENT_STREAM)
        .retrieve()
        .bodyToFlux(Quote.class);
```

默认情况下，使用 4xx 或 5xx 状态码的响应会导致 WebClientResponseException 类型的错误，当然也可以自定义：

```
Mono<Person> result = client.get()
        .uri("/persons/{id}", id).accept(MediaType.APPLICATION_JSON)
```

```
            .retrieve()
            .onStatus(HttpStatus::is4xxServerError, response -> ...)
            .onStatus(HttpStatus::is5xxServerError, response -> ...)
            .bodyToMono(Person.class);
```

15.2.2　exchange()方法

exchange()方法提供了更多的控制。下面的例子等价于 retrieve()，但同时提供对 ClientResponse 的访问：

```
Mono<Person> result = client.get()
            .uri("/persons/{id}", id).accept(MediaType.APPLICATION_JSON)
            .exchange()
            .flatMap(response -> response.bodyToMono(Person.class));
```

在这个级别，你可以创建一个完整的 ResponseEntity：

```
Mono<ResponseEntity<Person>> result = client.get()
            .uri("/persons/{id}", id).accept(MediaType.APPLICATION_JSON)
            .exchange()
            .flatMap(response -> response.toEntity(Person.class));
```

注　意

与 retrieve()不同，在 exchange()中，没有针对 4xx 和 5xx 响应进行自动错误转换，用户必须自行检查状态码并决定如何处理。

15.2.3　请求体

请求主体可以从对象中进行编码：

```
Mono<Person> personMono = ... ;

Mono<Void> result = client.post()
        .uri("/persons/{id}", id)
        .contentType(MediaType.APPLICATION_JSON)
        .body(personMono, Person.class)
        .retrieve()
        .bodyToMono(Void.class);
```

还可以编码一个对象流：

```
Flux<Person> personFlux = ... ;

Mono<Void> result = client.post()
        .uri("/persons/{id}", id)
        .contentType(MediaType.APPLICATION_STREAM_JSON)
        .body(personFlux, Person.class)
        .retrieve()
        .bodyToMono(Void.class);
```

或者，如果具有实际值，还可以使用 syncBody 快捷方式：

```
Person person = ... ;

Mono<Void> result = client.post()
        .uri("/persons/{id}", id)
        .contentType(MediaType.APPLICATION_JSON)
        .syncBody(person)
        .retrieve()
        .bodyToMono(Void.class);
```

1. 处理 Form 表单数据

要发送表单数据，需要提供一个 MultiValueMap<String, String>作为主体。注意，FormHttpMessageWriter 将内容自动设置为 application/x-www-form-urlencode：

```
MultiValueMap<String, String> formData = ... ;

Mono<Void> result = client.post()
        .uri("/path", id)
        .syncBody(formData)
        .retrieve()
        .bodyToMono(Void.class);
```

还可以通过 BodyInserters 内部方法提供表单数据：

```
import static org.springframework.web.reactive.function.BodyInserters.*;

    Mono<Void> result = client.post()
            .uri("/path", id)
            .body(fromFormData("k1", "v1").with("k2", "v2"))
            .retrieve()
            .bodyToMono(Void.class);
```

2. 处理文件上传数据

要发送 multipart 数据，需要提供一个 MultiValueMap<String, ?>，其值可以是表示内容部分的对象，也可以是表示内容和头的 HttpEntity。MultipartBodyBuilder 提供了一个方便的 API 来准备 multipart 请求：

```
MultipartBodyBuilder builder = newMultipartBodyBuilder();
builder.part("fieldPart", "fieldValue");
builder.part("filePart", new FileSystemResource("...logo.png"));
builder.part("jsonPart", newPerson("Jason"));

MultiValueMap<String, HttpEntity<?>> parts = builder.build();
```

在大多数情况下，不必为每个部分指定 Content-Type。内容类型是根据所选择序列化的 HttpMessageWriter 自动确定的，或者是基于文件扩展名的 Resource 来确定的。

一旦准备好了 MultiValueMap，简单的方法是通过 syncBody 方法将它传递给 WebClient：

```
MultipartBodyBuilder builder = ...;
```

```
Mono<Void> result = client.post()
        .uri("/path", id)
        .syncBody(builder.build())
        .retrieve()
        .bodyToMono(Void.class);
```

如果 MultiValueMap 至少包含一个非字符串值（也可能表示常规表单数据，如 application/x-www-form-urlencoded），就不必将 Content-Type 设置为 multipart/form-data。使用 MultipartBodyBuilder 时，HttpEntity 的包装情况也是如此。

作为 MultipartBodyBuilder 的替代方案，还可以通过内置的 BodyInserters 提供内联风格的 multipart 内容，例如：

```
import static org.springframework.web.reactive.function.BodyInserters.*;

Mono<Void> result = client.post()
        .uri("/path", id)
        .body(fromMultipartData("fieldPart", "value").with("filePart", resource))
        .retrieve()
        .bodyToMono(Void.class);
```

15.2.4　生成器选项

创建 WebClient 的一个简单方法是通过静态工厂方法 create()和 create(String)为所有请求提供基本 URL。

自定义底层 HTTP 客户端的示例如下：

```
SslContext sslContext = ...

ClientHttpConnector connector = newReactorClientHttpConnector(
        builder -> builder.sslContext(sslContext));

WebClient webClient = WebClient.builder()
        .clientConnector(connector)
        .build();
```

自定义用于编码和解码 HTTP 消息的 HTTP 编解码器示例如下：

```
ExchangeStrategies strategies = ExchangeStrategies.builder()
        .codecs(configurer -> {
// ...
        })
        .build();

WebClient webClient = WebClient.builder()
        .exchangeStrategies(strategies)
        .build();
```

构建器可以用来插入过滤器。

WebClient 构建完成后，始终可以从中获取新的构建器，以便基于此构建新的 WebClient，但不会影响当前实例：

```
WebClient modifiedClient = client.mutate()
// ...
        .build();
```

15.2.5 过滤器

WebClient 支持拦截器式的请求过滤：

```
WebClient client = WebClient.builder()
        .filter((request, next) -> {
            ClientRequest filtered = ClientRequest.from(request)
                    .header("foo", "bar")
                    .build();
return next.exchange(filtered);
        })
        .build();
```

ExchangeFilterFunctions 为基本认证提供了一个过滤器：

```
WebClient client = WebClient.builder()
        .filter(basicAuthentication("user", "pwd"))
        .build();
```

上述方法需要静态导入 ExchangeFilterFunctions.basicAuthentication。

也可以改变现有的 WebClient 实例而不影响原始的：

```
WebClient filteredClient = client.mutate()
        .filter(basicAuthentication("user", "pwd")
        .build();
```

15.3 实战：基于 RestTemplate 的天气预报服务

我们将基于 RestTemplate 技术来实现一个天气预报服务接口应用 rest-template。rest-template 的作用是实现简单的天气预报功能，可以查询不同城市的实时天气情况。

15.3.1 添加依赖

为了能实现该应用，我们需要添加如下依赖：

```
<dependencies>
    <dependency>
        <groupId>org.springframework</groupId>
        <artifactId>spring-webmvc</artifactId>
        <version>${spring.version}</version>
    </dependency>
```

```
    <dependency>
        <groupId>org.eclipse.jetty</groupId>
        <artifactId>jetty-servlet</artifactId>
        <version>${jetty.version}</version>
        <scope>provided</scope>
    </dependency>
    <dependency>
        <groupId>com.fasterxml.jackson.core</groupId>
        <artifactId>jackson-core</artifactId>
        <version>${jackson.version}</version>
    </dependency>
    <dependency>
        <groupId>com.fasterxml.jackson.core</groupId>
        <artifactId>jackson-databind</artifactId>
        <version>${jackson.version}</version>
    </dependency>
    <dependency>
        <groupId>org.apache.httpcomponents</groupId>
        <artifactId>httpclient</artifactId>
        <version>${httpclient.version}</version>
    </dependency>
</dependencies>
```

其中，添加 Apache HttpComponents Client 的依赖来作为 Web 请求的 REST 客户端。我们使用 Jackson 来处理 JSON 的解析。Jetty 是内嵌的 Web 服务器。

15.3.2 后台编码实现

我们创建了如下能够表达天气数据的对象类。

1. 值对象

Forecast 类表示未来的天气预报信息。

```
public class Forecast implementsSerializable {

    public static final long serialVersionUID = 1L;

    private String date;
    private String high;
    private String fengxiang;
    private String low;
    private String fengli;
    private String type;

    // 省略 getter/setter 方法
}
```

Yesterday 类表示昨天的天气预报信息。

```
public class Yesterday implementsSerializable {
```

```
    public static final long serialVersionUID = 1L;

    private String date;
    private String high;
    private String fx;
    private String low;
    private String fl;
    private String type;

    publicYesterday() {

    }

    // 省略 getter/setter 方法
}
```

Weather 类表示天气信息。

```
public class Weather implementsSerializable {

    public static final long serialVersionUID = 1L;

    private String city;
    private String aqi;
    private String wendu;
    private String ganmao;
    private Yesterday yesterday;
    privateList<Forecast> forecast;

    // 省略 getter/setter 方法
}
```

WeatherResponse 类表示返回消息对象。

```
public class WeatherResponse implementsSerializable {

    public static final long serialVersionUID = 1L;

    private Weather data; // 消息数据
    private String status; // 消息状态
    private String desc; // 消息描述

    // 省略 getter/setter 方法
}
```

2. 服务接口及实现

定义 WeatherDataService 服务接口：

```
public interface WeatherDataService {

    /**
```

```
     *根据城市 ID 查询天气数据
     * @param cityId
     *@return
     */
    WeatherResponse getDataByCityId(String cityId);

    /**
     *根据城市名称查询天气数据
     * @param cityId
     *@return
    */
    WeatherResponse getDataByCityName(String cityName);
}
```

服务的实现类 WeatherDataServiceImpl：

```
import java.io.IOException;
import org.springframework.beans.factory.annotation.Autowired;
import org.springframework.http.ResponseEntity;
import org.springframework.stereotype.Service;
import org.springframework.web.client.RestTemplate;
import com.fasterxml.jackson.databind.ObjectMapper;
import com.waylau.spring.mvc.util.StringUtil;
import com.waylau.spring.mvc.vo.WeatherResponse;

@Service
public class WeatherDataServiceImpl implements WeatherDataService {

    @Autowired
    private RestTemplate restTemplate;

    private final String WEATHER_API = "http://wthrcdn.etouch.cn/weather_mini";

    @Override
    public WeatherResponse getDataByCityId(String cityId) {
        String uri = WEATHER_API + "?citykey=" + cityId;
        return this.doGetWeatherData(uri);
    }

    @Override
    public WeatherResponse getDataByCityName(String cityName) {
        String uri = WEATHER_API + "?city=" + cityName;
        return this.doGetWeatherData(uri);
    }

    private WeatherResponse doGetWeatherData(String uri) {

        ResponseEntity<String> response = restTemplate.getForEntity(uri, String.class);
        String strBody = null;

        if (response.getStatusCodeValue() == 200) {
```

```
            try {
                strBody = StringUtil.conventFromGzip(response.getBody());
            } catch (IOException e) {
                e.printStackTrace();
            }
        }

        ObjectMapper mapper = new ObjectMapper();
        WeatherResponse weather = null;

        try {
            weather = mapper.readValue(strBody, WeatherResponse.class);
        } catch (IOException e) {
            e.printStackTrace();
        }

        return weather;
    }

}
```

其中：

- 我们在网上找了一个免费、可用的第三方天气数据接口，并使用 RestTemplate 来进行调用。
- 由于该接口返回的数据是 GZIP 类型的，因此需要 StringUtil.conventFromGzip 方法进行解压。
- 返回的天气信息采用了 Jackson 来进行反序列化成为 WeatherResponse 对象。

StringUtil 工具类实现如下：

```
import java.io.ByteArrayInputStream;
import java.io.ByteArrayOutputStream;
import java.io.IOException;
import java.util.zip.GZIPInputStream;

public class StringUtil {

    /**
     * 处理 Gizp 压缩的数据.
     *
     * @param str
     * @return
     * @throws IOException
     */
    public static String conventFromGzip(String str) throws IOException {
        ByteArrayOutputStream out = new ByteArrayOutputStream();
        ByteArrayInputStream in;
        GZIPInputStream gunzip = null;

        in = new ByteArrayInputStream(str.getBytes("ISO-8859-1"));
```

```
        gunzip = new GZIPInputStream(in);
        byte[] buffer = new byte[256];
        int n;
        while ((n = gunzip.read(buffer)) >= 0) {
            out.write(buffer, 0, n);
        }

        return out.toString();
    }
}
```

3. 控制器

天气预报接口暴露为 REST API，通过以下天气预报控制器来实现：

```
import org.springframework.beans.factory.annotation.Autowired;
import org.springframework.web.bind.annotation.GetMapping;
import org.springframework.web.bind.annotation.PathVariable;
import org.springframework.web.bind.annotation.RequestMapping;
import org.springframework.web.bind.annotation.RestController;

import com.waylau.spring.mvc.service.WeatherDataService;
import com.waylau.spring.mvc.vo.WeatherResponse;

@RestController
@RequestMapping("/weather")
public class WeatherController {

    @Autowired
    private WeatherDataService weatherDataService;

    @GetMapping("/cityId/{cityId}")
    public WeatherResponse getReportByCityId(@PathVariable("cityId") String cityId) {
        return weatherDataService.getDataByCityId(cityId);
    }

    @GetMapping("/cityName/{cityName}")
    public WeatherResponse getReportByCityName(@PathVariable("cityName") String cityName)
{
        return weatherDataService.getDataByCityName(cityName);
    }

}
```

4. 应用配置

我们采用 Java Config 的方法来进行 Spring 应用的配置。

AppConfiguration 主应用配置如下：

```
    import org.springframework.context.annotation.ComponentScan;
    import org.springframework.context.annotation.Configuration;
    import org.springframework.context.annotation.Import;
```

```
@Configuration
@ComponentScan(basePackages = { "com.waylau.spring" })
@Import({ MvcConfiguration.class, RestConfiguration.class })
public class AppConfiguration {

}
```

AppConfiguration 类分别导入了 MvcConfiguration 类：

```
import org.springframework.context.annotation.Configuration;
import org.springframework.web.servlet.config.annotation.EnableWebMvc;
import org.springframework.web.servlet.config.annotation.WebMvcConfigurer;

@EnableWebMvc
@Configuration
public class MvcConfiguration implements WebMvcConfigurer {

}
```

及 RestConfiguration 类：

```
package com.waylau.spring.mvc.configuration;

import java.nio.charset.StandardCharsets;

import org.springframework.context.annotation.Bean;
import org.springframework.context.annotation.Configuration;
import org.springframework.http.client.HttpComponentsClientHttpRequestFactory;
import org.springframework.http.converter.StringHttpMessageConverter;
import org.springframework.web.client.RestTemplate;

@Configuration
public class RestConfiguration {

    @Bean
    public RestTemplate restTemplate() {
        RestTemplate restTemplate = new RestTemplate(
         new HttpComponentsClientHttpRequestFactory()); // 使用 HttpClient，支持 GZIP
        restTemplate.getMessageConverters().set(1,
         new StringHttpMessageConverter(StandardCharsets.UTF_8)); // 支持中文编码
       return restTemplate;
    }

}
```

15.3.3 运行

在本应用中，我们同样采用 Jetty 来作为内嵌的 Web 服务器：

```
import org.eclipse.jetty.server.Server;
```

```
    import org.eclipse.jetty.servlet.ServletContextHandler;
    import org.eclipse.jetty.servlet.ServletHolder;
    import org.springframework.web.context.ContextLoaderListener;
    import org.springframework.web.context.WebApplicationContext;
    import
org.springframework.web.context.support.AnnotationConfigWebApplicationContext;
    import org.springframework.web.servlet.DispatcherServlet;
    import com.waylau.spring.mvc.configuration.AppConfiguration;

    public class JettyServer {
        public static final int DEFAULT_PORT = 8080;
        public static final String CONTEXT_PATH = "/";
        public static final String MAPPING_URL = "/*";

        public void run() throws Exception {
            Server server = new Server(DEFAULT_PORT);
            server.setHandler(servletContextHandler(webApplicationContext()));
            server.start();
            server.join();
        }

        private ServletContextHandler servletContextHandler(WebApplicationContext
context) {
            ServletContextHandler handler = new ServletContextHandler();
            handler.setContextPath(CONTEXT_PATH);
            handler.addServlet(newServletHolder(newDispatcherServlet(context)),
MAPPING_URL);
            handler.addEventListener(newContextLoaderListener(context));
            return handler;
        }

        private WebApplicationContext webApplicationContext() {
            AnnotationConfigWebApplicationContext context = new
AnnotationConfigWebApplicationContext();
            context.register(AppConfiguration.class);
            return context;
        }
    }
```

所以，启用应用将会非常简单，运行 Application 类即可。

```
    public class Application {

        public static void main(String[] args) throws Exception {
            new JettyServer().run();
        }

    }
```

在浏览器里面访问 http://localhost:8080/weather/cityId/101280601，可以看到如图 15-1 所示的 JSON 天气数据。

图 15-1 JSON 天气数据

15.4 实战：基于 WebClient 的文件上传和下载

创建一个名为 webclient-file 的应用，用于演示基于 WebClient 来实现文件的上传和下载。

15.4.1 添加依赖

为了能实现该应用，我们需要添加如下依赖：

```
<dependencies>
    <dependency>
        <groupId>org.springframework</groupId>
        <artifactId>spring-webflux</artifactId>
        <version>${spring.version}</version>
    </dependency>
    <dependency>
        <groupId>io.projectreactor.netty</groupId>
        <artifactId>reactor-netty</artifactId>
        <version>${reactor.netty.version}</version>
        <scope>provided</scope>
    </dependency>
</dependencies>
```

其中，响应式应用服务器使用的是 Reactive Streams Netty Driver。

15.4.2 文件上传的编码实现

为了能正常演示文件的上传，我们需要有一个文件服务器来接收文件上传的请求。这里，选用了 MongoDB File Server 作为文件服务器。

MongoDB File Server（项目地址为 https://github.com/waylau/mongodb-file-server）是笔者开源的一款基于 MongoDB 的文件服务器。MongoDB File Server 致力于小型文件的存储，比如博客中的

图片、普通文档等。由于 MongoDB 支持多种数据格式的存储，对于二进制的存储自然不在话下，因此可以很方便地用于存储文件。MongoDB File Server 支持内嵌 MongoDB 的方式，可以更快地启动，方便测试。内嵌方式的 MongoDB File Server 重启后，数据就会清空。

以下是文件上传的编码实现：

```
// 上传图片
HttpHeaders headers = newHttpHeaders();
headers.setContentType(MediaType.IMAGE_JPEG);
HttpEntity<ClassPathResource> entity
    = new HttpEntity<>(new ClassPathResource("waylau_181_181.jpg"), headers);

MultiValueMap<String, Object> parts = new LinkedMultiValueMap<>();
parts.add("file", entity);

Mono<String> resp = WebClient.create().post().uri("http://localhost:8081/upload")
        .contentType(MediaType.MULTIPART_FORM_DATA)
        .body(BodyInserters.fromMultipartData(parts)).retrieve()
        .bodyToMono(String.class);

System.out.println("Result:" + resp.block());
```

其中，http://localhost:8081/upload 就是我们要执行上传的文件服务器的 API 地址。

15.4.3 文件下载的编码实现

以下是文件下载的编码实现：

```
// 下载文件
Mono<ClientResponse> resp2 = WebClient.create().get()
        .uri("https://waylau.com/images/waylau_181_181.jpg")
        .accept(MediaType.APPLICATION_OCTET_STREAM).exchange();
ClientResponse response = resp2.block();
Resource resource = response.bodyToMono(Resource.class).block();
String destination = "d:/test.jpg"; // 文件下载后保存的路径

InputStream input = resource.getInputStream();
int index;
byte[] bytes = newbyte[1024];
FileOutputStream downloadFile = newFileOutputStream(destination);
while ((index = input.read(bytes)) != -1) {
    downloadFile.write(bytes, 0, index);
    downloadFile.flush();
}
downloadFile.close();
input.close();
```

其中，d:/test.jpg 就是我们执行下载后文件保存的路径。

15.4.4 运行

运行应用前，需要确保文件服务器已经启动。

1. 启动文件服务器

启动文件服务器 MongoDB File Server 只需以下两步：

- 获取源码，执行 git clone https://github.com/waylau/mongodb-file-server.git。
- 运行，执行 gradlew bootRun。

2. 执行应用

右击运行 Application 类。文件上传成功之后，能够在文件服务器中看到如图 15-2 所示的上传的文件。

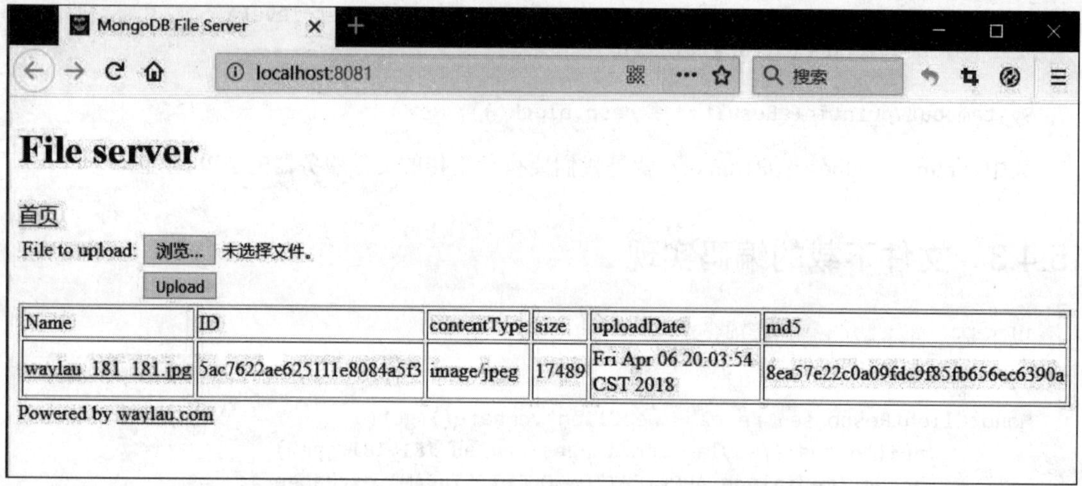

图 15-2 文件上传界面

文件下载成功之后，能够在本地目录看到如图 15-3 所示的下载的文件。

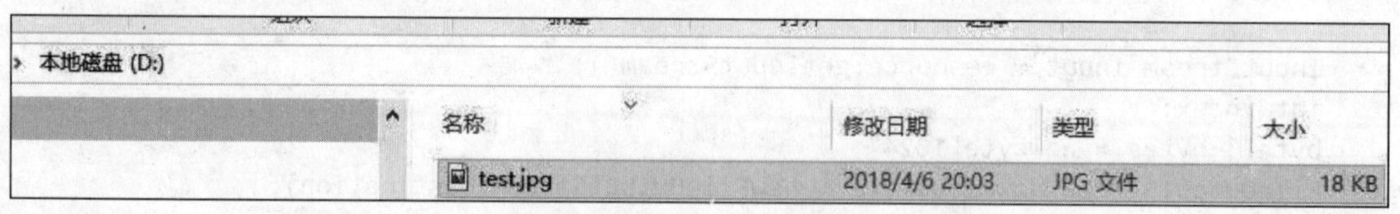

图 15-3 文件下载界面

15.5 总 结

本章介绍了 Spring 提供的两种常用的 REST 客户端：RestTemplate 和 WebClient。其中，RestTemplate 用于调用传统的同步的 API，而 WebClient 则更适合响应式编程或者异步 API 的调用。

本章提供了两个示例，分别演示 RestTemplate 和 WebClient 的用法。

15.6 习　题

（1）简述 RestTemplate 初始化的方式分别是哪几种。
（2）简述 RestTemplate 方法所接受的 URI 模板变量有哪几种类型。
（3）与 RestTemplate 相比，WebClient 具有哪些特性？
（4）编写一个 RestTemplate 的使用示例。
（5）编写一个 WebClient 的使用示例。

第 16 章

REST 服务框架——Jersey

在面向服务的分布式架构中，Web 服务又可以分为“大”Web 服务及 RESTful Web 服务。RESTful Web 服务简称为 REST（REpresentation State Transfer，表述性状态转移）服务。Java EE 规范定制了关于 REST 服务方面的内容，而 Jersey 是实现 REST 服务的官方框架。

本章将详细介绍 REST 服务的概念及 Jersey 的使用。

16.1 REST 概述

随着互联网应用、Cloud Native、云计算的兴起，越来越多的应用采用了以 HTTP 为主的网络通信，特别是 RESTful（REST 风格）的 Web 服务。RESTful Web 服务所提供的 API 也成为 REST API，这类 API 具有平台无关性、语言无关性等特点，在 Cloud Native、微服务等架构中作为主要的通信协议。

那么到底什么样的 HTTP 算是 REST？

16.1.1 REST 的基本概念

讲到 REST，大家都耳熟能详，很多人的第一反应就是这是前端请求后台的一种通信方式，甚至有些人将 REST 和 RPC 混为一谈，认为两者是基于 HTTP 的类似的东西。实际上，很少人能详细讲述 REST 所提出的各个约束、风格特点以及如何开始搭建 REST 服务。

REST 描述了一个架构样式的网络系统，比如 Web 应用程序。它首次出现在 2000 年 Roy Fielding

的博士论文 Architectural Styles and the Design of Network-based Software Architectures 中[①]。Roy Fielding 还是 HTTP 规范的主要编写者之一，也是 Apache HTTP 服务器项目的共同创立者。这篇文章一发表，就引起了极大的反响。很多公司和组织如雨后春笋般宣称自己的应用或者服务实现了 REST API。但该论文实际上只是描述了一种架构风格，并未对具体的实现做出规范。各大厂商不免存在浑水摸鱼或者“挂羊头卖狗肉”地误用或者滥用 REST。所以在这种背景下，Roy Fielding 不得不再次发文做了澄清[②]，坦言了他的失望，并对 SocialSite REST API 提出了批评。同时他还指出，除非应用状态引擎是超文本驱动的，否则它就不是 REST 或 REST API。据此，他给出了 REST API 应该具备的条件：

- REST API 不应该依赖于任何通信协议，尽管要成功映射到某个协议可能会依赖于元数据的可用性、所选的方法等。
- REST API 不应该包含对通信协议的任何改动，除非是补充或确定标准协议中未规定的部分。
- REST API 应该将大部分的描述工作放在定义用于表示资源和驱动应用状态的媒体类型上，或定义现有标准媒体类型的扩展关系名和（或）支持超文本的标记。
- REST API 绝不应该定义一个固定的资源名或层次结构（客户端和服务器之间的明显耦合）。
- REST API 永远不应该有影响客户端的“类型化”资源。
- REST API 不应该要求有先验知识（Prior Knowledge），除了初始 URI 和适合目标用户的一组标准化的媒体类型（它能被任何潜在使用该 API 的客户端理解）外。

REST 并非标准，而是一种开发 Web 应用的架构风格，可以将其理解为一种设计模式。REST 基于 HTTP、URI 以及 XML 这些现有的广泛流行的协议和标准，伴随着 REST 的应用，HTTP 协议得到了更加正确的使用。

16.1.2 REST 设计原则

REST 指的是一组架构约束条件和原则。满足这些约束条件和原则的应用程序或设计就是 REST。

相较于基于 SOAP 和 WSDL 的 Web 服务，REST 模式提供了更为简洁的实现方案。RESTful Web 服务是松耦合的，特别适用于为客户创建在互联网传播的轻量级的 Web 服务 API。REST 应用是围绕资源表述的转移来进行请求和响应的。数据和功能均被视为资源，并使用统一的资源标识符（URI）来访问资源。网页里面的链接就是典型的 URI。该资源由文档表述，并通过使用一组简单的、定义明确的操作来执行。

例如，一个 REST 资源可能是一个城市当前的天气情况。该资源的表述可能是一个 XML 文档、图像文件或 HTML 页面。客户端可以检索特定表述，通过更新其数据来修改资源，或者完全删除该资源。

① 该论文可见 https://www.ics.uci.edu/~fielding/pubs/dissertation/top.htm。

② 该博客可见 http://roy.gbiv.com/untangled/2008/rest-apis-must-be-hypertext-driven。

目前，越来越多的 Web 服务开始采用 REST 风格设计和实现，真实世界中比较著名的 REST 服务包括：Google AJAX 搜索 API、Amazon Simple Storage Service（Amazon S3）等。

基于 REST 的 Web 服务遵循一些基本的设计原则，使得 REST 应用更加简单、轻量，开发速度也更快。这些原则包括：

- 通过 URI 来标识资源。系统中的每一个对象或资源都可以通过一个唯一的 URI 来进行寻址，URI 的结构应该简单、可预测且易于理解，比如定义目录结构式的 URI。
- 统一接口。以遵循 RFC-2616[①]所定义的协议的方式显式地使用 HTTP 方法，建立创建、检索、更新和删除（CRUD：Create、Retrieve、Update 及 Delete）操作与 HTTP 方法之间的一对一映射。
  - 若要在服务器上创建资源，则应该使用 POST 方法。
  - 若要检索某个资源，则应该使用 GET 方法。
  - 若要更新或者添加资源，则应该使用 PUT 方法。
  - 若要删除某个资源，则应该使用 DELETE 方法。
- 资源多重表述。URI 所访问的每个资源都可以使用不同的形式加以表示（比如 XML 或者 JSON），具体的表现形式取决于访问资源的客户端，客户端与服务提供者使用一种内容协商的机制（请求头与 MIME 类型）来选择合适的数据格式，最小化彼此之间的数据耦合。在 REST 的世界中，资源即状态，而互联网就是一个巨大的状态机，每个网页是其一个状态，URI 是状态的表述，REST 风格的应用则是从一个状态迁移到下一个状态的状态转移过程。早期的互联网只有静态页面的时候，通过超链接在静态网页之间浏览跳转的模式就是一种典型的状态转移过程。也就是说，早期的互联网就是天然的 REST。
- 无状态。对服务器端的请求应该是无状态的，完整、独立的请求不要求服务器在处理请求时检索任何类型的应用程序上下文或状态。无状态约束使服务器的变化对客户端是不可见的，因为在两次连续的请求中，客户端并不依赖于同一台服务器。一个客户端从某台服务器上收到一份包含链接的文档，当它要做一些处理时，这台服务器宕掉了，可能是硬盘坏掉而被拿去修理，也可能是软件需要升级重启——如果这个客户端访问了从这台服务器接收的链接，它不会察觉到后台的服务器已经改变了。通过超链接实现有状态交互，即请求消息是自包含的（每次交互都包含完整的信息），有多种技术实现了不同请求间状态信息的传输，例如 URI、Cookies 和隐藏表单字段等，状态可以嵌入应答消息里，这样一来状态在接下来的交互中仍然有效。REST 风格应用可以实现交互，但它却天然地具有服务器无状态的特征。在状态迁移的过程中，服务器不需要记录任何 Session，所有的状态都通过 URI 的形式记录在了客户端。更准确地说，这里的无状态服务器是指服务器不保存会话状态（Session）；而资源本身则是天然的状态，通常是需要被保存的。这里的无状态服务器均指无会话状态服务器。

表 16-1 是一个 HTTP 请求方法在 RESTful Web 服务中的典型应用。

① RFC-2616 规范可见 https://tools.ietf.org/html/rfc2616。

表 16-1　HTTP 请求方法在 RESTful Web 服务中的典型应用

资　源	GET	PUT	POST	DELETE
一组资源的 URI，比如 http://waylau.com/resources	列出 URI，以及该资源组中每个资源的详细信息（后者可选）	使用给定的一组资源替换当前整组资源	在本组资源中创建/追加一个新的资源。该操作往往返回新资源的 URL	删除整组资源
单个资源的 URI，比如 http://waylau.com/resources/142	获取指定的资源的详细信息，格式可以自选一个合适的网络媒体类型（比如 XML、JSON 等）	替换/创建指定的资源，并将其追加到相应的资源组中	把指定的资源当作一个资源组，并在其下创建/追加一个新的元素，使其隶属于当前资源	删除指定的元素

16.1.3　成熟度模型

正如前文所述，正确、完整地使用 REST 是困难的，关键在于 Roy Fielding 所定义的 REST 只是一种架构风格，它不是规范，所以缺乏可以直接参考的依据。好在 Leonard Richardson 补充了这方面的不足。他提出的关于 REST 的成熟度模型（Maturity Model）将 REST 的实现划分为不同的等级。图 16-1 展示了不同等级的成熟度模型。

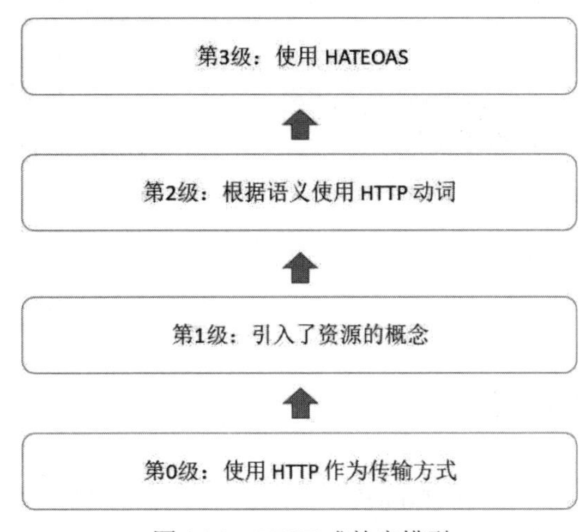

图 16-1　REST 成熟度模型

- 第 0 级：使用 HTTP 作为传输方式。在第 0 级中，Web 服务使用 HTTP 作为传输方式，实际上只是远程方法调用（RPC）的一种具体形式。SOAP 和 XML-RPC 都属于此级别。
- 第 1 级：引入了资源的概念。在第 1 级中，Web 服务引入了资源的概念，每个资源有对应的标识符和表达。所以，不是将所有的请求发送到单个服务端点（Service Endpoint），而是和单独的资源进行交互。
- 第 2 级：根据语义使用 HTTP 动词。在第 2 级中，Web 服务使用不同的 HTTP 方法来进行不同的操作，并且使用 HTTP 状态码来表示不同的结果。例如，GET 方法用来获取资源，DELETE 方法用来删除资源。

- 第 3 级：使用 HATEOAS。在第 3 级中，Web 服务使用 HATEOAS（Hypertext As The Engine Of Application State）。HATEOAS 是指在资源的表达中包含了链接信息，客户端可以根据链接来发现能执行的动作。

从上述 REST 成熟度模型中可以看到，使用 HATEOAS 的 REST 服务是成熟度最高的，也是 Roy Fielding 所推荐的“超文本驱动”的做法。对于不使用 HATEOAS 的 REST 服务，客户端和服务器的实现之间是紧密耦合的。客户端需要根据服务器提供的相关文档来了解所暴露的资源和对应的操作。当服务器发生变化（如修改了资源的 URI）时，客户端也需要进行相应的修改。而在使用 HATEOAS 的 REST 服务中，客户端可以通过服务器提供的资源的表达来智能地发现可以执行的操作。当服务器发生了变化时，客户端并不需要做出修改，因为资源的 URI 和其他信息都是被动态发现的。下面是一个 HATEOAS 的例子：

```
{
  "id":711,
  "manufacturer":"bmw",
  "model":"X5",
  "seats":5,
  "drivers":[
  {
    "id":"23",
    "name":"Way Lau",
    "links":[
    {
    "rel":"self",
    "href":"/api/v1/drivers/23"
    }
   ]
  }
 ]
}
```

16.1.4 REST API 管理

下面介绍几种简洁的 REST API 设计的较佳实践，可以作为真假 REST 的一个判别依据。

1. 使用的是名词而不是动词

使用名词来定义接口：

```
/resources
/resources/1024
```

不应该使用动词来定义接口。比如下面的示例都是不规范的：

```
/getAllResources
/createNewResource
/deleteAllResources
```

2. GET 方法和查询参数不能改变资源状态

如果要改变资源的状态，那么可以使用 PUT、POST 和 DELETE，因此不能使用 GET 方法来修改 user 的状态，以下是错误的示范：

```
GET /users/711?activate
```

或

```
GET /users/711/activate
```

3. 使用名词复数

不要混淆名词的单复数。保持简单，只用复数名词来定义所有资源：

```
/cars 代替 /car
/users 代替 /user
/products 代替 /product
/settings 代替 /setting
```

4. 使用子资源来表达资源间的关系

```
GET /cars/711/drivers/  返回 711 号 car 的所有 driver 列表
GET /cars/711/drivers/4 返回 711 号 car 的 4 号 driver
```

5. 使用 HTTP header 来序列化格式

客户端、服务端都需要知道相互之间的通信格式。这些格式可以定义在 HTTP header 里面：

- Content-Type 定义了请求格式。
- Accept 定义了接收相应的格式列表。

6. 使用 HATEOAS 约束

HATEOAS 是 REST 架构风格中复杂的约束，也是构建成熟 REST 服务的核心。它的重要性在于打破了客户端和服务器之间严格的契约，使得客户端可以更加智能和自适应，而 REST 服务本身的演化和更新也变得更加容易。

从 REST 成熟度模型中可以看到，使用 HATEOAS 的 REST 服务是成熟度很高的，也是推荐的做法。对于不使用 HATEOAS 的 REST 服务，客户端和服务器的实现之间是紧密耦合的。客户端需要根据服务器提供的相关文档来了解所暴露的资源和对应的操作。当服务器发生变化时，如修改了资源的 URI，客户端也需要进行相应的修改。而使用 HATEOAS 的 REST 服务中，客户端可以通过服务器提供的资源的表达来智能地发现可以执行的操作。当服务器发生变化时，客户端并不需要做出修改，因为资源的 URI 和其他信息都是动态发现的。

下面是一个 HATEOAS 的例子：

```
{
  "id":711,
  "manufacturer":"bmw",
  "model":"X5",
  "seats":5,
  "drivers":[
   {
    "id":"23",
```

```
    "name":"Stefan Jauker",
    "links":[
     {
     "rel":"self",
     "href":"/api/v1/drivers/23"
     }
    ]
   }
  ]
}
```

7. 提供过滤、排序、字段选择、分页

过滤：

```
GET /cars?color=red
GET /cars?seats<=2
```

排序：

```
GET /cars?sort=-manufactorer,+model
```

字段选择：

```
GET /cars?fields=manufacturer,model,id,color
```

分页：

```
GET /cars?offset=10&limit=5
```

8. API 版本化

版本号使用简单的序号，并避免点符号，如 2.5 等。正确用法如下：

```
/blog/api/v1
```

9. 充分使用 HTTP 状态码来处理错误

HTTP 状态码（HTTP Status Code）是用来表示网页服务器 HTTP 响应状态的 3 位数字代码。它由 RFC 2616 规范定义，并得到 RFC 2518、RFC 2817、RFC 2295、RFC 2774、RFC 4918 等规范的扩展。

在设计 API 处理错误时，应该充分使用 HTTP 状态码，而不是简单地抛出一个 500 – Internal Server Error（内部服务器错误）。所有的异常都应该有一个错误的 payload 作为映射。下面是一个例子：

```
{
  "errors":[
   {
    "userMessage":"Sorry, the requested resource does not exist",
    "internalMessage":"No car found in the database",
    "code":34,
    "more info":"http://dev.mwaysolutions.com/blog/api/v1/errors/12345"
   }
  ]
```

```
}
```

16.1.5 常用技术

几乎所有的编程语言都支持 REST 服务的开发。其中，Java 语言一直跟进新的企业应用开发规范的支持。在 REST 开发领域，Java 用于开发 REST 服务的规范，主要是 JAX-RS（Java API for RESTful Web Services），该规范使得 Java 程序员可以使用一套固定、统一的接口来开发 REST 应用，从而避免了依赖于第三方框架。同时，JAX-RS 使用 POJO 编程模型和基于注解的配置，并集成了 JAXB，从而可以有效缩短 REST 应用的开发周期。Java EE 6 引入了对 JSR-311 的支持，Java EE 7 支持 JSR-339 规范。

1. JAX-RS 规范

JAX-RS 定义的 API 位于 javax.ws.rs 包中。

伴随着 JSR 311 规范的发布，Sun 同步发布了该规范的参考实现 Jersey。JAX-RS 的具体实现第三方还包括 Apache 的 CXF 以及 JBoss 的 RESTEasy 等。未实现该规范的其他 REST 框架还包括 Spring Web MVC 等。

> **注 意**
>
> 在 JAX-RS 规范推出初期，国内市场上介绍 JAX-RS 的资料非常匮乏。为此，笔者编著了大量的开源教程以推进 JAX-RS 在国内的发展，比如《Jersey 2.x 用户指南》《REST 实战》《REST Demo》等[①]。读者如果有需要，也可以作为扩展阅读。

2. Jersey

Jersey 是官方 JAX-RS 规范的参考实现，可以说全面地实现了 JAX-RS 规范所定义的内容。

Jersey 框架是开源的。Jersey 框架不仅仅是 JAX-RS 的参考实现，它还提供了自己的 API，扩展了 JAX-RS 工具包的附加功能和实用程序，以进一步简化 RESTful 服务和客户端开发。

Jersey 公开了大量的扩展 SPI，以便开发者可以扩展 Jersey 以更好地满足他们的需求。

Jersey 项目的目标可以归纳为以下几点：

- 跟踪 JAX-RS API，并定期发布 GlassFish 所定义的参考实现。
- 提供 API 来扩展 Jersey，不断构建用户和开发人员的社区。
- 使用 Java 和 Java 虚拟机可以轻松构建 RESTful Web 服务。

3. Apache CXF

Apache CXF 是另一款支持 JAX-RS 的框架。除了支持 JAX-RS 外，Apache CXF 还支持传统的 JAX-WS 协议。Apache CXF 可以使用各种协议，如 SOAP、XML/HTTP、RESTful HTTP 或 CORBA，并可用于各种传输，如 HTTP、JMS 或 JBI。Apache CXF 支持 JAX-RS 2.0（JSR-339）以及 JAX-RS 1.1（JSR-311）。

---

① 这些开源书都可以在笔者的博客上找到，见 https://waylau.com/books/。

同样地，Apache CXF 也是开源的，具有高性能、可扩展、易于使用等特点。

4. Spring Web MVC

有关 Spring Web MVC 的内容已经在第 9 章中进行了相当多的介绍。Spring Web MVC 是基于 Servlet API 来构建的，自 Spring 框架诞生之日起，就包含在 Spring 里面了。严格意义上来说，Spring Web MVC 并没有遵守 JAX-RS 规范，所以也称不上是 REST 框架。但是，Spring Web MVC 所暴露的接口可以是 REST 风格的 API，所以自然也能拿来开发 REST 服务。

有关 REST 服务及 REST 架构风格的更多内容可以参阅笔者所著的《分布式系统常用技术及案例分析》。

16.2 实战：基于 Jersey 的 REST 服务

下面将演示如何基于 Jersey 来构建 REST 服务。本节的示例可以在 jersey-rest 应用下找到。

16.2.1 创建一个新项目

使用 Maven 的工程创建一个 Jersey 项目是很方便的，下面将演示用这种方法来看它是怎么实现的。我们将创建一个新的 Jersey 项目，并运行在 Grizzly 容器里面。

使用 Jersey 提供的 maven archetype 来创建一个项目。只需执行下面的命令：

```
mvn archetype:generate -DarchetypeArtifactId=jersey-quickstart-grizzly2
-DarchetypeGroupId=org.glassfish.jersey.archetypes -DinteractiveMode=false
-DgroupId=com.waylau.jersey -DartifactId=jersey-rest -Dpackage=com.waylau.jersey
-DarchetypeVersion=2.30
```

这样，就完成了自动创建一个 jersey-rest 项目的过程。

16.2.2 探索项目

我们可以用文本编辑器打开项目源码，或者导入自己熟悉的 IDE 中以来观察整个项目。

从项目结构来看，jersey-rest 项目就是一个普通的 Maven 项目，拥有 pom.xml 文件、源码目录以及测试目录。整体项目结构如下：

```
jersey-rest
    │  pom.xml
    │
    └─src
        ├─main
        │  └─java
        │      └─com
        │          └─waylau
        │              └─jersey
        │                      Main.java
```

```
        |                      MyResource.java
        |
        └─test
            └─java
                └─com
                    └─waylau
                        └─jersey
                                  MyResourceTest.java
```

其中，pom.xml 定义内容如下：

```
<project xmlns="http://maven.apache.org/POM/4.0.0"
xmlns:xsi="http://www.w3.org/2001/XMLSchema-instance"
        xsi:schemaLocation="http://maven.apache.org/POM/4.0.0
        http://maven.apache.org/maven-v4_0_0.xsd">

    <modelVersion>4.0.0</modelVersion>

    <groupId>com.waylau.jersey</groupId>
    <artifactId>jersey-rest</artifactId>
    <packaging>jar</packaging>
    <version>1.0-SNAPSHOT</version>
    <name>jersey-rest</name>

    <dependencyManagement>
        <dependencies>
            <dependency>
                <groupId>org.glassfish.jersey</groupId>
                <artifactId>jersey-bom</artifactId>
                <version>${jersey.version}</version>
                <type>pom</type>
                <scope>import</scope>
            </dependency>
        </dependencies>
    </dependencyManagement>

    <dependencies>
        <dependency>
            <groupId>org.glassfish.jersey.containers</groupId>
            <artifactId>jersey-container-grizzly2-http</artifactId>
        </dependency>
        <dependency>
            <groupId>org.glassfish.jersey.inject</groupId>
            <artifactId>jersey-hk2</artifactId>
        </dependency>

        <!-- uncomment this to get JSON support:
         <dependency>
            <groupId>org.glassfish.jersey.media</groupId>
            <artifactId>jersey-media-json-binding</artifactId>
        </dependency>
```

```
        -->
        <dependency>
            <groupId>junit</groupId>
            <artifactId>junit</artifactId>
            <version>4.12</version>
            <scope>test</scope>
        </dependency>
    </dependencies>

    <build>
        <plugins>
            <plugin>
                <groupId>org.apache.maven.plugins</groupId>
                <artifactId>maven-compiler-plugin</artifactId>
                <version>2.5.1</version>
                <inherited>true</inherited>
                <configuration>
                    <source>1.7</source>
                    <target>1.7</target>
                </configuration>
            </plugin>
            <plugin>
                <groupId>org.codehaus.mojo</groupId>
                <artifactId>exec-maven-plugin</artifactId>
                <version>1.2.1</version>
                <executions>
                    <execution>
                        <goals>
                            <goal>java</goal>
                        </goals>
                    </execution>
                </executions>
                <configuration>
                    <mainClass>com.waylau.jersey.Main</mainClass>
                </configuration>
            </plugin>
        </plugins>
    </build>

    <properties>
        <jersey.version>2.30</jersey.version>
        <project.build.sourceEncoding>UTF-8</project.build.sourceEncoding>
    </properties>
</project>
```

还有一个 Main 类，主要负责承接 Grizzly 容器，同时也为这个容器配置和部署 JAX-RS 应用。

```
package com.waylau.jersey;

import org.glassfish.grizzly.http.server.HttpServer;
import org.glassfish.jersey.grizzly2.httpserver.GrizzlyHttpServerFactory;
```

```
import org.glassfish.jersey.server.ResourceConfig;

import java.io.IOException;
import java.net.URI;

/**
 * Main class.
 *
 */
public class Main {
    // Base URI the Grizzly HTTP server will listen on
    public static final String BASE_URI = "http://localhost:8080/myapp/";

    /**
     * Starts Grizzly HTTP server exposing JAX-RS resources defined in this application.
     * @return Grizzly HTTP server.
     */
    public static HttpServer startServer() {
        // create a resource config that scans for JAX-RS resources and providers
        // in com.waylau.jersey package
        final ResourceConfig rc = new ResourceConfig().packages("com.waylau.jersey");

        // create and start a new instance of grizzly http server
        // exposing the Jersey application at BASE_URI
        return GrizzlyHttpServerFactory.createHttpServer(URI.create(BASE_URI), rc);
    }

    /**
     * Main method.
     * @param args
     * @throws IOException
     */
    public static void main(String[] args) throws IOException {
        final HttpServer server = startServer();
        System.out.println(String.format("Jersey app started with WADL available at "
                + "%sapplication.wadl\nHit enter to stop it...", BASE_URI));
        System.in.read();
        server.stop();
    }
}
```

MyResource 是一个资源类，定义了所有 REST 服务 API。

```
package com.waylau.jersey;

import javax.ws.rs.GET;
import javax.ws.rs.Path;
import javax.ws.rs.Produces;
import javax.ws.rs.core.MediaType;

/**
```

```
 * Root resource (exposed at "myresource" path)
 */
@Path("myresource")
public class MyResource {

    /**
     * Method handling HTTP GET requests. The returned object will be sent
     * to the client as "text/plain" media type.
     *
     * @return String that will be returned as a text/plain response.
     */
    @GET
    @Produces(MediaType.TEXT_PLAIN)
    public String getIt() {
        return "Got it!";
    }
}
```

在我们的示例中，MyResource 资源暴露了一个公开的方法，能够处理绑定在/myresource URI 路径下的 HTTP GET 请求，并可以产生媒体类型为 text/plain 的响应消息。在这个示例中，资源返回相同的“Got it!”应对所有客户端的要求。

在 src/test/java 目录下的 MyResourceTest 类是对 MyResource 的单元测试，它们具有相同的包名 com.waylau.jersey。

```
package com.waylau.jersey;

import javax.ws.rs.client.Client;
import javax.ws.rs.client.ClientBuilder;
import javax.ws.rs.client.WebTarget;

import org.glassfish.grizzly.http.server.HttpServer;

import org.junit.After;
import org.junit.Before;
import org.junit.Test;
import static org.junit.Assert.assertEquals;

public class MyResourceTest {

    private HttpServer server;
    private WebTarget target;

    @Before
    public void setUp() throws Exception {
      // start the server
      server = Main.startServer();
      // create the client
      Client c = ClientBuilder.newClient();

     // uncomment the following line if you want to enable
```

```
        // support for JSON in the client (you also have to uncomment
       // dependency on jersey-media-json module in pom.xml and Main.startServer())
       // --
       // c.configuration().enable(new
org.glassfish.jersey.media.json.JsonJaxbFeature());

           target = c.target(Main.BASE_URI);
       }

       @After
       public void tearDown() throws Exception {
           server.stop();
       }

       /**
        * Test to see that the message "Got it!" is sent in the response.
        */
       @Test
       public void testGetIt() {
         String responseMsg = target.path("myresource").request().get(String.class);
         assertEquals("Got it!", responseMsg);
       }
   }
```

在这个单元测试中，测试用到了 JUnit，静态方法 Main.startServer()首先将 Grizzly 容器启动，而后服务器应用部署到测试中的 setUp()方法。接下来，一个 JAX-RS 客户端组件在相同的测试方法中创建。先是一个新的 JAX-RS 客户端实例生成，接着 JAX-RS Web Target 部件指向我们部署的应用程序上下文的根 http://localhost:8080/myapp/（Main.BASE_URI 的常量值）。

在 testGetIt()方法中，JAX-RS 客户端 API 用来连接并发送 HTTP GET 请求到 MyResource 资源类所侦听的/myresource 的 URI。在测试方法的第二行，assertEquals 方法用于判断从服务器返回的字符串是否与预期的内容一致。

16.2.3　运行项目

有了项目，进入项目的根目录测试运行：

```
$ mvn clean test
```

如果一切正常，就能在控制台看到如下输出内容：

```
D:\workspaceGithub\distributed-java\samples\jersey-rest>mvn clean test
[INFO] Scanning for projects...
[INFO]
[INFO] ------------------< com.waylau.jersey:jersey-rest >-------------------
[INFO] Building jersey-rest 1.0-SNAPSHOT
[INFO] --------------------------------[ jar ]---------------------------------
[INFO]
[INFO] --- maven-clean-plugin:2.5:clean (default-clean) @ jersey-rest ---
[INFO] Deleting D:\workspaceGithub\distributed-java\samples\jersey-rest\target
```

```
[INFO]
[INFO] --- maven-resources-plugin:2.6:resources (default-resources) @ jersey-rest
---
[INFO] Using 'UTF-8' encoding to copy filtered resources.
[INFO] skip non existing resourceDirectory

...

-------------------------------------------------------
 T E S T S
-------------------------------------------------------
Running com.waylau.jersey.MyResourceTest
1月 20, 2020 10:08:26 下午 org.glassfish.grizzly.http.server.NetworkListener start
信息: Started listener bound to [localhost:8080]
1月 20, 2020 10:08:26 下午 org.glassfish.grizzly.http.server.HttpServer start
信息: [HttpServer] Started.
1月 20, 2020 10:08:27 下午 org.glassfish.grizzly.http.server.NetworkListener
shutdownNow
信息: Stopped listener bound to [localhost:8080]
Tests run: 1, Failures: 0, Errors: 0, Skipped: 0, Time elapsed: 1.526 sec

Results :

Tests run: 1, Failures: 0, Errors: 0, Skipped: 0

[INFO] ------------------------------------------------------------------------
[INFO] BUILD SUCCESS
[INFO] ------------------------------------------------------------------------
[INFO] Total time:  6.726 s
[INFO] Finished at: 2020-01-20T22:08:27+08:00
[INFO] ------------------------------------------------------------------------
```

为了节省篇幅，只保留了输出的核心内容。

测试通过，下面我们用标准模式运行项目：

```
$ mvn exec:java
```

运行结果如下：

```
D:\workspaceGithub\distributed-java\samples\jersey-rest>mvn exec:java
[INFO] Scanning for projects...
[INFO]
[INFO] -------------------< com.waylau.jersey:jersey-rest >--------------------
[INFO] Building jersey-rest 1.0-SNAPSHOT
[INFO] --------------------------------[ jar ]---------------------------------
[INFO]
[INFO] >>> exec-maven-plugin:1.2.1:java (default-cli) > validate @ jersey-rest >>>
[INFO]
[INFO] <<< exec-maven-plugin:1.2.1:java (default-cli) < validate @ jersey-rest <<<
[INFO]
[INFO]
```

```
    [INFO] --- exec-maven-plugin:1.2.1:java (default-cli) @ jersey-rest ---
    Downloading from nexus-aliyun:
http://maven.aliyun.com/nexus/content/groups/public/org/apache/commons/commons-exec/1
.1/commons-exec-1.1.pom
    Downloaded from nexus-aliyun:
http://maven.aliyun.com/nexus/content/groups/public/org/apache/commons/commons-exec/1
.1/commons-exec-1.1.pom (11 kB at 9.1 kB/s)
    Downloading from nexus-aliyun:
http://maven.aliyun.com/nexus/content/groups/public/org/apache/commons/commons-exec/1
.1/commons-exec-1.1.jar
    Downloaded from nexus-aliyun:
http://maven.aliyun.com/nexus/content/groups/public/org/apache/commons/commons-exec/1
.1/commons-exec-1.1.jar (53 kB at 95 kB/s)
    1 月 20, 2020 10:10:15 下午 org.glassfish.grizzly.http.server.NetworkListener start
    信息: Started listener bound to [localhost:8080]
    1 月 20, 2020 10:10:15 下午 org.glassfish.grizzly.http.server.HttpServer start
    信息: [HttpServer] Started.
    Jersey app started with WADL available at
http://localhost:8080/myapp/application.wadl
    Hit enter to stop it...
```

项目已经运行，项目的 WADL 描述存在于 http://localhost:8080/myapp/application.wadl 的 URI 中，将该 URI 在控制台以 curl 命令执行或者浏览器中运行，就能看到该 WADL 描述以 XML 格式展示：

```
<application xmlns="http://wadl.dev.java.net/2009/02">
    <doc xmlns:jersey="http://jersey.java.net/"
        jersey:generatedBy="Jersey: 2.30 2020-01-10 07:34:57"/>
    <doc xmlns:jersey="http://jersey.java.net/"
        jersey:hint="This is simplified WADL with user and core resources only.
        To get full WADL with extended resources use the query parameter detail.
        Link: http://localhost:8080/myapp/application.wadl?detail=true"/>
    <grammars/>
    <resources base="http://localhost:8080/myapp/">
        <resource path="myresource">
            <method id="getIt" name="GET">
                <response>
                    <representation mediaType="text/plain"/>
                </response>
            </method>
        </resource>
    </resources>
</application>
```

接下来，我们可以尝试与部署在/myresource 下面的资源进行交互。将资源的 URL 输入浏览器，或者在控制台用 curl 命令执行，可以看到如下输出内容：

```
    $ curl http://localhost:8080/myapp/myresource
    Got it!
```

可以看到，使用 Jersey 构建 REST 服务非常简便。它内嵌 Grizzly 容器，可以使应用自启动，而无须部署到额外的容器中，非常适合构建微服务。

16.3 JAX-RS 核心概念

JAX-RS（Java API for RESTful Services）是用于指导在 Java 中开发 RESTful Web 服务的规范。具体的规范细节可以参考在线文档 https://jax-rs-spec.java.net/。

目前，JAX-RS 新的规范为 2.0，Java 规范提案为 JSR 339。下面介绍 JAX-RS 的核心概念。

16.3.1 根资源类（Root Resource Classes）

Root Resource Classes 是带有@PATH 注解的，包含至少一个@PATH 注解的方法或者方法带有@GET、@POST、@DELETE 资源方法指示器（Resource Method Designator）的 POJO。资源方法是带有资源方法指示器注解的方法。这一小节展示如何使用 Java 对象内的注解来创建一个 Jersey 的 REST 服务。

比如，在 16.2 节示例中的 MyResource 就是一个 JAX-RS 注解的资源类：

```
package com.waylau.jersey;

import javax.ws.rs.GET;
import javax.ws.rs.Path;
import javax.ws.rs.Produces;
import javax.ws.rs.core.MediaType;

/**
 * Root resource (exposed at "myresource" path)
 */
@Path("myresource")
public class MyResource {

    /**
     * Method handling HTTP GET requests. The returned object will be sent
     * to the client as "text/plain" media type.
     *
     * @return String that will be returned as a text/plain response.
     */
    @GET
    @Produces(MediaType.TEXT_PLAIN)
    public String getIt() {
        return "Got it!";
    }
}
```

下面来看 JAX-RS 里面的几个常用注解。

1. @Path

@Path 是一个 URI 的相对路径，在上面的例子中，设置的是本地 URI 的/helloworld。这是一个非常简单的关于@PATH 的例子，还可以嵌入变量到 URI 里。

URI 的路径模板是由 URI 和嵌入 URI 语法的变量组成的。变量在运行时将会被匹配到的 URI 的那部分代替。例如下面的@Path 注解：

```
@Path("/users/{username}")
```

按照这种类型的例子，一个用户会方便地填写他的名字，那么 Jersey 服务器也会按照这个 URI 路径模板响应到这个请求。例如，用户输入了名字 Galileo，服务器就会响应 http://waylau.com/users/Galileo。

为了接收用户名变量，@PathParam 用在接收请求的方法的参数上，例如：

```
@Path("/users/{username}")
public class UserResource {

    @GET
    @Produces("text/xml")
    publicStringgetUser(@PathParam("username") String userName) {
        ...
    }
}
```

它规定匹配正则表达式要精确到大小写，如果填写的话，就会覆盖默认的表达式[^/]+?，例如：

```
@Path("users/{username: [a-zA-Z][a-zA-Z_0-9]*}")
```

这个正则表达式匹配由大小写字符、横杠和数字组成的字符串，如果正则校验不通过，就返回 404（没有找到资源）。

一个@Path 的内容是否以“/”开头都没有区别，同样是否以“/”结尾也没有区别。

2. HTTP 方法

@GET、@PUT、@POST、@DELETE、@HEAD 等是 JAX-RS 定义的注解，非常类似于 HTTP 的方法名。这些注解是通过 HTTP 的 GET 方法实现的。资源的响应就是 HTTP 的响应。

下面这个例子是存储服务的一个片段，使用 PUT 方法处理创建或者修改存储容器：

```
@PUT
publicResponseputContainer() {
    System.out.println("PUT CONTAINER " + container);

    URI uri = uriInfo.getAbsolutePath();
    Container c = newContainer(container, uri.toString());

    Response r;
    if (!MemoryStore.MS.hasContainer(c)) {
        r = Response.created(uri).build();
    } else {
        r = Response.noContent().build();
    }
```

```
        MemoryStore.MS.createContainer(c);
        return r;
    }
```

如果没有明确定义的话，那么 JAX-RS 运行的时候默认支持 HEAD 和 OPTIONS 方法。HEAD 运行时将调用 get 方法的实现（如果存在）和忽略响应实体（如果设置）。一个响应返回 OPTIONS 的方法取决于所要求的媒体类型在头文件中 Accept 的定义。OPTIONS 方法可以返回一组在 Allow 头中支持的资源方法，或返回 WADL 文档。

3. @Produces

@Produces 是定义返回值给客户端的 MIME 媒体类型。下面这个例子将会返回一个对应于 text/plain 的 MIME 媒体类型。@Produces 既可以应用在类上，又可以作用于方法上。

```
@Path("/myResource")
@Produces("text/plain")
public class SomeResource {
    @GET
    publicStringdoGetAsPlainText() {
        ...
    }

    @GET
    @Produces("text/html")
    publicStringdoGetAsHtml() {
        ...
    }
}
```

这个 doGetAsPlainText 方法默认使用类水平的@Produces 注解内容，也就是 text/plain。而 doGetAsHtml 方法使用方法水平上的@Produces，也就是 text/html。也就是说，方法水平层面的@Produces 会覆盖类层面的@Produces。

如果一个资源类能够生产多个 MIME 媒体类型，那么资源的方法将会响应给客户端对其来说最可接受的媒体类型。由 HTTP 请求头来设置接收什么是最容易被接受的。例如，如果接收头部是 Accept: text/plain，那么 doGetAsPlainText()方法会被调用；如果接收标题是 Accept: text/plain;q=0.9, text/htm，即客户可以接受 text/plain 和 text/html，但更容易接收后者的媒体类型，那么 doGetAsHtml()方法会被调用。

@Produces 可以定义多个返回类型，例如：

```
@GET
@Produces({"application/xml", "application/json"})
public String doGetAsXmlOrJson() {
    ...
}
```

无论 application/xml 和 application/json 哪个匹配上了，都会执行 doGetAsXmlOrJson，如果两个都匹配了，那么会选择首先匹配的那个。

服务器也可选择指定个别媒体类型的品质因数。这些是由客户端来决定如何才是可接受的，例如：

```
@GET
@Produces({"application/xml; qs=0.9", "application/json"})
public String doGetAsXmlOrJson() {
    ...
}
```

在上面的示例中，如果客户端接收 application/xml 或者 application/json，那么服务器总是发送 application/json，因为 application/xml 有一个较低的品质因数。

4. @Consumes

@Consumes 注释用来指定表示可由资源消耗的 MIME 媒体类型。上面的例子可以修改设置如下：

```
@POST
@Consumes("text/plain")
public void postClichedMessage(String message) {
    ...
}
```

在这个例子中，该 Java 方法将消耗 MIME 媒体类型为 text/plain 的表示。注意资源的方法返回 void。这意味着没有内容返回，而是一个 204 状态码响应（204 是指无内容）将返回客户端。

@Consumes 既可以应用在类的水平上，又可以作用于方法的水平，而且声明可以不止一种类型。

16.3.2　参数注解（@*Param）

在资源方法中，带有基于参数注解的参数可以从请求中获取信息。前面的一个例子就是在匹配了@Path 之后，通过@PathParam 来获取 URL 请求中的路径参数。

@QueryParam 用于从请求 URL 的查询组件中提取查询参数。观察下面的例子：

```
@Path("smooth")
@GET
publicResponsesmooth(
    @DefaultValue("2") @QueryParam("step") int step,
    @DefaultValue("true") @QueryParam("min-m") boolean hasMin,
    @DefaultValue("true") @QueryParam("max-m") boolean hasMax,
    @DefaultValue("true") @QueryParam("last-m") boolean hasLast,
    @DefaultValue("blue") @QueryParam("min-color") ColorParam minColor,
    @DefaultValue("green") @QueryParam("max-color") ColorParam maxColor,
    @DefaultValue("red") @QueryParam("last-color") ColorParam lastColor) {
    ...
}
```

如果 step 的参数存在，就赋值给它，否则默认@DefaultValue 定义的值是 2。如果 step 的内容不是 32 位的整型，就会返回 404 错误。例如，用户定义了一个 Java 类型的 ColorParam，实现如下：

```
public class ColorParam extendsColor {

    public ColorParam(String s) {
        super(getRGB(s));
    }

    private static intgetRGB(String s) {
        if (s.charAt(0) == '#') {
            try {
                Color c = Color.decode("0x" + s.substring(1));
                return c.getRGB();
            } catch (NumberFormatException e) {
                thrownew WebApplicationException(400);
            }
        } else {
            try {
                Field f = Color.class.getField(s);
                return ((Color)f.get(null)).getRGB();
            } catch (Exception e) {
                thrownew WebApplicationException(400);
            }
        }
    }
}
```

一般情况下，Java 方法的参数类型可能是：

- 一个原始类型。
- 一个接收字符串参数的构造函数。
- 有一个静态方法或一个命名为 fromString 的方法，用于接收字符串参数，例如 Integer.valueOf(String)和 java.util.UUID.fromString(String)。
- 有一个 javax.ws.rs.ext.ParamConverterProvider 的 JAX-RS 扩展 SPI 的注册实现，将返回 javax.ws.rs.ext.ParamConverter 的示例，用于将字符串转化为指定类型。
- 当参数是集合时，比如是 List<T>、Set<T>或者 SortedSet<T>，那么这样的集合是只读的。

有时参数可以包含相同名称的多个值。如果是这样的话，那么上面第 5 条可以用来获得所有的值。

如果@DefaultValue 不与@QueryParam 联合使用，查询参数在请求中不存在，那么 List、Set 或者 SortedSet 类型将会是空值集合，对象类型将为空，Java 的定义默认为原始类型。

@PathParam 和其他参数注解@MatrixParam、@HeaderParam、@CookieParam、@FormParam 遵循与@QueryParam 一样的规则。@MatrixParam 从 URL 路径提取信息；@HeaderParam 从 HTTP 头部提取信息；@CookieParam 从关联在 HTTP 头部的 Cookies 里提取信息。

@FormParam 稍有特殊，它所请求的 MIME 媒体类型为 application/x-www-form-urlencoded，并且符合指定的 HTML 表单的编码。此参数提取对于 HTML 表单请求是非常有用的，例如从发布的表单数据中提取名称是 name 的参数信息：

```
@POST
```

```
@Consumes("application/x-www-form-urlencoded")
public void post(@FormParam("name") String name) {
    ...
}
```

如果需要通过查询路径参数从 Map 参数名称获取值，做法以下：

```
@GET
publicStringget(@Context UriInfo ui) {
    MultivaluedMap<String, String> queryParams = ui.getQueryParameters();
    MultivaluedMap<String, String> pathParams = ui.getPathParameters();
}
```

Header 和 Cookie 的参数用法如下：

```
@GET
publicStringget(@Context HttpHeaders hh) {
    MultivaluedMap<String, String> headerParams = hh.getRequestHeaders();
    Map<String, Cookie> pathParams = hh.getCookies();
}
```

@Context 一般可以用于获得一个 Java 类型的关联请求或响应的上下文。

因为 form 表单参数（不像其他消息的一部分）是实体，做法如下：

```
@POST
@Consumes("application/x-www-form-urlencoded")
public void post(MultivaluedMap<String, String> formParams) {
    ...
}
```

就是说不需要@Context 注解。

另一种注入是@BeanParam 允许注入上面所描述的参数到一个 bean。一个@BeanParam 注解的 bean 中所有的字段和参数注解（像@PathParam）将由相应的请求值来进行初始化（如果这些字段在资源类）。@BeanParam 可以用于注入这种 bean 到资源或资源的方法。@BeanParam 就是用这样的方式来聚集更多的请求参数到一个单一的 bean 的。

下面是@BeanParam 的用法示例：

```
public class MyBeanParam {
    @PathParam("p")
    private String pathParam;

    @MatrixParam("m")
    @Encoded
    @DefaultValue("default")
    private String matrixParam;

    @HeaderParam("header")
    private String headerParam;

    private String queryParam;
```

```
    public MyBeanParam(@QueryParam("q") String queryParam) {
  this.queryParam = queryParam;
    }

    publicStringgetPathParam() {
  return pathParam;
    }
    ...
}
```

将 MyBeanParam 以参数形式注入：

```
@POST
public void post(@BeanParam MyBeanParam beanParam, String entity) {
final String pathParam = beanParam.getPathParam(); // 包含了注入的路径参数“p”
    ...
}
```

该例子展示了@PathParam、@QueryParam、@MatrixParam 和@HeaderParam 集中在一个 bean 里面的情况。@DefaultValue 用来定义矩阵参数的默认值。同时，@Encoded 注解都有同样的行为，可以用来直接注入在资源的方法上。将 bean 参数注入注解为@Singleton 的资源类字段是不允许的（注入方法的参数必须替换）。

@BeanParam 可以包含所有的注入参数——@PathParam、@QueryParam、@MatrixParam、@HeaderParam、@CookieParam 和@FormParam。多个 bean 可以被注入一个资源或方法的参数，即使它们注入的是相同的请求值。例如，以下示例是有可能的：

```
@POST
public void post(@BeanParam MyBeanParam beanParam, @BeanParam AnotherBean
anotherBean,
    @PathParam("p") pathParam,String entity) {
    // beanParam.getPathParam()等于 pathParam
    ...
}
```

16.3.3 子资源

@Path 可以用在类上，这样的类称为根资源类。也可以用在根资源类的方法上。这使得许多资源的方法被组合在一起，能够被重用。

第一种用法，@Path 用在资源的方法上，这类方法称为子资源方法（Sub-Resource Method）。下面是显示一个资源类 jmaki 后端签名方法的示例：

```
@Singleton
@Path("/printers")
public class PrintersResource {

    @GET
    @Produces({"application/json", "application/xml"})
    public WebResourceList getMyResources() { ... }
```

```
    @GET@Path("/list")
    @Produces({"application/json", "application/xml"})
    public WebResourceList getListOfPrinters() { ... }

    @GET@Path("/jMakiTable")
    @Produces("application/json")
    public PrinterTableModel getTable() { ... }

    @GET@Path("/jMakiTree")
    @Produces("application/json")
    publicTreeModelgetTree() { ... }

    @GET@Path("/ids/{printerid}")
    @Produces({"application/json", "application/xml"})
    public Printer getPrinter(@PathParam("printerid") String printerId) { ... }

    @PUT@Path("/ids/{printerid}")
    @Consumes({"application/json", "application/xml"})
    public void putPrinter(@PathParam("printerid") String printerId, Printer printer)
{ ... }

    @DELETE@Path("/ids/{printerid}")
    public void deletePrinter(@PathParam("printerid") String printerId) { ... }
}
```

如果请求 URL 的路径是 printers，那么资源的方法中没有 @Path 注解的将被选择。如果请求的 URL 请求的路径是 printers/list，那么首先在根资源类中进行匹配，然后在子资源中，相匹配的方法 list 将被选择，在这种情况下，子资源方法是 getListOfPrinters。因此，在这个例子中的 URL 路径将会分层进行匹配。

第二种用法，@Path 可能用在那些没有用资源指示器（像@GET 或者@POST）注解的方法上。这种方法被称为子资源定位器（Sub-Resource Locator）。下面的示例显示一个根资源类和乐观并发（Optimistic-Concurrency）的资源类的方法签名：

```
@Path("/item")
public class ItemResource {
    @Context UriInfo uriInfo;

    @Path("content")
    public ItemContentResource getItemContentResource() {
        return new ItemContentResource();
    }

    @GET
    @Produces("application/xml")
    public Item get() { ... }
    }
}
```

```
public class ItemContentResource {

    @GET
    publicResponseget() { ... }

    @PUT
    @Path("{version}")
    public void put(@PathParam("version") int version,
            @Context HttpHeaders headers,
            byte[] in) {
        ...
    }
}
```

根资源类 ItemResource 包含子资源定位方法 getItemContentResource，用于返回一个新的资源类。如果请求 URL 的路径是 item/content，那么首先在根资源进行匹配，而后子资源定位器将会匹配和调用，它将返回 ItemContentResource 资源类的一个实例。子资源定位器使得资源类能够被重用。方法上可以是有空路径的@Path 注解，如@Path("/")或@Path("")，这意味着子资源定位器匹配了一个封闭的资源路径（无子资源的路径）。

```
@Path("/item")
public class ItemResource {

   @Path("/")
    public ItemContentResource getItemContentResource() {
       return new ItemContentResource();
    }
}
```

上面的例子中，子资源定位器方法 getItemContentResource 将匹配的请求路径是/item/locator 或/item。

此外，资源类中由子资源定位器在运行时返回处理结果，从而支持多态性。子资源定位器返回什么样的不同的子类型，取决于请求（例如一次资源定位器可以返回什么样的子类型取决于不同的认证请求）。例如，下面的子资源定位器是有效的：

```
@Path("/item")
public class ItemResource {

    @Path("/")
    publicObjectgetItemContentResource() {
        returnnewAnyResource();
    }
}
```

注意，运行时将没有生命周期管理，也不会在子资源定位方法所返回的实例中执行字段注入。这是因为运行时不知道实例的生命周期是什么。如果必须要将运行时管理子资源作为标准的资源，那么类应按以下示例返回：

```
import javax.inject.Singleton;
```

```
@Path("/item")
public class ItemResource {
    @Path("content")
    public class<ItemContentSingletonResource>getItemContentResource() {
      return ItemContentSingletonResource.class;
    }
}

@Singleton
public class ItemContentSingletonResource {
    // 这个类将受到单个生命周期的管理
}
```

JAX-RS 资源默认情况下，在每个请求范围受到管理，这意味着将为每个请求创建新的资源。在这个例子中，javax.inject.Singleton 注解表示资源将是单例模式，不受请求范围的管理。子资源定位方法返回一个类，这意味着运行时将托管资源的实例及其生命周期。相反，如果方法返回的是实例，那么注释将没有效果，返回的实例将被使用。

子资源定位器也可以返回一个可编程的资源模型（Programmatic Resource Model）。下面的示例显示子资源定位方法返回的非常简单的资源。

```
import org.glassfish.jersey.server.model.Resource;

@Path("/item")
public class ItemResource {

    @Path("content")
    publicResourcegetItemContentResource() {
      returnResource.from(ItemContentSingletonResource.class);
    }
}
```

上面的代码与之前的例子有同样的效果。Resource 是一种来自 ItemContentSingletonResource 构造的简单的资源。只要是有效的资源，都可以返回更复杂的编程化资源。

16.4　实战：基于 SSE 构建实时 Web 应用

在标准的 HTTP 请求-响应的情况下，客户端打开一个连接，发送一个 HTTP 请求（例如 HTTP GET 请求）到服务端，然后接收到 HTTP 返回的响应，一旦这个响应完全被发送或者接收，服务端就关闭连接。这种请求通常是由一个客户端发起的。

相反，SSE（Server-Sent Events，服务器推送事件）是一种机制，一旦由客户端建立客户端到服务器之间的连接，就能让服务端异步地将数据从服务端推送到客户端。当连接由客户端建立完成后，服务端就提供数据，并决定当新数据“块”可用时将其发送到客户端。当一个新的数据事件发生在服务端时，这个事件被服务端发送到客户端，因此被称为 SSE。

SSE 通常重用一个连接来处理多个消息（称为事件）。SSE 还定义了一个专门的媒体类型

text/event-stream，描述一个从服务端发送到客户端的简单格式。SSE 还提供在大多数现代浏览器里的标准 JavaScript 客户端 API 实现。图 16-2 展示的是目前各个主流浏览器对 SSE 的支持情况（虚线框中的表示支持）。

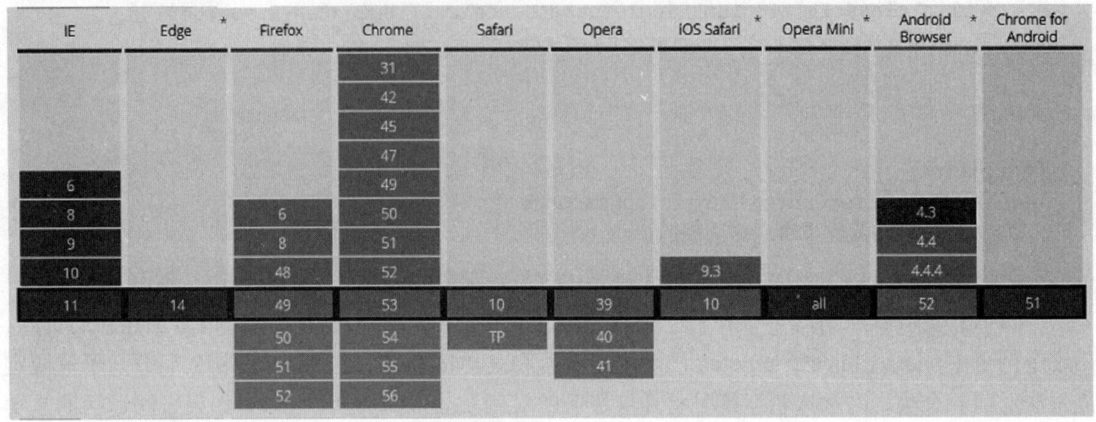

图 16-2　主流浏览器对 SSE 的支持情况

SSE 适合应用于服务端单向推送信息到客户端的场景。Jersey 的 SSE 大致可以分为发布-订阅模式和广播模式。

为了使用 Jersey 的 SSE 功能，需要在应用中添加如下依赖：

```
<dependency>
    <groupId>org.glassfish.jersey.media</groupId>
    <artifactId>jersey-media-sse</artifactId>
</dependency>
```

16.4.1　发布-订阅模式

服务端代码如下：

```
@Path("see-events")
public class SseResource {

    private EventOutput eventOutput = newEventOutput();
    private OutboundEvent.Builder eventBuilder;
    private OutboundEvent event ;

    /**
    *提供 SSE 事件输出通道的资源方法
    * @return eventOutput
    */
    @GET
    @Produces(SseFeature.SERVER_SENT_EVENTS)
    public EventOutput getServerSentEvents() {

      // 不断循环执行
      while (true) {
```

```
        SimpleDateFormat df = newSimpleDateFormat("yyyy-MM-dd HH:mm:ss");
       // 设置日期格式
       String now =  df.format(newDate()); // 获取当前系统时间
       String message = "Server Time:" + now;
       System.out.println( message );

          eventBuilder = new OutboundEvent.Builder();
          eventBuilder.id(now);
            eventBuilder.name("message");
            eventBuilder.data(String.class,
                message );  // 推送服务器时间的信息给客户端
            event = eventBuilder.build();
            try {
        eventOutput.write(event);
       } catch (IOException e) {
        e.printStackTrace();
       } finally {
         try {
           eventOutput.close();
             return eventOutput;
         } catch (IOException e) {
           e.printStackTrace();
         }
       }
         }
     }
 }
```

上面的代码定义了资源部署在 URI see-events。这个资源有一个@GET 资源方法返回作为一个实体 EventOutput（通用 Jersey ChunkedOutput API 的扩展用于输出分块消息的处理）。

客户端代码如下：

```
 // 判断浏览器是否支持 EventSource
 if (typeof (EventSource) !== "undefined") {
    var source = newEventSource("webapi/see-events");

    // 当通往服务器的连接被打开
    source.onopen = function(event) {
       console.log("连接开启！");

    };

    // 当接收到消息，只监听命名是 message 的事件
    source.onmessage = function(event) {
       console.log(event.data);
       var data = event.data;
       var lastEventId = event.lastEventId;
       document.getElementById("x").innerHTML += "\n" + 'lastEventId:'+
          lastEventId+';data:'+data;
    };
```

```
        // 可以是任意命名的事件名称
        /*
        source.addEventListener('message', function(event) {
            console.log(event.data);
            var data = event.data;
            var lastEventId = event.lastEventId;
            document.getElementById("x").innerHTML += "\n" + 'lastEventId:'+
             lastEventId+';data:'+data;
        });
        */

        // 当错误发生
        source.onerror = function(event) {
            console.log("连接错误！");

        };
    } else {
        document.getElementById("result").innerHTML = "Sorry, your browser does not
support server-sent events..."
    }
```

首先要判断浏览器是否支持 EventSource，而后 EventSource 对象分别监听 onopen、onmessage、onerror 事件。其中，source.onmessage = function(event) {}和 source.addEventListener ('message', function(event) {}是一样的，区别是后者可以支持监听不同名称的事件，而 onmessage 属性只支持一个事件处理方法。

运行项目：

```
mvn jetty:run
```

在浏览器中访问 http://localhost:8080，效果如图 16-3 所示。

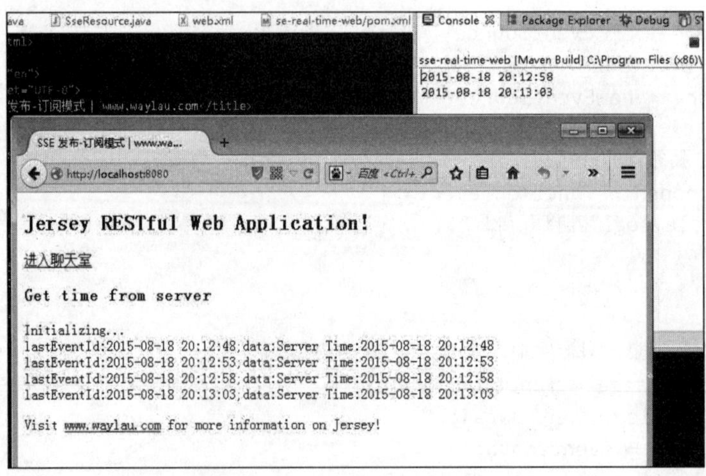

图 16-3 Jersey SSE 发布-订阅模式

16.4.2 广播模式

服务端代码如下：

```
@Singleton
@Path("sse-chat")
public class SseChatResource {

    private SseBroadcaster broadcaster = new SseBroadcaster();

    /**
     * 提供 SSE 事件输出通道的资源方法
     * @return eventOutput
     */
    @GET
    @Produces(SseFeature.SERVER_SENT_EVENTS)
    public EventOutput listenToBroadcast() {
        EventOutput eventOutput = new EventOutput();
        this.broadcaster.add(eventOutput);
        return eventOutput;
    }

    /**
     * 提供写入 SSE 事件通道的资源方法
     * @param message
     * @param name
     */
    @POST
    @Produces(MediaType.TEXT_PLAIN)
    public void broadcastMessage(@DefaultValue("waylau.com") @QueryParam ("message")
String message,
        @DefaultValue("waylau") @QueryParam("name")  String name) {
        // 设置日期格式
        SimpleDateFormat df = new SimpleDateFormat("yyyy-MM-dd HH:mm:ss");
        String now =  df.format(new Date()); // 获取当前系统时间
        message = now +":"+ name +":"+ message;  // 发送的消息带上当前的时间

        OutboundEvent.Builder eventBuilder = new OutboundEvent.Builder();
        OutboundEvent event = eventBuilder.name("message")
            .mediaType(MediaType.TEXT_PLAIN_TYPE)
            .data(String.class, message)
            .build();

        // 发送广播
        broadcaster.broadcast(event);
    }
}
```

其中，SseChatResource 资源类用@Singleton 注解，告诉 Jersey 运行时，资源类只有一个实例，用于所有传入/sse-chat 路径的请求。应用程序引用私有的 broadcaster 字段，这样所有请求可以使用相同的实例。客户端想监听 SSE 事件，先发送 GET 请求到 sse-chat 的 listenToBroadcast()资源方法进行处理。方法创建一个新的 EventOutput 用于展示请求的客户端的连接，并通过 add(EventOutput) 注册 eventOutput 实例到单例 broadcaster。方法返回 eventOutput 导致 Jersey 使请求的客户端事件与 eventOutput 实例绑定，向客户端发送响应 HTTP 头。客户端连接保持开放，客户端等待准备接收新的 SSE 事件。所有的事件通过 broadcaster 写入 eventOutput。这样开发人员可以方便地发送新的事件到所有订阅的客户端。

当客户端想要广播新消息给所有已经监听 SSE 连接的客户端时，它先发送一个 POST 请求将消息内容发送到 SseChatResource 资源。 SseChatResource 资源调用方法 broadcastMessage，消息内容作为输入参数。一个新的 SSE 出站事件建立在标准方法上并传递给 broadcaster。broadcaster 内部在所有注册了的 EventOutput 上调用 write(OutboundEvent)。该方法只返回一个标准文本响应给客户端，来通知客户端已经成功广播了消息。正如我们所看到的，broadcastMessage 资源方法只是一个简单的 JAX-RS 资源的方法。

Jersey SseBroadcaster 完成该用例不是强制性的。每个 EventOutput 可以只存储在收集器里，在 broadcastMessage 方法里面迭代。然而，SseBroadcaster 内部会识别和处理客户端断开连接。当客户端关闭连接，broadcaster 可检测并删除过期的在内部收集器里面注册了 EventOutput 的连接，以及释放所有服务器端关联了陈旧连接的资源。此外，SseBroadcaster 的实现是线程安全的，这样客户端可以在任何时间连接和断开，SseBroadcaster 总是广播消息给最近收集的注册和活跃的客户端。

客户端代码如下：

```
//判断浏览器是否支持 EventSource
if (typeof (EventSource) !== "undefined") {
    var source = new EventSource("webapi/sse-chat");

    // 当通往服务器的连接被打开
    source.onopen = function(event) {
        var ta = document.getElementById('response_text');
        ta.value = '连接开启!';
    };

    // 当接收到消息，只监听命名是 message 的事件
    source.onmessage = function(event) {
        var ta = document.getElementById('response_text');
        ta.value = ta.value + '\n' + event.data;
    };

    // 可以是任意命名的事件名称
    /*
    source.addEventListener('message', function(event) {
         var ta = document.getElementById('response_text');
         ta.value = ta.value + '\n' + event.data;
    });
    */

    // 当错误发生
```

```
    source.onerror = function(event) {
        var ta = document.getElementById('response_text');
        ta.value = ta.value + '\n' + "连接出错！";

    };
} else {
    alert("Sorry, your browser does not support server-sent events");
}

function send(message) {
    var xmlhttp;
    var name = document.getElementById('name_id').value;

    if (window.XMLHttpRequest)
    {// 适用于 IE7+、Firefox、Chrome、Opera、Safari
        xmlhttp=new XMLHttpRequest();
    }
    else
    {// 适用于 IE6、IE5
        xmlhttp=new ActiveXObject("Microsoft.XMLHTTP");
    }

    xmlhttp.open("POST","webapi/sse-chat?message=" + message +'&name=' + name ,true);
    xmlhttp.send();
}
```

EventSource 的用法与发布-订阅模式类似。而 send(message)方法是将消息以 POST 请求发送给服务器端，而后将该消息进行广播，从而达到聊天室的效果。

最终效果如图 16-4 所示。

图 16-4　Jersey SSE 广播模式

上面例子的代码可以在 sse-real-time-web 应用中找到。

16.5 总 结

本章介绍了 REST 的基本概念、设计原则、成熟度模型、API 管理及实现 REST 的常用技术。本章同时演示了如何基于 Jersey 来构建 REST 服务和实时应用。

16.6 习 题

（1）简述 REST 的基本概念。
（2）简述 REST 的设计原则。
（3）简述 REST 的成熟度模型。
（4）简述 REST API 管理。
（5）使用 Jersey 编写一个 REST 的示例。

第 17 章

全双工通信——WebSocket

WebSocket 协议提供了真正的全双工连接，本章详细介绍 WebSocket 协议及实现方式。

17.1 WebSocket 概述

随着 Web 的发展，用户对于 Web 的实时要求越来越高，比如工业运行监控、Web 在线通信、即时报价系统、在线游戏等，都需要将后台发生的变化主动、实时地传送到浏览器端，而不需要用户手动地刷新页面。

WebSocket 协议提供了真正的全双工连接。发起者是一个客户端，发送一个带特殊 HTTP 头的请求到服务端，通知服务器 HTTP 连接可能升级（Upgrade）到一个全双工的 TCP/IP WebSocket 连接。如果服务端支持 WebSocket，那么它可能会选择升级到 WebSocket。一旦建立 WebSocket 连接，它就可用于客户端和服务器之间的双向通信。客户端和服务器可以随意向对方发送数据。此时，新的 WebSocket 连接上的交互不再是基于 HTTP 协议了。WebSocket 可以用于需要快速在两个方向上交换小块数据的在线游戏或任何其他应用程序。

WebSocket 协议的完整内容可以参阅 RFC 6455 规范（https://tools.ietf.org/html/rfc6455）。

17.1.1 HTTP 与 WebSocket 对比

在标准的 HTTP 请求-响应的情况下，客户端打开一个连接，发送一个 HTTP 请求到服务端，然后接收到 HTTP 回来的响应，一旦这个响应完全被发送或者接收，服务端就关闭连接。所以，请求数据通常是由一个客户端发起的。

WebSocket 的交互同样是以 HTTP 请求开始的，HTTP 请求使用 HTTP 升级头进行升级，从而切换到 WebSocket 协议：

```
GET /spring-websocket-portfolio/portfolio HTTP/1.1
Host: localhost:8080
Upgrade: websocket
Connection: Upgrade
Sec-WebSocket-Key: Uc9l9TMkWGbHFD2qnFHltg==
Sec-WebSocket-Protocol: v10.stomp, v11.stomp
Sec-WebSocket-Version: 13
Origin: http://localhost:8080
```

与通常的 200 状态代码不同，具有 WebSocket 支持的服务器将返回：

```
HTTP/1.1 101 Switching Protocols
Upgrade: websocket
Connection: Upgrade
Sec-WebSocket-Accept: 1qVdfYHU9hPOl4JYYNXF623Gzn0=
Sec-WebSocket-Protocol: v10.stomp
```

握手成功后，HTTP 升级请求的 TCP 套接字将保持打开状态，以便客户端和服务器继续发送和接收消息。

尽管 WebSocket 被设计为与 HTTP 兼容并以 HTTP 请求开始，但了解这两种协议导致非常不同的体系结构和应用程序编程模型是很重要的。

在 HTTP 和 REST 中，应用程序被建模为尽可能多的 URL，要与应用程序客户端交互访问这些 URL。服务器根据 HTTP URL、方法和头将请求路由到适当的处理程序。

相比之下，在 WebSocket 中，初始连接通常只有一个 URL，随后所有应用程序消息都会在同一个 TCP 连接上流动。这指向一个完全不同的异步、事件驱动的消息体系结构。

WebSocket 是一种低级传输协议，它不像 HTTP 那样规定消息内容的任何语义。这意味着除非客户端和服务器在消息语义上达成一致，否则无法路由或处理消息。

WebSocket 客户端和服务器可以通过 HTTP 握手请求中的 Sec-WebSocket-Protocol 头部来协商使用更高级别的消息传递协议（例如 STOMP），或者采用自定义的协议格式。

17.1.2 理解 WebSocket 的使用场景

任何技术都有其适用的场景。WebSocket 主要是为了弥补传统 HTTP 请求中实时性不高的缺点。WebSocket 是 HTML 5 标准，可以被大多数浏览器所支持，能够建立真正的全双工，对于需要与服务器频繁交互的场景来说，性能要高很多。毕竟，HTTP 请求只能通过不断地轮询来获取服务器新的数据，而 WebSocket 协议无须主动去查询，服务器只要有数据变化就能推送给客户端，这极大地节省了很多请求处理所带来的性能开销。

然而，在许多情况下，传统的 Ajax 和 HTTP 的组合可以提供简单而有效的解决方案。例如，新闻、邮件和社交推送信息需要动态更新，只需要每隔几分钟去轮询即可，因为这类应用并不需要非常实时。

WebSocket 的缺点是实现相对复杂。相对于 HTTP 协议的处理而言，WebSocket 需要一定的学习成本。

当然，Spring 框架简化了 WebSocket 的开发，有效降低了学习成本。本书将带领读者快速掌握 WebSocket 的开发技能。

17.2 WebSocket 常用 API

WebSocket 常用 API 总结如下。

17.2.1 WebSocketHandler

使用 Spring 创建 WebSocket 服务器非常简单，只需要实现 WebSocketHandler 或者扩展 TextWebSocketHandler、BinaryWebSocketHandler 即可。

```
import org.springframework.web.socket.WebSocketHandler;
import org.springframework.web.socket.WebSocketSession;
import org.springframework.web.socket.TextMessage;

public class MyHandler extends TextWebSocketHandler {

    @Override
    public void handleTextMessage(WebSocketSession session, TextMessage message) {
      // ...
    }

}
```

Spring 支持基于 Java Config 和 XML 方式来配置 WebSocket。

以下是基于 Java Config 来配置 WebSocket 的示例：

```
import org.springframework.web.socket.config.annotation.EnableWebSocket;
import org.springframework.web.socket.config.annotation.WebSocketConfigurer;
import org.springframework.web.socket.config.annotation.WebSocketHandlerRegistry;

@Configuration
@EnableWebSocket
public class WebSocketConfig implements WebSocketConfigurer {

    @Override
    Pubic void registerWebSocketHandlers(WebSocketHandlerRegistry registry) {
        registry.addHandler(myHandler(), "/myHandler");
    }

    @Bean
    public WebSocketHandler myHandler() {
      return new MyHandler();
    }

}
```

上述配置等价于以下基于 XML 的配置：

```
<beans xmlns="http://www.springframework.org/schema/beans"
    xmlns:xsi="http://www.w3.org/2001/XMLSchema-instance"
    xmlns:websocket="http://www.springframework.org/schema/websocket"
    xsi:schemaLocation="
        http://www.springframework.org/schema/beans
        http://www.springframework.org/schema/beans/spring-beans.xsd
        http://www.springframework.org/schema/websocket
        http://www.springframework.org/schema/websocket/spring-websocket.xsd">

    <websocket:handlers>
      <websocket:mapping path="/myHandler" handler="myHandler"/>
    </websocket:handlers>

    <bean id="myHandler" class="com.waylau.spring.MyHandler"/>

</beans>
```

以上内容适用于 Spring Web MVC 应用程序，并应包含在 DispatcherServlet 的配置中。但是，Spring WebSocket 支持不依赖于 Spring Web MVC。借助 WebSocketHttpRequestHandler 可以简化将 WebSocketHandler 集成到其他 HTTP 服务环境中。

17.2.2 WebSocket 握手

初始化 HTTP WebSocket 握手请求的简单方法是通过 HandshakeInterceptor。这个拦截器可以用来阻止握手或使用 WebSocketSession 的任何属性。例如，有一个用于将 HTTP 会话属性传递给 WebSocket 会话的内置拦截器：

```
@Configuration
@EnableWebSocket
public class WebSocketConfig implements WebSocketConfigurer {

    @Override
    public void registerWebSocketHandlers(WebSocketHandlerRegistry registry) {
        registry.addHandler(newMyHandler(), "/myHandler")
            .addInterceptors(newHttpSessionHandshakeInterceptor());
    }

}
```

上述配置等价于以下基于 XML 的配置：

```
<beans xmlns="http://www.springframework.org/schema/beans"
    xmlns:xsi="http://www.w3.org/2001/XMLSchema-instance"
    xmlns:websocket="http://www.springframework.org/schema/websocket"
    xsi:schemaLocation="
        http://www.springframework.org/schema/beans
        http://www.springframework.org/schema/beans/spring-beans.xsd
```

```
        http://www.springframework.org/schema/websocket
        http://www.springframework.org/schema/websocket/spring-websocket.xsd">

    <websocket:handlers>
      <websocket:mapping path="/myHandler" handler="myHandler"/>
      <websocket:handshake-interceptors>
          <bean class="org.springframework.web.socket.server.support.
HttpSessionHandshakeInterceptor"/>
    </websocket:handshake-interceptors>
    </websocket:handlers>

    <bean id="myHandler" class="org.springframework.samples.MyHandler"/>

</beans>
```

17.2.3 部署

Spring WebSocket API 可以很容易地集成到 Spring Web MVC 应用程序中，其中 DispatcherServlet 同时提供 HTTP WebSocket 握手以及处理其他 HTTP 请求。通过调用 WebSocketHttpRequestHandler 可以很容易地将其集成到其他 HTTP 处理场景中。

Java WebSocket API（JSR-356）提供了两种部署机制：第一种涉及启动时的 Servlet 容器类路径扫描（Servlet 3 功能）；另一种是在 Servlet 容器初始化时使用注册 API。这两种机制都有一些限制，都无法为所有 HTTP 处理（包括 WebSocket 握手和处理所有其他 HTTP 请求）使用单个前端控制器（Front Controller）。

这是 JSR-356 运行时的一个重要限制，但 Spring 的 WebSocket 通过 RequestUpgradeStrategy 弥补了该缺陷。Tomcat、Jetty、GlassFish、WebLogic、WebSphere 和 Undertow 目前也都已经提供了这样的策略。

第二个考虑是，具有 JSR-356 支持的 Servlet 容器需要执行 ServletContainerInitializer（SCI）扫描，这在某些情况下会显著降低应用程序的启动速度。应该可以通过使用 web.xml 中的 <absolute-ordering />元素来选择性地启用或禁用该功能：

```
<web-app xmlns="http://java.sun.com/xml/ns/javaee"
    xmlns:xsi="http://www.w3.org/2001/XMLSchema-instance"
    xsi:schemaLocation="
        http://java.sun.com/xml/ns/javaee
        http://java.sun.com/xml/ns/javaee/web-app_3_0.xsd"
    version="3.0">

    <absolute-ordering/>

</web-app>
```

然后，可以选择性地按名称启用 Web 片段，例如 Spring 自己的 SpringServletContainerInitializer：

```
<web-app xmlns="http://java.sun.com/xml/ns/javaee"
    xmlns:xsi="http://www.w3.org/2001/XMLSchema-instance"
    xsi:schemaLocation="
```

```
        http://java.sun.com/xml/ns/javaee
        http://java.sun.com/xml/ns/javaee/web-app_3_0.xsd"
    version="3.0">

    <absolute-ordering>
      <name>spring_web</name>
    </absolute-ordering>

</web-app>
```

17.2.4 配置

每个底层 WebSocket 引擎都公开了控制运行时特性的配置属性，例如消息缓冲区大小、空闲超时等。

对于 Tomcat、WildFly 和 GlassFish 而言，可以参考如下示例将 ServletServerContainerFactoryBean 添加到 WebSocket Java 配置中：

```
@Configuration
@EnableWebSocket
public class WebSocketConfig implements WebSocketConfigurer {

    @Bean
    public ServletServerContainerFactoryBean createWebSocketContainer() {
        ServletServerContainerFactoryBean container = new
ServletServerContainerFactoryBean();
        container.setMaxTextMessageBufferSize(8192);
        container.setMaxBinaryMessageBufferSize(8192);
        return container;
    }

}
```

上述配置等价于以下基于 XML 的配置：

```
<beans xmlns="http://www.springframework.org/schema/beans"
    xmlns:xsi="http://www.w3.org/2001/XMLSchema-instance"
    xmlns:websocket="http://www.springframework.org/schema/websocket"
    xsi:schemaLocation="
        http://www.springframework.org/schema/beans
        http://www.springframework.org/schema/beans/spring-beans.xsd
        http://www.springframework.org/schema/websocket
        http://www.springframework.org/schema/websocket/spring-websocket.xsd">

    <bean class="org.springframework...ServletServerContainerFactoryBean">
        <property name="maxTextMessageBufferSize" value="8192"/>
        <property name="maxBinaryMessageBufferSize" value="8192"/>
    </bean>

</beans>
```

对于 Jetty 而言，需要提供预配置的 Jetty WebSocketServerFactory，并通过 WebSocket Java 配置将其插入 Spring 的 DefaultHandshakeHandler 中：

```
@Configuration
@EnableWebSocket
public class WebSocketConfig implements WebSocketConfigurer {

    @Override
    public void registerWebSocketHandlers(WebSocketHandlerRegistry registry) {
        registry.addHandler(echoWebSocketHandler(),
          "/echo").setHandshakeHandler(handshakeHandler());
    }

    @Bean
    public DefaultHandshakeHandler handshakeHandler() {

        WebSocketPolicy policy = newWebSocketPolicy(WebSocketBehavior.SERVER);
        policy.setInputBufferSize(8192);
        policy.setIdleTimeout(600000);

        return new DefaultHandshakeHandler(
          new JettyRequestUpgradeStrategy(newWebSocketServerFactory(policy)));
    }

}
```

上述配置等价于以下基于 XML 的配置：

```
<beans xmlns="http://www.springframework.org/schema/beans"
    xmlns:xsi="http://www.w3.org/2001/XMLSchema-instance"
    xmlns:websocket="http://www.springframework.org/schema/websocket"
    xsi:schemaLocation="
        http://www.springframework.org/schema/beans
        http://www.springframework.org/schema/beans/spring-beans.xsd
        http://www.springframework.org/schema/websocket
        http://www.springframework.org/schema/websocket/spring-websocket.xsd">

    <websocket:handlers>
       <websocket:mapping path="/echo" handler="echoHandler"/>
       <websocket:handshake-handler ref="handshakeHandler"/>
    </websocket:handlers>

    <bean id="handshakeHandler" class="org.springframework...
       DefaultHandshakeHandler">
      <constructor-arg ref="upgradeStrategy"/>
    </bean>

    <bean id="upgradeStrategy"
class="org.springframework...JettyRequestUpgradeStrategy">
      <constructor-arg ref="serverFactory"/>
    </bean>
```

```
    <bean id="serverFactory" class="org.eclipse.jetty...WebSocketServerFactory">
      <constructor-arg>
        <bean class="org.eclipse.jetty...WebSocketPolicy">
          <constructor-arg value="SERVER"/>
          <property name="inputBufferSize" value="8092"/>
          <property name="idleTimeout" value="600000"/>
        </bean>
      </constructor-arg>
    </bean>

</beans>
```

17.2.5 跨域处理

从 Spring 框架 4.1.5 版本开始，WebSocket 和 SockJS 的默认配置是只接受相同的源请求。当然，也可以更改配置，以支持跨域请求。

对于源的处理，主要有以下 3 种行为：

- 仅允许相同的源请求（默认）：在此模式下，启用 SockJS 时，Iframe HTTP 响应头 X-Frame-Options 将被设置为 SAMEORIGIN，并禁用 JSONP 传输，因为它不允许检查请求的来源。因此，启用此模式时不支持 IE 6 和 IE 7。
- 允许指定的源列表：每个允许的源必须以 http://或者 https://开头。在此模式下，启用 SockJS 时，禁用基于 Iframe 和 JSONP 的传输。因此，启用此模式时，不支持 IE 6~IE 9。
- 允许所有的源：要启用此模式，应该提供“*”作为允许的源的值。在此模式下，所有传输都可用。

WebSocket 和 SockJS 设置允许的源可以按如下示例进行配置：

```
import org.springframework.web.socket.config.annotation.EnableWebSocket;
import org.springframework.web.socket.config.annotation.WebSocketConfigurer;
import org.springframework.web.socket.config.annotation.WebSocketHandlerRegistry;

@Configuration
@EnableWebSocket
public class WebSocketConfig implements WebSocketConfigurer {

    @Override
    public void registerWebSocketHandlers(WebSocketHandlerRegistry registry) {
        registry.addHandler(myHandler(), "/myHandler")
            .setAllowedOrigins("http://mydomain.com");
    }

    @Bean
    public WebSocketHandler myHandler() {
       return new MyHandler();
    }
```

```
}
```

上述配置等价于以下基于 XML 的配置：

```
<beans xmlns="http://www.springframework.org/schema/beans"
    xmlns:xsi="http://www.w3.org/2001/XMLSchema-instance"
    xmlns:websocket="http://www.springframework.org/schema/websocket"
    xsi:schemaLocation="
        http://www.springframework.org/schema/beans
        http://www.springframework.org/schema/beans/spring-beans.xsd
        http://www.springframework.org/schema/websocket
        http://www.springframework.org/schema/websocket/spring-websocket.xsd">

    <websocket:handlers allowed-origins="http://mydomain.com">
      <websocket:mapping path="/myHandler" handler="myHandler"/>
    </websocket:handlers>

    <bean id="myHandler" class="org.springframework.samples.MyHandler"/>

</beans>
```

17.3 SockJS

在公共互联网上，某些服务代理可能会与 WebSocket 交互，因为它们未配置为传递 Upgrade 头，或者它们会关闭了空闲的长连接。

WebSocket 仿真可以解决该类问题，即会先尝试使用 WebSocket，如果不支持，就会回退使用模拟的 WebSocket 来进行交互。

在 Servlet 技术栈上，Spring 框架为 SockJS 协议提供服务器以及客户端的支持。

17.3.1 SockJS 概述

SockJS 的目标是让应用程序能够使用 WebSocket API，并且在运行时如果有必要，就回退到非 WebSocket 的替代方案上，而无须修改应用程序代码。

SockJS 包括以下内容：

- SockJS 协议：见 https://github.com/sockjs/sockjs-protocol。
- SockJS JavaScript 客户端：用于浏览器的客户端库，见 https://github.com/sockjs/sockjs-protocol。
- SockJS 服务器实现：包括 Spring 框架中的 spring-websocket 模块。
- SockJS Java 客户端：spring-websocket 模块提供了一个 SockJS Java 客户端。

SockJS 被设计用于浏览器。SockJS 客户端首先发送 GET/info 请求从服务器获取基本信息。之后，它必须决定使用什么传输形式。如果可能的话，就使用 WebSocket，否则使用 HTTP（长）轮询。

所有传输请求都具有以下 URL 结构：

```
http://host:port/myApp/myEndpoint/{server-id}/{session-id}/{transport}
```

- {server-id}：用于在群集中路由请求。
- {session-id}：关联属于 SockJS 会话的 HTTP 请求。
- {transport}：表示传输类型，例如 websocket、xhr-streaming 等。

WebSocket 传输只需要一个 HTTP 请求来执行 WebSocket 握手。之后的所有消息都在该套接字上交换。

HTTP 传输需要更多的请求。例如，Ajax/XHR 流依赖于一个长时间运行的服务器到客户端的消息请求和对客户端到服务器消息的额外 HTTP POST 请求。SockJS 与长查询是相似的，除了它在每个服务器到客户端发送之后结束当前请求外。

SockJS 增加了最小的消息框架。例如，发送字母 o 代表打开（Open）帧；字母 h 代表心跳（Heartbeat）帧，如果没有消息流，就默认为 25s；字母 c 代表关闭（Close）会话。

17.3.2 启用 SockJS

以下是使用 Java Config 的配置方式：

```
@Configuration
@EnableWebSocket
public class WebSocketConfig implements WebSocketConfigurer {

    @Override
    public void registerWebSocketHandlers(WebSocketHandlerRegistry registry) {
        registry.addHandler(myHandler(), "/myHandler").withSockJS();
    }

    @Bean
    public WebSocketHandler myHandler() {
        return new MyHandler();
    }

}
```

以下是使用 XML 的配置方式：

```
<beans xmlns="http://www.springframework.org/schema/beans"
    xmlns:xsi="http://www.w3.org/2001/XMLSchema-instance"
    xmlns:websocket="http://www.springframework.org/schema/websocket"
    xsi:schemaLocation="
        http://www.springframework.org/schema/beans
        http://www.springframework.org/schema/beans/spring-beans.xsd
        http://www.springframework.org/schema/websocket
        http://www.springframework.org/schema/websocket/spring-websocket.xsd">
```

```
        <websocket:handlers>
          <websocket:mapping path="/myHandler" handler="myHandler"/>
          <websocket:sockjs/>
        </websocket:handlers>

        <bean id="myHandler" class="com.waylau.spring.MyHandler"/>

    </beans>
```

以上内容适用于 Spring Web MVC 应用程序，并且应包含在 DispatcherServlet 的配置中。但是，Spring 的 WebSocket 和 SockJS 支持并不依赖于 Spring Web MVC。在 SockJsHttpRequestHandler 的帮助下集成到其他 HTTP 服务环境相对简单。

17.3.3　心跳

SockJS 协议要求服务器发送心跳消息以阻止代理挂断连接。Spring SockJS 配置有一个名为 heartbeatTime 的属性，可用于定制频率。默认情况下，假设没有其他消息在该连接上发送，则在 25s 后发送心跳。其中，这个 25s 的值是由 IETF 指定的，见 https://tools.ietf.org/html/rfc6202。

17.3.4　客户端断开连接

HTTP 流和 HTTP 长轮询 SockJS 传输需要保持比平常更长的连接时间。

在 Servlet 容器中，这是通过 Servlet 3 异步支持来完成的。该异步支持允许退出 Servlet 容器线程处理请求并继续写入来自另一个线程的响应。

一个特定的问题是 Servlet API 不会为已经消失的客户端提供通知。但是，随后尝试写入响应时，Servlet 容器会引发异常。由于 Spring 的 SockJS 服务支持服务器发送的心跳（默认间隔时间是 25s），这意味着如果在更短的时间内发送消息，通常会在该时间段或更早的时间内检测到客户端断开连接。

17.3.5　CORS 处理

如果允许跨域请求，SockJS 协议就使用 CORS 在 XHR 流传输和轮询传输中支持跨域。因此，CORS 头会被自动添加，除非检测到响应中存在 CORS 头。如果一个应用程序已经被配置为提供 CORS 支持（例如通过一个 Servlet 过滤器），那么 Spring 的 SockJsService 将跳过这一部分。

也可以通过 Spring 的 SockJsService 中的 suppressCors 属性来禁用这些 CORS 头。

以下是 SockJS 预期的头和值的列表：

- Access-Control-Allow-Origin：从 Origin 请求头的值来进行初始化。
- Access-Control-Allow-Credentials：始终设置为 true。
- Access-Control-Request-Headers：根据等价请求头中的值初始化。
- Access-Control-Allow-Methods：传输支持的 HTTP 方法。

- Access-Control-Max-Age：设置为 31536000（1 年）。

17.3.6 SockJsClient

提供 SockJS Java 客户端，以便在不使用浏览器的情况下连接到远程 SockJS 端点。当需要通过公共网络在两个服务器之间进行双向通信时，即网络代理可能排除使用 WebSocket 协议时，这可能特别有用。SockJS Java 客户端对于测试目的非常有用，例如模拟大量的并发用户。

SockJS Java 客户端支持 websocket、xhr-streaming 和 xhr-polling 等传输协议。

WebSocketTransport 可以配置为：

- JSR-356 运行时中的 StandardWebSocketClient。
- 使用 Jetty 9+本机 WebSocket API 的 JettyWebSocketClient。
- Spring 的 WebSocketClient 的任何实现。

根据定义，XhrTransport 支持 xhr-streaming 和 xhr-polling，因为从客户角度来看，除了用于连接服务器的 URL 之外，没有任何区别。目前有两种实现方式：

- RestTemplateXhrTransport：使用 Spring 的 RestTemplate 进行 HTTP 请求。
- JettyXhrTransport：使用 Jetty 的 HttpClient 进行 HTTP 请求。

下面的示例显示如何创建 SockJS 客户端并连接到 SockJS 端点：

```
List<Transport> transports = newArrayList<>(2);
transports.add(newWebSocketTransport(newStandardWebSocketClient()));
transports.add(new RestTemplateXhrTransport());

SockJsClient sockJsClient = newSockJsClient(transports);
sockJsClient.doHandshake(newMyWebSocketHandler(), "ws://waylau.com:8080/sockjs");
```

SockJS 使用 JSON 格式的数组来处理消息。默认情况下使用 Jackson JSON，并且需要该 JAR 包位于类路径中。或者可以配置 SockJsMessageCodec 的自定义实现，并在 SockJsClient 上进行配置。

要使用 SockJsClient 模拟大量的并发用户，需要配置底层 HTTP 客户端，以允许足够数量的连接和线程。以 Jetty 为例：

```
HttpClient jettyHttpClient = newHttpClient();
jettyHttpClient.setMaxConnectionsPerDestination(1000);
jettyHttpClient.setExecutor(newQueuedThreadPool(1000));
```

可以按照下面的示例来自定义服务器端 SockJS 的相关属性：

```
@Configuration
public class WebSocketConfig extends WebSocketMessageBrokerConfigurationSupport {

    @Override
    public void registerStompEndpoints(StompEndpointRegistry registry) {
        registry.addEndpoint("/sockjs").withSockJS()
            .setStreamBytesLimit(512 * 1024)
```

```
            .setHttpMessageCacheSize(1000)
            .setDisconnectDelay(30 * 1000);
    }

    // ...
}
```

17.4 STOMP

WebSocket 协议定义了两种类型的消息，即文本和二进制，但其未对内容做出具体的定义。这样，业界衍生出了很多针对内容定义的自协议，STOMP 就是其中的一种。

17.4.1 STOMP 概述

STOMP（Simple（or Streaming）Text Oriented Message Protocol）是一种在客户端与中转服务端之间进行异步消息传输的简单通用协议，它定义了服务端与客户端之间的格式化文本传输方式。详细的协议内容可以参见 http://stomp.github.io/stomp-specification-1.2.html。

STOMP 是一种简单的面向文本的消息传递协议，最初是为脚本语言（如 Ruby、Python 和 Perl）创建的，用于连接企业消息 broker。它旨在解决常用消息传递模式的最小子集。STOMP 可用于任何可靠的双向流媒体网络协议，如 TCP 和 WebSocket。尽管 STOMP 是一种面向文本的协议，但消息负载可以是文本或二进制。

STOMP 是一个基于帧的协议，其帧在 HTTP 上建模。STOMP 消息结构如下：

```
COMMAND
header1:value1
header2:value2

Body^@
```

客户端可以使用 SEND 或 SUBSCRIBE 命令发送或订阅消息以及描述消息的内容，以及由谁来接收消息的 destination 头。这使得一个简单的发布-订阅机制可以用于通过 broker 将消息发送到其他连接的客户端，或者将消息发送到服务器以请求执行一些工作。

在使用 Spring 的 STOMP 支持时，Spring WebSocket 应用程序充当客户端的 STOMP broker。消息被路由到@Controller 消息处理方法或一个简单的内存 broker，用于跟踪订阅并向订阅用户广播消息。还可以将 Spring 配置为与专用的 STOMP broker（例如 RabbitMQ、ActiveMQ 等）一起使用，以用于消息的实际广播。在这种情况下，Spring 维护与 broker 的 TCP 连接，将消息转发给它，并将消息从它传递到连接的 WebSocket 客户端。因此，Spring Web 应用程序可以依靠统一的、基于 HTTP 的、安全的以及熟悉的编程模型进行消息处理工作。

以下是一个 SimpMessagingTemplate 将消息发送给 broker 的例子：

```
SUBSCRIBE
id:sub-1
destination:/topic/price.stock.*
```

```
^@
```

以下是客户端发送请求的示例，服务器可以通过@MessageMapping 方法处理，稍后在执行后向客户端广播确认消息和详细信息：

```
SEND
destination:/queue/trade
content-type:application/json
content-length:44

{"action":"BUY","ticker":"MMM","shares",44}^@
```

destination 的含义在 STOMP 规范中有意不透明。它可以是任何字符串，完全取决于 STOMP 服务器来定义它所支持的 destination 的语义和语法。在业界，经常用"/topic/.."类似路径的字符串来表示发布-订阅（一对多），以及用"/queue/"代表点对点（一对一）的消息交换。

STOMP 服务器可以使用 MESSAGE 命令向所有用户广播消息。以下是向订阅客户端发送股票报价的服务器示例：

```
MESSAGE
message-id:nxahklf6-1
subscription:sub-1
destination:/topic/price.stock.MMM

{"ticker":"MMM","price":129.45}^@
```

注　意

服务器不能发送未经请求的消息给客户端。这意味着所有来自服务器的消息都必须响应特定的客户端订阅，并且服务器消息的 subscription-id 头必须与客户端订阅的 id 头相匹配。

相比于使用原始的 WebSocket，使用 STOMP 能够带来以下好处：

- 使 Spring 框架和 Spring Security 能够提供更丰富的编程模型。
- 不需要发明自定义消息协议和消息格式。
- 有现成的 STOMP 客户端可用，包括 Spring 框架中的 Java 客户端。
- 现有的消息 broker（如 RabbitMQ、ActiveMQ 等）可以用于管理订阅和广播消息。
- 应用程序逻辑可以组织在任何数量的@Controller 中，并根据 STOMP 的 destination 头路由到它们的消息，而无须为给定的连接定义 WebSocketHandler。
- 可以使用 Spring Security 来保护基于 STOMP 的目标和消息类型的消息。

17.4.2 启用 STOMP

为了使用 STOMP ，应用里面需要引入 spring-messaging 和 spring-websocket 模块，这样就能暴露 STOMP 端点。

```
import
org.springframework.web.socket.config.annotation.EnableWebSocketMessageBroker;
import org.springframework.web.socket.config.annotation.StompEndpointRegistry;

@Configuration
@EnableWebSocketMessageBroker
public class WebSocketConfig implements WebSocketMessageBrokerConfigurer {

    @Override
    public void registerStompEndpoints(StompEndpointRegistry registry) {
        registry.addEndpoint("/portfolio").withSockJS();
    }

    @Override
    public void configureMessageBroker(MessageBrokerRegistry config) {
        config.setApplicationDestinationPrefixes("/app");
        config.enableSimpleBroker("/topic", "/queue");
    }
}
```

其中：

- /portfolio 是 WebSocket（或 SockJS）客户端需要连接到 WebSocket 握手的端点的 HTTP URL。
- 以 /app 开头的 destination 头的 STOMP 消息将被路由到 @Controller 类中的 @MessageMapping 方法。
- 使用内置的消息 broker 进行订阅和广播，将 destination 头以/topic 或/queue 开头的消息路由到 broker。

若使用基于 XML 的配置方式，则上述配置等同如下:

```
<beans xmlns="http://www.springframework.org/schema/beans"
    xmlns:xsi="http://www.w3.org/2001/XMLSchema-instance"
    xmlns:websocket="http://www.springframework.org/schema/websocket"
    xsi:schemaLocation="
        http://www.springframework.org/schema/beans
        http://www.springframework.org/schema/beans/spring-beans.xsd
        http://www.springframework.org/schema/websocket
        http://www.springframework.org/schema/websocket/spring-websocket.xsd">

    <websocket:message-broker application-destination-prefix="/app">
      <websocket:stomp-endpoint path="/portfolio">
        <websocket:sockjs/>
      </websocket:stomp-endpoint>
      <websocket:simple-broker prefix="/topic, /queue"/>
    </websocket:message-broker>

</beans>
```

如果是浏览器作为客户端，那么可以使用 SockJS 客户端，如 sockjs-client（项目地址为 https://github.com/sockjs/sockjs-client），或者使用 STOMP 客户端，如 stomp.js（项目地址为

https://github.com/jmesnil/stomp-websocket），或者 webstomp-client（项目地址为 https://github.com/JSteunou/webstomp-client）。

下面的示例代码基于 webstomp-client：

```
var socket =newSockJS("/spring-websocket-portfolio/portfolio");
var stompClient =webstomp.over(socket);

stompClient.connect({},function(frame) {
}
```

或者使用原生的 WebSocket：

```
var socket =newWebSocket("/spring-websocket-portfolio/portfolio");
var stompClient =Stomp.over(socket);

stompClient.connect({},function(frame) {
}
```

17.4.3 消息流程

一旦暴露了 STOMP 端点，Spring 应用程序将成为连接客户端的 STOMP broker。本小节将关注服务器端的消息流处理。

spring-messaging 模块包含源自 Spring 消息集成的基础设施支持，后来被提取并整合到 Spring 框架中，以便在许多 Spring 项目和应用程序场景中广泛使用。以下是一些可用的消息抽象的列表：

- Message：包含头和有效载荷的消息的简单表示。
- MessageHandler：用于处理消息。
- MessageChannel：用于发送消息，使生产者和消费者之间实现松耦合。
- SubscribableChannel：带 MessageHandler 订阅者的 MessageChannel。
- ExecutorSubscribableChannel：使用 Executor 传递消息的 SubscribableChannel。

可以使用 Java Config（@EnableWebSocketMessageBroker）或者 XML 的配置（即<websocket:message-broker>）来使用上述组件组装消息工作流。图 17-1 显示了启用简单的内置消息 broker 时使用的组件。

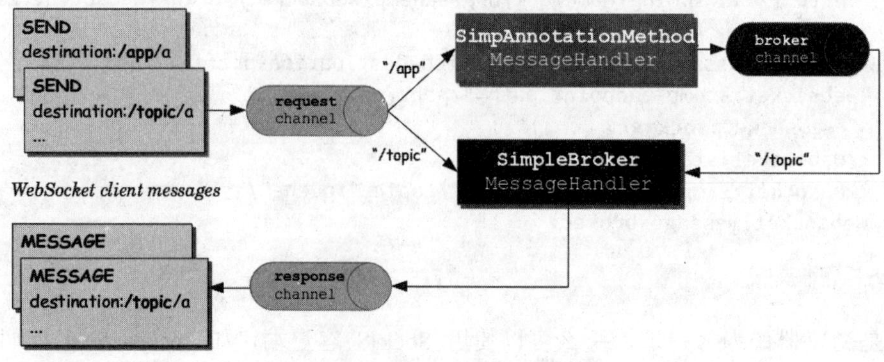

图 17-1 STOMP 消息处理流程

图 17-1 中有 3 个消息通道：

- clientInboundChannel：用于传递从 WebSocket 客户端收到的消息。
- clientOutboundChannel：用于向 WebSocket 客户端发送服务器消息。
- brokerChannel：用于从服务器端应用程序代码向消息 broker 发送消息。

图 17-2 显示了外部 broker（例如 RabbitMQ）配置为管理订阅和广播消息时使用的组件。

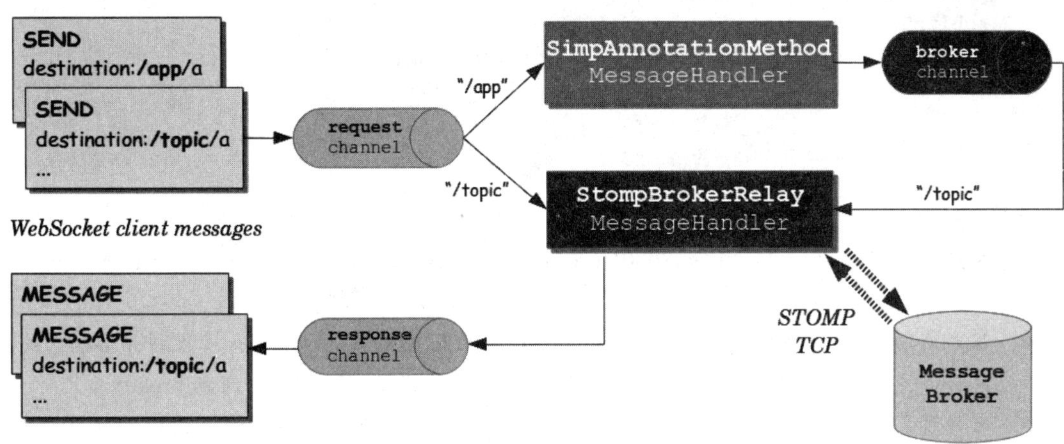

图 17-2　使用 broker 的消息处理流程

上述两个流程的重要区别在于是否使用了外部 STOMP 消息 broker。

当从连接着的 WebSocket 接收到消息时，它们被解码为 STOMP 帧，然后变成 Spring 消息，并发送到 clientInboundChannel 以供进一步处理。例如，其 destination 头以/app 开头的 STOMP 消息可以路由到控制器中的@MessageMapping 方法，而/topic 和/queue 开头的消息可以直接路由到消息 broker。

带有@Controller 注解的控制器可以用来处理来自客户端的 STOMP 消息，可以通过 brokerChannel 向消息 broker 发送消息，并且 broker 将通过 clientOutboundChannel 将消息广播给匹配的订阅者。相同的控制器可以响应 HTTP 请求做同样的事情，所以客户端可以执行 HTTP POST，然后@PostMapping 方法可以向消息 broker 发送消息以广播到订阅的客户端。

下面是一个简单的示例，来演示整个消息处理流程。

```
@Configuration
@EnableWebSocketMessageBroker
public class WebSocketConfig implements WebSocketMessageBrokerConfigurer {

    @Override
    public void registerStompEndpoints(StompEndpointRegistry registry) {
        registry.addEndpoint("/portfolio");
    }

    @Override
    public void configureMessageBroker(MessageBrokerRegistry registry) {
        registry.setApplicationDestinationPrefixes("/app");
        registry.enableSimpleBroker("/topic");
```

```
    }

}

@Controller
public class GreetingController {

    @MessageMapping("/greeting") {
    publicStringhandle(String greeting) {
      return"[" + getTimestamp() + ": " + greeting;
    }

}
```

上述示例整个处理流程如下：

- 客户端连接到 http://localhost:8080/portfolio，一旦建立了 WebSocket 连接，STOMP 帧就开始流动。
- 客户端发送带有 destination 头为/topic/greeting 的 SUBSCRIBE 帧。一旦收到并解码，该消息将被发送到 clientInboundChannel，然后路由到存储客户端订阅的消息 broker。
- 客户端将发送帧发送到/app/greeting。/app 前缀有助于将其路由到注解的控制器。在/app 前缀被剥离后，destination 剩余/greeting 部分被映射到 GreetingController 中的 @MessageMapping 方法。
- 从 GreetingController 返回的值以及值为/topic/greeting 的 destination 头将被转换为 Spring 消息。消息结果被发送到 brokerChannel 并由消息 broker 处理。
- 消息 broker 找到所有匹配的订阅者，并通过 clientOutboundChannel 向其中的每个消息发送 MESSAGE 帧，消息被编码为 STOMP 帧并通过 WebSocket 连接发送。

17.4.4 处理器方法

在@Controller 类上的带有@MessageMapping 注解的方法可以用于将方法映射到消息目标上，也可以与类级别的@MessageMapping 结合使用，以表达控制器内所有注解方法的共享类级别注解的映射。

@MessageMapping 注解的方法支持以下方法参数：

- Message 方法参数可以访问正在处理的完整消息。
- @Payload 注解参数用于访问消息的有效内容，并使用 org.springframework.messaging.converter.MessageConverter 进行转换。
- @Header 注解参数用于访问特定的头值以及使用 org.springframework.core.convert.converter.Converter 进行类型转换（可选）。
- @Headers 注解方法参数分配给 java.util.Map 以访问消息中的所有头。
- MessageHeaders 方法参数用于访问所有头的 map。
- MessageHeaderAccessor、SimpMessageHeaderAccessor 或 StompHeaderAccessor 通过类型化

访问器方法来访问头。

- @DestinationVariable 参数用于访问从消息 destination 中提取的模板变量。必要时，值将被转换为声明的方法参数类型。
- java.security.Principal 方法参数反映用户在 WebSocket HTTP 握手时的登录。

@MessageMapping 方法的返回值将使用 org.springframework.messaging.converter.MessageConverter 进行转换，并作为新消息的主体，默认情况下将其作为新消息的主体发送到与目标位置相同的 brokerChannel 客户端消息，其默认使用的前缀为/topic。可以使用@SendTo 注解来指定任何其他目标。它也可以在类级别上进行设置，以共享一个共同的目的地。

响应消息可以通过 ListenableFuture 或 CompletableFuture、CompletionStage 以异步方式返回结果。

@SubscribeMapping 注解可用于将订阅请求映射到@Controller 方法。它可以用在方法级别上，但也可以与类级别的@MessageMapping 注解结合使用，以声明同一控制器内的所有消息处理方法的共享映射。

默认情况下，@SubscribeMapping 方法的返回值作为消息直接发送回连接的客户端，并且不通过 broker。这对实现请求-响应的消息交互模式很有用。例如，在应用程序 UI 初始化时获取应用程序数据。或者，可以使用@SendTo 对@SubscribeMapping 方法进行注解，以声明将使用指定的目标，并将结果消息发送到 brokerChannel。

17.4.5 发送消息

任何应用程序组件都可以将消息发送到 brokerChannel。简单的方法是注入一个 SimpMessagingTemplate，并使用它来发送消息。用法如下：

```
@Controller
public class GreetingController {

    private SimpMessagingTemplate template;

    @Autowired
    public GreetingController(SimpMessagingTemplate template) {
        this.template = template;
    }

    @RequestMapping(path="/greetings", method=POST)
    public void greet(String greeting) {
        String text = "[" + getTimestamp() + "]:" + greeting;
        this.template.convertAndSend("/topic/greetings", text);
    }

}
```

17.4.6 内嵌 broker

内置的简单消息 broker 处理来自客户端的订阅请求，将它们存储在内存中，并将消息广播到具有匹配目标的连接客户端。

17.4.7 外部 broker

内置的简单消息 broker 非常适合入门，但仅支持 STOMP 命令的一个子集（例如没有 acks、receipts 等），依赖于简单的消息发送循环，并且不适用于集群。作为替代，应用程序可以升级到使用全功能外部消息 broker。

以下是启用全功能外部 broker 的示例配置：

```
@Configuration
@EnableWebSocketMessageBroker
public class WebSocketConfig implements WebSocketMessageBrokerConfigurer {

    @Override
    public void registerStompEndpoints(StompEndpointRegistry registry) {
        registry.addEndpoint("/portfolio").withSockJS();
    }

    @Override
    public void configureMessageBroker(MessageBrokerRegistry registry) {
        registry.enableStompBrokerRelay("/topic", "/queue");
        registry.setApplicationDestinationPrefixes("/app");
    }

}
```

上述配置等同于基于 XML 的配置：

```
<beans xmlns="http://www.springframework.org/schema/beans"
    xmlns:xsi="http://www.w3.org/2001/XMLSchema-instance"
    xmlns:websocket="http://www.springframework.org/schema/websocket"
    xsi:schemaLocation="
        http://www.springframework.org/schema/beans
        http://www.springframework.org/schema/beans/spring-beans.xsd
        http://www.springframework.org/schema/websocket
        http://www.springframework.org/schema/websocket/spring-websocket.xsd">

    <websocket:message-broker application-destination-prefix="/app">
      <websocket:stomp-endpoint path="/portfolio" />
        <websocket:sockjs/>
      </websocket:stomp-endpoint>
      <websocket:stomp-broker-relay prefix="/topic,/queue" />
    </websocket:message-broker>
```

```
</beans>
```

17.4.8 连接到 broker

STOMP broker 的中继维护了与 broker 的 TCP 连接。此连接仅用于源自服务器端应用程序的消息，不用于接收消息。可以为此连接配置 STOMP 凭证，即 STOMP 帧的 login 和 passcod。这在作为 systemLogin/systemPasscode 属性的默认值为 guest/guest 中的 XML 配置文件或者 Java Config 中公开。

STOMP broker 中继还为每个连接的 WebSocket 客户端创建一个单独的 TCP 连接。可以配置 STOMP 凭证以用于代表客户端创建的所有 TCP 连接。这作为 clientLogin/clientPasscode 属性的默认值为 guest/guest 中的 XML 配置文件或者 Java Config 中公开。

STOMP broker 中继还通过 TCP 连接向消息 broker 发送和接收心跳。可以配置发送和接收心跳（每个默认 10s）的时间间隔。如果与 broker 的连接丢失，那么 broker 中继将继续尝试每 5s 重新连接一次，直至成功。

STOMP broker 中继也可以使用 virtualHost 属性进行配置。此属性的值将设置为每个 CONNECT 帧的主机头。

17.4.9 认证

Web 应用程序已经具有用于保护 HTTP 请求的身份验证和授权机制。通常，用户使用 Spring Security 等框架来实现。经过身份验证的用户的安全上下文将保存在 HTTP 会话中，并与基于相同的 cookie 的会话中的后续请求相关联。

因此，对于 WebSocket 握手或 SockJS HTTP 传输请求，通常会有一个能够通过 HttpServletRequest#getUserPrincipal()方法访问到的经过身份验证的用户。Spring 会自动将该用户与为其创建的 WebSocket 或 SockJS 会话相关联，并随后通过该用户头在该会话中传输所有的 STOMP 消息。

简而言之，典型的 Web 应用程序不需要做任何特殊的事情。用户在 HTTP 请求级别进行身份验证，并通过基于 cookie 的 HTTP 会话维护安全上下文，然后将该会话与为该用户创建的 WebSocket 或 SockJS 会话相关联，就能实现每条消息的认证。

> **注意**
>
> STOMP 协议在 CONNECT 帧上有 login 和 passcod 头，用于基于 TCP 上的 STOMP。但是，对于默认情况下的 WebSocket 上的 STOMP，Spring 将忽略 STOMP 协议级别的授权头，并假定用户已在 HTTP 传输级别进行身份验证，并且期望 WebSocket 或 SockJS 会话包含经过身份验证的用户。

在某些客户端（如浏览器），基于 cookie 的会话并不是很好的解决方案，特别是在那些无状态的应用里面，此时 JSON Web Token（JWT）可能就是一种非常不错的替代方案。Spring Security OAuth 可以提供基于 token 的认证。

17.4.10 用户目的地

应用程序可以发送消息给的特定用户，Spring 的 STOMP 用“/user/”前缀实现该功能。

例如，客户端可能会订阅目标“/user/queue/position-updates”。该目的地将由 UserDestinationMessageHandler 处理，并转换成用户会话唯一的目的地，例如“/queue/position-updates-user123”。这样就确保与订阅相同目的地的其他用户之间不会产生冲突。

在发送端，可以将消息发送到诸如“/user/{username}/queue/position-updates”之类的目的地，然后由 UserDestinationMessageHandler 将其转换为一个或多个目的地。这允许应用程序内的任何组件发送消息给特定的用户。这也通过注解和消息传递模板来得到支持。

例如，消息处理方法可以将消息发送给与正在通过@SendToUser 注解处理的消息相关的用户：

```
@Controller
public class PortfolioController {

    @MessageMapping("/trade")
    @SendToUser("/queue/position-updates")
    public TradeResult executeTrade(Trade trade, Principal principal) {
       // ...
      return tradeResult;
    }
}
```

使用 SimpMessagingTemplate 也可以从任意应用程序组件发送消息到目标用户：

```
@Service
public class TradeServiceImpl implements TradeService {

    private final SimpMessagingTemplate messagingTemplate;

    @Autowired
    publicTradeServiceImpl(SimpMessagingTemplate messagingTemplate) {
      this.messagingTemplate = messagingTemplate;
    }

     // ...

    public void afterTradeExecuted(Trade trade) {
       this.messagingTemplate.convertAndSendToUser(
            trade.getUserName(), "/queue/position-updates", trade.getResult());
    }
}
```

17.4.11 事件和拦截

以下列出的 ApplicationContext 事件可以通过实现 Spring 的 ApplicationListener 接口来接收。

- BrokerAvailabilityEvent：指示 broker 何时变得可用/不可用。尽管“简单”broker 在启动时立即可用，并且在应用程序运行时仍保持这种状态，但 STOMP broker 中继可能会失去与全功能 broker 的连接，例如 broker 重新启动。broker 中继具有重新连接逻辑，并在 broker 恢复时重新建立与 broker 的连接，因此只要状态从连接切换到断开连接，就会发布此事件，反之亦然。使用 SimpMessagingTemplate 的组件应订阅此事件，并避免在 broker 不可用时发送消息。
- SessionConnectEvent：接收到新的 STOMP CONNECT 时发布，指示新客户端会话的开始。该事件包含代表连接的消息，包括会话 ID、用户信息（如果有）以及客户端可能发送的任何自定义头。这对于跟踪客户端会话很有用。订阅此事件的组件可以使用 SimpMessageHeaderAccessor 或 StompMessageHeaderAccessor 包装所包含的消息。
- SessionConnectedEvent：在 broker 发送 STOMP CONNECTED 帧之后，且在 SessionConnectEvent 发布后不久发布该事件。此时，连接才真正建立。
- SessionSubscribeEvent：在收到新的 STOMP SUBSCRIBE 时发布。
- SessionUnsubscribeEvent：在收到新的 STOMP UNSUBSCRIBE 时发布。
- SessionDisconnectEvent：在 STOMP 会话结束时发布。DISCONNECT 可能已从客户端发送，或者也可能在 WebSocket 会话关闭时自动生成。在某些情况下，此事件可能会在每个会话中多次发布。对于多个断开连接事件，组件应该是幂等的。

此外，应用程序可以通过在相应的消息通道上注册 ChannelInterceptor 来直接拦截每个传入和传出的消息。例如拦截入站消息：

```
@Configuration
@EnableWebSocketMessageBroker
public class WebSocketConfig implements WebSocketMessageBrokerConfigurer {

    @Override
    public void configureClientInboundChannel(ChannelRegistration registration) {
        registration.setInterceptors(newMyChannelInterceptor());
    }
}
```

当然，也可以基于 ChannelInterceptorAdapter 来自定义 ChannelInterceptor：

```
public class MyChannelInterceptor extends ChannelInterceptorAdapter {

    @Override
    public Message<?>preSend(Message<?> message, MessageChannel channel) {
        StompHeaderAccessor accessor = StompHeaderAccessor.wrap(message);
        StompCommand command = accessor.getStompCommand();
        // ...
       return message;
    }
}
```

17.4.12 STOMP 客户端

Spring 提供基于 WebSocket 的 STOMP 客户端，基于 TCP 的 STOMP 客户端。

以下是开始创建并配置 WebSocketStompClient 的例子：

```
WebSocketClient webSocketClient = newStandardWebSocketClient();
WebSocketStompClient stompClient = newWebSocketStompClient(webSocketClient);
stompClient.setMessageConverter(newStringMessageConverter());
stompClient.setTaskScheduler(taskScheduler); // 用于心跳
```

在上面的示例中，StandardWebSocketClient 可以替换为 SockJsClient，因为它也是 WebSocketClient 的实现。SockJsClient 可以使用 WebSocket 或基于 HTTP 的传输作为后备。

接下来建立一个连接并为 STOMP 会话提供一个处理程序：

```
String url = "ws://127.0.0.1:8080/endpoint";
StompSessionHandler sessionHandler = newMyStompSessionHandler();
stompClient.connect(url, sessionHandler);
```

当会话准备好使用时，会通知处理程序：

```
public class MyStompSessionHandler extends StompSessionHandlerAdapter {

    @Override
    public void afterConnected(StompSession session, StompHeaders connectedHeaders)
{
        // ...
    }
}
```

一旦会话建立，任何有效载荷都可以被发送，并且将被配置的 MessageConverter 序列化：

```
session.send("/topic/foo", "payload");
```

17.4.13 WebSocket Scope

每个 WebSocket 会话都有一个属性 map。该 map 作为头附加到入站客户端消息中，并可以通过控制器方法访问，例如：

```
@Controller
public class MyController {

    @MessageMapping("/action")
    public void handle(SimpMessageHeaderAccessor headerAccessor) {
        Map<String, Object> attrs = headerAccessor.getSessionAttributes();
        // ...
    }
}
```

也可以为 bean 声明 scope 为 websocket，该 scope 的 bean 可以注入控制器以及在

clientInboundChannel 上注册的任何通道拦截器：

```
@Component
@Scope(scopeName = "websocket", proxyMode = ScopedProxyMode.TARGET_CLASS)
public class MyBean {

    @PostConstruct
    public void init() {
        // ...
    }

    // ...

    @PreDestroy
    public void destroy() {
        // ...
    }
}

@Controller
public class MyController {

    private final MyBean myBean;

    @Autowired
    public MyController(MyBean myBean) {
        this.myBean = myBean;
    }

    @MessageMapping("/action")
    public void handle() {
        // ...
    }
}
```

17.4.14 性能优化

在性能方面没有什么样的技术方案可以包治百病。影响它的因素很多，包括消息的大小、卷的大小、应用程序的方法是否执行了阻塞的工作以及网络速度等外部因素。性能往往需要基于当时的测试数据来进行有针对性的优化。

配置支持 clientInboundChannel 和 clientOutboundChannel 的线程池。默认情况下，这两个配置都是可用处理器数量的两倍。

如果处理注解方法中的消息主要是计算密集型的，那么 clientInboundChannel 的线程数应该接近处理器的数量。如果它们所做的工作有更多的 I/O 限制，并且需要阻塞或等待数据库或其他外部系统，那么线程池的大小将需要增加。

在 clientOutboundChannel 方面，全部是关于发送消息给 WebSocket 客户端的。如果客户端在快速网络上，那么线程的数量应该接近可用处理器的数量。如果速度较慢或带宽较低，那么消耗消息需要更长的时间，并且会给线程池造成负担。因此增加线程池的大小将是必要的。

虽然 clientInboundChannel 的工作负载可以预测，但如何配置 clientOutboundChannel 将更难，因为它基于超出应用程序控制的因素。出于这个原因，有两个与发送消息相关的附加属性 sendTimeLimit 和 sendBufferSizeLimit。这些属性用于配置允许发送多长时间以及向客户端发送消息时可以缓冲多少数据。

总体思路是，在任何时候，只有一个线程可以用于发送消息给客户端。所有其他消息同时得到缓冲，可以使用这些属性来决定允许发送消息需要多长时间，同时可以缓冲多少数据。

以下是配置示例：

```
    @Configuration
    @EnableWebSocketMessageBroker
    public class WebSocketConfig implements WebSocketMessageBrokerConfigurer {

        @Override
        public void configureWebSocketTransport(WebSocketTransportRegistration
registration) {
            registration.setSendTimeLimit(15 * 1000).setSendBufferSizeLimit(512 * 1024);
        }

    // ...

    }
```

上述配置等价于基于 XML 的配置：

```
    <beans xmlns="http://www.springframework.org/schema/beans"
        xmlns:xsi="http://www.w3.org/2001/XMLSchema-instance"
        xmlns:websocket="http://www.springframework.org/schema/websocket"
        xsi:schemaLocation="
            http://www.springframework.org/schema/beans
            http://www.springframework.org/schema/beans/spring-beans.xsd
            http://www.springframework.org/schema/websocket
            http://www.springframework.org/schema/websocket/spring-websocket.xsd">

        <websocket:message-broker>
            <websocket:transport send-timeout="15000" send-buffer-size="524288"/>
            <!-- ... -->
        </websocket:message-broker>

    </beans>
```

上面显示的 WebSocket 传输配置可用于配置传入 STOMP 消息的最大允许值。虽然理论上 WebSocket 消息的大小几乎是无限的，但实际上 WebSocket 服务器会施加限制，例如 Tomcat 上的 8KB 和 Jetty 上的 64KB。出于这个原因，STOMP 客户端（如 JavaScript webstomp-client 等）在 16KB 边界处分割较大的 STOMP 消息，并将它们作为多个 WebSocket 消息发送，因此需要服务器进行缓冲和重新组装。

Spring 的 STOMP 支持 WebSocket 支持，因此应用程序可以为 STOMP 消息配置最大值，而不考虑 WebSocket 服务器特定的消息大小。请记住，WebSocket 消息大小将根据需要自动调整，以确保它们可以至少携带 16KB 的 WebSocket 消息。

以下是配置示例：

```
@Configuration
@EnableWebSocketMessageBroker
public class WebSocketConfig implements WebSocketMessageBrokerConfigurer {

    @Override
    public void configureWebSocketTransport(WebSocketTransportRegistration
registration) {
        registration.setMessageSizeLimit(128 * 1024);
    }

    // ...

}
```

上述配置等价于基于 XML 的配置：

```
<beans xmlns="http://www.springframework.org/schema/beans"
    xmlns:xsi="http://www.w3.org/2001/XMLSchema-instance"
    xmlns:websocket="http://www.springframework.org/schema/websocket"
    xsi:schemaLocation="
        http://www.springframework.org/schema/beans
        http://www.springframework.org/schema/beans/spring-beans.xsd
        http://www.springframework.org/schema/websocket
        http://www.springframework.org/schema/websocket/spring-websocket.xsd">

    <websocket:message-broker>
      <websocket:transport message-size="131072"/>
        <!-- ... -->
    </websocket:message-broker>

</beans>
```

17.5　实战：基于 STOMP 的聊天室

本节将基于 STOMP 来实现一个多人聊天室，能够支持多个用户同时在线群聊。

17.5.1　聊天室项目的概述

我们将新建一个应用 websocket-stomp，来演示如何基于 STOMP 实现一个多人聊天室。该聊天室应用能够支持多个用户同时在线群聊，并支持登录、退出等功能。

websocket-stomp 应用包含如下依赖：

```
<dependencies>
    <dependency>
        <groupId>org.springframework</groupId>
        <artifactId>spring-webmvc</artifactId>
        <version>${spring.version}</version>
    </dependency>
    <dependency>
        <groupId>org.springframework</groupId>
        <artifactId>spring-websocket</artifactId>
        <version>${spring.version}</version>
    </dependency>
    <dependency>
        <groupId>org.springframework</groupId>
        <artifactId>spring-messaging</artifactId>
        <version>${spring.version}</version>
    </dependency>
    <dependency>
        <groupId>org.eclipse.jetty</groupId>
        <artifactId>jetty-servlet</artifactId>
        <version>${jetty.version}</version>
        <scope>provided</scope>
    </dependency>
    <dependency>
    <groupId>org.eclipse.jetty.websocket</groupId>
        <artifactId>websocket-server</artifactId>
        <version>${jetty.version}</version>
        <scope>provided</scope>
    </dependency>
    <dependency>
        <groupId>com.fasterxml.jackson.core</groupId>
        <artifactId>jackson-core</artifactId>
        <version>${jackson.version}</version>
    </dependency>
    <dependency>
        <groupId>com.fasterxml.jackson.core</groupId>
        <artifactId>jackson-databind</artifactId>
        <version>${jackson.version}</version>
    </dependency>
</dependencies>
```

在这里，我们主要使用了 Jetty WebSocket 来实现后台 WebSocket 服务器。

17.5.2 设置 broker

WebSocketMessageConfig 类主要用于配置消息的 broker。

```
package com.waylau.spring.websocket.configuration;

import
org.springframework.web.socket.config.annotation.WebSocketMessageBrokerConfigurer;
```

```
import org.springframework.context.annotation.Configuration;
import org.springframework.messaging.simp.config.MessageBrokerRegistry;
import org.springframework.web.socket.config.annotation.EnableWebSocketMessageBroker;
import org.springframework.web.socket.config.annotation.StompEndpointRegistry;

@Configuration
@EnableWebSocketMessageBroker
public class WebSocketMessageConfig implements WebSocketMessageBrokerConfigurer {

    @Override
    public void registerStompEndpoints(StompEndpointRegistry registry) {
        registry.addEndpoint("/ws").withSockJS(); // 当浏览器不支持 websocket 时，使用
SockJS
    }

    @Override
    public void configureMessageBroker(MessageBrokerRegistry config) {
        config.setApplicationDestinationPrefixes("/app");
        config.enableSimpleBroker("/topic");
    }
}
```

@EnableWebSocketMessageBroker 用于启用 WebSocket 服务器。我们实现了 WebSocketMessageBrokerConfigurer 接口并为其一些方法提供了实现来配置 WebSocket 连接。

在第一种方法 registerStompEndpoints 中，我们注册了一个 WebSocket 端点，客户端将使用它来连接到 WebSocket 服务器。注意，这里使用了 withSockJS()配置。SockJS 用于为不支持 WebSocket 的浏览器启用后备选项。

在第二种方法中 configureMessageBroker，我们正在配置一个消息代理，用于将消息从一个客户端路由到另一个客户端。其中：

- 第一行定义目标以“/app”开头的消息应该被路由到消息处理方法。
- 第二行定义目标以“/topic”开头的消息应该被路由到消息代理。消息代理将消息广播到订阅特定主题的所有连接客户端。

在上面的例子中，我们只是启用了一个简单的内存消息代理。但在真实的生产环境中可以自由使用任何其他全功能的消息代理，如 RabbitMQ 或 ActiveMQ 等。

17.5.3 服务端编码

1. 定义模型

ChatMessage 类是我们聊天消息的数据结构。其中，消息的类型用了一个枚举类，定义了 CHAT（聊天）、JOIN（加入聊天）、LEAVE（离开聊天）3 种类型。

```
package com.waylau.spring.websocket.handler.vo;

public class ChatMessage {
    private MessageType type;
```

```
    private String content;
    private String sender;

    publicenum MessageType {
        CHAT,
        JOIN,
        LEAVE
    }

    public MessageType getType() {
      return type;
    }

    public void setType(MessageType type) {
      this.type = type;
    }

    publicStringgetContent() {
      return content;
    }

    public void setContent(String content) {
      this.content = content;
    }

    publicStringgetSender() {
      return sender;
    }

    public void setSender(String sender) {
      this.sender = sender;
    }
}
```

2. 定义事件监听器

WebSocketEventListener 是一个事件监听器，用于监听会话的连接和断开。

```
package com.waylau.spring.websocket.listener;

import org.springframework.beans.factory.annotation.Autowired;
import org.springframework.context.event.EventListener;
import org.springframework.messaging.simp.SimpMessageSendingOperations;
import org.springframework.messaging.simp.stomp.StompHeaderAccessor;
import org.springframework.stereotype.Component;
import org.springframework.web.socket.messaging.SessionConnectedEvent;
import org.springframework.web.socket.messaging.SessionDisconnectEvent;

import com.waylau.spring.websocket.handler.vo.ChatMessage;

@Component
```

```
    public class WebSocketEventListener {

        @Autowired
        private SimpMessageSendingOperations messagingTemplate;

        @EventListener
        public void handleWebSocketConnectListener(SessionConnectedEvent event) {
           System.out.println("Received a new WebSocket connection");
        }

        @EventListener
        public void handleWebSocketDisconnectListener(SessionDisconnectEvent event) {
            StompHeaderAccessor headerAccessor =
StompHeaderAccessor.wrap(event.getMessage());

            String username = (String)
headerAccessor.getSessionAttributes().get("username");
            if(username != null) {
                System.out.println("User Disconnected : " + username);

                ChatMessage chatMessage = newChatMessage();
                chatMessage.setType(ChatMessage.MessageType.LEAVE);
                chatMessage.setSender(username);

                messagingTemplate.convertAndSend("/topic/public", chatMessage);
            }
        }
    }
```

3. 定义控制器

ChatController 是一个聊天控制器，用于处理前端发送的事件和请求。

```
    package com.waylau.spring.websocket.controller;

    import org.springframework.messaging.handler.annotation.MessageMapping;
    import org.springframework.messaging.handler.annotation.Payload;
    import org.springframework.messaging.handler.annotation.SendTo;
    import org.springframework.messaging.simp.SimpMessageHeaderAccessor;
    import org.springframework.stereotype.Controller;
    import org.springframework.web.bind.annotation.GetMapping;

    import com.waylau.spring.websocket.handler.vo.ChatMessage;

    @Controller
    public class ChatController {

        @GetMapping("/")
        publicStringindex() {
           return"index";
        }
```

```
    @MessageMapping("/chat.sendMessage")
    @SendTo("/topic/public")
    public ChatMessage sendMessage(@Payload ChatMessage chatMessage) {
        return chatMessage;
    }

    @MessageMapping("/chat.addUser")
    @SendTo("/topic/public")
    public ChatMessage addUser(@Payload ChatMessage chatMessage,
                               SimpMessageHeaderAccessor headerAccessor) {
        // 添加 username 到 WebSocket session
        headerAccessor.getSessionAttributes().put("username",
chatMessage.getSender());
        return chatMessage;
    }

}
```

其中：

- index 方法将响应主页面的请求。
- sendMessage 方法用于发送聊天消息。
- addUser 方法用于将登录的用户信息添加到会话中。

17.5.4 客户端编码

1. 定义主界面

以下是 index.html 页面：

```
<!DOCTYPE html>
<html>
<head>
<meta charset="UTF-8">
<meta name="viewport"
    content="width=device-width, initial-scale=1.0, minimum-scale=1.0">
<title>基于 STOMP 的聊天室</title>
<link rel="stylesheet" href="../static/css/main.css"/>
</head>
<body>

<div id="username-page">
    <div class="username-page-container">
        <h1 class="title">输入用户名</h1>
        <form id="usernameForm" name="usernameForm">
            <div class="form-group">
                <input type="text" id="name" placeholder="Username"
                    autocomplete="off" class="form-control" />
            </div>
```

```
                <div class="form-group">
                    <button type="submit" class="accent username-submit">开聊</button>
                </div>
            </form>
        </div>
    </div>

    <div id="chat-page" class="hidden">
        <div class="chat-container">
            <div class="chat-header">
                <h2>基于 STOMP 的聊天室</h2>
            </div>
            <div class="connecting">连接中...</div>
            <ul id="messageArea">

            </ul>
            <form id="messageForm" name="messageForm" nameForm="messageForm">
                <div class="form-group">
                    <div class="input-group clearfix">
                        <input type="text" id="message" placeholder="输入信息..."
                            autocomplete="off" class="form-control" />
                        <button type="submit" class="primary">发送</button>
                    </div>
                </div>
            </form>
        </div>
    </div>

    <script

src="https://cdnjs.cloudflare.com/ajax/libs/sockjs-client/1.1.4/sockjs.min.js"></scri
pt>
    <script

src="https://cdnjs.cloudflare.com/ajax/libs/stomp.js/2.3.3/stomp.min.js"></script>
    <script src="../static/js/main.js"></script>
</body>
</html>
```

在页面中，我们引用了 sockjs-client 和 stomp.js 的依赖。

2. 定义核心处理逻辑

以下是主页面所引用的 main.js 的核心逻辑：

```
'use strict';

var usernamePage = document.querySelector('#username-page');
var chatPage = document.querySelector('#chat-page');
var usernameForm = document.querySelector('#usernameForm');
var messageForm = document.querySelector('#messageForm');
var messageInput = document.querySelector('#message');
```

```
var messageArea = document.querySelector('#messageArea');
var connectingElement = document.querySelector('.connecting');

var stompClient = null;
var username = null;

var colors = [ '#2196F3', '#32c787', '#00BCD4', '#ff5652', '#ffc107',
        '#ff85af', '#FF9800', '#39bbb0' ];

function connect(event) {
    username = document.querySelector('#name').value.trim();

    if (username) {
        usernamePage.classList.add('hidden');
        chatPage.classList.remove('hidden');

        var socket = new SockJS('/ws');
        stompClient = Stomp.over(socket);

        stompClient.connect({}, onConnected, onError);
    }
    event.preventDefault();
}

function onConnected() {
    // 订阅 Public Topic
    stompClient.subscribe('/topic/public', onMessageReceived);

    // 将用户名发送给服务器
    stompClient.send("/app/chat.addUser", {}, JSON.stringify({
        sender : username,
        type : 'JOIN'
    }))

    connectingElement.classList.add('hidden');
}

function onError(error) {
    connectingElement.textContent = '不能连接到 WebSocket 服务器，请重试!';
    connectingElement.style.color = 'red';
}

function sendMessage(event) {
    var messageContent = messageInput.value.trim();

    if (messageContent && stompClient) {
        var chatMessage = {
            sender : username,
            content : messageInput.value,
            type : 'CHAT'
```

```
        };

        stompClient.send("/app/chat.sendMessage", {}, JSON
                .stringify(chatMessage));
        messageInput.value = '';
    }
    event.preventDefault();
}

function onMessageReceived(payload) {
    var message = JSON.parse(payload.body);

    var messageElement = document.createElement('li');

    if (message.type === 'JOIN') {
        messageElement.classList.add('event-message');
        message.content = message.sender + ' joined!';
    } else if (message.type === 'LEAVE') {
        messageElement.classList.add('event-message');
        message.content = message.sender + ' left!';
    } else {
        messageElement.classList.add('chat-message');

        var avatarElement = document.createElement('i');
        var avatarText = document.createTextNode(message.sender[0]);
        avatarElement.appendChild(avatarText);
        avatarElement.style['background-color'] = getAvatarColor(message.sender);

        messageElement.appendChild(avatarElement);

        var usernameElement = document.createElement('span');
        var usernameText = document.createTextNode(message.sender);
        usernameElement.appendChild(usernameText);
        messageElement.appendChild(usernameElement);
    }

    var textElement = document.createElement('p');
    var messageText = document.createTextNode(message.content);
    textElement.appendChild(messageText);

    messageElement.appendChild(textElement);

    messageArea.appendChild(messageElement);
    messageArea.scrollTop = messageArea.scrollHeight;
}

function getAvatarColor(messageSender) {
    var hash = 0;
    for (var i = 0; i < messageSender.length; i++) {
        hash = 31 * hash + messageSender.charCodeAt(i);
```

```
    }

    var index = Math.abs(hash % colors.length);
    return colors[index];
}

usernameForm.addEventListener('submit', connect, true)
messageForm.addEventListener('submit', sendMessage, true)
```

17.5.5 运行

与前面章节的天气预报服务接口应用 rest-template 类似，运行 Application 类即可启动 websocket-stomp 应用。

应用正常启动之后，在浏览器访问 http://localhost:8080/，可以查看如图 17-3 和图 17-4 所示的聊天室的效果。

图 17-3 用户登录界面

图 17-4 多人聊天界面

17.6 总 结

本章介绍了 WebSocket 的概念、API 及常见的实现方式。同时，也提供了一个基于 STOMP 实现的聊天室的案例。

17.7 习 题

（1）简述 WebSocket 的作用。
（2）简述 HTTP 与 WebSocket 的区别和联系。
（3）列举常见的 WebSocket API。
（4）简述 SockJS 的作用。
（5）简述 STOMP 的作用。
（6）使用你熟悉的 WebSocket 技术编写一个 WebSocket 示例。

第18章

消息通信——JMS

由于面向服务的分布式架构，普遍采用 HTTP 协议作为通信协议。而 HTTP 都是遵循“请求-响应”模式，在服务器未返回结果之前，客户端会一致等待，直到拿到结果或者超时未知，这在一定程度上限制了程序的处理能力，毕竟等待就是浪费。同时，HTTP 也不一定完全可靠。

因此，对于实时、高并发、高可用这类接口而言，采用消息通信的方式更为合适。本章介绍 Java 消息服务规范 JMS。

18.1 JMS 概述

在 SOA 或者微服务架构中，普遍采用 HTTP 协议作为通信协议。HTTP 协议具有平台无关性、语言中立性等特点，而在分布式系统中广泛应用。特别是微服务架构的流行，遵循一致的 REST 风格的 HTTP 协议更能在各个微服务之间实现低沟通成本的通信。然而，HTTP 有一个缺点，就是它的请求是同步的，即遵循的是“请求-响应”模式，在服务器未返回结果之前，HTTP 客户端会一致等待，直到拿到结果或者超时未知，这在一定程度上限制了程序的处理能力，毕竟等待就是浪费。

消息中间件正好弥补了上述 HTTP 协议的不足。消息中间件往往会支持多种语言的客户端（比如 Java、C、C++、C#、Ruby 等），支持多种协议（HTTP、TCP、SSL、NIO、UDP 等）。消息中间件支持异步通信，从而可以极大地提升通信效率。

18.1.1 常用术语

消息中间件的基本原理十分简单，就是接收和转发消息。你可以把它想象成邮局：当你将一个包裹送到邮局时，你会相信邮递员最终会将邮件送到收件人手上。消息中间件就好比一个邮箱、邮局以及邮递员。

目前，市面上流行的消息中间件往往具备以下几个基本的概念：

- Topic（主题）：按照分类对信息源进行维护。实际应用中一个业务一个 Topic。
- Producer（生产者）：把发送消息到 Topic 中的进程叫作生产者。
- Consumer（消费者）：把从 Topic 中订阅消息的进程叫作消费者。
- Broker（服务）：集群中的每个服务叫作 Broker。

上述概念在不同的产品中可能有不同的表述，但所承担的功能是类似的。

18.1.2 使用场景

消息中间件一般是作为 HTTP 协议的补充，换言之，如果 HTTP 协议能满足业务需要，那么首先应该选择使用 HTTP 协议作为服务间的通信协议。如果 HTTP 不能满足，那么选用消息中间件产品往往可以获得以下收益：

- 异步通信。异步意味着程序在处理结果完成之前无须等待，可以去干其他事情，避免资源的浪费。
- 解耦。生产者把消息发送到消息队列中，这个过程就结束了。至于谁会从消息队列中获取消息、消费消息，这个生产者是无须关心的。这样就实现了生产者和消费者的解耦。
- 数据缓冲。当有消息队列接收到大量消息时，会先缓存到消息队列中，从而避免由于消息处理能力不足而导致程序崩溃。
- 多种消息推送模型。消息中间件一般都会支持 Publish/Subscribe 以及 P2P 等消息模型，以满足各种使用场景的需要。
- 强顺序。消息在消息中间件中，按照可靠的 FIFO 和严格的通信顺序来进行消费。这在某些需要强顺序要求的场景中非常有用，比如事务处理、事件通知等。
- 持久化消息。消息中间件能够安全地保存消息，直到消息消费者收到消息。
- 支持分布式。消息中间件往往支持分布式部署，具有高可用、高并发能力。

18.1.3 JMS 规范优势

JMS 较大的优势在于集成系统双方实现了解耦。JMS 允许应用程序组件基于 Java EE 平台创建、发送、接收和读取消息，它使分布式通信耦合度更低，消息服务更加可靠以及异步性更强。

JMS 的消息模型主要分为两种：

- 点对点（P2P）。
- 发布/订阅模型（Pub/Sub）。

图 18-1 和图 18-2 展示了两种模式的差异。

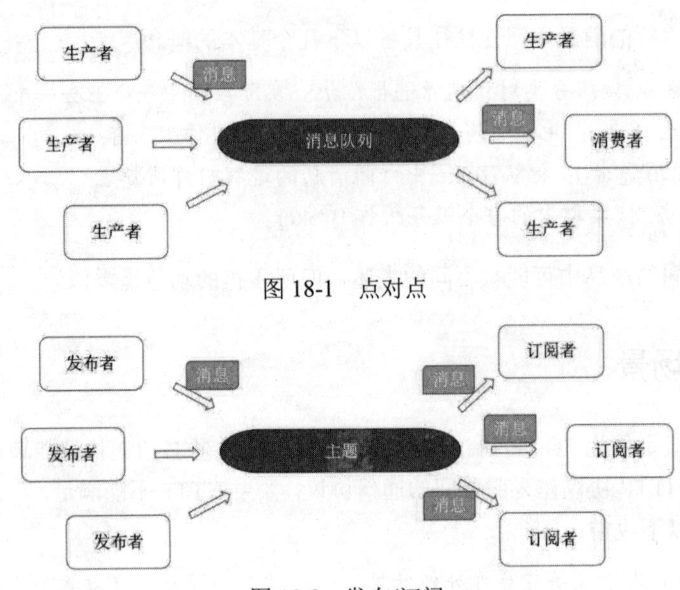

图 18-1　点对点

图 18-2　发布/订阅

18.1.4　常用技术

目前，市面上流行的消息中间件产品很多，开源的、成熟的产品也数不胜数。比如，老牌的产品 RabbitMQ 以高效而著称；Apache Kafka 能够支持各种强大的消息模式，而被互联网公司广泛采用；Apache ActiveMQ 是 Java 语言编写的，能够支持全面的 JMS 和 J2EE 规范；RocketMQ 则是来自阿里巴巴的“国货精品”，目前已经属于 Apache 基金会管理，算是走出了国门。有关这些框架的详细介绍可以参阅笔者所著的《分布式系统常用技术及案例分析》。

18.2　Spring JMS

Spring 提供了一个 JMS 集成框架，该框架简化了 JMS API 的使用，就像 Spring 对 JDBC API 的集成一样。

18.2.1　JmsTemplate

JmsTemplate 类是 JMS 核心包中的中心类。它简化了 JMS 的使用，因为它在发送或同步接收消息时处理资源的创建和释放。

JmsTemplate 类的实例一旦配置就是线程安全的。这意味着可以配置 JmsTemplate 的单个实例，然后将此引用安全地注入共享给多个协作者。虽然 JmsTemplate 是有状态的，因为它保持对 ConnectionFactory 的引用，但是这种状态不是会话状态。

从 Spring 框架 4.1 开始，JmsMessagingTemplate 建立在 JmsTemplate 之上，并提供与消息抽象的集成，即 org.springframework.messaging.Message。这使得开发者可以创建以通用方式发送的消息。

18.2.2 连接管理

JmsTemplate 需要对 ConnectionFactory 进行引用。ConnectionFactory 是 JMS 规范的一部分，并作为使用 JMS 的入口点。客户端应用程序将其用作工厂来创建与 JMS 提供程序的连接，并封装各种配置参数，其中许多配置参数是供应商特定的，例如 SSL 配置选项。

在 EJB 内部使用 JMS 时，供应商提供了 JMS 接口的实现，以便他们可以参与声明式事务管理并执行连接和会话池。为了使用此实现，Java EE 容器通常要求在 EJB 或 Servlet 部署描述符内声明 JMS 连接工厂作为 resource-ref。为了确保在 EJB 中使用 JmsTemplate 的这些功能，客户端应用程序应确保它引用了 ConnectionFactory 的托管实现。

1. 缓存消息传递资源

JMS API 涉及创建许多中间对象。要发送消息，需要执行以下流程：

```
ConnectionFactory->Connection->Session->MessageProducer->send
```

在 ConnectionFactory 和 Send 操作之间有 3 个中间对象被创建和销毁。为了优化资源使用并提高性能，提供了两个 ConnectionFactory 实现 SingleConnectionFactory 和 CachingConnectionFactory。

2. SingleConnectionFactory

SingleConnectionFactory 将在所有 createConnection()调用上返回相同的 Connection，并忽略对 close()的调用。这对于测试和独立环境非常有用，因此可以将同一连接用于可能跨越任意数量事务的多个 JmsTemplate 调用。SingleConnectionFactory 引用通常来自 JNDI 的标准 ConnectionFactory。

3. CachingConnectionFactory

CachingConnectionFactory 扩展了 SingleConnectionFactory 的功能并添加了 Sessions、MessageProducers 和 MessageConsumers 的缓存。初始缓存大小设置为 1，并可以使用属性 sessionCacheSize 来增加缓存会话的数量。需要注意的是，实际高速缓存会话的数量将超过该数量，因为会话是基于其确认模式进行高速缓存的，所以当 sessionCacheSize 设置为 1 时，最多可以有 4 个高速缓存会话实例。

18.2.3 目的地管理

与 ConnectionFactories 类似，目的地是可以在 JNDI 中存储和检索的 JMS 管理对象。在配置 Spring 应用程序上下文时，可以使用 JNDI 工厂类 JndiObjectFactoryBean 或者<jee：jndi-lookup>来实现对 JMS 目标的引用执行依赖注入。但是，如果应用程序中有大量目的地，或者 JMS 提供程序具有唯一的高级目标管理功能，那么此策略通常很麻烦。这种高级目的地管理的例子是创建动态目的地或支持目的地的分层名称空间。JmsTemplate 将目的地名称的解析委托给 JMS 目的地对象，以实现接口 DestinationResolver。DynamicDestinationResolver 是 JmsTemplate 使用的默认实现，并适用于解析动态目的地。还提供了一个 JndiDestinationResolver，它充当 JNDI 中包含目的地的服务定位器，并可选择回退到 DynamicDestinationResolver 中包含的行为。

通常，JMS 应用程序中使用的目的地仅在运行时才知道，因此在部署应用程序时无法通过管理方式创建。尽管动态目的地的创建不属于 JMS 规范的一部分，但大多数供应商都提供了此功能。动态目的地是由用户定义的名称创建的，它将它们与临时目的地区分开来，并且通常不会在 JNDI 中注册。用于创建动态目的地的 API 因提供者而异，因为与目的地相关的属性是供应商特定的。

还可以通过属性 defaultDestination 为 JmsTemplate 配置默认目的地。发送和接收操作将使用默认目的地，这些操作不涉及特定的目的地。

18.2.4 消息监听器容器

在 EJB 规范中，JMS 消息常见的用途之一是用来驱动 MDB（Message Driven Bean，消息驱动 Bean）。Spring 提供的解决方案是以一种不将用户绑定到 EJB 容器的方式创建消息驱动的 POJO（MDP）。从 Spring 4.1 开始，可以使用@JmsListener 来简单标注端点。

消息侦听器容器用于接收来自 JMS 消息队列的消息并驱动注入其中的 MessageListener。侦听器容器负责所有线程的消息接收和分派到侦听器。消息监听器容器是 MDP 和消息传递提供者之间的中介，负责注册接收消息、参与事务处理、资源获取和释放以及异常转换等。

Spring 提供了两个标准 JMS 消息侦听器容器 SimpleMessageListenerContainer 和 DefaultMessageListenerContainer。

1. SimpleMessageListenerContainer

此消息侦听器容器是两种标准风格中较为简单的一种。它在启动时创建固定数量的 JMS 会话和使用者，使用标准 JMS MessageConsumer.setMessageListener()方法来注册侦听器，并将其留给 JMS 提供者以执行侦听器回调。此变体不允许动态适应运行时需求或参与外部管理的事务。

2. DefaultMessageListenerContainer

此消息侦听器容器是大多数情况下使用的容器。与 SimpleMessageListenerContainer 相比，此容器变体允许动态适应运行时需求，并且能够参与外部管理的事务。每个接收到的消息在使用 JtaTransactionManager 进行配置时都会向 XA 事务注册。所以处理可能会利用 XA 事务语义。此侦听器容器在 JMS 提供程序的低要求，诸如参与外部管理事务的高级功能以及与 Java EE 环境的兼容性之间达到良好的平衡。

18.2.5 事务管理

Spring 提供了一个 JmsTransactionManager 来管理单个 JMS ConnectionFactory 的事务。这允许 JMS 应用程序利用 Spring 来管理事务。JmsTransactionManager 执行本地资源事务，将 JMS 连接/会话从指定的 ConnectionFactory 绑定到线程。JmsTemplate 自动检测这些事务资源并相应地对其进行操作。

在 Java EE 环境中，ConnectionFactory 会将连接和会话池连接起来，因此这些资源可以在事务中高效地重用。在独立环境中，使用 Spring 的 SingleConnectionFactory 将产生共享 JMS 连接，每个事务都有自己独立的 Session。或者，考虑使用特定于提供者的池适配器，例如 ActiveMQ 的

PooledConnectionFactory 类。

JmsTemplate 还可以与 JtaTransactionManager 和支持 XA 的 JMS ConnectionFactory 一起使用，以执行分布式事务。

18.3 发送消息

JmsTemplate 包含许多便捷方法来发送消息。有一些发送方法使用 javax.jms.Destination 对象指定目的地，而有一些 JNDI 查找中使用的发送方法使用字符串来指定目的地。不带目的地参数的 send 方法使用默认目的地。

以下是一个发送消息的示例：

```
import javax.jms.ConnectionFactory;
import javax.jms.JMSException;
import javax.jms.Message;
import javax.jms.Queue;
import javax.jms.Session;

import org.springframework.jms.core.MessageCreator;
import org.springframework.jms.core.JmsTemplate;

public class JmsQueueSender {

    private JmsTemplate jmsTemplate;
    privateQueue queue;

    public void setConnectionFactory(ConnectionFactory cf) {
      this.jmsTemplate = newJmsTemplate(cf);
    }

    public void setQueue(Queue queue) {
      this.queue = queue;
    }

    public void simpleSend() {
      this.jmsTemplate.send(this.queue, newMessageCreator() {
        public Message createMessage(Session session) throws JMSException {
           return session.createTextMessage("hello queue world");
        }
    });
  }
}
```

18.3.1 使用消息转换器

为了便于发送域模型对象，JmsTemplate 具有各种发送方法。JmsTemplate 中的重载方法 convertAndSend()和 receiveAndConvert()将转换过程委托给 MessageConverter 接口的一个实例。该接口定义了一个在 Java 对象和 JMS 消息之间进行转换的简单契约。该接口默认的实现是 SimpleMessageConverter 可以支持 String 和 TextMessage、byte[]和 BytesMesssage、java.util.Map 和 MapMessage 之间的转换。通过使用转换器，使得开发者可以专注于通过 JMS 发送或接收业务对象，而不必关心它如何表示为 JMS 消息的细节。

以下是一个使用消息转换器的示例：

```
public void sendWithConversion() {
Map map = newHashMap();
    map.put("Name", "Mark");
    map.put("Age", newInteger(47));
    jmsTemplate.convertAndSend("testQueue", map, newMessagePostProcessor() {
      public Message postProcessMessage(Message message) throws JMSException {
           message.setIntProperty("AccountID", 1234);
           message.setJMSCorrelationID("123-00001");
           return message;
        }
    });
}
```

18.3.2 回调

尽管发送操作覆盖了许多常见的使用场景，但有些情况下希望在 JMS 会话或 MessageProducer 上执行多个操作。SessionCallback 和 ProducerCallback 分别公开了 JMS 会话和 Session/MessageProducer 对。JmsTemplate 上的 execute()方法执行这些回调方法。

18.4 接收消息

Spring JMS 接收消息的方式分为同步接收和异步接收。

18.4.1 同步接收

虽然 JMS 通常与异步处理相关联，但可以同步使用消息。重载的 receive(..)方法提供了这个功能。在同步接收期间，调用线程将阻塞，直到消息变为可用。这可能是一个危险的操作，因为调用线程可能无限期地被阻塞。receiveTimeout 属性指定接收器在放弃等待消息之前应该等待的时间。

18.4.2 异步接收

以下是一个接收消息的示例，采用了基于消息驱动的 POJO 方式：

```
import javax.jms.JMSException;
import javax.jms.Message;
import javax.jms.MessageListener;
import javax.jms.TextMessage;

public class ExampleListener implements MessageListener {

    public void onMessage(Message message) {
        if (message instanceof TextMessage) {
            try {
                System.out.println(((TextMessage) message).getText());
            }
            catch (JMSException ex) {
                throw new RuntimeException(ex);
            }
        }
        else {
            throw new IllegalArgumentException("Message must be of type TextMessage");
        }
    }
}
```

以下是在 Spring 中的配置：

```
<bean id="messageListener" class="jmsexample.ExampleListener"/>

<bean id="jmsContainer"
    class="org.springframework.jms.listener.DefaultMessageListenerContainer">
    <property name="connectionFactory" ref="connectionFactory"/>
    <property name="destination" ref="destination"/>
    <property name="messageListener" ref="messageListener"/>
</bean>
```

18.4.3 SessionAwareMessageListener

SessionAwareMessageListener 接口是 Spring 特定的接口，它提供了与 JMS MessageListener 接口类似的协定，但也为消息处理方法提供了对从中接收消息的 JMS 会话的访问。

```
package org.springframework.jms.listener;

public interface SessionAwareMessageListener {

    void onMessage(Message message, Session session) throws JMSException;
}
```

如果你希望 MDP 能够响应接收到的任何消息，那么可以使用 onMessage(Message message, Session session)方法中提供的会话。

18.4.4 MessageListenerAdapter

MessageListenerAdapter 类是 Spring 异步消息传递支持中的最后一个组件。简而言之，它允许将几乎任何类作为 MDP 公开（当然有一些限制）。

考虑下面的接口定义。注意，虽然该接口既不扩展 MessageListener 又不扩展 SessionAwareMessageListener，但它仍然可以通过使用 MessageListenerAdapter 类用作 MDP。

```
public interface MessageDelegate {

    void handleMessage(String message);

    void handleMessage(Map message);

    void handleMessage(byte[] message);

    void handleMessage(Serializable message);
}
public class DefaultMessageDelegate implements MessageDelegate {
    // ...
}
```

MessageDelegate 接口的上述实现 DefaultMessageDelegate 完全没有 JMS 依赖关系。它确实是一个 POJO，我们将通过以下配置将其制作成 MDP：

```
<bean id="messageListener"
    class="org.springframework.jms.listener.adapter.MessageListenerAdapter">
    <constructor-arg>
     <bean class="jmsexample.DefaultMessageDelegate"/>
    </constructor-arg>
</bean>

<bean id="jmsContainer"
    class="org.springframework.jms.listener.DefaultMessageListenerContainer">
    <property name="connectionFactory" ref="connectionFactory"/>
    <property name="destination" ref="destination"/>
    <property name="messageListener" ref="messageListener"/>
</bean>
```

以下是另一个只能处理接收 JMS TextMessage 消息的 MDP 的示例：

```
public interface TextMessageDelegate {

    voidreceive(TextMessage message);
}
public class DefaultTextMessageDelegate implements TextMessageDelegate {
    // ...
```

```
}
```

MessageListenerAdapter 的配置如下：

```
<bean id="messageListener"
    class="org.springframework.jms.listener.adapter.MessageListenerAdapter">
    <constructor-arg>
      <bean class="jmsexample.DefaultTextMessageDelegate"/>
    </constructor-arg>
    <property name="defaultListenerMethod" value="receive"/>

    <property name="messageConverter">
      <null/>
    </property>
</bean>
```

18.4.5　处理事务

本地资源事务可以简单地通过侦听器容器定义上的 sessionTransacted 标志来激活。然后每个消息监听器调用将在活动的 JMS 事务中运行，并在侦听器执行失败的情况下回滚消息接收。通过 SessionAwareMessageListener 发送响应消息将成为同一本地事务的一部分，但任何其他资源操作（例如数据库访问）都将独立运行。这通常需要侦听器实现中的重复消息检测，其中包括数据库处理已提交但消息处理未能提交的情况。

```
    <bean id="jmsContainer"
class="org.springframework.jms.listener.DefaultMessageListenerContainer">
    <property name="connectionFactory" ref="connectionFactory"/>
    <property name="destination" ref="destination"/>
    <property name="messageListener" ref="messageListener"/>
    <property name="sessionTransacted" value="true"/>
    </bean>
```

为了 XA 事务参与配置消息侦听器容器，需要配置一个 JtaTransactionManager。注意，底层的 JMS ConnectionFactory 需要具有 XA 功能，并能够正确注册到 JTA 事务协调器。这允许消息接收以及数据库访问等成为同一事务的一部分，其好处在于使用了统一的提交语义，但代价是 XA 事务日志开销。

```
<bean id="transactionManager"
    class="org.springframework.transaction.jta.JtaTransactionManager"/>
<bean id="jmsContainer"
    class="org.springframework.jms.listener.DefaultMessageListenerContainer">
    <property name="connectionFactory" ref="connectionFactory"/>
    <property name="destination" ref="destination"/>
    <property name="messageListener" ref="messageListener"/>
    <property name="transactionManager" ref="transactionManager"/>
</bean>
```

18.5 基于注解的监听器

本节介绍 Spring JMS 基于注解的监听器的配置。

18.5.1 启用基于注解的监听器

异步接收消息的简单方法是使用带注解的侦听器端点。简而言之，它允许将托管 bean 的方法公开为 JMS 侦听器端点。

```
@Component
public class MyService {

    @JmsListener(destination = "myDestination")
    public void processOrder(String data) { ... }
}
```

这样，无论何时在 javax.jms.Destination myDestination 上提供消息，都会相应调用 processOrder 方法。

JmsListenerContainerFactory 为每个带注解的方法在后台创建一个消息监听器容器。

要启用对@JmsListener 注解的支持，需要将@EnableJms 添加到@Configuration 类中。

```
@Configuration
@EnableJms
public class AppConfig {

    @Bean
    public DefaultJmsListenerContainerFactory jmsListenerContainerFactory() {
        DefaultJmsListenerContainerFactory factory =
newDefaultJmsListenerContainerFactory();
        factory.setConnectionFactory(connectionFactory());
        factory.setDestinationResolver(destinationResolver());
        factory.setSessionTransacted(true);
        factory.setConcurrency("3-10");
        return factory;
    }
}
```

默认情况下，会查找名为 jmsListenerContainerFactory 的 bean 作为工厂用于创建消息侦听器容器的源。在这种情况下，如果忽略 JMS 的设置，那么在调用 processOrder 方法时默认可以使用 3 个线程的核心轮询大小和 10 个线程的最大池大小。

可以自定义每个注解使用的侦听器容器工厂，或者可以通过实现 JmsListenerConfigurer 接口来配置。

如果使用 XML 配置，那么可以使用<jms:annotation-driven>元素。

```
<jms:annotation-driven/>
```

```
<bean id="jmsListenerContainerFactory"
        class="org.springframework.jms.config.DefaultJmsListenerContainerFactory">
    <property name="connectionFactory" ref="connectionFactory"/>
    <property name="destinationResolver" ref="destinationResolver"/>
    <property name="sessionTransacted" value="true"/>
    <property name="concurrency" value="3-10"/>
</bean>
```

18.5.2　编程式端点注册

JmsListenerEndpoint 提供了 JMS 端点的模型，并负责为该模型配置容器。可以编程方式配置端点以及由 JmsListener 注解检测到的端点。

```
@Configuration
@EnableJms
public class AppConfig implements JmsListenerConfigurer {

    @Override
    public void configureJmsListeners(JmsListenerEndpointRegistrar registrar) {
        SimpleJmsListenerEndpoint endpoint = newSimpleJmsListenerEndpoint();
        endpoint.setId("myJmsEndpoint");
        endpoint.setDestination("anotherQueue");
        endpoint.setMessageListener(message -> {
           // ...
        });
        registrar.registerEndpoint(endpoint);
    }
}
```

18.5.3　基于注解的端点方法签名

到目前为止，我们一直在端点注入一个简单的 String，但它实际上可以有一个非常灵活的方法签名。看如下示例：

```
@Component
public class MyService {

    @JmsListener(destination = "myDestination")
    public void processOrder(Order order, @Header("order_type") String orderType) {
       // ...
    }
}
```

这些是可以在 JMS 侦听器端点注入的主要元素：

- 原始的 javax.jms.Message 或其任何子类。
- 用于可选访问本机 JMS API 的 javax.jms.Session。

- 表示传入的 JMS 消息的 org.springframework.messaging.Message。
- @Header 注解方法参数来提取特定的头值，包括标准的 JMS 头。
- @Headers 注解参数，必须可分配给 java.util.Map 以访问所有头。
- 不支持的类型（Message 和 Session）被用作有效载荷时，可以通过使用@Payload 注解参数来明确，也可以通过添加额外的@Valid 来打开验证。

18.5.4 响应管理

MessageListenerAdapter 中的现有支持已允许你的方法具有非空的返回类型。在这种情况下，调用的结果将封装在发送到原始消息的 JMSReplyTo 头中指定的目的地或者在侦听器上配置的默认目的地中的 javax.jms.Message 中。可以使用消息抽象的@SendTo 注解来设置该默认目的地。

假设 processOrder 方法现在应该返回一个 OrderStatus，可以按照以下方式编写它以自动发送响应：

```
@JmsListener(destination = "myDestination")
@SendTo("status")
public OrderStatus processOrder(Order order) {
    // ...
    return status;
}
```

18.6 JMS 命名空间

Spring 提供了一个用于简化 JMS 配置的 XML 名称空间。要使用 JMS 命名空间元素，需要引用 JMS 模式：

```
<?xml version="1.0" encoding="UTF-8"?>
<beans xmlns="http://www.springframework.org/schema/beans"
       xmlns:xsi="http://www.w3.org/2001/XMLSchema-instance"
       xmlns:jms="http://www.springframework.org/schema/jms"
       xsi:schemaLocation="
           http://www.springframework.org/schema/beans
           http://www.springframework.org/schema/beans/spring-beans.xsd
           http://www.springframework.org/schema/jms
           http://www.springframework.org/schema/jms/spring-jms.xsd">

</beans>
```

名称空间由 3 个顶级元素组成：<annotation-driven/>、<listener-container/> 和 <jca-listener-container/>。<annotation-driven/>能够启用注解驱动的侦听器端点。<listener-container/> 和<jca-listener-container/>定义共享侦听器容器配置，并可能包含<listener />子元素。以下是配置多个侦听器的基本配置示例：

```
<jms:listener-container>
```

```
        <jms:listener destination="queue.orders" ref="orderService"
method="placeOrder"/>

        <jms:listener destination="queue.confirmations" ref="confirmationLogger"
method="log"/>

    </jms:listener-container>
```

配置基于 JCA 的侦听器容器与使用 jms 模式非常相似。

```
    <jms:jca-listener-container resource-adapter="myResourceAdapter"
            destination-resolver="myDestinationResolver"
            transaction-manager="myTransactionManager"
            concurrency="10">

        <jms:listener destination="queue.orders" ref="myMessageListener"/>

    </jms:jca-listener-container>
```

18.7　实战：基于 JMS 的消息发送和接收

本节将基于 JMS 来实现消息发送和接收功能。

18.7.1　项目概述

我们将创建一个名为 rms-msg 的应用。在该应用中，模拟生成者、消费者、队列、订阅等用法。

为了能够正常运行该应用，需要在应用中添加如下依赖：

```
<dependencies>
    <dependency>
        <groupId>org.apache.activemq</groupId>
        <artifactId>activemq-all</artifactId>
        <version>${activemq.version}</version>
    </dependency>
    <dependency>
        <groupId>org.springframework</groupId>
        <artifactId>spring-jms</artifactId>
        <version>${spring.version}</version>
    </dependency>
    <dependency>
        <groupId>org.springframework</groupId>
        <artifactId>spring-test</artifactId>
        <version>${spring.version}</version>
        <scope>test</scope>
    </dependency>
```

```
    <dependency>
        <groupId>org.junit.jupiter</groupId>
        <artifactId>junit-jupiter</artifactId>
        <version>${junit-jupiter.version}</version>
        <scope>test</scope>
    </dependency>
</dependencies>
<build>
    <pluginManagement>
        <plugins>
            <!-- JUnit 5 需要 Surefire 版本 2.22.0 以上 -->
            <plugin>
                <artifactId>maven-surefire-plugin</artifactId>
                <version>${maven-surefire-plugin.version}</version>
            </plugin>
        </plugins>
    </pluginManagement>
</build>
```

其中，JMS 的实现使用了 Apache ActiveMQ。ActiveMQ 的安装包可以在 http://activemq.apache.org/download.html 下载。

18.7.2 配置

以下是 Spring 基于 XML 的核心配置内容：

```
<!-- 配置 JMS 连接工厂 -->
<bean id="connectionFactory"
    class="org.apache.activemq.ActiveMQConnectionFactory">
    <property name="brokerURL" value="failover:(tcp://localhost:61616)" />
</bean>

<!-- 定义消息队列（Queue） -->
<bean id="queueDestination"
    class="org.apache.activemq.command.ActiveMQQueue">
    <!-- 设置消息队列的名字 -->
    <constructor-arg>
        <value>queue1</value>
    </constructor-arg>
</bean>

<!-- 配置 JMS 模板（Queue），Spring 提供的 JMS 工具类，它发送、接收消息。 -->
<bean id="jmsTemplate" class="org.springframework.jms.core.JmsTemplate">
    <property name="connectionFactory" ref="connectionFactory" />
    <property name="defaultDestination" ref="queueDestination" />
    <property name="receiveTimeout" value="10000" />
</bean>

<!--queue 消息生产者 -->
```

```
<bean id="producerService"
   class="com.waylau.spring.jms.queue.ProducerServiceImpl">
   <property name="jmsTemplate" ref="jmsTemplate"></property>
</bean>

<!--queue 消息消费者 -->
<bean id="consumerService"
   class="com.waylau.spring.jms.queue.ConsumerServiceImpl">
   <property name="jmsTemplate" ref="jmsTemplate"></property>
</bean>

<!-- 定义消息队列（Queue） -->
<bean id="queueDestination2"
   class="org.apache.activemq.command.ActiveMQQueue">
   <!-- 设置消息队列的名字 -->
   <constructor-arg>
      <value>queue2</value>
   </constructor-arg>
</bean>

<!-- 消息队列监听者（Queue） -->
<bean id="queueMessageListener"
   class="com.waylau.spring.jms.queue.QueueMessageListener" />

<!-- 消息监听容器（Queue） -->
<bean id="jmsContainer"
   class="org.springframework.jms.listener.DefaultMessageListenerContainer">
   <property name="connectionFactory" ref="connectionFactory" />
   <property name="destination" ref="queueDestination2" />
   <property name="messageListener" ref="queueMessageListener" />
</bean>

<!-- 定义消息主题（Topic） -->
<bean id="topicDestination" class="org.apache.activemq.command.ActiveMQTopic">
   <constructor-arg>
      <value>guo_topic</value>
   </constructor-arg>
</bean>

<!-- 配置 JMS 模板（Topic） -->
<bean id="topicJmsTemplate" class="org.springframework.jms.core.JmsTemplate">
   <property name="connectionFactory" ref="connectionFactory" />
   <property name="defaultDestination" ref="topicDestination" />
   <property name="pubSubDomain" value="true" />
   <property name="receiveTimeout" value="10000" />
</bean>

<!--topic 消息发布者 -->
<bean id="topicProvider" class="com.waylau.spring.jms.topic.TopicProvider">
   <property name="topicJmsTemplate" ref="topicJmsTemplate"></property>
```

```
</bean>

<!-- 消息主题监听者(Topic) -->
<bean id="topicMessageListener"
    class="com.waylau.spring.jms.topic.TopicMessageListener" />

<!-- 消息主题监听者(Topic) -->
<bean id="topicMessageListener2"
    class="com.waylau.spring.jms.topic.TopicMessageListener2" />

<!-- 主题监听容器 （Topic） -->
<bean id="topicJmsContainer"
    class="org.springframework.jms.listener.DefaultMessageListenerContainer">
    <property name="connectionFactory" ref="connectionFactory" />
    <property name="destination" ref="topicDestination" />
    <property name="messageListener" ref="topicMessageListener" />
</bean>

<!-- 主题监听容器 （Topic） -->
<bean id="topicJmsContainer2"
    class="org.springframework.jms.listener.DefaultMessageListenerContainer">
    <property name="connectionFactory" ref="connectionFactory" />
    <property name="destination" ref="topicDestination" />
    <property name="messageListener" ref="topicMessageListener2" />
</bean>

<!--这个是 sessionAwareQueue 目的地 -->
<bean id="sessionAwareQueue" class="org.apache.activemq.command.ActiveMQQueue">
    <constructor-arg>
        <value>sessionAwareQueue</value>
    </constructor-arg>
</bean>

<!-- 可以获取 session 的 MessageListener -->
<bean id="consumerSessionAwareMessageListener"
    class="com.waylau.spring.jms.queue.ConsumerSessionAwareMessageListener">
    <property name="destination" ref="queueDestination" />
</bean>

<!-- 监听 sessionAwareQueue 队列的消息,把回复消息写入 queueDestination 指向队列,即 queue1 -->
<bean id="sessionAwareListenerContainer"
    class="org.springframework.jms.listener.DefaultMessageListenerContainer">
    <property name="connectionFactory" ref="connectionFactory" />
    <property name="destination" ref="sessionAwareQueue" />
    <property name="messageListener" ref="consumerSessionAwareMessageListener" />
</bean>

<!--这个是 adapterQueue 目的地 -->
<bean id="adapterQueue" class="org.apache.activemq.command.ActiveMQQueue">
    <constructor-arg>
```

```
        <value>adapterQueue</value>
    </constructor-arg>
</bean>

<!-- 消息监听适配器 -->
<bean id="messageListenerAdapter"
    class="org.springframework.jms.listener.adapter.MessageListenerAdapter">
    <property name="delegate">
        <bean class="com.waylau.spring.jms.queue.ConsumerListener" />
    </property>
    <property name="defaultListenerMethod" value="receiveMessage" />
</bean>

<!-- 消息监听适配器对应的监听容器 -->
<bean id="messageListenerAdapterContainer"
    class="org.springframework.jms.listener.DefaultMessageListenerContainer">
    <property name="connectionFactory" ref="connectionFactory" />
    <property name="destination" ref="adapterQueue" />
    <!-- 使用 MessageListenerAdapter 来作为消息侦听器 -->
    <property name="messageListener" ref="messageListenerAdapter" />
</bean>
```

18.7.3　编码实现

生产者服务 ProducerServiceImpl 的实现如下：

```
package com.waylau.spring.jms.queue;

import javax.jms.Destination;
import javax.jms.JMSException;
import javax.jms.Message;
import javax.jms.Session;
import javax.jms.TextMessage;

import org.springframework.jms.core.JmsTemplate;
import org.springframework.jms.core.MessageCreator;

public class ProducerServiceImpl implements ProducerService {

    private JmsTemplate jmsTemplate;

    /**
     * 向指定队列发送消息
     */
    public void sendMessage(Destination destination, final String msg) {
        System.out.println("ProducerService 向队列"
                + destination.toString() + "发送了消息：\t" + msg);
        jmsTemplate.send(destination, new MessageCreator() {
            public Message createMessage(Session session) throws JMSException {
```

```
                return session.createTextMessage(msg);
            }
        });
    }

    /**
     * 向默认队列发送消息
     */
    public void sendMessage(final String msg) {
        String destination = jmsTemplate.getDefaultDestination().toString();
        System.out.println("ProducerService 向队列"
                + destination + "发送了消息：\t" + msg);
        jmsTemplate.send(new MessageCreator() {
            public Message createMessage(Session session) throws JMSException {
                return session.createTextMessage(msg);
            }
        });

    }

    public void sendMessage(Destination destination,
            final String msg, final Destination response) {
        System.out.println("ProducerService 向队列"
                + destination + "发送了消息：\t" + msg);
        jmsTemplate.send(destination, new MessageCreator() {
            public Message createMessage(Session session) throws JMSException {
                TextMessage textMessage = session.createTextMessage(msg);
                textMessage.setJMSReplyTo(response);
                return textMessage;
            }
        });
    }

    public void setJmsTemplate(JmsTemplate jmsTemplate) {
        this.jmsTemplate = jmsTemplate;
    }

}
```

消费者服务 ConsumerServiceImpl 的实现如下：

```
package com.waylau.spring.jms.queue;


import javax.jms.Destination;
import javax.jms.JMSException;
import javax.jms.TextMessage;

import org.springframework.jms.core.JmsTemplate;

public class ConsumerServiceImpl implements ConsumerService {
```

```
    private JmsTemplate jmsTemplate;

    /**
     * 接受消息
     */
    public void receive(Destination destination) {
        TextMessage tm = (TextMessage) jmsTemplate.receive(destination);
        try {
            System.out.println("ConsumerService 从队列"
                    + destination.toString() + "收到了消息：\t" + tm.getText());
        } catch (JMSException e) {
            e.printStackTrace();
        }
    }

    public void setJmsTemplate(JmsTemplate jmsTemplate) {
        this.jmsTemplate = jmsTemplate;
    }

}
```

我们在应用中也定义了多种侦听器。

比如，消费者侦听器代码如下：

```
public class ConsumerListener {

  publicStringreceiveMessage(String message) {
   System.out.println("ConsumerListener 接收到一个 Text 消息：\t" + message);

   return"I am ConsumerListener response";
  }

}
```

消息队列侦听器代码如下：

```
public class QueueMessageListener implements MessageListener {

    public void onMessage(Message message) {
        TextMessage tm = (TextMessage) message;
        try {
            System.out.println("ConsumerMessageListener 收到了文本消息：\t" +
tm.getText());
        } catch (JMSException e) {
            e.printStackTrace();
        }
    }

}
```

会话感知侦听器代码如下：

```
package com.waylau.spring.jms.queue;

import javax.jms.Destination;
import javax.jms.JMSException;
import javax.jms.MessageProducer;
import javax.jms.Session;
import javax.jms.TextMessage;

import org.springframework.jms.listener.SessionAwareMessageListener;

public class ConsumerSessionAwareMessageListener
        implements SessionAwareMessageListener<TextMessage> {

    privateDestination destination;

    public void onMessage(TextMessage message, Session session) throws JMSException
{
        // 接受消息
        System.out.println("SessionAwareMessageListener 收到一条消息：\t" +
message.getText());

        // 发送消息
        MessageProducer producer = session.createProducer(destination);
        TextMessage tm =
                session.createTextMessage("I am
ConsumerSessionAwareMessageListener");
        producer.send(tm);

    }

    public void setDestination(Destination destination) {
        this.destination = destination;
    }

}
```

为了演示订阅功能，我们也定义了主题提供者以及主题侦听器：

主题提供者代码如下：

```
package com.waylau.spring.jms.topic;

import javax.jms.Destination;
import javax.jms.JMSException;
import javax.jms.Message;
import javax.jms.Session;

import org.springframework.jms.core.JmsTemplate;
import org.springframework.jms.core.MessageCreator;


public class TopicProvider {
```

```
    private JmsTemplate topicJmsTemplate;

    /**
    *向指定的 topic 发布消息
    *
    * @param topic
    *@param msg
    */
    public void publish(finalDestination topic, final String msg) {

        topicJmsTemplate.send(topic, newMessageCreator() {
         public Message createMessage(Session session) throws JMSException {
              System.out.println("TopicProvider 发布了主题：\t"
                      + topic.toString() + "，发布消息内容为:\t" + msg);
             return session.createTextMessage(msg);
           }
        });
    }

    public void setTopicJmsTemplate(JmsTemplate topicJmsTemplate) {
         this.topicJmsTemplate = topicJmsTemplate;
    }

}
```

主题侦听器代码如下：

```
package com.waylau.spring.jms.topic;

import javax.jms.JMSException;
import javax.jms.Message;
import javax.jms.MessageListener;
import javax.jms.TextMessage;

public class TopicMessageListener implements MessageListener {

    public void onMessage(Message message) {
        TextMessage tm = (TextMessage) message;
         try {
          System.out.println("TopicMessageListener 监听到消息：\t" + tm.getText());
        } catch (JMSException e) {
            e.printStackTrace();
        }
    }

}
```

主题侦听器 2 代码如下：

```
package com.waylau.spring.jms.topic;
```

```
import javax.jms.JMSException;

import javax.jms.Message;
import javax.jms.MessageListener;
import javax.jms.TextMessage;

public class TopicMessageListener2 implements MessageListener {

    public void onMessage(Message message) {
        TextMessage tm = (TextMessage) message;
        try {
            System.out.println("TopicMessageListener2 监听到消息\t" + tm.getText());
        } catch (JMSException e) {
            e.printStackTrace();
        }

    }

}
```

18.7.4 运行

为了方便测试，我们编写了如下测试用例：

```
package com.waylau.spring.jms;

import javax.jms.Destination;

import org.junit.jupiter.api.Test;
import org.junit.jupiter.api.extension.ExtendWith;
import org.springframework.beans.factory.annotation.Autowired;
import org.springframework.beans.factory.annotation.Qualifier;
import org.springframework.test.context.ContextConfiguration;
import org.springframework.test.context.junit.jupiter.SpringExtension;

import com.waylau.spring.jms.queue.ConsumerService;
import com.waylau.spring.jms.queue.ProducerService;
import com.waylau.spring.jms.topic.TopicProvider;

/**
 * Spring JMS Test.
 *
 * @since 1.0.0 2018 年 4 月 15 日
 * @author <a href="https://waylau.com">Way Lau</a>
 */
@ExtendWith(value={SpringExtension.class})
@ContextConfiguration("/spring.xml")
public class SpringJmsTest {
```

```
/**
 * 队列名 queue1
 */
@Autowired
private Destination queueDestination;

/**
 * 队列名 queue2
 */
@Autowired
private Destination queueDestination2;

/**
 * 队列名 sessionAwareQueue
 */
@Autowired
private Destination sessionAwareQueue;

/**
 * 队列名 adapterQueue
 */
@Autowired
private Destination adapterQueue;

/**
 * 主题 guo_topic
 */
@Autowired
@Qualifier("topicDestination")
private Destination topic;

/**
 * 主题消息发布者
 */
@Autowired
private TopicProvider topicProvider;

/**
 * 队列消息生产者
 */
@Autowired
@Qualifier("producerService")
private ProducerService producer;

/**
 * 队列消息生产者
 */
@Autowired
@Qualifier("consumerService")
private ConsumerService consumer;
```

```
/**
 * 测试生产者向 queue1 发送消息
 */
@Test
void testProduce() {
    String msg = "Hello world!";
    producer.sendMessage(msg);
}

/**
 * 测试消费者从 queue1 接受消息
 */
@Test
void testConsume() {
    consumer.receive(queueDestination);
}

/**
 * 测试消息监听
 * 1.生产者向队列 queue2 发送消息
 * 2.ConsumerMessageListener 监听队列，并消费消息
 */
@Test
void testSend() {
    producer.sendMessage(queueDestination2, "Hello R2");
}

/**
 * 测试主题监听
 * 1.生产者向主题发布消息
 * 2.ConsumerMessageListener 监听主题，并消费消息
 */
@Test
void testTopic() {
    topicProvider.publish(topic, "Hello Topic!");
}

/**
 * 测试 SessionAwareMessageListener
 * 1. 生产者向队列 sessionAwareQueue 发送消息
 * 2. SessionAwareMessageListener 接受消息，并向 queue1 队列发送回复消息
 * 3. 消费者从 queue1 消费消息
 *
 */
@Test
void testAware() {
    producer.sendMessage(sessionAwareQueue, "Hello sessionAware");
    consumer.receive(queueDestination);
}
```

```
    /**
     * 测试 MessageListenerAdapter
     * 1. 生产者向队列 adapterQueue 发送消息
     * 2. MessageListenerAdapter 使 ConsumerListener 接受消息，并向 queue1 队列发送回复消息
     * 3. 消费者从 queue1 消费消息
     *
     */
    @Test
    void testAdapter() {
        producer.sendMessage(adapterQueue, "Hello adapterQueue", queueDestination);
        consumer.receive(queueDestination);
    }

}
```

先启动 ActiveMQ 服务，再执行该测试用例。可以在控制台看到如下输出信息：

```
     INFO | Successfully connected to tcp://localhost:61616
     INFO | Successfully connected to tcp://localhost:61616
     INFO | Successfully connected to tcp://localhost:61616
     INFO | Successfully connected to tcp://localhost:61616
     INFO | Successfully connected to tcp://localhost:61616
    ProducerService 向队列 queue://adapterQueue 发送了消息：    Hello adapterQueue
     INFO | Successfully connected to tcp://localhost:61616
    ConsumerListener 接收到一个 Text 消息：    Hello adapterQueue
     INFO | Successfully connected to tcp://localhost:61616
    ConsumerService 从队列 queue://queue1 收到了消息：    I am ConsumerListener response
    ProducerService 向队列 queue://sessionAwareQueue 发送了消息：    Hello sessionAware
     INFO | Successfully connected to tcp://localhost:61616
    SessionAwareMessageListener 收到一条消息：  Hello sessionAware
     INFO | Successfully connected to tcp://localhost:61616
    ConsumerService 从队列 queue://queue1 收到了消息：    I am
ConsumerSessionAwareMessageListener
     INFO | Successfully connected to tcp://localhost:61616
    TopicProvider 发布了主题：    topic://guo_topic，发布消息内容为：  Hello Topic!
    TopicMessageListener2 监听到消息  Hello Topic!
    TopicMessageListener 监听到消息：  Hello Topic!
    ProducerService 向队列 queue://queue2 发送了消息：    Hello R2
     INFO | Successfully connected to tcp://localhost:61616
    ConsumerMessageListener 收到了文本消息：  Hello R2
    ProducerService 向队列 queue://queue1 发送了消息：    Hello world!
     INFO | Successfully connected to tcp://localhost:61616
     INFO | Successfully connected to tcp://localhost:61616
    ConsumerService 从队列 queue://queue1 收到了消息：    Hello world!
```

18.8 总　结

本章介绍了 Java 消息服务规范 JMS 及实现 Spring JMS，需要重点掌握的是 Spring JMS 的发送消息、接收消息及监听器的用法。

本章也演示了如何基于 JMS 实现消息发送和接收示例。

18.9 习　题

（1）列举 JMS 包含哪些常用术语。

（2）简述 JMS 适合的使用场景。

（3）列举 JMS 的消息模型。

（4）简述 JmsTemplate 的工作流程。

（5）使用你熟悉的技术编写一个 JMS 示例。

第 19 章

消息通知——Email

在企业商务交往中，Email（电子邮件）必不可少。本章介绍如何在 Java EE 企业级应用中实现 Email 的发送。

19.1 Email 概述

读者对于 Email 应该不会陌生。在互联网上，几乎每个人都拥有 Email 账号。

Email 是一种用电子手段提供信息交换的通信方式，是互联网应用很广的服务。通过网络的 Email 系统，用户可以非常低廉的价格（无论发送到哪里，都只需负担网费）、非常快速的方式（几秒钟之内可以发送到世界上任何指定的目的地）与世界上任何一个角落的网络用户联系。

Email 可以是文字、图像、声音等多种形式。同时，用户可以得到大量免费的新闻、专题邮件，并轻松实现信息搜索。Email 的存在极大地方便了人与人之间的沟通与交流，促进了社会的发展。

19.1.1 Email 的起源

对于世界上第一封 Email，根据资料有两种说法：

1. 第一种说法

据《互联网周刊》报道，世界上第一封 Email 是由计算机科学家 Leonard K.教授发给他的同事的一条简短消息（时间应该是 1969 年 10 月），这条消息只有两个字母：LO。Leonard K.教授因此被称为 Email 之父。

Leonard K.教授解释，“当年我试图通过一台位于加利福尼亚大学的计算机和另一台位于旧金山附近斯坦福研究中心的计算机联系。我们所做的事情就是从一台计算机登录另一台计算机。当时登录的办法就是输入 L-O-G。于是我方输入 L，然后问对方：‘收到 L 了吗？’对方回答：‘收到了。’然后依次输入 O 和 G。还未收到对方收到 G 的确认回答，系统就瘫痪了。所以第一条网上信息就是 LO，意思是‘你好！’”。

2. 第二种说法

1971 年，美国国防部资助的阿帕网正在如火如荼地进行当中，一个非常尖锐的问题出现了：参加此项目的科学家们在不同的地方做着不同的工作，但是却不能很好地分享各自的研究成果。原因很简单，因为大家使用的是不同的计算机，每个人的工作对别人来说都是没有用的。他们迫切需要一种能够借助于网络在不同的计算机之间传送数据的方法。为阿帕网工作的麻省理工学院博士 Ray Tomlinson 把一个可以在不同的计算机网络之间进行复制的软件和一个仅用于单机的通信软件进行了功能合并，命名为 SNDMSG（Send Message）。为了测试，他使用这个软件在阿帕网上发送了第一封 Email，收件人是另一台计算机上的自己。尽管这封邮件的内容连 Tomlinson 本人也记不起来了，但那一刻仍然具备十足的历史意义：Email 诞生了。Tomlinson 选择“@”符号作为用户名与地址的间隔，因为这个符号比较生僻，不会出现在任何一个人的名字当中，而且这个符号的读音也有着“在”的含义。阿帕网的科学家们以极大的热情欢迎了这个石破天惊般的创新。他们天才的想法及研究成果可以用很快的速度来与同事共享了。许多人回想起来，都觉得阿帕网所获得的巨大成功当中，Email 功不可没。

19.1.2 Spring 框架对于 Email 的支持

Spring 框架提供了发送 Email 的工具。这类工具可以有效屏蔽底层邮件系统开发的复杂性。

org.springframework.mail 包是 Spring Email 支持的根级包。发送邮件的中心接口是 MailSender。SimpleMailMessage 类是一个封装简单邮件属性的简单值对象，例如 From 和 To 等。此软件包还包含一个检查异常的层次结构，该异常对较低级别的邮件系统异常提供较高级别的抽象，而根异常是 MailException。

org.springframework.mail.javamail.JavaMailSender 接口向 MailSender 接口中添加了专门的 JavaMail 功能，如 MIME 消息的支持。JavaMailSender 还提供了一个用于准备 MimeMessage 的回调接口，称为 org.springframework.mail.javamail.MimeMessagePreparator。

19.2 实现发送 Email

下面实现发送 Email。

19.2.1 MailSender 和 SimpleMailMessage 的基本用法

假设有一个名为 OrderManager 的业务接口：

```
public interface OrderManager {

    voidplaceOrder(Order order);
```

```
}
```

以下是该接口的实现：

```
import org.springframework.mail.MailException;
import org.springframework.mail.MailSender;
import org.springframework.mail.SimpleMailMessage;

public class SimpleOrderManager implements OrderManager {

    private MailSender mailSender;
    private SimpleMailMessage templateMessage;

    public void setMailSender(MailSender mailSender) {
        this.mailSender = mailSender;
    }

    public void setTemplateMessage(SimpleMailMessage templateMessage) {
        this.templateMessage = templateMessage;
    }

    public void placeOrder(Order order) {

        // ...

        SimpleMailMessage msg = new SimpleMailMessage(this.templateMessage);
        msg.setTo(order.getCustomer().getEmailAddress());
        msg.setText(
            "Dear " + order.getCustomer().getFirstName()
                + order.getCustomer().getLastName()
                + ", thank you for placing order. Your order number is "
                + order.getOrderNumber());
        try{
           this.mailSender.send(msg);
        }
        catch (MailException ex) {
           System.err.println(ex.getMessage());
        }
    }

}
```

以下是配置：

```
<bean id="mailSender"
    class="org.springframework.mail.javamail.JavaMailSenderImpl">
    <property name="host" value="mail.mycompany.com"/>
</bean>

<bean id="templateMessage"
    class="org.springframework.mail.SimpleMailMessage">
```

```
        <property name="from" value="customerservice@mycompany.com"/>
        <property name="subject" value="Your order"/>
    </bean>

    <bean id="orderManager"
        class="com.mycompany.businessapp.support.SimpleOrderManager">
        <property name="mailSender" ref="mailSender"/>
        <property name="templateMessage" ref="templateMessage"/>
    </bean>
```

19.2.2 JavaMailSender 和 MimeMessagePreparator 的用法

这是使用 MimeMessagePreparator 回调接口的 OrderManager 的另一个实现。注意，在这种情况下，mailSender 属性是 JavaMailSender 类型，因此我们可以使用 JavaMail MimeMessage 类：

```
import javax.mail.Message;
import javax.mail.MessagingException;
import javax.mail.internet.InternetAddress;
import javax.mail.internet.MimeMessage;

import javax.mail.internet.MimeMessage;
import org.springframework.mail.MailException;
import org.springframework.mail.javamail.JavaMailSender;
import org.springframework.mail.javamail.MimeMessagePreparator;

public class SimpleOrderManager implements OrderManager {

    private JavaMailSender mailSender;

    public void setMailSender(JavaMailSender mailSender) {
        this.mailSender = mailSender;
    }

    public void placeOrder(final Order order) {
        // ...

        MimeMessagePreparator preparator = newMimeMessagePreparator() {
           public void prepare(MimeMessage mimeMessage) throws Exception {
                mimeMessage.setRecipient(Message.RecipientType.TO,
               newInternetAddress(order.getCustomer().getEmailAddress()));
                mimeMessage.setFrom(newInternetAddress("mail@mycompany.com"));
                mimeMessage.setText("Dear " + order.getCustomer().getFirstName() + "
" +
                        order.getCustomer().getLastName() + ", thanks for your order.
" +
"Your order number is " + order.getOrderNumber() + ".");
            }
        };
```

```
        try {
            this.mailSender.send(preparator);
        }
        catch (MailException ex) {
            System.err.println(ex.getMessage());
        }
    }

}
```

19.3　使用 MimeMessageHelper

处理 JavaMail 消息时非常方便的类是 org.springframework.mail.javamail.MimeMessageHelper，它避免了使用详细的 JavaMail API。使用 MimeMessageHelper 创建 MimeMessage 非常简单：

```
JavaMailSenderImpl sender = newJavaMailSenderImpl();
sender.setHost("mail.host.com");

MimeMessage message = sender.createMimeMessage();
MimeMessageHelper helper = new MimeMessageHelper(message);
helper.setTo("test@host.com");
helper.setText("Thank you for ordering!");

sender.send(message);
```

19.3.1　发送附件和内联资源

以下示例显示如何使用 MimeMessageHelper 发送电子邮件以及单个 JPEG 图像附件。

```
JavaMailSenderImpl sender = newJavaMailSenderImpl();
sender.setHost("mail.host.com");

MimeMessage message = sender.createMimeMessage();

MimeMessageHelper helper = new MimeMessageHelper(message, true);
helper.setTo("test@host.com");

helper.setText("Check out this image!");

FileSystemResource file =
new FileSystemResource(newFile("c:/Sample.jpg"));
helper.addAttachment("CoolImage.jpg", file);

sender.send(message);
```

以下示例显示如何使用 MimeMessageHelper 发送电子邮件以及内联图像附件。

```
JavaMailSenderImpl sender = newJavaMailSenderImpl();
```

```
    sender.setHost("mail.host.com");

    MimeMessage message = sender.createMimeMessage();

    MimeMessageHelper helper = new MimeMessageHelper(message, true);
    helper.setTo("test@host.com");

    helper.setText("<html><body><img src='cid:identifier1234'></body></html>",true);

    FileSystemResource res =
        new FileSystemResource(newFile("c:/Sample.jpg"));
    helper.addInline("identifier1234", res);

    sender.send(message);
```

19.3.2 使用模板创建 Email 内容

前面示例中的代码使用诸如 message.setText(..)之类的方法调用明确创建了电子邮件消息的内容。这对于简单的情况来说很好，但是在典型企业应用程序中，由于多种原因，不会使用上述方法创建电子邮件的内容。原因如下：

- 在 Java 代码中创建基于 HTML 的电子邮件内容是单调乏味且容易出错的。
- 显示逻辑和业务逻辑之间没有明确地分离。
- 更改电子邮件内容的显示结构需要编写 Java 代码、重新编译、重新部署等。

所以，通常我们会使用诸如 FreeMarker、Thymeleaf 之类的模板库来定义电子邮件内容的显示结构。应用程序代码只负责创建要在电子邮件模板中呈现并发送电子邮件的数据。

19.4 实战：实现 Email 服务器

本节将基于 Spring Email 功能来实现 Email 服务器。

19.4.1 项目概述

我们将创建一个名为 java-mail 的应用。在该应用中，将演示发送邮件的多种方式，包括普通的文本、带附件的邮件以及富文本内容的邮件。

为了能够正常运行该应用，需要在应用中添加如下依赖：

```
<dependencies>
    <dependency>
        <groupId>com.sun.mail</groupId>
        <artifactId>javax.mail</artifactId>
        <version>${mail.version}</version>
    </dependency>
```

```
    <dependency>
        <groupId>org.springframework</groupId>
        <artifactId>spring-context-support</artifactId>
        <version>${spring.version}</version>
    </dependency>
    <dependency>
        <groupId>org.springframework</groupId>
        <artifactId>spring-test</artifactId>
        <version>${spring.version}</version>
        <scope>test</scope>
    </dependency>
    <dependency>
        <groupId>org.junit.jupiter</groupId>
        <artifactId>junit-jupiter</artifactId>
        <version>${junit-jupiter.version}</version>
        <scope>test</scope>
    </dependency>
</dependencies>
<build>
    <pluginManagement>
        <plugins>
            <!-- JUnit 5 需要 Surefire 版本 2.22.0 以上 -->
            <plugin>
                <artifactId>maven-surefire-plugin</artifactId>
                <version>${maven-surefire-plugin.version}</version>
            </plugin>
        </plugins>
    </pluginManagement>
</build>
```

其中，发送邮件需要依赖 JavaMail。Spring 对于 Email 的支持是在 spring-context-support 模块中。

19.4.2 Email 服务器编码实现

以下是 Spring 基于 Java Config 的配置内容：

```
package com.waylau.spring.mail.config;

import org.springframework.context.annotation.Bean;
import org.springframework.context.annotation.ComponentScan;
import org.springframework.context.annotation.Configuration;
import org.springframework.mail.MailSender;
import org.springframework.mail.javamail.JavaMailSenderImpl;

@Configuration
@ComponentScan(basePackages = { "com.waylau.spring" })
public class AppConfig {
    /**
```

```
     *配置邮件发送器
     * @return
     */
    @Bean
    public MailSender mailSender() {
        JavaMailSenderImpl mailSender = newJavaMailSenderImpl();
        mailSender.setHost("smtp.163.com");//指定用来发送 Email 的邮件服务器主机名
        mailSender.setPort(25);//默认端口，标准的 SMTP 端口
        mailSender.setUsername("waylau521@163.com");//用户名
        mailSender.setPassword("password");//密码
        return mailSender;
    }

}
```

为了演示发送邮件的功能，我们创建了测试类：

```
import java.io.File;

import javax.mail.MessagingException;
import javax.mail.internet.MimeMessage;

import org.junit.jupiter.api.Test;
import org.junit.jupiter.api.extension.ExtendWith;
import org.springframework.beans.factory.annotation.Autowired;
import org.springframework.core.io.FileSystemResource;
import org.springframework.mail.SimpleMailMessage;
import org.springframework.mail.javamail.JavaMailSender;
import org.springframework.mail.javamail.MimeMessageHelper;
import org.springframework.test.context.ContextConfiguration;
import org.springframework.test.context.junit.jupiter.SpringExtension;

import com.waylau.spring.mail.config.AppConfig;

@ExtendWith(value={SpringExtension.class})
@ContextConfiguration(classes = { AppConfig.class })
public class SpringMailTest {

    public static final String FROM = "waylau521@163.com";
    public static final String TO = "778907484@qq.com";
    public static final String SUBJECT = "Spring Email Test";
    public static final String TEXT = "Hello World! Welcome to waylau.com!";
    public static final String FILE_PATH = "D:\\waylau_181_181.jpg";
    @Autowired
    private JavaMailSender mailSender;

    /**
     *发送文本邮件
     */
    @Test
    void sendSimpleEmail() {
```

```
        SimpleMailMessage message = new SimpleMailMessage();// 消息构造器
        message.setFrom(FROM);// 发件人
        message.setTo(TO);// 收件人
        message.setSubject(SUBJECT);// 主题
        message.setText(TEXT);// 正文
        mailSender.send(message);
        System.out.println("邮件发送完毕");
    }

}
```

该测试方法 sendSimpleEmail 实现了发送简单文本邮件的功能。

19.4.3 格式化 Email 内容

为了演示更加复杂的邮件内容，在测试类中添加以下方法：

```
/**
    *发送带有附件的 email
    *
    * @throws MessagingException
    */
@Test
void sendEmailWithAttachment() throws MessagingException {
    MimeMessage message = mailSender.createMimeMessage();
    MimeMessageHelper helper = new MimeMessageHelper(message, true);
    helper.setFrom(FROM);// 发件人
    helper.setTo(TO);// 收件人
    helper.setSubject(SUBJECT);// 主题
    helper.setText(TEXT);// 正文

     // 添加附件
    FileSystemResource image = new FileSystemResource(newFile(FILE_PATH));
     System.out.println(image.exists());

     // 添加附件，第一个参数为添加到 Email 中附件的名称，第二个参数是图片资源
    helper.addAttachment("waylau_181_181.jpg", image);
    mailSender.send(message);
     System.out.println("邮件发送完毕");
}

/**
    *发送富文本内容的 Email
    *
    * @throws MessagingException
    */
@Test
voidsendRichEmail() throws MessagingException {
    MimeMessage message = mailSender.createMimeMessage();
    MimeMessageHelper helper = new MimeMessageHelper(message, true);
```

```
        helper.setFrom(FROM);// 发件人
        helper.setTo(TO);// 收件人
        helper.setSubject(SUBJECT);// 主题
        helper.setText("<html><body><h4>Hello World!</h4>"
                + "Welcome to <a
href='https://waylau.com'>waylau.com!</a></body></html>", true);

        // 添加附件
        FileSystemResource image = new FileSystemResource(newFile(FILE_PATH));
        System.out.println(image.exists());

        // 添加附件，第一个参数为添加到 Email 中附件的名称，第二个参数是图片资源
        helper.addAttachment("waylau_181_181.jpg", image);
        mailSender.send(message);
        System.out.println("邮件发送完毕");
    }
```

其中，sendEmailWithAttachment 方法演示带附件内容的邮件发送功能；sendRichEmail 方法演示富文本内容的邮件发送功能。

19.4.4 运行

运行测试类，成功执行之后，就能在收件人的邮箱中看到 3 封邮件，如图 19-1~图 19-3 所示。

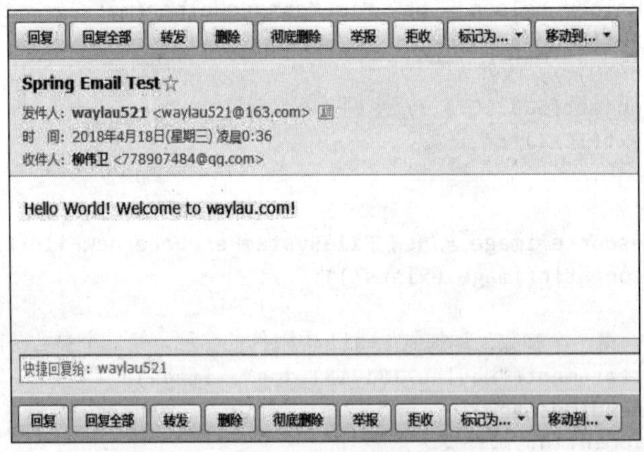

图 19-1　简单文本邮件内容

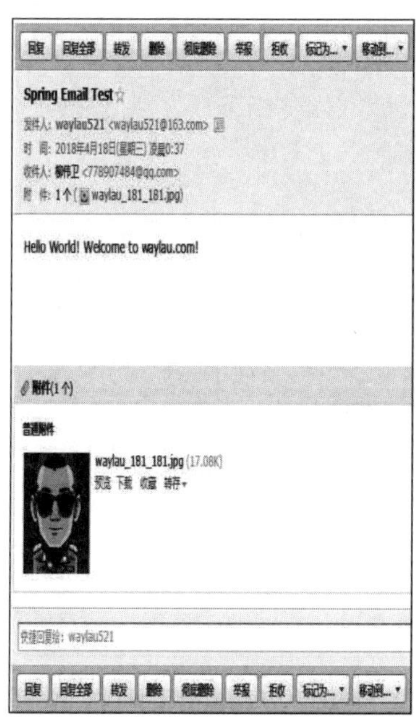

图 19-2　带附件的邮件内容

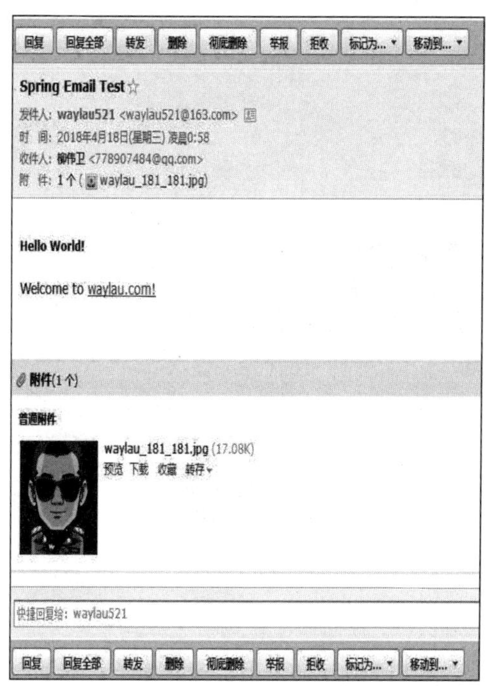

图 19-3　富文本邮件内容

19.5 总　结

本章介绍了 Email 的起源及 Spring 框架对于 Email 的支持，同时演示了如何基于 Spring 来实现 Email 服务器。

19.6 习　题

（1）简述 Spring 框架对于 Email 的支持。

（2）简述 MailSender 和 SimpleMailMessage 的基本用法。

（3）简述 JavaMailSender 和 MimeMessagePreparator 的用法。

（4）简述 MimeMessageHelper 的用法。

（5）用你熟悉的技术实现一个 Email 服务器。

第 20 章

任务执行与调度

企业级应用中，往往少不了定时任务。本章介绍 Java EE 企业级应用常用的任务执行与调度的方式。

20.1 任务执行与调度概述

企业级应用中往往少不了定时任务。比如，做数据迁移或者数据备份的任务往往会选择系统负荷最小的凌晨来执行。可靠的任务调度系统是保障定时任务能够成功执行的关键。

JDK 中提供的 Timer 类以及 ScheduledThreadPoolExecutor 类都能实现简单的定时任务。如果想要应付复杂的应用场景，那么可以选择 Quartz Scheduler（项目地址为 http://quartz-scheduler.org）进行调度。

Spring 上述提到的类以及框架都提供了集成类。Spring 框架还提供了 TaskExecutor 和 TaskScheduler 接口用于异步执行和任务调度的抽象。

20.2 TaskExecutor

Spring 的 TaskExecutor 接口与 java.util.concurrent.Executor 接口相同。该接口只有一个方法 execute(Runnable task)，参数是基于线程池的语义和配置执行的任务。

TaskExecutor 最初是为了让其他 Spring 组件在需要的时候为线程池提供抽象。诸如 ApplicationEventMulticaster、JMS 的 AbstractMessageListenerContainer 和 Quartz 集成之类的组件都使用 TaskExecutor 抽象来汇集线程。但是，如果 bean 需要线程池化行为，那么可以根据自己的需要使用此抽象。

20.2.1 TaskExecutor 类型

Spring 内置了许多 TaskExecutor 的实现，基本上可以满足各种应用场景。

- SimpleAsyncTaskExecutor：此实现不重用任何线程，而是为每个调用启动一个新线程。同时，也支持并发限制，该限制将阻止任何超出限制的调用，直到某个线程被释放为止。
- SyncTaskExecutor：同步执行调用。每个调用发生在调用线程中。它主要用于不需要多线程的情况下，例如简单的测试用例。
- ConcurrentTaskExecutor：此实现是 java.util.concurrent.Executor 对象的适配器。还有一个替代方法是 ThreadPoolTask Executor，它将 Executor 配置参数公开为 bean 属性。很少需要使用 ConcurrentTaskExecutor，但如果 ThreadPoolTask Executor 在实现上不够灵活，就可以使用 ConcurrentTaskExecutor。
- SimpleThreadPoolTask Executor：这个实现实际上是 Quartz 的 SimpleThreadPool 的一个子类，它侦听 Spring 的生命周期回调。当有可能需要 Quartz 和非 Quartz 组件共享的线程池时，通常会使用它。
- ThreadPoolTask Executor：这个实现是常用的一个。它公开用于配置 java.util.concurrent.ThreadPoolExecutor 的 bean 属性并将其包装在 TaskExecutor 中。如果需要适应不同类型的 java.util.concurrent.Executor，那么建议改用 ConcurrentTaskExecutor。
- WorkManagerTaskExecutor：该实现使用 CommonJ WorkManager 作为其后台实现，并且是用于在 Spring 上下文中设置 CommonJ WorkManager 引用的中央类。类似于 SimpleThreadPoolTask Executor，这个类实现了 WorkManager 接口，因此也可以直接用作 WorkManager。

20.2.2 使用 TaskExecutor

在下面的例子中定义了一个使用 ThreadPoolTaskExecutor 异步打印出一组消息的 bean。

```
import org.springframework.core.task.TaskExecutor;

public class TaskExecutorExample {

    private class MessagePrinterTask implements Runnable {

        private String message;

        public MessagePrinterTask(String message) {
            this.message = message;
        }

        public void run() {
            System.out.println(message);
        }
```

```
    }

    private TaskExecutor taskExecutor;

    public TaskExecutorExample(TaskExecutor taskExecutor) {
        this.taskExecutor = taskExecutor;
    }

    public void printMessages() {
        for(int i = 0; i < 25; i++) {
            taskExecutor.execute(new MessagePrinterTask("Message" + i));
        }
    }
}
```

以下是配置 TaskExecutor 的示例。

```
<bean id="taskExecutor"
    class="org.springframework.scheduling.concurrent.ThreadPoolTaskExecutor">
    <property name="corePoolSize" value="5"/>
    <property name="maxPoolSize" value="10"/>
    <property name="queueCapacity" value="25"/>
</bean>

<bean id="taskExecutorExample" class="TaskExecutorExample">
    <constructor-arg ref="taskExecutor"/>
</bean>
```

20.3 TaskScheduler

Spring 3.0 引入了 TaskScheduler，用来调度未来某个时刻运行的任务。

以下是 TaskScheduler 的接口所定义的方法。

```
public interface TaskScheduler {

    ScheduledFutureschedule(Runnable task, Trigger trigger);

    ScheduledFutureschedule(Runnable task, Date startTime);

    ScheduledFuturescheduleAtFixedRate(Runnable task, Date startTime, long period);

    ScheduledFuturescheduleAtFixedRate(Runnable task, long period);

    ScheduledFuturescheduleWithFixedDelay(Runnable task, Date startTime, long
delay);

    ScheduledFuturescheduleWithFixedDelay(Runnable task, long delay);
```

```
}
```

20.3.1　Trigger 接口

Trigger 的基本思想是执行时间可以根据过去的执行结果甚至任意条件来确定。如果考虑到了前面执行的结果，那么该信息在 TriggerContext 中可用。Trigger 接口本身非常简单：

```
public interface Trigger {

    DatenextExecutionTime(TriggerContext triggerContext);

}
```

TriggerContext 封装了所有相关数据，并在必要时可以进行扩展。TriggerContext 是一个接口（默认实现是 SimpleTriggerContext），其定义的方法如下：

```
public interface TriggerContext {

    DatelastScheduledExecutionTime();

    DatelastActualExecutionTime();

    DatelastCompletionTime();

}
```

20.3.2　实现

Spring 提供了两个 Trigger 接口的实现：CronTrigger 和 PeriodicTrigger。

1. CronTrigger

CronTrigger 支持基于 cron 表达式的任务调度。例如，以下任务计划在每个小时过后 15 分钟运行，但仅在工作日的 9 点至 17 点运行。

```
scheduler.schedule(task, newCronTrigger("0 15 9-17 * * MON-FRI"));
```

2. PeriodicTrigger

PeriodicTrigger 是一个开箱即用的实现，它接受一个固定的周期、一个可选的初始延迟值和一个布尔值，以指示该周期是否应该被解释为固定速率或固定延迟。由于 TaskScheduler 接口已经定义了以固定速率或固定延迟来调度任务的方法，因此应尽可能直接使用这些方法。

PeriodicTrigger 实现的价值在于它可以在依赖于触发器抽象的组件中使用，例如周期性触发器、基于 cron 的触发器，甚至是自定义触发器实现。在这些触发器中，可以互换使用，而且会很方便。这样的组件可以利用依赖注入的优势，这样这些触发器可以在外部进行配置，因此可以很容易地修改或扩展。

20.4 任务调度及异步执行

Spring 为任务调度和异步执行提供了注解支持。

20.4.1 启用调度注解

要启用对@Scheduled 和@Async 注解的支持，需要将@EnableScheduling 和@EnableAsync 添加到@Configuration 类中：

```
@Configuration
@EnableAsync
@EnableScheduling
public class AppConfig {
}
```

如果是基于 XML 配置的，就使用<task：annotation-driven>元素。

```
<task:annotation-driven executor="myExecutor" scheduler="myScheduler"/>
<task:executor id="myExecutor" pool-size="5"/>
<task:scheduler id="myScheduler" pool-size="10"/>
```

20.4.2 @Scheduled

@Scheduled 注解可以与触发器元数据一起添加到方法中。例如，以下示例是以固定的延迟每 5 秒调用一次方法。该周期将从每次前面调用的完成时间开始测量。

```
@Scheduled(fixedDelay=5000)
public void doSomething() {
    // ...
}
```

如果需要执行固定速率，那么只需更改注解中指定的属性名称即可。以下示例将在每次调用的连续开始时间之间测量，每 5 秒执行一次。

```
@Scheduled(fixedRate=5000)
public void doSomething() {
    // ...
}
```

对于固定延迟和固定速率任务，可以指定一个初始延迟，指示在第一次执行方法之前要等待的毫秒数。

```
@Scheduled(initialDelay=1000, fixedRate=5000)
public void doSomething() {
    // ...
}
```

如果简单的周期性调度没有足够的表达能力，那么可以提供一个 cron 表达式。例如，以下示例只会在工作日执行：

```
@Scheduled(cron="*/5 * * * * MON-FRI")
public void doSomething() {
    // ...
}
```

20.4.3 @Async

@Async 注解可以在方法上提供，指明该方法的调用是异步发生的。换句话说，调用者将在调用时立即返回，并且方法的实际执行将发生在已提交给 Spring TaskExecutor 的任务中。在简单的情况下，注解可以应用于返回 void 的方法。

```
@Async
voiddoSomething() {
    // ...
}
```

与@Scheduled 不同的是，@Async 注解的方法可以携带参数：

```
@Async
voiddoSomething(String s) {
    // ...
}
```

甚至可以异步调用返回值的方法。但是，这些方法需要具有 Future 类型的返回值。这仍然提供了异步执行的好处，以便调用者可以在未来调用 get()之前执行其他任务。

```
@Async
Future<String>returnSomething(int i) {
    // ...
}
```

@Async 不能与生命周期回调（如@PostConstruct）结合使用。要异步初始化 Spring bean，目前必须使用单独的初始化 Spring bean，然后在目标上调用@Async 注解的方法。

```
public class SampleBeanImpl implements SampleBean {

    @Async
    voiddoSomething() {
      // ...
    }

}

public class SampleBeanInitializer {

    private final SampleBean bean;
```

```
    publicSampleBeanInitializer(SampleBean bean) {
        this.bean = bean;
    }

   @PostConstruct
    public void initialize() {
        bean.doSomething();
    }

}
```

20.4.4 @Async 的异常处理

当@Async 方法具有 Future 类型的返回值时，在方法执行过程中抛出异常时，很容易进行异常处理。但是，如果使用 void 返回类型，那么异常将被取消并且无法传递。对于这些情况，可以使用 AsyncUncaughtExceptionHandler 来处理这些异常。

```
   public class MyAsyncUncaughtExceptionHandler implements
AsyncUncaughtExceptionHandler {

       @Override
       public void handleUncaughtException(Throwable ex, Method method, Object... params)
{
           // 处理异常
       }
   }
```

20.4.5 命名空间

从 Spring 3.0 开始，提供了用于配置 TaskExecutor 和 TaskScheduler 实例的 XML 名称空间。它还提供了一种便捷的方式来配置要使用触发器进行调度的任务。

1. scheduler 元素

以下元素将创建具有指定线程池大小的 ThreadPoolTaskScheduler 实例：

```
<task:scheduler id="scheduler" pool-size="10"/>
```

id 属性提供的值将用作池中线程名称的前缀。scheduler 元素相对简单，如果没有提供“池大小”属性，那么默认线程池将只有一个线程。调度程序没有其他配置选项。

2. executor 元素

以下元素将创建 ThreadPoolTaskExecutor 实例：

```
<task:executor id="executor" pool-size="10"/>
```

与上面的调度程序一样，id 属性提供的值将用作池中线程名称的前缀。就池大小而言，executor 元素支持比 scheduler 元素拥有更多的配置选项。首先，ThreadPoolTaskExecutor 的线程池本身更具可配置性。执行程序的线程池可能具有不同的核心线程数和最大线程数。如果提供单个值，那么执行程序将具有固定大小的线程池（核心线程数和最大线程数相同）。然而，executor 元素的 pool-size 属性也接受“最小值-最大值”形式的范围。

```
<task:executor
        id="executorWithPoolSizeRange"
        pool-size="5-25"
        queue-capacity="100"/>
```

3. scheduled-tasks 元素

scheduled-tasks 元素中的 ref 属性可以指向任何 Spring 管理的对象，method 属性提供了要在该对象上调用的方法的名称。以下是一个简单的例子。

```
<task:scheduled-tasks scheduler="myScheduler">
    <task:scheduled ref="beanA" method="methodA" fixed-delay="5000"/>
</task:scheduled-tasks>

<task:scheduler id="myScheduler" pool-size="10"/>
```

如上所示，调度器由外部元素引用，每个单独的任务都包含其触发器元数据的配置。在前面的示例中，该元数据定义了一个具有固定延迟的周期性触发器，指示每个任务执行完成后要等待的毫秒数。

为了更加灵活地控制，还可以引入使用 cron 属性来定义 cron 表达式的调度器。以下是演示其他选项的示例。

```
<task:scheduled-tasks scheduler="myScheduler">
    <task:scheduled ref="beanA" method="methodA"
            fixed-delay="5000" initial-delay="1000"/>
    <task:scheduled ref="beanB" method="methodB"
            fixed-rate="5000"/>
    <task:scheduled ref="beanC" method="methodC"
            cron="*/5 * * * * MON-FRI"/>
</task:scheduled-tasks>

<task:scheduler id="myScheduler" pool-size="10"/>
```

20.5　使用 Quartz Scheduler

Quartz Scheduler 是流行的 Java 编写的开源企业级作业调度框架。

Quartz Scheduler 使用 Trigger、Job 和 JobDetail 对象来实现各种作业的调度。为了方便，Spring 提供了几个类来简化基于 Spring 的应用程序中 Quartz 的使用。

20.5.1　使用 JobDetailFactoryBean

Quartz JobDetail 对象包含运行作业所需的所有信息。Spring 提供了一个 JobDetailFactoryBean，

它为 XML 配置提供了 bean 风格的属性。我们来看一个例子：

```
<bean name="exampleJob"
    class="org.springframework.scheduling.quartz.JobDetailFactoryBean">
    <property name="jobClass" value="com.waylau.ExampleJob"/>
    <property name="jobDataAsMap">
        <map>
            <entry key="timeout" value="5"/>
        </map>
    </property>
</bean>
package example;

public class ExampleJob extends QuartzJobBean {

    private int timeout;

    public void setTimeout(int timeout) {
        this.timeout = timeout;
    }

    protected void executeInternal(JobExecutionContext ctx) throws
JobExecutionException {
        // ...
    }

}
```

20.5.2 使用 MethodInvokingJobDetailFactoryBean

如果要调用特定对象的方法，那么可以使用 MethodInvokingJobDetailFactoryBean：

```
<bean id="jobDetail"
    class="org.springframework.scheduling.quartz.
MethodInvokingJobDetailFactoryBean">
    <property name="targetObject" ref="exampleBusinessObject"/>
    <property name="targetMethod" value="doIt"/>
</bean>
public class ExampleBusinessObject {

    // ...

    public void doIt() {
        // ...
    }
}
<bean id="exampleBusinessObject" class="examples.ExampleBusinessObject"/>
```

20.6 实战：基于 Quartz Scheduler 天气预报系统

在之前的章节中，我们实现了基于 RestTemplate 的天气预报服务 rest-template 应用。rest-template 应用能够通过城市 ID 来查询该城市的天气预报数据。

本节将基于 rest-template 进行进一步的改造，利用 Quartz Schedule 来实现自动更新天气数据。

20.6.1 项目概述

基于 rest-template 创建名为 quartz-scheduler 的应用。所需的依赖如下：

```
<dependencies>
    <dependency>
        <groupId>org.springframework</groupId>
        <artifactId>spring-webmvc</artifactId>
        <version>${spring.version}</version>
    </dependency>
    <dependency>
        <groupId>org.springframework</groupId>
        <artifactId>spring-context-support</artifactId>
        <version>${spring.version}</version>
    </dependency>
    <dependency>
        <groupId>org.springframework</groupId>
        <artifactId>spring-tx</artifactId>
        <version>${spring.version}</version>
    </dependency>
    <dependency>
        <groupId>org.eclipse.jetty</groupId>
        <artifactId>jetty-servlet</artifactId>
        <version>${jetty.version}</version>
        <scope>provided</scope>
    </dependency>
    <dependency>
        <groupId>com.fasterxml.jackson.core</groupId>
        <artifactId>jackson-core</artifactId>
        <version>${jackson.version}</version>
    </dependency>
    <dependency>
        <groupId>com.fasterxml.jackson.core</groupId>
        <artifactId>jackson-databind</artifactId>
        <version>${jackson.version}</version>
    </dependency>
    <dependency>
        <groupId>org.apache.httpcomponents</groupId>
        <artifactId>httpclient</artifactId>
```

```
        <version>${httpclient.version}</version>
    </dependency>
    <dependency>
        <groupId>org.quartz-scheduler</groupId>
        <artifactId>quartz</artifactId>
        <version>${quartz.version}</version>
    </dependency>
    <dependency>
        <groupId>ch.qos.logback</groupId>
        <artifactId>logback-classic</artifactId>
        <version>${logback.version}</version>
    </dependency>
</dependencies>
```

这里需要注意的是，使用 Quartz 需要添加 spring-context-support 和 spring-tx 的支持。

20.6.2 后台编码实现

使用 Quartz Scheduler 主要分为两个步骤：第一个步骤是创建一个任务；第二个步骤是对这个任务进行配置。

1. 创建任务

创建 WeatherDataSyncJob，用于定义同步天气数据的定时任务。该类继承自 org.springframework.scheduling.quartz.QuartzJobBean，并重写了 executeInternal 方法，代码如下：

```
    package com.waylau.spring.quartz.job;

    import org.quartz.JobExecutionContext;
    import org.quartz.JobExecutionException;
    import org.slf4j.Logger;
    import org.slf4j.LoggerFactory;
    import org.springframework.beans.factory.annotation.Autowired;
    import org.springframework.scheduling.quartz.QuartzJobBean;

    import com.waylau.spring.quartz.service.WeatherDataService;

    public class WeatherDataSyncJob extends QuartzJobBean {

        private final static Logger logger =
LoggerFactory.getLogger(WeatherDataSyncJob.class);

        @Autowired
        private WeatherDataService weatherDataService;

        @Override
        protected void executeInternal(JobExecutionContext context) throws
JobExecutionException {
            logger.info("Start 天气数据同步任务");
```

```
        String cityId = "101280301"; // 惠州

         logger.info("天气数据同步任务中，cityId:" + cityId);

         // 根据城市 ID 获取天气
         logger.info(weatherDataService.getDataByCityId(cityId).getData().
toString());

    }

}
```

其中，WeatherDataSyncJob 依赖于 rest-template 应用的 WeatherDataService 来提供天气查询服务。

在应用中，当我们获取到天气数据后，就把数据打印出来。

2. 创建配置类

创建 QuartzConfiguration 配置类。该类详细代码如下：

```
package com.waylau.spring.quartz.configuration;

import org.quartz.spi.JobFactory;
import org.springframework.context.annotation.Bean;
import org.springframework.context.annotation.Configuration;
import org.springframework.scheduling.quartz.JobDetailFactoryBean;
import org.springframework.scheduling.quartz.SchedulerFactoryBean;
import org.springframework.scheduling.quartz.SimpleTriggerFactoryBean;

import com.waylau.spring.quartz.job.WeatherDataSyncJob;

@Configuration
public class QuartzConfiguration {

    @Bean
    public JobDetailFactoryBean jobDetailFactoryBean(){
        JobDetailFactoryBean factory = newJobDetailFactoryBean();
        factory.setJobClass(WeatherDataSyncJob.class);
        return factory;
    }

    @Bean
    public SimpleTriggerFactoryBean simpleTriggerFactoryBean(){
        SimpleTriggerFactoryBean stFactory = newSimpleTriggerFactoryBean();
        stFactory.setJobDetail(jobDetailFactoryBean().getObject());
        stFactory.setStartDelay(3000);  // 延迟 3 秒
        stFactory.setRepeatInterval(30000); // 间隔 30 秒
        return stFactory;
    }
    @Bean
    public JobFactory jobFactory() {
```

```
        returnnewQuartzJobFactory();
    }

    @Bean
    public SchedulerFactoryBean schedulerFactoryBean() {
        SchedulerFactoryBean scheduler = newSchedulerFactoryBean();
        scheduler.setTriggers(simpleTriggerFactoryBean().getObject());
        scheduler.setJobFactory(jobFactory());
        return scheduler;
    }

}
```

其中：

- 我们设置的定时策略是延迟 3 秒执行，每 30 秒就执行一次任务。
- QuartzJobFactory 重写了 org.springframework.scheduling.quartz.SpringBeanJobFactory，用来解决无法在 QuartzJobBean 注入 bean 的问题。

QuartzJobFactory 详细实现如下：

```
package com.waylau.spring.quartz.configuration;

import org.quartz.spi.TriggerFiredBundle;
import org.springframework.beans.factory.annotation.Autowired;
import org.springframework.beans.factory.config.AutowireCapableBeanFactory;
import org.springframework.scheduling.quartz.SpringBeanJobFactory;

public class QuartzJobFactory extends SpringBeanJobFactory {

    @Autowired
    private AutowireCapableBeanFactory beanFactory;

    @Override
    protectedObjectcreateJobInstance(TriggerFiredBundle bundle) throws Exception {
        Object jobInstance = super.createJobInstance(bundle);
        beanFactory.autowireBean(jobInstance);
        return jobInstance;
    }
}
```

20.6.3 运行

运行后，能够看到如下日志信息输出：

```
...
01:31:53.101 [schedulerFactoryBean_QuartzSchedulerThread] DEBUG
org.springframework.beans.factory.annotation.InjectionMetadata - Processing injected
element of bean 'com.waylau.spring.quartz.job.WeatherDataSyncJob': AutowiredFieldElement
for private com.waylau.spring.quartz.service.WeatherDataService
```

```
com.waylau.spring.quartz.job.WeatherDataSyncJob.weatherDataService
    01:31:53.101 [schedulerFactoryBean_QuartzSchedulerThread] DEBUG
org.springframework.core.annotation.AnnotationUtils - Failed to meta-introspect
annotation interface org.springframework.beans.factory.annotation.Autowired:
java.lang.NullPointerException
    01:31:53.101 [schedulerFactoryBean_QuartzSchedulerThread] DEBUG
org.springframework.beans.factory.support.DefaultListableBeanFactory - Returning cached
instance of singleton bean 'weatherDataServiceImpl'
    01:31:53.101 [schedulerFactoryBean_QuartzSchedulerThread] DEBUG
org.quartz.core.QuartzSchedulerThread - batch acquisition of 1 triggers
    01:31:53.109 [schedulerFactoryBean_Worker-3] DEBUG org.quartz.core.JobRunShell -
Calling execute on job DEFAULT.jobDetailFactoryBean
    01:31:53.110 [schedulerFactoryBean_Worker-3] INFO
com.waylau.spring.quartz.job.WeatherDataSyncJob - Start 天气数据同步任务
    01:31:53.110 [schedulerFactoryBean_Worker-3] INFO
com.waylau.spring.quartz.job.WeatherDataSyncJob - 天气数据同步任务中，cityId:101280301
    01:31:53.110 [schedulerFactoryBean_Worker-3] DEBUG
org.springframework.web.client.RestTemplate - Created GET request for
"http://wthrcdn.etouch.cn/weather_mini?citykey=101280301"
    01:31:53.111 [schedulerFactoryBean_Worker-3] DEBUG
org.springframework.web.client.RestTemplate - Setting request Accept header to
[text/plain, application/json, application/*+json, */*]
    01:31:53.139 [schedulerFactoryBean_Worker-3] INFO
com.waylau.spring.quartz.job.WeatherDataSyncJob - Weather [city=惠州, aqi=83, wendu=20,
ganmao=各项气象条件适宜，无明显降温过程，发生感冒概率较低。, yesterday=Yesterday [date=18 日
星期三, high=高温 26℃, fx=无持续风向, low=低温 17℃, fl=<![CDATA[<3 级]]>, type=多云],
forecast=[Forecast [date=19 日星期四, high=高温 26℃, fengxiang=无持续风向, low=低温 20℃,
fengli=<![CDATA[<3 级]]>, type=多云], Forecast [date=20 日星期五, high=高温 29℃, fengxiang=
无持续风向, low=低温 21℃, fengli=<![CDATA[<3 级]]>, type=多云], Forecast [date=21 日星期
六, high=高温 29℃, fengxiang=无持续风向, low=低温 21℃, fengli=<![CDATA[<3 级]]>, type=
多云], Forecast [date=22 日星期天, high=高温 28℃, fengxiang=无持续风向, low=低温 22℃,
fengli=<![CDATA[<3 级]]>, type=多云], Forecast [date=23 日星期一, high=高温 31℃, fengxiang=
无持续风向, low=低温 23℃, fengli=<![CDATA[<3 级]]>, type=阵雨]]]
    ...
```

20.7 总　结

本章介绍了任务执行与调度的概念以及常用的技术，包括 Spring 和 Quartz Scheduler 所提供的技术实现。

本章还演示了如何基于 Quartz Scheduler 来实现天气预报系统。

20.8 习 题

（1）简述任务执行与调度的作用。

（2）列举 Spring 中关于任务执行与调度的接口和注解。

（3）Spring 为了简化 Quartz Scheduler 的使用，提供了哪些常用类？

（4）用你熟悉的技术实现一个任务执行与调度的示例。

第 21 章

高性能之道——缓存

大型企业级应用为了提升整体的性能，需要将经常访问的数据缓存起来，这样在下次查询的时候能快速找到这些数据。

本章详细介绍 Java EE 企业级应用中的缓存实现。

21.1 缓存概述

有时为了提升整个网站的性能，我们会将经常需要访问的数据缓存起来，这样在下次查询的时候能快速找到这些数据。

缓存的使用与系统的时效性有着非常大的关系。当我们对系统时效性要求不高时，选择使用缓存是极好的。当系统要求的时效性比较高时，并不适合用缓存。

自 Spring 3.1 以来，Spring 框架提供了对现有 Spring 应用程序透明地添加缓存的支持。与事务支持类似，缓存抽象允许一致地使用各种缓存解决方案，从而减少对代码的影响。

从 Spring 4.1 开始，支持 JSR-107 注解，从而使缓存抽象得到了显著改善。有关 JSP-107 缓存规范的内容可见 https://jcp.org/en/jsr/detail?id=107。

Spring 提供了缓存的抽象接口。这个抽象由 org.springframework.cache.Cache 和 org.springframework.cache.CacheManager 接口组成。

抽象可以支持多种实现，比如基于 JDKjava.util.concurrent.ConcurrentMap 的缓存，Ehcache 2.x、Gemfire、Caffeine 以及符合 JSR-107 的缓存（例如 Ehcache 3.x）。

要使用缓存抽象，开发人员需要关注两个方面：

- 缓存声明：确定需要缓存的方法及其策略。
- 缓存配置：数据存储和读取所需要的设置。

21.2 声明式缓存注解

Spring 提供了如下声明式的缓存注解：

- @Cacheable：触发缓存。
- @CacheEvict：触发缓存回收。
- @CachePut：更新缓存。
- @Caching：重新组合要应用于方法的多个缓存操作。
- @CacheConfig：在类级别共享一些常见的缓存相关设置。

21.2.1 @Cacheable

@Cacheable 声明可缓存的方法，比如：

```
@Cacheable("books")
public Book findBook(ISBN isbn) {...}
```

在上面的代码片段中，findBook 方法与名为 books 的缓存相关联。每次调用该方法时都会检查缓存以查看调用是否已经执行。虽然在大多数情况下只声明一个缓存，但注解允许指定多个名称，以便使用多个缓存。在这种情况下，将在执行该方法之前检查缓存，如果至少有一个缓存被命中，那么将返回相关的值：

```
@Cacheable({"books", "isbns"})
public Book findBook(ISBN isbn) {...}
```

1. 默认 key 生成

由于缓存本质上是 key-value 存储，因此每次缓存方法的调用都需要转换为适合缓存访问的 key。Spring 缓存抽象使用基于以下算法的简单 KeyGenerator（key 生成器）：

- 如果没有给出参数，就返回 SimpleKey.EMPTY。
- 如果只给出一个参数，就返回该实例。
- 如果给出了一个参数，就返回一个包含所有参数的 SimpleKey。

上述方法适用于大多数情况，只需要参数具有 key 并实现有效的 hashCode()和 equals()方法即可。

如果想自定义 key 生成器，那么可以自行实现 org.springframework.cache.interceptor.KeyGenerator 接口。

2. 自定义 key 生成声明

由于缓存是通用的，因此目标方法很可能具有不能简单映射到缓存结构顶部的各种签名。特别是当目标方法有多个参数，其中只有一些适用于缓存（而其余的仅由方法逻辑使用）时，这往往会变得很明显，例如：

```
@Cacheable("books")
public Book findBook(ISBN isbn, boolean checkWarehouse, boolean includeUsed)
```

对于这种情况，@Cacheable 注解允许用户指定如何通过其 key 属性来生成 key。开发人员可以使用 SpEL 表达式来选择参数、执行操作甚至调用任意方法，而无须编写任何代码或实现任何接口。

下面是各种 SpEL 声明的一些例子：

```
@Cacheable(cacheNames="books", key="#isbn")
public Book findBook(ISBN isbn, boolean checkWarehouse, boolean includeUsed)

@Cacheable(cacheNames="books", key="#isbn.rawNumber")
public Book findBook(ISBN isbn, boolean checkWarehouse, boolean includeUsed)

@Cacheable(cacheNames="books", key="T(someType).hash(#isbn)")
public Book findBook(ISBN isbn, boolean checkWarehouse, boolean includeUsed)
```

可以在操作中定义一个自定义的 KeyGenerator。观察如下实例，myKeyGenerator 是自定义 KeyGenerator 的 bean 的名称：

```
@Cacheable(cacheNames="books", keyGenerator="myKeyGenerator")
public Book findBook(ISBN isbn, boolean checkWarehouse, boolean includeUsed)
```

21.2.2 @CachePut

对于需要更新缓存而不干扰方法执行的情况，可以使用@CachePut 注解。也就是说，该方法将始终执行并将其结果放入缓存中（根据@CachePut 选项）。它支持与@Cacheable 相同的选项：

```
@CachePut(cacheNames="book", key="#isbn")
publicBookupdateBook(ISBN isbn, BookDescriptor descriptor)
```

21.2.3 @CacheEvict

从缓存中删除过时或未使用的数据是很有必要的。注解@CacheEvict 定义了删除缓存数据的方法。下面是一个示例：

```
@CacheEvict(cacheNames="books", allEntries=true)
public void loadBooks(InputStream batch)
```

当需要清除整个缓存区域时，这个 allEntries 选项将会非常方便，相比较逐条清除每个条目而言，这个选项将耗费更少的时间，拥有更高的效率。

21.2.4 @Caching

在某些情况下，需要指定相同类型的多个注解（例如@CacheEvict 或@CachePut），此时可以使用@Caching。@Caching 允许在同一个方法上使用多个嵌套的@Cacheable、@CachePut 和@CacheEvict：

```
    @Caching(evict = { @CacheEvict("primary"), @CacheEvict(cacheNames="secondary",
key="#p0") })
    publicBookimportBooks(String deposit, Date date)
```

21.2.5 @CacheConfig

如果某些自定义选项适用于该类的所有操作，此时就需要@CacheConfig。观察如下示例：

```
@CacheConfig("books")
public class BookRepositoryImpl implements BookRepository {

    @Cacheable
    public Book findBook(ISBN isbn) {...}
}
```

@CacheConfig 是一个类级别的注解，允许共享缓存名称、自定义 KeyGenerator、自定义 CacheManager 以及最终的自定义 CacheResolver。将此注解放在类上不会启用任何缓存操作。

方法级别的自定义配置将会覆盖@CacheConfig 上的配置。

21.2.6 启用缓存

需要注意的是，声明缓存注解并不等同于启用了缓存。就像 Spring 中的许多配置一样，该功能必须声明为启用。

要启用缓存注解，需要将注解@EnableCaching 添加到其中一个@Configuration 类中：

```
@Configuration
@EnableCaching
public class AppConfig {
}
```

如果是基于 XML 的配置，那么可以使用 cache:annotation-driven 元素：

```
<beans xmlns="http://www.springframework.org/schema/beans"
    xmlns:xsi="http://www.w3.org/2001/XMLSchema-instance"
    xmlns:cache="http://www.springframework.org/schema/cache"
    xsi:schemaLocation="
        http://www.springframework.org/schema/beans
        http://www.springframework.org/schema/beans/spring-beans.xsd
        http://www.springframework.org/schema/cache
        http://www.springframework.org/schema/cache/spring-cache.xsd">

        <cache:annotation-driven/>

</beans>
```

21.2.7 使用自定义缓存

可以使用自定义的缓存注解。观察以下示例：

```
@Retention(RetentionPolicy.RUNTIME)
@Target({ElementType.METHOD})
@Cacheable(cacheNames="books", key="#isbn")
public@interface SlowService {
}
```

在上面例子中，我们定义了自己的 SlowService 注解，它本身是基于@Cacheable 注解的。现在可以将下面的代码进行替换：

```
@Cacheable(cacheNames="books", key="#isbn")
public Book findBook(ISBN isbn, boolean checkWarehouse, boolean includeUsed)
```

替换为我们自定义的注解：

```
@SlowService
public Book findBook(ISBN isbn, boolean checkWarehouse, boolean includeUsed)
```

21.3 JCache

自 Spring 4.1 以来，Spring 缓存抽象完全支持 JCache 标准注解（JSR-107）。换句话说，如果你已经在使用 Spring 的缓存抽象，那么可以在不更改缓存存储（或配置）的情况下切换到这些标准注解。

21.3.1 JCache 注解概述

JCache 是 Java 缓存 API，由 JSR-107 定义。它定义了供开发人员使用的标准 Java 缓存 API 以及供实施者使用的标准 SPI（服务提供者接口）。

表 21-1 描述了 Spring 注解和 JSR-107 对应的主要差异。

表 21-1 Spring 注解和 JSR-107 对应的主要差异

Spring	JSR-107	备 注
@Cacheable	@CacheResult	两者相当相似
@CachePut	@CachePut	Spring 使用方法调用的结果更新缓存，JCache 允许在实际方法调用之前或之后更新缓存
@CacheEvict	@CacheRemove	两者相当相似
@CacheEvict(allEntries=true)	@CacheRemoveAll	两者相当相似
@CacheConfig	@CacheDefaults	两者相当相似

21.3.2 与 Spring 缓存注解的差异

JCache 具有 javax.cache.annotation.CacheResolver 的概念，它与 Spring 的 CacheResolver 接口相同，只是 JCache 仅支持单个缓存。应该注意的是，如果在注解中没有指定缓存名称，将自动生成一个默认值。

CacheResolver 实例由 CacheResolverFactory 检索。可以为每个缓存操作定制工厂：

```
    @CacheResult(cacheNames="books",
cacheResolverFactory=MyCacheResolverFactory.class)
    public Book findBook(ISBN isbn)
```

对于所有引用的类，Spring 试图找到给定类型的 bean。如果存在多个匹配项，就会创建一个新实例并可以使用常规 bean 生命周期回调，例如依赖注入。

key 由一个 javax.cache.annotation.CacheKeyGenerator 生成，它的作用与 Spring KeyGenerator 相同。默认情况下，除非至少有一个参数使用@CacheKey 注解，否则将考虑所有方法参数。这与 Spring 的自定义 key 生成声明类似，例如：

```
    @Cacheable(cacheNames="books", key="#isbn")
    public Book findBook(ISBN isbn, boolean checkWarehouse, boolean includeUsed)

    @CacheResult(cacheName="books")
    public Book findBook(@CacheKey ISBN isbn, boolean checkWarehouse, boolean includeUsed)
```

21.4 基于 XML 的声明式缓存

如果使用注解，那么 Spring 也支持使用 XML 声明缓存。

```
    <!-- 需要使用缓存的 bean -->
    <bean id="bookService" class="x.y.service.DefaultBookService"/>

    <!-- 缓存定义 -->
    <cache:advice id="cacheAdvice" cache-manager="cacheManager">
        <cache:caching cache="books">
          <cache:cacheable method="findBook" key="#isbn"/>
          <cache:cache-evict method="loadBooks" all-entries="true"/>
        </cache:caching>
    </cache:advice>

    <!-- 应用缓存行为到指定的接口 -->
    <aop:config>
        <aop:advisor advice-ref="cacheAdvice" pointcut="execution(*
x.y.BookService.*(..))"/>
    </aop:config>
```

21.5　配置缓存存储

Spring 缓存抽象提供了多种存储集成。要使用它们，需要简单地声明一个合适的 CacheManager。

21.5.1　基于 JDK 的缓存

基于 JDK 的缓存实现位于 org.springframework.cache.concurrent 包下，它允许使用 ConcurrentHashMap 作为缓存存储。

```
    <bean id="cacheManager"
class="org.springframework.cache.support.SimpleCacheManager">
        <property name="caches">
          <set>
            <bean class="org.springframework.cache.concurrent.
ConcurrentMapCacheFactoryBean"
                    p:name="default"/>
            <bean class="org.springframework.cache.concurrent.
ConcurrentMapCacheFactoryBean"
                    p:name="books"/>
          </set>
        </property>
    </bean>
```

上面的代码片段使用 SimpleCacheManager 为名为 default 和 books 的嵌套的 ConcurrentMapCache 实例创建一个 CacheManager。

由于缓存是由应用程序创建的，因此它被绑定到程序的生命周期中。这种缓存非常适合基本用例、测试或简单应用程序。这种缓存可以很好地扩展，速度也非常快，但它不提供任何管理或持久性功能，也不提供缓存清除的方法。

21.5.2　基于 Ehcache 的缓存

Ehcache 2.x 实现位于 org.springframework.cache.ehcache 包下。同样，要使用它，只需要声明适当的 CacheManager：

```
    <bean id="cacheManager"
            class="org.springframework.cache.ehcache.EhCacheCacheManager"
            p:cache-manager-ref="ehcache"/>

    <bean id="ehcache"
            class="org.springframework.cache.ehcache.EhCacheManagerFactoryBean"
            p:config-location="ehcache.xml"/>
```

需要注意的是，Ehcache 3.x 已经完全兼容 JSR-107，因此不需要专门的支持。

21.5.3 基于 Caffeine 的缓存

Caffeine 是对 Guava 缓存的 Java 8 重写，其实现位于 org.springframework.cache.caffeine 包下，并提供对 Caffeine 几个功能的访问。

要使用它，只需要声明适当的 CacheManager：

```
    <bean id="cacheManager"
class="org.springframework.cache.caffeine.CaffeineCacheManager">
        <property name="caches">
            <set>
                <value>default</value>
                <value>books</value>
            </set>
        </property>
    </bean>
```

21.5.4 基于 GemFire 的缓存

GemFire 是一个面向内存的缓存，具有可弹性扩展、持续可用、内置基于模式的订阅通知、全局复制的数据库等功能。目前，Spring 对于 GemFire 的缓存由 Spring Data GemFire 项目负责。

21.5.5 基于 JSR-107 的缓存

对于 JSR-107 缓存的支持，其实现位于 org.springframework.cache.jcache 包下。

要使用它，只需要声明适当的 CacheManager：

```
<bean id="cacheManager"
        class="org.springframework.cache.jcache.JCacheCacheManager"
        p:cache-manager-ref="jCacheManager"/>

<bean id="jCacheManager".../>
```

21.6 实战：基于缓存的天气预报系统

使用缓存可以有效提升整个网站的性能。将经常需要访问的数据缓存起来，这样在下次查询的时候能够从缓存中快速地找到这些数据。

在之前的章节中，我们实现了基于 RestTemplate 的天气预报服务 rest-template。rest-template 应用能够通过城市 ID 来查询该城市的天气预报数据。由于天气预报系统本身的时效性不是很高，因此非常适合使用缓存。

本节将基于 rest-template 进行进一步的改造，增加缓存的功能，以提升应用的并发能力。

21.6.1　项目概述

基于 rest-template 创建一个名为 java-cache 的新应用。

在 java-cache 应用中，我们将会对系统中的两个接口实现缓存：

- GET http://localhost:8080/weather/cityId
- GET http://localhost:8080/weather/cityName

21.6.2　后台编码实现

在服务类的 WeatherDataServiceImpl 方法上增加@Cacheable 注解。

```
package com.waylau.spring.cache.service;

import java.io.IOException;

import org.springframework.beans.factory.annotation.Autowired;
import org.springframework.cache.annotation.Cacheable;
import org.springframework.http.ResponseEntity;
import org.springframework.stereotype.Service;
import org.springframework.web.client.RestTemplate;

import com.fasterxml.jackson.databind.ObjectMapper;
import com.waylau.spring.cache.vo.WeatherResponse;

    @Service
    public class WeatherDataServiceImpl implements WeatherDataService {

    @Autowired
    private RestTemplate restTemplate;

    private final String WEATHER_API = "http://wthrcdn.etouch.cn/weather_mini";

    @Override
    @Cacheable(cacheNames="weahterDataByCityId", key="#cityId")
    public WeatherResponse getDataByCityId(String cityId) {
        String uri = WEATHER_API + "?citykey=" + cityId;
        return this.doGetWeatherData(uri);
    }

    @Override
    @Cacheable(cacheNames="weahterDataByCityName", key="#cityName")
    public WeatherResponse getDataByCityName(String cityName) {
        String uri = WEATHER_API + "?city=" + cityName;
        return this.doGetWeatherData(uri);
    }
```

```
    private WeatherResponse doGetWeatherData(String uri) {

        System.out.println("调用天气接口执行");  // 验证程序是否走的缓存

        ResponseEntity<String> response = restTemplate.getForEntity(uri,
String.class);

        String strBody = null;

        if (response.getStatusCodeValue() == 200) {
            strBody = response.getBody();
        }

        ObjectMapper mapper = newObjectMapper();
        WeatherResponse weather = null;

        try {
            weather = mapper.readValue(strBody, WeatherResponse.class);
        } catch (IOException e) {
            e.printStackTrace();
        }

        return weather;
    }


}
```

同时，为了验证程序是否走的缓存，我们在程序里面加了一行打印：

```
System.out.println("调用天气接口执行");
```

如果调用方法，没有执行上述打印动作，就可以表明这个方法指定了缓存。

21.6.3 缓存配置

为了启用缓存，我们增加了缓存配置类。

```
package com.waylau.spring.cache.configuration;

import java.util.Arrays;

import org.springframework.cache.CacheManager;
import org.springframework.cache.annotation.EnableCaching;
import org.springframework.cache.concurrent.ConcurrentMapCache;
import org.springframework.cache.support.SimpleCacheManager;
import org.springframework.context.annotation.Bean;
import org.springframework.context.annotation.Configuration;

@EnableCaching
```

```
    @Configuration
    public class CacheConfiguration {

        @Bean
        public CacheManager cacheManager() {
            SimpleCacheManager cacheManager = newSimpleCacheManager();
            cacheManager.setCaches(Arrays.asList(newConcurrentMapCache
("weahterDataByCityId"),
                    newConcurrentMapCache("weahterDataByCityName")));
            return cacheManager;
        }
    }
```

SimpleCacheManager 是 Spring 内置的缓存管理器，采用了基于 JDK 的缓存存储。

21.6.4 运行

右击运行项目。当我们首次调用 http://localhost:8080/weather/cityId/101280601 接口时，可以看到控制台打印出以下信息：

```
调用天气接口执行
```

如果再次调用接口，控制台就不再打印信息。这证实了接口调用是走的缓存。

21.7 总　结

本章介绍了缓存的概念及用法。在 Java EE 缓存中，有相应的规范比如 JCache，也有 Spring 所提供的缓存实现，都能够提供声明式缓存。

本章也演示了如何基于 JDK 缓存来实现一个天气预报系统。

21.8 习　题

（1）简述缓存的概念及作用。

（2）列举 Spring 提供了哪些声明式的缓存注解。

（3）简述 JCache 注解与 Spring 缓存注解的差异。

（4）列举 Spring 缓存抽象提供了哪几种存储集成。

（5）用你熟悉的技术实现一个缓存的示例。

第22章

微服务基石——Spring Boot

微服务架构是近些年非常火爆的概念，而Spring Boot致力于构建微服务应用。本章详细介绍Spring Boot。

22.1 从单块架构到微服务架构

本节介绍了单块架构的概念，并解释了为什么单块架构会进化到微服务架构。

22.1.1 单块架构的概念

软件系统通常会采用分层架构形式。所谓分层，是指将软件按照不同的职责进行垂直分化，最终软件会被分为若干层。以 Java EE 应用为例，Java EE 软件系统经常会采用经典的三层架构（Three-Tier Architecture），即表示层（Presentation Layer）、业务层（Business Layer）和数据访问层（Data Access Layer），如图22-1所示。

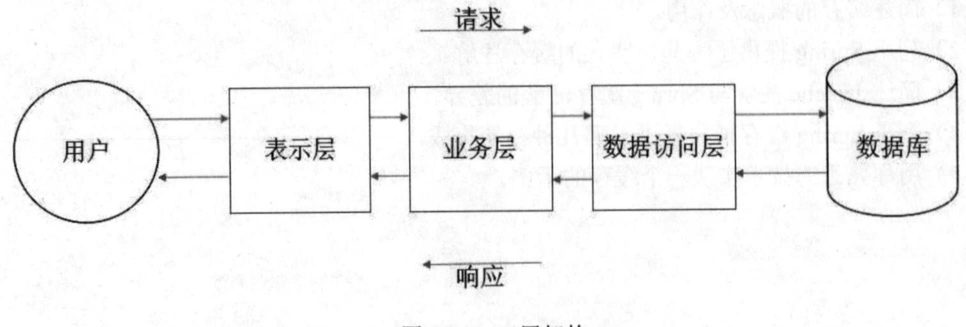

图22-1 三层架构

图 22-1 展示了 3 层架构中的数据流向。3 层架构中的不同层都拥有自己的单一职责：

- 表示层：提供与用户交互的界面。GUI（图形用户界面）和 Web 页面是表示层的两个典型的例子。
- 业务层：也称为业务逻辑层，用于实现各种业务逻辑，比如处理数据验证，根据特定的业务规则和任务来响应特定的行为。
- 数据访问层：也称为数据持久层，负责存放和管理应用的持久性业务数据。

如果你仔细看这些层，应该看到每一层都需要不同的技能：

- 表示层需要诸如 HTML、CSS、JavaScript 等之类的前端技能，以及具备 UI 设计能力。
- 业务层需要编程语言的技能，以便计算机可以处理业务规则。
- 数据访问层需要具有数据定义语言（DDL）、数据操作语言（DML）以及数据库设计形式的 SQL 技能。

虽然一个人有可能拥有上述所有技能，但这样的全栈工程师是相当罕见的。在具有大型软件应用程序的大型组织中，将应用程序分割为单独的层，使得每个层都可以由具有相关专业技能的不同团队来开发和维护。

虽然软件的 3 层架构帮助我们将应用在逻辑上分成了 3 层，但它并不是物理上的分层。这就意味着，即便我们将应用架构分成了所谓的 3 层，经过不同开发人员对不同层的代码进行实现，经历过编译、打包、部署等阶段后，最终程序还是会运行在同一个机器的同一个进程中。对于这种功能、代码、数据集中化，编译成为一个发布包，部署运行在同一进程的应用程序的架构，我们通常称之为单块架构。典型的单块架构应用就像传统的 Java EE 项目所构建的产品或者项目，它们存在的形态一般是 WAR 包或者 EAR 包。当部署这类应用时，通常是将整个发布包作为一个整体部署在同一个 Web 容器中，一般是 Tomcat、Jetty 或者 GlassFish 等 Servlet 容器。当这类应用运行起来后，所有的功能也都运行在同一个进程中。

22.1.2 单块架构的优缺点

实际上，构建单块架构是非常自然的行为。项目在初创时期，体量一般都比较小，所有的开发人员在同一个项目下进行协同，软件组件也能通过简单的搜索查询到，从而实现方法级别的软件的重用。由于项目初期组员人数较少，开发人员往往需要承担贯穿从前端到后端，再到数据库的完整链路的功能开发。这种开发方式，由于减少了不必要的人员之间的沟通交流，大大提升了开发的效率。而且，短时间内能快速地推出产品。

但是，当一个系统的功能慢慢丰富起来，项目也就需要不断地增加人手，此时代码量就开始剧增。为了便于管理，系统可能会拆分为若干个子系统。不同的子系统为了实现自治，它们被构造成可以独立运行的程序，这些程序可以运行在不同的进程中。

不同进程之间的通信就要涉及远程过程调用了。不同进程之间为了能够相互通信，就要约定双方的通信方式以及通信协议。为了能让协同的人之间能够理解代码的含义，接口的提供方和消费方要约定好接口调用的方式，以及所要传递的参数。为了减少不必要的通信负担，通信协议一般采用可以跨越防火墙的 HTTP 协议。同时，为了能最大化重用不同子系统之间的组件和接口，不同子系统之间往往会采用相同的技术栈和技术框架。

这就是 SOA 的雏形。SOA 本质就是要通过统一的、与平台无关的通信方式来实现不同服务之间的协同。这也是为什么大型系统都会采用 SOA 架构的原因。

概括地说，单块架构主要有以下几方面的优点：

- 业务功能划分清楚：单块架构采用分层的方式，就是将相关的业务功能的类或组件放置在一起，而将不相关的业务功能类或组件隔离开。比如我们会将与用户直接交互的部分分为表示层，将实现逻辑计算或者业务处理的部分分为业务层，将与数据库打交道的部分分为数据访问层。
- 层次关系良好：上层依赖于下层，而下层支撑起上层，但却不能直接访问上层，层与层之间通过协作来共同完成特定的功能。
- 每一层都能保持独立：层能够被单独构造，也能被单独替换掉，最终不会影响整体功能。比如，我们将整个数据持久层的技术从 Hibernate 转成了 EclipseLink，但不能对上层业务逻辑功能造成影响。
- 部署简单：由于所有的功能都集合在一个发布包里面，因此对发布包进行部署较为简单。
- 技术单一：技术相对比较单一，这样整个开发学习成本就比较低，人才复用率也会较高。

当然，我们也要看到单块架构存在的弊端：

- 功能仍然太大：虽然 SOA 可以解决整体系统太大的问题，但每个子系统的体量仍然是比较大的，而且随着时间的推移会越来越大，毕竟功能会不断添加进来。最后，代码也会变得太多，且难于管理。
- 升级风险高：因为所有功能都在一个发布包里面，如果要升级，就要更换整个发布包。在升级的过程中会导致整个应用停掉，致使所有的功能不可用。
- 维护成本增加：因为系统在变大，如果人员保持不变的话，那么每个开发人员都有可能维护整个系统的每个部分。如果是自己开发的功能还好，经过查阅代码，还能找回当初的回忆。但如果不巧是别人开发的代码，而且代码有可能不规范，这就导致维护变得困难。
- 项目交付周期变长：由于单块架构必须要等到最后一个功能测试没有问题了才能整体上线，这就导致一个交付周期被拉长了。这就是“水桶理论”，只要有一个功能存在短板，整个系统的交付就会被拖累。
- 可伸缩性差：由于应用程序的所有功能代码都运行在同一个服务器上，因此会导致应用程序的扩展非常困难。特别是，如果你想扩展系统中的某一个单一功能，但不得不将整个应用的水平进行了扩容，这就导致了其他不需要扩容的功能的浪费。
- 监控困难：不同的功能杂合在了一个进程中，这就让监控这个进程中的功能变得困难。

正是由于单块架构的缺陷，架构师们提出了微服务的概念，期望通过微服务架构来解决单块架构的问题。

22.1.3 如何将单块架构进化为微服务

正如前面的内容所讲的，一个系统在创建初期倾向于内聚，把所有的功能都累加到一起，这其实是再自然不过的事情。也就是说，很多项目初始状态都是单块架构的。当随着系统慢慢壮大，单块架构变得越来越难以承受当初的技术架构，变更无法避免。

SOA 的出现本身就是一种技术革命。它将整个系统打散成为不同功能单元（称为服务），通过这些服务之间定义良好的接口和契约联系起来。接口是采用中立的、与平台无关的方式进行定义的，所以它能够跨越不同的硬件平台、操作系统和编程语言。这使得构建在各种各样的系统中的服务可以以一种统一和通用的方式进行交互，这就是 SOA 的魅力所在。

当我们使用 SOA 的时候，可能会进一步思考，既然 SOA 是通过将系统拆分降低复杂度来实现的，那是否可以让拆分的颗粒度再细一点呢？将一个大服务继续拆分，成为不同的、不可再分割的服务单元时，也就演变成了另一种架构风格——微服务架构。所以，我们说微服务架构本质上是一种 SOA 的特例。图 22-2 展示了 SOA 与微服务之间的关系。

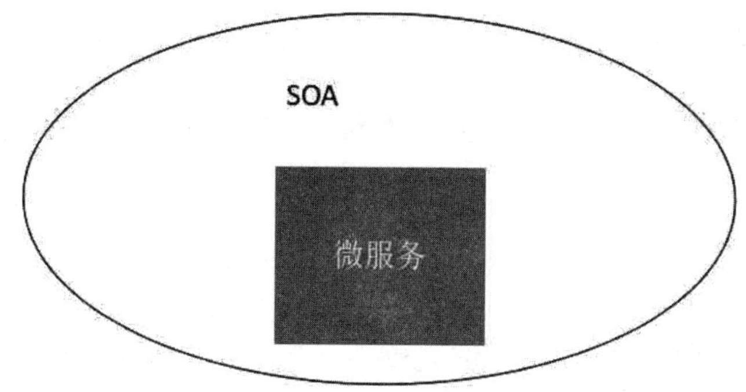

图 22-2　SOA 与微服务的关系

《三国演义》第一回曾说：“话说天下大势，分久必合，合久必分。”软件开发也是如此。有时我们讲高内聚，就是尽量把相关的功能放在一起，方便查找和使用；有时我们又要讲低耦合，不相关的东西之间尽量不要存在依赖关系，让它们独立自主最好。微服务就是这样演进而来的。当一个大型系统过于庞大的时候，就要进行拆分，如果小的服务慢慢增大了，就继续拆分，如同细胞分裂一样。

当然，构建服务并不只是一个“拆”字了得。我们先来了解构建微服务的一些原则。

22.2　微服务设计原则

当我们从单块架构的应用走向基于微服务的架构时，首先面临的一个问题是如何进行拆分。同时，还需要考虑服务颗粒度的问题，即服务多小才算是“微”。接着需要做一个重要的决定，就是如何将这些服务连接在一起，等等，诸如此类。下面带领大家一起来看微服务的架构设计原则。

22.2.1　拆分足够微

在解决大的复杂问题时，我们倾向于将问题域划分成若干个小问题来解决，即“大事化小，小事化了”。单块架构的应用随着时间的推移会越来越臃肿，适当地做“减法”可以解决单块架构存在的问题。

将单块架构的应用拆分为微服务时，应考虑微服务的颗粒度问题。颗粒度太大，其实就是拆分得不够充分，无法发挥微服务的优势；如果拆分得太细，又会面临服务数量太多引起的服务管理问题。对于如何微才算是足够微，这个业界没有具体的度量。一般情况下，当开发人员认为自己的代码库过大时，往往就是拆分的较佳时机。代码库的大小不能简单地以代码量来评价，毕竟复杂业务功能的代码量肯定比简单业务的代码量要高。同样的，一个服务的功能本身的复杂性不同，代码量也截然不同。一个经验是，一个微服务通常能够在两周内开发完成，且通常能够被一个小团队所维护，否则需要将代码进行拆分。

微服务不是越小越好。服务越小，微服务架构的优点和缺点就会越来越明显。服务越小，微服务的独立性就会越高，但同时微服务的数量也会激增，管理这些大批量的服务将会是一个挑战。

22.2.2 轻量级通信

在单块架构的系统中，组件通过简单的方法调用就是进行通信，但是微服务架构系统中，由于服务都是跨域进程，甚至是跨越主机的，组件只能通过 REST、Web 服务或某些类似 RPC 的机制在网络上进行通信。

服务间通信应采用轻量级的通信协议，例如同步的 REST，异步的 JMS、AMQP、STOMP、MQTT 等。在实时性要求不高的场景下，采用 REST 服务的通信是不错的选择。REST 基于 HTTP 协议可以跨越防火墙的设置。其消息格式可以是 XML 或者 JSON，这样方便开发人员来阅读和理解。

如果对于通信有比较高的要求，那么不妨采用消息通信的方式。

22.2.3 领域驱动原则

应用程序功能分解可以通过 Eric Evans 在 Domain-Driven Design 一书中明确定义的规则实现。

一个微服务应该能反映出某个业务的领域模型。使用领域驱动设计（Domain-Driven Design，DDD）不但可以减少微服务环境中通用语言的复杂性，而且可以帮助团队搞清楚领域的边界，理清上下文边界。

建议将每个微服务都设计成一个 DDD 限界上下文（Bounded Context）。这为系统内的微服务提供了一个逻辑边界，无论是在功能还是在通用语言上。每个独立的团队负责一个逻辑上定义好的系统切片。每个团队负责与一个领域或业务功能相关的全部开发，最终团队开发出的代码会更易于理解和维护。

22.2.4 单一职责原则

当服务粒度过粗时，服务内部的代码容易产生耦合。如果多人开发同一个服务，那么很多时候因为耦合会造成代码修改重合，开发成本相对较高，且不利于后期维护。

服务的划分遵循“高内聚、低耦合”，根据“单一职责原则”来确定服务的边界。

服务应当弱耦合在一起，对其他服务的依赖应尽可能低。一个服务与其他服务的任何通信都应通过公开暴露的接口（API、事件等）来实现，这些接口需要妥善设计以隐藏内部细节。

服务应具备高内聚力。密切相关的多个功能应尽量包含在同一个服务中，这样可将服务之间的干扰降至最低。服务应包含单一的界限上下文。界限上下文可将某一领域的内部细节（包括该领域特定的模块）封装在一起。

理想情况下，必须对自己的产品和业务有足够的了解才能确定自然的服务边界。即使一开始确定的边界是错误的，服务之间的弱耦合也可以让你在未来轻松重构（例如合并、拆分、重组）。

22.2.5　DevOps 及两个比萨

每个微服务的开发团队应该是小而精的，并具备完全自治的全栈能力。团队拥有全系列的开发人员，具备用户界面、业务逻辑和持久化存储等方面的开发技能以及能够实现独立的运维，这就是目前流行的 DevOps 的开发模式。

团队的人数越多，沟通成本就会越高，工作的效率就越低下。Amazon 的 CEO Jeff Bezos 对于如何提高工作效率这个问题有自己的解决办法。他称之为“两个比萨团队”（Two Pizza Team），即一个团队的人数不能多到两个比萨饼还不够他们吃的地步。

“两个比萨原则”有助于避免项目陷入停顿或失败的局面。领导人需要慧眼识才，找出能够让项目成功的关键人物，然后尽可能给他们提供资源，从而推动项目向前发展。让一个小团队在一起做项目、开会研讨更有利于达成共识，促进企业创新。

Jeff Bezos 把比萨的数量当作衡量团队大小的标准。如果两个比萨不足以喂饱一个项目团队，这个团队可能就显得太大了，合适的团队一般也就 6 或 7 个人。

22.2.6　不限于技术栈

在单块架构中，技术栈相对较为单一。而在微服务架构中，这种情况就会有很大的转变。

由于服务之间的通信是跟具体的平台无关的，所以理论上，每个微服务都可以采用适合自己场景的技术栈。比如，某些微服务是计算密集型的，那么可以配备比较强大的 CPU 和内存；某些微服务是非结构化的数据场景，那么可以使用 NoSQL 来作为存储。图 22-3 展示了不同的微服务可以采用不同的存储方式。

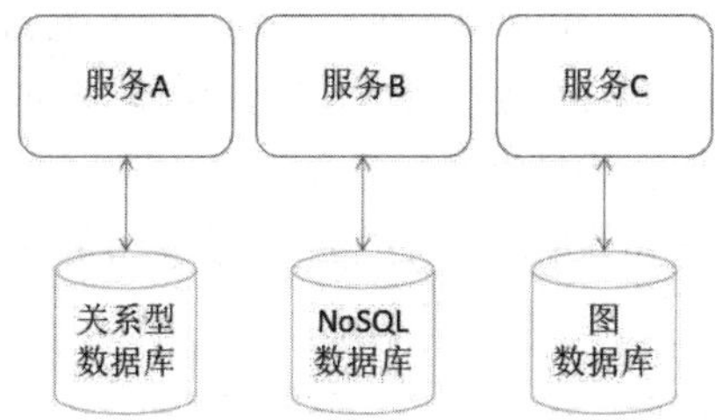

图 22-3　不同的微服务使用不同的存储方式

需要注意的是，不限于技术栈，并非可以滥用技术，关键还是要区分不同的场景。比如，在服务器端，我们还是会使用以 Java 为主的技术，毕竟 Java 在稳定性和安全性方面比较有优势。而在 Linux 系统等底层方面的技术，还是推荐使用 C 语言来实现功能。

22.2.7 可独立部署

由于每个微服务都是独立运行在各自的进程中的，这就为独立部署带来了可能。每个微服务部署到独立的主机或者虚拟机中，可以有效实现服务间的隔离。

独立部署的另一个优势是，开发者不再需要协调其他服务部署对本服务的影响，从而降低了开发、测试、部署的复杂性，最终可以加快部署速度。UI 团队可以采用 AB 测试，通过快速部署来拥抱变化。微服务架构模式使得持续化部署成为可能。

最近比较火的以 Docker 为代码的容器技术让应用独立部署的成本更加低了。每个应用都可以打包成包含其运行环境的 Docker image 来进行分发，这样就确保了应用程序总是可以使用它在构建映像中所期望的环境来运行，测试和部署比以往任何时候都更简单，因为你的构建将是完全可移植的，并且可以按照任何环境中的设计运行。由于容器是轻量级的，运行的时候并没有虚拟机管理程序的额外负载，这样就可以运行许多应用程序，这些应用程序都依赖于单个内核上的不同库和环境，每个应用程序都不会互相干扰。将应用程序从虚拟机或物理机转移到容器实例可以获得更多的硬件资源。

有关 Docker 及微服务设计与架构的内容可以参阅笔者所著的《Spring Cloud 微服务架构开发实战》。

22.3 Spring Boot 概述

在 Java 开发领域，Spring Boot 是一颗耀眼的明星。自 Spring Boot 诞生以来，秉着简化 Java 企业级应用的宗旨，受到广大 Java 开发者的好评。特别是微服务架构的兴起，Spring Boot 被称为构建 Spring 应用中微服务的有力工具之一。Spring Boot 中众多开箱即用的 Starter 为广大开发者尝试开启一个新服务提供了快捷的方式。

为了推动 Spring Boot 技术在国内的发展，早在 2017 年，笔者制作了一系列关于 Spring Boot、Spring Cloud 等方面的视频课程[①]。视频课程上线后受到了广大 Java 技术爱好者的关注，课程的内容也引发了热烈的反响。很多该课程的学员，通过学习该课程，不但可以学会 Spring Boot 及 Spring Cloud 新的周边技术栈，掌握运用上述技术进行整合、搭建框架的能力，熟悉单块架构及微服务架构的特点，并最终实现掌握构建微服务架构的实战能力。重要的是提升了学员自己在市场上的价值。

① 有关课程的介绍可见 https://waylau.com/books/。

22.3.1 Spring Boot 产生的背景

众所周知，Spring 框架的出现本质上是为了简化传统 Java 企业级应用开发中的复杂性。Spring 框架打破了传统 EJB 开发模式中以 bean 为重心的强耦合、强侵入性的弊端，采用依赖注入和 AOP 等技术来解耦对象间的依赖关系，无须继承复杂 bean，只需要 POJO 就能快速实现企业级应用的开发。

Spring 框架最初的 bean 管理是通过 XML 文件来描述的。然后随着业务的增加，应用里面存在大量的 XML 配置，这些配置包括 Spring 框架自身的 Bean 配置，还包括其他框架的集成配置等，到最后 XML 文件变得臃肿不堪，难以阅读和管理。同时，XML 文件内容本身不像 Java 文件一样能够在编译期事先做类型校验，所以也就很难排查 XML 文件中的错误配置。

正当 Spring 开发者饱受 Spring 平台 XML 配置以及依赖管理的复杂性之苦时，Spring 团队敏锐地意识到了这个问题。随着 Spring 3.0 的发布，Spring IO 团队逐渐开始摆脱 XML 配置文件，并且在开发过程中大量使用“约定大于配置”的思想（大部分情况下就是 Java Config 的方式）来摆脱 Spring 框架中各类繁复纷杂的配置。

在 Spring 4.0 发布之后，Spring 团队抽象出了 Spring Boot 开发框架。Spring Boot 本身并不提供 Spring 框架的核心特性以及扩展功能，只是用于快速、敏捷地开发新一代基于 Spring 框架的应用程序。也就是说，Spring Boot 并不是用来替代 Spring 的解决方案，而是和 Spring 框架紧密结合用于提升 Spring 开发者体验的工具。同时，Spring Boot 集成了大量常用的第三方库的配置，Spring Boot 应用为这些第三方库提供了几乎可以零配置的开箱即用的能力。这样大部分的 Spring Boot 应用都只需要非常少量的配置代码，使得开发者能够更加专注于业务逻辑，而无须进行诸如框架的整合等这些只有高级开发者或者架构师才能胜任的工作。

从根本上来讲，Spring Boot 就是一些依赖库的集合，它能够被任意项目的构建系统所使用。在追求开发体验的提升方面，Spring Boot 甚至可以说整个 Spring 生态系统都使用到了 Groovy 编程语言。Spring Boot 提供的众多便捷功能都是借助于 Groovy 强大的 MetaObject 协议、可插拔的 AST 转换过程以及内置了解决方案引擎所实现的依赖。在其核心的编译模型中，Spring Boot 使用 Groovy 来构建工程文件，所以它可以使用通用的导入和样板方法（如类的 main 方法）对类所生成的字节码进行装饰（Decorate）。这样使用 Spring Boot 编写的应用就能保持非常简洁，却依然可以提供众多的功能。

2018 年 3 月 1 日，Spring Boot 2.0 正式版发布。Spring Boot 2 相比于 Spring Boot 1 增加了如下新特性：

- 对 Gradle 插件进行了重写。
- 基于 Java 8 和 Spring 5。
- 支持响应式的编程方式。
- 对 Spring Data、Spring Security、Spring Integration、Spring AMQP、Spring Session、Spring Batch 等都做了更新。

22.3.2 Spring Boot 的目标

简化 Java 企业级应用是 Spring Boot 的目标宗旨。Spring Boot 简化了基于 Spring 的应用开发，通过少量的代码就能创建一个独立的、产品级别的 Spring 应用。Spring Boot 为 Spring 平台及第三方库提供开箱即用的设置，这样就可以有条不紊地进行应用的开发。多数 Spring Boot 应用只需要很少的 Spring 配置。

你可以使用 Spring Boot 创建 Java 应用，并使用 java -jar 启动它，也可以采用传统的 WAR 部署方式。同时，Spring Boot 提供了一个运行 Spring 脚本的命令行工具。

Spring Boot 主要的目标是：

- 为所有 Spring 开发提供一个更快、更广泛的入门体验。
- 开箱即用，不合适时也可以快速抛弃。
- 提供一系列大型项目常用的非功能性特征，比如嵌入式服务器、安全性、度量、运行状况检查、外部化配置等。
- 零配置。无冗余代码生成和 XML 强制配置，遵循“约定大于配置”。

Spring Boot 内嵌表 22-1 所示的容器以支持开箱即用。

表 22-1 Spring Boot 支持的内嵌容器

名称	Servlet 版本	Java 版本
Tomcat 8.5	3.1	Java 8+
Tomcat 8	3.1	Java 7+
Tomcat 7	3.0	Java 6+
Jetty 9.4	3.1	Java 8+
Jetty 9.3	3.1	Java 8+
Jetty 9.2	3.1	Java 7+
Jetty 8	3.0	Java 6+
Undertow 1.3	3.1	Java 7+

你也可以将 Spring Boot 应用部署到任何兼容 Servlet 3.0+的容器。需要注意的是，Spring Boot 2 要求不低于 Java 8 版本。

简而言之，Spring Boot 抛弃了传统 Java EE 项目烦琐的配置和学习过程，让开发过程变得简单！

22.3.3 Spring Boot 与其他 Spring 应用的关系

正如上面所介绍的，Spring Boot 本质上仍然是一个 Spring 应用，本身并不提供 Spring 框架的核心特性以及扩展功能。

Spring Boot 并不是要成为 Spring 平台里面众多基础层（Foundation）项目的替代者。Spring Boot 的目标不在于为已解决的问题域提供新的解决方案，而是为平台带来另一种开箱即用的开发体验。这种体验从根本上来讲就是简化对 Spring 已有的技术的使用。对于已经熟悉 Spring 生态系统的开发人员来说，Spring Boot 是一个很理想的选择，而对于采用 Spring 技术的新人来说，Spring Boot

提供一种更简洁的方式来使用这些技术。图 22-4 展示了 Spring Boot 与其他框架的关系。

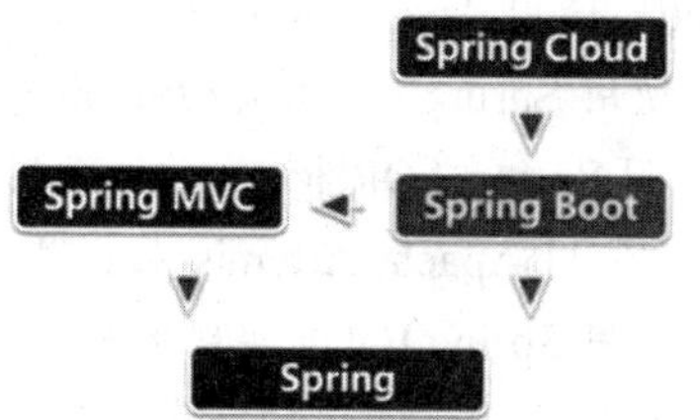

图 22-4　Spring Boot 与其他框架的关系

1. Spring Boot 与 Spring 框架的关系

Spring 框架是通过 IoC 机制来管理 Bean。Spring Boot 依赖 Spring 框架来管理对象的依赖。Spring Boot 并不是 Spring 的精简版本，而是为使用 Spring 做好满足各种产品级要求的准备。

Spring Boot 本质上仍然是一个 Spring 应用，只是将各种依赖按照不同的业务需求组装成不同的 Starter，比如 spring-boot-starter-web 提供了快速开发 Web 应用的框架的集成，spring-boot-starter-data-redis 提供了对于 Redis 的访问。这样，开发者无须自行配置不同的类库之间的关系，采用 Spring Boot 的 Starter 即可。

2. Spring Boot 与 Spring MVC 框架的关系

Spring MVC 实现了 Web 项目中的 MVC 模式。如果 Spring Boot 是一个 Web 项目，那么可以选择采用 Spring MVC 来实现 MVC 模式。当然，也可以选择其他类似的框架来实现。

3. Spring Boot 与 Spring Cloud 框架的关系

Spring Cloud 框架可以实现一整套分布式系统的解决方案（当然，其中也包括微服务架构的方案），包括服务注册、服务发现、监控等，而 Spring Boot 只是作为开发单一服务的框架的基础。

有关 Spring Cloud 的内容会在后续章节详细讲解。

22.3.4　Starter

正如 Starter 所命名的那样，Starter 就是用于快速启动 Spring 应用的“启动器”，其本质是将某些业务功能相关的技术框架进行集成，统一到一组方便的依赖关系描述符中，这样开发者就无须关注应用程序依赖配置的细节，大大简化了开启 Spring 应用的时间。Starter 是 Spring Boot 团队提供的技术方案的较佳组合，例如，如果要开始使用 Spring 和 JPA 进行数据库访问，那么只需在项目中包含 spring-boot-starter-data-jpa 依赖即可，这对用户来说是极其友好的。

所有 Spring Boot 官方提供的 Starter 都以“spring-boot-starter-*”方式来命名，其中“*”是特定业务功能类型的应用程序。这样，用户就能通过这个命名结构来方便地查找自己所需的 Starter。

Spring Boot 官方提供的 Starter 主要分为 3 类：应用型的 Starter、产品级别的 Starter 和技术型的 Starter。

1. 应用型的 Starter

常用的应用型的 Starter 有：

- spring-boot-starter：核心 Starter 支持 auto-configuration、日志和 YAML。
- spring-boot-starter-activemq：使用 Apache ActiveMQ 来实现 JMS 的消息通信。
- spring-boot-starter-amqp：使用 Spring AMQP 和 Rabbit MQ 实现消息队列。
- spring-boot-starter-aop：使用 Spring AOP 和 AspectJ 来实现 AOP 功能。
- spring-boot-starter-artemis：使用 Apache Artemis 来实现 JMS 的消息通信。
- spring-boot-starter-batch：使用 Spring Batch 实现批量处理。
- spring-boot-starter-cache：启用 Spring 框架的缓存功能。
- spring-boot-starter-cloud-connectors：用于简化连接到云平台，比如 Cloud Foundry 和 Heroku。
- spring-boot-starter-data-cassandra：使用 Cassandra 和 Spring Data Cassandra。
- spring-boot-starter-data-cassandra-reactive：使用 Cassandra 和 Spring Data Cassandra Reactive。
- spring-boot-starter-data-couchbase：使用 Couchbase 和 Spring Data Couchbase。
- spring-boot-starter-data-elasticsearch：使用 Elasticsearch 和 Spring Data Elasticsearch。
- spring-boot-starter-data-jpa：使用基于 Hibernate 的 Spring Data JPA。
- spring-boot-starter-data-ldap：使用 Spring Data LDAP。
- spring-boot-starter-data-mongodb：使用 MongoDB 和 Spring Data MongoDB。
- spring-boot-starter-data-mongodb-reactive：使用 MongoDB 和 Spring Data MongoDB Reactive。
- spring-boot-starter-data-neo4j：使用 Neo4j 和 Spring Data Neo4j。
- spring-boot-starter-data-redis：使用 Redis、Spring Data Redis 以及 Jedis 客户端。
- spring-boot-starter-data-redis-reactive：使用 Redis、Spring Data Redis Reactive 以及 Lettuce 客户端。
- spring-boot-starter-data-rest：通过 Spring Data REST 来呈现 Spring Data 仓库。
- spring-boot-starter-data-solr：通过 Spring Data Solr 来使用 Apache Solr。
- spring-boot-starter-freemarker：在 MVC 应用中使用 FreeMarker 视图。
- spring-boot-starter-groovy-templates：在 MVC 应用中使用 Groovy Templates 视图。
- spring-boot-starter-hateoas：使用 Spring MVC 和 Spring HATEOAS 来构建基于 hypermedia 的 RESTful 服务应用。
- spring-boot-starter-integration：用于 Spring Integration。
- spring-boot-starter-jdbc：通过 Tomcat JDBC 连接池来使用 JDBC。
- spring-boot-starter-jersey：使用 JAX-RS 和 Jersey 来构建 RESTful 服务应用，可以替代 spring-boot-starter-web。
- spring-boot-starter-jooq：使用 jOOQ 来访问数据库，可以替代 spring-boot-starter-data-jpa 或 spring-boot-starter-jdbc。
- spring-boot-starter-jta-atomikos：使用 Atomikos 处理 JTA 事务。
- spring-boot-starter-jta-bitronix：使用 Bitronix 处理 JTA 事务。
- spring-boot-starter-jta-narayana：使用 Narayana 处理 JTA 事务。
- spring-boot-starter-mail：使用 Java Mail 和 Spring 框架的邮件发送支持。
- spring-boot-starter-mobile：使用 Spring Mobile 来构建 Web 应用。
- spring-boot-starter-mustache：使用 Mustache 视图来构建 Web 应用。
- spring-boot-starter-quartz：使用 Quartz 实现定时任务。

- spring-boot-starter-security：使用 Spring Security 安全认证。
- spring-boot-starter-social-facebook：使用 Spring Social Facebook 创建 Facebook 应用。
- spring-boot-starter-social-linkedin：使用 Spring Social LinkedIn 创建 LinkedIn 应用。
- spring-boot-starter-social-twitter：使用 Spring Social Twitter 创建 Twitter 应用。
- spring-boot-starter-test：使用 JUnit、Hamcrest 和 Mockito 来进行应用的测试。
- spring-boot-starter-thymeleaf：在 MVC 应用中使用 Thymeleaf 来渲染视图。
- spring-boot-starter-validation：启用基于 Hibernate Validator 的 Java Bean Validation 功能。
- spring-boot-starter-web：使用 Spring MVC 来构建 RESTful Web 应用，并使用 Tomcat 作为默认内嵌容器。
- spring-boot-starter-web-services：使用 Spring Web Services 来构建 Web 服务。
- spring-boot-starter-webflux：使用 Spring 框架的 Reactive Web 支持来构建 WebFlux 应用。
- spring-boot-starter-websocket：使用 Spring 框架的 WebSocket 支持来构建 WebSocket 应用。

2. 产品级别的 Starter

产品级别的 Starter 主要有 Actuator：

- spring-boot-starter-actuator：使用 Spring Boot Actuator 来提供产品级别的功能，帮助用户实现应用的监控和管理。

3. 技术型的 Starter

Spring Boot 还包括一些技术型的 Starter，如果要排除或替换特定的技术，那么可以使用它们：

- spring-boot-starter-jetty：使用 Jetty 作为内嵌容器，可以替换 spring-boot-starter-tomcat。
- spring-boot-starter-json：用于处理 JSON。
- spring-boot-starter-log4j2：使用 Log4j2 来记录日志，可以替换 spring-boot-starter-logging。
- spring-boot-starter-logging：默认采用 Logback 来记录日志。
- spring-boot-starter-reactor-netty：使用 Reactor Netty 来作为内嵌的响应式 HTTP 服务器。
- spring-boot-starter-tomcat：使用 Tomcat 作为默认内嵌容器。
- spring-boot-starter-undertow：使用 Undertow 作为内嵌容器，可以替换 spring-boot-starter-tomcat。

22.4　实战：开启第一个 Spring Boot 项目

本节将演示如何开启第一个 Spring Boot 项目。创建 Spring Boot 应用的过程非常简单，甚至不需要输入代码，就能完成一个 Spring Boot 项目的构建。

22.4.1　通过 Spring Initializr 初始化一个 Spring Boot 原型

Spring Initializr 是用于初始化 Spring Boot 项目的可视化平台。虽然说通过 Maven 或者 Gradle

来添加 Spring Boot 提供的 Starter 使用起来非常简单，但是由于组件和关联部分众多，有这样一个可视化的配置构建管理平台对于用户来说非常友好。下面将演示如何通过 Spring Initializr 初始化一个 Spring Boot 项目原型。

访问网站 https://start.spring.io/，该网站是 Spring 提供的官方 Spring Initializr 网站，当然，你也可以搭建自己的 Spring Initializr 平台，有兴趣的读者可以访问 https://github.com/spring-io/initializr/来获取 Spring Initializr 项目源码。

按照 Spring Initializr 页面提示，输入相应的项目元数据（Project Metadata）资料，并选择依赖。由于我们要初始化一个 Web 项目，所以在依赖搜索框里面输入关键字 web，并且选择 Spring Web 选项。该项目将会采用 Spring MVC 作为 MVC 的框架，并且集成了 Tomcat 作为内嵌的 Web 容器。图 22-5 展示了 Spring Initializr 的管理界面。

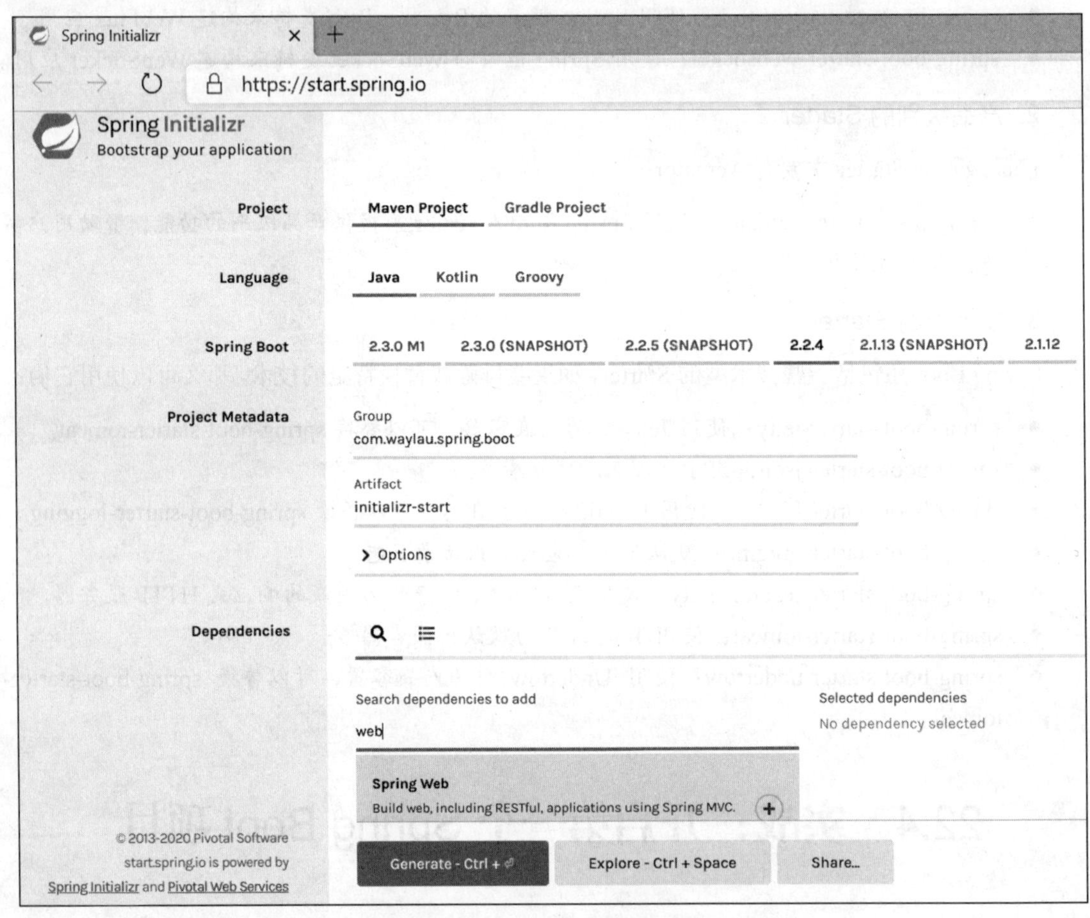

图 22-5 Spring Initializr 的管理界面

这里我们采用 Maven 作为项目管理工具，选择新的 Spring Boot 版本，Group 的信息填为 com.waylau.spring.boot，Artifact 填为 initializr-start。最后，单击 Generate 按钮，此时可以下载到以项目 initializr-start 命名的 ZIP 包。该压缩包包含这个原型项目的所有源码以及配置，将该压缩包解压后，就能获得 initializr-start 项目完整源码。

这里，我们并没有输入代码，却已经完成了一个完整 Spring Boot 项目的搭建。

22.4.2 用 Maven 编译项目

切换到 initializr-start 项目的根目录下，执行 mvn package 来对项目进行构建，构建过程如下：

```
    $ mvn package
    ...

    2020-02-08 12:56:36.879  INFO 24584 ---
[           main] .w.s.b.i.InitializrStartApplicationTests : Starting
InitializrStartApplicationTests on MacBook with PID 24584 (started by wayla in
D:\workspaceGithub\java-ee-enterprise-development-samples\samples\initializr-start)
    2020-02-08 12:56:36.884  INFO 24584 ---
[           main] .w.s.b.i.InitializrStartApplicationTests : No active profile set,
falling back to default profiles: default
    2020-02-08 12:56:38.204  INFO 24584 --- [           main]
o.s.s.concurrent.ThreadPoolTaskExecutor  : Initializing ExecutorService
'applicationTaskExecutor'
    2020-02-08 12:56:38.475  INFO 24584 ---
[           main] .w.s.b.i.InitializrStartApplicationTests : Started
InitializrStartApplicationTests in 2.051 seconds (JVM running for 3.066)
    [INFO] Tests run: 1, Failures: 0, Errors: 0, Skipped: 0, Time elapsed: 2.999 s - in
com.waylau.spring.boot.initializrstart.InitializrStartApplicationTests
    2020-02-08 12:56:39.008  INFO 24584 --- [extShutdownHook]
o.s.s.concurrent.ThreadPoolTaskExecutor  : Shutting down ExecutorService
'applicationTaskExecutor'
    [INFO]
    [INFO] Results:
    [INFO]
    [INFO] Tests run: 1, Failures: 0, Errors: 0, Skipped: 0
    [INFO]
    [INFO]
    [INFO] --- maven-jar-plugin:3.1.2:jar (default-jar) @ initializr-start ---
    [INFO] Building jar:
D:\workspaceGithub\java-ee-enterprise-development-samples\samples\initializr-start\ta
rget\initializr-start-0.0.1-SNAPSHOT.jar
    [INFO]
    [INFO] --- spring-boot-maven-plugin:2.2.4.RELEASE:repackage (repackage) @
initializr-start ---
    [INFO] Replacing main artifact with repackaged archive
    [INFO] ------------------------------------------------------------------------
    [INFO] BUILD SUCCESS
    [INFO] ------------------------------------------------------------------------
    [INFO] Total time:  8.649 s
    [INFO] Finished at: 2020-02-08T12:56:40+08:00
    [INFO] ------------------------------------------------------------------------
```

编译成功后，在该目录 target 下可以看到一个 initializr-start-0.0.1-SNAPSHOT.jar，该文件就是项目编译后的可执行文件。在项目的根目录，通过下面的命令来运行该文件：

```
    java -jar target/initializr-start-0.0.1-SNAPSHOT.jar
```

成功运行后，可以在控制台看到如下输出：

```
$ java -jar target/initializr-start-0.0.1-SNAPSHOT.jar

  .   ____          _            __ _ _
 /\\ / ___'_ __ _ _(_)_ __  __ _ \ \ \ \
( ( )\___ | '_ | '_| | '_ \/ _` | \ \ \ \
 \\/  ___)| |_)| | | | | || (_| |  ) ) ) )
  '  |____| .__|_| |_|_| |_\__, | / / / /
 =========|_|==============|___/=/_/_/_/
 :: Spring Boot ::        (v2.2.4.RELEASE)

    2020-02-08 12:58:52.938  INFO 18416 --- [           main]
c.w.s.b.i.InitializrStartApplication     : Starting InitializrStartApplication
v0.0.1-SNAPSHOT on MacBook with PID 18416
(D:\workspaceGithub\java-ee-enterprise-development-samples\samples\initializr-start\t
arget\initializr-start-0.0.1-SNAPSHOT.jar started by wayla in
D:\workspaceGithub\java-ee-enterprise-development-samples\samples\initializr-start)
    2020-02-08 12:58:52.943  INFO 18416 --- [           main]
c.w.s.b.i.InitializrStartApplication     : No active profile set, falling back to default
profiles: default
    2020-02-08 12:58:54.201  INFO 18416 --- [           main]
o.s.b.w.embedded.tomcat.TomcatWebServer  : Tomcat initialized with port(s): 8080 (http)
    2020-02-08 12:58:54.213  INFO 18416 --- [           main]
o.apache.catalina.core.StandardService   : Starting service [Tomcat]
    2020-02-08 12:58:54.214  INFO 18416 --- [           main]
org.apache.catalina.core.StandardEngine  : Starting Servlet engine: [Apache
Tomcat/9.0.30]
    2020-02-08 12:58:54.291  INFO 18416 --- [           main]
o.a.c.c.C.[Tomcat].[localhost].[/]       : Initializing Spring embedded
WebApplicationContext
    2020-02-08 12:58:54.292  INFO 18416 --- [           main]
o.s.web.context.ContextLoader            : Root WebApplicationContext: initialization
completed in 1282 ms
    2020-02-08 12:58:54.505  INFO 18416 --- [           main]
o.s.s.concurrent.ThreadPoolTaskExecutor  : Initializing ExecutorService
'applicationTaskExecutor'
    2020-02-08 12:58:54.834  INFO 18416 --- [           main]
o.s.b.w.embedded.tomcat.TomcatWebServer  : Tomcat started on port(s): 8080 (http) with
context path ''
    2020-02-08 12:58:54.839  INFO 18416 --- [           main]
c.w.s.b.i.InitializrStartApplication     : Started InitializrStartApplication in 2.372
seconds (JVM running for 2.825)
```

我们可以观察控制台输出的内容（为了节省篇幅，省去了中间大部分内容）。在开始部分是一个大大的 Spring 的横幅，并在下面标明了 Spring Boot 的版本号。该横幅也被称为 Spring Boot 的 Banner。

用户可以自定义符合自己个性需求的 Banner。比如，在类路径添加一个 banner.txt 文件，或者通过将 banner.location 设置到此类文件的位置来更改。如果文件有一个不寻常的编码，那么可以设置 banner.charset（默认是 UTF-8）。除了文本文件外，还可以将 banner.gif、banner.jpg 或 banner.png 图像文件添加到类路径中，或者设置 banner.image.location 属性。这些图像将被转换成 ASCII 艺术表现，并打印在控制台上方。

Spring Boot 默认寻找 Banner 的顺序是：

- 依次在类路径下找文件 banner.gif、banner.jpg 或 banner.png，先找到哪个就用哪个。
- 继续在类路径下找 banner.txt。
- 上面都没有找到的话，使用默认的 Spring Boot Banner。

从最后的输出内容可以观察到，该项目使用的是 Tomcat 容器，项目使用的端口号是 8080。在控制台输入 Ctrl+C 快捷键可以关闭该程序。

22.4.3 探索项目

启动项目后，在浏览器里输入 http://localhost:8080/，我们可以得到如下信息：

```
    Whitelabel Error Page
    This application has no explicit mapping for /error, so you are seeing this as a
fallback.

    Sat Feb 08 13:02:12 CST 2020
    There was an unexpected error (type=Not Found, status=404).
    No message available
```

由于在项目里面没有任何对请求的处理程序，因此 Spring Boot 会返回上述默认错误提示信息。

我们观察 initializr-start 项目的目录结构：

```
initializr-start
│  .gitignore
│  HELP.md
│  mvnw
│  mvnw.cmd
│  pom.xml
│
├─.mvn
│  └─wrapper
│          maven-wrapper.jar
│          maven-wrapper.properties
│          MavenWrapperDownloader.java
│
├─src
│  ├─main
│  │  ├─java
│  │  │  └─com
│  │  │      └─waylau
│  │  │          └─spring
│  │  │              └─boot
│  │  │                  └─initializrstart
```

```
│  │  │              InitializrStartApplication.java
│  │  │
│  │  └─resources
│  │      │  application.properties
│  │      │
│  │      ├─static
│  │      └─templates
│  └─test
│      └─java
│          └─com
│              └─waylau
│                  └─spring
│                      └─boot
│                          └─initializrstart
│                                  InitializrStartApplicationTests.java
│
└─target
    │  initializr-start-0.0.1-SNAPSHOT.jar
    │  initializr-start-0.0.1-SNAPSHOT.jar.original
    │
    ├─classes
    │  │  application.properties
    │  │
    │  └─com
    │      └─waylau
    │          └─spring
    │              └─boot
    │                  └─initializrstart
    │                          InitializrStartApplication.class
    │
    ├─generated-sources
    │  └─annotations
    ├─generated-test-sources
    │  └─test-annotations
    ├─maven-archiver
    │      pom.properties
    │
    ├─maven-status
    │  └─maven-compiler-plugin
    │      ├─compile
    │      │  └─default-compile
    │      │          createdFiles.lst
    │      │          inputFiles.lst
    │      │
    │      └─testCompile
    │          └─default-testCompile
    │                  createdFiles.lst
    │                  inputFiles.lst
    │
    ├─surefire-reports
```

```
        │
com.waylau.spring.boot.initializrstart.InitializrStartApplicationTests.txt
        │
TEST-com.waylau.spring.boot.initializrstart.InitializrStartApplicationTests.xml
        │
        └─test-classes
            └─com
                └─waylau
                    └─spring
                        └─boot
                            └─initializrstart
                                    InitializrStartApplicationTests.class
```

在这个目录结构包含以下信息：

1. pom.xml 文件

在项目的根目录可以看到 pom.xml 文件，这个是 Maven 项目的配置文件。pom.xml 文件代码如下：

```
<?xml version="1.0" encoding="UTF-8"?>
<project xmlns="http://maven.apache.org/POM/4.0.0"
    xmlns:xsi="http://www.w3.org/2001/XMLSchema-instance"
    xsi:schemaLocation="http://maven.apache.org/POM/4.0.0
        https://maven.apache.org/xsd/maven-4.0.0.xsd">
    <modelVersion>4.0.0</modelVersion>
    <parent>
        <groupId>org.springframework.boot</groupId>
        <artifactId>spring-boot-starter-parent</artifactId>
        <version>2.2.4.RELEASE</version>
        <relativePath/> <!-- lookup parent from repository -->
    </parent>
    <groupId>com.waylau.spring.boot</groupId>
    <artifactId>initializr-start</artifactId>
    <version>0.0.1-SNAPSHOT</version>
    <name>initializr-start</name>
    <description>Demo project for Spring Boot</description>

    <properties>
        <java.version>1.8</java.version>
    </properties>

    <dependencies>
        <dependency>
            <groupId>org.springframework.boot</groupId>
            <artifactId>spring-boot-starter-web</artifactId>
        </dependency>

        <dependency>
            <groupId>org.springframework.boot</groupId>
            <artifactId>spring-boot-starter-test</artifactId>
            <scope>test</scope>
            <exclusions>
```

```
                <exclusion>
                    <groupId>org.junit.vintage</groupId>
                    <artifactId>junit-vintage-engine</artifactId>
                </exclusion>
            </exclusions>
        </dependency>
    </dependencies>

    <build>
        <plugins>
            <plugin>
                <groupId>org.springframework.boot</groupId>
                <artifactId>spring-boot-maven-plugin</artifactId>
            </plugin>
        </plugins>
    </build>

</project>
```

2. mvnw 和 mvnw.cmd

mvnw 和 mvnw.cmd 这两个文件是 Maven Wrapper 用于构建项目的脚本。使用 Maven Wrapper 的好处在于，可以使得项目组成员不必预先在本地安装好 Maven 工具。在用 Maven Wrapper 构建项目时，Maven Wrapper 首先会去检查本地是否存在 Maven，如果没有，就会根据配置上的 Maven 的版本和安装包的位置来自动获取安装包并构建项目。使用 Maven Wrapper 的另一个好处在于，所有的项目组成员能够统一项目所使用的 Maven 版本，从而规避由于环境不一致导致的编译失败的问题。对于 Maven Wrapper 的使用，在类似 UNIX 的平台上（如 Linux 和 Mac OS），直接运行 mvnw 脚本，就会自动完成 Maven 环境的搭建。而在 Windows 环境下，则执行 mvnw.cmd 文件。

3. target 目录

target 目录是 Maven 项目进行构建后生成的目录、文件。

4. Maven Wrapper

.mvn 目录下存放着 Maven Wrapper 文件。Maven Wrapper 免去了用户在使用 Maven 进行项目构建时需要安装 Maven 的烦琐步骤。每个 Maven Wrapper 都绑定到一个特定版本的 Maven，所以当你第一次在给定 Maven 版本下运行上面的命令之一时，将会下载相应的 Maven 发布包，并使用它来执行构建。默认情况下，Maven Wrapper 的发布包指向官网的 Web 服务地址，相关配置记录在 maven-wrapper.properties 文件中。我们查看 Spring Boot 提供的这个 Maven Wrapper 的配置，参数 distributionUrl 用于指定发布包的位置。

```
    distributionUrl=https://repo.maven.apache.org/maven2/org/apache/maven/apache-maven/3.6.3/apache-maven-3.6.3-bin.zip
    wrapperUrl=https://repo.maven.apache.org/maven2/io/takari/maven-wrapper/0.5.6/maven-wrapper-0.5.6.jar
```

从上述配置可以看出，当前 Spring Boot 采用的是 Maven 3.6.3 版本。我们也可以自行修改版本和发布包存放的位置。比如可以指定发布包的位置在本地的文件系统中。

5. src 目录

如果你用过 Maven，那么肯定对 src 目录不陌生。该目录下的 main 目录下是程序的源码，test 下是测试用的代码。

22.4.4 编写 REST 服务

编写控制器 HelloController，用来暴露 REST 服务。其代码如下：

```
package com.waylau.spring.boot.initializrstart;

import org.springframework.web.bind.annotation.RequestMapping;
import org.springframework.web.bind.annotation.RestController;

@RestController
public class HelloController {

    @RequestMapping("/hello")
    public String hello() {
        return "Hello World! Welcome to visit waylau.com!";
    }

    @RequestMapping("/hello/way")
    public User helloWay() {
        return new User("Way Lau", 30);
    }
}
```

其中，User 类是一个 POJO，代码如下：

```
package com.waylau.spring.boot.initializrstart;

public class User {
    private String username;
    private Integer age;

    public User(String username, Integer age) {
        this.username = username;
        this.age = age;
    }

    public String getUsername() {
        return username;
    }

    public void setUsername(String username) {
        this.username = username;
    }

    public Integer getAge() {
```

```
        return age;
    }

    public void setAge(Integer age) {
        this.age = age;
    }

}
```

再次运行应用，在浏览器中分别访问 http://localhost:8080/hello 和 http://localhost:8080/hello/way 地址进行测试，能看到如图 22-6 和图 22-7 所示的响应效果。

图 22-6 “/hello”接口的返回内容

图 22-7 “/hello/way”接口的返回内容

可以看到，initializr-start 应用只需要非常少的代码量就能与第 9 章所实现的 mvc-json 应用的效果完全一样，而配置工作却少了很多。

22.5 总 结

本章介绍了单块架构的概念，并且解析了为什么单块架构最终会演变为微服务架构。本章还重点介绍了微服务架构框架 Spring Boot 及其用法。

22.6 习 题

（1）简述单块架构的概念。

（2）简述单块架构的优缺点。

（3）简述单块架构如何进化为微服务。

（4）列举微服务设计原则。

（5）简述 Spring Boot 产生的背景。

（6）简述 Spring Boot 的目标。

（7）简述 Spring Boot 与其他 Spring 应用的关系。

（8）使用 Spring Boot 构建一个 Web 示例。

第23章

微服务治理框架——Spring Cloud

随着微服务架构深入人心，针对微服务架构的管理越来越重要。Spring Cloud 就是一个基于 Spring Boot 的微服务治理框架。

23.1 Spring Cloud 概述

从零开始构建一套完整的分布式系统是困难的。笔者在《分布式系统常用技术及案例分析》一书中用了将近 700 页的篇幅来介绍当今流行的分布式架构技术方案。这些技术涵盖分布式消息服务、分布式计算、分布式存储、分布式监控系统、分布式版本控制、RESTful、微服务、容器等众多领域的内容，可见构建分布式系统需要非常广的技术面。就微服务架构的风格而言，一套完整的微服务架构系统往往需要考虑以下挑战：

- 配置管理。
- 服务注册与发现。
- 断路器。
- 智能路由。
- 服务间调用。
- 负载均衡。
- 微代理。
- 控制总线。
- 一次性令牌。
- 全局锁。
- 领导选举。
- 分布式会话。

- 集群状态。
- 分布式消息。

……

而 Spring Cloud 正是考虑到上述微服务开发过程中的痛点，为广大开发人员提供了快速构建微服务架构系统的工具。

23.1.1　什么是 Spring Cloud

使用 Spring Cloud 开发人员可以开箱即用地实现这些模式的服务和应用程序。这些服务可以在任何环境下运行，包括分布式环境，也包括开发人员自己的笔记本电脑、裸机数据中心以及 Cloud Foundry 等托管平台。

Spring Cloud 基于 Spring Boot 来构建服务，并可以轻松地集成第三方类库来增强应用程序的行为。可以利用基本的默认行为快速入门，然后在需要时通过配置或扩展以创建自定义的解决方案。

Spring Cloud 的项目主页为 http://projects.spring.io/spring-cloud/。

23.1.2　Spring Cloud 与 Spring Boot 的关系

Spring Boot 是构建 Spring Cloud 架构的基石，是一种快速启动项目的方式。

Spring Cloud 的版本命名方式与传统的版本号命名方式稍有不同。由于 Spring Cloud 是一个拥有诸多子项目的大型综合项目，原则上其子项目也都维护着自己的发布版本号。每一个 Spring Cloud 的版本都会包含不同的子项目版本，为了管理每个版本的子项目清单，避免版本名与子项目的发布号混淆，所以没有采用版本号的方式，而是通过命名的方式。

这些版本名字采用了伦敦地铁站的名字，根据字母表的顺序来对应版本时间顺序，比如最早的 Release 版本为 Angel，第二个 Release 版本为 Brixton，以此类推。Spring Cloud 对应 Spring Boot 版本，有表 23-1 所示的版本依赖关系。

表 23-1　Spring Cloud 与 Spring Boot 的版本依赖关系

Spring Cloud 版本	Spring Boot 版本
Hoxton	2.2.x
Greenwich	2.1.x
Finchley	2.0.x
Edgware	1.5.x
Dalston	1.5.x

需要注意的是：

- Greenwich 版本是基于 Spring Boot 2.1.x 的，不能工作于 Spring Boot 1.5.x。
- Finchley 版本是基于 Spring Boot 2.0.x 的，不能工作于 Spring Boot 1.5.x。
- Dalston 和 Edgware 是基于 Spring Boot 1.5.x 的，不能工作于 Spring Boot 2.0.x。
- Camden 工作于 Spring Boot 1.4.x，但未在 1.5.x 版本上测试。

- Brixton 工作于 Spring Boot 1.3.x，但未在 1.4.x 版本上测试。
- Angel 基于 Spring Boot 1.2.x，且不与 Spring Boot 1.3.x 版本兼容。

23.2 Spring Cloud 入门配置

Spring Cloud 可以采用 Maven 或者 Gradle 来配置。

23.2.1 Maven 配置

以下是一个 Spring Boot 项目的基本 Maven 配置：

```
<parent>
    <groupId>org.springframework.boot</groupId>
    <artifactId>spring-boot-starter-parent</artifactId>
    <version>2.0.0.RELEASE</version>
</parent>
<dependencyManagement>
    <dependencies>
        <dependency>
            <groupId>org.springframework.cloud</groupId>
            <artifactId>spring-cloud-dependencies</artifactId>
            <version>Finchley.M9</version>
            <type>pom</type>
            <scope>import</scope>
        </dependency>
    </dependencies>
</dependencyManagement>
<dependencies>
    <dependency>
        <groupId></groupId>
        <artifactId>spring-cloud-starter-config</artifactId>
    </dependency>
    <dependency>
        <groupId></groupId>
        <artifactId>spring-cloud-starter-eureka</artifactId>
    </dependency>
</dependencies><repositories>
    <repository>
        <id>spring-milestones</id>
        <name>Spring Milestones</name>
        <url>https://repo.spring.io/libs-milestone</url>
        <snapshots>
            <enabled>false</enabled>
        </snapshots>
    </repository>
</repositories>
```

在此基础之上，可以按需添加不同的依赖，以增强应用程序的功能。

23.2.2 Gradle 配置

以下是一个 Spring Boot 项目的基本 Gradle 配置：

```
buildscript {
    ext {
        springBootVersion = '2.0.0.RELEASE'
    }
    repositories {
        mavenCentral()
    }
    dependencies {
        classpath("org.springframework.boot:spring-boot-gradle-plugin:
${springBootVersion}")
    }
}

apply plugin: 'java'
apply plugin: 'spring-boot'

dependencyManagement {
  imports {
    mavenBom ':spring-cloud-dependencies:Finchley.M9'
  }
}

dependencies {
    compile ':spring-cloud-starter-config'
    compile ':spring-cloud-starter-eureka'
}repositories {
    maven {
        url 'https://repo.spring.io/libs-milestone'
    }
}
```

在此基础之上，可以按需添加不同的依赖，以使应用程序增强功能。

其中，Maven 仓库设置可以更改为国内的镜像库，以提升下载依赖的速度。

23.2.3 声明式方法

Spring Cloud 采用声明的方法，通常只需要一个类路径更改或者添加注解即可获得很多功能。下面是 Spring Cloud 声明为一个 Netflix Eureka Client 简单的应用程序示例：

```
import org.springframework.boot.SpringApplication;
import org.springframework.boot.autoconfigure.SpringBootApplication;
import org.springframework.cloud.client.discovery.EnableDiscoveryClient;
```

```
@SpringBootApplication
@EnableDiscoveryClient
public class Application {

    public static void main(String[] args) {
        SpringApplication.run(Application.class, args);
    }
}
```

23.3 Spring Cloud 子项目介绍

本节将介绍 Spring Cloud 子项目的组成。

1. Spring Cloud Config

配置中心利用 Git 来集中管理程序的配置。

项目地址为：http://cloud.spring.io/spring-cloud-config。

2. Spring Cloud Netflix

集成众多 Netflix 的开源软件，包括 Eureka、Hystrix、Zuul、Archaius 等。

项目地址为：http://cloud.spring.io/spring-cloud-netflix。

3. Spring Cloud Bus

消息总线利用分布式消息将服务和服务实例连接在一起，用于在一个集群中传播状态的变化，比如配置更改的事件，可与 Spring Cloud Config 联合实现热部署。

项目地址为：http://cloud.spring.io/spring-cloud-bus。

4. Spring Cloud 之 CloudFoundry

利用 Pivotal CloudFoundry 集成你的应用程序。CloudFoundry 是 VMware 推出的开源 PaaS 云平台。

项目地址为：http://cloud.spring.io/spring-cloud-cloudfoundry。

5. Spring CloudFoundry Service Broker

为建立管理云托管服务的服务代理提供了一个起点。

项目地址为：http://cloud.spring.io/spring-cloud-cloudfoundry-service-broker/。

6. Spring Cloud Cluster

基于 Zookeeper、Redis、Hazelcast、Consul 实现的领导选举和平民状态模式的抽象和实现。

项目地址为：http://projects.spring.io/spring-cloud。

7. Spring Cloud Consul

基于 Hashicorp Consul 实现的服务发现和配置管理。

项目地址为：http://cloud.spring.io/spring-cloud-consul。

8. Spring Cloud Security

在 Zuul 代理中为 OAuth2 REST 客户端和认证头转发提供负载均衡。

项目地址为：http://cloud.spring.io/spring-cloud-security。

9. Spring Cloud Sleuth

适用于 Spring Cloud 应用程序的分布式跟踪，与 Zipkin、HTrace 和基于日志（例如 ELK）的跟踪相兼容。可以用于日志的收集。

项目地址为：http://cloud.spring.io/spring-cloud-sleuth。

10. Spring Cloud Data Flow

一种针对现代运行时可组合的微服务应用程序的云本地编排服务。易于使用的 DSL、拖放式 GUI 和 REST API 一起简化了基于微服务的数据管道的整体编排。

项目地址为：http://cloud.spring.io/spring-cloud-dataflow。

11. Spring Cloud Stream

一个轻量级的事件驱动的微服务框架来快速构建可以连接到外部系统的应用程序。使用 Apache Kafka 或 RabbitMQ 在 Spring Boot 应用程序之间发送和接收消息的简单声明模型。

项目地址为：http://cloud.spring.io/spring-cloud-stream。

12. Spring Cloud Stream App Starters

基于 Spring Boot 为外部系统提供 Spring 的集成。

项目地址为：http://cloud.spring.io/spring-cloud-stream-app-starters。

13. Spring Cloud Task

短生命周期的微服务为 Spring Boot 应用简单声明添加功能和非功能特性。

项目地址为：http://cloud.spring.io/spring-cloud-task。

14. Spring Cloud Task App Starters

Spring Cloud Task App Starters 是 Spring Boot 应用程序，可能是任何进程，包括 Spring Batch 作业，并可以在数据处理有限的时间终止。

项目地址为：http://cloud.spring.io/spring-cloud-config。

15. Spring Cloud Zookeeper

基于 Apache Zookeeper 的服务发现和配置管理的工具包，用于使用 Zookeeper 方式的服务注册和发现。

项目地址为：http://cloud.spring.io/spring-cloud-task-app-starters。

16. Spring Cloud for Amazon Web Services

与 Amazon Web Services 轻松集成，提供了一种方便的方式来与 AWS 提供的服务进行交互，使用众所周知的 Spring 惯用语和 API（如消息传递或缓存 API）。开发人员可以围绕托管服务构建应用程序，而无须关心基础设施或维护工作。

项目地址为：https://cloud.spring.io/spring-cloud-aws。

17. Spring Cloud Connectors

便于 PaaS 应用在各种平台上连接到后端，比如像数据库和消息服务这类后端。

项目地址为：http://cloud.spring.io/spring-cloud-config。

18. Spring Cloud Starters

基于 Spring Boot 的项目，用以简化 Spring Cloud 的依赖管理。该项目已经终止，并且在 Angel.SR2 后的版本和其他项目合并。

项目地址为：https://cloud.spring.io/spring-cloud-connectors。

19. Spring Cloud CLI

Spring Boot CLI 插件用于在 Groovy 中快速创建 Spring Cloud 组件应用程序。

项目地址为：https://github.com/spring-cloud/spring-cloud-cli。

20. Spring Cloud Contract

Spring Cloud Contract 是一个总体项目，其中包含帮助用户成功实施消费者驱动契约（Consumer Driven Contracts）的解决方案。

项目地址为：http://cloud.spring.io/spring-cloud-contract

23.4 实战：实现微服务的注册与发现

在微服务的架构里面，服务的注册与发现是核心的功能。通过服务的注册和发现机制，微服务之间才能进行相互通信、相互协作。

23.4.1 服务发现的意义

服务发现意味着你发布的服务可以让别人找得到。在互联网里面，常用的服务发现机制莫过于域名。通过域名，你可以发现该域名所对应的 IP，继而能够找到发布到这个 IP 的服务。域名和主机的关系并非是一对一的，有可能多个域名都映射到了同一个 IP 下面。DNS（Domain Name System，域名系统）是因特网的一项核心服务，它作为可以将域名和 IP 地址相互映射的一个分布式数据库，能够使人更方便地访问互联网，而不用去记住能够被机器直接读取的 IP 地址串。

那么，在局域网内，是否也可以通过设置相应的主机名来让其他主机访问到呢？答案是肯定的。

在 Spring Cloud 技术栈中，Eureka 作为服务注册中心对整个微服务架构起着核心的整合作用。Eureka 是 Netflix 开源的一款提供服务注册和发现的产品。

Eureka 的项目主页在 https://github.com/spring-cloud/spring-cloud-netflix，有兴趣的读者可以去查看源码。

Eureka 具有以下优点：

- 完整的服务注册和发现机制。Eureka 提供了完整的服务注册和发现机制，并且经受住了 Netflix 自己的生产环境考验，相对使用起来会比较省心。

- 与 Spring Cloud 无缝集成。Spring Cloud 有一套非常完善的开源代码来整合 Eureka，所以在 Spring Boot 应用起来非常方便，与 Spring 框架兼容性好。
- 高可用性。Eureka 支持在应用自身的容器中启动，也就是说应用启动之后，既充当了 Eureka 客户端的角色，又是服务的提供者。这样就极大地提高了服务的可用性，同时也尽可能地减少了外部依赖。
- 开源。由于代码是开源的，因此非常便于我们了解它的实现原理和排查问题。同时，广大开发者也能持续为该项目进行贡献。

本节将着重讲解如何通过 Eureka 来实现微服务的注册与发现。

23.4.2　如何集成 Eureka Server

通过 Spring Initializr 的管理界面来方便集成 Eureka Server，创建一个新的应用 eureka-server，如图 23-1 所示。

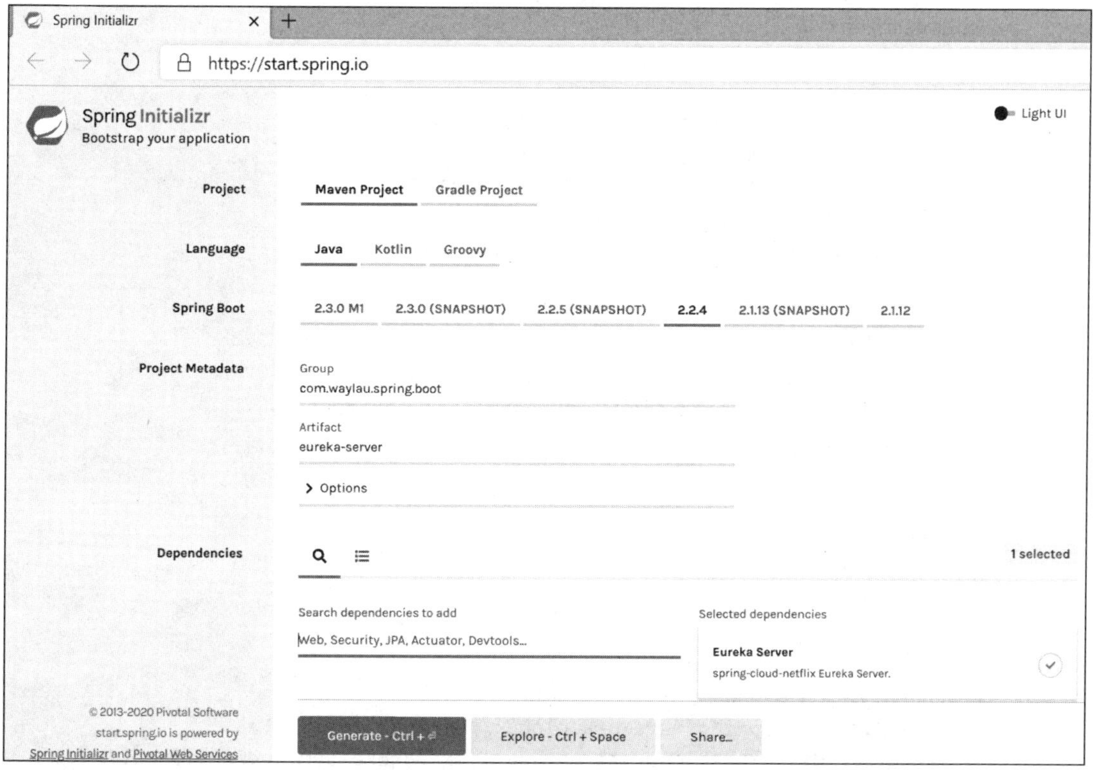

图 23-1　Spring Initializr 管理界面

eureka-server 应用的 pom.xml 文件内容如下：

```
<?xml version="1.0" encoding="UTF-8"?>
<project xmlns="http://maven.apache.org/POM/4.0.0"
xmlns:xsi="http://www.w3.org/2001/XMLSchema-instance"
   xsi:schemaLocation="http://maven.apache.org/POM/4.0.0
   https://maven.apache.org/xsd/maven-4.0.0.xsd">
```

```
<modelVersion>4.0.0</modelVersion>

<groupId>com.waylau.spring.boot</groupId>
<artifactId>eureka-server</artifactId>
<version>1.0.0</version>
<name>eureka-server</name>
<description>eureka-server</description>

<properties>
    <project.build.sourceEncoding>UTF-8</project.build.sourceEncoding>
    <maven.compiler.source>1.8</maven.compiler.source>
    <maven.compiler.target>1.8</maven.compiler.target>
    <java.version>1.8</java.version>
    <spring-boot.version>2.2.4.RELEASE</spring-boot.version>
    <spring-cloud.version>Hoxton.SR1</spring-cloud.version>
</properties>

<dependencyManagement>
    <dependencies>

        <dependency>
            <groupId>org.springframework.boot</groupId>
            <artifactId>spring-boot-dependencies</artifactId>
            <version>${spring-boot.version}</version>
            <type>pom</type>
            <scope>import</scope>
        </dependency>

        <dependency>
            <groupId>org.springframework.cloud</groupId>
            <artifactId>spring-cloud-dependencies</artifactId>
            <version>{spring-cloud.version}</version>
            <type>pom</type>
            <scope>import</scope>
        </dependency>
    </dependencies>
</dependencyManagement>

<dependencies>
    <dependency>
        <groupId>oorg.springframework.cloud</groupId>
        <artifactId>spring-cloud-starter-netflix-eureka-server</artifactId>
    </dependency>

    <dependency>
        <groupId>org.springframework.boot</groupId>
        <artifactId>spring-boot-starter-test</artifactId>
        <scope>test</scope>
        <exclusions>
            <exclusion>
```

```
                <groupId>org.junit.vintage</groupId>
                <artifactId>junit-vintage-engine</artifactId>
            </exclusion>
        </exclusions>
    </dependency>
</dependencies>

<build>
    <plugins>
        <plugin>
            <groupId>org.springframework.boot</groupId>
            <artifactId>spring-boot-maven-plugin</artifactId>
        </plugin>
    </plugins>
</build>

</project>
```

1. 启用 Eureka Server

为了启用 Eureka Server，在应用的根目录的 EurekaServerApplication 类上增加 @EnableEurekaServer 注解即可。

```
import org.springframework.boot.SpringApplication;
import org.springframework.boot.autoconfigure.SpringBootApplication;
import org.springframework.cloud.netflix.eureka.server.EnableEurekaServer;

@SpringBootApplication
@EnableEurekaServer
public class EurekaServerApplication {

    public static void main(String[] args) {
        SpringApplication.run(EurekaServerApplication.class, args);
    }

}
```

该注解就是为了激活 Eureka Server 相关的自动配置类 org.springframework.cloud.netflix.eureka.server.EurekaServerAutoConfiguration。

2. 修改项目配置

修改 application.properties，增加如下配置：

```
server.port: 8761

eureka.instance.hostname: localhost
eureka.client.registerWithEureka: false
eureka.client.fetchRegistry: false
eureka.client.serviceUrl.defaultZone:
http://${eureka.instance.hostname}:${server.port}/eureka/
```

其中：

- server.port：指明了应用启动的端口号。
- eureka.instance.hostname：应用的主机名称。
- eureka.client.registerWithEureka：值为 false 意味着自身仅作为服务器，不作为客户端。
- eureka.client.fetchRegistry：值为 false 意味着无须注册自身。
- eureka.client.serviceUrl.defaultZone：指明了应用的 URL。

3. 启动

启动应用，访问 http://localhost:8761，可以看到如图 23-2 所示的 Eureka Server 自带的 UI 管理界面。

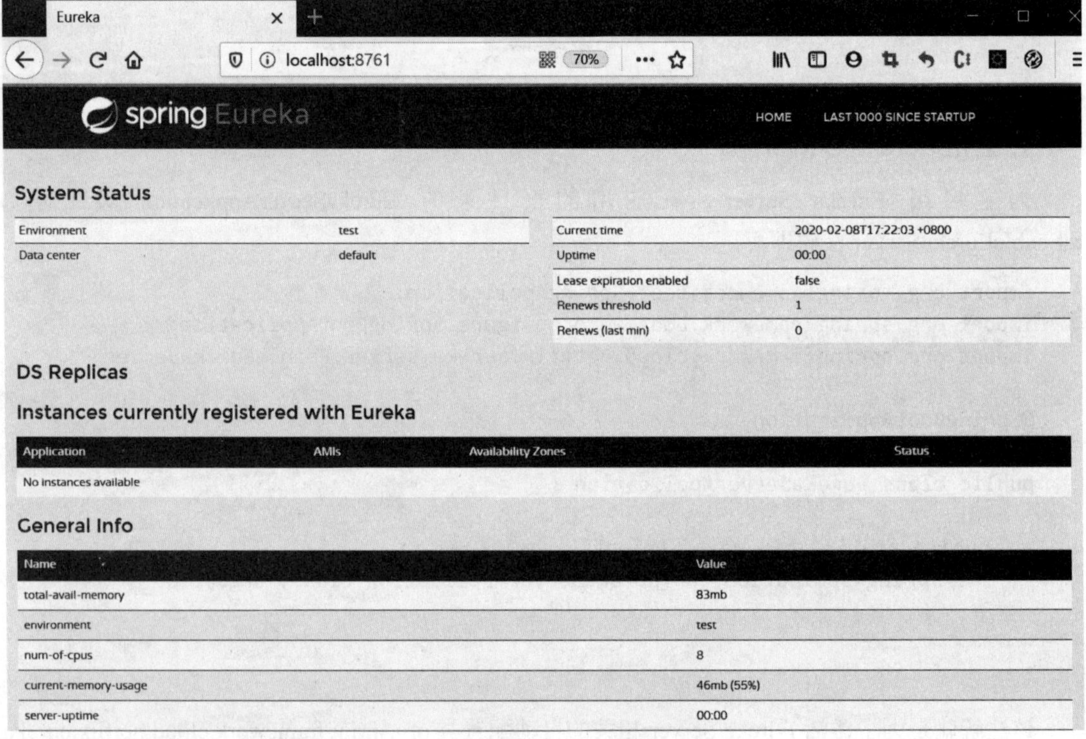

图 23-2　Eureka Server 管理界面

自此，Eureka Server 注册服务器搭建完毕。

23.4.3　如何集成 Eureka Client

通过 Spring Initializr 的管理界面来方便集成 Eureka Client，创建一个新的应用 eureka-client，如图 23-3 所示。

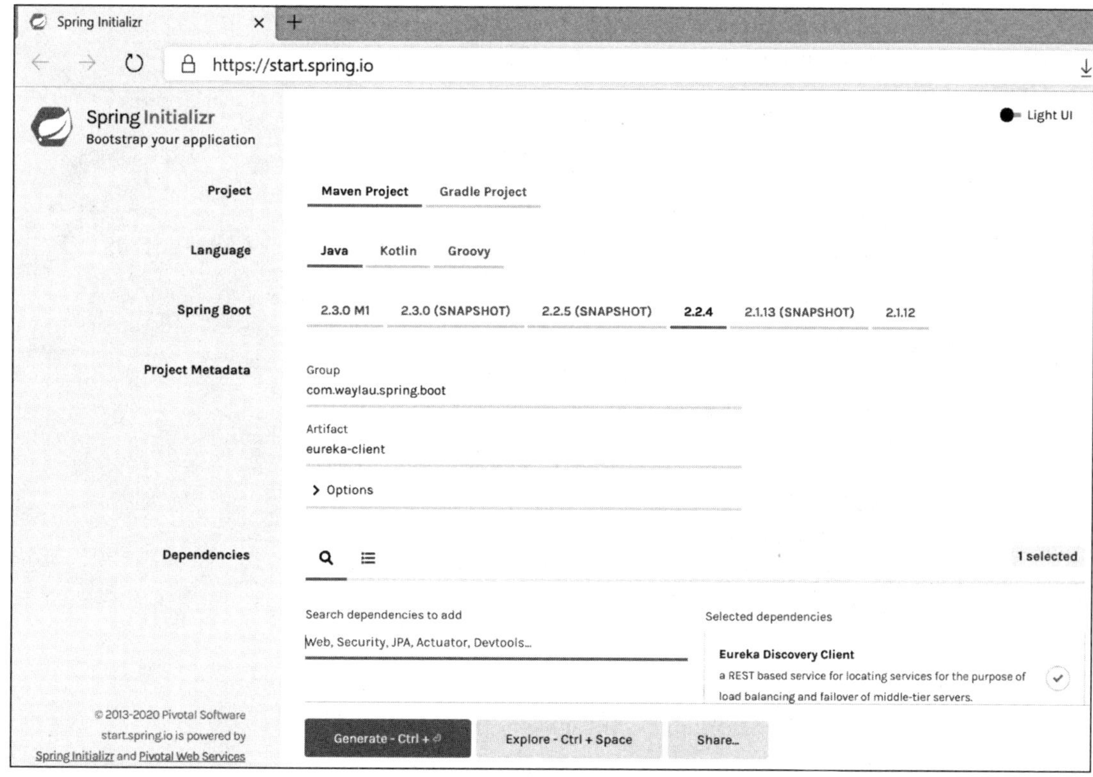

图 23-3　Spring Initializr 管理界面

eureka-client 应用作为 Eureka Client。与 eureka-server 相比，eureka-client 应用的 pom.xml 配置的变化主要在依赖上面，将 Eureka Server 的依赖改为 Eureka Client 即可。

同时，为了启用 Web 的功能，还需要添加 Web 容器的支持，我们在 pom.xml 文件中添加了 spring-boot-starter-web 的依赖。eureka-client 应用 pom.xml 的配置内容如下：

```
<?xml version="1.0" encoding="UTF-8"?>
<project xmlns="http://maven.apache.org/POM/4.0.0"
xmlns:xsi="http://www.w3.org/2001/XMLSchema-instance"
    xsi:schemaLocation="http://maven.apache.org/POM/4.0.0
    https://maven.apache.org/xsd/maven-4.0.0.xsd">
    <modelVersion>4.0.0</modelVersion>
    <parent>
        <groupId>org.springframework.boot</groupId>
        <artifactId>spring-boot-starter-parent</artifactId>
        <version>2.2.4.RELEASE</version>
        <relativePath/>
    </parent>
    <groupId>com.waylau.spring.boot</groupId>
    <artifactId>eureka-client</artifactId>
    <version>0.0.1-SNAPSHOT</version>
    <name>eureka-client</name>
    <description>Demo project for Spring Boot</description>

    <properties>
```

```
        <java.version>1.8</java.version>
        <spring-cloud.version>Hoxton.SR1</spring-cloud.version>
    </properties>

    <dependencies>
        <dependency>
            <groupId>org.springframework.cloud</groupId>
            <artifactId>spring-cloud-starter-netflix-eureka-client</artifactId>
        </dependency>

        <dependency>
            <groupId>org.springframework.boot</groupId>
            <artifactId>spring-boot-starter-web</artifactId>
        </dependency>

        <dependency>
            <groupId>org.springframework.boot</groupId>
            <artifactId>spring-boot-starter-test</artifactId>
            <scope>test</scope>
            <exclusions>
                <exclusion>
                    <groupId>org.junit.vintage</groupId>
                    <artifactId>junit-vintage-engine</artifactId>
                </exclusion>
            </exclusions>
        </dependency>
    </dependencies>

    <dependencyManagement>
        <dependencies>
            <dependency>
                <groupId>org.springframework.cloud</groupId>
                <artifactId>spring-cloud-dependencies</artifactId>
                <version>${spring-cloud.version}</version>
                <type>pom</type>
                <scope>import</scope>
            </dependency>
        </dependencies>
    </dependencyManagement>

    <build>
        <plugins>
            <plugin>
                <groupId>org.springframework.boot</groupId>
                <artifactId>spring-boot-maven-plugin</artifactId>
            </plugin>
        </plugins>
    </build>

</project>
```

1. 一个简单的 Eureka Client

为了启用 Eureka Client，在应用的根目录的 EurekaServerApplication 类上增加@EnableDiscoveryClient 注解即可。其代码如下：

```
import org.springframework.boot.SpringApplication;
import org.springframework.boot.autoconfigure.SpringBootApplication;
import org.springframework.cloud.client.discovery.EnableDiscoveryClient;

@SpringBootApplication
@EnableDiscoveryClient
public class EurekaClientApplication {

    public static void main(String[] args) {
        SpringApplication.run(EurekaClientApplication.class, args);
    }

}
```

其中，org.springframework.cloud.client.discovery.EnableDiscoveryClient 注解是一个自动发现客户端的实现。

2. 编写 REST 服务

编写控制器 HelloController，用来暴露 REST 服务。其代码如下：

```
package com.waylau.spring.boot.eurekaclient;

import org.springframework.web.bind.annotation.RequestMapping;
import org.springframework.web.bind.annotation.RestController;

@RestController
public class HelloController {

    @RequestMapping("/hello")
    public String hello() {
        return"Hello World! Welcome to visit waylau.com!";
    }

}
```

3. 修改项目配置

修改 application.properties，修改为如下配置：

```
spring.application.name: eureka-client

eureka.client.serviceUrl.defaultZone: http://localhost:8761/eureka/
```

其中：

- spring.application.name：指定了应用的名称。
- eureka.client.serviceUrl.defaultZonet: 指明了 Eureka Server 的位置。

23.4.4 实现服务的注册与发现

我们先运行 Eureka Server 实例 eureka-server，它启动在了 8761 端口。

而后分别在 8081 和 8082 上启动 Eureka Client 实例 eureka-client：

```
java -jar target/eureka-client-0.0.1-SNAPSHOT.jar --server.port=8081

java -jar target/eureka-client-0.0.1-SNAPSHOT.jar --server.port=8082
```

这样，就可以在 Eureka Server 上看到这两个实例的信息。访问 http://localhost:8761，可以看到图 23-4 所示的 Eureka Server 自带的 UI 管理界面。

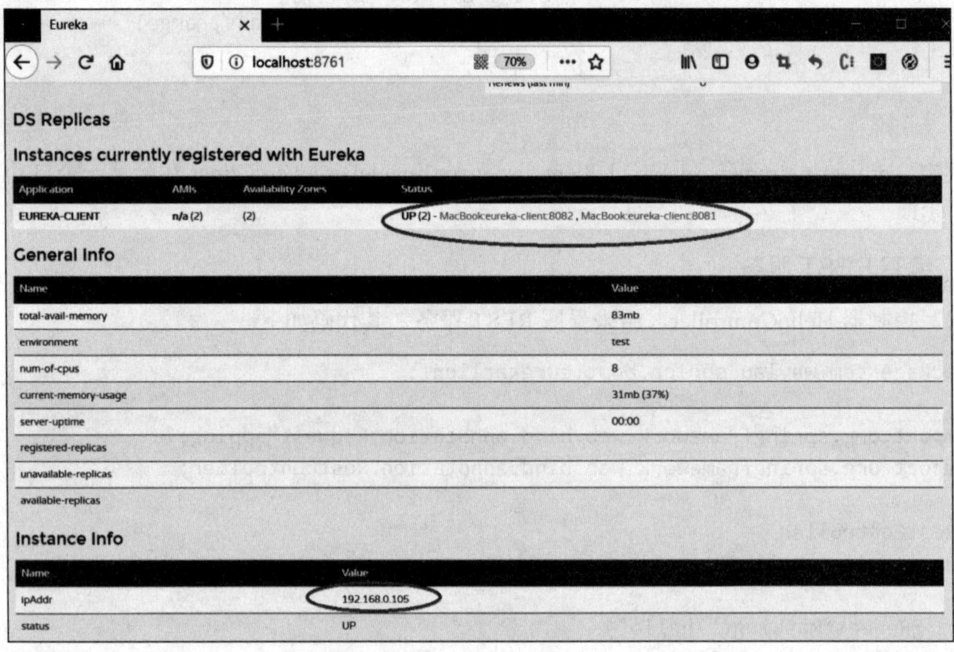

图 23-4 显示 Eureka Client 信息

从管理界面 Instances currently registered with Eureka 中能看到每个 Eureka Client 的状态，相同的应用（指具有相同的 spring.application.name）下能够看到每个应用的实例。

如果 Eureka Client 离线了，Eureka Server 就能及时感知到。

不同的应用之间能够通过应用的名称来互相发现。

其中，从界面上可以看出，Eureka Server 运行的 IP 为 192.168.0.105。

23.5 总 结

本章介绍了微服务架构 Spring Cloud 的基本概念及用法，并通过一个例子演示了如何基于 Spring Cloud 实现微服务的注册与发现。

23.6 习　题

（1）简述什么是微服务治理。

（2）简述 Spring Cloud 与 Spring Boot 的关系。

（3）列举 Spring Cloud 有哪些子项目。

（4）使用 Spring Cloud 实现一个微服务治理的示例。

附录　本书所涉及的技术及相关版本

本书所采用的技术及相关版本较新，请读者将相关开发环境设置成与本书所采用的一致，或者不低于本书所列的配置。

- JDK 14
- Apache Maven 3.6.3
- Eclipse IDE for Enterprise Java Developers 2019-12 (4.14.0)
- IntelliJ IDEA 2019.3.2
- Apache Tomcat 9.0.30
- JUnit 5.6.0
- MySQL 8.0.15
- Apache Commons DBCP 2.7.0
- Spring 5.2.3.RELEASE
- Apache Log4j 2.13.0
- H2 Database Engine 1.4.200
- Jetty Server 9.4.26.v20200117
- Spring Security 5.2.1.RELEASE
- MyBatis 3.5.4
- Thymeleaf 3.0.11.RELEASE
- Apache HttpComponents Client 4.5.11
- Reactive Streams Netty driver 0.9.4.RELEASE
- Jersey 2.30
- ActiveMQ 5.15.11
- Spring Boot 2.2.4.RELEASE
- Spring Cloud Hoxton.SR1

参考文献

[1] 柳伟卫. Java 核心编程[M]. 北京：清华大学出版社，2020.

[2] 柳伟卫. Cloud Native 分布式架构原理与实践[M]. 北京：北京大学出版社，2019.

[3] JCP. JSR 153: Enterprise JavaBeans 2[EB/OL]. https://jcp.org/en/jsr/detail?id=153，2002-07-19.

[4] JCP. JSR 345: Enterprise JavaBeans 3.2[EB/OL].https://jcp.org/en/jsr/detail?id=345，2013-04-04.

[5] JOHNSON R. Expert One-on-One J2EE Design and Development[M]. UK：Wrox，2002.

[6] JOHNSON R，JUERGEN HOELLER. Expert One-on-One J2EE Development without EJB[M]. Indiana：Wiley Publishing，2004.

[7] JCP. JSR 369: Java Servlet 4.0 Specification2[EB/OL].https://jcp.org/en/jsr/detail?id=369，2017-09-05.

[8] 柳伟卫. Java Servlet 3.1 规范[EB/OL]. https://github.com/waylau/servlet-3.1-specification，2020-01-29.

[9] ZAMBON G，SEKLER M. Beginning JSP，JSF，and Tomcat Web Development: From Novice to Professional[M]. New York：Apress Media，2007.

[10] MySQL 8.0 Reference Manual[EB/OL]. https://dev.mysql.com/doc/refman/8.0/en/，2020-01-31.

[11] JDBC Specification 4.2[EB/OL]. https://jcp.org/en/jsr/detail?id=221，2014-03-04.

[12] Spring Framework Documentation[EB/OL]. https://docs.spring.io/spring/docs/current/spring-framework-reference/，2020-02-01.

[13] 柳伟卫. Spring 5 开发大全[M]. 北京：北京大学出版社，2018.

[14] 柳伟卫. Spring Boot 企业级应用开发实战[M]. 北京：北京大学出版社，2018.

[15] 柳伟卫. Spring Cloud 微服务架构开发实战[M]. 北京：北京大学出版社，2018.

[16] Spring Security Reference[EB/OL]. https://docs.spring.io/spring-security/site/docs/current/reference/htmlsingle/，2020-02-04.

[17] 柳伟卫. Thymeleaf 教程[EB/OL]. https://github.com/waylau/thymeleaf-tutorial，2020-02-05.

[18] Apache Commons OGNL[EB/OL]. http://commons.apache.org/proper/commons-ognl/，2020-02-05.

[19] 柳伟卫. 分布式系统常用术技及案例分析（第 2 版）[M]. 北京：电子工业出版社，2019.

[20] Spring Cloud[EB/OL]. https://cloud.spring.io/spring-cloud-static/Hoxton.SR1/reference/html/index.html，2020-02-08.

[21] 柳伟卫. 大型互联网应用轻量级架构实战[M]. 北京：电子工业出版社，2019.

参考文献